Jetzt helfe ich mir selbst

Motor
buch
Verlag

Umschlagentwurf und Buchgestaltung: Anita Ament.
Umschlagfotos: Klaus Breustedt.

ISBN 3-613-01430-0

Auflage Nr. 1011910

Dieser Band wird bei jeder Neuauflage auf den aktuellen Stand gebracht. Dennoch
können Änderungen durch Weiterentwicklung der beschriebenen Fahrzeuge
nicht enthalten sein.
Manuskriptbearbeitung: Redaktion »Jetzt helfe ich mir selbst«.
Fotos: Axmann 1, Breustedt 230, Ford 4.
Zeichnungen: Archiv Verfasser 1, autopress 1, Brunner 3, Continental 1, Ford 61, Haeberle 1,
Lautenschlager 1, Volkswagen 1.
Stromlaufpläne: Ford.
Drucktechnische Herstellung: Rung-Druck GmbH & Co., 7320 Göppingen.
Buchbinderische Verarbeitung: Verlagsbuchbinderei Wilhelm Nething, 7315 Weilheim.
Printed in Germany.

Dieter Korp
Klaus Breustedt

Ford Sierra

ab März '87
ohne 4×4
und Diesel

Motorbuch Verlag
Stuttgart

Inhaltsverzeichnis

Seite

Nachgedacht

Unaufhaltsam steigende Unterhaltskosten gehören zur unangenehmsten Seite eines Autos. Dabei sind die meisten Störfälle und Pannen »Bagatell-Fälle«, die durch Kontrolle in Eigeninitiative meist frühzeitig erkannt worden wären, wodurch teure Schäden erst gar nicht auftreten.
Jeder kann mehr, als er glaubt – dies gilt für beiderlei Geschlecht. Auch an Ihrem Auto gibt es einfache Handgriffe, die nicht schwerer sind als andere Handgriffe im täglichen Leben. Denken Sie dabei nur einmal an das Auswechseln von Glühbirnen – hier ist meist nicht einmal mehr Werkzeug vonnöten. Aber auch das Auswechseln der Scheibenwischerblätter, die Kontrolle und das Nachfüllen von Öl oder Wasser oder das Prüfen des Reifendrucks sind Punkte, die jeder in Eigenregie erledigen kann. Denn: Schon solch einfache Arbeiten in Eigenregie ausgeführt senken die Unterhaltskosten eines Autos merklich und selbst der Kaufpreis für dieses Buch ist schon durch eine halbe Stunde Wartungsarbeit an Ihrem Auto verdient.
Die Gründe, sich mit seinem fahrbaren Untersatz zu beschäftigen, sind jedoch nicht nur die ständig steigenden Kosten. Dieses Handbuch kann Ihnen das Grundwissen vermitteln, das Sie brauchen, um beispielsweise bei der Auftragsvergabe in der Werkstatt sachkundig mitreden zu können. Durch einen präzise formulierten Auftrag gehen Sie manchem unnötigen Ärger von vornherein aus dem Weg. Aber auch schon für die einfachen Kontrollen an der SB-Tankstelle, bei der Sie ja mehr oder weniger sich selbst überlassen sind, liefert dieses Handbuch Wissenswertes.
Je nach Interessenlage – dieses Buch gibt jedem Auskunft: z. B. mit dem farbigen Wartungsplan in der hinteren Umschlagseite. Darin finden Sie genau aufgeführt, was Sie als verantwortungsbewußter Sierra-Fahrer selbst erledigen können und welche Arbeiten Werkstatt bzw. Tankstelle rationeller bzw. fachgerechter erledigen. Die entsprechende Arbeitsbeschreibung finden Sie anhand der angegebenen Seitenzahl. Dort steht Punkt für Punkt, wie diese Arbeit erledigt wird. So können Sie auch reiflich überlegen, ob mangels praktischer Erfahrung oder Ausrüstung Ihr Ford Sierra nicht doch besser in der Vertragswerkstatt aufgehoben ist.

Damit Sie sich im Innern des Handbuches leichter zurechtfinden, ist bereits im Inhaltsverzeichnis auf den vorangegangenen Seiten eine Auswahl der Stichworte herausgegriffen, die in den einzelnen Kapiteln zur Sprache kommen. Eine weitere Orientierungshilfe bietet das Stichwortverzeichnis hinten im Buch. Ebenfalls der besseren Orientierung dient die Gestaltung der einzelnen Seiten. So sind Passagen, die der Information dienen, stets einspaltig gedruckt, während die reinen Reparatur-Arbeitsschritte generell zweispaltig erscheinen.

Viel Erfahrung und Vorarbeit waren notwendig, um dieses Handbuch für den Ford Sierra herauszubringen. Herzlichen Dank deshalb an dieser Stelle den vielen hilfsbereiten Menschen in der Werkstatt, im Werk oder in anderen Firmen, die uns mit Rat* und Tat unterstützt haben.

Die Verfasser

*** Sollten Sie mit Ihrem Ford Sierra spezielle Erfahrungen gesammelt haben oder einen ergänzenden Tip oder Hinweis wissen, wären wir Ihnen dankbar, wenn Sie uns diese schriftlich mitteilen würden. Die Adresse finden Sie im Impressum auf Seite 2.**

Die zweite Generation

Vom Ford Sierra, seit 1982 durch sein revolutionäres unverwechselbares Äußeres eine der beliebtesten Schrägheck-Kombilimousinen, wurden bis zum großen »Facelift« 1987 über 1,5 Millionen gebaut. Diese Baureihe wir im Band 118 unserer Reihe »Jetzt helfe ich mir selbst« ausführlich behandelt.
Seit März '87 rollt nun die komplett überarbeitete Sierra-Modellreihe über die Straßen. Die folgende kleine Chronologie informiert über die einzelnen Modellvarianten sowie Detailveränderungen und Verbesserungen.

1987

Februar: Die neue Sierra-Modellreihe wird vorgestellt. Gleichzeitig mit der Fließheck-Limousine und dem Kombi Turnier wird eine viertürige Stufenheck-Limousine nach der klassischen Karosserieform eines Personenkraftwagens eingeführt. Wichtigste Merkmale der neuen Sierra-Generation: Die Motorhaube reicht bis an die Stoßfänger; Stufenreflektor-Scheinwerfersystem mit seitlich sitzendem Blinker; größere Glasflächen; vergrößerte Rückleuchten; breite Seitenleisten über die gesamte Karosserielänge; alle vier Radhäuser sind mit Kunststoffabdeckungen versehen; das gesamte Motorenangebot ist überarbeitet.
Für alle Modellvarianten der neuen Generation ist ein elektronisch gesteuertes ABS-Bremssystem erhältlich. Alle Sierra-Modelle sind auf Wunsch mit einer heizbaren Frontscheibe lieferbar. Die vom Ford Scorpio her bekannten Sicherheitsschlösser mit neuartigem Schlüsselprofil sind bei allen Sierra-Modellen serienmäßig eingebaut. Wahlweise wird der Sierra mit sieben verschiedenen Motoren angeboten. Sechs Ausstattungsvarianten stehen zur Wahl: Das Sierra Grundmodell CL, der Sierra GL, der Sierra Ghia, der Sierra S, der Sierra XR 4x4 und der Sierra Ghia 4x4 als Turnier.
Gemeinsam ist allen Sierra-Modellen das Fahrwerk mit Einzelradaufhängung und Hinterradantrieb bzw. Allradantrieb bei den 4x4-Modellen.
März: Der neue Sierra RS Cosworth wird vorgestellt. Der Sierra RS Cosworth leistet in der Rennversion rund 300 PS. Beim Triebwerk der zivilen Version handelt es sich um einen 2,0-Liter-Turbomotor mit zwei obenliegenden Nockenwellen, 16 Ventilen, Ladeluftkühler und 205 PS Leistung. Produktionsbeginn ist für Ende '87 geplant.
Mai: Das Motorenangebot wird um einen 2,0-Liter-Vergasermotor mit ungeregeltem Katalysator erweitert. Seine Leistung: 74 kW/100 PS.

1988

Februar: Lieferbeginn des neuen Sierra RS Cosworth. Ins Auge fallen auf den ersten Blick der spezielle Kühlergrill, Kotflügelverbreiterungen, der Frontspoiler und der dezente Heckspoiler. Die Höchstgeschwindigkeit beträgt mehr als 240 km/h.
April: Das Sondermodell Sierra »Finess« erscheint. Es kann als viertürige Limousine oder als Kombi mit dem 1,8- oder 2,0-Liter-Motor und ungeregeltem Katalysator geordert werden. Außerdem stehen der 2,0-Liter-Motor mit geregeltem Katalysator und der 2,3-Liter-Diesel zur Verfügung. Das Sondermodell gibt es in allen Varianten serienmäßig mit Fünfganggetriebe. Äußere Merkmale des Sierra »Finess« sind in Wagenfarbe lackierte Außenspiegel, getönte Scheiben und Reifen der Größe 195/65 R 14. Innen kommen unter anderem Drehzahlmesser, Zentralverriegelung und Fahrersitz-Höhenverstellung dazu. Als Wunschausstattung gibt es ABS, heizbare Frontscheibe und Metallic-Lackierung. Der Einspritzer kann auch mit Servolenkung bestellt werden.

Ford Sierra 2,0iS (Fließheck)

Ford Sierra 2,0 CLX (Stufenheck)

1989

März: Der neue 2,9-Liter-V6-Motor mit 107 kW/145 PS und geregeltem Dreiwege-Katalysator löst den 2,8-Liter-V6-Motor ab. Die neuen 2,9i-Versionen sind serienmäßig mit Servolenkung, Scheibenbremsen an allen vier Rädern sowie 195/65-VR-14-Stahlgürtelreifen ausgerüstet.
Die Serienproduktion des neuen Fünfgang-Schaltgetriebes MT 75 ist angelaufen. Das neue Getriebe hat mit einem Drehmoment von 300 Nm eine wesentlich höhere Kraftübertragungskapazität und ist durch sein Aluminium-Druckgußgehäuse über sieben Kilogramm leichter als sein Vorgänger. Erstmals ist auch der Rückwärtsgang synchronisiert.
Mai: Der völlig neu konstruierte DOHC-Motor mit zwei obenliegenden Nockenwellen wird vorgestellt. Ford bietet zwei Ausführungen an: Der 2,0-Liter-DOHC-Motor mit Benzineinspritzung leistet 88 kW/120 PS bei 5500/min nach Abgasnorm US 83 (geregelter Katalysator). Der Abgasentgiftung nach Euronorm entspricht der 2,0-Liter-DOHC-Motor mit Weber-TLD-Register-Vergaser und ungeregeltem Katalysator. Er leistet 77 kW/105 PS bei 5500/min.

1990

März: Erneut überarbeitet und verjüngt mit neuem Gesicht wird die Stufenheck- und Fließheck-Limousine sowie der Turnier in fünf Ausstattungsvarianten angeboten: Der CLX als neues Grundmodell, der GL, der Ghia, der XR 4i und der Cosworth 4x4. Neben dem Turbodiesel stehen fünf Benzin-Einspritzer mit geregeltem Katalysator zur Verfügung: 1,6-Liter mit 59 kW/80 PS; 2,0-Liter mit 74 kW/100 PS; 2,0-Liter mit 88 kW/120 PS; 2,0-Liter-Turbo mit 162 kW/220 PS; 2,9-Liter-V6 mit 107 kW/145 PS und der 1,8-Liter-Turbodiesel mit 55 kW/75 PS.
Außer dem neuen MT 75-Fünfgang-Schaltgetriebe bietet Ford in Verbindung mit dem 2,0-Liter-DOHC-Motor auch eine neue teilelektronische Viergang-Getriebeautomatik (A4LDE) an.
Zu den äußeren Kennzeichen aller Sierra-Modelle gehören getönte Scheiben, ein neuer Kühlergrill, weiße Blinkleuchten vorn und dunkle Rückleuchtengläser. Innen gibt es ein neu gestaltetes Lenkrad, das in Höhe und Neigung verstellbar ist. Alle Modelle haben serienmäßig einen Drehzahlmesser.
Dezember: Ford bietet das Sondermodell Sierra »Touring« an. Zur Serienausstattung gehören der 2,0-Liter-DOHC-Motor (88 kW/120 PS) mit geregeltem Katalysator, ein Kurbel-Hubdach, Zentralverriegelung, Ghia-Radabdeckungen. Die Stoßfänger und Seitenleisten sind mit chromfarbenen Einlagen versehen.

1991

September: Der Sierra des Modelljahrgangs 1992 erscheint mit einem überarbeiteten Armaturenbrett. Außdem sind die Stoßfänger in Wagenfarbe lackiert, die Ramm- und Seitenschutzleisten erhalten eine geänderte Formgebung. Verbesserte Ausstattung bei allen Modellen. Schon in der CLX-Version warnt ein akustisches Signal, wenn vergessen wird, das Fahrlicht auszuschalten. Zusätzlich erhält der CLX Halogen-Nebelscheinwerfer. Neu beim GL: Elektrisch einstellbare und beheizbare Außenspiegel sowie elektrische Fensterheber vorn. Beim Ghia werden sämtliche Türfenster elektrisch verstellt, weiterhin erhält er eine pneumatische Lendenwirbelstütze im Fahrersitz sowie Taschen an den Vordersitzlehnen. XR 4i und Ghia sind mit einem elektrisch betätigten Schiebe/Hubdach ausgestattet.

Ford Sierra XR 4i

Ford Sierra 2,0i Turnier Ghia

Gastspieler

Im Ford Escort, Orion und Fiesta millionenfach bewährt, bewegt der CVH-Motor nun auch den Ford Sierra recht flott. Bis auf wenige Teile sieht es so auch im Motorraum des 1,8-Liter-Sierra mit CVH-Motor aus. Es bedeuten: 1 – Unterdrucksensor (MAP); 2 – Widerlager des rechten Federbeins; 3 – Batterie; 4 – Aktivkohlebehälter; 5 – Ölmeßstab; 6 – Drosselklappen-Stellmotor; 7 – CFI-Einheit: 8 – Zylinderkopfdeckel; 9 – Rohrleitung des Impulsluftsystems; 10 – Heizungschlauch; 11 – Scheibenwischermotor; 12 – Bremsflüssigkeitsbehälter; 13 – Zentralelektrikbox; 14 – Zündmodul; 15 – Hauptscheinwerfer; 16 – Scheibenwaschwasserbehälter; 17 – Kühlmittelschlauch; 18 – Druckdämpfer des Kraftstoffzulaufs; 19 – Thermostatgehäuse mit Stufenthermoschalter für die Kühlerventilatoren; 20 – Zahnriemenabdeckung; 21 – Kühlerventilator; 22 – Anschluß für Ansaugluft-Vorwärmung; 23 – Lichtmaschine; 24 – Ansaugschnorchel des Ansauggeräuschdämpfers; 25 – Kühlmittel-Ausgleichbehälter; 26 – Ansaugluftfilter des Impulsluftsystems.

Stammvater

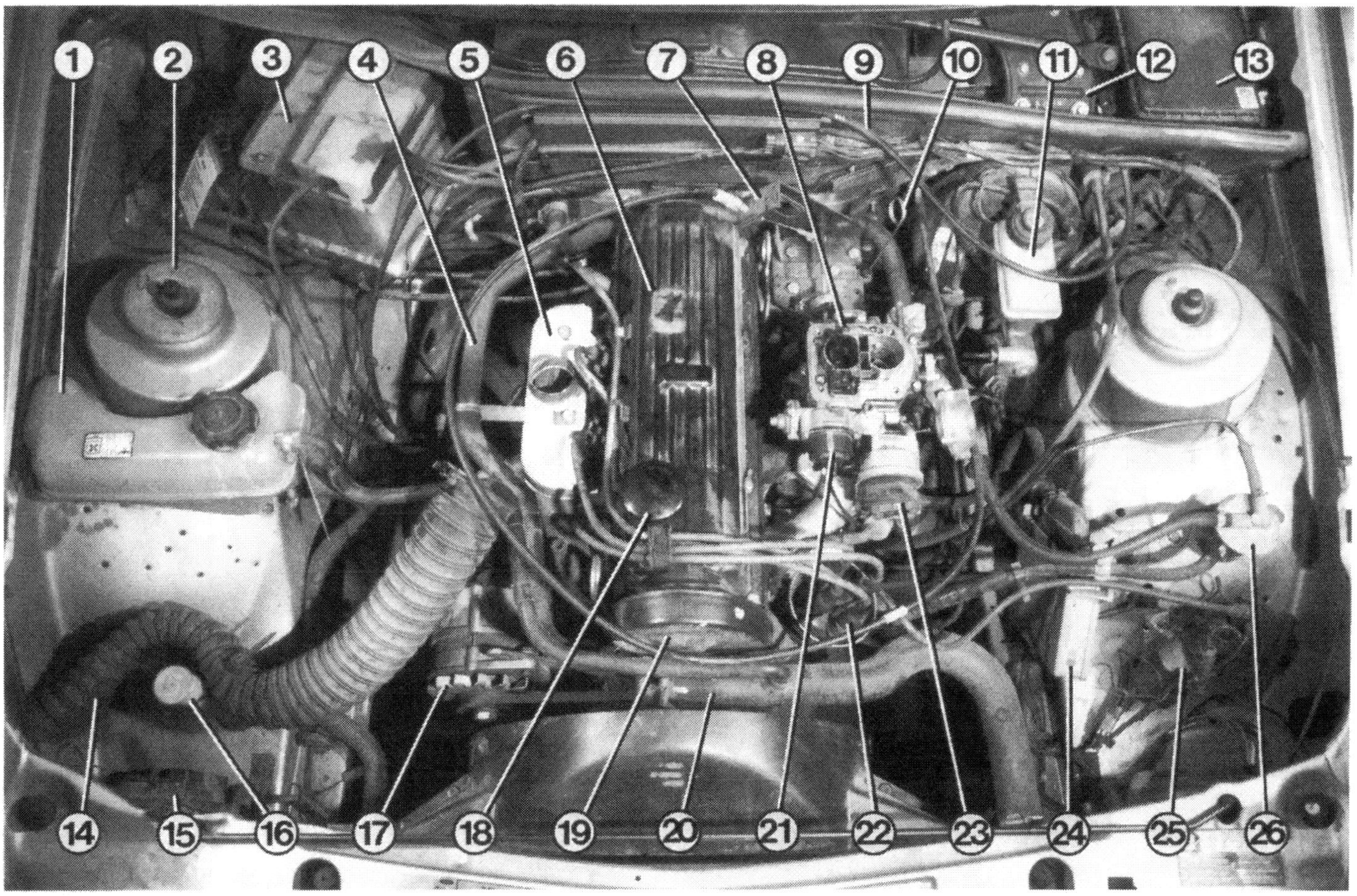

Der Motorraum des Sierra 2,0 mit OHC-Motor zeigt in Verbindung mit einem ungeregelten Kat den elektronisch geregelten Registervergaser. Es bedeuten: 1 – Kühlmittel-Ausgleichbehälter; 2 – Widerlager des rechten Federbeins; 3 – Batterie; 4 – Heizungsschlauch; 5 – Vorwärmkasten mit Anschluß für die Ansaugluft; 6 – Zylinderkopfhaube; 7 – Widerlager des Gaszugs; 8 – Registervergaser; 9 – Tachowelle; 10 – Ölmeßstab; 11 – Bremsflüssigkeitsbehälter; 12 – Scheibenwischermotor; 13 – Zentralelektrikbox; 14 – Luftschlauch des Ansauggeräuschdämpfers; 15 – Hauptscheinwerfer; 16 – Scheibenwaschwasserbehälter; 17 – Lichtmaschine; 18 – Öleinfüllkappe; 19 – Zahnriemenabdeckung; 20 – Kühlmittelschlauch; 21 – Startautomatik; 22 – Zündverteiler; 23 – Drosselklappen-Schrittmotor; 24 – Zündrechner; 25 – Zündspule; 26 – Kraftstoffdruckregler.

Sportlerherz

Der Parademotor im Sierra ist ohne Zweifel der Doppelnockenwellenmotor. Es bedeuten: 1 – Unterdrucksensor (MAP); 2 – Widerlager des rechten Federbeins; 3 – Batterie; 4 – Aktivkohlebehälter; 5 – Ansaugluft-Sammelrohr; 6 – Kraftstoffdruckregler; 7 – Zylinderkopfhaube; 8 – Schlauch der Kurbelgehäuse-Entlüftung; 9 – Ölmeßstab; 10 – Bremsflüssigkeitsbehälter; 11 – Scheibenwischermotor; 12 – ABS-Regeleinheit; 13 – Zentralelektrikbox; 14 – Vorratsbehälter der Hydraulikflüssigkeit der Servolenkung; 15 – Scheibenwaschwasserbehälter; 16 – Kühlmittel-Ausgleichbehälter; 17 – Drosselklappengehäuse; 18 – Zündverteiler; 19 – Zahnriemenabdeckung; 20 – Zusatzluftschieber; 21 – Öleinfüllkappe; 22 – Box für Ansaugluftberuhigung; 23 – Zündspule; 24 – Ansaugluftgeräuschdämpfer; 25 – Einstellpilz für die Motorhaube.

Flüstermann

Der komplett überarbeitete, schon aus dem Ford Granada her bekannte V6-Motor zeigt sich hier im Sierra: 1 – Widerlager des rechten Federbeins; 2 – Batterie; 3 – Aktivkohlebehälter; 4 – Zylinderkopfhaube rechts; 5 – Heizungsschlauch; 6 – Ansaugluftkammer; 7 – Zündverteiler; 8 – Widerlager des Gaszugs; 9 – Unterdrucksensor (MAP); 10 – Schlauch der Klimaanlage; 11 – Bremsflüssigkeitsbehälter; 12 – Scheibenwischermotor; 13 – Zentralelektrikbox; 14 – Kühlmittel-Ausgleichbehälter; 15 – Scheibenwaschwasserbehälter; 16 – Hydraulikpumpe mit Vorratsbehälter der Servolenkung; 17 – Kühlmittelschlauch; 18 – Öleinfüllkappe; 19 – Zusatzluftschieber; 20 – Drosselklappengehäuse; 21 – Ansaugluftschlauch; 22 – Ölmeßstab; 23 – Kompressor der Klimaanlage; 24 – Zündspule; 25 – Ansauggeräuschdämpfer; 26 – Einstellpilz für die Motorhaube.

Kontrollzeiten

Von regelmäßigen Kontrollen hängt in hohem Maße die Fahrsicherheit, Zuverlässigkeit und nicht zuletzt die Wirtschaftlichkeit Ihres Ford Sierra ab. Da die Wartungsintervalle bei einem modernen Auto immer weiter auseinanderliegen, sollten Sie deshalb in der Zwischenzeit häufiger selber nach dem Rechten sehen.

Der Wartungsplan

Für die Wartung Ihres Ford Sierra, gleich welcher Modellvariante und Ausstattung, liegt Ihrer Ford-Werkstatt ein Plan mit einer ganzen Reihe von Service-Punkten vor. Dieser Plan entspricht dem aktuellsten Stand, während die Punkte in den Wartungsunterlagen Ihres Fahrzeugs bisweilen schon überholt sind. Der Wartungsplan hier im Buch wurde nach einem solchen Werkstattplan aufgebaut, doch ist die Reihenfolge der einzelnen Wartungspunkte speziell auf den Selbermacher abgestimmt, wobei zusätzliche, nach unseren Erfahrungen wichtige Punkte in den Plan eingefügt wurden.

Damit Sie während der Arbeit nicht ständig im Buch umherblättern müssen, um den **Wartungsplan** zu finden, haben wir ihn **innen auf der hinteren Umschlagseite** untergebracht. So haben Sie ihn ständig vor Augen und können die einzelnen Pflegearbeiten Punkt für Punkt erledigen.

Sicherheits-Kontrolle und Inspektion

Die **Inspektionsintervalle** für den Sierra sind jeweils bei **20000, 40000, 60000 km usw.** festgelegt worden – also alle 20000 km. Dazwischen sind von Ford **Sicherheits-Kontrollen** vorgeschrieben, die bei **10000, 30000, 50000 km usw.** durchgeführt werden sollen. Während die Inspektionen schon recht aufwendig sind, besteht eine Sicherheits-Kontrolle im wesentlichen aus dem Motorölwechsel und einigen kleineren Überprüfungen, wie z. B. der Korrosions- und Unterbodenschutz-Kontrolle.

Zeit- oder Kilometer-Intervalle?

Auch ein nicht benutztes Fahrzeug altert. Wer seinen Ford Sierra nur relativ wenig fährt, sollte daher in jedem Fall einmal im Jahr eine Inspektion durchführen (lassen), die dann zusätzlich die Sicherheits-Kontrolle einschließt. Diese Inspektion sollten Sie wohlgemerkt auch dann durchführen (lassen), wenn Sie weniger als 10000 km gefahren sind.

Auch wenn Ihrem Auto größere Belastungen bevorstehen, wie z. B. Hängerbetrieb im Urlaub oder überhaupt jahreszeitlich bedingte Fahrzeug-Belastungen, sollten Sie Ihren Ford Sierra einer außerplanmäßigen Kontrolle unterziehen.

Wer soll was machen?

Fast alle Wartungen am Sierra können Sie selbst ausführen, das entsprechende Wissen hierzu liefert unser Handbuch. Wenn dennoch Werkstatt oder Tankstelle den einen oder anderen Wartungspunkt rationeller durchführen können, so haben wir das im Wartungsplan vermerkt. Die Selbsthelfer-Ampel weist Ihnen dabei den richtigen Weg:

Grün: Freie Fahrt für den Selbsthelfer. Diese Arbeit können Sie mit den Kenntnissen aus diesem Buch fachgerecht ausführen und Geld sparen.

Gelb: Die Arbeit ist zwar nicht schwierig, doch es fehlen meist die nötigen Einrichtungen. An der Tankstelle sind Sie in diesem Fall am besten aufgehoben.

Rot: Halt, hier lassen Sie am besten die Werkstatt ran. Spezielle Werkzeuge oder Meßgeräte sind erforderlich, der Aufwand an Eigenarbeit lohnt sich nicht, weil die Werkstatt wesentlich schneller arbeitet oder weitergehende Kenntnisse erforderlich sind.

Einschränkungen während der Garantiezeit

Solange Ihr Wagen noch jünger als ein Jahr ist oder wenn ein Austauschmotor eingebaut wurde, verlangt das Werk, daß die entsprechenden Wartungsarbeiten termingerecht in einer Ford-Werkstatt erledigt werden. Andernfalls können auch berechtigte Garantieansprüche abgelehnt werden.

Operationsfeld

Der richtige Platz und gutes Werkzeug sind die wichtigsten Voraussetzungen für die Pflege und Wartung Ihres Ford Sierra. Deshalb ist z. B. fester Untergrund zum Aufbocken des Fahrzeugs von vornherein sehr wichtig. Auch über Dinge wie Ölrückstände sollten Sie sich Gedanken machen. Was also ist der richtige Platz für Reparatur, Pflege und Wartung eines Autos?

Der Pflegeplatz

Am günstigsten ist natürlich eine Garage, die ausreichend breit und gut beleuchtet ist. Bei warmem, trockenen Wetter eignet sich genauso eine ebene Fläche mit festem Boden im Freien. Vor der Arbeit sollten Sie den Arbeitsplatz natürlich sauberkehren, damit Sie sich weder im Schmutz herumwälzen müssen, noch Kleinteile unauffindbar z. B. unter Blättern verschwinden können.
Vorsicht mit Benzin und Öl nicht nur auf nackter Erde, sondern auch auf Asphalt. Diese Flüssigkeiten greifen dessen Oberfläche an. Außerdem wird Asphalt bei sommerlichem Sonnenschein weich, was unschöne Löcher von Hebe- und Abstützwerkzeugen hinterläßt. Falls sich ein Wasserablauf in der Nähe befindet, sollten Sie ihn während der Arbeit abdecken, sonst verschwinden garantiert Kleinteile darin.
Falls Ihnen eine Montagegrube zur Verfügung steht, gilt es folgendes zu beachten: Benzin- und andere Dämpfe können sich in einer schlecht belüfteten Grube sammeln. Vorsicht mit offenem Feuer und beim Rauchen! Ebenso sammeln sich die Auspuffgase in der Grube – bei laufendem Motor herrscht also Vergiftungsgefahr.

Fingerzeig: Nicht selten bleiben nach der Arbeit Ölspuren auf dem Boden zurück. Dagegen helfen fürs erste ein scharfer Haushaltsreiniger oder Geschirrspülmittel. Besser sind spezielle Ölfleckentferner, wie sie z. B. von der Take GmbH, Trumppstraße 2, 8000 München 50 angeboten werden.

Wagen immer abstützen!

Wagenheber sind – wie ihr Name schon sagt – nur dazu da, das Fahrzeug anzuheben. Das gilt für den Bordwagenheber, Scherenwagenheber, hydraulischen Stempelwagenheber und Rangierwagenheber. Sie sind keinesfalls eine ausreichende Abstützung für Arbeiten an der Wagenunterseite. Lassen Sie es auch in der größten Eile nie an der fachgerechten Abstützung des aufgebockten Fahrzeugs fehlen. Sonst kann die eigenhändige Reparatur das Leben kosten. Zum richtigen Abstützen gehört natürlich auch das Unterlegen der Räder mit Steinen und Holzkeilen, damit der Wagen beim Anheben nicht wegrollen kann.

Womit abstützen?

Hohlblocksteine haben sich als günstige Abstützmöglichkeit erwiesen. Sie dürfen allerdings nicht feucht und rissig sein, sonst könnten sie unter Belastung in sich zusammenbrechen. Zwischen Stein und Karosserie muß ein Brett gelegt werden, damit sich die Last gleichmäßig auf den ganzen Stein verteilen kann.
Der Hohlblockstein selbst muß auf ebenem und tragfähigem Grund (Beton oder Asphalt) stehen. Ungeeignet ist

Beim Anheben des Fahrzeugs müssen die in diesem Schema gezeigten Anhebe- und Abstützpunkte benutzt werden. Unter »A« sind die Anhebepunkte für den Bordwagenheber bezeichnet, wobei diese Abstützpunkte auch für den Rangierwagenheber geeignet sind. Die Anhebepunkte bei »B« sind ausschließlich für den Rangierwagenheber gedacht.

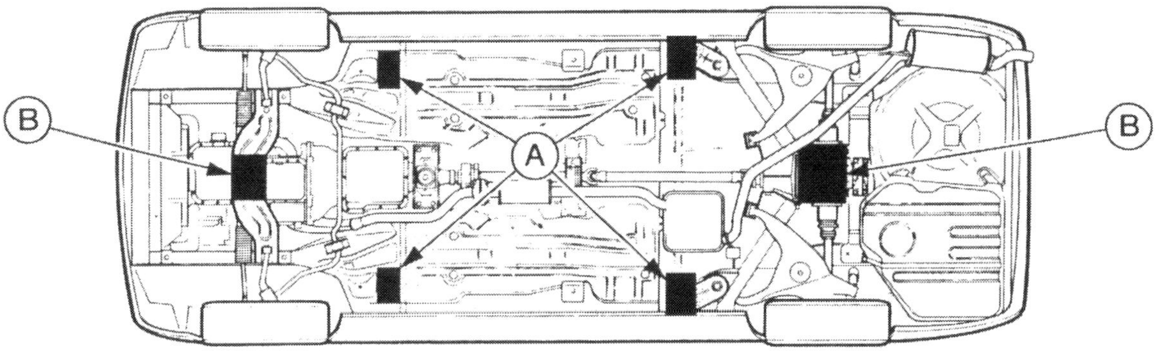

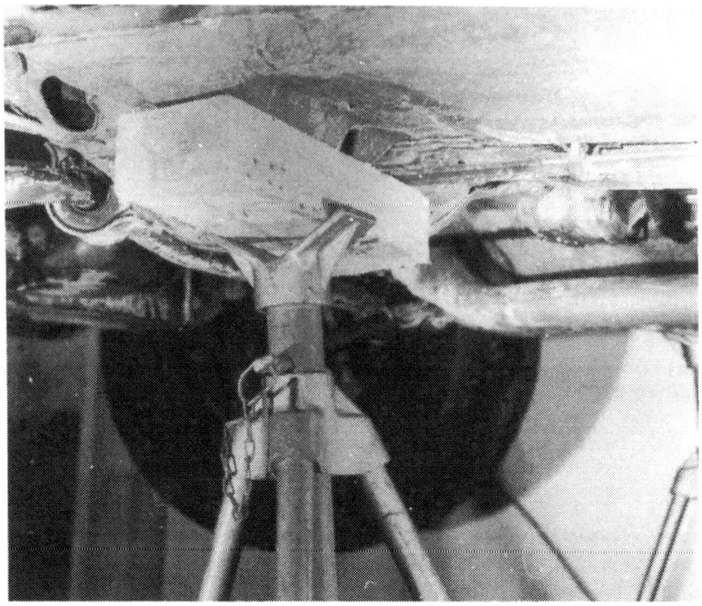

Verstellbare Dreibein-Unterstellböcke sind eine gute, jedoch nicht vollkommen sichere Abstützung. So stabil sie auch sind – wenn sie mit einem Bein nicht nach außen zum Karosserierand zeigen, können sie beim Wuchten unter dem Wagen seitlich wegkippen. Möglichst immer ein nicht splitterndes Kantholz oder ein Gummikissen zwischen Karosserie und Stützbock legen.

weicher Boden oder Rasen. Zwei Hohlblocksteine übereinander sind nicht ratsam. Wenn mehr Höhe gebraucht wird, kann allenfalls eine Lage Back- bzw. Ziegelsteine aufgelegt werden; natürlich wieder mit lastverteilendem Zwischenbrett.

Unterstellböcke stellen eine ideale Ergänzung zum Rangierwagenheber dar. Bei allen anderen Hebern – aber auch bei seitlich angesetztem Rangierheber – besteht allerdings die Gefahr, daß der auf der gegenüberliegenden Seite angesetzte Dreibeinbock einfach zur Seite weggedrückt wird. Am günstigsten steht der Bock, wenn eines seiner Beine nach außen und zwei zur Wagenmitte hin zeigen. Beachten Sie beim Kauf, daß die Böcke keine zu kleine Standfläche haben. Kontrollieren Sie beim Ansetzen eines Unterstellbocks, ob das Blech nirgendwo eingedrückt werden kann.

Auffahrrampen sind die schnellste Aufbockmöglichkeit, da kein Wagenheber gebraucht wird. Auch steht der Wagen dann absolut sicher. Wichtig ist, daß die Rampen einerseits eine genügend hohe seitliche Absicherung und nach vorn einen Überfahrschutz haben, andererseits aber auch von einem Fahrzeug mit Frontspoiler überfahren werden können. Als zusätzliche Sicherung des Wagens sollte in der Standfläche eine Mulde für die Räder vorhanden sein. Die billigen Ausführungen genügen diesen Anforderungen oft nicht.

Wagenheber

Bordwagenheber: Mit ihm kann der Selbermacher auf billige Weise seinen Sierra für die meisten Arbeiten ausreichend in die Höhe heben. Eine am Boden zwischengelegte Bole vergrößert sogar noch die Hubhöhe. Im übrigen sollten Sie immer ein kleines Brett unterlegen, damit sich der Wagenheberfuß nicht in den Untergrund drücken kann. Ist der Sierra jedoch einmal in die Jahre gekommen und die Türschweller sind bereits vom Rost geschwächt, nützt der Bordwagenheber nichts mehr.

Scherenwagenheber: Nur die stabile Ausführung ist ratsam. Ein solcher Wagenheber bewährt sich bei einem Fahrzeug, dessen Karosserie an den Anhebepunkten schon etwas morsch ist.

Hydraulischer Stempelwagenheber: Er ist schon preiswert zu haben. Der entscheidende Vorteil ist, daß der Wagen sehr schnell angehoben wird. Vor dem Kauf sollten Sie allerdings die Hubhöhe kontrollieren. Bei einer zu kurzen Ausführung werden die Räder nicht weit genug vom Boden abgehoben. Ein zu hoher Heber läßt sich erst gar nicht am Wagenboden ansetzen.

Rangierwagenheber: Wenn Sie sich zu dieser Anschaffung entscheiden, sollten Sie einen Heber mit zusätzlichem Fußpedal zum Hochpumpen kaufen. Für den Selbermacher gut geeignet ist ein kurzer, kleiner Rangierheber, der sich leicht verstauen läßt.

Die Mietwerkstatt

Steht Ihnen zu Hause oder im Bekanntenkreis kein geeigneter Platz zum Autobasteln zur Verfügung oder muß im Winter bei Eiseskälte im Freien geschraubt werden? Dann sollten Sie sich in einer Mietwerkstatt einquartieren. Dort gibt es Hebebühnen, Gruben sowie teilweise auch Spezialwerkzeug, und die Arbeitsräume sind winters beheizt. Mit freien Plätzen in der Mietwerkstatt ist unter der Woche eher zu rechnen als am Wochenende, wenn alle Autobastler zum Werkzeug greifen.

Die Rechnung muß aber auch in der Mietwerkstatt stimmen; Sie müssen Ihre Zeit scharf kalkulieren. Nur wenn die Arbeit flott von der Hand geht und evtl. ein Helfer mitarbeitet, lohnt sich hier die Eigenarbeit. Wenn Sie eine umfangreiche Reparatur erstmals selbst ausführen, kann das Experiment durch die Summe der angesammelten Mietwerkstattstunden teurer werden als der Arbeitspreis in der Fachwerkstatt.

Gleitzeit

Die Reibung zwischen Reibepartnern auf ein mögliches Minimum zu reduzieren, ist die Aufgabe von Ölen und Fetten. So steht für die unterschiedlichen Schmieranforderungen beim Auto eine ganze Palette spezieller Schmierstoffe zur Verfügung.

Aufgaben des Motoröls

○ Öl vermindert die Reibung im Motor. Dadurch wird bei Kolben und Zylindern, Lagerungen und Ventiltrieb der Verschleiß möglichst gering gehalten.
○ Öl dient zur Feinabdichtung zwischen Kolben, Kolbenringen und Zylinderwand. Durch diese zusätzliche Dichtwirkung des Öls kann der durch die Verbrennung entstehende hohe Druck weitestgehend ohne Verluste auf die Kurbelwelle übertragen werden.
○ Öl wird mit zur Kühlung des Motors herangezogen. Nur ein Viertel der Energie, die bei der Verbrennung des Kraftstoffes anfällt, kann für die Fortbewegung nutzbar gemacht werden. Der weitaus größere Teil verläßt den Motor als Wärme durch den Auspuff, das Kühlwasser und das Öl. So kann z. B. ein Kolben nur durch das Öl im Motor gekühlt werden. Dabei wird die Wärme vom Kolben an die Kolbenringe über das abdichtende Öl an die Zylinderlaufflächen und weiter an das Kühlmittel abgeleitet. Zusätzlich wird der Kolben durch das im Kurbelgehäuse umherspritzende Motoröl direkt gekühlt. Auf diese Weise werden auch die Lager von Kurbelwelle, Nockenwelle sowie viele andere im Ölkreislauf des Motors liegende Teile durch das Öl gekühlt. Die vom Motoröl aufgenommene Wärme wird dann über die Ölwanne an den Fahrtwind abgegeben.
○ Öl muß rückstandslos verbrennen, Schmutzteilchen binden und alterungsbeständig sein. Es soll bei den hohen Temperaturen, wie sie an den Zylinderlaufflächen auftreten, nicht verdampfen. Es darf bei ungünstigen Bedingungen den Schmierfilm nicht abreißen lassen.

Motorölstand prüfen

Ständige Kontrolle

Zum Ölpeilstab sollten Sie nach jeder zweiten Tankung greifen. In der Einfahrzeit oder bei einem älteren Motor mit erhöhtem Ölverbrauch sollten Sie die Ölstandskontrolle sicherheitshalber schon bei jedem Volltanken erledigen. Der Peilstab sitzt
○ beim **OHC-** und **DOHC-Motor** an der in Fahrtrichtung linken Motorseite;
○ beim **CVH-Motor** auf der in Fahrtrichtung gesehen rechten Motorseite;
○ beim **V6-Motor** an der in Fahrtrichtung gesehen linken Motorseite.

● Wagen auf waagrechtem Grund abstellen.
● Nach dem Abstellen des warmgefahrenen Motors mindestens fünf Minuten warten, damit alles Öl in die Ölwanne abtropfen kann. Besser ist die Kontrolle vor dem ersten Start bei noch kaltem Motor.
● Peilstab ziehen – Vorsicht bei heißem Motor.
● Stab mit sauberem, flusenfreien Lappen oder Papiertuch abwischen, bis zum Anschlag wieder in das Ölstab-Führungsrohr hineinschieben, kurz warten und erneut herausziehen.

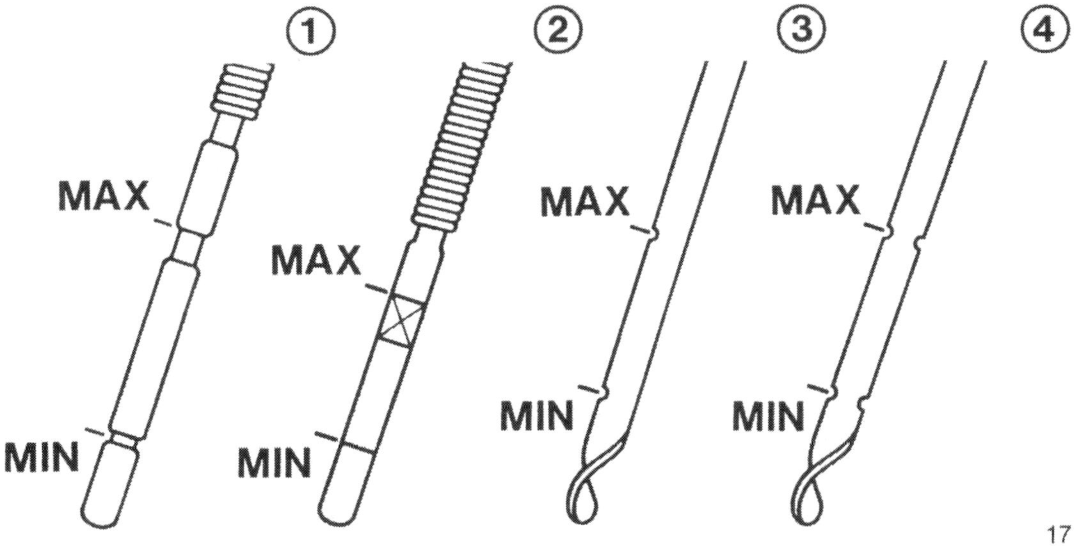

An allen Ölmeßstäben ist der Bereich markiert, in dem sich der Ölstand bewegen darf, ohne das dem Motor Schaden zugefügt wird. Ist der Ölstand an der unteren Markierung angelangt, läßt sich ca. 1 Liter Öl nachfüllen. Es bedeuten:
1 – OHC-Motor;
2 – CVH-Motor;
3 – DOHC-Motor;
4 – V6-Motor.

● An der Peilstabspitze können Sie nun den Ölstand ablesen.

● Ist der Peilstab nur bis zur unteren Markierung benetzt, muß Motoröl nachgefüllt werden.

● Die **Nachfüllmenge** zwischen der unteren und oberen Markierung beträgt bei allen Sierra-Motoren ca. **1,0 Liter**. 0,5 Liter genügen jedoch durchaus, denn die MAX-Marke darf nicht überfüllt werden.

Fingerzeige: Wenn Sie über den Ölverbrauch Ihres Ford Sierra ganz genau Buch führen wollen, sollten Sie immer an derselben Stelle messen; am besten vor dem ersten Start. Sie brauchen dann nicht einmal den Peilstab abzuwischen, da über Nacht alles Öl in die Ölwanne zurückgetropft ist.
Lassen Sie sich nicht verunsichern. Hochwertiges Motorenöl wird schon nach kurzer Laufzeit dunkel. Das beweist nur, daß es richtig arbeitet und den anfallenden Schmutz in der Schwebe hält. Es ist jedoch kein Zeichen dafür, daß das Öl gewechselt werden müßte.

Öl nachfüllen

Die Ölmenge zwischen oberer und unterer Peilstabmarke beträgt knapp 1,0 Liter. Unter die MIN-Marke sollte der Ölstand nicht fallen. Aber auch wenn der Ölstand einmal etwa einen Viertelliter unter die MIN-Marke gefallen ist, droht dem Motor noch kein Unheil. Fehlt mehr Öl und wird der Sierra scharf gefahren, kann es durch unzureichende Ölversorgung an den hydraulischen Ventilstößeln (CVH- und DOHC-Motor sowie bestimmte 2,9-Liter-V6-Motoren) zu Schäden kommen. Außerdem kann es durch Kavalierstarts und hohe Kurvengeschwindigkeiten zu Lagerschäden kommen, weil der Schnorchel der Ölpumpe in der Ölwanne Luft ansaugt und dadurch der Öldruck abrupt abfällt.
Unsinnig ist aber auch eine Überfüllung des Motors über die MAX-Marke hinaus. Das Zuviel an Motoröl gelangt über die Kurbelgehäuse-Entlüftung in den Luftfilter und verschmutzt bzw. verstopft den Papierfiltereinsatz.
Bei welchem Ölstand Sie nachfüllen sollten, hängt von Ihrer Fahrweise ab:

○ Bei gemäßigtem Fahrstil genügt Nachfüllen, wenn das Niveau an der unteren Peilstabmarke angelangt ist.

○ Für scharfe Fahrweise empfiehlt sich das Auffüllen, wenn der Ölstand im unteren Drittel oder Viertel zwischen den beiden Peilstabmarken steht. Die etwas größere Ölmenge kann die Kühlungsaufgaben besser erfüllen.

Darf man Öle mischen?

Die Ölsorten aller Hersteller lassen sich ohne Gefahr untereinander mischen. Diese Mischbarkeit ohne schädliche Folgen ist eine Grundforderung der internationalen Öl-Normen. Zwar werden spezifische Eigenschaften eines bestimmten Öls durch die Vermischung mit anderem Öl möglicherweise leicht beeinträchtigt, da jede Ölmarke ihre eigene Additivkombination besitzt, die Schmierwirkung ist jedoch nie gefährdet.
Von der Mischung ausgenommen sind synthetische Öle, die nicht der Spezifikation API SG/CD entsprechen (siehe »Die Ölspezifikation«), und speziell legierte Rennöle. Bei einer Mischung solcher Öle mit herkömmlichen Motorölen kann eine untaugliche Ölkombination entstehen mit der Gefahr eines Motorschadens.

Ölverbrauch

Der Begriff Ölverbrauch bezieht sich nur auf diejenige Menge Motoröl, die als Folge des Verbrennungsvorgangs in kleinen Mengen in den Zylindern verbrennt, ist also nicht gleichzusetzen mit dem Begriff Ölverlust, wie er durch Motorundichtigkeiten auftreten kann.
Im Normalfall ist der Ölverbrauch bei allen Sierra-Motoren so gering, daß zwischen den einzelnen Ölwechselintervallen kein oder nur eine geringe Menge Öl nachgefüllt werden muß.
Wieviel Öl Ihr Sierra braucht, hängt von folgenden Umständen ab:

○ Ölüberfüllung bewirkt höheren Verbrauch, denn die Kurbelgehäuse-Entlüftung bläst das Zuviel wieder zum Motor hinaus.

○ Dünnflüssiges Öl verbrennt schneller als dickflüssiges. Einbereichsöl wird in heißem Zustand dünn wie Wasser, Mehrbereichsöl bleibt dickflüssiger.

○ Mehrbereichsöl, das zu lange im Motor bleibt, hat einen höheren Nachfüllbedarf.

○ Scharfe Fahrweise treibt außer dem Kraftstoffkonsum auch den Ölverbrauch in die Höhe. Besonders stark wirkt sich aus, wenn der neue Motor sofort voll belastet wurde.

○ In der Einlaufzeit braucht der Motor etwas mehr Schmiermittel.

○ Motorundichtigkeiten. Kontrollieren Sie, wie im Kapitel »Der Motor und sein Innenleben« beschrieben.

○ Defekt im Motor; z. B. Ventilschaftabdichtungen defekt, Spiel zwischen Ventilführung und Ventilschaft zu groß, Kolbenringe falsch eingebaut oder schadhaft, beschädigte Zylinderwand durch Kolbenfresser.

Ihr Motor verbraucht kein Öl?

Im winterlichen Kurzstreckenbetrieb kann es vorkommen, daß der Ölstand zwischen den Messungen überhaupt nicht abnimmt oder gar ansteigt. Das ist kein Grund zur Freude, denn dann ist das Motoröl durch Kraftstoff und Kondenswasser verdünnt.
Diese in ihrer Schmiereigenschaft wesentlich beeinträchtigte Ölfüllung sollte durch eine regelmäßige, längere Fahrt aufgekocht werden, damit die Kondensate verdunsten. Sofort anschließend den Ölstand kontrollieren,

da der Pegel durch die verdunsteten Benzin/Wasser-Anteile erheblich absinkt! Bei extremem Stadtbetrieb ohne zwischenzeitliche Langstreckenfahrt sollten Sie das Öl vor den üblichen Intervallen wechseln; evtl. schon nach 3000 km oder vier Monaten.
Im Winter rechnet man mit einem Kraftstoffanteil im Öl von 2–5%, wobei ein Einspritzmotor durch die besser dosierte Kaltstartanreicherung weniger Kraftstoff im Motoröl hat als ein Vergasermotor.

Die richtige Ölsorte

Für die Motoren des Ford Sierra schreibt Ford ein Marken-HD-Öl vor, das nach dem API-System mit SG/CD bezeichnet wird. Neben dieser Bezeichnung vom Amerikanischen Petroleum Institut gibt es noch weitere von der Vereinigung europäischer Autohersteller (CCMC), General Motors und dem US-Militär (MIL).

Die Öl-spezifikation

Motoröl für die Motoren des Ford Sierra sollte eine der folgenden Bezeichnungen tragen:
- API SG/CD (derzeit höchste Qualität);
- CCMC-G3;
- MIL-L-46 152 A oder MIL-L-46 152 B.

Bei solcherart gekennzeichnetem Öl können Sie unbesorgt zugreifen, auch wenn es wesentlich billiger ist als ein gleichartiges bekanntes Markenöl.

Zähflüssigkeit des Öls

Das Fließverhalten des Öls – also die Dick- bzw. Dünnflüssigkeit – bestimmt, ob
- der Anlasser den kalten Motor durchdrehen kann;
- alle Schmierstellen nach dem Kaltstart sofort versorgt werden;
- bei hohen Temperaturen und Drehzahlen der Schmierfilm nicht abreißt.

Die amerikanische **S**ociety of **A**utomotive **E**ngineers hat die Öle entsprechend ihrer Zähflüssigkeit in Klassen eingeteilt. Diese Klassen reichen vom dünnflüssigen **W**interöl SAE 5 W, 10 W, 15 W über die Zwischenstufen SAE 20 W/20 zu den dickflüssigen Sommerölen SAE 30, 40 und 50.
- Am billigsten, aber kaum noch im Handel, ist **Einbereichsöl**. Für einwandfreie Motorschmierung muß es entsprechend der Jahreszeit dick- oder dünnflüssiger sein. Das bedeutet, daß im Herbst Winteröl und im Frühjahr Sommeröl in den Motor gefüllt werden muß.
- Wesentlich aufwendiger in der Herstellung und deshalb auch teurer ist **Mehrbereichsöl**. Es besitzt Viskositätsindex-(VI-) Verbesserer – lange Molekülketten, die beim Erhitzen quellen und beim Abkühlen wieder schrumpfen. Das Öl kann sich damit den Temperaturen elastisch anpassen und mehrere Viskositätsklassen überspannen. Ein Öl SAE 15 W-50 entspricht bei einer Temperatur von –15°C der Zähflüssigkeitsklasse 15 W und bei 100°C der Klasse 50.

Problematisch ist bei manchen Mehrbereichsölen, daß die Molekülketten ihrer Viskositäts-Verbesserer mit der Zeit regelrecht kleingehackt (abgeschert) werden können. Dann ist die obere Zähflüssigkeitsklasse nicht mehr voll erhalten, das Öl also nicht mehr so temperaturbeständig.

Welches Öl kaufen?

Bei welchen Temperaturen welche Motoröl-Zähflüssigkeit verlangt wird, zeigt die Tabelle unten. Um mit einer einzigen Ölsorte weite Temperaturspannen überbrücken und den jahreszeitlichen Ölwechsel ersparen zu können, nennt Ford ausschließlich Mehrbereichsöle. Für mitteleuropäische Verhältnisse genügt die Viskosität 10 W-30 ganzjährig. Nur bei extrem hohen oder niedrigen Dauertemperaturen soll eine andere Viskosität verwendet werden. Ford empfiehlt das hauseigene Super Motoröl, doch daran brauchen Sie sich keinesfalls zu halten. Wichtig ist die richtige Zähflüssigkeit und Spezifikation. Die billigeren Einbereichsöle hat Ford in seinen Schmiermittelempfehlungen schon lange gestrichen.

Hochleistungsöle

Unter diesem Begriff sind Leichtlauf- oder Benzinsparöle (auf teilsynthetischer Basis) und auch vollsynthetische Öle zusammengefaßt, denn die Übergänge sind fließend. Sie sind durchweg teurer als herkömmliche Mehrbereichsöle. Da sie die Bildung von Ölschlamm besonders gut verhindern, werden diese Öle sehr empfohlen.

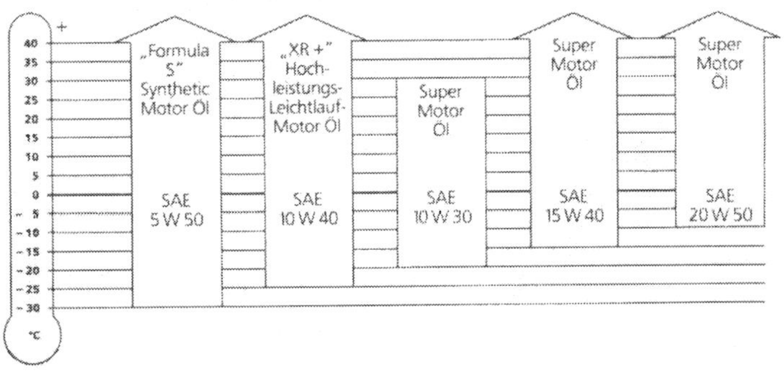

Die Tabelle zeigt die Ölviskositätsempfehlungen von Ford. Sie zeigt, daß Sie in unseren Breitengraden schon mit dem Öl der Viskositätsklasse 10 W-30 ausreichend bedient sind, denn die angegebenen Temperaturen verstehen sich als Dauertemperaturen. Kurzzeitige Schwankungen über diese Temperaturbereich hinaus spielen keine Rolle.

○ Die in kaltem Zustand sehr dünnflüssigen Leichtlauf-Schmierstoffe verringern vor allem in der Warmlaufphase und im Kurzstreckenverkehr die innere Reibung im Motor, setzen ihm also weniger Widerstand entgegen. So kann realistisch mit einer Verbrauchs-Einsparung von rund 3% gerechnet werden. Außerdem sind bei den Leichtlaufölen Detergentien eingebaut, die der Schlammbildung von Mager-Konzept-Motoren entgegenwirken und den stickoxidhaltigen Durchblasgasen standhalten. Diese Ersparnis macht sich nur bei einem Motor bezahlt, der einen geringen Ölverbrauch hat.
○ Vollsynthetische Öle zählen zu den teuersten überhaupt. Sie sind besonders alterungsbeständig und hoch belastbar.

Zusätze zum Motorenöl

Das Verwenden von Zusatzmitteln – gleich welcher Art – in Schmierölen verstößt gegen unsere Betriebsanleitung und kann im Garantie- bzw. Kulanzfall zu Auseinandersetzungen führen. Das ist die Meinung der Ford-Werke zu Ölzusatzmitteln. Ob die Mehrkosten für Ölzusätze eine entsprechende Lebensverlängerung des Motors bewirken, hat ohnehin noch niemand eindeutig nachgewiesen.

Wie oft Öl wechseln?

Ford schreibt für alle Motorvarianten des Sierra den Ölwechsel jeweils nach 10000 km bzw. halbjährlich vor. Wie genau soll man sich an diese Anweisung halten?
Wir meinen, daß ein Langstreckenfahrer die 10000-km-Ölwechsel-Intervalle nicht so kilometergenau nehmen muß. Dagegen können kürzere Wechselabstände angebracht sein, wenn der Wagen ausschließlich im Kurzstreckenbetrieb fährt. Bei ausschließlich winterlichem Stadtverkehr sind sogar bereits vier Monate genug für das Motoröl.
Der jahreszeitliche Ölwechsel – am besten vor und nach den Wintermonaten – hat besonders für jene Sierra-Fahrer Bedeutung, die die 10000 km zwischen den Ölwechselintervallen nicht schaffen oder die ein preiswertes Einbereichsöl im Motor haben, das für die bevorstehende Jahreszeit in seiner Zähflüssigkeit nicht »paßt«.

Ölwechsel wo und wie?

○ Das Motoröl soll bei betriebswarmem Motor gewechselt werden, damit es allen Schmutz beim Auslaufen ausschwemmt.
○ Das beim Ölwechsel anfallende Altöl muß ordnungsgemäß beseitigt werden. Wer es einfach ins Erdreich versickern läßt, vergräbt oder in die Kanalisation schüttet, gefährdet die Trinkwasserversorgung und muß mit hohen Strafen rechnen. Altöl kann man kostenlos dort abgeben, wo man Motoröl kauft (Kaufquittung aufbewahren), oder bei einer Altölsammelstelle. Deren Adresse erfahren Sie von der Gemeindeverwaltung, der örtlichen Polizei oder einer Autoclub-Geschäftsstelle.
○ In Werkstätten kostet der Ölwechsel nach unseren Erfahrungen das meiste Geld, weil nur sehr teure Ölsorten vorrätig sind. Außerdem ist der Motor oft schon wieder kalt, bis das alte Öl abgelassen wird. Und manche Werkstätten berechnen die Arbeit für den Ölwechsel zusätzlich.
○ An Tankstellen kommt der Wagen meist sofort dran. Sie können auch ein billigeres Öl aus dem Tankstellen-Verkaufsprogramm auswählen, und im Ölpreis ist die Arbeit des Tankwarts inbegriffen.
○ Gegen den SB-Ölwechsel mit einem Absauggerät an der Tankstelle bestehen keine Bedenken, vorausgesetzt, der Ölfilter wird bei jedem Wechselintervall ebenfalls ausgetauscht. Das ist je nach eingebautem Motor von oben oder unten zu bewerkstelligen – der Wagen muß also ggf. aufgebockt werden.
○ Ölwechsel zu Hause lohnt sich nur, wenn Sie das Öl preiswert im Zubehörhandel, Großmarkt, Warenhaus

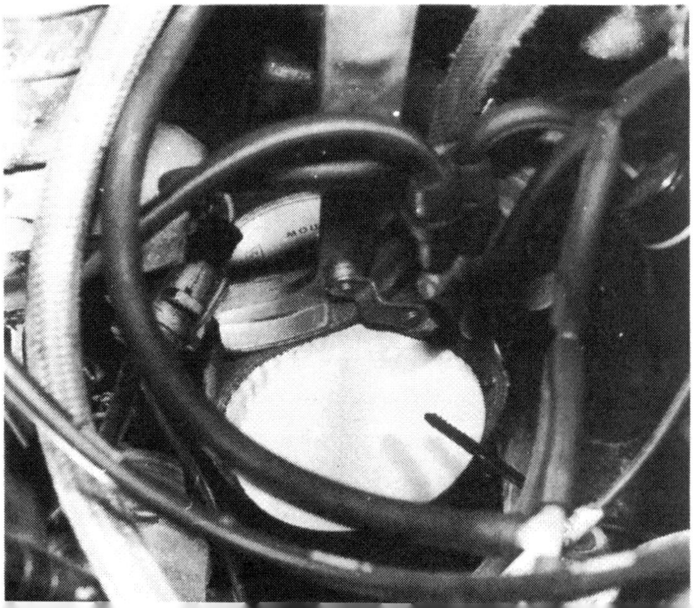

So wird der Spannbandschlüssel zum Losdrehen des Ölfilters – im Bild der OHC-Motor – angesetzt. Bei Problemen mit dem Losdrehen, den Filter durchstoßen und losdrehen. Noch besser ist allerdings der auch im Text erwähnte Schlüssel von Hazet.

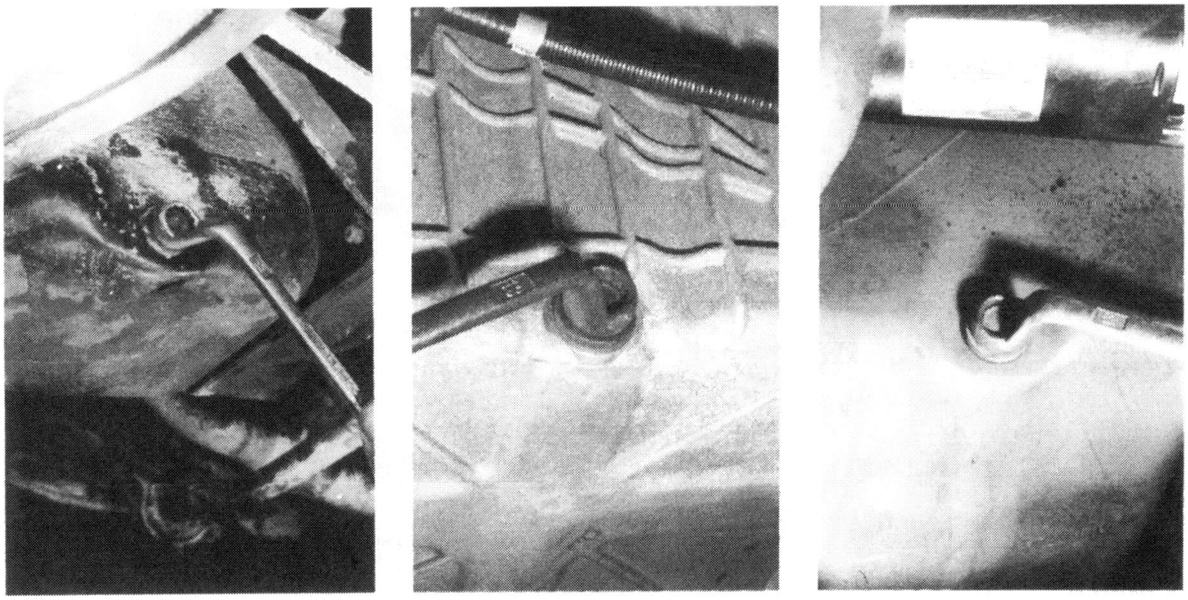

Die Motoröl-Ablaßschraube, die sich am besten mit einem langen Ringschlüssel (SW 13) herausdrehen läßt, sitzt bei allen Sierra-Motoren seitlich an der Ölwanne (im Bild links der OHC-, in der Mitte der DOHC- und rechts der V6-Motor). Wie der Ölwechsel gemacht und wieviel Öl der einzelne Motor für die Neufüllung benötigt, ist auf diesen Textseiten beschrieben.

oder durch gute Beziehungen billiger kaufen können. An der Tankstelle müssen Sie nach den etwas günstigeren SB- oder Mitnahmeölen fragen.

Motoröl und Ölfilter wechseln

Wartung Nr. 10

Die Tabelle zeigt die Ölmengen, die zum Ölwechsel für die einzelnen Motoren besorgt werden müssen:

Motor		1,6 CVH	1,8 CVH	OHC	DOHC	2,8 V6	2,9 V6
mit Ölfilterwechsel	l	3,5	4,0	3,75	4,5	4,65	4,25
ohne Ölfilterwechsel	l	3,25	3,5	3,25	4,0	4,4	4,0

Weiter brauchen Sie:

○ Einen neuen **Dichtring** für die Ölablaßschraube.

○ Einen **Ölfilter** für den alle 10000 km fälligen Filtertausch: Motorcraft EFL 90 (DOHC-Motor); EFL 134 (CVH-Motor); EFL 301; EFL 38 (OHC-Motor); EFL 158 (V6-Motor).

● Fahrzeug warmfahren.

● Den Sierra waagrecht stellen oder entsprechend rüttelsicher aufbocken.

● Kleine flache Wanne, Schüssel oder einen genügend großen, aufgeschnittenen Plastik-Ölkanister unterstellen.

● Ölablaßschraube mit Ringschlüssel SW 13 öffnen, Öl in Gefäß laufen lassen. Vorsicht, es ist heiß!

● Haben Sie den Wagen nur vorn aufgebockt, sollten Sie ihn zum völligen Auslaufenlassen des Altöls nochmals ablassen. Aufpassen, daß dabei das Auffanggefäß nicht beschädigt oder umgekippt wird.

● Ölfilter mit dem im Bild gegenüber gezeigten Bandschlüssel lösen. Noch besser ist der spezielle Filterschlüssel von Hazet. Bei sehr festsitzendem Filter einen scharfen Schraubendreher durch das Blechgehäuse des Filters treiben (Vorsicht, Öl läuft aus) und Filter mit dem Schraubendreher losdrehen.

● Alten Ölfilter über Ölauffanggefäß entleeren.

● Einen gebrauchten Ölfilter nicht in die Hausmülltonne werfen, sondern – wie auch ölgetränkte Lappen – zum Sondermüll geben (Adresse von der Gemeindeverwaltung erfragen).

● Dichtring am neuen Ölfilter mit etwas Fett einreiben. Kein Öl nehmen, das bei der Sichtkontrolle zum Schluß oft fälschlicherweise für austretendes Öl gehalten wird.

● Filter ohne irgendwelches Werkzeug von Hand festdrehen.

● Ölablaßschraube sauberreiben und mit neuem Dichtring eindrehen, jedoch nicht zu fest anknallen (21–28 Nm), sonst wird das Gewinde in der Ölwanne beschädigt.

● Nach dem Öleinfüllen den Motor kurz laufen lassen. Bis die Ölpumpe den Ölfilter gefüllt hat, brennt die Öldruckkontrolle (Öldruck muß sich erst aufbauen). Bei einem älteren Motor kann kurzes Lagerklappern hörbar werden. Bei Motoren mit hydraulischen Ventilstößeln können kurzzeitig die Ventilstößel klappern.

● Öldichtheit an Ölfilter und Ablaßschraube kontrollieren.

Getriebe auf Dichtheit prüfen

Wartung Nr. 39

Im Getriebe wird das Schmiermittel nicht wie im Motor verbraucht, sondern kann allenfalls durch undichte Stellen ins Freie gelangen. Zeigt das Getriebegehäuse von außen keine öldurchtränkte Schmutzkruste, ist dieser Wartungspunkt schon erledigt. Andernfalls muß der Ölstand geprüft werden. Wo die Kontroll- und Einfüllschraube sitzt, zeigt das Bild auf der folgenden Seite.

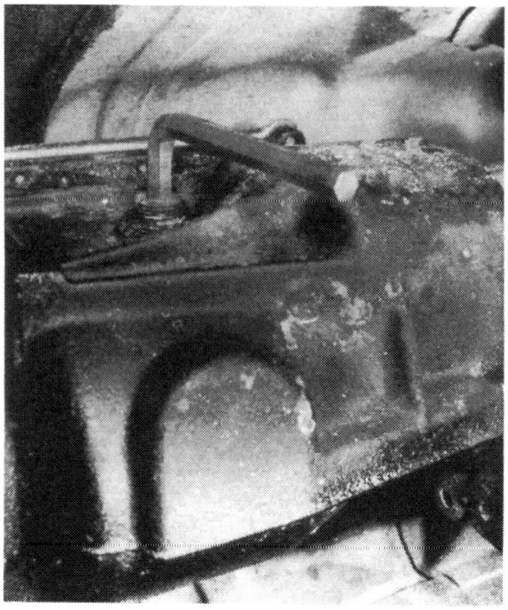

Die Kontroll- (links N-Getriebe) bzw. Ablaßschraube (rechts MT 75-Getriebe) kann nur mit einem Innensechskantschlüssel 10 mm geöffnet werden. Vor Öffnen der Kontrollschraube unbedingt vorher die Umgebung der Schraube reinigen, damit bei der Ölstandskontrolle kein Schmutz ins Getriebe gelangen kann.

- Den Sierra waagrecht und rüttelsicher aufbocken.
- Öleinfüllschraube mit einem Innensechskantschlüssel 10 mm öffnen.
- Läuft nun bereits etwas Getriebeöl heraus, stimmt der Ölstand.
- Ansonsten Finger in das Gewindeloch stecken und fühlen, ob der Ölstand bis kurz unterhalb an die Öffnung (max. 5 mm) heranreicht.
- Bei größerem Ölmangel (mehr als 5 mm von Unterkante Einfüllöffnung) sollten Sie an der Tankstelle oder in der Werkstatt die vorgeschriebene Getriebeölsorte einfüllen lassen.

Fingerzeige: Wollen Sie bei der Kontrolle des Getriebeölstands ganz sicher gehen, biegen Sie sich ein Stück Schweißdraht (oder ähnlichen Draht) entsprechend rechtwinklig ab und prüfen so den Ölstand von der Unterkante der Einfüllöffnung aus.
Getriebeöl für das gelegentliche Nachfüllen zu Hause parat zu haben, lohnt sich nur, wenn Sie es in einer wieder verschließbaren 1-Liter-Dose kaufen können.
Das eigenhändige Einfüllen des sehr zähflüssigen Getriebeöls durch die seitliche Getriebeöffnung ist mit Heimwerkermitteln eine gehörige Geduldsprobe, selbst wenn man einen geeigneten Trichter oder gar eine Ölspritzkanne zur Verfügung hat und das Öl vorher erwärmt.

Die richtige Getriebeölsorte

An einen Getriebeölwechsel brauchen Sie nicht mehr zu denken. Das Getriebe ist mit einer Dauerfüllung versehen, aus der eventueller Abrieb durch Magnete herausgefischt wird. Allerdings muß das Getriebeöl bestimmten Anforderungen entsprechen.
Für das Viergang-Getriebe (»B«- und »C«-Getriebe) schreibt Ford Öle der Spezifikation SQM2C-9008-A, für das Fünfgang-Getriebe (»N«-Getriebe) ESD-M2C175-A und für das neue Fünfgang-Getriebe (MT 75) ESD-M2C186-A vor.

ATF-Stand im automatischen Getriebe kontrollieren

Wartung Nr. 2

Die Getriebeautomatik ist mit einer synthetischen Flüssigkeit namens **A**utomatik **T**ransmission **F**luid befüllt. Sie dient als Schmiermittel und zur Steuerung des hydraulischen Drucks der einzelnen Fahrstufen im Getriebe. Damit Sie den Anforderungen der A4LD(E)-Getriebeautomatik im Ford Sierra gerecht wird, muß die ATF geprüft sein und die Ford-Spezifikation SQM-2C-9010-A (CJ-Öl) aufweisen. Dieses Getriebeöl darf auf keinen Fall mit dem alten Öl der Ford-Spezifikation SQM-2C-9007-AA (G-Öl) gemischt werden! Die Verwechslung bzw. Vermischung der beiden Getriebeöle kann zu Getriebeschäden führen.
Der vorgeschriebene Ölstand ist für die einwandfreie Funktion des automatischen Getriebes äußerst wichtig. Darum ist die Prüfung regelmäßig mit großer Sorgfalt durchzuführen.

- Die ATF soll zur Prüfung die Betriebstemperatur (ca. 65°C) aufweisen. Dazu ggf. eine etwa zehnminütige Probefahrt machen.
- Die Temperatur muß deshalb so genau eingehalten werden, weil sich die Flüssigkeitsmenge temperaturabhängig verändert und eine einwandfreie Messung des Flüssigkeitsstandes daher nur bei Betriebstemperatur möglich ist.
- Fahrzeug waagrecht abstellen, Handbremse anziehen und Fußbremse betätigen.
- Bei Leerlaufdrehzahl alle Wählpositionen dreimal durchschalten.
- Wählhebel in Position »P« legen und mindestens eine Minute warten.
- Peilstab – in Fahrtrichtung rechts hinten am Motor – bei Leerlaufdrehzahl des Motors herausziehen, mit einem sauberen, fusselfreien Lappen abwischen, wieder einschieben und nochmals herausziehen.
- Der Flüssigkeitsstand muß bei betriebswarmem Getriebe zwischen MIN und MAX stehen.

Für die Ölstandskontrolle im Hinterachsgetriebe wird ein Innensechskantschlüssel 12 mm benötigt. Oberstes Gebot bei der Ölstandskontrolle ist auch hier, daß die Umgebung der Einfüllöffnung vor der Kontrolle gereinigt wird.

● Falls erforderlich, ATF der vorgeschriebenen Spezifikation durch das Peilstabrohr mit einem sauberen Trichter und Schlauch auffüllen.
● Falls zuviel eingefüllt wurde, muß ATF abgesaugt werden, da ein überfülltes Getriebe zu Störungen neigt.
● Ist die Getriebeflüssigkeit dunkelbraun oder gar schwarz und riecht sie verbrannt, deutet dies auf einen größeren Getriebeschaden mit verschlissenen Kupplungen oder Bremsbändern hin.
● Liegt der Ölstand unter der MIN-Marke, muß das Getriebe und der Ölkühler – er befindet sich im Wasserkasten des Motorkühlers – auf Undichtigkeiten überprüft werden. Notwendige Abdichtarbeiten sollten Sie der Werkstatt überlassen.

Ölstand im Hinterachsgetriebe kontrollieren

Wartung Nr. 40

● Zum Überprüfen des Ölstands muß der Sierra waagrecht stehen.
● Einfüllschraube mit Innensechskantschlüssel 12 mm lösen und herausdrehen.
● Der Ölstand muß bei der Kontrolle ca. 10 bis 12 mm unterhalb der Einfüllöffnung stehen.
● Zur sicheren Kontrolle einen Draht zurechtbiegen und markieren.
● Falls erforderlich, Hypoidöl SAE 90 nach der Ford-Spezifikation SQM-2C-9002-AA nachfüllen, jedoch nicht vergessen, nach der Ursache für den Ölverlust zu forschen.
● Dazu sollten Sie das Hinterachsgetriebe mit Kaltreiniger säubern, um die Leckstelle besser orten zu können.
● Arbeiten am Hinterachsgetriebe gehören jedoch in die Werkstatt, da beim Zusammenbau diffizile Einstellarbeiten vonnöten sind.

Flüssigkeitsstand der Servolenkung kontrollieren

Wartung Nr. 3

Der Vorratsbehälter der Servolenkung sitzt direkt hinter dem Kühler. Zu Ihrer eigenen Sicherheit sollten Sie regelmäßig bei jeder Kontrolle des Motorölstands auch den Flüssigkeitsstand in diesem Behälter kontrollieren.

Links: Beim DOHC-Motor kann der ATF-Stand für den warmen wie für den kalten Motor leicht am transparenten Vorratsbehälter von außen abgelesen werden (Pfeile).
Rechts: Beim OHC- und V6-Motor bildet die Ölpumpe der Servolenkung zusammen mit dem Vorratsbehälter eine Baueinheit. Zur Kontrolle den Deckel mit Meßstab abnehmen und mit flusenfreiem Lappen abwischen. Nach nochmaligem Aufschrauben den Ölstand ablesen. Er muß bei betriebswarmem Motor bei »1« stehen. Bei kaltem Motor darf der Ölstand die Markierung bei »2« nicht unterschreiten.

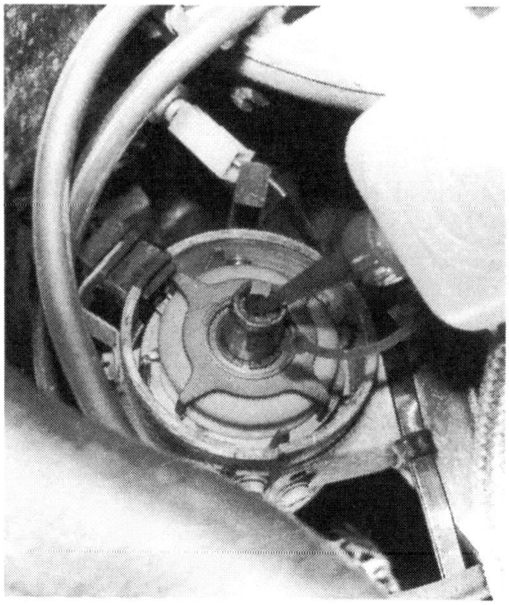

Links: Zum Schmieren der Schloßfalle an den Türen eignet sich am besten eine nicht schmutzende Silikonpaste. Rechts: Im Zündverteiler des Impulsgeber-Systems gibt es eine einzige Schmierstelle – den Schmierfilz in der Verteilerwelle. Er soll höchstens zwei Tropfen Öl erhalten.

Eingefüllt ist ATF, wie in der Getriebeautomatik. Der Flüssigkeitsstand kann bei betriebswarmer oder kalter Lenkhilfe kontrolliert werden.

- Deckel des Vorratsbehälters abnehmen.
- Meßstab mit fusselfreiem, sauberen Lappen abwischen und Deckel wieder einschrauben.
- Deckel nochmals abschrauben und Flüssigkeitsstand am Meßstab ablesen – die obere Markierung gilt bei warmer, die untere bei kalter Lenkhilfe.
- Falls erforderlich, vorgeschriebene ATF nachfüllen.
- Liegt der Flüssigkeitsstand weit unter der Mindest-Markierung oder muß häufig ATF nachgefüllt werden, muß nach der Ursache für den Flüssigkeitsverlust geforscht werden.

Zündverteiler schmieren

Wartung Nr. 56

Obwohl alle Sierra-Modelle eine wartungsfreie Transistorzündanlage besitzen, muß speziell der Verteiler des 1,8-Liter-OHC-Motors gelegentlich geschmiert werden.

- Verteilerdeckel, -finger und Staubschutz abnehmen.
- Zwei Tropfen Haushalts- oder Motoröl in den Schmierfilz der hohlen Verteilerwelle tropfen lassen. Den Schmierfilz zeigt der Verteiler von Bosch im Bild oben.

Züge, Gelenke und Schlösser schmieren

Wartung Nr. 34

Der Wartungsplan von Ford sieht nur einige wenige Schmierarbeiten an den verschiedenen Sierra-Modellen vor. Es hat sich aber gezeigt, daß manches auf die Dauer leichtgängig bleibt, was sonst quietscht, klemmt, reißt oder rostet, wenn man es hin und wieder schmiert. Dabei gilt folgende Faustregel: An Scharnieren und Gelenken mit engen Durchgängen, in die kein Fett eindringen kann, ist Öl oder Schmierspray günstiger. Gegeneinander reibende Flächen werden besser gefettet oder mit einer Schmierpaste behandelt, da diese Schmierstoffe besser haften.

Um leichtgängig zu bleiben, ist das Motorhaubenschloß für ein Quentchen Fett recht dankbar. Eine geschmierte Sicherungsfeder oder Hakenaufnahme (Pfeile) bewirken ein zuverlässiges Einrasten des Sicherungshakens und eine leichtgängige Funktion des Haubenschlosses.

Türen und Heckklappe bzw. Kofferraumdeckel

● Die Türscharniere sind eigentlich wartungsfrei. Dennoch kann es nicht schaden, hin und wieder etwas Öl anzusprühen; abtropfendes Schmiermittel abwischen.
● Für die Schloßfalle der Türen (siehe Bild auf der gegenüberliegenden Seite) und der hinteren Klappe verwenden Sie am besten Silikonpaste oder ein Schmierspray.
● Die Türfeststeller oder Türhaltebänder, die zu weites Aufschlagen der Türen verhindern, werden mit etwas Mehrzweckfett oder ebenfalls mit Silikonpaste bestrichen.
● Die Heckklappenscharniere an der Dachhinterkante können Sie mit etwas Öl besprühen. Vorsicht, daß der Dachhimmel nichts abbekommt.

Schließzylinder

● Sprühen Sie spätestens zu Beginn der kalten Jahreszeit etwas Rostlöser-Isolierspray in den Schlüsselschlitz. Es schmiert, verdrängt Feuchtigkeit und schützt vor Rost sowie Einfrieren im Winter.
● Zur Schmierung des Schließzylinders eignet sich auch Waffenöl. Mit einer alten Injektionsspritze jeweils 0,5 cm^3 einspritzen.

Motorhaube

● Entriegelungszug der Motorhaube von einem Helfer im Wageninnern ziehen lassen. An der Stelle, wo der Seilzug aus der Umhüllung kommt, etwas Fett anstreichen und durch mehrmalige Hebelbewegung in die Zugumhüllung ziehen.
● Der Schließdorn der Motorhaube, das Motorhaubenschloß und die Gelenke der Haubenstütze mit etwas Fett bestreichen oder Schmierfett auftragen.
● Am Motorhauben-Schloßzapfen den Federteller etwas zurückdrücken und die Zapfenstange, auf der der Teller gleitet, gut schmieren.
● Die Achsen der Motorhaubenscharniere erhalten etwas Öl oder Schmierspray.

Glasschiebedach

● Schiebedach aufkurbeln und Führungsschienen sowie die darin laufenden Zugseile vorsichtig mit Benzin von verkrustetem Fett reinigen.
● Führungsschienen und Rahmen des Glasdachs an allen sich berührenden Stellen mit Mehrzweckfett oder Silikonpaste bestreichen, ebenso den Aufstellmechanismus.
● Schiebedach mehrmals auf- und zukurbeln, damit das Fett verteilt wird.

Kupplungszug

● Wagen vorne hochbocken und Gummiabdeckung des Kupplungszugs aus der Kupplungsglocke ziehen.
● Den Kupplungsausrückhebel etwas zurückziehen, so daß das Endstück des Bowdenzugs locker am Kupplungshebel hängt.
● In den Zwischenraum etwas Fett oder Schmierpaste streichen.
● Am Ende der Zugumhüllung etwas Fett auf den Bowdenzug auftragen und durch mehrmaliges Kupplungspedaltreten in die Zugumhüllung ziehen.
● Gummitülle wieder exakt im Ausschnitt der Kupplungsglocke einpassen.

Handbremszüge

Zum Schmieren der Handbremsteile verwendet man am besten ein wasserbeständiges Mehrzweckfett z. B. Molykote BR 2 Plus, das auch für die Schmierung der hinteren Radlager geeignet ist.
● Ausgleichbügel fetten.
● An allen Seilzügen an der Stelle, wo die Züge in ihre Umhüllung eintreten, einen korrosionshemmenden »Fettkragen« aufstreichen.

Gasbetätigung

● Von einem Helfer bei stehendem Motor das Gaspedal durchtreten lassen.
● An allen sich hierbei bewegenden Stellen die eventuell anhaftende Schmutzkruste abwischen und anschließend etwas Öl ansprühen, während ein Helfer ein paar Mal das Gaspedal betätigt.
● Nicht geschmiert werden dürfen dagegen die Wellen und Lagerungen am Vergaser bzw. Drosselklappenhebel bei der Benzineinspritzung – das Schmiermittel verbunden mit Staub läßt sie sonst vorzeitig ausschlagen.

Wählhebelmechanismus des Automatik-Getriebes

● Wagen vorne hochbocken und Gelenke des Schaltwellenhebels an Schaltseilzug und Getriebe mit einem gezielten Strahl Sprühöl besprühen.
● Gummibalg zurückziehen und auf den Bowdenzug Fett angeben.
● Auf den Bowdenzug des Rückschalthebels am Getriebe etwas Fett angeben.
● Nach Reinigung die Einstellvorrichtung im Motorraum ebenfalls vorsichtig mit Mehrzweckfett einfetten.

Wunschprogramm

Der Ford Sierra konnte schon immer mit einer ganzen Palette unterschiedlicher Motoren aufwarten. Das hat sich auch nach der großen Modellüberarbeitung im Frühjahr 1987 nicht geändert. So kommen im Ford Sierra außer dem Diesel allein vier in ihrer Konstruktion völlig unterschiedliche Antriebsquellen zum Einbau.

Blick unter die Motorhaube

Beim Blick unter die Motorhaube des Ford Sierra erkennen Sie sofort, welcher Motor eingebaut ist. So unterscheiden sich schon die drei Vierzylinder-Reihenmotoren allein durch ihre Zylinderkopfhaube deutlich voneinander. Die Tabelle zeigt die in diesem Band beschriebenen Motoren:

Motortyp	OHC/1-4	OHC/1-4[1]	CVH/1-4[2]	OHC/1-4	OHC/1-4	CVH/1-4[1]	OHC/1-4
Motorcode	LSE	LSF	L6B	RED	REF	R2C	NES
Hubraum cm^3	1597	1597	1596	1796	1796	1769	1993
Leistung kW/PS	55/75	53/72	59/80	66/90	59/80	64/87	77/105
Gemisch-aufbereitung	Register-vergaser	Register-vergaser	Einspritz-anlage	Register-vergaser	Register-vergaser	Register-vergaser	Register-vergaser
Motortyp	OHC/1-4	OHC/1-4	OHC/1-4[1]	DOHC/1-4	DOHC1-4[2]	OHV/V6	OHV/V6[2]
Motorcode	N4A	N4B	NEJ	N8C	N9C	PRG	B4B
Hubraum cm^3	1993	1993	1993	1998	1998	2792	2935
Leistung kW/PS	85/115	74/100	74/100	77/105	88/120	110/150	107/145
Gemisch-aufbereitung	Einspritz-anlage	Einspritz-anlage	Register-vergaser	Register-vergaser	Einspritz-anlage	Einspritz-anlage	Einspritz-anlage

[1] Motor mit ungeregeltem Katalysator **[2] Motor mit geregeltem Katalysator**
OHC = Over Head Camshaft = obenliegende Nockenwelle DOHC = Double Over Head Camshaft = zwei obenliegende Nockenwellen
CVH = Compound Valve angle Hemispherical chamber = in zwei Ebenen V-förmig angeordnete Ventile im halbkugelförmigen Brennraum
OHV = Over Head Valves = obenliegende Ventile

Die Einzelteile des Motors

Wenn Sie sich für die Funktion des Motors interessieren, finden Sie nachfolgend die wichtigsten Teile herausgegriffen und beschrieben, bevor auf die Wartungs- und Reparaturarbeiten eingegangen wird.

Der Motorblock

Bei allen vier Motorvarianten besteht der Motorblock aus Grauguß. An seinem unteren Ende ist die Kurbelwelle gelagert; oben sind die Zylinder – bei den Vierzylinder-Motoren vier in einer Reihe (= 1 – 4) eingearbeitet. Anders bei den Sechszylinder-Motoren, bei denen sich jeweils drei Zylinder in V-Form (= V6) gegenüberstehen. Umgeben werden die Zylinder von den Kühlwasserkanälen im oberen Bereich des Motorblocks.

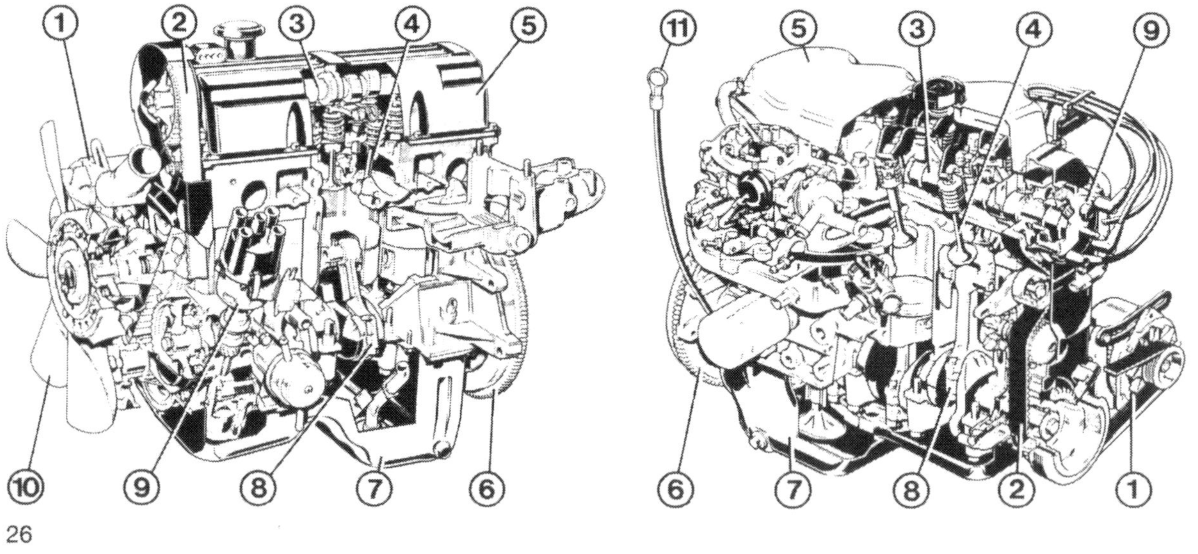

Links der OHC-Motor, rechts der 1,8-Liter-CVH-Motor. Es bedeuten: 1 – Lichtmaschine; 2 – Zahnriemen; 3 – Nockenwelle; 4 – Ventil; 5 – Zylinderkopfhaube; 6 – Schwungscheibe; 7 – Ölwanne; 8 – Pleuel mit Kolben; 9 – Zündverteiler; 10 – Lüfter; 11 – Ölmeßstab.

Links der DOHC-Einspritzmotor, rechts der 2,9-Liter-V6-Motor. Es bedeuten:
1 – Luftsammelrohr bzw. Luftkammer; 2 – Ventil; 3 – Nockenwelle; 4 – Öleinfüllkappe;
5 – Zündverteiler;
6 – Schwungrad;
7 – Ölwanne;
8 – Steuerkette;
9 – Wasserpumpe;
10 – Ölpumpe;
11 – Lüfter;
12 – Drosselklappengehäuse.

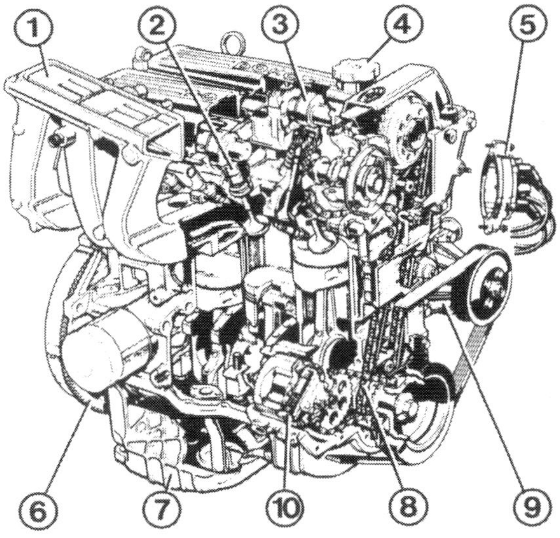

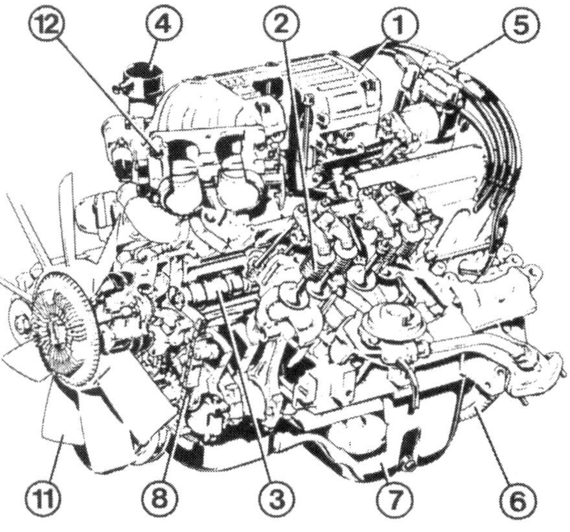

Die Kurbelwelle

Sie setzt die Auf- und Abbewegung der Kolben in eine Drehbewegung um. Dazu ist die Kurbelwelle entsprechend der Zylinderzahl gekröpft, wobei die Kröpfungen versetzt zueinander angeordnet sind. Bei den Vierzylinder-Motoren sind sie um 180°, also genau entgegengesetzt angeordnet. Anders bei den Sechszylinder-Motoren, bei denen sich jeweils drei Zylinder in V-Form gegenüber stehen. Für einen ausgewogenen Motorlauf des Sechszylinders haben die Kurbelwellenkröpfungen einen Abstand von 120°.
Für vibrationsarmen Motorlauf und um kritische Schwingungen zu vermeiden, sind die jeweiligen Kurbelwellentypen mit Gegengewichten versehen. Um ein Durchbiegen der Kurbelwelle vor allem bei hohen Drehzahlen zu vermeiden, ist sie bei den Vierzylindermotoren fünffach im Motorblock gelagert. Jede Kurbelwellenkröpfung, auf der eine Pleuelstange sitzt, ist also rechts und links durch ein Motorlager gestützt.
Bei den Sechszylinder-Motoren wirken alle sechs Zylinder auf eine vierfach gelagerte Kurbelwelle, was vollkommen ausreichend bei der kurzen Baulänge des V6-Motors ist. Zwischen den einzelnen Lagerstellen der im Grund des »V« liegenden Kurbelwelle sind jeweils zwei Pleuelstangen befestigt. Davon gehört ein Pleuel der rechten, das andere der linken Zylinderreihe an.
Bei allen Motoren sitzt in Fahrtrichtung hinten auf der Kurbelwelle eine Scheibe mit dem Zahnkranz für das Ritzel des Anlassers. Das ist entweder die Schwungscheibe, auf welche die Kupplung und damit die Verbindung zum Getriebe montiert wird, oder die Mitnehmerscheibe, an die der Drehmomentwandler der Getriebeautomatik montiert ist. Am vorderen Ende der Kurbelwelle ist beim Vierzylinder-Motor das Antriebsrad für den Zahnriemen bzw. die Steuerkette sowie die Keilriemenscheibe angebracht.
Bei den neuen überarbeiteten Sechszylinder-Motoren ist am vorderen Ende der Kurbelwelle das Zahnrad für die Steuerkette (früher Stirnräder) des Ventiltriebs und ebenfalls die Keilriemenscheibe angeflanscht.

Die Pleuel

Die vier bzw. sechs Pleuel sind mit auswechselbaren Lagerschalen auf den Kurbelwellenzapfen montiert. In ihrem anderen Ende tragen sie Bronzebuchsen für die Kolbenbolzen, die schwimmend gelagert sind. D.h. Kolben und Kolbenbolzen können sich auf dem Pleuel etwas zur Seite bewegen.

Die Kolben

Für geregelte Verbrennung sind die Kolben bei allen Motorvarianten mit unterschiedlichen Brennraummulden im Kolbenboden (obere Fläche des Kolbens) ausgestattet. Beim DOHC-Motor sind zusätzlich Ventiltaschen in den Kolbenboden gefräst, in die die Ventilteller im OT passen. Die Kolben sind aus einer Leichtmetall-Legierung gefertigt und beim OHC-Motor zusätzlich mit einer Stahleinlage versehen, um die Wärmedehnung zum Grauguß des Zylinderkopfes in Grenzen zu halten.
Im oberen Drittel jedes Kolbens sind drei Kolbenringe elastisch in entsprechenden Nuten im Kolben eingebettet. Sie drücken federnd gegen die Zylinderwand. Die beiden oberen Kolbenringe verwehren dem Gasgemisch den Weg aus dem Verbrennungsraum nach unten ins Kurbelgehäuse, während der untere Ölabstreifring verhindert, daß allzuviel Schmiersaft vom Kurbelgehäuse in den Brennraum gelangt.

Die Zylinder

Die Zylinder sind, wie schon erwähnt, Teil des Motorblocks. Die Zylinderbohrungen sind als Laufbahnen für die Kolben glatt ausgeschliffen (gehont) und in ihrer Größe auf den Kolbendurchmesser abgestimmt.
Bei Motorüberholungen werden die Bohrungen einige Zehntelmillimeter weiter ausgeschliffen, um die Verschleißspuren zu beseitigen. Dafür passende Kolben sind in verschiedenen Übergrößen erhältlich.

Die Zylinderkopfdichtung

Sie hat dafür zu sorgen, daß die hohen Drücke in den Brennräumen nicht auf die Öl- und Kühlwasserkanäle einwirken. Die Zylinderkopfdichtung ist je nach Motortyp recht unterschiedlich konstruiert und bei allen Motoren asbestfrei.

Der Zylinderkopf

Auf dem Motorblock sitzt, wie schon erwähnt, getrennt durch die Zylinderkopfdichtung der Zylinderkopf. In den Zylinderkopf eingearbeitet ist auch ein Labyrinth aus Kühlwasserkanälen, der sogenannte Wassermantel.

OHC- und V6-Motor

Der Zylinderkopf besteht beim OHC- und V6-Motor aus Grauguß. Vorteil eines Grauguß-Zylinderkopfes ist, daß er auch bei hohen thermischen Belastungen verwindungssteif bleibt. Gegenüber ihren Vorgängern sind bei beiden Motoren die Brennräume geändert und die Ansaugwege für eine optimale Luftführung komplett überarbeitet worden.

Bei der neuen V6-Motoren-Generation wurde gegenüber dem Vorgänger zusätzlich die Anordnung der Ein- und Auslaßventile für den 1., 2., 5. und 6. Zylinder geändert, so daß nun für jeden Brennraum ein separater Auslaßkanal besteht. Dies ist für einen schnellen Wechsel des Kraftstoff/Luft-Gemisches mit niedrigen Abgaswerten sehr wichtig.

CVH- und DOHC-Motor

Bei den CVH- und DOHC-Motoren ist er aus einer Aluminium-Legierung gefertigt. Im Gegensatz zu einem Grauguß-Zylinderkopf hat der Leichtmetall-Zylinderkopf eine größere Wärmeleitfähigkeit und ermöglicht deshalb bei einem Benzinmotor die bessere Gemischkühlung.

Das Besondere am Leichtmetall-Zylinderkopf des CVH-Motors von Ford ist jedoch der halbkugelförmige Brennraum. Entscheidend ist dabei, daß der Brennraum für eine hohe Gasströmungsgeschwindigkeit weder Kanten noch Ausbuchtungen aufweist. So wird durch gute Verwirbelung des Kraftstoff/Luft-Gemisches eine mehr oder weniger ideale Verbrennung mit günstigen Abgaswerten möglich. Außerdem gestattet die Halbkugel den Einbau ausreichend großer Ventile, wodurch wiederum eine bessere Zylinderfüllung – dadurch höhere Leistung – und schnellere Ableitung der Abgase möglich ist.

Auch der Zylinderkopf des DOHC-Motors ist mit Zwangswirbelbrennräumen und speziell gestalteten Ein- und Auslaßkanälen ausgestattet, wobei die ausgeklügelte Länge der Ansaugwege besonders im niederen bis mittleren Drehzahlbereich für eine verbesserte Füllung mit entsprechenden Abgaswerten sorgt. In den Leichtmetallguß sind Grauguß-Ventilführungen »eingeschrumpft«.

Wie bei den CVH-Motoren, wird auch beim DOHC-Motor das Magermotorprinzip angewandt. Für eine optimale Gemischströmung mit turbulenzartiger Verwirbelung des Gemisches ist dazu das Ansaugsystem des Zylinderkopfes mit neuartigen Drall-Kanälen versehen.

Beide Benzinmotoren arbeiten so mit einem sehr mageren Gemisch, wobei das Kraftstoff/Luft-Verhältnis teilweise bei ca. 19:1 liegt (früher 14:1).

Bei allen Motoren sind die Gaswege nach dem Querstromprinzip ausgelegt. Das verbrannte Gemisch verläßt den Brennraum nach dem Arbeitstakt auf dem kürzesten Weg, weil es nicht umgelenkt werden muß. Dadurch können die Zylinder von der Ansaugseite her wieder schneller gefüllt werden – als Folge erhält man eine höhere Leistungsausbeute.

Die Ventilsteuerung

Sämtliche Teile, die am Öffnen und Schließen der Ventile beteiligt sind, nennt man auch zusammenfassend Ventilsteuerung. Aufgabe der durch die Ventilsteuerung betätigten Ventile ist das Öffnen und Schließen der Ein- und Auslaßöffnungen im Zylinderkopf für das Kraftstoff/Luft-Gemisch oder das Auspuffgas. Genauso wichtig ist aber auch der Moment, in dem beide Ventile eines Zylinders geschlossen sind. In dieser kurzen Zeitspanne muß nämlich der alles belebende Zündfunke in Aktion treten.

Nur wenn das Zusammenspiel von auf- und abgleitendem Kolben und sich öffnenden und schließenden Ventilen einwandfrei funktioniert, ist es dem Motor möglich, seine volle Leistung abzugeben.

Für das Ansaugen des Kraftstoff/Luft-Gemisches und das Ausstoßen der verbrannten Gase bleibt dem ventilgesteuerten Viertaktmotor nur wenig Zeit. Weder kann die Nockenwelle die Ventile schlagartig öffnen, noch vermögen die Ventilfedern sie schlagartig zu schließen. Deshalb sind die Nocken der Nockenwelle so geformt, daß das Einlaßventil bereits gegen Ende des Auslaßtakts öffnet und erst dann schließt, wenn der Kolben nach Beendigung des Ansaughubs wieder verdichtend aufwärts strebt. Das Auslaßventil öffnet schon vor Abschluß des Arbeitstakts und schließt erst, wenn der Kolben bereits wieder frisches Gemisch ansaugt. Beide Ventile sind deshalb einen Sekundenbruchteil gleichzeitig geöffnet, wenn der Kolben im oberen Totpunkt (OT) vom Ausstoß- zum Ansaugtakt umkehrt. Diese Zeitspanne wird mit Ventilüberschneidung bezeichnet und ist je nach Motor recht unterschiedlich.

OHC-Motor

Der OHC-Motor ist ein sogenannter Schlepphebelmotor. Als Schlepphebel werden solche Ventilhebel bezeichnet, bei denen Nockenwelle und Ventil auf einer Seite des Ventilhebel-Drehpunkts, dem Kugelbolzen liegen. So drücken die ovalen Nocken der Nockenwelle auf die Schlepphebel, die den Druck auf die Ventile weiterleiten und diese gegen die Kraft der Ventilfedern öffnen.

Diese moderne Art der Ventilsteuerung durch eine obenliegende Nockenwelle wird auch OHC-Steuerung (= **O**ver **H**ead **C**amshaft) genannt.

Als geräuscharmes Antriebselement für die dreifach gelagerte obenliegende Nockenwelle dient ein mit der Kurbelwelle in Verbindung stehender Zahnriemen. Der gezähnte Gummiriemen mit Stahleinlage arbeitet

weitgehend verschleißfrei, zumal die Gummimischung des Zahnriemens für eine Art Trockenschmierung der Riemenscheiben sorgt.
Neben der Nockenwelle treibt der Zahnriemen noch eine Nebenwelle an, die ihrerseits für den Antrieb von Zündverteiler, Öl- und Kraftstoffpumpe sorgt. Gegen alterungsbedingtes Längen wird der Zahnriemen durch eine Spannrolle auf richtiger Spannung gehalten.

CVH-Motor

Der CVH-Motor ist als Kipphebelmotor ausgelegt. Als Kipphebel werden solche Ventilhebel bezeichnet, deren Drehpunkt wie bei einer Wippe in der Mitte sitzt. Auf der einen Seite wird der Kipphebel von der Nockenwelle angehoben und drückt auf der anderen Seite des Kipphebeldrehpunkts auf den Ventilschaft des Ventils.
Obwohl die Ventile in zwei Ebenen geneigt im Brennraum sitzen, kommt der CVH-Motor durch die ausgeklügelte Anordnung der Ventile mit nur einer Nockenwelle aus. Dafür mußten jedoch die Kipphebel jedes Zylinders mit einer separaten Lagerung für Ein- und Auslaßventil versehen werden. Die Kipphebel sind besonders leicht aus Stahlblech geformt, besitzen jedoch durch ihre besondere Form eine sehr hohe statische Steifigkeit. Die obenliegende Nockenwelle des CVH-Motors wird von der Kurbelwelle über einen Zahnriemen, durch einen Riemenspanner gespannt, angetrieben. Gleichzeitig wird die Wasserpumpe vom Zahnriemen angetrieben.

DOHC-Motor

Dieser Motor hat zwei obenliegende Nockenwellen, wobei es sich um einen Tassenstößelmotor handelt. Dabei sitzen die Nockenwellen über dem Ventil und drücken über den Ventilstößel direkt auf den Ventilschaft des Ventils. Der Tassenstößel ist dabei wie eine auf den Kopf gestellte Tasse über den Ventilschaft gestülpt. Die Nocken berühren die Tassenstößel nicht genau in der Mitte, sondern leicht versetzt. Dadurch wird erreicht, daß sich die Ventile bei jedem Niederdrücken ein klein wenig um ihre Achse drehen. Das verhindert, daß sie sich ungleichmäßig im Ventilsitz des Zylinderkopfes einschlagen und so mit der Zeit undicht werden.
Da sich die Ventile in einem Winkel von 20° im Zylinderkopf bewegen, werden die Aus- und Einlaßventile jeweils von einer Nockenwelle angetrieben. Der Antrieb der Nockenwellen geschieht von der Kurbelwelle über eine ungeteilte Einfach-Rollenkette. Diese wird über Gleitschienen geführt und von einem Kettenspannrad auf Spannung gehalten.

V6-Motor

Auch beim V6-Motor handelt es sich wie beim CVH-Motor um einen Kipphebelmotor, doch wird der Kipphebel auf der einen Seite durch die Stößelstange von der Nockenwelle – sie sitzt zentral im »V« des Sechszylinder-Motors über der Kurbelwelle – angehoben und drückt dann auf der anderen Seite des Kipphebeldrehpunkts gegen das Ventil. Diese Art der Ventilsteuerung heißt OHV-Steuerung (= **O**ver **H**ead **V**alves).
Beim 2,8-Liter-V6-Motor wird die Nockenwelle durch Zahnräder, sogenannte Stirnräder angetrieben. Beim 2,9-Liter-V6-Motor erfolgt der Antrieb von der Kurbelwelle zur Nockenwelle über eine Einfach-Rollenkette, die durch einen Kettenspanner auf Spannung gehalten wird. Dadurch hat sich gegenüber dem 2,8-Liter-Motor die Drehrichtung der Nockenwelle geändert.
Durch ein am hinteren Ende der Nockenwelle sitzendes Zahnrad werden gleichzeitig der Zündverteiler und die Ölpumpe angetrieben. Damit die Drehrichtung der Verteilerwelle und der Ölpumpe durch den Steuerkettenantrieb beim 2,9-Liter-Motor beibehalten werden konnte, wurden die Antriebsritzel von Nocken- und Verteilerwelle entsprechend geändert.

Die Hydrostößel

Bis auf den OHC- und den 2,8-Liter-V6-Motor werden bei allen Motorversionen zur Ventilbetätigung hydraulische Ventilstößel verwendet. Sie werden bei laufendem Motor vom Schmiersystem mit Drucköl versorgt und

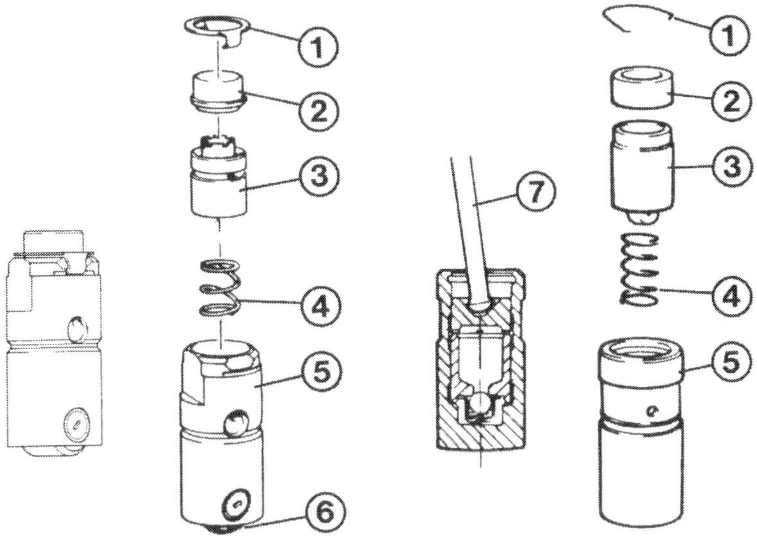

Die Teile des hydraulischen Ventilstößels beim 1,8-Liter-CVH-Motor (links) und beim 2,9-Liter-V6-Motor (rechts). Die Teile:
1 – Sicherungsklammer;
2 – Stößelkolbenkappe;
3 – Stößelkolben;
4 – Stößelkolbenfeder;
5 – Stößelgehäuse mit Druckkammer;
6 – Rolle für Nockenlaufbahn;
7 – Stößelstange.

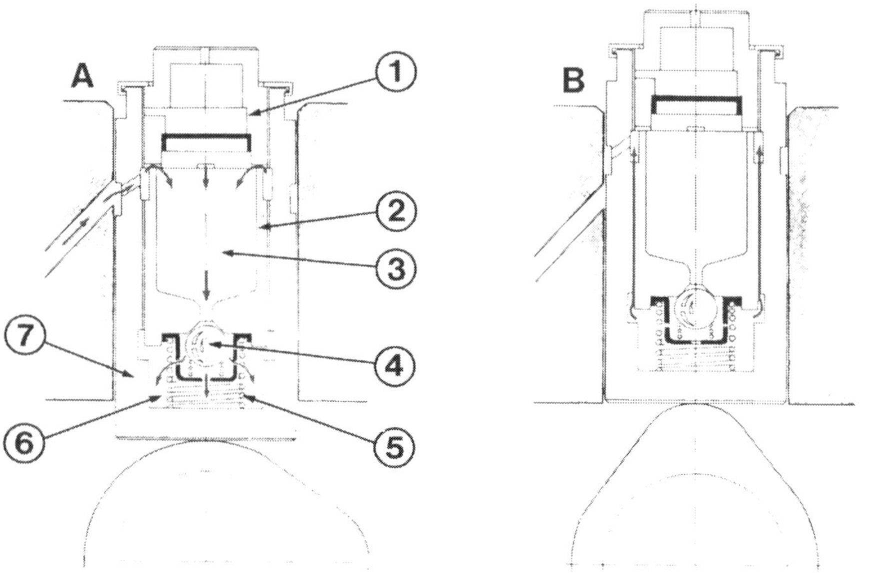

Die Schnittzeichnung der Hydrostößel des CVH-Motors zeigt deutlich die Problematik der Ölversorgung. Lufteinschlüsse im Öl durch Schaumbildung bei ungenauem Ölstand können hier schon Funktionsstörungen verursachen. Abbildung »A« zeigt den Ölstrom bei geschlossenem Ventil, also drucklosem Ventilstößel. Abbildung »B« veranschaulicht die Haltefunktion der Ölmenge bei geöffnetem Ventil, also unter Druck stehendem Ventilstößel. Die Zahlen bedeuten:
1 – Stößelkolben;
2 – Stößelzylinder;
3 – Ölvorratsraum;
4 – Rückschlag-Kugelventil;
5 – Stößelfeder;
6 – Öl-Druckkammer;
7 – Stößelgehäuse.

spreizen sich so gegen den Nocken der Nockenwelle sowie gegen den Kipphebel bzw. die Stößelstange. Auf diese Weise wird jegliches Ventilspiel ausgeglichen. Dadurch sind bei Motoren mit Hydrostößeln keinerlei Einstellarbeiten bei den Inspektionen mehr erforderlich.
Für geringere Reibungsverluste ist der 1,8-Liter-CVH-Motor zusätzlich an den Hydrostößeln mit nadelgelagerten Rollen versehen, die auf dem Nocken der hohlen Nockenwelle ablaufen.

Funktion der Hydrostößel

Obwohl die Hydrostößel für die verschiedenen Motorversionen unterschiedlich konstruiert sind, ist die Funktion annähernd gleich.
Bei geschlossenem Ventil gelangt Öl aus dem Schmierkreislauf des Motors durch eine Bohrung im Zylinderkopf über eine in dieser Ventilstellung passende Nut und Bohrung im Stößelgehäuse sowie eine weitere Nut im Stößelkolben in den Vorratsraum des Stößelzylinders. Vom Vorratsraum kann das Öl ungehindert durch ein Kugel-Rückschlagventil in die bei geschlossenem Ventil »entspannte« Stößel-Druckkammer des Stößelgehäuses fließen. Bei druckloser Druckkammer wird der Stößelkolben durch eine Feder zwischen Stößelgehäuse und Stößelzylinder spielfrei an den Kipphebel, die Stößelstange bzw. die Nockenwelle gedrückt.
Sobald der Stößel angehoben wird, steigt der Druck in der Druckkammer an. Dadurch verschließt das Rückschlagventil den Durchgang zum Vorratsraum. Da sich Flüssigkeit nicht komprimieren läßt, ist durch das auf diese Weise eingeschlossene Öl eine starre Verbindung zwischen Stößelgehäuse, Stößelzylinder und -kolben hergestellt, so daß sich diese Teile gemeinsam nach oben bewegen und über die motorspezifisch unterschiedlichen Übertragungsteile das Ventil öffnen.
Durch ein konstruktionsseitig genau bemessenes Einbauspiel zwischen Stößelgehäuse und -zylinder sowie den ansteigenden Druck in der Druckkammer (durch Anheben des Stößels) entweicht eine bestimmte Menge »Lecköl« aus der Druckkammer, die gleich zur Zwangsschmierung der Nockenbahn verwendet wird.
Nach dem Schließen des Ventils entsteht durch den Leckölverlust ein geringfügiges Ventilspiel, da der Druck in der Druckkammer vollständig abgebaut ist. Durch das entlastete Rückschlagventil kann jedoch aus dem Vorratsbehälter im Stößelzylinder sofort wieder Öl in die Druckkammer einströmen, so daß durch den Federdruck zwischen Stößelgehäuse und -zylinder der Stößelkolben angehoben und das Spiel im System beseitigt wird, bevor die nächste Ventilbetätigung erfolgt.
Mit fortschreitendem Verschleiß der Teile des Ventiltriebs kann sich durch den im Stößelgehäuse beweglichen Stößelzylinder die Druckkammer ausdehnen, so daß die einströmende Ölmenge der Druckkammer über der des abfließenden Lecköls liegt. Auf diese Weise ist das Ventilspiel über einen großen Zeitraum der Motor-Lebensdauer ausgeglichen.

Fingerzeige: Wird der Motor nach einer längeren Standzeit gestartet, kann es für einige Sekunden zu einem Klappergeräusch im Ventiltrieb kommen, bis sich alle Ventilstößel wieder mit Öl gefüllt haben. Die Rollenstößel des 1,8-Liter-Motors sind gegen den Ölverlust in der Druckkammer mit einem kleinen Kunststoff-Standröhrchen ausgerüstet, welches das Öl zurückhält. So ist die Druckkammer beim Motorstart sofort mit Öl gefüllt.

Die Steuerkette
DOHC- und V6-Motor

Über die Steuerkette treibt die Kurbelwelle die Nockenwelle an. Diese Kette ist das schwächste Glied im Ventiltrieb, da sie am stärksten dem Verschleiß unterworfen ist. Mit steigender Kilometerzahl längt sich die Kette, was bis zu einem gewissen Grad von einem Kettenspanner ausgeglichen wird. Wenn der Motor im Leerlauf ein rasselndes Geräusch von sich gibt, ist dies meist die Steuerkette. Sie ist dann zu locker, und der Kettenspanner ist wirkungslos – die Steuerzeiten sind ungenau, der Motor arbeitet unwirtschaftlich.

Der Zahnriemen
OHC- und CVH-Motor

Wichtiges Übertragungsteil des Ventiltriebs beim OHC- und CVH-Motor ist der Zahnriemen. Die Motor-Konstrukteure von Ford wählten diesen Antrieb einer obenliegenden Nockenwelle, weil er kostengünstiger ist als die sonst üblichen Nockenwellen-Antriebsarten. Zudem arbeitet der Zahnriemen geräuschärmer. Beim CVH-Motor wird vom Zahnriemen gleichzeitig die Wasserpumpe angetrieben.

Stirnräder
nur 2,8-Liter-V6-Motor

Nur der 2,8-Liter-V6-Motor ist mit dieser Art des Ventiltriebs ausgestattet. Damit der Antrieb geräuscharm arbeitet, sind die Antriebsräder schrägverzahnt. Da diese Art des Nockenwellenantriebs relativ viel Raum beansprucht und teuer in der Fertigung ist, wurde sie beim 2,9-Liter-Motor nicht mehr beibehalten.

Das Schmiersystem

Im Motor verlangt eine ganze Reihe von Lagerstellen und Reibpartnern nach Schmierung. Das Motoröl muß unter Druck an diese Stellen befördert werden – von der Ölpumpe. Sie saugt das Motoröl durch einen siebbewehrten Schnorchel an und drückt es in den Hauptstromfilter. Ist die Filterpatrone von Schmutz zugesetzt, weil der Filter nicht rechtzeitig gewechselt wurde, tritt ein Sicherheits- bzw. Überdruckventil in Aktion. Es öffnet, der Filter wird umgangen, die Ölversorgung ist sichergestellt. Allerdings bewirkt ungefiltertes Motoröl höheren Verschleiß an den Lagerstellen.
Vom Filter aus gelangt das Motoröl über Bohrungen im Zylinderblock zu den Schmierstellen der Kurbelwelle und Nockenwelle und so zum Zylinderkopf. Das Öl fließt durch Bohrungen zurück in die Ölwanne und kann zur Aufrechterhaltung des Schmierkreislaufs erneut von der Ölpumpe angesaugt werden.

Die Ölpumpe

Bis zu 30 Liter Öl werden bei Vollgas in der Minute im Schmierkreislauf eines Motors umgepumpt. Dieser fette Überstrom sorgt jedoch nicht nur für die Motorschmierung, sondern trägt auch einen großen Teil zur Motorkühlung bei. Der Antrieb der Ölpumpe erfolgt je nach Motor unterschiedlich:

○ Beim OHC-Motor wird die Ölpumpe über die vom Zahnriemen angetriebene Nebenwelle und eine Verbindungswelle angetrieben. Am oberen Ende der Verbindungswelle sitzt die Verteilerwelle.

○ Beim CVH-Motor ist die Ölpumpe direkt auf den vorderen Kurbelwellenstumpf gesetzt, wo sie von einem auf der Kurbelwelle sitzenden Mitnehmerzapfen angetrieben wird.

○ Beim DOHC-Motor wird die seitlich in einem »Ohr« des Motorblocks sitzende Ölpumpe von der Kurbelwelle über eine eigene Rollenkette angetrieben. Dazu ist die Kurbelwelle mit einem Doppelzahnrad für die Kette von Nockenwelle und Ölpumpe versehen.

○ Beim V6-Motor wird die Ölpumpe von der Nockenwelle und einer Verbindungswelle, an deren oberen Ende der Zündverteiler angeflanscht ist, angetrieben.

Auch in der Arbeitsweise sind die bei den einzelnen Motortypen verwendeten Ölpumpen verschieden:

○ In der Ölpumpe des OHC-, DOHC- und V6-Motors nach Eaton-Bauart kreist ein exzentrisch angeordneter Innenrotor – vereinfacht ausgedrückt, ein Zahnrad mit vier Zähnen – in einem Außenrotor. So wird das Öl einfach von der Saug- zur Druckseite geschaufelt.

○ Beim CVH-Motor handelt es sich bei der Ölpumpe um eine sogenannte Sichelpumpe. Bei ihr greift ein auf der Kurbelwelle sitzendes Zahnrad in einen exzentrisch zur Kurbelwelle angeordneten Zahnkranz und treibt diesen an. An der Stelle, wo die Zähne der beiden Zahnräder am weitesten voneinander entfernt sind, entsteht eine sogenannte Mondsichel. Durch diese so entstandene »Zahnlücke« wird das Öl von der Saugseite zur Druckseite gepumpt.

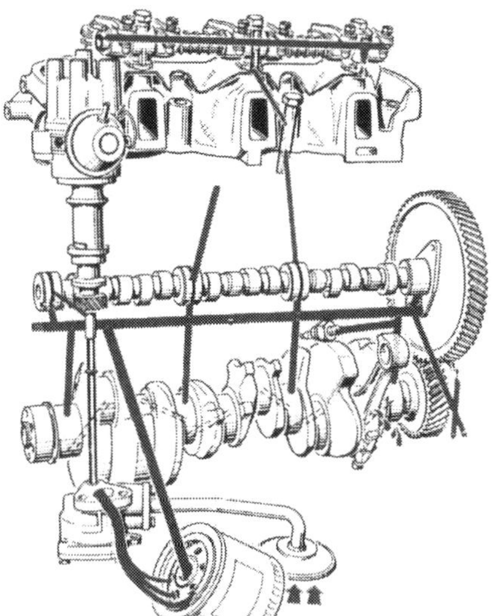

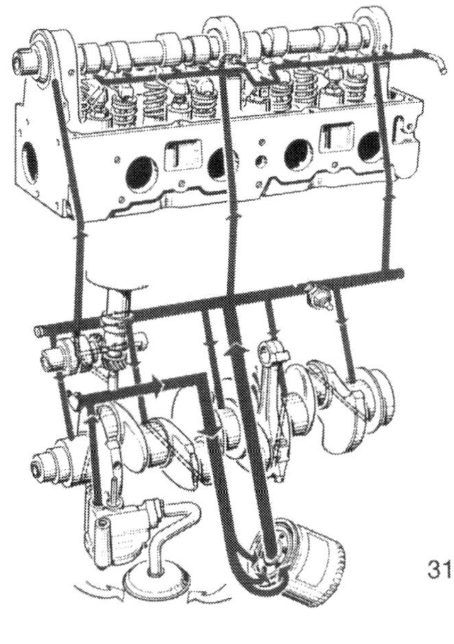

Die beiden Abbildungen zeigen schematisch den Ölkreislauf des 2,8-Liter-V6-Motors (links) und des OHC-Motors. Die einzelnen Versorgungsstellen sind:
1 – Nockenwelle;
2 – Kurbelwelle;
3 – Kipphebel;
4 – Nebenwelle;
5 – Ölpumpe;
6 – Ölfilter;
7 – Ansaugkorb der Ölpumpe;
8 – Antrieb des Zündverteilers;
9 – Öldruckschalter.

Öltemperaturen

Für das Wohlbefinden eines Motors ist die Öltemperatur ausschlaggebend. Allerdings besitzt keines der in diesem Buch beschriebenen Sierra-Modelle serienmäßig ein Ölthermometer, an dem Sie ablesen könnten, wie es um den Wärmehaushalt des Motors wirklich bestellt ist. Gemessen wird die Öltemperatur normalerweise am Ölfilterflansch oder in der Ölwanne; dort ist das Öl am kühlsten. Dagegen können an den Kolbenringen Temperaturen bis 300°C auftreten.
Gefährlicher als hohe Öltemperaturen sind zu niedrige Werte. Bei weniger als 60°C sind die Öl-Additive nicht voll wirkungsfähig, was erheblich höheren Verschleiß zur Folge hat. Deshalb sollten Sie den Motor nach dem Kaltstart nicht über 3500/min drehen lassen, bis das Öl etwa 60°C erreicht hat, d. h. die Kühlmittel-Temperaturanzeige sollte in jedem Fall schon ausschlagen, denn als Anhaltspunkt gilt, daß das Motoröl gegenüber dem Kühlmittel etwa doppelt so lange braucht, bevor es seine Betriebstemperatur erreicht hat.

Der Öldruck

Bei Betriebstemperatur des Motors (Öltemperatur ca. 80°C) und mit einem Mehrbereichsöl der Viskosität SAE 10 W-30 sollten folgende Werte erreicht werden:

Motortyp Motor-Kurzbezeichnung		OHC 1,6/1,8/2,0	CVH 1,6 /1,8	DOHC 2,0	V6 2,8/2,9
Mindestöldruck bei	1/min	750	750	750	750/900
	bar	1,0	1,0	1,6	1,0
	bei 1/min	2000	2000	2000	2000
	bar	2,5	2,5	3,1	2,45
Überdruckventil öffnet bei	bar	3,9–4,6	4,0–4,7	3,7–4,6	3,9–4,6
Öldruck-Kontrollicht leuchtet auf bei	bar	0,3–0,5	0,3–0,5	0,3–0,5	0,3–0,5

Da keines der hier beschriebenen Sierra-Modelle mit einem Öldruckmesser ausgerüstet ist, können Sie die in der Tabelle aufgeführten Druckwerte nur ablesen, wenn Sie nachträglich einen Öldruckmesser eingebaut haben. Sackt der Öldruck unter das in der Tabelle angegebene Minimum, leuchtet die Öldruck-Kontrolleuchte auf. Bei zu hohem Öldruck, hervorgerufen etwa durch kaltes und noch sehr zähflüssiges Öl, öffnet ein Überdruckventil einen Bypass (Umgehungsleitung) und leitet das Öl gleich auf die Saugseite der Ölpumpe zurück.
Wollen Sie den Öldruck Ihres Motors messen, muß der Öldruckschalter herausgeschraubt und stattdessen ein Manometer angeschlossen werden.

Fingerzeig: Nach schnellen Autobahnfahrten oder nach Paßfahrten kann der Öldruck kurzzeitig durch zu heißes und damit dünnflüssiges Öl auch einmal im Leerlauf unter die angegebenen Druckwerte sinken. Dann kann die Öldruckleuchte flackern. Beim Gasgeben muß die Öldruckleuchte aber sofort verlöschen.

Die Kurbelgehäuse-Entlüftung

Auch ein gesunder Motor bläst in der Minute 50 bis 70 Liter Verbrennungsgase an den Kolbenringen vorbei ins Kurbelgehäuse. Dieser Druck muß aus dem Motor entweichen können, damit die Motorgehäusedichtungen nicht zu stark beansprucht werden. Das geschieht über die Kurbelgehäuse-Entlüftung. Die giftigen Gase aus dem Motorinnern werden zum Schutz der Umwelt auf die Ansaugseite des Motors zur vollständigen Verbrennung zurückgeleitet. Die Durchlüftung des Kurbelgehäuses ist abhängig von der angesaugten Luftmenge des laufenden Motors.
Je nach Motortyp sind die Kurbelgehäuse-Entlüftungen etwas unterschiedlich angelegt:
○ Beim **OHC-Motor** ist die Kurbelgehäuse-Entlüftung mit an die Öleinfüllkappe angeschlossen. Von der Öleinfüllkappe führt ein Verbindungsschlauch über den Ölabscheider und ein Regulierventil zum Ansaugkrümmer. Durch das so geschlossene Durchlüftungssystem werden die Motordämpfe wieder der Verbrennung im Zylinder zugeleitet. Das Regulierventil muß ebenso wie der Stahlwollefilter in der Öleinfüllkappe in bestimmten Abständen gesäubert bzw. erneuert werden.
○ Beim **CVH-Motor** werden die Motordämpfe ganz ähnlich wie beim OHC-Motor über ein Schlauchsystem den Zylindern wieder zur Verbrennung zugeleitet. Entsprechend der Drosselklappenstellung werden die Dämpfe entweder durch einen kalibrierten Durchlaß direkt aus der Zylinderkopfhaube, die zusätzlich über einen Schlauch mit dem Kurbelgehäuse in Verbindung steht, oder auf dem Umweg über den Ansauggeräuschdämpfer vom Motor abgesaugt.
○ Beim **DOHC-Motor** erfolgt die Kurbelgehäuse-Entlüftung über einen Ölabscheider mit Entlüftungsventil und einem Entlüftungsrohr direkt in den Ansaugtrakt. Bei geöffnetem Entlüftungsventil werden so die Ölnebel auf kürzestem Weg der Verbrennung zugeleitet.

Links: Der innere Zustand der Öleinfüllkappe, hier der des V6-Motors, ist nicht nur wichtig für eine einwandfrei funktionierende Motor-Be- und Entlüftung, sondern kann auch beim Gebrauchtwagenkauf Anhaltspunkt für den Motorzustand sein. Ist der Stahlwolle-Einsatz (nur beim OHC- und V6-Motor) stark verschmutzt oder gar von Ölschlamm zugesetzt, ist es bestimmt auch um den weiteren Zustand des Motors nicht gut bestellt.
Rechts: Beim V6-Motor gehört zur Motorbelüftung auch das in die linke Zylinderkopfhaube installierte sogeannte PCV-Ventil, dessen Verschmutzung die Ventilation der Belüftung stört.

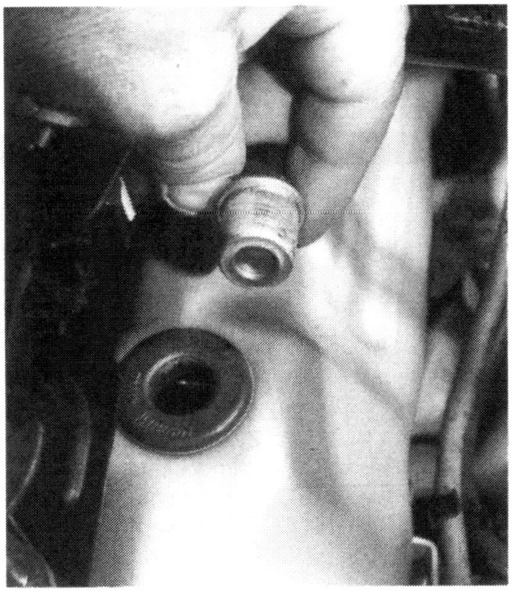

○ Beim **V6-Motor** gelangt ähnlich wie beim OHC-Motor der Ölnebel über die Öleinfüllkappe auf der rechten Zylinderkopfhaube über einen Schlauch in das Luftfiltergehäuse und von dort über den Ansaugtrakt in die Luftkammer und weiter zur Verbrennung. Die Luftkammer ist über einen Verbindungsschlauch mit Regelventil zusätzlich mit der linken Zylinderkopfhaube verbunden. Je nach Drosselklappenstellung bzw. Belastungszustand des Motors wird so der Luftdurchsatz geregelt und der Ölnebel der Verbrennung zugeleitet.

Deckel des Öleinfüllstutzens reinigen

OHC- und V6-Motor
Wartung Nr. 9

- Deckel von der Zylinderkopfhaube abnehmen und kontrollieren, ob Ausgang und Schlauch nicht verstopft ist.
- Deckel mit Pinsel und Benzin reinigen; ggf. austauschen.
- Deckel trocknen lassen und nicht mit Druckluft ausblasen.

Motorbelüftungsventil auswechseln

OHC-, DOHC- und V6-Motor
Wartung Nr. 54

Das Motorbelüftungsventil sitzt beim OHC- und DOHC-Motor im Schlauch des Ölabscheiders. Beim V6-Motor sitzt es in der linken Zylinderkopfhaube. Wenn sich im Ventil mit der Zeit schlammige Ölrückstände bilden, kann es durch eine gestörte Motorbelüftung zu veränderten Abgaswerten kommen. Um dem vorzubeugen, empfiehlt Ford alle 40000 km den Austausch des Ventils. Das Ventil können Sie jedoch auch mit Benzin oder Spiritus auswaschen und trocknen lassen.

- Zum Austausch oder zum Reinigen das Ventil aus der Zylinderkopfhaube bzw. vom Ölabscheider ziehen.
- Schlauchschelle vom Verbindungsschlauch lösen.
- Eventuell vorhandene Klemm-Schlauchschellen der Erstmontage gegen Schraub-Schlauchschellen austauschen.
- Falls durch Waschen mit Benzin das Ventil durch Ablagerung immer noch zugesetzt ist, Ventil austauschen.
- Auf keinen Fall sollten Sie mit einem Bohrer oder ähnlichem Gerät versuchen, den Durchgang des Ventils auszukratzen und durchgängig zu machen, weil sonst die Kalibrierung verändert wird und dadurch die Abgaswerte des Motors verfälscht werden.

Filter der Kurbelgehäuse-Entlüftung erneuern

CVH-Motor
Wartung Nr. 53

Da sich der Filter der Kurbelgehäuse-Entlüftung nur schlecht reinigen läßt, empfiehlt sich der Austausch alle 40000 km:

- Beide Schläuche vom Filter abziehen und den kompletten Filter aus dem unteren Teil des Ansauggeräuschdämpfers herausziehen.
- Kontrollieren, ob die Dichtungstülle richtig im Ansauggeräuschdämpfer sitzt.
- Neuen Filter in die Dichtungstülle schieben und beide Schläuche wieder anschließen.

Fingerzeig: Bläst der Motor bei abgezogenem Regulierventil oder abgenommener Öleinfüllkappe kräftig Öldunst in die Gegend, sind Kolben und Zylinder schon erheblich verschlissen.

Sichtprüfung des Motors

Wartung Nr. 1

● Betrachten Sie den Motor von oben und unten.
● Geringfügig feuchte Stellen sind nicht bedenklich, alle Motoren schwitzen gelegentlich etwas Schmiermittel aus.
● Ölflecken unter dem geparkten Wagen und deutlichen Ölnässen sollten Sie aber auf den Grund gehen.
● Motor mit einem Dampfstrahlgerät oder Motorreiniger säubern.
● Nach einer Probefahrt von wenigen Kilometern wieder kontrollieren.

Mögliche Leckstellen

Auf welche Stellen am Motor Sie Ihr Augenmerk richten sollten, ist nachstehend für alle Sierra-Motorvarianten zusammengestellt:

○ Zylinderkopfhaube
○ Stirndeckeldichtung
○ Radialdichtung der Kurbelwellen-Riemenscheibe
○ Zylinderkopfdichtung
○ Ölfilter und Öldruckschalter
○ Ölwanne und Führungsrohr des Ölpeilstabs am Sitz im Motorblock
○ Zündverteilerflansch (OHC- und V6-Motor)
○ Kraftstoffpumpenflansch (OHC-Motor)

Einfahren des neuen Motors

Besondere Einfahrvorschriften gibt es von Ford für keinen der Sierra-Motoren, doch wird für die ersten 1500 km empfohlen, nicht zu forsch mit dem Gaspedal umzugehen.
Zylinderwände sowie die Kolben mit den dazugehörigen Kolbenringen weisen im Neuzustand an den Oberflächen eine mikroskopische Rauhigkeit auf. Erst der Einlaufvorgang kann diese kleinen Unebenheiten beseitigen, so daß die Teile gut gegeneinander abdichten. Zu forsches Hochdrehen des neuen oder überholten Motors kann zu winzigen Freßstellen führen, die unter Umständen einen fatalen Kolbenfresser nach sich ziehen. Sie tun also im Hinblick auf die Motor-Lebensdauer gut daran, sich während der ersten 1500 km etwas Zurückhaltung aufzuerlegen.
Folgende Punkte für vernünftiges Einfahren schonen nicht nur Ihr Auto, sondern verbessern zusätzlich noch seine Wirtschaftlichkeit.

○ Wechseln Sie öfter das Tempo (und damit die Motordrehzahl), dann können sich die beweglichen Teile gut aufeinander einlaufen.
○ Überlasten Sie den Motor in keinem Gang durch zu hohe Drehzahlen.
○ Schalten Sie lieber einmal zu oft als zu selten.
○ Auf Landstraßen fühlt sich der Motor während der Einfahrzeit am wohlsten. Da muß fleißig geschaltet werden, man fährt mit wechselnden Geschwindigkeiten und wird selbst bei strikter Beachtung der anfänglichen Höchstgeschwindigkeit nicht zum Verkehrshindernis. Im Lauf der folgenden 500 km können Sie die Drehzahlen langsam steigern.
○ Ab 1500 km darf der Motor ruhig auch einmal hochgedreht werden. Routinierte Einfahrer benutzen dazu vor allem Autobahngefälle: Bergab mit relativ hohen Motordrehzahlen, ohne den Motor gleichzeitig stark zu belasten. Die Maschine muß dazu allerdings restlos durchgewärmt sein, also mindestens 25 km Fahrstrecke nach dem Kaltstart hinter sich haben.
○ Etwa 3000 km muß der Motor schon auf dem Buckel haben, ehe er richtig eingefahren ist. Bei überwiegendem Stadtverkehr dauert es sogar noch viel länger.

Fingerzeig: Was hier für den neuen Motor gesagt wurde, gilt erst recht für ein überholtes Triebwerk, das erfahrungsgemäß empfindlicher auf falsche Einfahrweise reagiert.

Die Motor-Lebensdauer

Von unterschiedlichen Motorkonstruktionen abgesehen, erreichen Motoren mit kleinerem Hubraum meist nicht die Kilometerleistung größerer Motoren, da der kleinere Motor öfter bis an seine Leistungsgrenze beansprucht wird, um im Verkehrsfluß mitzuhalten.
Voraussetzung für eine hohe Kilometerlaufleistung Ihres Ford Sierra, gleich mit welchem Motor, ist immer eine entsprechende Wartung und Fahrweise.
Der Fahrer entscheidet durch seinen Umgang mit dem Motor, ob der Exitus schon früh erfolgt oder 150 000 km oder mehr auf den ersten Motor kommen. Von entscheidender Bedeutung für eine hohe Kilometerlaufleistung ist die Motoröltemperatur. Während die Kühlmittel-Temperaturanzeige schon relativ früh Betriebstemperatur signalisiert, ist das Motoröl frühestens nach etwa 10 Minuten Fahrt in seiner ganzen Bandbreite schmierfähig. Nach wochenlangem Kurzstreckenverkehr ist es ebenfalls nicht ratsam, gleich voll aufs Gaspedal zu treten. Bei langen Leerlaufminuten in der Stadt bilden sich in den Brennräumen und an den Ventilen Ablagerungen, die bei voller Betriebstemperatur und zügiger, aber nicht scharfer Fahrt langsam abgebrannt werden sollen. Für

Fahrzeuge mit Drehzahlmesser: Das entspricht 4000–5000/min. Ideal ist auch hier wieder die Fahrt auf der Landstraße.

Nenn- und Höchstdrehzahl

Ein Verbrennungsmotor gibt seine höchste Leistung bei einer bestimmten Drehzahl ab – der sogenannten Nenndrehzahl. Höher als diese hinauszudrehen bringt keine Mehrleistung. Allerdings kann unter günstigen Umständen durch die höhere Motordrehzahl und vermehrte Radumdrehungen eine höhere Geschwindigkeit erreicht werden. Hohes Ausdrehen des Motors kann allenfalls zum besseren Anschließen in den nächsthöheren Gang von Vorteil sein.
Die Sierra-Motoren sind mit Ausnahme der stirnradgetriebenen V6-Motoren durchaus für hohe Drehzahlen geeignet. Die Ventile werden über Kipphebel oder Tassenstößel direkt von der obenliegenden Nockenwelle oder über Stößelstangen betätigt. Dabei werden nur geringe Massen in Bewegung gesetzt, was relativ hohe Drehzahlen ohne Gefahr für den Ventiltrieb gestattet.
Als höchstzulässige Drehzahl gelten je nach Motorversion etwa 5100/min (2,0i-OHC-Motor) bis 6000/min (1,6-CVH-Motor). Hierbei handelt es sich um die »Betriebsdrehzahl«, die selbst über längere Zeit für den Motor ungefährlich ist. Wer noch weiter hochdreht, kommt in den Bereich der Überdrehzahlen. Der Motor gibt dann ein unüberhörbares Brummen von sich, verursacht durch Schwingungen der Kurbelwelle in ihren Lagern bzw. Ventilflattern. Bei Motoren mit Hydrostößeln beginnt bei den Stößeln die Ölversorgung außer Kontrolle zu geraten. Werden die Schwingungen zu stark, können die Ventilfedern oder die Kipphebel brechen; aber auch ein Ventilstößel oder eine Stößelstange kann in Mitleidenschaft gezogen werden, so daß das entsprechende Ventil ausfällt. Der erste Fall ist jedoch der kritischere, denn dabei kann ein Ventil auf den auf- und abrasenden Kolben fallen, was zum Totalschaden des Motors führen kann. Bei einem gebrochenen Kipphebel oder Ventilstößel wird nur das dazugehörige Ventil nicht mehr betätigt, wodurch der betreffende Zylinder keine Leistung mehr abgibt. Man merkt dies dann am Schwund der Motorleistung.
Da also Überdrehzahlen in jedem Fall die Lebensdauer des Motors verkürzen – auch die vom Werk als kurzzeitige Höchstdrehzahl angegebenen – sollten Sie es tunlichst vermeiden, häufig im Leistungsgrenzbereich des Motors zu fahren, so »sportlich« sich dies auch anhören mag.
Damit Sie über die Motordrehzahlen informiert sind, besitzen verschiedene Sierra-Modellversionen serienmäßig einen Drehzahlmesser. Ein solches Instrument hat allerdings eine gewisse Voreilung – im oberen Skalenbereich bis zu 5%. 6000/min auf dem Tourenzähler sind demzufolge oft lediglich echte 5700/min.

Kompressionsdruck messen

Die Messung des Kompressionsdrucks in den einzelnen Motorzylindern gibt Aufschluß darüber, ob Ventile und Kolbenringe noch gut abdichten. Leistung, Kaltstartverhalten, Öl- und Kraftstoffverbrauch des Motors hängen von ausreichendem Kompressionsdruck ab. So wird gemessen:

- Der Motor muß betriebswarm sein. Die Kolbenringe dichten bei warmem Öl besser ab.
- Zündung lahmlegen (siehe Kapitel »Die Zündanlage«) und alle Zündkerzen ausbauen.
- Gummikonus des Druckprüfers auf das Kerzenloch des 1. Zylinders (in Fahrtrichtung der vorderste, beim V6-Motor rechts vorne) pressen oder passende Adapterleitung ins Zündkerzenloch schrauben.
- Handbremse anziehen, Schalthebel in Leerlauf- bzw. Park-Stellung (Automatik) drücken.

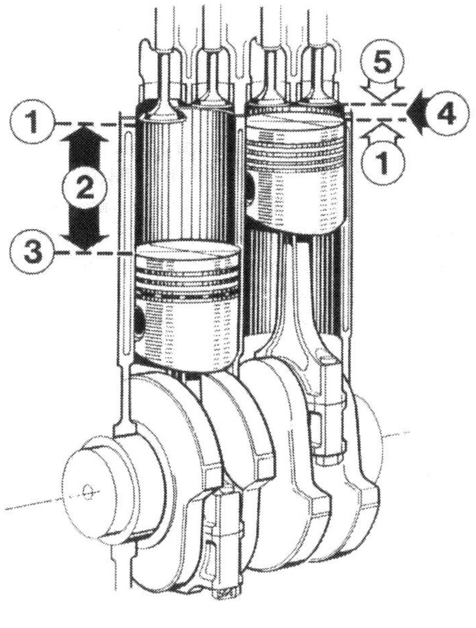

Der Hubraum (2) erstreckt sich vom oberen (1) bis zum unteren Totpunkt (3). Zwischen dem OT, der im rechten Zylinder gerade durch den Kolbenboden begrenzt wird, und der Wölbung des Zylinderkopfes (5) liegt der Brennraum (4).

● Von Helfer Anlasser bei voll getretenem Gaspedal betätigen lassen. So erhalten die Zylinder ihre größte Füllung.
● Mit dem Anlasser den Motor etwa fünf Sekunden durchdrehen lassen, bis der Zeiger des Druckprüfers nicht mehr ansteigt.
● Meßwert ablesen und notieren. Bei einem Druckschreiber mit Meßkärtchen weiterschalten für den nächsten Zylinder.

Druckwerte

Zur exakten Ermittlung des Kompressionsdrucks sollte vorher das Ventilspiel kontrolliert und gegebenenfalls eingestellt werden. Für einen gesunden Motor ist nicht nur die absolute Höhe des Drucks wichtig, sondern auch die Gleichmäßigkeit bei allen Zylindern. Mehr als 2 bis maximal 3 bar sollten die Werte nicht auseinander liegen. Bei Anlasserdrehzahl gilt folgender Verdichtungsdruck als normal:

Motor-Kurz-bezeichnung	Motortyp	Kenn-buchstaben	normaler Verdichtungsdruck	Verschleiß-grenze
1,6	OHC	LSE/LSF	11,0–13,0	9,0
1,6	CVH	L6B	12,0–14,0	10
1,8	OHC	RED/REF	11,0–13,0	9,0
1,8	CVH	R2C	11,0–13,0	9,0
2,0	OHC	NES/N4A/N4B/NEJ	11,0–13,0	9,0
2,0	DOHC	N8C/N9C	11,0–13,0	9,0
2,8	V6	PRG	11,5–12,5	9,0
2,9	V6	B4B	11,5–12,5	9,0

Zu niedrige Druckwerte

Gleichmäßig niedriger Kompressionsdruck ist nicht unbedingt ein Alarmzeichen; Ursache können Meßtoleranzen zwischen verschiedenen Prüfgeräten sein. Bedenklich ist dagegen, wenn zwischen den vier bzw. sechs Meßwerten für die Zylinder Unterschiede von mehr als 3 bar bestehen. Das kann bedeuten:
○ Kolben- und Kolbenringverschleiß
○ Festsitzende Kolbenringe durch Rückstandsbildung
○ Unrunde Zylinder als Folgeerscheinung von Kolbenklemmern
○ Ablagerungen an den Ventilschäften oder -sitzen durch Verbrennungs- bzw. Schmierölrückstände
○ Eingeschlagene Ventile
○ Verbrannte Ventile durch zu knappes Ventilspiel

Fingerzeige: In den meisten Fällen sind undichte Ventile die Ursache für mangelhaften Kompressionsdruck und damit geringere Motorleistung. Abhilfe bringt entweder Einschleifen der Ventile oder die Überholung des Zylinderkopfes.
Falls der mit Hydrostößeln ausgerüstete Motor vor der Kompressionsmessung zu lange gestanden hat, ist es möglich, daß die Stößel leergelaufen sind und durch die zu geringe Ölmenge im Hydrostößel falsches Ventilspiel die Meßergebnisse verfälscht. Zur Abhilfe sollten Sie deshalb vor der Messung den Motor kurz laufen lassen.

Fehlersuche

Um bei zu niedrigem Kompressionsdruck den Fehler lokalisieren zu können, wendet man folgenden Trick an: Ins Zündkerzenloch mit einer Spritzkanne etwas zähflüssiges Öl träufeln und Kompressionsdruck nochmals messen.
○ Sind die Werte weiterhin schlecht, liegt es an den Ventilen.
○ Erhalten Sie höhere Druckwerte, liegt es an den Kolbenringen und vielleicht auch an den Zylindern. Das eingefüllte Öl hat kurzfristig zwischen Kolben und Zylinderwänden besser abgedichtet, so daß das komprimierte Gas kaum noch entweicht.

Fingerzeige: Der Kompressionsdruck ist nicht mit dem Verdichtungsverhältnis zu verwechseln, das etwa beim 2,0-Liter-DOHC-Motor 10,3:1 beträgt. Bei einwandfreiem Motorzustand sollen dagegen 11,0–13,0 bar Kompressionsdruck erreicht werden, was jedoch auch von einer optimalen Anlasser-Drehzahl abhängt, die aber individuell von Motor zu Motor unterschiedlich ist.
Das Verdichtungsverhältnis eines Motors ist bei der Konstruktion festgelegt durch den Kolbenhub, die Ausformung des Kolbenbodens und das Volumen des Verbrennungsraums. Dagegen variiert der Kompressions- oder Verdichtungsdruck je nach Motorzustand und den beschriebenen Meßkriterien.

Der Druckverlusttest

Genauere Erkenntnisse liefert der Druckverlusttest, den manche Werkstätten durchführen können. Das Testgerät besteht aus zwei Kammern, wobei in einer ein gleichbleibender Druck herrscht. Die zweite Kammer ist über einen Schlauch zur Zündkerzenbohrung mit dem Verbrennungsraum, durch eine Düse mit der ersten Kammer und außerdem mit einer Anzeigeskala verbunden.

Verliert der geprüfte Brennraum-Druck, wird dies auf der Skala angezeigt. Eine größere Leckstelle läßt sich durch Abhorchen ermitteln:

○ Blasgeräusche am Auspuff lassen auf ein undichtes Auslaßventil schließen.

○ Strömt Druckluft aus dem Luftfiltergehäuse, ist das Einlaßventil defekt.

○ Bei einer defekten Zylinderkopfdichtung oder einem Riß im Zylinderkopf gelangt Druckluft durch das benachbarte Zündkerzenloch oder aus dem geöffneten Kühlmittel-Ausgleichbehälter ins Freie.

○ Verschlissene Zylinderwände, Kolbenlaufbahnen oder Kolbenringe lassen Druck ins Kurbelgehäuse strömen und am geöffneten Öleinfüllstutzen oder am Rohr für den Ölpeilstab austreten.

Motor durchdrehen

Zu manchen Wartungs- bzw. Reparaturarbeiten muß der Motor entweder in eine bestimmte Stellung gebracht oder durchgedreht werden. Hierzu gibt es drei Möglichkeiten:

● Den Sierra einseitig hinten aufbocken, 4. bzw. 5. Gang einlegen und das freihängende Hinterrad durchdrehen, wodurch der Motor durchgedreht wird.

● Bei eingelegtem 4. bzw. 5. Gang den Wagen jeweils etwas vorschieben.

● Zündkerzen herausschrauben – der Motor läßt sich dann leichter durchdrehen – und mit einem an der Kurbelwellen- oder Lichtmaschinen-Keilriemenscheibe angesetzten Schraubenschlüssel den Motor durchdrehen. Diese Methode muß beim Sierra mit Getriebeautomatik angewendet werden.

● Sollte die Keilriemenscheibe bei an der Lichtmaschine angesetztem Schraubenschlüssel durchrutschen, den Keilriemen mit der freien Hand so belasten, daß er gespannt wird, bis die Keilriemenscheibe nicht mehr durchrutscht.

● Keinesfalls darf etwa bei abgenommener Zahnriemenabdeckung (OHC- und CVH-Motor) der Motor an der Zentralschraube für das Nockenwellen-Zahnriemenrad durchgedreht werden – dabei kann nämlich unbemerkt der Zahnriemen um einen Zahn überspringen.

Fingerzeig: Der Motor darf immer nur in Drehrichtung, also im Uhrzeigersinn, durchgedreht werden.

Zylinder 1 auf OT bzw. Zündzeitpunkt stellen

Zu verschiedenen Arbeiten an Motor und Zündung muß der Kolben in Zylinder 1 im oberen Totpunkt (OT) stehen, daß heißt, er muß sich am oberen Punkt der Zylinderlaufbahn befinden.
Beim Viertaktmotor kommt der Kolben bei jedem der vier Takte zweimal in den OT. Einmal beim Zünden des angesaugten Gemisches und zum zweiten Mal nach dem Ausstoßen der Verbrennungsgase mit anschließend beginnendem Wiederansaugen des Kraftstoff/Luft-Gemisches. Üblicherweise wird die OT-Stellung gebraucht, bei der normalerweise der Zündfunke überspringt.

1,6-CVH-Motor

● Da dieser Motor keinen Zündverteiler mehr hat, muß hierzu die Zahnriemenabdeckung abgebaut werden.

● Motor durchdrehen, bis die Pfeilmarkierung des Nockenwellen-Zahnriemenrads mittig nach oben zeigt und mit der Markierung am Zylinderkopf in Deckung steht.

● Nun steht Kolben 1 im OT.

1,8-CVH- und DOHC-Motor

● Verteilerdeckel abnehmen.

● Motor durchdrehen, bis der Verteilerfinger auf den Zündkabelabgang für Zylinder 1 zeigt.

● Motor ggf. noch ein wenig drehen, bis der Verteilerfinger genau auf die Kerbe für die Zündstellung von Zylinder 1 im Verteilergehäuserand zeigt.

Auf diese mit einem Pfeil gekennzeichneten Kerben muß bei Motoren mit Zündverteiler (links OHC-, rechts V6-Motor) der Verteilerfinger zeigen. Dann steht der Zylinder 1 auf OT. Beim DOHC-Motor (mitte) die Kurbelwelle so drehen, daß der Verteilerfinger auf den Abgang des Zündkabels für Zylinder 1 zeigt.

● Gegenkontrolle: Beim CVH-Motor muß die Kerbe der Kurbelwellen-Keilriemenscheibe genau auf die 0°-Markierung am Sensor für Drehzahl und Stellung der Kurbelwelle stehen. Beim DOHC-Motor muß die Kerbe auf die Markierung am Stirndeckel zeigen.

OHC- und V6-Motor

● Kerbe der Kurbelwellen-Keilriemenscheibe bis zur Bezugsmarke am Motor drehen.
● Verteilerdeckel abnehmen.
● Der Verteilerfinger muß auf den Zündkabelabgang von Zylinder 1 bzw. auf die Kerbe im Verteilergehäuserand zeigen.
● Gegenkontrolle: Die Kerbe der Kurbelwellen-Keilriemenscheibe muß genau auf die 0°-Markierung am Motorblock zeigen.

Das Ventilspiel

Die einzelnen Teile des Ventiltriebs, vor allem aber die Ventilschäfte, dehnen und längen sich bei Erwärmung des Motors. Deshalb muß – damit auch bei warmem Motor die Ventile trotz ihrer länger gewordenen Schäfte richtig abdichten können – etwas »Luft« oder Spiel zwischen Nockenwelle und Kipphebel oder Ventilschaft (OHC-Motor) bzw. Nockenwelle, Ventilstößel und Kipphebel (V6-Motor) vorhanden sein. Damit Sie diesem Wartungspunkt die richtige Bedeutung beimessen, hier die Folgen bei falschem Ventilspiel:
○ **Zu kleines Ventilspiel** läßt die Ventile nicht »satt« auf den Ventilsitzen anliegen und vor allem die sehr heiß werdenden Auslaßventile können ihre Wärme nicht mehr an die Sitzringe abgeben. Die Ränder der Ventilteller verformen sich, reißen ein und die Sitze verbrennen. Der Kompressionsdruck entweicht, der Motor verliert an Leistung, springt schlechter an und verbraucht mehr Kraftstoff.
○ **Zu großes Ventilspiel** läßt die Ventile später öffnen als normal, die Zylinder werden schlechter gefüllt, und der Motor kommt nicht auf volle Leistung. Der Ventiltrieb, besonders der des V6-Motors arbeitet lauter und verschleißt schneller.

Fingerzeige: Da alle CVH-, DOHC-Motoren und außerdem die 2,9-Liter-V6-Motoren mit geregeltem Katalysator mit Hydrostößeln ausgerüstet sind, entfällt bei allen diesen Motoren das Einstellen der Ventile.
Üblicherweise wird das Ventilspiel kleiner, weil sich die Ventile auf ihren Sitzen einschlagen.

Ventilspiel prüfen

Wartung Nr. 33

Beim OHC- und beim 2,8-Liter-V6-Motor erfolgt die Einstellung des Ventilspiels bei kaltem Motor.

Ventilspiel prüfen und einstellen
OHC-Motor

Benötigte Werkzeuge: Kreuzschlitz-Schraubendreher, Rohrsteckschlüssel SW 10, Fühlerblattlehre und je ein Gabelschlüssel SW 15 und 19 bzw. den im Handel erhältlichen Ventileinstellschlüssel (Kontermutterschlüssel). Zusätzlich sollten Sie sich unbedingt eine Dichtung für die Zylinderkopfhaube besorgen, denn oft reißt die Korkdichtung schon beim Abnehmen der Zylinderkopfhaube. Meist ist die alte Dichtung auch so verhärtet, daß es zu Dichtungsproblemen beim erneuten Anziehen der Zylinderkopfhaube kommen kann.
● Bei Vergasermotoren den Ansauggeräuschdämpfer abbauen.
● Zündkerzenstecker von den Zündkerzen abziehen, dabei nicht an den Kabeln ziehen.

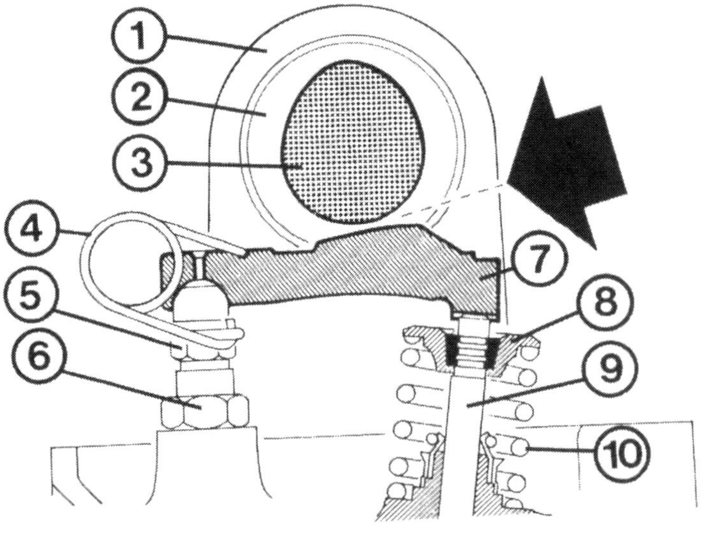

Links: Die Fühlerblattlehre muß sich bei exaktem Spiel »satt« zwischen Nocken und Schlepphebel hin und her schieben lassen.
Rechts: Der Pfeil zeigt die Richtung, in der die Fühlerblattlehre beim Messen geschoben werden muß. Es bedeuten:
1 – Nockenwellenlager;
2 – Nockenwelle;
3 – Nocken;
4 – Schlepphebelfeder;
5 – Kugelkopf;
6 – Kontermutter;
7 – Schlepphebel;
8 – Federteller;
9 – Ventil;
10 – Ventilfeder.

Die Reihenfolge der Ventile – der Pfeil zeigt in Fahrtrichtung – beim OHC-Motor. Zylinder 1 befindet sich dabei neben dem Pfeil. Die Abbildung zeigt außerdem das Anzugsschema der Zylinderkopfhaube.

● Mit dem Rohrschlüssel SW 10 die Zylinderkopfhaube (10 Schrauben) abbauen. Um die Korkdichtung nicht zu zerstören, müssen Sie die Zylinderkopfhaube recht vorsichtig abheben.

● Dabei gleichzeitig den Kühlwasserschlauch von der Heizung zum Startvergaser aus der Schlauchführung auf der Haube ziehen. Um mehr Arbeitsspielraum zu bekommen, kann der Schlauch auch abgebaut werden, muß dann jedoch hochgebunden werden (Kühlmittelverlust).

● Kleinteile, wie Schrauben, Beilegscheiben und Verstärkungsbleche, so ablegen, daß nichts davon in den Zylinderkopf fallen kann.

● Den Motor im Uhrzeigersinn so durchdrehen, bis am einzustellenden Ventil die Spitze des Nockens der Nockenwelle nach oben zeigt. Auf diese Weise ist der zum Nocken gehörige Schlepphebel unbelastet.

● Ventilspiel zwischen Nockenwelle und Schlepphebel messen. Dazu ein möglichst breites Fühlerlehrenblatt zwischen Nocken und Schlepphebelfläche schieben. Läßt sich das Lehrenblatt nicht einschieben, muß das Ventilspiel vergrößert werden.

● Zunächst die Kontermutter SW 19 des Kugelbolzens lösen, dann den Kugelbolzen mit dem Schlüssel SW 15 so weit hineindrehen, bis sich das entsprechende Lehrenblatt gerade durchschieben läßt.

● Kontermutter festziehen und Spiel nochmals prüfen, denn beim Kontern streckt sich der Kugelbolzen geringfügig – das Ventilspiel könnte dadurch etwas zu knapp sein. Deshalb zur Sicherheit noch das nächstdickere Lehrenblatt zum Soll-Blattpaket dazulegen – es darf sich nicht hineinschieben lassen.

● Bei kaltem Motor beträgt das richtige Ventilspiel am **Einlaßventil 0,20 ± 0,03 mm**, am **Auslaßventil 0,25 ± 0,03 mm**. Die Einlaßventile sitzen auf der Ansaugseite, die Auslaßventile auf der Seite des Auspuffkrümmers.

● Ist Zylinder 1 eingestellt, den Motor ½ Umdrehung im Uhrzeigersinn weiterdrehen. Als Anhaltspunkt nehmen Sie den Zündverteiler, der sich um 90° (= rechter Winkel) weiterbewegt, und zwar entsprechend der Zündfolge 1–3–4–2 dann auf Zylinder 3 zeigt.

● Zur besseren Übersicht folgendes Prüfschema:

Einzustellender Zylinder (entsprechend der Zündfolge jeweils ½ Motorumdrehung im Uhrzeigersinn weiterdrehen)	**1–3–4–2**
Überschneidender Zylinder (erkennbar an der gegenläufigen Bewegung der Schlepphebel)	**4–2–1–3**

● Vor Aufsetzen der Zylinderkopfhaube darauf achten, daß die Dichtflächen von Deckel, Deckeldichtung und Zylinderkopf vorher mit einem nicht fasernden Lappen von Ölrückständen gesäubert sind.

● Zylinderkopfhaube mit neuer Dichtung auf den Zylinderkopf aufsetzen. Dabei darauf achten, daß der Schwalbenschwanz der Dichtung richtig ineinandergreift und exakt in der Nut der Zylinderkopfhaube sitzt.

● Schrauben der Zylinderkopfhaube mit Verstärkungsblechen (die beiden gummierten Bleche müssen links und rechts vom vorderen Nockenwellenlager sitzen) ansetzen und nach folgendem Schema festziehen (siehe auch Bild oben):

● **1. Stufe:** Schraube 1 bis 6 mit 6–8 Nm;
2. Stufe: Schraube 9 und 10 mit 2–2,5 Nm;
3. Stufe: Schraube 7 und 8 mit 6–8 Nm;
4. Stufe: Schraube 9 und 10 mit 6–8 Nm.

● Zündkerzenstecker aufstecken.

● Luftfiltergehäuse montieren und Schlauch für Kurbelgehäuse-Entlüftung auf Öleinfüllstutzen (modellabhängig unterschiedlich) stecken.

● Ggf. Kühlwasserschlauch montieren und Kühlmittel nachfüllen.

● Motor warmlaufen lassen und Dichtung des Zylinderkopfdeckels auf Dichtheit überprüfen.

● Falls erforderlich, Leerlauf einstellen.

Hier wird das Ventilspiel am V6-Motor geprüft. Gezeigt ist der 1. Zylinder (der vorderste in der rechtsseitigen Zylinderreihe). Es bedeuten:
1 – Feststellschraube (selbstsichernd);
2 – Stößelstange;
3 – Kipphebel des Einlaßventils;
4 – Ventilfeder;
5 – Ventilfederteller;
6 – Kipphebelachse.

Ventilspiel prüfen und einstellen
V6-Motor

Auch der V6-Motor muß zum Einstellen des Ventilspiels kalt sein. Benötigtes Werkzeug: Steckschlüssel SW 10, Ringschlüssel SW 11 und ein Kreuzschlitzschraubendreher. Weiterhin sollten Sie sich unbedingt neue Zylinderkopfdichtungen besorgen.

- Luftschläuche von den Ansaugstutzen der Luftkammer abbauen.
- Beim 2,8-Liter-Motor den Luftschlauch zum Ansauggeräuschdämpfer abziehen.
- Mehrfachstecker von den beiden Luftmengenmessern abziehen.
- Schlauch der Kurbelgehäusebelüftung abziehen und Schläuche vom Drosselklappengehäuse abbauen.
- Deckel des Ansauggeräuschdämpfers komplett aus dem Motorraum nehmen.
- Zündkabel von Zündkerzen und Zylinderkopfhauben abziehen. Damit es keine Verwechslungen gibt, sind die Originalkabel mit der Zylindernummer versehen.
- Schrauben (sechzehn) rund um die Zylinderkopfhauben lösen. Dabei die Schrauben gleich abnehmen, damit sie später nicht verloren gehen oder gar im Zylinderkopf vergessen werden können.
- Zylinderkopfhauben sehr vorsichtig abheben, um eventuell angebackene Dichtungen durch unvorsichtiges Ziehen nicht zu zerstören.
- Zur Vorbeugung vorher mit dem Hammerstiel am Rand der Zylinderkopfhaube entlangklopfen – so lokkert sie sich.
- Motor so im Uhrzeigersinn verdrehen, bis die Kerbe der Kurbelwellen-Keilriemenscheibe auf die 0°-Marke am Stirndeckel des Motors zeigt. Jetzt überschneiden sich die Ventile an Zylinder 1 oder 5, d. h. beide Kipphebel bzw. Stößelstangen bewegen sich gegenläufig.
- Überschneiden sich die Ventile des 5. Zylinders, muß das Ventilspiel des 1. Zylinders geprüft bzw. eingestellt werden.
- Das passende Fühlerblatt zwischen Kipphebel und Ventilschaft einschieben. Läßt es sich mit leichtem Widerstand hin und her bewegen, stimmt das Ventilspiel.
- Läßt sich das Lehrenblatt nicht einschieben oder ist es ohne Widerstand leicht hin und her zu bewegen, muß das Ventilspiel eingestellt werden.
- Dazu mit dem Ringschlüssel SW 11 die selbstsichernde Einstellschraube zwischen Stößelstange und Kipphebel verdrehen.
- Das richtige Ventilspiel muß am **Einlaßventil 0,35 mm**, am **Auslaßventil 0,40 mm** betragen. Wo die Einlaß- bzw. Auslaßventile jeweils sitzen, zeigt das Bild oben.
- Entsprechend der Zündfolge 1-4-2-5-3-6 werden die fünf folgenden Ventilpaare gemessen und ggf. eingestellt. Dazu muß der Motor jeweils ⅓ Umdrehung weitergedreht werden.
- Da die exakte Drehung von 120° meist nicht genau einzuhalten ist, sollten Sie zur Erleichterung an der Keilriemenscheibe der Kurbelwelle drei Kreidemarkierungen anbringen, die die 120° aufzeigen.
- Zur Kontrolle: Steht Zylinder 1 im Zündzeitpunkt, müssen sich die Ventile von Zylinder 5 überschneiden.
- Durch die Zündfolge ergibt sich folgendes Einstellschema:

Einzustellender Zylinder (entsprechend der Zündfolge jeweils ⅓ Motorumdrehung = 120° weiterdrehen)	**1–4–2–5–3–6**
Überschneidender Zylinder (erkennbar an der gegenläufigen Bewegung der Kipphebel bzw. Stößelstangen)	**5–3–6–1–4–2**

- Vor Aufsetzen der Zylinderkopfhauben darauf achten, daß die Dichtflächen von Deckel, Deckeldichtung und Zylinderkopf vorher mit einem nicht fasernden Lappen von Ölrückständen gesäubert sind.
- Die vier Stoßstellen von Zylinder- und Ansaugkopf mit Dichtmasse einstreichen.
- Neue Dichtungen mit der kleberbeschichteten Seite auf die Zylinderkopfhauben kleben.

● Zylinderkopfhauben ansetzen und Schrauben mit 5–8 Nm anziehen.
● Zündkerzenstecker aufstecken.
● Motorbelüftungsschlauch montieren und Deckel des Ansauggeräuschdämpfers einbauen. Nicht vergessen, die Mehrfachstecker aufzustecken.
● Luftschläuche wieder anschließen.
● Motor warmlaufen lassen und Dichtung der Zylinderkopfhauben auf Dichtheit überprüfen.
● Falls erforderlich, Leerlauf einstellen.

Fingerzeige: Zur genauen Messung des Ventilspiels ist es besser, die Fühlerblattlehre zu schieben und nicht zu ziehen, da sich dann das Fühlerblatt – besonders, wenn es zwei sind – bei zu wenig Spiel stauchen kann und so zu wenig Spiel signalisiert.
Mit einem verbogenen und eventuell geknickten Fühlerblatt bekommen Sie verfälschte Meßergebnisse und dadurch Einstellprobleme.
Die neue Ventildeckeldichtung sowie der Deckel selbst müssen sehr sorgfältig auf den Zylinderkopf aufgesetzt werden, sonst kann Öl herausdrücken.

Arbeiten am Zahnriemen

Die Ventilsteuerung erfolgt, wie bereits erwähnt, beim OHC- und CVH-Motor über einen Zahnriemen. Dieser versetzt die Nockenwelle in die halbe Umdrehungszahl der Kurbelwelle. Je nach Motortyp wird noch eine Nebenwelle zum Antrieb der Ölpumpe und des Zündverteilers bzw. die Kühlwasserpumpe angetrieben.
Die exakte Spannung ist für die Lebensdauer des Zahnriemens von großer Bedeutung. Deshalb steht der Ford-Werkstatt für die genaue Einstellung der Zahnriemenspannung ein spezielles Prüfgerät (Ford-Werkzeug 21-113) zur Verfügung. Die nachstehende Behelfseinstellung sollte also umgehend von einer Ford-Werkstatt nachkontrolliert werden.

Zahnriemenabdeckung abbauen

● **1,6-CVH-Motor:** Zwei Schrauben an der Deckelfront lösen und Oberteil der zweiteiligen Abdeckung nach oben aus dem Motorraum nehmen.
● **1,8-CVH-Motor:** Zündung lahmlegen (siehe im Kapitel »Die Zündanlage«).
● Verteilerkappe mit Zündkabeln abbauen und Verteilerläufer mit -gehäuse von der Zahnriemenabdekkung abnehmen.
● Zwei Muttern lösen und Abdeckung von den Stehbolzen abnehmen.
● **OHC-Motor:** Drei Schrauben des Abdeckblechs lösen und Abdeckung am Führungsschlitz seitlich vom Haltebolzen wegschwenken.
● Abdeckblech vom Nockenwellen-Zahnriemenrad abnehmen und aus dem Motorraum nehmen.

Zahnriemenzustand prüfen

Wartung Nr. 55

● Der gezähnte Riemen darf nicht verölt oder rissig sein. Wasser und Öl lassen den Riemen vorschnell altern.
● Eine defekte und schwergängige Spannrolle kann durch Erhitzen des Riemenrückens den Riemen vorzeitig verschleißen.
● Die Flanken der Verzahnung müssen intakt sein und dürfen keine Abnutzungserscheinungen zeigen.
● Damit Sie den Riemen auf seiner gesamten Länge begutachten können, den Motor durchdrehen.
● Einen beschädigten Riemen unbedingt ersetzen.

Links: Der untere Teil der Zahnriemenführung des OHC-Motors zeigt:
1 – Spannrolle;
2 – Wasserpumpe bzw. Lüfterflansch;
3 – Zündverteiler;
4 – Kraftstoffpumpe;
5 – Zahnriemenrad der Nebenwelle;
6 – Kurbelwellen-Keilriemenscheibe mit OT-Markierung (Pfeile).
Rechts: Die Pfeile zeigen die Befestigungspunkte der Zahnriemenabdeckung.

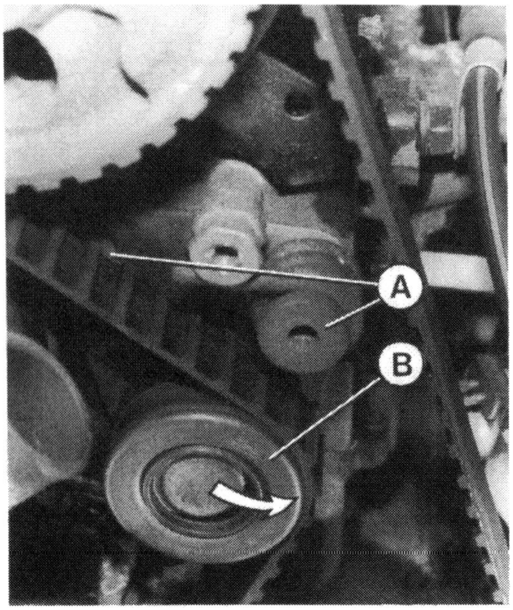

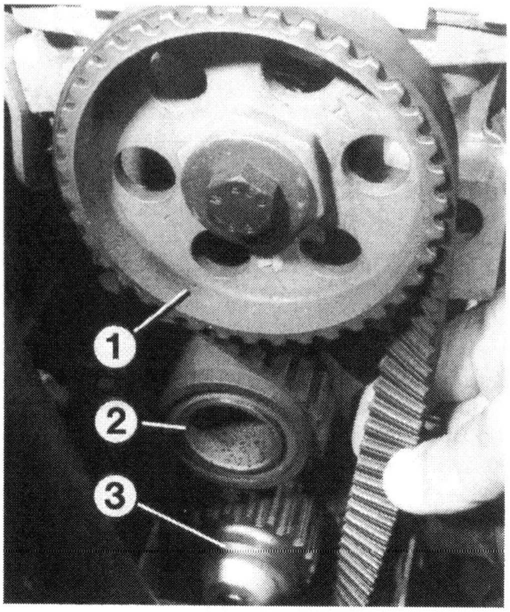

Links: Hier die beiden am OHC-Motor wichtigen Schrauben (A) der Zahnriemenspannrolle (B). Beim Spannen des Riemens zuerst die linke, vom Zahnriemen verdeckte Schraube, dann die vordere Schraube anziehen. Rechts: Der Zahnriemen des CVH-Motors. Zur Prüfung der Zahnriemenspannung können Sie ihn durchdrücken (max. 10 mm) oder verdrehen. Läßt er sich mehr als 90° verdrehen, muß der Riemen gewechselt werden. Die Zahlen bedeuten:
1 – Nockenwellen-Zahnriemenrad;
2 – Spannrolle;
3 – Wasserpumpen-Zahnriemenrad.

Zahnriemenspannung behelfsmäßig prüfen
CVH-und OHC-Motor

- Zahnriemenabdeckung abnehmen.
- Beim CVH-Motor durch Daumendruck zwischen Nockenwellenrad und Kurbelwellenrad den Durchhang des Riemens ermitteln.
- Beim Zahnriemen des OHC-Motors zwischen Nockenwellen- und Nebenwellen-Zahnriemenrad mit Daumendruck Spannung prüfen.
- Der Riemen soll sich bei richtiger Riemenspannung etwa 10 mm durchdrücken lassen. Sonst nachspannen. Sie können den Riemen auch in sich verdrehen. Er darf sich maximal 90° verdrehen lassen.
- Im Zweifelsfall Kontrolle nach Weiterdrehen der Kurbelwelle wiederholen.
- Ggf. Zahnriemen so bald als möglich auswechseln.

Zahnriemen behelfsmäßig spannen
OHC- und CVH-Motor

- Zum Spannen des Zahnriemens die Kurbelwelle festhalten (4. oder 5. Gang einlegen und Handbremse festziehen).
- Nockenwellen-Zahnriemenrad mit Drehmomentschlüssel und Stecknuß SW 41 entgegen dem Uhrzeigersinn drehen, bis ein Drehmoment von 54–59 Nm erreicht ist.
- Bei Erreichen des richtigen Drehmoments das Nockenwellenrad in dieser Stellung halten.
- Zahnriemenspanner-Schrauben lösen, und Spannrolle »satt« auf den Zahnriemenrücken pressen.
- Spannschrauben festziehen.
- OT-Stellung von Nockenwellen- und Kurbelwellen-Zahnriemenrad prüfen.
- Zahnriemenabdeckung montieren.
- Keilriemen auflegen und spannen, siehe im Kapitel »Die Lichtmaschine«.

Fingerzeige: Pfeift oder singt der Riemen, wenn Sie den Motor nach dem Riemenspannen laufen lassen, ist wahrscheinlich der Riemen zu stark gespannt.
Ein Zahnriemen, der schon über 40000 km gelaufen ist, sollte nicht mehr nachgespannt, sondern ausgewechselt werden, um eine Überlastung von Zahnriemen und Spannrollen- bzw. Wasserpumpenlager zu vermeiden. Muß der Riemen mangels eines neuen doch einmal nachgespannt werden, diesen baldmöglichst auswechseln.

Zahnriemen auswechseln

CVH-Motor
Wartung Nr. 57

Der Zahnriemen muß nach dem Ford-Wartungsplan erst nach 60000 km gewechselt werden. Wir raten jedoch, den Zahnriemen zu einem wesentlich früheren Zeitpunkt auszutauschen, denn ein gerissener oder durch Überalterung gedehnter Zahnriemen kann einen kapitalen Motorschaden verursachen.
Auch die Ford-Werkstatt rät im Rahmen der Wartungsarbeiten, wenn der Riemen sowieso abgenommen wird, zum Wechsel des Zahnriemens, wenn er mehr als 40000 km gelaufen ist.

OHC-Motor

- Keilriemen abnehmen.
- Zahnriemenabdeckung abbauen.
- Motor auf OT für Zylinder 1 drehen.
- Zahnriemen entspannen.
- Zahnriemen abnehmen.
- Vor dem Auflegen des neuen Zahnriemens kontrollieren, ob Nockenwellen-Zahnriemenrad, Kurbelwellen-Keilriemenscheibe und Verteilerfinger auf der OT-Markierung für Zylinder 1 stehen.
- Wurde die OT-Stellung des Motors verdreht, die Nocken- bzw. Kurbelwelle auf keinen Fall um 360° bis zur OT-Markierung weiterdrehen, sondern auf kürzestem Weg zur OT-Markierung drehen. Dabei darauf achten, daß sich Kolben und Ventile dabei nicht berühren.
- Zahnriemen auflegen.
- Zahnriemen vorspannen und Spannrolle festziehen.

Zur OT-Kontrolle des Nockenwellen-Zahnriemenrades beim OHC- (links) und CVH-Motor (rechts) das Rad so drehen, daß die Pfeilmarkierung »1« genau der Markierung »2« am Zylinderkopf gegenübersteht. Gleichzeitig muß die Kurbelwellen-OT-Stellung stimmen. Erst dann kann mit dem Auflegen des Zahnriemens begonnen werden.

● Motor an der Kurbelwellen-Keilriemenscheibe zweimal durchdrehen, damit der Zahnriemen gleichmäßig überall anliegt. Dabei darf der Motor bei aufgelegtem Zahnriemen nur im Uhrzeigersinn (Motordrehrichtung) gedreht werden.

● Zahnriemen spannen und von der Werkstatt kontrollieren lassen.

CVH-Motor

● Keilriemen abnehmen.
● Zahnriemenabdeckung abbauen.
● Motor auf OT für Zylinder 1 drehen.
● Zahnriemen entspannen, dazu beide Befestigungsschrauben des Zahnriemenspanners lösen.
● Zahnriemenspanner nach links schieben und Spannschrauben wieder festziehen.
● Zahnriemen von den Zahnriemenrädern abnehmen.
● Motor bei abgenommenem Zahnriemen auf keinen Fall drehen.
● Vor Auflegen des neuen Zahnriemens OT-Stellung von Nockenwellen- und Kurbelwellen-Zahnriemenrad kontrollieren (Scheibenfeder steht senkrecht zur Markierung am Ölpumpengehäuse).
● Stimmt die Markierung nicht genau, Kurbelwelle auf kürzestem Weg in die richtige Stellung drehen.
● Neuen Zahnriemen an der Kurbelwelle beginnend gegen die Uhr auf die Zahnriemenräder auflegen.
● Zahnriemenspanner lösen und gegen den Zahnriemenrücken schnappen lassen.
● Motor an der Kurbelwellen-Keilriemenscheibe zweimal durchdrehen, damit sich der Zahnriemenspanner satt gegen den Zahnriemenrücken legen kann.
● Motor langsam auf OT des 1. Zylinders drehen.
● Kurbelwellen- Keilriemenscheibe festhalten und Nockenwellen-Zahnriemenrad entgegen dem Uhrzeigersinn mit 54–59 Nm drehen. Diese Werte gelten jedoch nur für einen neuen, nicht gelaufenen Riemen.
● Nockenwellen-Zahnriemenrad in dieser Stellung halten und Zahnriemenspanner festziehen.
● Zahnriemenabdeckung montieren und Keilriemen auflegen.
● Zahnriemenspannung von der Werkstatt überprüfen lassen.

Fingerzeige: Muß die Nockenwelle über einen größeren Winkel verdreht werden, um z.B. die Markierungen in Übereinstimmung zu bringen, muß vorher die Kurbelwelle so gedreht werden, daß kein Kolben im OT steht. Sonst können Ventile und Kolben beschädigt werden!
Bei einem alten Zahnriemen ist meist die Laufrichtungsmarkierung unkenntlich. Deshalb müssen Sie die Laufrichtung kennzeichnen, wenn Sie den Zahnriemen wieder verwenden wollen, da der Riemen mit gleicher Laufrichtung wieder aufgelegt werden muß.

Steuerkette auswechseln

Ein rasselnder Motor im Leerlauf läßt meist auf eine verschlissene Steuerkette schließen, weil durch die geringe Motordrehzahl der Kettenspanner nicht mehr in der Lage ist, durch den geringen Öldruck die Kette auf Spannung zu halten. Bis zu einem gewissen Grad ist also das Kettengerassel, besonders bei einem älteren und dazu noch heißen Motor konstruktionsbedingt. Verschwindet das Rasselgeräusch erst bei höheren Drehzahlen, ist nicht nur die Kette verschlissen, sondern auch die beiden Kettenräder. Dann ist jedoch auch durch ungenaue Steuerzeiten das Leistungs- und Abgasverhalten des Motors außerhalb der Toleranzen.
Steuerkette und die zugehörigen Kettenräder sollten immer gemeinsam gewechselt werden. Vorsorglich auch einen Dichtungssatz für die Ölwanne und den Stirndeckel besorgen.

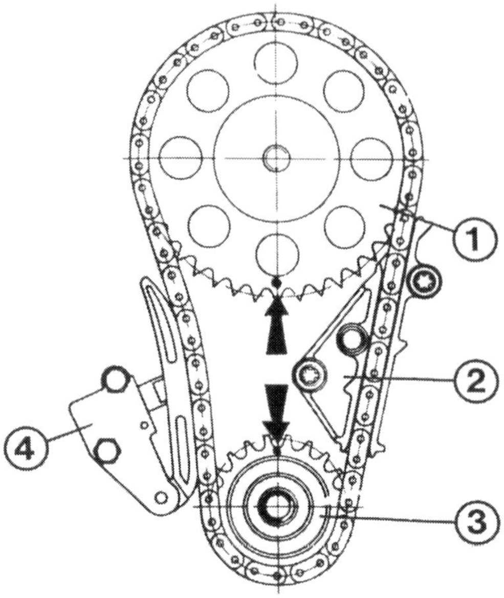

So müssen sich beim 2,9-Liter-Motor die Markierungen (Pfeile) von Nokkenwellen- (1) und Kurbelwellen-Kettenrad (2) gegenüberstehen, bevor die beiden Kettenräder angesetzt werden. Weiter bedeuten:
3 – Führungsschiene;
4 – Kettenspanner.

V6-Motor

● Obere Luftführung vom Kühler abbauen (zwei Schrauben).
● Lüfterkupplung mit gekröpftem Gabelschlüssel von der Keilriemenscheibe abbauen (Linksgewinde). Dabei den Keilriemen an der Wasserpumpe festhalten.
● Keilriemenspannschraube an der Pumpe der Lenkhilfe lösen und Keilriemen abnehmen.
● Fahrzeug vorne aufbocken.
● Untere Luftführung des Kühlers abbauen (zwei Schrauben).
● Keilriemenscheibe der Kurbelwelle abbauen (vier Schrauben). Dabei ein handelsübliches Spannband zum Gegenhalten am Schwingungsdämpfer ansetzen.
● Zentrale Befestigungsschraube des Schwingungsdämpfers lösen, ca. 30 mm herausdrehen und mit Abzieher vom Kurbelwellenstumpf abziehen.
● Motoröl zur Wiederverwendung in sauberes Auffanggefäß ablassen und Gefäß abdecken.
● Ölwanne abbauen (18 Schrauben, sechs Muttern).
● Neun Schrauben des Stirndeckels herausdrehen und Deckel mit Dichtung abnehmen.
● Kettenspanner abbauen (zwei Schrauben). Darauf achten, daß der Spanner auf Spannung steht.
● Zentrale Befestigungsschraube (TORX-Schraube) des Nockenwellen-Kettenrades lösen. Dazu das Rad mit einem Schraubendreher blockieren, damit der Zapfen des Kettenrads nicht abgeschert wird.
● Beide Kettenräder mit Steuerkette abnehmen.
● Vor dem Einbau der neuen Kette den Kettenspanner und die Führungsschiene auf Verschleiß kontrollieren.
● Wird die alte Kette wieder verwendet, muß genau kontrolliert werden, ob keine Rolle beschädigt oder gar geplatzt ist.
● Vor Ansetzen der Kettenräder mit Steuerkette sicherstellen, daß sich die Nuten von Nocken- und Kurbelwelle in OT-Position genau gegenüberstehen.
● Nockenwellen-Kettenrad mit 60–68 Nm festziehen.
● Kettenspanner in Vorspannung mit einer kleinen Schweißdrahtklammer sichern (der Kettenspanner aus dem Ersatzteillager ist bereits mit einer Sicherungsklammer versehen) und anbauen.
● Stirndeckel mit neuer Dichtung ansetzen und Schrauben fingerfest beidrehen.
● Radialdichtung einsetzen und Stirndeckel auf Kurbelwellenstumpf zentrieren. Die Werkstatt benutzt hier einen speziellen Zentrierring (Ford-Werkzeug 21-137).
● Stirndeckelschrauben mit 17–21 Nm festziehen.
● Ölwanne anbauen. Dabei unbedingt eine neue Ölwannendichtung verwenden und zusätzlich am Stoß zum Stirndeckel und den Keilnuten der Hauptlagerdeckel Dichtmittel angeben. Beim Ansetzen der Ölwanne müssen die Löcher der Dichtung genau auf den Noppen der Ölwanne zu sitzen kommen.
● Ölwannenschrauben bzw. -muttern einsetzen und fingerfest beidrehen. Dann im Uhrzeigersinn an einem Hauptlager beginnend in zwei Stufen (5 und 8 Nm) festziehen. Bei der zweiten Stufe mit dem Festziehen am anderen Hauptlager beginnen.
● Der weitere Montageablauf geht wie für den Ausbau beschrieben vor sich.

Fingerzeige: Kettengerassel bei einem Motor, der die 80000 oder 100000 km noch nicht erreicht hat, kann auch schon einmal von einem defekten Kettenspanner herrühren. Da der Kettenspanner (V6-Motor) nicht einstellbar ist, muß er komplett ausgewechselt werden.
Mit einer neuen Kette auch neue Kettenräder einbauen. Dabei sollten auch gleich der Kettenspanner und die Führungsschiene ausgewechselt werden.

DOHC-Motor

Diese Arbeit ist schon recht umfangreich und sollte eigentlich nur von der Ford-Vertragswerkstatt ausgeführt werden, da selbst dem erfahrenen Selbermacher durch eine ganze Reihe notwendiger Spezialwerkzeuge

Die Zeichnung veranschaulicht die Stellung der Kupferglieder (3) auf den Steuerkettenrädern beim Ansetzen der Steuerkette. Weiter bedeuten:
1 – Gleitschiene oben;
2 – Steuerkettenrad der Auslaßnockenwelle;
4 – Steuerkette;
5 – Doppelgleitschiene;
6 – Doppelkettenrad der Kurbelwelle;
7 – Kettenspanner der Ölpumpenkette;
8 – Antriebskette der Ölpumpe;
9 – Ölpumpe;
10 – Kettenspannrad aus Kunststoff;
11 – Kettenspanner der Steuerkette;
12 – Steuerkettenrad der Einlaßnockenwelle.

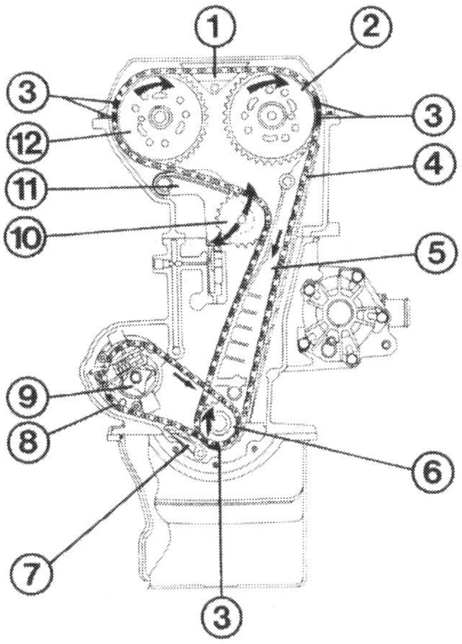

Grenzen gesetzt sind. Mangels dieser Werkzeuge kann bei fehlender Sachkenntnis der nächste Motorschaden trotz neuer Ersatzteile schon mit eingebaut werden. Für die, die fern der Heimat einmal reparieren müssen, hier die Montageschritte.

- Ansauggeräuschdämpfer abbauen.
- Schlauch der Motorbelüftung von der Zylinderkopfhaube abbauen.
- Verteilerkappe komplett mit -gehäuse und Verteilerfinger abbauen und seitlich ablegen.
- Zündkabelhalter von der Zylinderkopfhaube abbauen.
- Zylinderkopfhaube abbauen (11 Schrauben und vier Muttern).
- Abdeckung der Steuerkette abbauen.
- Fahrzeug vorne aufbocken.
- Anlasser ausbauen.
- Keilriemen ausbauen. Dazu Spannrolle entspannen.
- Mit Abzieher (Ford-Werkzeug 21-147) Kurbelwellen-Keilriemenscheibe mit Schwingungsdämpfer abziehen.
- Untere Steuerketten-Abdeckung abbauen (11 Schrauben).
- Kettenspanner der Ölpumpenkette ausbauen (eine TORX-Schraube).
- Ölpumpen-Kettenrad durch Lösen der zentralen TORX-Schraube abbauen. Dabei das Kettenrad zusammen mit Kette abnehmen.
- Obere Führung der Steuerkette vom Zylinderkopf abdrücken.
- Seitliche Doppel-Führungsschiene durch Lösen je einer TORX-Schraube abbauen und nach oben aus dem Motorblock ziehen.
- Motor auf OT von Zylinder 1 drehen.
- Zentrale Befestigungsschrauben lösen und Kettenräder der Nockenwelle abziehen.
- Kettenspanner ausbauen. Dazu eine Schraube M 6 x 70 durch eine Stecknuß stecken und in den Stift der Kettenspannerlagerung drehen.
- Dann den Stift mit der Stecknuß aus dem Motorblock ziehen. Dabei den Sicherungsring mit einem Magnet festhalten, damit er nicht herunterfällt.
- Doppelkettenrad der Kurbelwelle abnehmen und Scheibenfeder der Kurbelwelle abnehmen.
- Steuerkette herausnehmen.
- Hydrostößel des Kettenspanners abnehmen. Vorsicht Ölverlust!
- Vor Einbau des Hydrostößels muß dieser entleert werden. Dazu muß der Stößel zerlegt und mit einer speziellen Montagehülse (Ford-Werkzeug 21-145) wieder zusammengebaut werden – selbst mit Spezialwerkzeug eine diffizile Arbeit.
- In vorgespannter Stellung wird der Hydrostößel eingebaut. Dazu den Paßstift einschieben und den Sicherungsring vorsichtig in die Nut des Stifts schieben.
- Wird die alte Kette wieder verwendet, muß genau kontrolliert werden, ob keine Rolle beschädigt oder gar geplatzt ist.
- Beide Nockenwellen-Kettenräder in OT-Stellung für Zylinder 1 auf die Nockenwellen aufsetzen.
- Die Kettenräder der Nockenwellen so ansetzen, daß die Langlöcher nach links und rechts außen zeigen. Dabei muß der angekörnte Zahn des jeweiligen Kettenrades jeweils außen in Höhe der Zylinderkopfkante sitzen.
- Schrauben ansetzen und handfest beidrehen. Beim rechten Kettenrad den Adapter für den Verteilerantrieb nicht vergessen!
- Steuerkette mit dem einzelnen verkupferten Kettenglied von oben durch den Motorblock einführen und über den Kurbelwellenzapfen schieben. Dabei müssen die Markierungen der Nockenwellen-Kettenräder genau zwischen die beiden verkupferten Kettglieder zeigen.
- Doppelkettenrad der Kurbelwelle so am Kurbelwellenzapfen ansetzen, daß der Markierungspunkt nach unten zeigt.
- Steuerkette so um das innere Kettenrad legen, daß das verkupferte Kettenglied und die Markierung genau ausgerichtet sind, d. h. sich gegenüber stehen.
- Doppelkettenrad so auf den Kurbelwellenzapfen schieben, bis die Nase des Kettenrads in die Nut des Kurbelwellenzapfens einrastet.

- Beide Führungsschienen einsetzen und festschrauben. Vor dem Einbau die Führungsschienen auf Verschleiß kontrollieren und ggf. erneuern.
- Hydrostößel des Kettenspanners entriegeln. Dazu den Arm des Kettenspanners mit leichtem Druck gegen den Stößel entriegeln.
- Nach Entriegeln des Kettenspanner-Stößels den Motor mehrfach in Drehrichtung durchdrehen. Dabei müssen sich in der nächsten Umdrehung bei OT von Zylinder 1 die beiden Nockenwellenmarkierungen direkt in der Mitte der Zylinderkopfoberkante gegenüberstehen.
- Doppelführungsschiene oben mit 10–13 Nm, unten mit 24–28 Nm festziehen.
- Nockenwellen-Kettenräder mit 55–63 Nm festziehen.
- Ölpumpenkette auf Kettenrad der Kurbelwelle auflegen und gleichzeitig mit Kettenrad der Ölpumpe an der Ölpumpe ansetzen.
- Ölpumpen-Kettenrad mit 16–19 Nm festziehen.
- Kettenspanner der Ölpumpenkette anbauen und mit 10–13 Nm festziehen.
- Scheibenfeder der Kurbelwelle einsetzen und untere Steuerkettenabdeckung mit neuer Dichtung anbauen. Dabei die Schrauben nur fingerfest beidrehen.
- Keilriemenscheibe mit Schwingungsdämpfer an der Kurbelwelle ansetzen und gleichzeitig die untere Steuerkettenabdeckung zentrieren. Dabei äußerst vorsichtig vorgehen, damit der Radialdichtring nicht beschädigt wird.
- Schwingungsdämpfer in zwei Stufen (1. Stufe mit 45–58 Nm, 2. Stufe um 80–90° weiterdrehen) festziehen.
- Schrauben der unteren Steuerkettenabdeckung mit 6,5–9,5 Nm festziehen.
- Obere Steuerkettenabdeckung ansetzen und zentrieren. Damit die Dichtlippen des Radialdichtrings ringsum gleichmäßig tragen, benutzt die Werkstatt hier einen speziellen Zentrierring (Ford-Werkzeug 21-093 A).
- Obere Steuerketten-Abdeckung mit 6,5–9,5 Nm festziehen.
- Zündverteiler anbauen.
- Zylinderkopfdeckel mit neuer Dichtung aufsetzen und Schrauben und mit 6–8 Nm nach Schema (Seite 51) anziehen.
- Die weiteren Montageschritte gehen wie für den Ausbau beschrieben vor sich.

<u>Fingerzeige:</u> Der Radialdichtring von oberer und unterer Steuerkettenabdeckung kann nicht einzeln ausgewechselt werden. Die jeweilige Abdeckung ist nur komplett mit Radialdichtring erhältlich. Wenn die Steuerketten-Abdeckung nicht einwandfrei zentriert ist, ist der Radialdichtring in kürzester Zeit einseitig verschlissen und undicht.

Motorschaden

Ein Schaden am Motor muß Sie nicht gleich verzweifeln lassen. Unsere Aufstellung soll Ihnen helfen, den wirtschaftlichsten Weg herauszufinden, wie Sie Ihren Ford Sierra wieder flott bekommen.

○ Der Motor wird selbst repariert. Das lohnt sich bei einem Schaden an der Zylinderkopfdichtung. Die Reparaturen, die Sie dabei mit etwas Geschick und Geduld selbst ausführen können, sind hier im Buch beschrieben. Nicht sinnvoll ist der Einbau neuer Lager an einer Kurbelwelle mit Riefen oder der Wechsel von Kolben bzw. Kolbenringen bei Zylindern mit Laufspuren. Das sind Arbeiten für eine Motorinstandsetzungsfirma.

○ Der Motor wird selbst teilweise zerlegt und dann zu einem Motor-Reparateur gebracht, der den eigentlichen Schaden behebt. Beispiel: Der Motor wird selbst ausgebaut, der Zylinderkopf abgenommen, und die Werkstatt lagert die Kurbelwelle neu. Wichtig ist hier allerdings ein Kostenvergleich.

○ Komplett- oder Teilüberholung des Motors durch eine Motorinstandsetzungsfirma. Viele Werkstätten dieser Branche haben sich zu einer Gütegemeinschaft zusammengeschlossen: Verband der Motorinstandsetzungsbetriebe e.V., Goldene Pforte 1, 5800 Hagen. Sie garantieren Motorreparaturen nach bestimmten Qualitätsrichtlinien.

○ Kauf eines »Teilmotors« im Tausch bei einer Ford-Werkstatt oder Instandsetzungsfirma. Der Teilmotor besteht aus Motorblock mit Kurbeltrieb, Kolben und Ölwanne, jedoch ohne Zylinderkopf und ohne alle Nebenaggregate. Die letztgenannten Teile baut man selbst um und bringt den defekten Motor zurück.

○ Kauf eines kompletten Austauschmotors bei einer Ford-Werkstatt. In diesem Fall wird der Motor mit allen Zusatzaggregaten ausgetauscht. Das lohnt sich jedoch bei einem älteren oder schlecht erhaltenen Fahrzeug meist nicht mehr.

○ Ein gebrauchter Motor von der Autoverwertung. Achten Sie in diesem Fall unbedingt auf die Motorkennbuchstaben (siehe z.B. Tabelle am Anfang dieses Kapitels), damit Sie kein falsches Triebwerk einbauen. Angegebene Kilometerlaufleistungen sind mit einer gewissen Skepsis zu betrachten. Günstig ist es, wenn Sie den Motor noch in eingebautem Zustand laufen hören.

<u>Fingerzeig:</u> Seriöse Firmen geben eine Garantie auf die Motoren oder legen ein (hoffentlich echtes) Kompressionsdiagramm vor.

Zylinderkopfdichtung

Erkennungsmerkmal	Ursache/Besonderheiten
A Kühlflüssigkeitsstand nimmt laufend ab	**Kühlmittel gelangt in sehr geringer Menge in die Brennräume. Diese Erscheinung kann sich ohne weitere Erkennungsmerkmale über längere Zeit hinziehen**
B Beträchtlicher Kühlmittelverlust. Der Wagen zieht bei warmgefahrenem Motor einen weißen Abgasschleier hinter sich her	**Kühlmittel dringt in erheblicher Menge in einen Verbrennungsraum, verdampft dort und entweicht als weiße Schwaden zum Auspuff hinaus**
C Aus dem geöffneten Ausgleichbehälter steigen Luftblasen auf oder beim Öffnen des Verschlußdeckels sprudelt eine größere Menge Kühlmittel heraus	**Verbrennungsgase werden ins Kühlsystem gedrückt. Aus der Einfüllöffnung riecht es nach Abgasen**
D In Regenbogenfarben schillernde oder schwarze Verfärbung an der Oberfläche des Kühlmittels	**Öl aus dem Schmierkreislauf gelangt ins Kühlsystem**
E Grau oder braun aussehende Emulsion am herausgezogenen Ölpeilstab oder Öl von Wasserbläschen durchsetzt	**Kühlflüssigkeit ist in den Schmierkreislauf geraten. Achtung: Wasser im Motoröl kann einen Lagerschaden verursachen. Zylinderkopfdichtung sofort wechseln (lassen). Motor nicht mehr starten! Wagen zur Reparatur abschleppen**

Arbeiten am Zylinderkopf

Abgesehen davon, daß diese Arbeit nur dem wirklich erfahrenen Selbermacher vorbehalten bleiben sollte, ist zu allen nachstehend beschriebenen Arbeiten ein Drehmomentschlüssel unerläßlich. Außerdem werden wieder Spezialwerkzeuge, z. B. Schlüssel für TORX-Schrauben, benötigt. Wichtig beim Ausbau:

○ Damit sich der Zylinderkopf beim Lösen der Zylinderkopfschrauben nicht verzieht, müssen die Schrauben nacheinander zuerst ¼, dann ½ Umdrehung losgedreht werden.

○ Den Zylinderkopf möglichst nicht mit der Dichtfläche nach unten ablegen, da sie sonst verkratzt werden könnte. Auch die Ventile könnten Schaden erleiden.

Vor der Wiedermontage des Zylinderkopfes müssen folgende Einzelheiten sichergestellt sein:

○ Die Dichtflächen am Motorblock und Zylinderkopf müssen absolut sauber und frei von Dichtungsresten sein. Nicht mit hartem Werkzeug auf der weichen Zylinderkopf-Dichtfläche kratzen. Riefen können den nächsten Kopfdichtungsschaden verursachen.

○ Beim Abschaben der Dichtungsreste darauf achten, daß keine Reste in irgendwelche Bohrungen fallen. Deshalb die Kühlwasserbohrungen am besten mit flusenfreien Lappen verstopfen.

○ Nach der Säuberung muß die Brennraumkante entgratet werden. Dazu benutzen Sie am besten Schmirgelleinen. Die Brennraumkante des Leichtmetall-Zylinderkopfes nicht mit einem harten Werkzeug brechen. Die gefräste Dichtfläche darf nicht beschädigt sein, sondern nur gleichmäßige Bearbeitungsriefen aufweisen.

○ Kontrollieren Sie, ob der Zylinderkopf Risse zwischen Ventilsitzen bzw. zwischen einem Ventilsitzring und dem Zündkerzengewinde aufweist.

○ Ohne Einfluß auf die Lebensdauer sind leichte, höchstens 0,5 mm breite Anrisse oder wenn lediglich die ersten Zündkerzengewindegänge gerissen sind.

In dieser Reihenfolge müssen die Zylinderkopfschrauben beim OHC-Motor angezogen werden. Die Fahrtrichtung zeigt der Pfeil links an.

○ Die Gewinde an den Zylinderkopfschrauben und in den Schraubenlöchern des Motorblocks müssen sauber und ohne Beschädigung sein, sonst stimmt das Drehmoment beim Anziehen der Schrauben nicht. Steht z. B. Öl in den Gewindelöchern, können die Zylinderkopfschrauben nicht den vollen Druck auf den Zylinderkopf ausüben, obwohl mit vollem Drehmoment angezogen wurde. Außerdem kann das Gußmaterial beim Anziehen der Schrauben reißen.

Zylinderkopf aus- und einbauen
OHC-Motor

● Massekabel der Batterie abklemmen.
● Ansauggeräuschdämpfer abbauen, bei Einspritzmotoren den Luftschlauch vom Drosselklappenstutzen abbauen.
● Kühlflüssigkeit ablassen. Dazu ein Auffanggefäß unter den Kühler stellen und, wenn keine Ablaßschraube am Kühler vorhanden ist, den unteren Kühlerschlauch vom Kühler abbauen.
● Oberen Kühlerschlauch vom Thermostatgehäuse abbauen.
● Schlauch zum Ausgleichbehälter abbauen.
● Heizungsschlauch von der Startautomatik am Vergaser abbauen.
● Kraftstoffleitung vom Vergaser abbauen.
● Beim Einspritzmotor die Kraftstoffleitung vom Verteilerrohr (Kraftstoffvorlauf) und vom Druckregler (Kraftstoffrücklauf) abbauen.
● Schlauch der Motorbelüftung vom Ansaugkrümmer abbauen.
● Unterdruckschlauch des Bremskraftverstärkers vom Ansaugkrümmer abschrauben und restliche Unterdruckschläuche vom Ansaugkrümmer abziehen.
● Gaszug mit Widerlager ausbauen. Beim Einspritzmotor Gaszug aushängen.
● Elektrische Leitungen der einzelnen Geber bzw. Sensoren abklemmen bzw. abziehen und ggf. für Wiedereinbau markieren.
● Zündkabel von Zündkerzen und Zündspule abziehen, Verteilerkappe und Verteilerfinger abnehmen und komplett mit den Zündkabeln abnehmen.
● Auspuffrohr durch Lösen der drei Muttern vom Auspuffkrümmer abbauen und Auspuff gegen Herunterfallen sichern.
● Beim Einspritzmotor den Halter des Ansaugkrümmers abbauen.
● Zahnriemenabdeckung abbauen.
● Zylinderkopfhaube abbauen.
● Zahnriemenspanner lösen und Zahnriemen abnehmen.
● Zündkerzen herausschrauben.
● Zylinderkopfschrauben in umgekehrter Anzugsreihenfolge (siehe Schema auf der vorangegangenen Seite) lösen.
● Zylinderkopf komplett mit Vergaser bzw. Einspritzanlage, Ansaug- und Auspuffkrümmer abheben. Löst er sich nicht gleich vom Motorblock, helfen leichte Schläge mit einem Kunststoffhammer.
● Den Zylinderkopf nach dem Abbau nicht auf der Dichtfläche absetzen, da so eine Beschädigung gerade geöffneter Ventile möglich ist. Deshalb vorher eine geeignete Unterlage aus Kanthölzern schaffen.
● Die **Montage** des Zylinderkopfes erfolgt sinngemäß in umgekehrter Reihenfolge.
● Damit der Zylinderkopf genau auf den Motorblock aufgesetzt werden kann, fertigen Sie sich aus zwei alten Zylinderkopfschrauben zum zentrierten Aufsetzen des Zylinderkopfs zwei Führungsbolzen an. Dazu den Schraubenkopf absägen und mit der Eisensäge eine Nut für den Schraubendreher einsägen.
● Führungsbolzen in die Bohrungen 7 und 9 des Motorblocks eindrehen.
● Neue Zylinderkopfdichtung so auflegen, daß keine Bohrungen im Motorblock verdeckt sind.
● Kurbelwelle so drehen, daß der Kolben von Zylinder 1 etwa 20 mm vor OT steht. So werden Beschädigungen an Kolben und Ventilen beim Aufsetzen des Zylinderkopf vermieden.
● Zylinderkopf aufsetzen und neue Zylinderkopfschrauben (vorher an Kopf und Gewinde etwas eingeölt) eindrehen und handfest anziehen. Dabei auch gleich die Führungsbolzen gegen Zylinderkopfschrauben wechseln.
● Zylinderkopfschrauben in der im Schema gezeigten Reihenfolge von 1 bis 10 festziehen.

1. Stufe	2. Stufe	3. Stufe
35–40 Nm	70–75 Nm	90° weiterdrehen* (nach 5 Minuten Wartezeit)

*** Zur genauen Kontrolle vorher alle Schrauben mit Kreide in gleicher Richtung markieren. Die Werkstatt verwendet hierzu einen speziellen Einstellschlüssel mit Gradeinteilung.**
Da es sich um Dehnschrauben handelt, dürfen die Zylinderkopfschrauben nach Stufe 3 nicht mehr nachgezogen werden!

● Zahnriemen auflegen und spannen.
● Ventilspiel prüfen und ggf. einstellen.
● Die weiteren Montageschritte gehen in umgekehrter Reihenfolge wie für die Demontage beschrieben vor sich.
● Nach Beendigung aller Arbeiten ggf. Leerlauf und Zündung kontrollieren und einstellen.
● Nach der Probefahrt Motor auf Dichtigkeit überprüfen – dasselbe gilt für die Kühlwasserschläuche.

Nockenwelle ausbauen
OHC-Motor

● Zylinderkopf abbauen.
● Ansaugkrümmer komplett mit Vergaser bzw. Einspritzventilen abbauen.
● Schlepphebel ausbauen. Dazu vorher die Nockenwelle so drehen, daß die jeweilige Ventilfeder entlastet ist.
● Ventilfederspanner (Ford-Werkzeug 21-005-B) zwischen Nockenwelle und oberem Ventilteller ein-

setzen und Ventilfeder so weit niederdrücken, bis sich der Schlepphebel seitlich herausziehen läßt. Mangels eines Ventilfederspanners kann die Ventilfeder auch mit einem geeigneten Schraubendreher niedergedrückt werden.

● Schlepphebel in genauer Reihenfolge ablegen.

● Nockenwelle hinter dem 6. Nocken am Gußansatz mit einem Gabelschlüssel gegenhalten und die Zentralschraube des Nockenwellen-Zahnriemenrads lösen.

● Nockenwellen-Zahnriemenrad mit Anlaufblech abnehmen.

● Nockenwellenhalteplatte abmontieren und Nokkenwelle vorsichtig nach hinten herausziehen.

● Vor dem Einbau der Nockenwelle sollten Sie sie zur Sicherheit von der Werkstatt auf Schlag prüfen lassen. Dort kann auch gleich der Zustand der Nokkenwellenlager festgestellt werden. Außerdem sollten Sie eine gelaufene Nockenwelle mit hoher Kilometerleistung auf Axialspiel kontrollieren lassen. Die Werkstatt montiert zur Messung eine Meßuhr am Zylinderkopf, mit der das zulässige Spiel ausgetastet wird.

● **Einbau:** Alle ausgebauten Teile vor dem Einbau mit Waschbenzin reinigen und die Dichtflächen mit einem Lappen aus- bzw. einreiben.

● Nockenwellen-Lagerlaufflächen, Nockenwellenlager und Halteplatte mit Hypoidöl SAE 80/90 (Getriebeöl) einölen.

● Nockenwelle vom hinteren Lagerbock her vorsichtig einschieben und darauf achten, daß die Lagerlaufflächen nicht beschädigt werden.

● Neuen Radialdichtring an der Dichtlippe leicht mit Hypoidöl einreiben und mit einem passenden kurzen Rohrstück (Innen- und Außendurchmesser müssen dem des Dichtrings entsprechen), ohne zu verkanten mit ein paar Kunststoffhammerschlägen eintreiben. Die Werkstatt hat auch für diese Arbeit einen speziellen Einzieher (Ford-Werkzeug 21-009-B).

● Nockenwellen-Zahnriemenrad mit Anlaufblech auf den Nockenwellenzapfen aufschieben und Zentralschraube mit 45–50 Nm festziehen. Dabei am 6. Nocken mit einem Gabelschlüssel gegenhalten.

● Die weiteren Arbeiten gehen in umgekehrter Ausbaureihenfolge vor sich.

Zylinderkopf aus- und einbauen

CVH-Motor

● Ansauggeräuschdämpfer komplett mit Luft- und Vorwärmschlauch ausbauen.

● Kühlmittel durch Öffnen der Ablaßschraube an der Kühlerunterseite in sauberes Auffanggefäß ablassen.

● Unteren Kühlerschlauch und Heizungsschlauch (Rücklauf) von der Kühlmittelpumpe abbauen.

● Heizungsschlauch von der Startautomatik abbauen.

● Elektrische Leitungen der einzelnen Geber bzw. Sensoren abklemmen bzw. abziehen und ggf. für Wiedereinbau markieren.

● Gaszug am Vergaser aushängen und am Widerlager abbauen.

● Kraftstoffleitungen von der Kraftstoffpumpe und Vergaser abbauen. Schlauch ggf. mit passender Schraube verschließen.

● Unterdruckschlauch des Bremskraftverstärkers vom Ansaugkrümmer abschrauben und restliche Unterdruckschläuche vom Ansaugkrümmer abziehen.

● Halter des Ölmeßstabrohrs abbauen.

● Fahrzeug vorne aufbocken und Auspuff vom Auspuffkrümmer trennen (drei Muttern).

● Zündkabel von der Zündspule abziehen, Verteilerkappe und Verteilerfinger abnehmen und komplett mit den Zündkabeln abnehmen.

● Zahnriemen ausbauen.

● Zylinderkopfhaube abbauen (neun Schrauben).

● Zündkerzen ausbauen.

● Nockenwellen-Zahnriemenrad mit Ringschlüssel SW 41 festhalten und zentrale Befestigungsschraube lösen.

● Zahnriemenrad und innere Zahnriemenabdekkung abnehmen.

● Zylinderkopfschrauben in umgekehrter Reihenfolge wie beim Anziehen herausdrehen und Zylinderkopf mit Ansaug- und Auspuffkrümmer vom Motorblock abheben. Löst er sich nicht gleich, helfen leichte Schläge mit einem Kunststoffhammer.

Besonders beim Leichtmetallkopf des CVH-Motors muß auf Genauigkeit bei der Anzugsreihenfolge der Zylinderkopfschrauben wie beim stufenweisen Anziehen der Schrauben geachtet werden. Sonst ist der nächste Schaden an der Zylinderkopfdichtung schon »mit eingebaut«.

● Zylinderkopf auf Verzug prüfen (lassen), besonders dann, wenn der Kopfdichtungsschaden durch Überhitzung entstanden ist.
● Langes Metallineal oder garantiert geraden Metallwinkel über die gereinigte Dichtfläche des Zylinderkopfes legen.
● Mit einer Fühlerlehre den Durchhang messen. Der maximal zulässige Verzug beträgt:
auf 26 mm Meßlänge 0,04 mm
auf 156 mm Meßlänge 0,08 mm
auf der gesamten Länge 0,30 mm (1,6-CVH-Motor)
auf der gesamten Länge 1,15 mm (1,8-CVH-Motor)
● Ist der Verzug außerhalb der genannten Werte, muß der Zylinderkopf vor der Montage plangeschliffen werden. Dabei darf maximal 0,30 abgefräst werden und die Mindestbrennraumtiefe von 14,5–13,9 mm beim 1,8-CVH-Motor bzw. 19,1 mm beim 1,6-CVH-Motor nicht unterschritten werden.

● **Einbau:** Kurbelwelle so drehen, daß kein Kolben im OT steht (Kolben des 1. Zylinders etwa 2 cm vor OT), sonst könnte ein geöffnetes Ventil beim Aufsetzen des Zylinderkopfes mit einem Kolben zusammenstoßen.
● Zylinderkopfdichtung auflegen. Dabei auf richtigen Sitz der Führungsbuchsen achten.
● Die Zylinderkopfdichtung des 1,6-Liter-Motors ist mit einem Zacken gekennzeichnet.
● Die Zylinderkopfdichtung des 1,8-Liter-Motors ist mit 1,8 gekennzeichnet und muß mit der roten Dichtraupe nach oben aufgelegt werden.
● Zylinderkopf aufsetzen – vorher noch einmal den richtigen Sitz der Führungshülsen im Motorblock kontrollieren – und Schrauben beidrehen.
● Zylinderkopfschrauben nach Schema (Bild auf der Vorseite) mit vorgeschriebenem Drehmoment in vier bzw. fünf Stufen anziehen.

Motortyp	1,6-CVH-Motor	1,8-CVH-Motor
1. Stufe	20–40 Nm	40–60 Nm
2. Stufe	40–60 Nm	um 180° (½ Umdrehung) lösen*
3. Stufe	um 90° weiterdrehen*	40–60 Nm
4. Stufe	um 90° weiterdrehen*	um 90° weiterdrehen*
5. Stufe	–	um 90° weiterdrehen*

* Zur genauen Kontrolle vorher alle Schrauben mit Kreide in gleicher Richtung markieren. Die Werkstatt verwendet hierzu einen speziellen Einstellschlüssel mit genauer Gradeinteilung.

Fingerzeige: Die Zylinderkopfschrauben sind sogenannte Dehnschrauben und dürfen maximal zweimal verwendet werden. Deshalb Schrauben entsprechend markieren bzw. im Zweifel neue verwenden. Dehnschrauben dürfen außerdem nach der 4. bzw. 5. Stufe nicht mehr nachgezogen werden!

Nockenwelle aus- und einbauen
CVH-Motor

● Vorarbeiten wie unter »Zahnriemen auswechseln« beschrieben ausführen.
● Wagen vorne anheben und beide Motorlager ausbauen (zwei Muttern). Dazu Motor mit Hebevorrichtung sichern.
● Zylinderkopfhaube abbauen (neun Schrauben).
● Zündkerzen ausbauen.
● Nockenwellen-Zahnriemenrad mit Ringschlüssel SW 41 festhalten und zentrale Befestigungsschraube lösen.
● Zahnriemenrad und innere Zahnriemenabdekkung abnehmen.
● Kraftstoffpumpe abbauen und mit angeschlossenen Schläuchen und Stößel aus dem Zylinderkopf ziehen.
● Kipphebel von den Stehbolzen durch Lösen der Schrauben abschrauben und mit Kipphebelführung abnehmen. Bei Wiederverwendung der alten und evtl. eingelaufenen Kipphebel müssen sie so abgelegt werden, daß ein Vertauschen ausgeschlossen ist.
● Hydrostößel aus den Zylinderbohrungen nehmen und in Reihenfolge (für den Wiedereinbau wichtig) so ablegen, daß kein Vertauschen möglich ist.
● Motor mit Hebevorrichtung vorsichtig anheben.
● Nockenwellen-Halteplatte ausbauen (zwei Schrauben) und Nockenwelle vorsichtig nach vorne herausziehen.
● Radialdichtung mit Auszieher (Ford-Werkzeug-Nr. 21-096) aus dem Zylinderkopf drücken.
● Zum **Einbau** Nockenwellenlager, Nockenwelle und Halteplatte einölen und die Nockenwelle vorsichtig von vorne her in den Zylinderkopf einschieben. Dabei darauf achten, daß keine Lagerlauffläche beschädigt wird, sonst muß der komplette Zylinderkopf ausgewechselt werden.
● Nockenwellen-Halteplatte einsetzen und festziehen. Dabei müssen die Schrauben mit Dichtmittel eingesetzt werden.
● Neuen Radialdichtring an den Dichtlippen leicht einölen und mit dem Einzieher (Ford-Werkzeug-Nr. 21-094) in Verbindung mit der Schraube des Nockenwellen-Zahnrades bis zum Anschlag einziehen.
● Motor vorsichtig ablassen.
● Stößel der Kraftstoffpumpe einsetzen und Kraftstoffpumpe montieren.
● Hydrostößel einölen und in die gleichen Zylinderkopfbohrungen einsetzen, wo sie beim Ausbau waren. Dabei die Farbkennung zum jeweiligen Ölkanal drehen.
● Kipphebel mit -führungen aufsetzen und mit 23–30 Nm festziehen. Dazu unbedingt neue Schrauben verwenden. Damit der Zylinderkopf bei der jeweiligen Kipphebelmontage nicht beschädigt wird, muß der entsprechende Hydrostößel auf dem Nockengrundkreis stehen. Deshalb für die jeweilige Kipphe-

belmontage immer die Nockenwelle so drehen, daß die Nockenspitze gegenüber dem Hydrostößel steht, dessen Kipphebelbefestigung gerade angezogen wird. Nur in dieser Stellung erreicht man einen korrekten Sitz der Kipphebelführung im Zylinderkopf.

● Nockenwellen-Zahnriemenrad montieren. Dabei die zentrale Befestigungsschraube mit Dichtmittel einsetzen.
● Die weiteren Arbeiten gehen in umgekehrter Reihenfolge wie für den Ausbau beschrieben vor sich.

Zylinderkopf ausbauen
DOHC-Motor

● Batteriemassekabel abklemmen.
● Ansauggeräuschdämpfer komplett mit Luftschlauch, Leerlaufregelventil etc. vom Ansaugkrümmer und Karosseriehalterung abbauen.
● Ablaßschraube unten am Kühler öffnen und Kühlmittel in sauberes Auffanggefäß laufen lassen.
● Oberen Kühlerschlauch und Schlauch des Ausgleichbehälters vom Thermostatgehäuse abbauen.
● Heizungsschlauch (Vorlauf) vom Thermostatgehäuse abbauen.
● Schlauch der Motorbelüftung von der Zylinderkopfhaube abbauen.
● Beim Vergasermotor Gaszug komplett mit Halter ausbauen.
● Beim Einspritzmotor Gaszug lediglich aushängen.
● Unterdruckschlauch vom MAP-Sensor, Aktivkohlebehälter etc. (modellabhängig unterschiedlich) abziehen.
● Beim Vergasermotor Kraftstoffvor- und -rücklauf vom Vergaser abbauen.
● Beim Einspritzmotor die Kraftstoffleitung vom Verteilerrohr (Kraftstoffvorlauf) und vom Druckregler (Kraftstoffrücklauf) abbauen.
● Mehrfachsteckverbindungen der Sensoren und Lüftermotoren trennen (ggf. markieren).
● Obere Mutter des Auspuffs vom Auspuffkrümmer abschrauben.
● Fahrzeug vorne aufbocken.
● Die beiden restlichen Auspuffmuttern vom Auspuffkrümmer abschrauben und Auspuff gegen Herunterfallen sichern.
● Fahrzeug wieder absenken.
● Zündkabel von den Zündkerzen und der Zündspule abziehen.
● Verteilerkappe abbauen und komplett mit Zündkabeln, Gehäuse und Verteilerfinger abnehmen. Dazu noch den Halter der Zündkabel von der oberen Steuerkettenabdeckung abbauen.
● Steuerkette ausbauen.
● Beide Nockenwellen ausbauen.
● Die acht Hydrostößel aus dem Zylinderkopf nehmen und verwechslungssicher ablegen.
● Zylinderkopfschrauben (13 TORX-Schrauben) in umgekehrter Anzugsreihenfolge (siehe Schema unten) lösen. Dabei die drei Schrauben an der Kettenradseite zuerst lösen.
● Zylinderkopf komplett mit Ansaug- und Auspuffkrümmer mit Anbauteilen (z. B. Luftkammer bzw. Vergaser) abheben. Die Werkstatt benutzt hierzu eine spezielle Hebevorrichtung (Ford-Werkzeug 21-068) des Motors.
● Löst er sich nicht gleich vom Motorblock, helfen leichte Schläge mit einem Kunststoffhammer.
● Den Zylinderkopf nach dem Abbau nicht auf der Dichtfläche absetzen, da so eine Beschädigung gerade geöffneter Ventile möglich ist. Deshalb vorher eine geeignete Unterlage aus Kanthölzern schaffen.
● Kurbelwelle so drehen, daß kein Kolben im OT steht (Kolben des 1. Zylinders etwa 2 cm vor OT), sonst könnte ein geöffnetes Ventil beim Aufsetzen des Zylinderkopfes mit einem Kolben zusammenstoßen.
● Zylinderkopfdichtung auflegen. Dabei auf richtigen Sitz der Führungsbuchsen achten.
● Zylinderkopf aufsetzen und neue Zylinderkopfschrauben (vorher an Kopf und Gewinde etwas eingeölt) eindrehen und handfest anziehen.
● Die zehn TORX-Zylinderkopfschrauben nach Schema (Bild unten) mit vorgeschriebenem Drehmoment in vier Stufen anziehen. Für die 3. und 4. Stufe verwendet die Werkstatt eine spezielle Meßeinrichtung mit Gradskala.

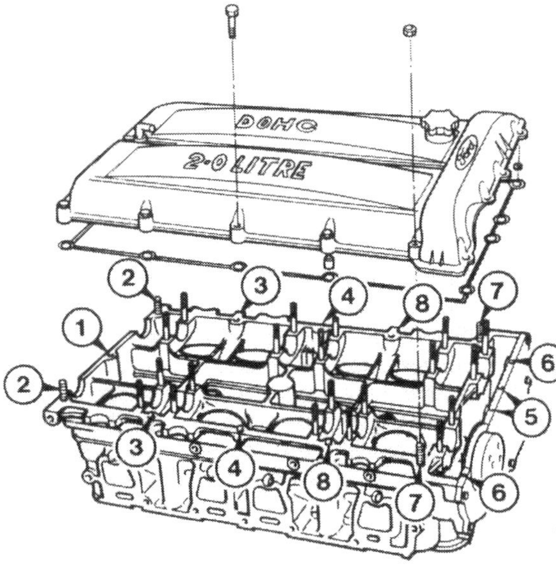

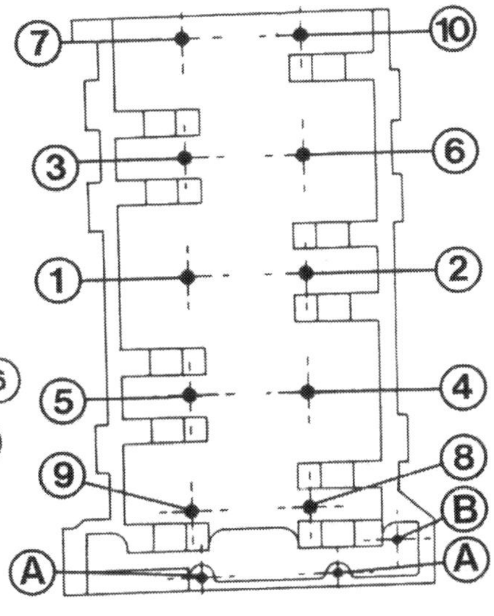

Links: In dieser Anzugsreihenfolge müssen die Muttern und Schrauben der Zylinderkopfhaube in zwei Stufen angezogen werden (1. Stufe = 1–3 Nm, 2. Stufe = 6–8 Nm). An der Stirnseite die kürzeren Distanzhülsen einsetzen.
Rechts: Bei der Anzugsreihenfolge der Zylinderkopfschrauben müssen bei Schraube »7« und »9« die Zentrierhülsen eingesetzt werden. Bei »A« und »B« sind die M 8-Schrauben gekennzeichnet – sie dürfen wie die anderen Zylinderkopfschrauben ebenfalls nicht nachgezogen werden.

1. Stufe	2. Stufe	3. Stufe	4. Stufe
40 Nm	55 Nm	um 90° weiterdrehen*	um 90° weiterdrehen*

*** Ohne Gradeinstellschlüssel zur genauen Kontrolle vorher alle Schrauben mit Kreide in gleicher Richtung markieren. Da es sich um Dehnschrauben handelt, dürfen die Zylinderkopfschrauben nach der 4. Stufe nicht mehr nachgezogen werden! Außerdem dürfen sie nur einmal verwendet werden.**

- Auf der Kettenradseite die beiden mittleren Schrauben der drei Zusatzschrauben (M 8) mit 24–27 Nm festziehen.
- Die linke Schraube der drei Zusatzschrauben mit 31–34 Nm festziehen.
- Die weiteren Montagearbeiten gehen in umgekehrter Ausbaureihenfolge vor sich.

Nockenwellen aus- und einbauen

DOHC-Motor

- Vorarbeiten wie unter dem Absatz »Steuerkette ausbauen« beschrieben ausführen.
- Beide Nockenwellen ausbauen. Dazu die zehn Lager pro Seite verwechslungssicher ablegen. Die Lagerdeckel sind für jede Seite und jedes Lager speziell gekennzeichnet.
- Die Lagerstellen der Nockenwellen einölen.
- Beide Nockenwellen so einsetzen, daß die Mitnehmernuten an der Zylinderkopffront nach rechts zeigen.
- Lagerdeckel entsprechend ihrer Ausbaureihenfolge montieren und mit 22–26 Nm festziehen. Gleichzeitig die Ölleitung mit anbauen.
- Der Rest der Montagearbeiten geht in umgekehrter Ausbaureihenfolge vor sich.

Zylinderköpfe ausbauen

V6-Motor

- Massekabel von der Batterie abklemmen.
- Luftschläuche von den Ansaugstutzen abbauen.
- Öleinfüllkappe von der Zylinderkopfhaube abnehmen.
- Deckel des Ansauggeräuschdämpfers mit Luftfilter und Luftschläuchen abnehmen.
- Kühlmittel durch Öffnen der Ablaßschraube im Kühler in ein sauberes Auffanggefäß laufen lassen.
- Oberen Kühlerschlauch und Heizungsschlauch vom Thermostatgehäuse abbauen.
- Schlauch am Ausgleichbehälter abbauen.
- Unterdruckschläuche von Ansaugkopf, Kraftstoffdruckregler, Drosselklappengehäuse und Ventil der Kurbelgehäuse-Entlüftung abbauen.
- Unterdruckschlauch vom Drosselklappengehäuse abziehen.
- Beim 2,8-Liter-Motor die Unterdruckschläuche vom Warmlaufregler und Motorbelüftungsventil neben dem Thermozeitschalter abziehen.
- Gaszug am Umlenkhebel und Widerlager abbauen.
- Kraftstoffschlauch (Rücklauf) vom Kraftstoffdruckregler abziehen.
- Beim 2,8-Liter-Motor Kraftstoffleitung vom Kaltstartventil abbauen.
- Einen saugfähigen Lappen um das Druckablaßventil auf dem Kraftstoffverteilerrohr legen und durch vorsichtiges Öffnen des Ablaßventils den Druck im Kraftstoffsystem ablassen.
- Mit einem passenden Gabelschlüssel den Kraftstoffschlauch (Vorlauf) vom Stutzen des Kraftstoffverteilerrohrs abdrücken. Die Werkstatt benutzt hierfür einen speziellen Abzieher (Ford-Werkzeug 23-023-A), mit dem die Leitung am Stutzen ausgerastet wird.
- Mehrfachstecker vom Sensor der Ansaugluft, dem Leerlaufdrehzahl-Regelventil, dem Geber der Drosselklappenstellung, den Einspritzventilen, dem Geber der Kühlwassertemperaturanzeige, dem Sensor der Kühlmitteltemperatur und dem Zündverteiler abziehen.
- Zündkabel an den Zündkerzen abziehen und Zündverteilerkappe komplett mit Zündkabeln abbauen (zwei Schrauben).
- Zündverteiler ausbauen (eine Schraube).
- Alle Zündkerzen ausbauen.
- Luftkammer vom Ansaugkopf abbauen (sechs TORX-Schrauben).
- Einspritzventile komplett mit Kraftstoffverteilerrohr abbauen (vier Schrauben).
- Zylinderkopfhauben abbauen (16 Schrauben).
- Keilriemen der Servolenkung abbauen. Dazu die Spannschraube lösen.
- Ölpumpe der Servolenkung durch Lösen von zwei Schrauben abbauen und mit Draht seitlich aufhängen.
- Spannbügel der Lichtmaschine lösen und Keilriemen abnehmen.
- Halter der Lichtmaschine abbauen und Lichtmaschine zur Seite klappen.
- Vom linken Zylinderkopf das Massekabel und den Halter des Pluskabels abbauen.
- Verbindungsschlauch des Stirndeckels zum Ansaugkopf abbauen.
- Ansaugkopf vom Motorblock abschrauben. Dazu die Ansaugkopfschrauben lösen und den Kopf vorsichtig von der Dichtung abheben. Falls erforderlich, mit einem Hebel nachhelfen, jedoch nicht die Dichtflächen beschädigen.
- Auspuff rechts von oben, links von unten vom Auspuffkrümmer trennen (je zwei Muttern).
- Kipphebelachsen ausbauen (sechs Schrauben) und mit Stößelstangen verwechslungssicher für den Wiedereinbau ablegen.
- Bei Motoren mit Hydrostößeln (bei geregeltem Katalysator) die Stellschrauben an den Kipphebeln auf keinen Fall verstellen, siehe Fingerzeig.

Die rechte Zylinderseite des V6-Motors: Damit der Zylinderkopf plan auf dem Motorblock aufliegt, müssen die acht Zylinderkopfschrauben in der angegebenen Reihenfolge in verschiedenen Stufen festgezogen werden. Weiter sind in der Abbildung die Einlaßventile (E) und die Auslaßventile (A) bezeichnet. In Fahrtrichtung von vorn nach hinten lautet die Reihenfolge auf der anderen Motorseite: E–A–A–E–A–E.

● Zylinderkopfschrauben bei beiden Köpfen (16 Schrauben) in umgekehrter Anzugsreihenfolge (siehe Schema in der Abbildung oben) lösen.

● Zylinderköpfe vorsichtig abheben.

● Löst er sich nicht gleich vom Motorblock, helfen leichte Schläge mit einem Kunststoffhammer.

Fingerzeig: Beim V6-Motor mit Hydrostößeln sind die Einstellschrauben an den Kipphebeln noch vorhanden. Diese Schrauben dürfen auf keinen Fall verstellt werden, da sonst die Funktion der Hydrostößel erheblich gestört ist. Wurden sie trotzdem verstellt, muß die Werkstatt eine Grundeinstellung vornehmen.

Zylinderköpfe montieren
V6-Motor

Die richtige Lage der Dichtungen ist mit »oben vorn« gekennzeichnet, wobei die rechte und linke Dichtung jedoch unterschiedlich sind. Damit die Dichtungen beim Aufsetzen der Zylinderköpfe nicht verrutschen, die Führungshülsen in den äußeren Bolzenlöchern (Nr. 6 und 8) nicht vergessen.

● Zylinderköpfe aufsetzen und neue Zylinderkopfschrauben, vorher an Kopf und Gewinde etwas eingeölt, eindrehen und handfest anziehen.

● Die 16 TORX-Zylinderkopfschrauben nach Schema (Bild oben) mit vorgeschriebenem Drehmoment in drei Stufen anziehen. Für die 3. Stufe verwendet die Werkstatt eine spezielle Meßeinrichtung mit Gradskala.

1. Stufe	2. Stufe	3. Stufe
35–40 Nm	70–75 Nm	90° weiterdrehen* (nach 5 Minuten Wartezeit)

*** Zur genauen Kontrolle vorher alle Schrauben mit Kreide in gleicher Richtung markieren.**
Da es sich um Dehnschrauben handelt, dürfen die Zylinderkopfschrauben nach der 3. Stufe nicht mehr nachgezogen werden! Außerdem dürfen sie nur einmal verwendet werden.

● Die Stößelstangen in der Reihenfolge wie beim Ausbau abgelegt in die Stößelpfannen stellen. Vorher an beiden Enden Motoröl angeben.

● Kipphebelachsen ansetzen. Dabei darauf achten, daß die Stellschrauben in den Pfannen der Stößelstangen sitzen. Bei Motoren mit Hydrostößeln auf keinen Fall die Einstellschrauben verstellen.

● Die vier Dichtflächen-Außenkanten von Motorblock, Zylinderköpfen und Ansaugkopf mit Dichtungsmittel bestreichen.

● Ansaugkopf ansetzen und nach Anzugsschema (siehe Zeichnung auf der folgenden Seite) mit vorgeschriebenem Drehmoment in fünf Stufen festziehen:

1. Stufe	2. Stufe	3. Stufe	4. Stufe	5. Stufe
4–8 Nm	8–15 Nm	15–21 Nm	21–25 Nm	21–25 Nm (bei Betriebstemperatur*)

*** Motor 15 Minuten bei 1000/min laufen lassen. Für das Nachziehen muß das Widerlager des Gaszugs bzw. der Ansaugluft-Temperatursensor von der Luftkammer abgebaut werden.**

● Der Rest der Arbeiten geht in umgekehrter Reihenfolge wie für den Ausbau beschrieben vor sich.

● Ggf. Ventileinstellung vornehmen (nicht beim 2,9-Liter-Motor mit geregeltem Katalysator!).

Nockenwelle aus- und einbauen
V6-Motor

Diese Arbeit sollte nur dem gut ausgerüsteten und erfahrenen Selbermacher vorbehalten sein. Außerdem ist diese Arbeit am ausgebauten Motor wesentlich besser zu bewerkstelligen, da die Nockenwelle nach vorne aus dem Motorblock herausgezogen werden muß. In eingebautem Zustand muß der Motor zum Ausbau der Ölwanne angehoben werden. Zusätzlich müssen die Zylinderköpfe abgebaut werden, damit die Stößel

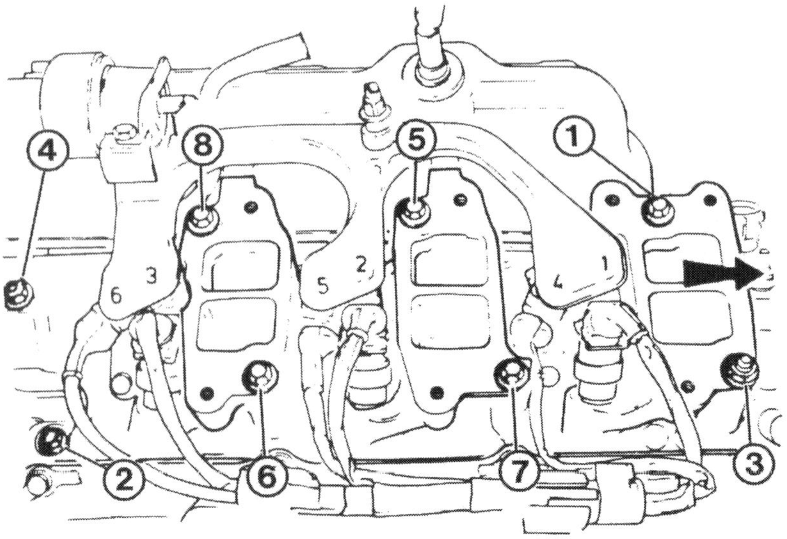

Die Zeichnung zeigt die Anzugsreihenfolge, in der die Schrauben des Ansaugkopfes in vier Stufen angezogen werden müssen. Während die Stoßstellen von Zylinderblock, Zylinderköpfen und Ansaugkopf mit Dichtungsmasse bestrichen werden, wird die Dichtung zwischen Ansaugkopf und Luftkammer trocken montiert. Schon kleinste Undichtigkeiten am Ansaugkopf bzw. der Luftkammer führen zu Störungen im Leerlauf und zu Leistungseinbußen in allen Lastbereichen. Der Pfeil zeigt in Fahrtrichtung.

herausgenommen werden können. Weiter sind für die fachmännische Ausführung der Montagearbeiten am Motor hubraumabhängig unterschiedliche Einbau- und Zentrierringe vonnöten. Hier kann sich der erfahrene Selbermacher manches in Eigenregie herstellen.

● Bleibt der Motor eingebaut, den Kühler ausbauen.
● Anlasser ausbauen.
● Beide Motorlager vom Achskörper lösen und jeweils mit Mutter und Schraube abnehmen.
● Rechte Schraube der Kupplungsgehäuse-Abdekkung ausschrauben.
● Motoröl ablassen und Ölwanne abbauen (18 Schrauben, sechs Muttern).
● Motor mit Hebevorrichtung so weit anheben, bis die Ölwanne herausgenommen werden kann.
● Zylinderköpfe ausbauen.
● Ventilstößel mit einem gebogenen Messingdraht nach oben aus dem Motorblock drücken und verwechslungssicher in der Reihenfolge ablegen, wie sie im Motorblock saßen.
● Stirndeckel abbauen, wie unter »Steuerkette ausbauen« in diesem Kapitel beschrieben.
● 2,8-Liter-Motor: Vor Ausbau der Stirnräder den Motor so verdrehen, daß die Punktmarkierungen genau übereinander stehen. Dann die zentrale Schraube des Nockenwellenzahnrads lösen und Zahnrad von Hand abziehen.
● Das Kurbelwellenzahnrad kann nur mit einem handelsüblichen Abzieher abgebaut werden. Dies ist jedoch nur nötig, wenn beispielsweise die Zahnflanken der Stirnräder verschlissen sind und das Zahnflankenspiel zu groß ist. Eine Messung des Spiels kann jedoch nur die Werkstatt exakt durchführen.
● Nockenwellen-Halteplatte entfernen und Nockenwelle mit der Schraube des Stirn- bzw. Kettenrades nach vorne aus dem Motorblock ziehen.
● Vor dem Einbau sollte die Nockenwelle von der Werkstatt auf Schlag und andere Verschleißmerkmale überprüft werden.
● Zum Messen des Axialspiels muß die Nockenwelle jedoch eingebaut sein. Gemessen wird dann mit einer auf der Zentralverschraubung des Nockenwellenrades angesetzten handelsüblichen Tastuhr.
● Nockenwelle vorsichtig in den Motorblock schieben. Damit die Lagerlaufflächen von Nockenwelle und Motorblock nicht beschädigt werden, diese mit Hypoidöl SAE 80/90 (Getriebeöl) einölen.
● Beim 2,8-Liter-Motor (Stirnradmotor) vor dem Einschieben der Nockenwelle den Abstandsring mit der Fasenseite auf die Nockenwelle schieben und die Scheibenfeder einsetzen.
● Beim 2,9-Liter-Motor die Halteplatte so montieren, daß die Ölbohrung nach unten zeigt.

Die Hydrostößel

CVH-, DOHC- und V6-Motor
Ventilgeräusche

Allgemein deutet Ventilklappern an Fahrzeugen mit hydraulischem Ventilspielausgleich auf einen oder mehrere defekte Hydrostößel hin. Der betreffende Stößel wird dann nicht repariert, sondern ausgetauscht. Ventilgeräusche können jedoch auch bei intakten Hydrostößeln auftreten, wenn:

○ kurz nach dem Starten die Ölversorgung der Stößel noch nicht gewährleistet ist;
○ der Wagen zuvor bei hohen Außentemperaturen scharf gefahren wurde und das Motoröl entsprechend dünnflüssig ist;
○ der Wagen lange Zeit nicht gefahren wurde. Dann muß das Klappern spätestens bei betriebswarmem Motor verstummen.

Defekten Hydrostößel ermitteln

● Motor starten und laufen lassen, bis der Motor Betriebstemperatur hat; bei den Vierzylindern muß der elektrische Elektroventilator bzw. müssen die Ventilatoren loslaufen.
● Drehzahl für ca. zwei Minuten auf etwa 2000/min anheben.
● Verstummt das Ventilgeräusch noch nicht, Motor abstellen und Zylinderkopfdeckel abbauen.

● Einen Zylinder (wie beim Ventileinstellen) auf OT drehen. Die Nocken der Nockenwelle müssen nach links und rechts oben zeigen.

● Beim V6-Motor müssen die Kipphebel wie für das Einstellen der Ventile entlastet sein (siehe Schema auf Seite 40).

● Den zu prüfenden Hydrostößel mit einem Holzstab nach unten drücken. Ist ein Nachgeben um mehr als 0,1 mm spürbar, Stößel ersetzen.

● Die Hydrostößel dürfen auf keinen Fall zerlegt werden. Bei einem Defekt können sie nur komplett ausgewechselt werden.

Lagerschäden

Klopfgeräusche aus dem Motorraum, die mit wärmer werdendem Motor und damit Öl lauter werden, sind fast immer Anzeichen für einen Lagerschaden.

○ Mangelnde Schmierung durch zu niedrigen Ölstand.
○ Wasser im Motoröl als Folge einer defekten Zylinderkopfdichtung.
○ Zu hohe Drehzahlen bei kaltem Motor und daher zähflüssigem Öl.
○ Abgerissener Schmierfilm bei hohen Öltemperaturen, evtl. durch falsche Ölviskosität.

Pleuel- oder Hauptlager defekt?

Fast immer sind die Gleitlager der Pleuel defekt. Ganz selten liegt der Schaden an den Hauptlagern der Kurbelwelle. Normalerweise bedeutet ein Lagerschaden eine umfangreiche Motorreparatur. Wenn Sie ein defektes Pleuellager aber bereits im Frühstadium erkennen, kann der Austausch der Lagerschalen genügen. Voraussetzung ist, daß die Zapfen der Kurbelwelle noch keine Beschädigung ihrer Oberfläche aufweisen. So läßt sich der Lagerschaden erkennen:

● Motor im Stand auf mittlere Drehzahlen bringen, Gas zurücknehmen. Mit abfallender Drehzahl taucht ein leichtes Klopfgeräusch auf, etwa nack-nack-nack.

● Dieses leichte Klopfen kann auch nach dem Hochschalten beim Beschleunigen hörbar werden.

● Dann möglichst nicht mehr weiterfahren. Der Schaden kann sich verschlimmern und ist dann mit einfachen Mitteln nicht mehr zu reparieren.

● Hartes klack-klack-klack-klack beim Hochdrehen des Motors, das bei zurückgenommenem Gaspedal leiser oder sogar unhörbar wird, ist das Merkmal eines kapitalen Lagerschadens.

Motor aus- und einbauen

Vorbereitungen

Der Motor wird ohne Getriebe nach oben ausgebaut (Ausnahme: Sierra 4x4; im Handbuch nicht behandelt). Wichtigstes Werkzeug dabei ist entweder ein sicher in der Garagendecke verankerter Flaschenzug, in dessen Haken eine stabile Quertraverse gehängt wird, die wiederum mit ihren Enden über kräftige Ketten in den Aufhängeösen am Motor eingehängt wird, oder ein Rangierwagenheber, mit dem der Motor samt Getriebe unter dem Wagen hervorbalanciert werden kann. Der Wagenheber muß dann zusätzlich mit einer Quertraverse, die mit entsprechend stabilen und wackelsicher angepaßten Unterlagen bestückt sein sollte, versehen werden.
Günstig beim Motoraus- und -einbau ist auch ein vorbelasteter Helfer. Studieren Sie vor der Arbeit die Motorraumbilder auf den Seiten 10 bis 13, damit Sie wissen, wo die hier angesprochenen Teile im Motorraum sitzen.
Da im Sierra, gleich mit welchem Motor oder Ausstattung, eine ganze Anzahl elektrischer Anschlüsse und Unterdruckleitungen eingebaut sind, sollten Sie als erstes alle Anschlüsse und Leitungen so kennzeichnen, daß sie beim Einbau des Motors wieder an die richtige Stelle zu sitzen kommen.

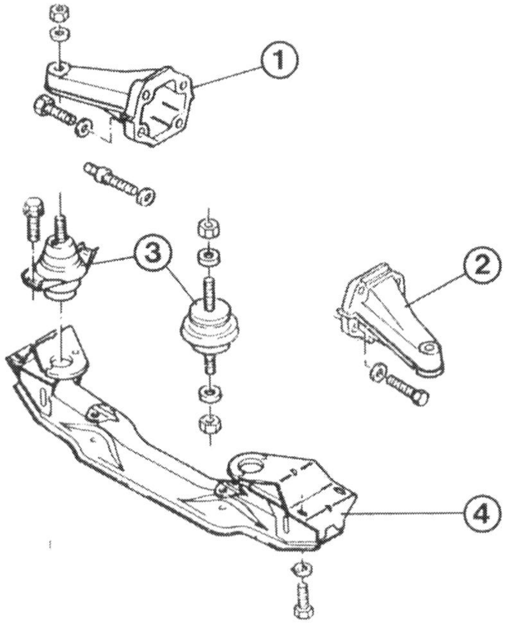

So wie die hier gezeigte Motoraufhängung des 1,6-Liter-OHC-Motors sehen auch die Aufhängungen der anderen Motoren aus. Lediglich die Flansche zum Motorblock sind unterschiedlich. Die Teile bedeuten:
1 – Motorträger rechts;
2 – Motorträger links;
3 – Dämpfergummis bzw. hydraulische Dämpferelemente;
4 – Vorderachshauptträger.

Ausbau

- Motorhaube an den Scharnieren abbauen.
- Je nach Motor etwas unterschiedlich, den Ansauggeräuschdämpfer mit Anbauteilen (z. B. Leerlaufregelventil, Luftmengenmesser, Motor-Belüftungsschläuche, Luftschlauch etc.) abbauen. Dabei nicht vergessen, die entsprechenden Mehrfachsteckverbindungen abzuziehen.
- Obere und untere Luftführung vom Kühler abbauen (je zwei Schrauben bzw. Muttern und vier Klammern).
- Mehrfachstecker vom Lüftermotor abziehen und Lüftermotor(en) abbauen (CVH-Motor).
- Thermolüfter mit gekröpftem Gabelschlüssel SW 32 von der Wasserpumpe abbauen (OHV-Motor).
- Kühlmittel in sauberes Auffanggefäß ablassen. Dazu die Kreuzschlitzschraube im Kühler unten rechts öffnen.
- Oberen Kühlerschlauch und Schlauch zum Ausgleichbehälter am Thermostatgehäuse abbauen.
- Unteren Kühlerschlauch von der Kühlmittelpumpe abbauen, ebenso Schläuche der Heizung.
- Gaszug abbauen. Dabei je nach Motor den Zug mit Halter ausbauen oder einfach aushängen.
- Kraftstoffleitungen von Kraftstoffpumpe und Vergaser abbauen. Bei Einspritzmotoren Kraftstoffvor- und -rücklauf vom Kraftstoffmengenteiler bzw. Druckregler abbauen. Kraftstoffleitungen mit passenden Schrauben verschließen. Vorsicht bei den Einspritzern – das Kraftstoffsystem steht auch längere Zeit nach dem Abschalten des Motors unter Druck!
- Unterdruckleitungen abziehen – je nach Motor z. B. vom Ansaugkrümmer, Zündrechner, MAP-Sensor, Unterdruckthermoventil (bei Impulsluftsystem), Aktivkohlebehälter, Klimaanlage, Getriebeautomatik etc.
- Bei Motoren mit Impulsluftsystem den Frischluftschlauch von den Rückschlagventilen abbauen.
- Je nach eingebautem Motor die elektrischen Verbindungen kennzeichnen und abklemmen. Dies können sein: Lichtmaschine, Anlasser, Öldruckschalter, Ölstandsanzeige am Meßstab, Geber für Kühlmittel-Temperaturanzeige, Geber der Kühlmitteltemperatur, Startautomatik, Heizung des Ansaugkrümmers, Leerlauf-Abschaltventil, Schrittmotor für Leerlaufdrehzahl, Thermoschalter des Lüftermotors (CVH- und DOHC-Motor), Geber für Drehzahl und Position der Kurbelwelle, mittleres Zündkabel vom Zündverteiler zur Zündspule (Klemme 1), Zündrechner, Lambda-Sonde, Klimaanlage, Masse von Motor zur Karosserie.
- Falls eingebaut, Keilriemen der Lenkhilfe nach Lösen der Umlenkrolle abnehmen. Ölpumpe der Lenkhilfe mit Halter vom Motor durch Lösen der zwei (V6-Motor) bzw. drei Schrauben (OHC-Motor) abbauen und seitlich im Motorraum mit Draht festbinden.
- Bei Fahrzeugen mit Klimaanlage den Keilriemen durch Lösen der Spannschraube (V6-Motor) am Kompressor abnehmen. Beim DOHC-Motor Spannrolle vom Keilriemen abdrücken und Riemen abnehmen. Dann Kompressor mit Halter abbauen (vier Schrauben) und seitlich im Motorraum aufhängen.
- Fahrzeug anheben.
- Auspuffanlage ausbauen.
- Beide Motorlager vom Achskörper lösen.
- Getriebe mit Wagenheber abstützen (Kantholz dazwischenlegen) und Flanschschrauben des Kupplungsgehäuses ringsum lösen und herausdrehen.
- Kupplungs-Abdeckblech ausbauen.
- Beim OHC-Motor die Strebe zwischen Motor und Getriebe am Motor lösen.
- Bei Getriebeautomatik die Mitnehmerscheibe des Wandlers vom Motor trennen (vier Schrauben). Dazu Kurbelwelle jeweils um 90° mit an der Kurbelwellen-Keilriemenscheibe angesetzten Ringschlüssel weiterdrehen.
- Fahrzeug absenken.
- Kontrollieren, ob alle Verbindungen (elektrische Verbindungen, Kraftstoffleitungen, Ölleitungen, Kühlmittelschläuche, Unterdruckleitungen) zum Motor gelöst sind.
- Hebevorrichtung an Motor anbringen und Motor vorsichtig aus der Kupplungsglocke ziehen.
- Für mehr Arbeitsspielraum ggf. Kühler ausbauen.
- Motor nach oben aus dem Motorraum heben. Dabei den Motor sorgfältig und mit Umsicht führen, um Beschädigungen am Fahrzeug zu vermeiden.

Einbau

Grundsätzlich sollten Sie alle selbstsichernden Muttern gegen neue auswechseln, denn z. B. eine losgeschüttelte Motor- oder Getriebeaufhängung verändert das Fahrverhalten nachhaltig und kann schlimme Schäden verursachen.

- Sinngemäß wird in umgekehrter Reihenfolge wie beim Ausbau vorgegangen.
- Falls erforderlich, die Führungshülsen vom Kupplungsgehäuse an den Motorblock umbauen, damit das Kupplungs-Abdeckblech besser zentriert werden kann. Dann das Blech mit etwas Mehrzweckfett am Motor fixieren.
- Das Ausrücklager der Kupplung und die Verzahnung der Antriebswelle mit MoS_2-Fett schmieren.
- Motor in den Motorraum ablassen und auf das Getriebe schieben. Falls dies nicht geht, die Kurbelwelle etwas verdrehen, damit die Antriebswelle des Getriebes in die Kupplungsscheibe einrasten kann.
- Die Kupplungsflanschschrauben gleichmäßig links und rechts wechselseitig anziehen.
- Auspuffanlage spannungsfrei montieren.
- Zuletzt den Motor im Leerlauf drehen lassen und nach Erreichen der Betriebstemperatur den Stand der Kühlflüssigkeit prüfen und ggf. nachfüllen.
- Auch die Ölstände von Motor, Lenkhilfe und Getriebe kontrollieren.
- Ebenfalls kontrolliert und ggf. eingestellt werden müssen: Gaszug, Leerlaufdrehzahl und CO-Gehalt sowie bei bestimmten Motoren die Zündeinstellung.

Anzugsdrehmomente Motor

Motorteile	OHC-Motor Nm	1,6-Liter-CVH-Motor Nm	1,8-Liter-CVH-Motor Nm	DOHC-Motor Nm	V6-Motor Nm
Hauptlagerdeckel	88–102	90–100	90–108	90–104	90–104
Pleuellagerdeckel	40–47	30–36	26–34	–	26–33
1. Stufe	–	–	–	6–8	–
2. Stufe	–	–	–	15–17	–
3. Stufe	–	–	–	85–95°[5]	–
Kurbelwellen-Schwingungsdämpfer	100–115	100–115	110–130	–	–
1. Stufe	–	–	–	45–58	40–50
2. Stufe	–	–	–	80–90	80–90
Keilriemenscheibe an Schwingungsdämpfer	–	–	–	–	27–33
Nockenwellen-Kettenrad	–	–	–	55–63	60–68
Führungsschiene der Steuerkette oben	–	–	–	10–13	–
unten	–	–	–	24–28	–
Kettenführung	–	–	–	–	10–12
Steuerkettenspanner	–	–	–	–	9–11
Nockenwellen-Zahnriemenrad	45–50	54–59	95–115[4]	–	–
Nockenwellen-Halteplatte	–	9–13	9–13	22–25	9–13
Nebenwellen-Zahnriemenrad	45–50	–	–	–	–
Schwungscheibe	68–74	82–92	73–91	82–92	68–74
Ölpumpe an Motorblock	17–21	8–11	11–16	8,5–11,5	17–21
Ölpumpenkettenrad	–	–	–	16–19	–
Kettenspanner der Ölpumpe	–	–	–	10–13	–
Ölpumpendeckel an Ölpumpe	9–13	8–12	8,3–12,4	–	9–13
Ölwanne	–	–	–	–	8,5–11
Schrauben und Muttern	–	–	–	8–10[6]	–
Schrauben M 6	–	–	8–11,5	–	–
Schrauben M 8	–	–	20–30	–	–
1. Stufe	1–2	5–8	–	–	5
2. Stufe	6–8	5–8	–	–	8
3. Stufe	8–10[1]	–	–	–	–
Ölablaßschraube	21–28	20–30	20–30	21–28	21–28
Dichtringträger hinten	–	8–11	8–11	8–11	–
Öldruckschalter	12–15	18–22	18–22	18–22	12–15
Zylinderkopf 1. Stufe	35–40	20–40	40–60	40	35–40
2. Stufe	70–75	40–60	180° lösen	55	70–75
3. Stufe	90°[2][3]	90°[2]	40–60	90°[2]	90°[2]
4. Stufe	–	90°[2]	90°[2]	90°[2]	–
5. Stufe	–	–	90°[2]	–	–
Schrauben M 8	–	–	–	24–27	–
Kontermutter des Kugelbolzens	50–55	–	–	–	–
Schrauben der Kipphebel	–	25–29	23–30	–	–
Kipphebelachse	–	–	–	–	62–70
Zylinderkopfhaube	–	6–8	8	11,5	6–8
1. Stufe (Schraube 1 bis 6)	6–8	–	–	–	–
2. Stufe (Schraube 9 und 10)	2–2,5	–	–	–	–
3. Stufe (Schraube 7 und 8)	6–8	–	–	–	–
4. Stufe (Schraube 9 und 10)	6–8	–	–	–	–
Ansaugkopf 1. Stufe	–	–	–	–	4–8
2. Stufe	–	–	–	–	8–15
3. Stufe	–	–	–	–	15–21
4. Stufe	–	–	–	–	21–25
5. Stufe	–	–	–	–	21–25[1]
Luftkammer an Ansaugkopf	–	–	–	–	7–10
Stirndeckel	13–17	–	–	6,5–9,5	17–21
Ansaugkrümmer	17–21	16–20	16–20	20–24	–
Auspuffkrümmer	21–25	14–17	–	21–25	25–30
Kraftstoffpumpe	14–18	–	–	–	–
Wasserpumpe	–	7–10	7–10	21–28	7–10
Schrauben M 8	17–21	–	–	–	–
Schraube M 10	35–42	–	–	–	–
Thermostatgehäuse	17–21	7–10	7–10	9–12	7–10
Zahnriemenspanner	20–25	16–20	23–30	–	–
Keilriemenscheibe an Wasserpumpe	21–28	–	–	21–28	–
Lüfterkupplung an Wasserpumpe	20–50	–	–	–	9–12
Lüfter an Lüfterkupplung	8–10	–	–	–	8–10

[1] Motor 20 Minuten bei 1000/min warmlaufen lassen, dann Schrauben nachziehen
[2] Nach 5 Minuten Wartezeit um 90° weiterdrehen, dazu alle Schrauben in gleicher Richtung mit Kreide markieren
[3] Ein Nachziehen der Schrauben ist nicht erlaubt
[4] Gewinde der Schraube mit Dichtmittel einsetzen
[5] Vor dem Weiterdrehen die Schrauben mit Kreide in gleicher Richtung markieren oder Gradskala benutzen
[6] Schraubensicherungs- und -dichtmittel angeben

Klärwerk

Die Auspuffanlage ist längst zu einem Teil des Motors geworden, denn sie muß einmal aus dem brüllenden Lärm motorischer Verbrennung einen Flüstersound machen, und zum andern gezielt die Abgase behandeln. Besonders, wenn Ihr Ford Sierra mit einem Dreiwege-Katalysator ausgerüstet ist, kommt der Auspuffanlage besondere Bedeutung zu.

Die Teile der Auspuffanlage

○ Ab Werk sind alle Sierra-Versionen mit einer zweiteiligen Auspuffanlage versehen. Im Ersatzteillager wird die Anlage jedoch dreiteilig angeboten, so daß im Reparaturfall einzelne Abschnitte der Auspuffanlage erneuert werden können.
○ Im Gegensatz zum V6-Motor, bei dem links und rechts vom Auspuffkrümmer je ein vorderes Auspuffrohr wegführt, ist der Auspuffkrümmerflansch der Reihenmotoren zur Aufnahme eines vorderen Doppelrohrs breiter ausgeführt. Da das Doppelrohr weiter unten zu einem Rohr zusammen läuft, heißt dieses Auspuffrohr auch Hosenrohr.
○ An das Hosenrohr angeflanscht ist der Mittelteil der Auspuffanlage. Er besteht aus einem kleinen Vorschalldämpfer, der die im Hosenrohr bereits entspannten Schallwellen der Abgase weiter beruhigt. Die so gedämpften Abgasstoßwellen verringern den Abgasdruck und damit die Lautstärke schon erheblich. Für eine weitere Dämpfung sorgt dann der Hauptschalldämpfer.
○ Der bei bestimmten Motorversionen eingebaute Katalysator sitzt beim Reihenmotor vor dem Hauptschalldämpfer bzw. beim V6-Motor vor den Hauptschalldämpfern.
○ Beim V6-Motor ohne Katalysator ist an jedes vordere Auspuffrohr ein kleiner Vorschalldämpfer angeflanscht. Erst hinter den beiden Hauptschalldämpfern wird die Auspuffanlage zu einem Rohr zusammengeführt.
○ Den Abschluß der Auspuffanlage bildet der Nachschalldämpfer mit dem Auspuffendrohr.
○ Nachschalldämpfer und Endrohr sind beim Turnier etwas anders ausgeführt wie bei der Sierra-Limousine.

Auspuff-Lebensdauer

Je nach Einsatzbedingungen des Ford Sierra ist die Auspuff-Lebensdauer sehr unterschiedlich. Bei vorwiegendem Kurzstreckenverkehr ist der Anfall von Kondensat und aggressiven Säuren im Innern der Anlage wesentlich höher als bei Langstreckenbetrieb mit voll durchgewärmtem Motor.
○ Am geringsten betroffen ist das Auspuffrohr vorn, wo die Verbrennungsgase noch zwischen 800 und 1000° C heiß einströmen. In den Schalldämpfern und Rohren kühlen sie zunehmend ab und sind am Auspuffendrohr noch 150–300° C warm.
○ Das bewirkt, daß im letzten Schalldämpfer das meiste Kondenswasser auftritt. Es vermischt sich mit Verbrennungsrückständen zu aggressiven Säuren und läßt das Auspuffblech von innen nach außen durchrosten.
○ Die vorderen Teile der Auspuffanlage können bei Langstreckenfahrten unter Temperaturspannungen leiden, wenn bei Regen das heiße Blech ständig kalten Duschen ausgesetzt ist. Dann kann das Material reißen oder brechen.
○ Unabhängig von der Fahrweise fördern Spritz- und Salzwasser den Rostfraß von außen. Steinschlag oder Aufsetzen auf hartem Untergrund wirkt ebenso lebensverkürzend wie Schwingungen durch defekte oder fehlende Aufhängegummis bzw. eine schadhafte Motoraufhängung.
○ Um die Lebensdauer zu verlängern, ist die Auspuffanlage mit Aluminium beschichtet.
○ Zusätzlich ist der Nachschalldämpfer mit dem Endrohr zum Schutz gegen Streusalz doppelt aluminiumbeschichtet. Außerdem sind die Innereien sowie das Endblech des Nachschalldämpfers zum erhöhten Schutz gegen korrosive Bestandteile des Abgaskondensats aus Edelstahl gefertigt. Ebenso ist das Hosenrohr der 2,0-Liter-Motoren aus Edelstahl gefertigt.

Aufhängung und Zustand der Auspuffanlage kontrollieren

Wartung Nr. 41

Die Auspuffanlage ist nur mit dem Auspuffkrümmer starr verbunden. Am Fahrzeugboden hängt sie freischwingend in Gummistegschlaufen.

● Gummistegschlaufen auf Brüchigkeit, Einrisse oder sonstige Schäden überprüfen und ggf. ersetzen.

● Zur besseren Kontrolle den Auspuff an den Gummischlaufen etwas nach unten ziehen.

● Verschraubungen am Auspuffkrümmerflansch auf festen Sitz überprüfen, aber nicht mit Gewalt »anknallen«.
● Mit einem Lappen in der Hand das Auspuff-Endrohr zuhalten. Der Motor muß nach kurzer Zeit stehenbleiben.
● Hören Sie zischelnde Geräusche und läuft der Motor ungestört weiter, ist die Anlage an der Geräuschstelle undicht.
● Ein dumpferer Auspuffton als gewöhnlich und Knallen im Schiebebetrieb weist auf einen durchgerosteten Auspuff hin.

Auspuffanlage erneuern

Der Erfolg bei Reparaturen an einer durchgerosteten Auspuffanlage ist meist nur von kurzer Dauer. Auf rostgeschwächtem Blech kann nicht mehr geschweißt werden. Auspuffkitt und Bandagen sind zwar recht dauerhaft, aber das Blech bricht bald neben der Reparaturstelle aus.
Bei Auspuffanlagen mit mehr als einem Schalldämpfer sind ganz selten zwei Schalldämpfer gleichzeitig austauschreif. Hat man einen Schalldämpfer ersetzt, gibt boshafterweise wenige Monate später der andere den Geist auf. Werkstätten wechseln deshalb die Auspuffanlage gleich komplett aus. Das empfehlen wir nicht unbedingt:
● Klopfen Sie den ausgebauten, noch intakten Schalldämpfer mit einem Hammer rundum gründlich ab, auch an den Stirnseiten. Dabei nicht zu zaghaft hämmern.
● Klingt es bei jedem Schlag hell, ist das Blech noch gesund.
● Wird das Klopfgeräusch an manchen Stellen dumpfer, ist die Außenhaut bereits geschwächt und wird bald durchbrechen; besonders, wenn die salzhaltige kalte Jahreszeit herrscht.
● Für den Ersatzteilkauf gilt, daß selbstsichernde Muttern durch neue ersetzt werden müssen. Außerdem eventuell ausgebaute Dichtungen erneuern.
● Altersschwache Haltegummis werden ebenfalls ersetzt.

Arbeitstips für Arbeiten an der Auspuffanlage

● Der Wagen muß absolut rüttelsicher aufgebockt sein, daß er nicht kippen kann – auch bei heftigem Drehen oder Zerren an den Rohren.
● Wenn sich beim Demontieren eine Verschraubung nicht lösen läßt, sollten Sie sie durch Überdrehen abreißen. Beim Einbau grundsätzlich neue Schrauben und Muttern verwenden.
● Haltegummis sicherheitshalber ebenfalls gleich ersetzen.
● Ist schon einmal ein Teil der Auspuffanlage ersetzt worden, lassen sich die Steckverbindungen der Rohrenden am besten in erhitztem Zustand trennen. Die Werkstatt nimmt dafür einen Schweißbrenner, doch geht auch ein Propangasbrenner, wie er für Heimwerker angeboten wird.
● Aber Vorsicht! Bei der Arbeit sollten Sie einen Feuerlöscher bereitlegen.
● Kalt geht es allenfalls unter Zuhilfenahme von Rostlösemitteln.
● Die Rohre werden durch kräftige Drehbewegungen oder Hammerschläge getrennt.
● Hilft das nicht, wird die Rohrverbindung des defekten Schalldämpfers knapp 10 cm hinter der Verbindungsstelle abgesägt.
● Den verbleibenden Rohrrest mit der Metallsäge in Längsrichtung aufsägen und mit einem kräftigen Schraubendreher aufhebeln.
● Die Verschraubungen der Auspuffanlage lassen sich beim nächsten Mal leichter lösen, wenn die Gewinde beim Einbau mit Kupferfett bestrichen wurden.
● Auch zwischen die Rohrverbindungen können Sie solches hitzebeständiges Fett streichen, damit sie sich später wieder leichter trennen lassen.

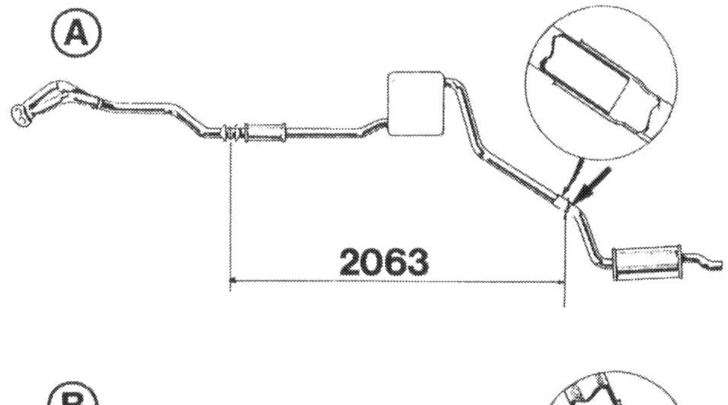

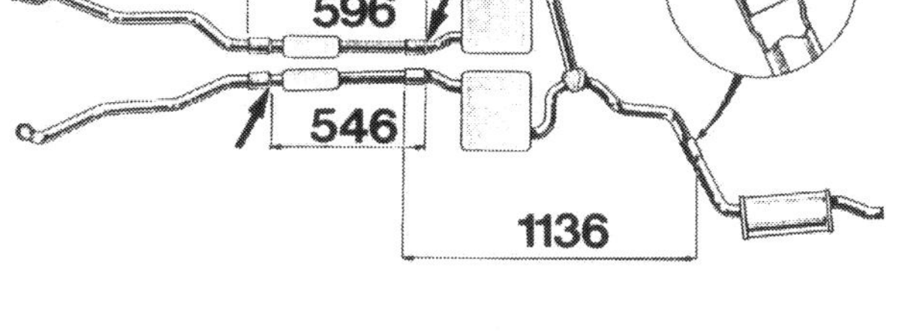

Die Zeichnung zeigt die Trennstellen an der Auspuffanlage von OHC-, CVH- und DOHC-Motor (A) und V6-Motor (B). Die Maße in mm und die Pfeile zeigen auf die Stellen, wo die werksseitig eingebaute Erstanlage mit der Eisensäge getrennt werden muß.

Auspuffanlage komplett auswechseln

Reihenmotor

- Fahrzeug aufbocken.
- Muttern vom Flansch des Auspuffkrümmers lösen.
- Dichtung zwischen Auspuffrohr und -krümmer abnehmen.
- Auspuffanlage anheben, aus den Gummischlaufen aushängen und unter dem Fahrzeug hervorziehen.
- Vor dem Einbau den Auspuffkrümmerflansch von Verbrennungsrückständen säubern.
- Bei geteilten Anlagen vorderes Auspuffrohr und Hauptschalldämpfer bzw. Katalysator lose zusammenschrauben.
- Jeweils 50 mm vom Ende des vorderen Rohres des Nachschalldämpfers und des hinteren Rohres des Hauptschalldämpfers eine Markierung anbringen und Rohrenden mit Auspuffdichtungsmasse einschmieren.
- Schnellverbinder bis zur Markierung auf das Rohrende des Nachschalldämpfers schieben.
- Hinteres Rohr des Hauptschalldämpfers bis zur Markierung in den Schnellverbinder schieben.
- Klemmbügel ansetzen und Muttern handfest beidrehen.
- Auspuffanlage unter das Fahrzeug schieben und in Gummischlaufen einhängen.
- Vorderes Auspuffrohr mit Hauptschalldämpfer bzw. Katalysator genau ausrichten und Flansch mit 35–40 Nm anziehen. Dabei neue Muttern verwenden.
- Sitz der Anlage kontrollieren. Dabei müssen die Gummistegschlaufen unter gleichmäßigem Zug stehen und dürfen nicht verformt sein.
- Die Auspuffanlage muß auch genügend Abstand zur Karosserie bzw. zu den einzelnen Hitzeschilden (Katalysator) haben. Durch Drehen bzw. Verschieben in Längsrichtung die Anlage so ausrichten, daß zum Fahrzeugboden und allen anderen Fahrzeugteilen mindestens 25 mm Abstand besteht.
- Stellt sich bei einer anschließenden Probefahrt heraus, daß die Auspuffanlage doch irgendwo anschlägt, Klemmschellen nochmals lösen (Vorsicht an den heißen Rohren!) und Auspuffanlage erneut ausrichten.

V6-Motor

- Fahrzeug aufbocken.
- Vordere Auspuffrohre links und rechts von den Auspuffkrümmern abschrauben.
- Auspuffanlage anheben, aus den Gummischlaufen aushängen und unter dem Fahrzeug hervorziehen.
- Vor dem Einbau den Auspuffkrümmerflansch von Verbrennungsrückständen säubern.
- Werden die beiden vorderen Auspuffrohre erneuert, müssen die Haltebügel auf die neuen Rohre übertragen werden.
- Je nach Reparaturumfang die Verbindungen zu den Haupt- und Nachschalldämpfern mit Auspuffdichtmasse bestreichen (z.B. Hochtemperaturdichtmasse Liqui Moly LM-508-ASC) und Verbindungen mit den Haltebügeln handfest herstellen.
- Auspuffanlage unter das Fahrzeug schieben und in Gummischlaufen einhängen.
- Auspuffanlage unter dem Fahrzeug ausrichten und vordere Auspuffrohre mit 35–40 Nm festziehen.
- Anlage ggf. nochmals nachrichten und Haltebügelverbindungen mit 38–45 Nm festziehen.
- Die fertig montierte Anlage nochmals auf Abstand zur Karosserie überprüfen, siehe vorigen Abschnitt.

Fingerzeige: Eine verspannt eingebaute Auspuffanlage macht sich durch Brumm- oder Dröhngeräusche bemerkbar. Außerdem können die inneren Spannungen Risse verursachen.
Geringe Undichtigkeiten an einer Steckverbindung des neuen Auspuffs können mit Auspuffdichtmasse behoben werden.

Hauptschalldämpfer auswechseln

- Fahrzeug aufbocken.
- Reihenmotor: Flanschverbindungen zum vorderen Auspuffrohr (Hosenrohr) bzw. Katalysator abschrauben.
- V6-Motor: Flanschverbindungen von rechtem und linkem Hauptschalldämpfer abbauen.
- V6-Kat-Motor: Flanschverbindung der beiden Hauptschalldämpfer zum Katalysator lösen.
- Haltebügel hinten am Hauptschalldämpfer abbauen.
- Hauptschalldämpfer von den vorderen und hinteren Verbindungen trennen und durch Anheben aus den Gummischlaufen aushängen.
- Vor dem Einbau die Verbindungen mit Auspuffdichtmasse bestreichen.
- Hauptschalldämpfer unter dem Fahrzeug einhängen und mit beiden Teilen der Anlage verbinden. Verschraubungen nur handfest beidrehen.
- Anlage ausrichten, siehe vorige Abschnitte und mit 38–45 Nm festziehen.

Fingerzeig: Der Ausbau des Katalysators und des Nachschalldämpfers geht ähnlich vor sich wie für den Hauptschalldämpfer beschrieben, so daß auch aus Platzgründen auf die Beschreibung verzichtet wird.

Aktion Saubermann

Kraftstoff besteht im wesentlichen aus den Elementen Kohlenstoff und Wasserstoff. Bei der Verbrennung im Motor verbindet sich der Kohlenstoff mit dem Sauerstoff der Luft zu Kohlendioxid (CO_2), und der Wasserstoff (H) vereinigt sich mit Sauerstoff (O_2) zu Wasserdampf (H_2O). Aus einem Liter Kraftstoff entsteht so rund 0,9 Liter Wasser, das Sie aber gewöhnlich nicht sehen, da es durch die Verbrennungswärme unsichtbar dampfförmig dem Auspuff entweicht. Bei noch kaltem Motor, zumal in der kalten Jahreszeit, sehen Sie weiße Auspuffwolken vom kondensierenden Wasser.

Welche Giftstoffe entstehen?

○ Kohlenmonoxid (CO) ist wohl die bekannteste Verbindung, denn der CO-Gehalt im Abgas wird bei der Abgas-Sonder-Untersuchung (ASU) gemessen. Es entsteht um so mehr, je fetter das Kraftstoff/Luft-Gemisch ist.
○ Unverbrannte Kohlenwasserstoffe (HC) entstehen, wenn die von der Zündkerze entzündete Flammenfront an kalten Wandungen und engen Winkeln im Brennraum erlischt. Zu fettes oder zu mageres Gemisch erhöht den Ausstoß der Kohlenwasserstoffe.
○ Stickoxide (NOx) bilden sich vor allem durch den zu über ¾ in der Verbrennungsluft enthaltenen Stickstoff. Ihr Anteil ist besonders hoch bei einer Auslegung des Motors auf geringen Kraftstoffverbrauch und geringen CO- sowie HC-Ausstoß: Hohe Verbrennungstemperaturen und mageres Kraftstoff/Luft-Gemisch.
○ Bleiverbindungen werden dem verbleiten Benzin als Antiklopfmittel zugesetzt, siehe Kapitel »Alles über Kraftstoff«. Rund 75% davon werden zum Auspuff hinausgeblasen.

Was ist wie gefährlich?

○ Kohlenmonoxid ist giftig und kann beim Einatmen in geschlossenen Räumen zum Tod führen. In der Luft verbindet sich das Kohlenmonoxid relativ schnell mit Sauerstoff zu ungiftigem Kohlendioxid (CO_2).
○ Die Kohlenwasserstoff-Verbindungen sind der Übersichtlichkeit wegen zusammengefaßt, wobei die Bandbreite von harmlos bis möglicherweise krebserregend reicht. In der Luft sind die Kohlenwasserstoffe zusammen mit den Stickoxiden für die Bildung von Smog (schwer auflösbare Abgasnebelwolken) verantwortlich.
○ Stickoxide können entsprechend konzentriert zu Reizungen der Atmungsorgane führen. In Verbindung mit Wasser bildet sich Salpetersäure (Saurer Regen).
○ Die Bleiverbindungen lagern sich in der Umgebung ab und werden u.a. mit der Nahrung im Körper aufgenommen, aber nicht mehr ausgeschieden. Das ist bei höheren Konzentrationen gesundheitsgefährdend.

Abgas-Entgiftung

Zur Verringerung der Abgasschadstoffe gibt es unterschiedliche Wege:
○ **Abgasrückführung (AGR):** Eine vergleichsweise komplizierte, doch zur Verminderung der Abgas-Schadstoffe wirksame Maßnahme nach der EG-Vorschrift 15, Änderung 04. Einige Sierra-Motoren sind mit einem Abgasentgiftungssystem nach der EG-Vorschrift ausgerüstet.
Aus dem Abgasstrom wird durch ein ventilgeregeltes System ein Teil abgezweigt und ins Ansaugrohr zurückgeleitet. Die Menge wird je nach Motorbelastung dosiert. Da das Abgas kaum noch verbrennungsfähige Stoffe enthält, bewirkt dies eine Absenkung der Temperaturen im Verbrennungsraum und damit eine Verringerung des Stickoxidanteils.
○ **Impulsluft-System:** Bei diesem System, das in den beiden CVH-Motoren und im 2,0-Liter-OHC-Einspritzmotor eingebaut ist, geht es darum, Luft – und damit Sauerstoff –, in das Auspuffsystem zu führen, um unverbrannte oder nur teilweise verbrannte Abgase mit dem Sauerstoff reagieren zu lassen.
Hierzu wird über ein Rohrsystem Luft in jeden Auslaßkanal unmittelbar hinter dem Auslaßventil eingeleitet. Dies wird durch druckgesteuerte Ventile vom Ansaug- und Auspuffkrümmer gesteuert. Rückschlagventile verhindern beim Gaswegnehmen ein Rückschlagen von zu fettem Gemisch in den Auspuff.
○ **Lufteinblas-System:** Wie die anderen Einrichtungen dient auch diese im 2,9-Liter-V6-Motor (mit Schaltgetriebe) der Nachverbrennung unverbrannter Kraftstoffteilchen. Dies wird bei diesem System dadurch erreicht, daß den Auspuffkrümmern über ein elektrisch gesteuertes Ventil Luft von einer Luftpumpe zugeführt wird. Die Luftpumpe sitzt an der Motorvorderseite und wird dort von einem eigenen Keilriemen angetrieben. Die Luftmenge wird vom Zündrechner entsprechend der Motorbelastung und -temperatur über das Luftventil genau geregelt und so der HC- und CO-Anteil in den Abgasen auf einem Minimum gehalten.
○ **Katalysator** ist normalerweise ein Stoff, der eine chemische Reaktion schon bei einer niedrigeren Tempera-

tur einleitet als im Normalfall nötig. Die Stoffe zur Einleitung der Umwandlung sind die Edelmetalle Platin und Rhodium. Beim Auto versteht man unter dem Katalysator jedoch nicht nur diese katalytischen Stoffe, sondern das Bauteil in der Auspuffanlage.
Nach dem heutigen Stand ist der sogenannte Dreiwege-Katalysator die erfolgversprechendste Methode zur Abgasentgiftung. Die Bezeichnung »Dreiwege« besagt, daß die drei Schadstoffe Kohlenmonoxid, Kohlenwasserstoffe und Stickoxide gleichzeitig umgewandelt werden.

Ungeregelter und geregelter Katalysator

Auf Basis des ungeregelten Katalysators wird der Schadstoffausstoß um etwa 60% verringert.
Wirkungsvoller ist die Umsetzung der Schadstoffe, wenn die Zusammensetzung des Kraftstoff/Luft-Gemisches beeinflußt werden kann. Zu solch einem geregelten Katalysator gehört die Lambda-Sonde. Sie sitzt im Auspuffkrümmer und mißt den Sauerstoffanteil im Abgas. Entsprechend den Meßwerten gibt sie dem jeweiligen Steuermodul den Befehl zum Anreichern oder Abmagern des Kraftstoff/Luft-Gemisches. Das geschieht in rasch wechselnder Folge: Luftüberschuß zur Verbrennung der Kohlenwasserstoffe, Luftmangel zur Verringerung der Stickoxide.
Die aus dieser Mischung entstehenden Abgase gelangen in den Katalysator, wo eine nahezu vollständige Umwandlung in ungefährliche Stoffe, wie Kohlendioxid, Wasserdampf und Stickstoff erfolgt. Im einzelnen beträgt die Verringerung der Schadstoffe: Kohlenmonoxid 85%, Kohlenwasserstoffe 80%, Stickoxide 70%. Dabei ist berücksichtigt, daß der Katalysator mit zunehmender Laufleistung des Fahrzeugs einen Teil seiner Wirkung einbüßt.

Arbeits-temperaturen

Ehe der Katalysator arbeiten kann, muß er eine Anspringtemperatur von etwa 300°C haben. Die sind bereits nach 25–80 Sekunden erreicht. Im Stadtverkehr können aber auch drei Minuten vergehen, ehe die notwendige Temperatur erreicht ist. Etwa gleich lang dauert es, bis die Lambda-Sonde ihre Einschalttemperatur erreicht hat.
Katalysator und Lambda-Sonde sind allerdings überhitzungsempfindlich. Steigen die Temperaturen im Katalysator über 900°C, setzt eine verstärkte Alterung ein, ab 1200°C wird seine Wirksamkeit auf Dauer zerstört. Ähnliches gilt für die Lambda-Sonde.

Vorsichts-maßnahmen bei Katalysator-Fahrzeugen

In der Betriebsanleitung sind zahlreiche Hinweise für Katalysator-Fahrzeuge aufgeführt. Besonders gefährlich ist unverbranntes Gemisch, das sich im heißen Katalysator entzündet und so die Temperaturen in gefährliche Höhen ansteigen läßt. Hier die wichtigsten Punkte, auf die Sie beim Sierra achten müssen:

○ Das Anrollenlassen, Anschieben oder Anschleppen ist problemlos, wenn der Anlasser wegen einer leeren Batterie den Motor nicht zum Laufen bringt.

○ Lassen Zündaussetzer oder Fehlzündungen auf einen Defekt an der Zündanlage schließen, diese sofort überprüfen (lassen).

○ Beim Auftragen von Unterbodenschutz darf nichts davon an den Katalysator gelangen.

○ Kontrollieren Sie gelegentlich bei aufgebocktem Fahrzeug, ob der Hitzeschutz über dem Katalysator nicht beschädigt ist.

○ Durch einen Riß im Auspuffrohr vor der Lambda-Sonde ermittelt die Sonde einen erhöhten Sauerstoffanteil im Abgas – das Gemisch wird angefettet, der Kraftstoffverbrauch steigt.

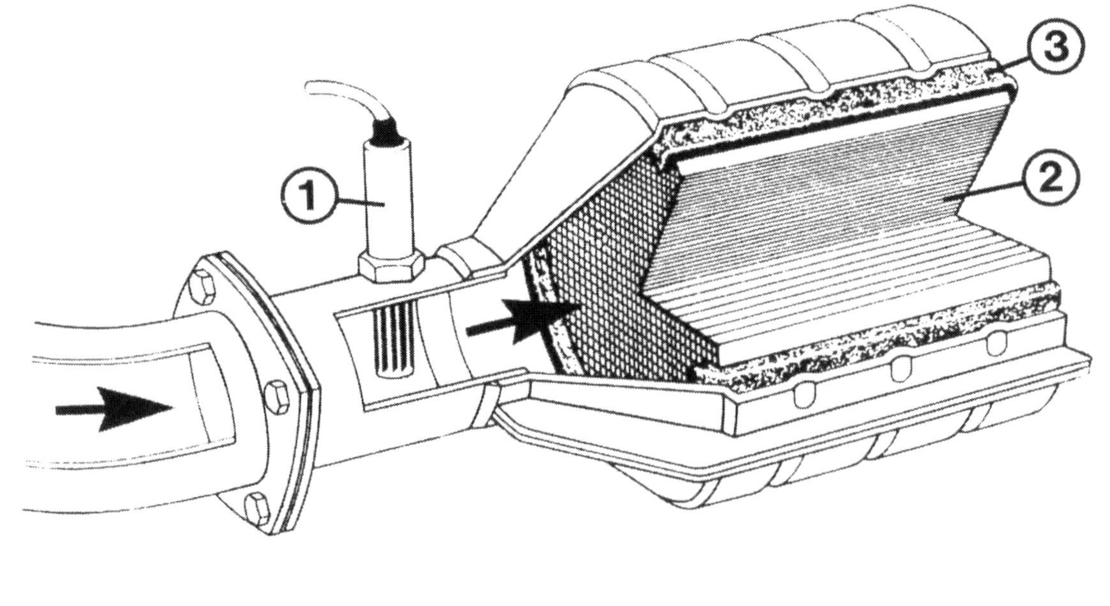

Die Lambda-Sonde (1) ist je nach Motor unterschiedlich eingebaut und mißt den Sauerstoffgehalt des vom Motor kommenden Abgasstroms (Pfeile). Im Katalysatorgehäuse sitzt der Keramikkörper (2), der mit Edelmetallen beschichtet ist, in einem elastischen Metallgewebe (3).

Körpertemperatur

Von der Kühlmittelpumpe in stetigem Umlauf gehalten, zirkuliert die Kühlflüssigkeit in einem ausgeklügelten Kanalsystem. Dabei wird durch genau bemessene Kanäle im Motorblock die erzeugte Verbrennungswärme so maßvoll über den Kühler abgeführt, daß der Motor immer bei einer genau festgelegten Temperatur, der Betriebstemperatur arbeitet. Eine genau eingehaltene Betriebstemperatur ist für die Wirtschaftlichkeit und Lebensdauer des Motors äußerst wichtig.

So wird gekühlt

Durch die Wasserpumpe, vom Keilriemen (OHC-, DOHC- und V6-Motor) bzw. Zahnriemen (CVH-Motor) angetrieben, wird das Kühlmittel des Kühlsystems ständig umgepumpt. Bei kaltem Motor hält ein Thermostat den Durchfluß zum Kühler geschlossen, und der Kühlkreislauf beschränkt sich auf Motor und Heizung.
Bei normaler Betriebstemperatur zirkuliert die Kühlflüssigkeit vom Kühlwasserkasten mit dem unteren Schlauchanschluß zur Wasserpumpe und wird von dort in den Motorblock und den Zylinderkopf gedrückt. Der größte Teil läuft dann über den geöffneten Thermostat und den oberen Kühlerschlauch zurück zum Kühler, während ein anderer Teil zum Wärmetauscher der Heizung geleitet wird. Die in den Wasserkasten mit dem oberen Schlauchanschluß des Kühlers zurückströmende Kühlflüssigkeit durchflutet den Kühler in seinen Röhren von oben nach unten und kühlt dabei durch die an den Kühllamellen vorbeistreichende Luft ab.

Überdruck-Kühlsystem

○ Damit das Kühlmittel mehr Wärme aufnehmen kann, ist es unter Druck gesetzt. Dadurch erhöht sich der Siedepunkt der Flüssigkeit von 100°C auf rund 120°C. Die höhere Temperatur ermöglicht einen wirtschaftlicheren Motorbetrieb. Der Überdruck beträgt je nach Motorversion zwischen 1,0 und 1,5 bar.
Verantwortlich für das richtige »Arbeitsklima« im Kühlsystem sind:
○ Der Verschlußdeckel auf dem Ausgleichbehälter.
○ Der Thermostat, der erst mit steigender Temperatur die Kühlflüssigkeit durch den Kühler fließen läßt.

Stand der Kühlflüssigkeit prüfen

Ständige Kontrolle

Der Stand des Kühlmittels sollte nach Möglichkeit nur bei kaltem Motor kontrolliert und gegebenenfalls korrigiert werden. Bei kaltem Motor ist das Kühlsystem praktisch drucklos. Je heißer der Motor also ist, desto vorsichtiger müssen Sie beim Öffnen des Verschlußdeckels sein.

● Egal, ob kalt oder warm, der Kühlmittelstand muß über der MIN-Markierung am Ausgleichbehälter zu erkennen sein.

● Daran denken, daß sich warmes Wasser ausdehnt und dann etwas höher steht als kaltes. Eine eventuelle Ausdehnung des Kühlmittelstands bei warmem Motor über die MAX-Marke hinaus ist unbedenklich.

Zwischen den Marken »MIN« und »MAX« soll sich der Kühlmittelstand bewegen. Extremes Über- oder Unterschreiten bedeutet in jedem Fall einen Defekt, nach dessen Ursache geforscht werden muß. Bei heißem Motor darf der Schraubdeckel nur vorsichtig um eine Umdrehung geöffnet werden, sonst besteht Verbrühungsgefahr. Zur Sicherheit ist es besser, zum Öffnen einen Lappen zu benutzen.

● Bei abgekühltem Motor soll der Flüssigkeitsspiegel zwischen der MIN- und MAX-Markierung am Ausgleichbehälter stehen.
● Müssen Sie den Verschlußdeckel bei heißem Motor öffnen, einen dicken Lappen über den Verschlußdeckel legen und diesen langsam aufdrehen.
● So wird der Druck im System allmählich abgebaut, ohne daß gleich brühend heißes Wasser aus dem Behälter sprudelt. Erst das vom Überdruck befreite Wasser beginnt nämlich zu kochen.
● Ist der Druck vollständig entwichen, den Deckel vollends aufdrehen und vom Ausgleichbehälter abnehmen.

Kühlmittel nachfüllen

Verlust von Kühlflüssigkeit ist das Zeichen für eine Störung oder einen Defekt. Das Kühlmittel wird nicht verbraucht und kann im geschlossenen Kühlsystem auch nicht verdampfen oder verdunsten. Was Sie bei Kühlflüssigkeitsverlust tun sollten, steht unter dem Absatz »Kühlsystem auf Dichtheit prüfen«.
● Wird nur Wasser nachgefüllt, verdünnen Sie die Kühlflüssigkeit allmählich, wodurch der Frostschutz schlechter wird. Deshalb evtl. gleich etwas Frostschutzmittel zusätzlich nachfüllen.
● Ausgleichbehälter nicht über die obere Markierung nachfüllen. Das Kühlmittel dehnt sich bei Erwärmung aus, und die Mehrmenge entweicht aus dem System.
● Kleinere Flüssigkeitsmengen können Sie sowohl bei warmem wie bei kaltem Motor eingießen.
● Bei erheblichem Kühlmittelverlust und heißem Motor kein kaltes Wasser nachfüllen. Durch den »Kälteschock« kann sich der Zylinderkopf verziehen oder der Motorblock reißen.

Das Frostschutzmittel

Im Kühlsystem sorgt nicht allein klares Wasser für die notwendige Kühlung des Motors, sondern eine Mischung aus Frost- und Korrosionsschutzmittel sowie Wasser.
Man spricht daher besser von Kühlflüssigkeit oder Kühlmittel. Das Mischungsverhältnis, mit dem der Ford Sierra werksseitig befüllt wird, beträgt 40% Ford-Kühlkonzentrat-Extra (Ford-Spezifikation SSM-97B-9103-A) und 60% Wasser. Bei diesem Mischungsverhältnis bleibt das Kühlmittel bis −30°C flüssig. Erst bei −38°C liegt der Stockpunkt, d.h. das Kühlmittel beginnt zu gelieren. Aus dem genannten Mischungsverhältnis ergeben sich für die einzelnen Motoren folgende, für noch mehr Frostschutz-Sicherheit »begradigte« Flüssigkeitsmengen:

Motorkurzbezeichnung	Gesamtmenge inkl. Heizung	Frostschutz in Liter	Wasser in Liter
OHC-Motor	8,0	3,2	4,8
1,6-CVH-Motor	9,5	3,8	5,7
1,8-CVH-Motor	7,9	3,2	4,7
DOHC-Vergasermotor	7,9	3,2	4,7
DOHC-Einspritzmotor	7,3	3,0	4,3
V6-Motor	8,5	3,4	5,1

Als Frostschutz dient gewöhnlich Monoäthylenglykol – eine Flüssigkeit auf Alkoholbasis, die nicht verdampft oder verdunstet. Ebenso wichtig wie der Frostschutz ist auch der Korrosionsschutz. Er verhindert, daß sich im Kühlsystem Kesselstein, Rost und andere aggressive Korrosionsstoffe bilden.
Das werksseitig eingefüllte Kühlmittel soll deshalb auch nicht im Frühjahr abgelassen werden, denn im richtigen Mischungsverhältnis schützt das von Ford eingefüllte Frostschutzmittel das Kühlsystem. Nach ca. zwei Jahren hat das Korrosionsschutzmittel seine Wirksamkeit verloren und sollte erneuert werden. Sie brauchen jedoch nicht unbedingt so markengläubig zu sein und können auch jedes andere Frostschutzmittel nehmen, das eine Korrosionsschutzbeimischung enthält. Voraussetzung ist allerdings, daß die Ford-Spezifikation erfüllt wird. Lesen Sie sicherheitshalber auch noch die Mischungstabelle des jeweiligen Herstellers durch.

Frostschutz prüfen

Wartung Nr. 6

Zum Nachmessen der Wirksamkeit des Kühlmittel-Frostschutzes brauchen Sie einen Hebe-Messer (Spindel, Aräometer, siehe Bild auf der gegenüberliegenden Seite). Damit wird das spezifische Gewicht bzw. die Kühlmitteldichte der Flüssigkeit gemessen. Durch unterschiedliche Zugabe von Korrosionsschutzmitteln sind die spezifischen Gewichte der einzelnen Frostschutzprodukte unterschiedlich. Für eine absolut genaue Messung brauchen Sie daher eine auf das eingefüllte Frostschutzprodukt abgestimmte Spindel. Im Zweifelsfall ziehen Sie vom ermittelten Wert eine Meßtoleranz von 2–3°C ab.

Frostschutzkonzentration einstellen

Oft stellt sich heraus, daß durch das Nachfüllen von Wasser in der heißen Jahreszeit die Konzentration des Frostschutzmittels nicht mehr ausreicht. Dann muß etwas Frostschutzmittel nachgefüllt werden. Über den Daumen gepeilt etwa ¾ Liter für einen um 10°C erweiterten Frostschutz. Besser ist es jedoch, wenn Sie auch

Zum Nachprüfen der Kühlmittel-Frostfestigkeit brauchen Sie einen sogenannten Hebemesser, der je nach Ausführung mit Zeigern, oder wie hier, mit einer Spindel versehen ist. Die Spindel taucht mehr oder weniger tief in die aus dem Ausgleichbehälter abgesaugte Kühlflüssigkeit ein und zeigt so die Frostfestigkeit an.

im Sommer beim Nachfüllen des Kühlmittels eine 50%ige Mischung nehmen – so verändert sich der Frostschutz nicht. Soll jedoch der Frostschutz aufgefrischt oder verstärkt werden:
- Saubere Wanne bzw. flaches Auffanggefäß unter den Kühler stellen.
- Ablaßschraube unten rechts am Kühler öffnen, 1 bis 2 Liter Kühlmittel ablassen.
- Ablaßschraube wieder einschrauben.
- Entsprechende Menge unverdünntes Frostschutzmittel in den Ausgleichbehälter eingießen und mit der aufgefangenen Kühlflüssigkeit nachfüllen.

Fingerzeig: Angebrochenes Frostschutzmittel altert, wenn es offen herumsteht. Außerdem enthält es gesundheitsschädliche Bestandteile, die bei wiederholtem und längerem Hautkontakt Schädigungen hervorrufen können. Deshalb Frostschutzmittel in ein verschließbares Gefäß umfüllen und gut beschriftet vor Kinderhänden gesichert aufbewahren.

Kühlsystem auf Dichtheit prüfen

Wartung Nr. 7

- Schläuche am Kühler und Motor dicht, auch die dünneren zur Heizanlage?
- Schläuche rissig? Durch Kneten feststellen, ob die Wasserschläuche hart und spröde sind – dann umgehend austauschen.
- Sitzen die Schlauchenden nicht zu knapp auf ihren Stutzen?
- Sind die Spannschrauben der Schlauchschellen festgezogen?
- Verrostete Schlauchschellen können unvermutet während der Fahrt und bei vollem Betriebsdruck im Kühlsystem nachgeben. Auswechseln!
- Die Werkstatt kontrolliert die Dichtheit der Kühlanlage mit einer speziellen Handluftpumpe mit Druckmesser.
- Dieses Gerät wird mittels Adapter auf den Ausgleichbehälter gesetzt und ein Druck von max 1,6 bar aufgepumpt.
- Fällt der Druck nicht innerhalb von 10 Sekunden, ist das Kühlsystem dicht.

Der Kühler

Der Kühler ist oben am Querträger und unten an den Längsträgern befestigt und besteht links und rechts aus je einem Wasserkasten aus Kunststoff. Zwischen den beiden Wasserkästen befindet sich eine Vielzahl dünnwandiger Röhrchen, die durch ein Gerüst von Lamellen miteinander verbunden sind. Dadurch ist die vom Luftstrom bestrichene Fläche viele Quadratmeter groß.

Kühler reinigen

Besonders anfällig sind solche feingerippten Kühler gegen kleine Fremdkörper, wie z.B. Insekten. Eine Vielzahl im Labyrinth der Kühlerlamellen festsitzender Fremdkörper beeinträchtigt dann die Wirkung des Kühlers. Deshalb sollten Sie den Kühler im Bedarfsfall vom Motorraum her mit einem nicht zu scharfen Wasserstrahl oder Preßluft reinigen.
- Angetrocknete Insektenreste mit einem eiweißlösenden Mittel einsprühen.
- Nach einer gewissen Einwirkzeit von der Kühlerrückseite her abspülen. Hartes Bürsten oder scharfes Werkzeug kann die Kühlerlamellen beschädigen.
- Spezielle Reinigungsmittel für das Kühlerinnere sind bei ausschließlicher Verwendung von Frostschutz mit Korrosionsschutzmittel nicht erforderlich.
- Nach etwa fünf Jahren bei abgenommenen Schläuchen Kühler und Motor mit einem kräftigen Wasserstrahl durchspülen – das genügt.

Kühlflüssigkeit wechseln

Wartung Nr. 58

● Am Verschlußdeckel des Ausgleichbehälters den Druck aus dem Kühlsystem entweichen lassen, dabei wegen Verbrühungsgefahr bei heißem Motor Lappen auf Verschlußdeckel legen.

● Sauberes Auffanggefäß unter den Kühler stellen und Ablaßschraube des Kühlers lösen.

● Damit die Kühlflüssigkeit vollständig abläuft, Auffanggefäß unter den Motor schieben und Ablaßschraube (jeweils auf der rechten Seite des Motorblocks) herausschrauben.

● Kühlflüssigkeit ablassen und Auffanggefäß abdecken.

Kühlsystem neu befüllen

Da trotz Ablassens der Kühlflüssigkeit aus Kühler und Motorblock eine gewisse Restmenge Kühlflüssigkeit im System zurückbleibt, kann möglicherweise nicht die gesamte in der Tabelle auf Seite 64 angegebene Menge Kühlflüssigkeit eingefüllt werden.

● Ablaßschraube in Kühler und Motor einschrauben.

● Kühlmittel in den Einfüllstutzen des Ausgleichbehälters füllen. Dabei zuerst die entsprechende für Ihren Sierra angegebene Menge Frostschutz, dann – zur Vermeidung von Korrosionsschäden im System – möglichst kalkarmes Wasser einfüllen, bis keine Luftblasen mehr hochsteigen.

● Motor starten und bei Motorleerlauf Wasser nachgießen, bis der Flüssigkeitsspiegel bis zur MAX-Marke reicht und nicht mehr absinkt.

● Verschlußdeckel auf Ausgleichbehälter aufsetzen und festdrehen.

● Motor warmfahren, bis der Thermostat geöffnet hat. Dieser ist ganz sicher offen, wenn Sie bei abgeschaltetem Motor an die Lamellen oder den Wasserkasten des Kühlers fassen und dieser warm ist.

● Beim Laufenlassen des Motors ist das Kühlsystem automatisch entlüftet worden, so daß Sie, wenn der Motor abgekühlt ist, eventuell etwas Wasser nachgießen müssen.

Schläuche des Kühlsystems auswechseln

Besorgen Sie sich als Ersatz Originalschläuche in der richtigen Bogenform und grundsätzlich neue Schlauchschellen. Nehmen Sie auf jeden Fall anstelle der teilweise ab Werk verwendeten Spannschellen die besser festzuziehenden Schraubschellen.

● Kühlmittel ablassen und in Gefäß auffangen.

● Schlauchschellen lösen, Schläuche abziehen.

● Festsitzende Schlauchenden mit einem Schraubendreher lockern, den man zwischen Schlauch und Stutzen schiebt und dann vorsichtig hebelt.

● Neue Schläuche weit genug auf die Stutzen schieben, damit sie nicht wieder abrutschen können.

● Schraubschellen nicht mit Gewalt anziehen, sonst wird das Gewinde überdreht, und die nächste Undichtigkeit ist programmiert.

Fingerzeig: Unterwegs kann man einen gerissenen Kühlwasserschlauch selten ersetzen. Hier hilft das Pannenband von Weyer, Düsseldorf oder Holts Hoseweld Bandage. Beide kleben auf gesäuberten und trockenen Gummischläuchen recht gut. Sicherheitshalber den Verschlußdeckel des Ausgleichbehälters eine Umdrehung lösen, damit sich nicht der volle Betriebsdruck aufbaut und die Bandage platzen läßt. Kühlmittel-Temperaturanzeige während der Fahrt im Auge behalten!

Kühler ausbauen

● Batterie abklemmen und Kühlflüssigkeit ablassen.

● Sämtliche Kühlerschläuche am Kühler abbauen.

● **OHC-, CVH- und V6-Motor:** Bei Automatikgetriebe die Leitungen des in den Kühler integrierten Ölkühlers abschrauben und mit Stopfen verschließen.

● Obere Luftführung des Lüfters abbauen.

● Die beiden oberen Befestigungsschrauben lösen.

● Fahrzeug aufbocken.

● Untere Kühlerbefestigung lösen (zwei Schrauben).

Links: Die obere Kühlerbefestigung besteht lediglich aus einer solch praktischen Spreizklemm-Verbindung. Zum Lösen den Pilz (dünner Pfeil) herausziehen und den Spreizeinsatz mit einer Flachzange vorsichtig zusammendrücken (dicke Pfeile). Rechts: Bei »1« ist eine Seite der unteren Kühlerbefestigung gezeigt. Vor Ausbau des Kühlers jedoch die Kühlflüssigkeit durch Öffnen der Ablaßschraube (2) ablassen.

● Kühler nach unten aus dem Motorraum nehmen.
● Beim Einbau darauf achten, daß die Dämpfergummis mit den Distanzhülsen richtig montiert werden.
● **DOHC-Motor:** Mehrfachstecker von den Lüftermotoren abziehen und Kabelstrang durch Lösen des Kabelbinders abbauen.
● Fahrzeug anheben und Entlüftungsschlauch von der Luftführung abziehen.
● Untere Kühlerbefestigung lösen.
● Obere Haltenasen zurückziehen, Kühler absenken und unter dem Fahrzeug abnehmen.
● **Alle:** Nach Montage aller Schläuche Kühlmittel einfüllen.
● Motor laufen lassen und alle Verbindungen auf Dichtigkeit kontrollieren. Ggf. Kühlmittel- und ATF-Stand korrigieren.

Der Kühlsystem-Verschlußdeckel

Im Überdruck-Kreislauf des Kühlsystems spielt der Verschlußdeckel des Ausgleichbehälters eine wichtige Rolle:
○ Die Dichtfläche wird bei aufgeschraubtem Deckel fest auf den Rand des Einfüllstutzens gedrückt, so daß kein Druck entweichen kann.
○ Wenn bei wärmer werdendem Motor der Druck im Kühlsystem 1,2 bzw. 1,5 bar übersteigt, öffnet das Überdruckventil, und zum Druckausgleich kann etwas Wasserdampf in das Überlaufrohr entweichen.
○ Beim Abkühlen des Motors zieht sich die Kühlflüssigkeit wieder zusammen. Dadurch entsteht im Kühlsystem ein gewisser Unterdruck. Für den Ausgleich dieses Unterdrucks sitzt im Deckel ein zweites Ventil, so daß durch die Überlaufleitung des Ausgleichbehälters Außenluft in den Behälter strömen kann.

Überdruckventil prüfen

Das Überdruckventil des Verschlußdeckels wird mit dem bereits beschriebenen Druckprüfgerät und einem Verbindungsstück auf richtige Funktion getestet:
● Druck aufpumpen, bis Luft entweicht.
● Druck ablesen und mit eingestanztem Wert auf der Oberseite des Deckels vergleichen. Hier die Druckwerte:

Motor	OHC-Motor	CVH-Motor	DOHC-Motor	V6-Motor
Öffnungsdruck in bar	1,0–1,25	1,2–1,4	1,2–1,4	1,2–1,5

Unterdruckfunktion prüfen

● Bei abgenommenem Verschlußdeckel einen dicken Kühlwasserschlauch fest zusammendrücken.
● Deckel aufsetzen und festdrehen, Schlauch loslassen.
● Rundet sich der zusammengepreßte Schlauch wieder, dürfte das Ventil intakt sein.
● Sind die Kühlwasserschläuche morgens vor dem ersten Start plattgedrückt, streikt sicher das Ventil im Verschlußdeckel.

Fingerzeig: Ist das Ventil defekt, das Dichtgummi schadhaft oder haben sich Rückstände innen am Verschlußdeckel abgesetzt, muß der komplette Deckel ersetzt werden.

Der Thermostat

Kleiner und großer Kreislauf

Damit der Motor schnell auf seine Betriebstemperatur kommen kann, wurde das Kühlsystem in einen »kleinen« und einen »großen Kreislauf« aufgeteilt.
○ Nach dem Kaltstart zirkuliert das Kühlmittel im kleinen Kreislauf von der Wasserpumpe zum Motorblock sowie in den Zylinderkopf und wieder zurück zur Wasserpumpe. Vom kleinen Kreislauf mitversorgt wird der Wärmetauscher der Heizung.
○ Erst wenn die Kühlflüssigkeit eine bestimmte Temperatur erreicht hat, wird der Kühler zum Abkühlen des Heißwassers gebraucht.
○ Das Zuschalten des Kühlers besorgt der Thermostat. Er öffnet aber nicht einfach einen Verbindungsschlauch zwischen Motor und Kühler, sondern kaltes Wasser aus dem Kühler wird vorgemischt mit bereits erwärmtem aus dem kleinen Kreislauf.
○ Durch diese allmähliche Kaltwasserbeimischung wird der sogenannte Kälteschock für den Motor vermieden. Das unten abfließende kalte Wasser zieht heißes Kühlmittel oben in den Kühler nach. Dort wird es beim Zug durch die Kühlerlamellen abgekühlt. Gleichzeitig mit dem Hinzuschalten des Kühlers wird der »Kurzschluß-Kreislauf« geschlossen.

Funktion des Thermostats

○ Das Umschalten des Thermostats bewirkt eine mit Spezialwachs gefüllte Büchse und der daran befestigte Ventilteller. Bei Erwärmung des Kühlmittels verflüssigt sich das Wachs und dehnt sich dabei aus. Zwangsläufig öffnet es durch das größere Volumen den Ventilteller.

Die Abbildung zeigt den ausgebauten Thermostat (3) des OHC-Motors. Er sitzt an der Stirnseite des Zylinderkopfes im Thermostatgehäuse (1). Weiter bedeuten:
2 – Dichtung;
4 – Sicherungsklammer;
5 – Gehäuseflanschdichtung.

○ Solange die Wassertemperatur steigt, wird vom Thermostat der Kaltwasserzufluß aus dem Kühler zunehmend geöffnet und gleichzeitig der Kurzschluß-Kreislauf geschlossen.
○ Sinkt während der Fahrt die Wassertemperatur wieder unter die vorgeschriebene Betriebstemperatur, drückt eine Feder am Thermostat den Ventilteller wieder in Richtung »Zu« und sperrt den Kühlerdurchfluß so lange, bis das Kühlmittel wieder genügend warm ist.
Der Thermostat sitzt in Fahrtrichtung gesehen
○ beim **OHC-Motor** rechts neben der Zahnriemenabdeckung;
○ beim **CVH-Motor** rechts schräg unterhalb des Ansaugkrümmers;
○ Beim **DOHC-Motor** rechts vorne schräg unterhalb des Zündverteilers;
○ beim **V6-Motor** links vorne auf dem Deckel der Wasserpumpe.

Störungsbeistand

Thermostat

Erkennungsmerkmal	Ursache/Besonderheiten
A Temperaturanzeige steigt langsam, Betriebstemperatur wird später erreicht, Heizwirkung ungenügend	Thermostat-Ventilteller ist in »Offen»-Stellung blockiert (etwa durch Ablagerungen); der Zugang zum Kühler bleibt ständig offen. Motor bleibt zu lange im Kaltlaufbetrieb. Es kommt jedoch kurzfristig zu keinen Schäden. Trotzdem Thermostat in Bälde wechseln
B Temperaturanzeige steht trotz richtigem Kühlmittelstand im roten Bereich. Kühler und unterer Schlauch zum Kühler sind kalt	Thermostat-Ventilteller ist in »Geschlossen«-Stellung blockiert (etwa durch eine defekte oder undichte Thermostatbüchse). Auf keinen Fall weiterfahren, sonst entstehen schwere Hitzeschäden am Motor! Thermostat sofort auswechseln (lassen)

Fingerzeig: Wenn der Motor unterwegs wegen defektem Thermostat ins Kochen kommt, hilft nur noch Abschleppen oder der Ausbau des Thermostats an Ort und Stelle. Sollten Sie sich für den Ausbau entscheiden, müssen Sie erst warten, bis die Kühlmitteltemperatur abgesunken ist. Besorgen Sie sich derweil Gefäße zum Auffangen des Kühlmittels. Können Sie kein Gefäß auftreiben, darf kurzfristig auch klares Wasser nachgefüllt werden. Aber nicht vergessen, die Frostschutzkonzentration baldigst wieder auf die Norm zu bringen!

Thermostat ausbauen

Einen klemmenden Thermostat unterwegs auszubauen, ist speziell beim V6-Motor etwas problematisch. Er sitzt ziemlich weit unten am Motor, so daß beinahe die gesamte Kühlmittelmenge abgelassen werden muß. Zudem dauert es bei heißem Motor recht lange, ehe Sie mit der Arbeit beginnen können, ohne Gefahr zu laufen, sich die Hände zu verbrühen. Beim Einbau eines neuen Thermostats soll auch der Dichtring, auf dem der Thermostat im Gehäuse sitzt, und die Dichtung des Thermostatgehäuses selbst erneuert werden.

● Verschluß des Ausgleichbehälters öffnen, um den Überdruck im Kühlsystem abzubauen. Achtung, Lappen zwischenlegen – Verbrühungsgefahr!
● Kühlflüssigkeit durch Öffnen der Ablaßschraube am Kühler in ein Auffanggefäß ablassen.
● Kühlwasserschläuche von den Ein- und Auslaßstutzen des Thermostatgehäuses durch Lösen der Schlauchschellen abziehen.
● Beim CVH- und DOHC-Motor Steckverbindung des Thermoschalters für Kühlerventilator(en) abziehen. Deshalb besser vorher Massekabel der Batterie abklemmen.

Links: Zum Wiedereinbau des Thermostats eine neue Flanschdichtung verwenden und die Dichtflächen bei »A« und »B« reinigen. Zusätzlich ggf. Dichtungsmasse verwenden.
Rechts: Ähnlich wie beim OHC-Motor ist auch das Thermostatgehäuse des V6-Motors an den Motorblock angebaut. Zum Ausbau des Thermostats nach Ablassen der Kühlflüssigkeit und Abbau der Kühlmittelschläuche lediglich die drei Schrauben (zwei mit Pfeilen gekennzeichnet) lösen und das Gehäuse abdrücken.

- Beim V6-Motor Keilriemen und Lüfterkupplung abbauen.
- Schrauben des Thermostatgehäuses lösen und Gehäuse vorsichtig abnehmen.
- Ist das Gehäuse festgebacken, ggf. mit Handballenschlägen etwas nachhelfen.
- Sicherungsklammer des Thermostats herausdrücken, und Thermostat sowie Dichtring vom Gehäuse abnehmen.
- Vor dem Einbau Dichtflächen von alten Dichtungs- und Dichtmittelresten säubern.

Thermostat prüfen

Mit einem Einmachthermometer können Sie selber kontrollieren, ob der Thermostat bei der vorgeschriebenen Temperatur öffnet.

Motortyp	Öffnungstemperatur*	ganz geöffnet bei*
OHC-Motor	85–88° C	89° C
CVH-Motor	85–89° C	100° C
DOHC-Motor	85–89° C	102° C
V6-Motor	79–82° C	83° C

* Bei gebrauchten Thermostaten ist eine Toleranz von 3° C zulässig

- Thermostat ausbauen.
- Thermostat in einen Topf mit Wasser hängen und erhitzen.
- Kontrollieren, ob das Ventil bei den genannten Temperaturen deutlich von seinem Sitz abhebt.

Die Wasserpumpe

Die Kühlflüssigkeit wird von der Wasserpumpe – bei allen Sierra-Motorversionen eine sogenannte Schleuderpumpe – im Kühlsystem umgepumpt und so im Kreislauf gehalten.

Bei Verdacht auf eine Funktionsstörung des Thermostats bleibt dem Tüftler diese recht einfache Kontrolle: Den ausgebauten Thermostat in ein mit Wasser gefülltes Gefäß halten. Wasser erhitzen und auf einem Einweckthermometer bei Erreichen der auf dem Thermostat eingestanzten Öffnungstemperatur kontrollieren, ob der Thermostat zu öffnen beginnt.

Mit diesen, beim OHC-Motor (links) mit Pfeilen gekennzeichneten Schrauben ist auch beim DOHC-Motor (rechts) die Riemenscheibe auf dem Flansch der Wasserpumpe befestigt. Beim OHC-Motor kommen Sie jedoch nur bei abgebautem Lüfterflügel ohne Probleme an die Schrauben heran.

○ Die Wasserpumpe wird beim OHC-, DOHC- und V6-Motor vom Keilriemen, beim CVH-Motor direkt vom Zahnriemen angetrieben.
○ Die Wasserpumpe ist wartungsfrei. Aber sie kann undicht werden, oder mahlende Geräusche lassen auf ein schadhaftes Lager schließen.

Wasserpumpe ausbauen

- Druck im Kühlsystem durch Öffnen des Verschlußdeckels am Ausgleichbehälter abbauen.
- Kühlmittel ablassen.
- OHC- und V6-Motor: Lüfter mit Kupplung abbauen (Achtung Linksgewinde!).
- Keilriemen abnehmen.
- OHC-Motor: Zahnriemenabdeckung abbauen, danach Wasserpumpe abbauen (drei Schrauben).
- CVH-Motor: Zahnriemenabdeckung abbauen und Zahnriemen abnehmen.
- Mutter der linken Motoraufhängung abschrauben.
- Kühlmittelanschlußstutzen vom Flansch der Wasserpumpe abbauen (Kontermuttern).
- Wasserpumpe ausbauen. Dabei muß auch der Riemenspanner ausgebaut werden.
- DOHC-Motor: Schrauben der Wasserpumpen-Keilriemenscheibe lösen.
- Keilriemen abnehmen. Dazu Spannrolle lösen.
- Keilriemenscheibe abnehmen. Dazu Schrauben herausdrehen.
- Wasserpumpe abbauen.
- Vor Einbau alte Dichtungs- und Klebemittelreste entfernen und Dichtflächen säubern. Grundsätzlich neue Dichtungen verwenden.
- Zuletzt Keilriemen korrekt spannen.
- V6-Motor: Ggf. Keilriemen der Lenkhilfe abbauen. Dazu Halter lösen.
- Thermostatgehäuse abbauen, siehe zwei Abschnitte zuvor.
- Wasserpumpe abbauen (12 Schrauben).

Keilriemenspannung kontrollieren

Wartung Nr. 8

Da die Wasserpumpe beim OHC-, DOHC- und V6-Motor über den Keilriemen angetrieben wird, gehört bei diesen Motoren bei der Wartung des Kühlsystems unbedingt auch die Kontrolle der Keilriemenspannung dazu.

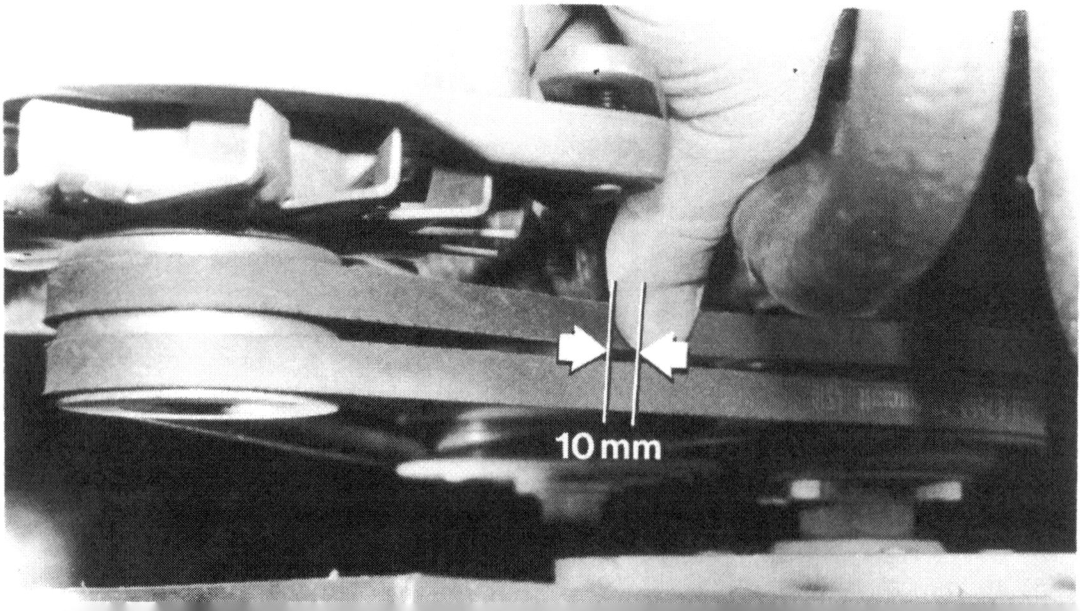

Bei kräftigem Fingerdruck soll der richtig gespannte Keilriemen nicht mehr als 10 mm nachgeben.

Ein durchrutschender Keilriemen – erkennbar an Quietschgeräuschen, wenn aus dem Leerlauf heraus kurz Gas gegeben wird – kann die Kühlung erheblich beeinträchtigen. Der Einfachheit halber gilt diese Kontrollbeschreibung auch für den Keilriemen des CVH-Motors, dessen Wasserpumpe jedoch direkt vom Zahnriemen angetrieben wird.

- Keilriemen zwischen Lichtmaschinen- und Wasserpumpen-Keilriemenscheibe, beim CVH-Motor zwischen Kurbelwellen- und Lichtmaschinen-Keilriemenscheibe kräftig mit dem Finger eindrücken.
- Um ca. **10 mm** soll ein gelaufener Riemen bei richtiger Spannung nachgeben.
- Ein neuer Riemen sollte etwas strammer eingestellt werden.
- Nach einer Laufzeit von 10 Minuten die Keilriemenspannung nochmals kontrollieren.

Keilriemen spannen

- Klemmschraube am Spannbügel lockern.
- Vordere und hintere Befestigung des Lichtmaschinen-Schwenklagers am Motor lösen.
- Zwischen Lichtmaschine und Motor kräftigen Schraubendreher oder Montierhebel ansetzen.
- Lichtmaschine vom Motor wegdrücken und die Klemmschraube des Spannbügels festziehen.
- Schwenklagerschrauben anziehen.
- Motor kurz laufenlassen und Keilriemenspannung kontrollieren. Ggf. nachspannen.

Fingerzeig: Ist der DOHC-Motor mit Zusatzaggregaten (z. B. Klimaanlage oder Servolenkung) ausgerüstet, wird der Keilriemen (ein sogenannter Poly-V Keilriemen) durch einen automatischen Riemenspanner gespannt. Nur die Grundversion, bei der von der Kurbelwelle nur die Lichtmaschine und die Kühlmittelpumpe angetrieben wird, wird mechanisch über die Lichtmaschine gespannt.

Gerissener Keilriemen

Wenn Sie beim OHC-, DOHC- oder V6-Motor ohne Keilriemen und damit ohne Antrieb der Wasserpumpe weiterfahren, riskieren Sie einen Schaden am Motor!
Zwar ist kaltes Wasser schwerer als warmes – es zirkuliert auch ohne Wasserpumpe langsam durch den Motor – diese sogenannte Thermosiphon- oder Selbstumlaufkühlung reicht aber zur Motorkühlung bei weitem nicht aus. Das Auflegen eines neuen Keilriemens finden Sie im Kapitel »Die Lichtmaschine« beschrieben.

Fingerzeig: Da Sie bei obengenannten Motoren mit gerissenem Keilriemen keinesfalls weiterfahren dürfen, sollten Sie sich einen Ersatzriemen in den Kofferraum legen, da je nach angetriebenen Nebenaggregaten unterschiedliche Keilriemenlängen gebraucht werden und abseits von Ford-Werkstätten meist nur die Standardlängen vorrätig sind.

Der Kühlerventilator

OHC- und V6-Motor

Um die Kühlwirkung zu unterstützen, sitzt hinter dem Kühler der Kühlerventilator. Da jedoch ein starr auf seiner Welle sitzender Lüfterventilator Motorleistung kostet, ist der OHC- und V6-Motor mit einem Kühlerventilator ausgerüstet, der durch eine temperaturgesteuerte Flüssigkeitskupplung unabhängig von der Motordrehzahl zur Unterstützung der Motorkühlung zugeschaltet wird.

○ Eine Bimetallspirale, ähnlich wie bei der Startautomatik am Vergaser, im Zentrum der mit Kühlrippen versehenen Lüfterkupplung tastet die Lufttemperatur hinter dem Kühler ab und betätigt ein Steuerventil.

○ Das Innere der Kupplung ist in zwei Kammern unterteilt. In der einen Kammer ist ein mit der Keilriemen-

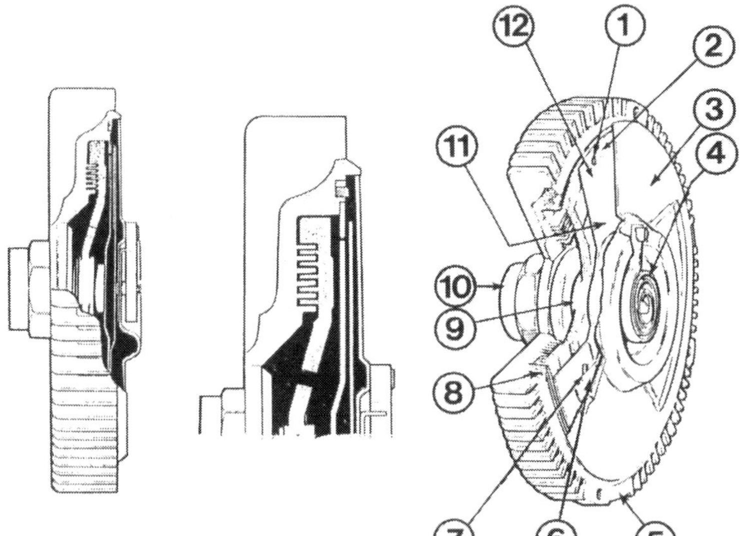

Die Teile der Flüssigkeitskupplung des Lüfters:
1 – Entlastungsbohrung der Scheibenpumpe;
2 – Nocken;
3 – Gehäusevorderteil;
4 – Bimetallfeder;
5 – Gehäusehauptteil mit Kühlrippen;
6 – Steuerventil;
7 – Einlaßöffnung;
8 – Dichtung;
9 – Rotor;
10 – Antriebswelle;
11 – Flüssigkeitskammer;
12 – Pumpenscheibe.

Links: Zum Ausbau des Lüfterflügels benötigen Sie einen gekröpften Maulschlüssel SW 32 (die Mutter hat Linksgewinde). Wichtig bei dieser Arbeit ist auch die gut blockierte Riemenscheibe, sonst kann es beim Abrutschen Verletzungen geben.
Rechts: Eine der Kontrollen, wenn der Verdacht besteht, daß der Lüftermotor defekt ist: Stekker vom Geber abziehen (im Bild der DOHC-Motor) und die beiden Steckerbuchsen mit einem Stück Draht oder zur Not mit einer Büroklammer überbrücken. Nun muß der Lüfter losschnurren.

scheibe direkt verbundener Rotor untergebracht, durch dessen Drehung zähes Silikonöl aus der Rotorkammer in eine Ölkammer gepumpt wird.

○ Durch das sich bei steigender Kühlertemperatur und damit steigender Lufttemperatur immer weiter öffnende Steuerventil wird Öl in die Rotorkammer zurückgepumpt und der Reibwert der Kupplung immer mehr erhöht, bis der Lüfter die gleiche Umdrehungszahl hat wie die vom Keilriemen angetriebene Keilriemenscheibe.

○ Durch den stärkeren Luftstrom und die dadurch stärkere Kühlung schließt das Steuerventil wieder, und der Kühlerventilator kuppelt aus.

○ Die Funktion der Lüfterkupplung hängt nicht von der Motordrehzahl, sondern von der Motortemperatur ab.

Lüfterkupplung ausbauen

Der Kraftschluß im Innern der Kupplung arbeitet praktisch verschleißfrei. Kontrollieren Sie trotzdem von Zeit zu Zeit, ob sich der Lüfter bei stehendem Motor leicht durchdrehen läßt, ob er Spiel hat und ob Öl aus der Lüfterkupplung ausläuft. Bei Defekt kann die Kupplung nur komplett ersetzt werden.

● Obere Luftführung vom Kühler abbauen.

● Mit einem gekröpften Maulschlüssel SW 32 (OHC-Motor) bzw. SW 36 (V6-Motor) den Lüfter komplett mit Lüfterkupplung von der Wasserpumpennabe abschrauben. Die Mutter hat Linksgewinde.

● Zum Lösen der Mutter den Keilriemen blockieren. Sitzt die Mutter fest, mit ein paar Hammerschlägen nachhelfen.

● Durch Lösen der vier Schrauben den Lüfter von der Kupplung trennen.

CVH- und DOHC-Motor

Der CVH- und DOHC-Motor ist anstelle eines konventionell angetriebenen Kühlerventilators mit einem (beim CVH-Motor baujahrabhängig) bzw. zwei elektrisch angetriebenen Kühlerventilatoren ausgerüstet, die nur bei Bedarf zugeschaltet werden. Das spart nicht zuletzt Motorleistung.

Ins Thermostatgehäuse geschraubt schaltet dort ein temperaturempfindlicher Schalter den Kühlerventilator bzw. die Kühlerventilatoren ein, wenn die am Schalter vorbeiströmende Kühlflüssigkeit eine bestimmte Temperatur überschreitet. Ebenso schaltet er den Ventilator/die Ventilatoren wieder aus, wenn die Kühlmitteltemperatur auf einen bestimmten Wert abgesunken ist. Bei Einschalttemperatur schließt der Kontakt im Schalter den Stromkreis zum Kühlerventilator bzw. zu den Ventilatoren.

Vorsicht beim Hantieren im Motorraum: Bei eingeschalter Zündung und heißgefahrenem Triebwerk kann der Ventilator nochmals unvermittelt loslaufen. Deshalb in diesem Fall immer Zündung aus!

Fingerzeig: Wer ohne großen Aufwand prüfen will, ob der Kühlerventilator bei heißem Motor auch wirklich läuft, verfährt so: Bereits warmgefahrenen Motor im Stand weiterlaufen lassen und Temperaturanzeige beobachten. Der Ventilator muß anlaufen, bevor die Nadel im Instrument ins rote Feld wandert. Sonst ist wahrscheinlich der Thermoschalter defekt.

Störungen am Kühlerventilator

Ein ausgefallener Ventilator kann eine zu hohe Kühlmitteltemperatur verursachen; allerdings nur bei längerem Motorleerlauf oder einer Paßauffahrt im Gebirge. Das muß aber nicht das Ende einer Fahrt bedeuten:

○ Nachdem der Motor einigermaßen abgekühlt ist, kann man mit mittleren Drehzahlen und einigermaßen zügigem Tempo die nächste Werkstatt anlaufen. Dabei die Temperaturanzeige im Auge behalten.

○ Ist nur einer der beiden Ventilatoren ausgefallen, übernimmt je nach Kühlmitteltemperatur der noch intakte Ventilator die Motorkühlung, allerdings mit entsprechender Überbelastung des Gebläsemotors durch häufiges Einschalten bzw. durch Dauerlauf.

○ Bei Totalausfall der Gebläsekühlung ist Leerlauf und Schleichfahrt dagegen für den Motor gefährlich, da kaum ein kühlender Lufthauch durch die Kühlerlamellen strömt.

Störungssuche

● Stecker vom Thermo- bzw. Doppelthermoschalter abziehen.
● Zündung einschalten.
● Überbrücken Sie die Kabelstecker mit einem Stück Draht (schwarz/rot bzw. schwarz/blau zu einem der schwarzen Kabel).
● Wenn jetzt der Ventilator losbraust, ist der hierbei aus dem Stromkreis herausgenommene Thermoschalter defekt.
● Zur Weiterfahrt die Kabelbrücke im Mehrfachstekker gut festklemmen.
● Damit das locker hängende Kabel kein Unheil anrichten kann, den Stecker kurzschlußsicher mit Klebeband umkleben und gegen Herumbaumeln sichern.

Kühler-Ventilatormotor ausbauen

● Massekabel der Batterie abklemmen.
● CVH- und DOHC-Motor: Mehrfachstecker der Lüftermotoren abziehen und Kabelhalter abnehmen.
● Obere Schrauben der Luftführung herausdrehen und Luftführung oben wegschwenken.
● Fahrzeug vorne anheben.
● Luftführung nach oben drücken, aus den Halteklammern lösen und Luftführung mit Lüftermotoren nach unten aus dem Motorraum nehmen.
● Lüftermotor von der Luftführung abbauen.
● Sicherungsring und Unterlegscheibe von der Achswelle des Motors abnehmen, jedoch vorher Stellung der Ventilatorflügel zur Achswelle markieren.
● Beim Einbau neuen Sicherungsring benutzen und bei der Montage an der Luftführung darauf achten, daß die Öffnung in der hinteren Motorabdeckung nach unten zeigt (so kann eventuell entstehende Feuchtigkeit entweichen).

Störungsbeistand

Kühlsystem

Die Störung	– ihre Ursache	– ihre Abhilfe
A Temperatur-Anzeigenadel steht im roten Bereich	1 Keilriemen zu schwach gespannt oder gerissen	Keilriemenspannung kontrollieren oder Riemen ersetzen
	2 Zu wenig Flüssigkeit im Kühlsystem	Auffüllen, notfalls aus der Scheibenwaschanlage
	3 Kabel zur Temperaturanzeige hat Massekontakt	Kabel am Temperaturfühler abziehen, Zeiger muß zurückgehen, sonst Masseschluß; Kabelverlauf kontrollieren
	4 Thermostat öffnet den Kaltwasserzufluß aus dem Kühler nicht (Kühler kalt)	Thermostat ausbauen und ohne ihn weiterfahren oder Wagen abschleppen lassen
	5 Lüfterkupplung arbeitet nicht	Mit mäßigem Tempo nach Motorabkühlung weiterfahren und Lüfter auswechseln
	6 Kühlerventilator(en) schaltet (schalten) nicht ein	Siehe unter »Störungen am Kühlerventilator«
	7 Überdruckventil im Verschlußdeckel des Ausgleichbehälters defekt	Ventil prüfen (lassen), Deckeldichtung kontrollieren, ggf. kompletten Verschlußdeckel ersetzen
	8 Kühlerlamellen zugesetzt	Kühler reinigen
B Temperaturanzeige spricht sehr langsam an, schwache Heizleistung	Thermostat schließt nicht völlig, aufgeheiztes Kühlwasser strömt zu früh durch den Kühler	Thermostat säubern, ggf. ersetzen
C Temperaturanzeige bleibt im unteren Bereich, gute Heizleistung	Geber der Temperaturanzeige defekt	Austauschen

Anzugsdrehmomente

Teile der Kühlung	OHC-Motor Nm	CVH-Motor Nm	DOHC-Motor Nm	V6-Motor Nm
Kühler an Karosserie oben	20–25	–	–	20–25
unten	8–12	–	8–12	–
Thermostatgehäuse	–	8–12	17–21	16–20
Wasserpumpe	–	7–10	21–28	9–13
Schrauben M 8	17–21	–	–	–
Schrauben M 10	35–42	–	–	–
Wasserauslaßstutzen	17–20	–	–	17–20
Keilriemenscheibe	21–28	–	20–25	21–28
Lüfter an Lüfterkupplung	8–10	–	–	8–10
Spannschraube Lichtmaschine	21–28	–	–	41–58

Spezialfutter

Die Vielfalt des Kraftstoffangebots erzeugt bei manchem Autofahrer etwas Verwirrung. Spätestens an der Tankstelle muß er jedoch wissen und sich entscheiden, welcher Saft für seinen Wagen der richtige ist.

Normal- oder Superbenzin?

Die Bezeichnungen Normal und Super stimmen eigentlich nicht, denn diese Kraftstoffarten sind z.B. im Reinheitsgrad und im Verdampfungsverhalten gleich. Das wesentliche Unterscheidungsmerkmal ist die Klopffestigkeit. Sie wird durch die Oktanzahl gekennzeichnet und liegt bei Super höher als bei Normalbenzin.
Superkraftstoff kann höhere Kompressionsdrücke aushalten, ohne sich selbst zu entzünden, was sonst zu Motorklopfen führt. Beim Verdichten erwärmt sich jedes Gas, auch das Kraftstoff/Luft-Gemisch. Sie kennen das vielleicht von der Fahrrad-Luftpumpe beim Aufpumpen eines Reifens.
Je höher das Kompressionsverhältnis ist, desto leichter kann es zu Selbstentzündungen im Verbrennungsraum kommen, wenn der Kraftstoff nicht klopffest genug ist.

Welchen Kraftstoff tanken?

Grundsätzlich können alle Motoren des Sierra seit 3/87 uneingeschränkt mit bleifreiem Kraftstoff betrieben werden, doch brauchen die Motoren je nach Verdichtungsverhältnis unterschiedliche Kraftstoffqualitäten:

Motor-Kurzbezeichnung	Motor-Kennbuchstaben	Leistung kW/PS	Verdichtung	Normal bleifrei 91 ROZ	Euro-Super bleifrei 95 ROZ	Super Plus bleifrei 98 ROZ
1,6 HC OHC	LSE	55/75	9,5:1	–	+	+
1,6 HC OHC	LSF	53/72	9,5:1	–	+	+
1,6 HC CVH	L6B	59/80	9,0:1	–	+	+
1,8 HC OHC	RED	66/90	9,5:1	–	+	+
1,8 HC OHC	RED	59/80	9,5:1	–	+	+
1,8 HC OHC	REF	59/80	9,5:1	–	+	+
1,8 HC CVH	R2C	64/87	9,3:1	–	+	+
2,0 HC OHC	NES	77/105	9,2:1	–	+	+
2,0 HC OHC	N4A	85/115	9,2:1	–	+	+
2,0 LC OHC	N4B	74/100	8,5:1	+	+	+
2,0 HC OHC	NEJ	74/100	9,2:1	–	+	+
2,0 HC DOHC	N8C	77/105	10,3:1	–	+	+
2,0 HC DOHC	N9C	88/120	10,3:1	–	+	+
2,8 HC V6	PRG	110/150	9,2:1	–	+	+
2,9 HC V6	B4B	107/145	9,0:1	+	+	+

Nur bleifreies Benzin für den Katalysator-Sierra!

Hohe Klopffestigkeit erreichte man in früheren Jahren durch die Zumischung des hochgiftigen Blei-Tetraäthyls. Solch bleihaltiger Kraftstoff darf in den mit Katalysator ausgerüsteten Sierra-Modellen nicht verwendet werden, da sonst der Katalysator »vergiftet« wird, siehe Kapitel »Abgas-Entgiftung«. Im bleifreien Kraftstoff werden nur ungefährliche Zusätze verwendet.

Die Klopffestigkeit

Die Klopffestigkeit eines Kraftstoffes – und damit seine Qualität – hängt zum einen von der Güte und der Verarbeitung des verwendeten Rohöls ab. Zum anderen wird die Klopffestigkeit durch sogenannte Klopfbremsen gesteigert, bei dem herkömmlichen bleihaltigen Benzin dient hierzu das hochgiftige Blei-Tetraäthyl.
Zur Kennzeichnung der Klopffestigkeit dient die Oktanzahl. Das ist eine Vergleichsgröße, die in einem speziellen Prüfmotor mit bestimmten Meßkraftstoffen ermittelt wird. Häufig genannt ist die Research-Oktanzahl, kurz ROZ. Seltener findet man dagegen die eigentlich aussagekräftigere Motor-Oktanzahl oder MOZ.
Die Oktanzahl für bleifreies Normalbenzin ist in der Bundesrepublik Deutschland nach DIN 51607 auf 91 Oktan festgeschrieben, das bleifreie Euro Super bringt es auf 95 ROZ. Bleifrei Super Plus hat eine Mindestklopffestigkeit von 98 ROZ. Durch die höhere Klopffestigkeit dieses Kraftstoffs empfehlen wir ihn besonders, wenn der Sierra scharf gefahren wird.

Klingeln und Klopfen

Bei hierzulande verkauften Kraftstoffen ohne DIN-Kennzeichnung oder im Ausland kann sich Motorklingeln oder -klopfen bemerkbar machen. Normalerweise verbrennt das Kraftstoff/Luft-Gemisch im Zylinder in Sekundenbruchteilen beim Überspringen des Zündkerzenfunkens an den Zündkerzenelektroden. Ein klingelfreudiger Kraftstoff kann es aber gar nicht erwarten, bis ihn der Zündfunke restlos entflammt hat. Er detoniert durch den

Beim Motorklopfen zündet zusätzlich zu dem von der Zündkerze entflammten Gemisch in einer Ecke des Verbrennungsraums ein Gemischrest. Da dies unkontrolliert geschieht, entstehen gewaltige zusätzliche Drücke, die auf der Kurbelwelle und den Pleueln lasten.

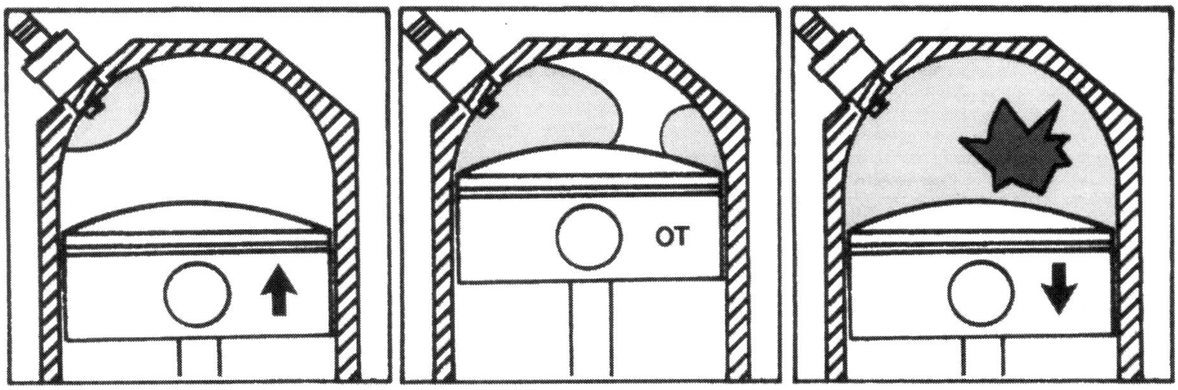

hohen Kompressionsdruck und die große Hitze zum Teil schon in einer Ecke des Verbrennungsraums. Dabei knallt er der von der Zündkerze auf ihn zueilenden Flammenfront entgegen. Das gibt einen gewaltigen Druckanstieg im Zylinder. Der Kolben erhält einen Schlag auf den Boden und leitet ihn über das Pleuel auf die Lager der Kurbelwelle weiter.

Tritt dieser Effekt bei hohen Motordrehzahlen auf, werden die harten Verbrennungsgeräusche von den Fahrgeräuschen übertönt. Das ist für den Motor ausgesprochen gefährlich. Dazu kommt, daß dieses Hochdrehzahlklopfen eine erhebliche Motorüberhitzung bewirkt. Bis aber die Temperaturanzeige anspricht, ist es meist zu spät, und ein oder mehrere Kolbenböden sind bereits geschmolzen.

Bekannter, weil besser zu hören, ist das Beschleunigungsklingeln. Es macht sich bemerkbar, wenn Sie mit nicht genügend klopffestem Kraftstoff aus niedrigen Drehzahlen heraus beschleunigen.

Bleifreies Benzin im Ausland

Auch in europäischen Ländern mit einem geringen Anteil an Katalysatorfahrzeugen ist unverbleiter Kraftstoff an den wichtigen Durchgangsstraßen erhältlich. Schwierigkeiten kann es noch im Landesinnern und in touristisch weniger erschlossenen Gegenden geben. Im Zweifelsfall bei einem Autoclub oder Fremdenverkehrsbüro eine Bleifrei-Landkarte besorgen. Und zur Sicherheit einen 10-Liter-Kanister mit unverbleitem Kraftstoff mitnehmen.

Versorgungswege

Damit Sie mit Ihrem Sierra einige hundert Kilometer ohne anzuhalten fahren können, ist im hinteren Wagenteil unter dem Fahrzeugboden ein Kraftstofftank installiert. Aus diesem Tank wird dem Motor durch ein aufwendiges Leitungssystem über eine Kraftstoffpumpe Kraftstoff zugeführt.

Der Tank

Der Kraftstofftank sitzt auf der rechten Fahrzeugseite unter dem Kofferraum. Dort ist er auf der einen Seite mit einem Halteband und Knebel in einer Aussparung des Bodenblechs und auf der anderen Seite durch zwei Schrauben am Bodenblech befestigt.
An der Oberseite des Kraftstofftanks ist der Geber für die Kraftstoff-Vorratsanzeige zusammen mit der Kraftstoffvor- und -rücklaufleitung (je nach Motor) angebracht. Der Einfüllstutzen aus Gummi ist mit zwei Schrauben an der Karosserie befestigt. In den Einfüllstutzen münden auch die Tank-Be- und Entlüftung.

Fingerzeige: Bei Fahrzeugen mit Katalysator ist im Tankeinfüllstutzen ein Sicherheitsventil eingebaut, das nur von der schlanken Bleifrei-Zapfpistole aufgestoßen werden kann. So soll versehentliches Einfüllen von verbleitem Kraftstoff verhindert werden. Um im Notfall auch bleifreies Benzin aus einem alten Reservekanister mit breiter Einfülltülle einfüllen zu können, muß die Ventilklappe mit einem langen Schraubendreher nach unten gedrückt werden, oder Sie müssen sich einen Ersatzkanister für bleifreies Benzin aus dem Zubehörhandel besorgen.
Der Tank ist aus Blech gefertigt. Deshalb sollten Sie bei mehrwöchigen Ruhepausen des Sierra den Tank vollfüllen. Andernfalls kann sich an den Innenwänden des Tanks Kondenswasser bilden, das zur Rostbildung führt. Gelangt der Rost trotz der im Leitungssystem befindlichen Filter in den Vergaser oder die Einspritzanlage, gibt es ärgerliche Funktionsstörungen. Zwar besitzen heutzutage Kraftstoffe einen Alkoholzusatz, der Wasser im Kraftstoff »aufsaugt«, aber manchmal reicht es doch nicht völlig.

Sicherheitsvorkehrungen beim Umgang mit Kraftstoff

Bei Reparaturen an Teilen der Kraftstoffanlage und besonders beim Entleeren des Kraftstoffbehälters müssen Sie mit äußerster Vorsicht vorgehen. Deshalb sollte nur der Selbermacher Arbeiten am Kraftstoffsystem durchführen, der sich der Gefährlichkeit im Umgang mit Kraftstoff bewußt ist. Grundsätzlich sind folgende Vorsichtsmaßnahmen zu beachten:
○ Zuerst immer die Batterie abklemmen und die Batteriekabel gegen unbeabsichtigtes Berühren mit den Batteriepolen sichern.
○ Den Kraftstoffbehälter grundsätzlich nur im Freien entleeren.
○ Sicherstellen, daß sich keine eingeschalteten elektrischen Geräte, offene Flammen, Wärme- und Funkenquellen während des Hantierens mit Kraftstoff im Raum befinden.
○ Der entleerte Kraftstofftank ist besonders wegen der Restgase gefährlich. Sämtliche Arbeiten deshalb mit besonderer Vorsicht ausführen.

Kraftstoff ablassen

Der Tank besitzt keine Ablaßschraube. Da Kraftstoffsaugleitung und der Rücklauf an der Tankoberseite sitzen, kann man nicht einfach eine Leitung abziehen und den Kraftstoff auslaufen lassen.
- Ist der Tank noch einigermaßen voll, durch den Einfüllstutzen einen Schlauch so tief wie möglich in den Tank schieben.
- Obere Schlauchöffnung mit dem Finger dicht verschließen. Schlauch wieder ein Stück herausziehen und tiefer wie das Tankbodenniveau in ein Gefäß halten.
- Wenn der Schlauch weit genug in den Kraftstoff reichte, fließt er jetzt durch das Gefälle heraus.
- Ist der Tank jedoch weitgehend leer, hilft diese Methode meist nicht mehr, und der Kraftstoff muß mit einer kraftstoffesten Handpumpe (Balgenpumpe) abgepumpt werden.
- Ansaugen von Kraftstoff jeglicher Art mit dem Mund ist gesundheitsgefährdend!

Tank ausbauen

- Batterie-Massekabel abklemmen.
- Kraftstoff ablassen.
- Befestigung des Einfüllstutzens an der Einfüllöffnung von der Karosserie lösen (zwei Kreuzschlitzschrauben).
- Fahrzeug hinten aufbocken.

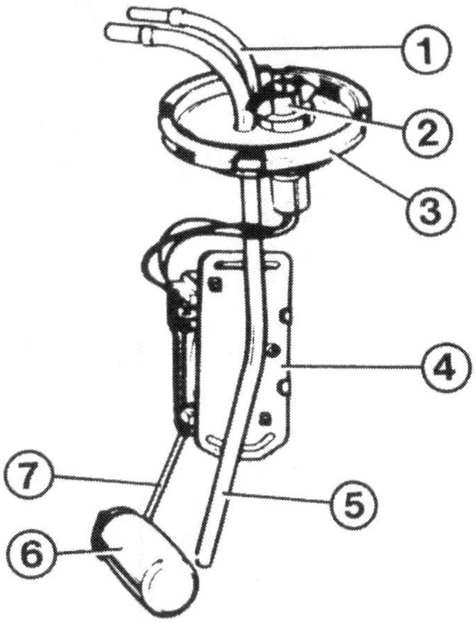

Die Teile des Gebers der Kraftstoff-Vorratsanzeige:
1 – Kraftstoffrücklauf;
2 – elektrischer Anschluß;
3 – Sicherungsring mit Dichtung;
4 – Drehpotentiometer;
5 – Kraftstoffvorlauf;
6 – Schwimmer;
7 – Schwimmerarm.

● Arbeitsbereich um den Tank reinigen, damit kein Schmutz in die Kraftstoffanlage gelangen kann.
● Beide Schrauben links am Kraftstoffbehälter herausdrehen.
● Tank abstützen und das mit einer Schraube befestigte Halteband abnehmen.
● Kraftstoffbehälter vorsichtig so weit absenken, bis beide Mehrfachstecker vom Tankgeber abgezogen werden können.
● Belüftungsleitung des Einfüllstutzens abziehen.
● Tank absenken und komplett unter dem Fahrzeug hervorziehen.
● Waren die Kraftstoffleitungen vorher alle mit Klemmschellen montiert, müssen diese durch Schraubschellen ersetzt werden.
● Nach Abschluß aller Einbauarbeiten den Tank mit sauberem Kraftstoff füllen und alle Verbindungen und Anschlüsse auf Dichtheit prüfen.

Geber der Tankanzeige

Auf der Oberseite des Tanks ist der Geber für die Tankanzeige eingesetzt. Wie der Geber funktioniert, ist im Kapitel »Instrumente und Geräte« unter »Kraftstoff-Vorratsanzeige« erklärt.
Die Tankanzeige ist kein Präzisionsinstrument. Einen falsch anzeigenden Geber kann man durch Nachbiegen des Schwimmerarms korrigieren.

Tankgeber ausbauen

● Tank ausbauen.
● Rohrzange in die Aussparungen des Sicherungsrings am Geber-Oberteil einsetzen und Ring losdrehen oder mit einem stumpfen Schraubendreher oder Hartholzstück vorsichtig losschlagen. Um Funkenbildung zu vermeiden, empfiehlt sich jedoch die Benutzung eines Kupferdorns.
● Geberdichtung grundsätzlich erneuern, da sie ohnehin beim Geberausbau beschädigt wird.
● Vor Einbau des Gebers alle Dichtflächen gründlich reinigen.

Die Tank-Be- und -Entlüftung

○ Am Tankeinfüllstutzen ist die Belüftungsleitung angeschlossen, die zur Oberseite des Tanks dicht neben der Einfüllöffnung führt. Durch diese Leitung entweicht die Luft, wenn der Tank mit Kraftstoff gefüllt wird.
○ Die Belüftungsleitung soll außerdem die sich ständig unvermeidlich bildenden Dämpfe ableiten.
○ Während der Fahrt strömt durch diese Leitung entsprechend der verbrauchten Kraftstoffmenge von außen Luft in den Tank hinein, so daß sich kein Unterdruck bilden kann. Bei Montagearbeiten am Tank deshalb besonders darauf achten, daß die Leitung nicht geknickt oder eingeklemmt wird.

Geschlossenes Entlüftungssystem über Aktivkohlebehälter

Bei Sierra-Modellen mit geregeltem Dreiwege-Katalysator führt die Entlüftungsleitung nicht einfach ins Freie, sondern über ein Leitungssystem in einen Aktivkohlebehälter im Motorraum. Auf diese Weise werden nach der US-Abgasnorm '83 durch die Entlüftungsleitung austretende Kraftstoffdämpfe gebunden.
Bei laufendem Motor öffnet ein über den Zündrechner betätigtes Magnetventil einen Unterdruckschlauch zum Ansaugkrümmer bzw. Motorbelüftungssystem, wodurch die Kraftstoffdämpfe aus dem Aktivkohlebehälter abgesaugt und der Verbrennung zugeführt werden. Ein vom EEC-IV-Rechner in Abhängigkeit von der Motorbelastung (Drosselklappenstellung etc.) gesteuertes Magnetventil, läßt die im Aktivkohlebehälter konzentrierten Kraftstoffdämpfe nach und nach absaugen und verhindert dabei eine zu starke Kraftstoffdampf-Konzentration, die die Abgaszusammensetzung negativ beeinflussen könnte.

Die Abbildung zeigt den Aktivkohlebehälter des geschlossenen Kraftstoffdampf-Auffangsystems beim V6-Motor. Bei den anderen Motoren arbeitet das System gleich. Es bedeuten:
1 – Aktivkohlebehälter;
2 – Kraftstoffdampfleitung vom Kraftstofftank;
3 – Magnetventil;
4 – Ansaugleitung vom Motor;
5 – Belüftungsventil des Aktivkohlebehälters.

Entlüftungs-system prüfen

- Wagen hinten aufbocken.
- Tank abbauen und absenken.
- Leitungssystem auf verschlissene Schläuche und richtigen Anschluß der einzelnen Verbindungen kontrollieren und ggf. ersetzen.
- Eine Entlüftungsleitung vom Tank abziehen.
- Wenn Sie jetzt bei waagrecht stehendem Wagen durch den Schlauch blasen, muß das leicht gehen.
- Sonst Verlauf der Leitung kontrollieren, ggf. Magnetventil(e) austauschen.

Die Kraftstoffleitungen

Vom Geber der Tankanzeige führt die Kraftstoffsaugleitung und zusätzlich die Rücklaufleitung nach vorne zum Motor. Am Tank und an der Kraftstoffpumpe bzw. am Kraftstoffilter sind die Schläuche werksseitig mit Quetschklemmen an den Kraftstoffleitungen befestigt.
Bei den Einspritzmotoren sind die Kraftstoffleitungen aus besonders druckfestem Material gefertigt, da sie dem hohen Betriebsdruck von über 5 bar widerstehen müssen. Zudem sind sie an allen Verbindungsstellen mit Klemmschellen, Schraubschellen oder mit besonders sicheren Verschraubungen versehen.

Kraftstoff-leitungen und -schläuche ausbauen

Sauberkeit ist oberstes Gebot bei Arbeiten an der Kraftstoffanlage. Zumindest den Arbeitsbereich vorher reinigen, damit kein Schmutz in die offenen Leitungen gelangen kann.

- Um **Klemmschellen** zu lösen, mit einer Zange die Blechschlaufe an ihrem Umfang plattdrücken. Dadurch weitet sich die Schelle und der Schlauch kann unter Drehen abgezogen werden.
- Oder mit einem schmalen Schraubendreher in die Schlaufe der Schlauchschelle fahren und diese durch seitliches Hebeln weiten und lockern.
- Schlauch unter Drehbewegungen abziehen.
- Ist dies nicht möglich, kleinen Gabelschlüssel hinter dem Schlauchende ansetzen und Schlauch damit abdrücken.
- Beim Neuanschluß der Schläuche sollten statt der Klemmschellen solche zum Schrauben verwendet werden.

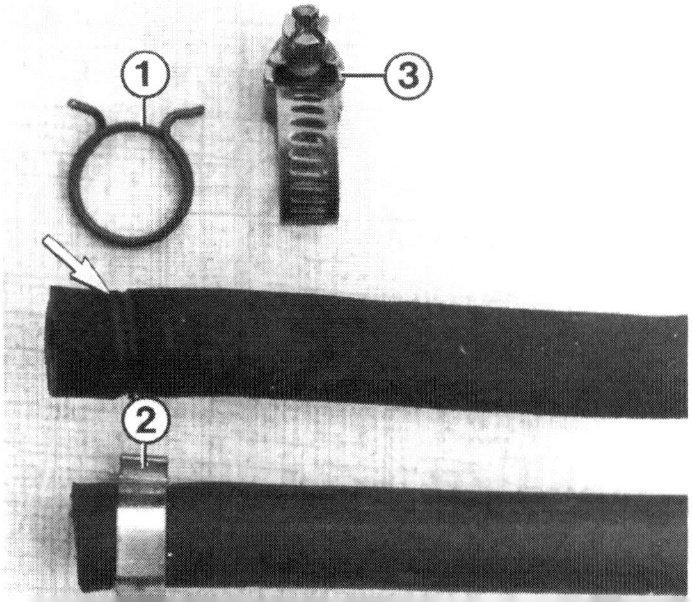

Bei Arbeiten an der Kraftstoffanlage müssen meist auch die Kraftstoffschläuche demontiert werden. Sie sind jeweils durch Schlauchklemmen an den Anschlußstutzen gesichert, wie bei »1« und »2« gezeigt. Nach der ersten Demontage sollten Sie diese Klemmen durch Schraubschellen, wie bei »3« gezeigt, auszutauschen. Diese Schlauchschellen schneiden den Schlauch (Pfeil) nicht so ein und sind in der Klemmwirkung wesentlich besser zu dosieren als zum Beispiel die Klemmschelle des unteren Schlauches.

● **Schraubschellen** können natürlich wieder verwendet werden. Beim Anziehen nicht zuviel Kraft anwenden, sonst rutscht die Verzahnung durch, und die Schraubschelle ist wirkungslos. Außerdem kann eine zu stark angezogene Schraubschelle leicht den Schlauch abquetschen.
● **Geschraubte Leitungsanschlüsse** mit Hohlschrauben ebenfalls nicht mit aller Gewalt anziehen.
● Vorher Dichtringe auf Verschleiß prüfen und evtl. erneuern.
● Bei den Einspritzmotoren beachten, daß das Kraftstoffsystem auch längere Zeit nach dem Abschalten des Motors noch unter Druck steht.
● Beim Losschrauben einer Benzinleitung einen Lappen bereithalten, damit kein Kraftstoff z. B. in die Augen spritzen kann.

Kraftstoffanlage auf Dichtheit prüfen

Wartung Nr. 17

Riecht es am Abstellplatz des Wagens nach Benzin, tritt dies irgendwo aus einer Leitung oder an einem Bauteil der Kraftstoffanlage aus. Zur Suche einer Undichtigkeit sollte der Wagen über Nacht an einem trockenen, sauberen Platz gestanden haben.
● Flecken unter dem Wagen?
● Wenn nicht, Motor starten und einige Minuten laufen lassen.
● Nach dem Abstellen des Motors erneute Kontrolle auf dem Boden.
● Falls immer noch nichts sichtbar ist, sämtliche Leitungen und Teile der Kraftstoffanlage verfolgen und auf feuchte Stellen sowie den charakteristischen Kraftstoffgeruch achten.

Die mechanische Kraftstoffpumpe

○ Die mechanische Kraftstoffpumpe ist eine Membranpumpe, die beim OHC-Motor seitlich links am Motorblock angeflanscht ist. Sie wird von der Nebenwelle über einen Nocken und Stößel angetrieben.
○ Im Oberteil der Pumpe ist das Saug- und Druckventil untergebracht. Die Membrane ist durch die Umbördelung zwischen oberem und unterem Pumpenteil eingeklemmt und dient so gleichzeitig als Dichtung zwischen beiden Teilen.
○ Beim Förderhub drückt die Membrane durch den von der Nebenwelle bewegten Stößel gegen die Kraft einer Rückholfeder Kraftstoff zum Vergaser.
○ Beim Saughub zieht die Rückholfeder die Membran nach unten – Kraftstoff wird vom Tank angesaugt.
○ Im Gegentakt wird dazu jeweils das Ein- und Auslaßventil geöffnet und geschlossen.

Störungen an der Kraftstoffpumpe

○ Die Pumpenventile können Probleme bereiten. Sie sind lediglich eingepreßt. Wenn sich eines löst, stockt der Benzinstrom. Falls ein Ventil lediglich hängt, hilft bisweilen kräftiges Klopfen auf das Pumpengehäuse.
○ Das Oberteil der Pumpe ist nicht zugänglich. Erweist sich die Pumpe als defekt, muß sie komplett ersetzt werden.

Kraftstoffpumpe prüfen

● Benzinschlauch zum Vergaser abnehmen und in ein Gefäß halten.
● Motor von Helfer starten lassen. Kommt Benzin?
● Der Benzinpumpendruck kann auch mit einem entsprechenden Manometer gemessen werden: Motor laufen lassen und Druck im Leerlauf messen. Motordrehzahl kurzzeitig erhöhen und Druck erneut messen.
● Die gemessenen Drücke müssen zwischen 0,24 und 0,38 bar liegen.

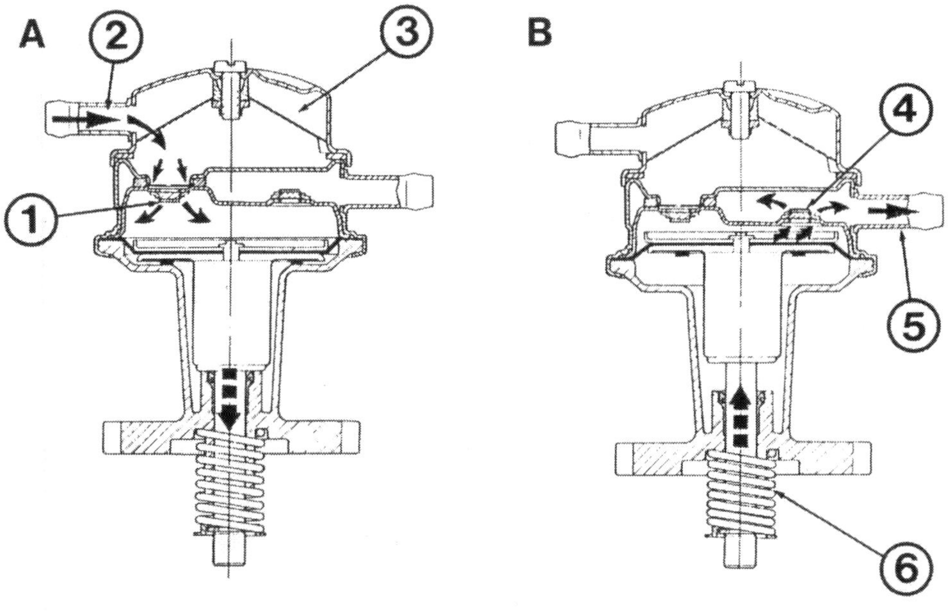

Die Schnittzeichnung zeigt die Arbeitsweise der Kraftstoffpumpe im Saug- (A) und Druckhub (B). Es bedeuten:
1 – Einweg-Ansaugventil;
2 – Stutzen für Kraftstoffzufuhr;
3 – Kraftstoffilter;
4 – Einweg-Druckventil;
5 – Stutzen für Kraftstoffaustritt;
6 – Rückholfeder des Pumpenstößels.

Kraftstoffpumpe ausbauen

● Saug- und Druckleitung von der Pumpe abbauen, ebenso den Kraftstoffrücklauf. Eventuell noch vorhandene Klemmschellen mit einem Seitenschneider trennen und beim Einbau gegen Schraubschellen auswechseln.

● Vom Tank kommende Schläuche (Saugleitung und Rücklauf) durch Hineindrehen einer Schraube verschließen.

● Pumpe durch Lösen der beiden Befestigungsschrauben abbauen.

● Vor dem Einbau die Dichtflächen von Pumpe und Motor reinigen und Pumpe mit neuer Dichtung montieren.

Fingerzeige: Eine undichte Kraftstoffpumpe kann bei höheren Drehzahlen zu Aussetzern und Leistungsverlust führen. Da die Saugseite der Pumpe im Oberteil sitzt, saugt die Benzinpumpe bei defekter Dichtung Luft an.
Die Pumpen werden als geschlossene Einheit gefertigt und können daher nicht repariert werden. Sie müssen komplett ausgewechselt werden.

Der Kraftstoff-Druckregler

Zwischen Kraftstoffpumpe und Vergaser ist der Druckregler an den linken Innenkotflügel montiert, der bei bestimmten Motoren gleichzeitig mit einem Benzindampfabscheider kombiniert ist. Der Benzindampfabscheider verhindert, daß bei heißem Motor Dampfblasen zum Vergaser gefördert werden und die Gemischbildung stören.
Aufgabe des Druckreglers bei den Vergasermotoren ist es, den Förderdruck der Kraftstoffpumpe in jedem Drehzahlbereich so auszugleichen, daß der Vergaser in allen Betriebssituationen mit annähernd konstantem Kraftstoffdruck im Zulauf arbeiten kann. Außerdem verhindert das Druckregelventil den Druckabfall im Kraftstoffsystem bei abgestelltem Motor und erleichtert so den Warmstart.

Druckregler prüfen

Neigt der Motor besonders beim Warmstart zu unwilligem Startverhalten, kann dies an einem defekten Druckregler liegen.

● Kraftstoffschlauch zum Vergaser vom Druckregler abziehen. Dabei muß Kraftstoff merklich unter Druck in den bereitgehaltenen Lappen spritzen.

● Bei Defekt alle Schläuche abbauen und Druckregler vom Halter abschrauben.

● Der Druckregler kann nicht repariert werden, sondern muß komplett ersetzt werden.

● Beim Einbau die Klemmschlauchschellen gegen Schraubschellen auswechseln.

Die elektrische Kraftstoffpumpe

Bei Sierra-Motoren mit Benzineinspritzung, aber auch beim DOHC-Vergasermotor erfolgt die Kraftstoffversorgung durch eine elektrisch betriebene Kraftstoffpumpe, die direkt neben dem Tank in einem Blechkäfig unter dem Kofferraumboden befestigt ist.

○ Die Rollenzellenpumpe ist mit einem Rückschlag- und Überdruckventil ausgerüstet.

○ Zuviel geförderter Kraftstoff wird über den Kraftstoffmengenteiler und eine Kraftstoffrücklaufleitung in den Tank zurückgefördert.

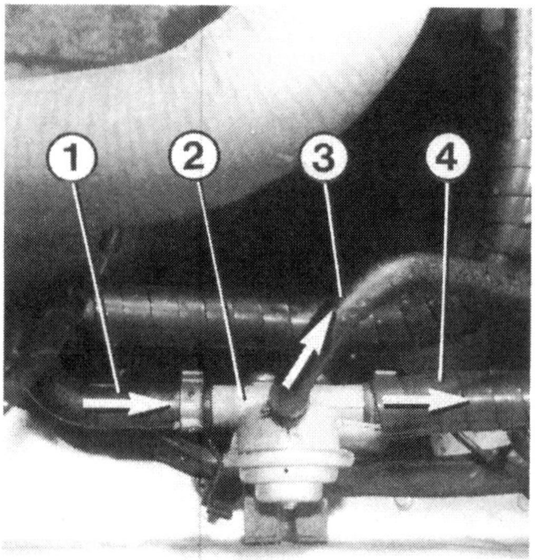

Links: Der Kraftstoffdruckregler ist am linken Innenkotflügel angeschraubt. Es bedeuten: 1 – Kraftstoffzufuhr; 2 – Druckregler; 3 – Kraftstoffrücklauf; 4 – Kraftstoffleitung zum Vergaser.
Rechts: Beim 2,0-Liter-OHC-Motor ist der Kraftstoffdruckregler mit einem Benzindampfabscheider (Pfeil) versehen. Er verhindert, daß Dampfblasen zum Vergaser gelangen.

Links: Die Kraftstoffpumpe, wie sie beim Sierra 2,0-Liter-OHC-Motor eingebaut ist:
1 – elektrische Anschlüsse;
2 – Kraftstoff-Druckdämpfer;
3 – Kraftstoffpumpe.
Rechts: Die Teile der Kraftstoffpumpe beim 2,8-Liter-V6-Motor:
1 – Kraftstoffspeicher;
2 – Halterung;
3 – elektrische Anschlüsse;
4 – Kraftstoffpumpe.

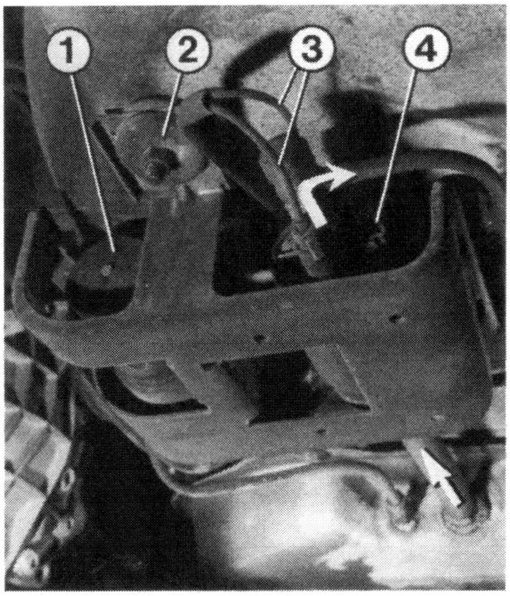

○ Seit 6/90 ist beim Sierra mit V6-Motor die Kraftstoffpumpe mit dem Geber der Kraftstoffanzeige kombiniert direkt in den Tank eingebaut.
○ Es handelt sich dabei um eine Rollenzellenpumpe, die ähnlich der Ölpumpe des CVH-Motors arbeitet.
○ Ein Überdruckventil läßt zuviel geförderten Kraftstoff und Gase direkt in den Kraftstofftank entweichen und hält gleichzeitig den Systemdruck auch bei ausgeschalteter Zündung aufrecht. Dadurch wird der Startvorgang erleichtert.
○ Ein sogenannter Pulsdämpfer verhindert, daß sich Lauf- und Pumpgeräusche auf das Fahrzeug übertragen.
○ Um auch stark schwappenden Kraftstoff – z. B. in einer Kurve – problemlos fördern zu können, ist die Pumpe von einem Behälter (Pralltopf) mit seitlich offenem Kanal umgeben.

Störungen an der Kraftstoffpumpe

Die Spannungsversorgung der elektrischen Kraftstoffpumpe erfolgt über ein Relais, das im Relaishalter im Sicherungskasten untergebracht ist. So läuft die Pumpe nur, wenn auch der Motor läuft bzw. wenn der Zündschlüssel zum Anlassen des Motors gedreht wird. Deshalb ist das Prüfen der Pumpe etwas kompliziert und sollte, falls die Störung nicht durch die nachfolgend beschriebene Fehlersuche behoben werden kann, der Ford-Vertragswerkstatt überlassen werden. Sie hat den nötigen Motortester für den elektronischen Zündrechner ESC-II bzw. EEC-IV und kommt durch eine vom Werk genau festgelegte Code-Abfolge der Störung schnell auf die Spur.

● Zündung lahmlegen (siehe »Die Zündanlage«).
● Hohlschraube der Kraftstoff-Druckleitung am Kraftstoffmengenteiler (K-Jetronic des 2,8-Liter-Motors) bzw. Druckregler (CFI-und EFI-Einspritzung) lösen – Lappen gegen herausspritzendes Benzin bereithalten.
● Schon bei stehendem Motor müßte etwas Benzin austreten, da das Kraftstoffsystem unter Druck gehalten wird.
● Kommt nichts, von Helfer Zündung einschalten lassen (nicht Anlasser betätigen!).
● Kommt weiterhin kein Benzin, Sicherung kontrollieren bzw. Pumpenrelais prüfen.
● Bei intaktem Relais bzw. intakter Sicherung prüfen, ob die Pumpe überhaupt läuft: Von Helfer Zündung einschalten lassen und auf Laufgeräusch der Pumpe achten.
● Tut sich nichts, den Sicherheitsschalter in der rechten Fußraum-Seitenverkleidung kontrollieren.
● Ist der Knopf herausgesprungen, Knopf hineindrücken.
● Läuft die Pumpe nun, sollten Sie nach der Ursache für das Herausspringen des Knopfes am Sicherheitsschalter suchen, denn er darf eigentlich nur bei einer starken Erschütterung (Aufprall) reagieren.
● Läuft die Pumpe nicht, hilft manchmal schon ein leichter Schlag auf das Pumpengehäuse. War die Pumpe nur leicht blockiert, läuft sie vielleicht wieder. Sie muß bei Einschalten der Zündung nach ungefähr einer Sekunde abschalten.
● Sitzt der Kabelstecker an der Pumpe richtig?
● Läuft die Pumpe immer noch nicht, mit Dioden-Spannungsprüfer (eine normale Prüflampe könnte am EEC-IV-Rechner Schaden anrichten) feststellen, ob überhaupt Spannung anliegt. Dazu Zündung einschalten.
● Liegt Spannung an, dürfte die Pumpe defekt sein. Oder ein Kabel ist unterbrochen.
● Läuft die Pumpe, ohne daß am Druckregler Kraftstoff kommt, ist der Kraftstoffilter oder die Kraftstoffleitung verstopft oder eine Kraftstoffleitung geknickt.

Kraftstoffpumpe ausbauen

Ist die elektrische Kraftstoffpumpe defekt, muß sie ausgetauscht werden, denn eine Reparatur ist nicht möglich.
● Batterie-Massekabel abklemmen.
● Je nach Einspritzsystem den Kraftstoffdruck im System durch Lösen der Kraftstoffleitung am Kraftstoffmengenteiler (K-Jetronic) bzw. Druckregler (CFI- und EFI-Einspritzung) abbauen (Lappen bereithalten, um austretenden Kraftstoff aufzufangen).

Der Kraftstoffilter ist beim OHC-Motor am linken Innenkotflügel, beim 2,9-Liter-V6- und beim DOHC-Motor vor dem Kraftstofftank an den Fahrzeugboden montiert. Beim Einsetzen eines neuen Filters auf die Durchflußrichtung (Pfeil) achten. Beim Öffnen der Hohlschrauben (besonders beim Arbeiten über Kopf unter dem Wagen) einen Lappen bereit halten, damit nichts in die Augen spritzt.

- Saugleitung vom Tank zur Kraftstoffpumpe mit einer Schraubzwinge abklemmen, damit beim Abziehen kein Kraftstoff austritt.
- Auffangbehälter unter die Pumpe stellen und Zulauf abschrauben. Das Ende der Leitung zusätzlich mit einer sauberen Schraube als Stopfen verschließen.
- Pumpenkäfig und Druckspeicher durch Lösen der zwei Muttern mit Beilagscheibe abbauen.
- Kraftstoffdruckleitung und elektrische Anschlüsse von der Pumpe lösen.
- Befestigungsschraube herausdrehen und Pumpe aus der Halterung nehmen.
- Beim Einbau die Kraftstoffleitungsanschlüsse reinigen und darauf achten, daß die Gummimanschette der Pumpe richtig sitzt, sonst werden Pumpgeräusche auf die Karosserie übertragen.

Der Kraftstoffilter der Einspritzmotoren

Speziell bei der Benzineinspritzung ist es wichtig, daß der Kraftstoff absolut sauber und ohne Verunreinigungen das System passiert. Deshalb ist beim Sierra-Einspritzer vor die CFI-Einheit bzw. vor dem Kraftstoff-Mengenteiler bei der K-Jetronic bzw. der EFI-Einspritzung ein besonderer Kraftstoffilter eingebaut. Der Filter enthält zwei Filterelemente, die auch kleinste Verunreinigungen zurückhalten.

Kraftstoffilter ersetzen

Wartung Nr. 52

- Massekabel der Batterie abklemmen.
- Auffangbehälter unter den Kraftstoffilter auf den Boden stellen.
- Anschluß der Zulaufleitung vorsichtig öffnen, damit der Druck in der Leitung langsam abgebaut wird.
- Beide Kraftstoffleitungen vom Filter abbauen.
- Klemmschraube lösen und Filter aus der Halterung ziehen.
- Beim Einbau auf richtige Einbaurichtung achten (Pfeile zeigen die Durchflußrichtung an).
- Kraftstoffleitungen am Filter anschrauben.
- Batterie anschließen und Zündung einige Male ein- und ausschalten, damit Druck im System aufgebaut werden kann.
- Leitungsanschlüsse auf Undichtigkeiten überprüfen.
- Alten Filter zum Sondermüll geben!

Gesiebte Luft

Gewissermaßen als Vorzimmer für die einströmende Verbrennungsluft dient der Luftfilter. Er muß die Staub- und Schmutzteilchen aus der angesaugten Luft herausfiltern, damit sie nicht in die Gemischaufbereitung oder die Verbrennungsräume gelangen und dort Schaden anrichten. Außerdem wirkt der Filter als Ansauggeräuschdämpfer.
Das Filterelement sitzt beim Vergasermotor und der CFI-Einspritzung im Luftfiltergehäuse, auch Ansauggeräuschdämpfer genannt. Bei der K-Jetronic sitzt das Filterelement links im Motorraum unter dem Gemischregler und bei der EFI-Benzineinspritzung seitlich links vor dem Radhaus.

Luftfiltereinsatz ausblasen

Wartung Nr. 29

Das Papierfilterelement soll mindestens einmal im Jahr ausgeblasen werden. Falls Sie viel auf unbefestigten Straßen fahren (etwa im Urlaub), sollten Sie die Reinigungskur schon nach 5000 km durchführen.

- Luftfiltereinsatz ausbauen.
- Papierfilter auf harter Unterlage ausklopfen.
- Den feinen Staub müssen Sie mit Druckluft ausblasen.
- Luftstrahl seitlich an den Filterlamellen vorbeistreichen lassen. Nicht von außen nach innen blasen, sonst wird der Staub noch fester in die Filterporen gedrückt.
- Nie den Papierfilter in Flüssigkeiten zu reinigen versuchen. Das verstopft die Filterporen hoffnungslos.

Luftfiltereinsatz wechseln

Wartung Nr. 51

Durch einen verschmutzten und damit zugesetzten Filtereinsatz erhält der Motor nicht mehr ungehindert die volle Ansaugluftmenge. Dadurch wird das Gemisch fetter, wodurch der Kraftstoffverbrauch bei verminderter Leistung steigt. Der rechtzeitige Filtertausch ist daher ratsam. Passende Filtereinsätze gibt es als Original-Ersatzteil, aber auch von namhaften Herstellern im Zubehörhandel.

Luftfiltereinsatz ausbauen

- **Vergaser, CFI-Einspritzung:** Kreuzschlitzschrauben auf dem Deckel des Luftfiltergehäuses herausdrehen.
- Federklammer aufhebeln und Luftfilterdeckel vom Gehäuseunterteil abnehmen.
- Filtereinsatz herausnehmen.
- Vor dem Zusammenbau das Gehäuse innen reinigen.
- Beim Einsetzen des neuen Filterelements muß die Dichtung sauber im Gehäuseunterteil sitzen.
- Deckel genau aufsetzen, sonst gibt es Schwierigkeiten beim Ansetzen der Schrauben.
- **K-Jetronic:** Spannklammern am Deckel des Ansauggeräuschdämpfers lösen.
- Deckel abnehmen und Filtereinsatz herausnehmen.
- Ansauggeräuschdämpfer ggf. reinigen.
- Beim Einsetzen des Filterelements auf richtigen Sitz der Dichtung in der Nut des Ansauggeräuschdämpfers achten.

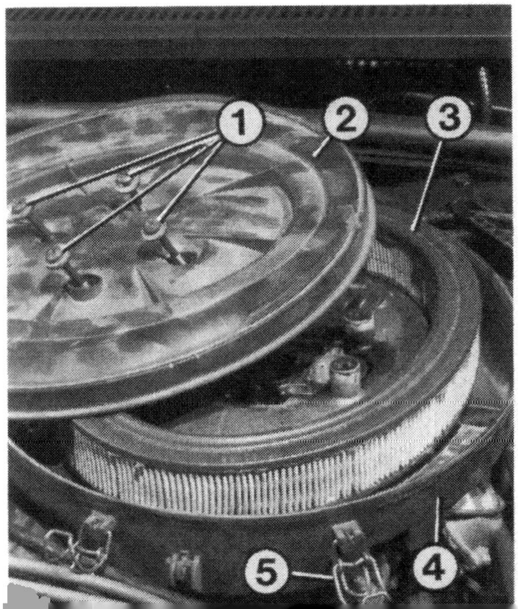

Form und Befestigung der Ansauggeräuschdämpfer sind für die einzelnen Motorversionen unterschiedlich (links OHC-, rechts DOHC-Motor), doch geschieht das Auswechseln des Luftfilters auf die gleiche Weise. Zum Auswechseln des Papiereinsatzes (3) nur die Kreuzschlitzschrauben (1) herausdrehen bzw. die Halteklammern (5) öffnen und den Gehäusedeckel (2) vom Gehäuseunterteil (4) abhebeln. Beim Ansauggeräuschdämpfer des DOHC-Motors den kleinen Filter (6) der Motorbelüftung gleich mit reinigen.

● Kreuzschlitzschrauben der Gehäusebefestigung herausdrehen.
● Federklammern öffnen und Deckel abnehmen.
● Filtereinsatz herausnehmen.
● **EFI-Einspritzung:** Halteklammern am Deckel des Ansauggeräuschdämpfers lösen.
● Deckel abnehmen und zur Seite drücken.
● Filtereinsatz herausnehmen.
● Ansauggeräuschdämpfer ggf. reinigen.
● Beim Einsetzen des Filterelements auf richtigen Sitz der Dichtung achten.

Luftfiltergehäuse komplett abbauen
Vergasermotor

● Je nach Motortyp Entlüftungsschläuche für Motorbelüftung bzw. den Kraftstoffabscheider abbauen. Ggf. Mehrfachstecker für Ansaugluft-Sensor abziehen.
● Kreuzschlitzschrauben auf dem Deckel des Luftfiltergehäuses herausschrauben.
● Gehäuse komplett vom Vergaser abheben.
● Beim Einbau darauf achten, daß der Vorwärmschlauch in einwandfreiem Zustand ist und sauber auf den Stutzen vom Vorwärmkasten am Auspuffkrümmer und Ansaugöffnung des Ansauggeräuschdämpfers sitzt.

Die Ansaugluft-Vorwärmung der Vergasermotoren

Die von einem Bimetallventil gesteuerte Ansaugluft-Vorwärmung hat die Aufgabe, die Luft, die der Motor über den Vergaser ansaugt, immer auf der jeweils günstigsten Temperatur zu halten. Das hat verschiedene Gründe:
○ Bei kühlem Wetter vergast das Gemisch besser, wenn die Ansaugluft dem Motor vorgewärmt zugeführt wird. Allerdings soll der Motor bei höheren Außentemperaturen keine vorgewärmte Ansaugluft erhalten, da warme Luft ein größeres Volumen hat als die gleiche Menge kalter Luft. Da der Motor nur eine bestimmte Luftmenge ansaugen kann, erhält er bei eingeschalteter Ansaugluft-Vorwärmung etwas weniger Luft, das Gemisch wird fetter, der Verbrauch steigt. Bei kühlen Temperaturen ist dies für gleichmäßigen Motorlauf notwendig.
○ Der Vergaservereisung soll vorgebeugt werden. Diese Vereisung entsteht durch den Druckabfall im Vergaser bei laufendem Motor, wobei ein Teil des Kraftstoffes verdunstet und sich dabei erheblich abkühlt. Davon wird auch das Vergasergehäuse abgekühlt, und bei Temperaturen zwischen +3 und +8°C (in Extremfällen auch darüber) und hoher Luftfeuchtigkeit kann sich im Vergaser eine dünne Eisschicht bilden, welche die einwandfreie Gemischbildung verhindert.

Die Teile der Ansaugluft-Vorwärmung

○ Kernstück der Ansaugluft-Vorwärmung ist das Mischgehäuse.
○ An diesem Mischgehäuse ist der Ansaugluftschnorchel in zwei Ansaugöffnungen geteilt. Durch die eine wird kalte Luft, durch die andere erwärmte Luft aus dem Vorwärmkasten am Ansaugkrümmer angesaugt.
○ Ein Klappenventil im Schnorchel des Luftfiltergehäuses mischt kühle Luft von der einen Ansaugöffnung mit erwärmter Luft vom Vorwärmkasten, so daß die zum Vergaser weitergeleitete Ansaugluft die für ein optimales Kraftstoff/Luft-Gemisch erforderliche Temperatur aufweist.
○ Bei den **OHC-Motoren** wird das Klappenventil im Ansaugschnorchel durch eine Unterdruckmembran betätigt, die es ganz geöffnet hält, solange der Unterdruck höher als ca. 100 mmHg beträgt. Der Motor saugt dann ausschließlich vorgewärmte Luft vom Auspuffkrümmer an.
○ Fällt der Unterdruck an der Membran unter 100 mmHg, schließt das Klappenventil langsam und läßt dabei kühlere Luft in den Ansauggeräuschdämpfer einströmen. Bei Erreichen von ca. 50 mmHg Unterdruck hat das Klappenventil den Warmluftkanal geschlossen, und der Motor saugt ausschließlich kühle Luft ohne Beimischung vorgewärmter Luft an.

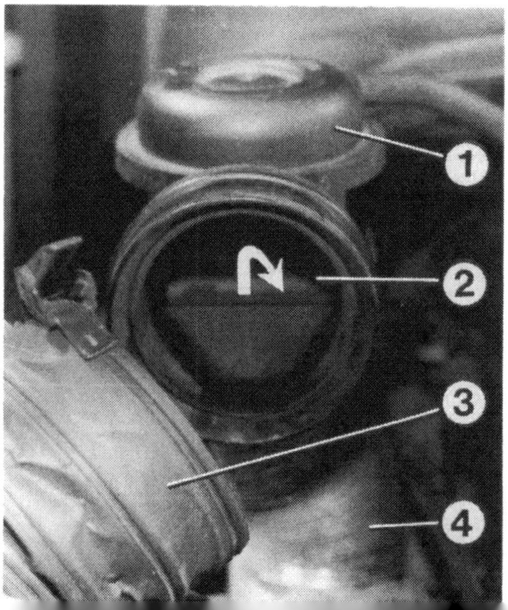

Links die Teile der Ansaugluftsteuerung:
1 – Unterdruckmembran;
2 – Klappenventil;
3 – Ansaugluftschlauch für kalte Ansaugluft;
4 – Ansaugschlauch (Alu) für erwärmte Ansaugluft vom Vorwärmkasten am Auspuffkrümmer.
Rechts: Bei der Montage des Ansauggeräuschdämpfers darauf achten, daß die dünnen Unterdruckleitungen am Vergaser nicht eingeklemmt werden (Pfeil), sonst ist nicht nur die Ansaugluft-Vorwärmung gestört.

○ Der Unterdruck für die Steuerung des Klappenventils kommt über eine Schlauchleitung vom Unterteil des Ansauggeräuschdämpfers, in dem ein Bimetallventil sitzt.
○ Das Bimetall reagiert auf die Temperatur der in den Vergaser einströmenden Ansaugluft und gibt bei Erreichen einer bestimmten Ansauglufttemperatur (20°C = 1,6- und 1,8-Liter-, 28°C = 2,0-Liter-OHC-Motor) über ein Kugelventil den im Ansauggeräuschdämpfer herrschenden Unterdruck an das membrangesteuerte Klappenventil weiter.
○ Bei den **CVH-Motoren** sitzt im Mischgehäuse ein Wachsthermostat, der direkt mit einem federbelasteten Klappenventil verbunden ist.
○ Steigt die Ansauglufttemperatur vom Auspuffkrümmer über 15°C, beginnt das Wachs zu schmelzen. Dadurch dehnt es sich aus und schließt langsam die Klappe zum Luftstrom vom Auspuffkrümmer.
○ Bei Erreichen von 35°C hat die Klappe den Zustrom erwärmter Luft geschlossen und den Weg für frische Luft vom Ansaugschnorchel freigegeben.

Störungen der Ansaugluft-Vorwärmung

Funktioniert die Vorwärmung der Ansaugluft nicht richtig oder sitzt der Vorwärmschlauch nicht richtig auf dem Vorwärmkasten bzw. ist der Schlauch schadhaft, können sich Störungen bemerkbar machen.

In der kalten Jahreszeit:
○ Schlechter Leerlauf nach dem Kaltstart in der Warmlaufphase.
○ Schlechter Übergang in andere Lastbereiche, Motor neigt zum Stottern.

In der warmen Jahreszeit:
○ Geringere Leistung, übliche Höchstgeschwindigkeit wird nicht erreicht.
○ Höherer Kraftstoffverbrauch.

Ansaugluft-Vorwärmung kontrollieren

Wartung Nr. 30

● Diese Prüfung muß unbedingt am kalten Motor vorgenommen werden, da die Ansprechtemperatur des Bimetallventils bzw. des Wachsthermostats recht nieder liegt.
● **OHC-Motor:** Am Bimetallventil des Ansauggeräuschdämpfer-Unterteils den Unterdruckschlauch der Membrandose abziehen.
● Am Schlauch Luft ansaugen – die Klappe muß schließen und ohne Unterdruck wieder hörbar öffnen.
● Falls nicht, Schlauch auf Undichtigkeiten kontrollieren. Außerdem kontrollieren, ob das Klappenventil leicht beweglich ist.
● Zum Prüfen des Bimetallventils den kalten Motor starten und im Leerlauf drehen lassen.
● Die Klappe muß den Warmlufteinlaß freigeben.
● Vom Ansauggeräuschdämpfer kommenden Unterdruckschlauch an der Membrandose abziehen. Die Klappe muß die Warmluftzufuhr verschließen.
● **CVH-Motor:** Metallschlauch zum Auspuffkrümmer abbauen. Bei kaltem Motor muß die Klappe den Luftweg vom Vorwärmkasten am Auspuffkrümmer freigeben.
● Schlauch zum Krümmer wieder einbauen und Motor auf Betriebstemperatur bringen.
● Bei warmem Motor muß das Klappenventil so stehen, daß ausschließlich kühle Luft angesaugt wird.
● Falls nicht, kontrollieren, ob die Klappe leicht beweglich ist.
● Bei einem nicht funktionierendem Klappenventil muß der komplette Ansauggeräuschdämpfer ausgewechselt werden.

Das Impulsluft-System

Das Impulsluftsystem bei Vergasermotoren, beim 1,6-Liter-CVH-Motor mit CFI-Einspritzung sowie beim OHC- und DOHC-Motor mit EFI-Einspritzung dient der Verringerung der Abgas-Schadstoffe nach der Abgasnorm 15/04 bzw. 15/05. Dazu führt es aus dem Ansauggeräuschdämpfer dem Auspuffkrümmer Sauerstoff zu, wodurch unverbrannte Kraftstoffanteile nachverbrannt werden (siehe Kapitel »Abgas-Entgiftung«).
Das Impulsluftsystem arbeitet temperaturabhängig begrenzt während der Warmlaufphase des Motors. Bei kaltem Motor wird über ein vom Kühlmittel thermostatgesteuertes Ventil der Unterdruck vom Ansaugkrümmer benutzt, um ein Luftventil zu öffnen, das Frischluft zum Auspuffkrümmer leitet. Das Luftventil beginnt bei ca. 60 mbar zu öffnen.
Bei Erreichen einer Kühlmitteltemperatur von ca. 53°C schließt das thermostatgesteuerte Ventil die Unterdruckleitung zum Luftventil und setzt so das Impulsluftsystem außer Funktion. Bei einer Kühlmitteltemperatur von ca. 39°C beginnt das Impulsluftsystem wieder einzusetzen.

Die Teile des Impulsluft-Systems

○ Der Ansaugkrümmerunterdruck steuert ein Luftventil, genauer eine federbelastete Membran, wodurch über einen Luftfilterkasten gefilterte Ansaugluft über zwei Rückschlagventile in den Auspuffkrümmer gelangt.
○ Nimmt man den Fuß vom Gaspedal, d.h. die Drosselklappe schließt schnell, wird durch den hohen Unterdruck im Ansaugkrümmer über die Membran des Luftventils die Luftzufuhr zum Auspuffkrümmer unterbrochen. So wird ein Rückschlagen der Auspuffgase in den Ansaugkrümmer verhindert.

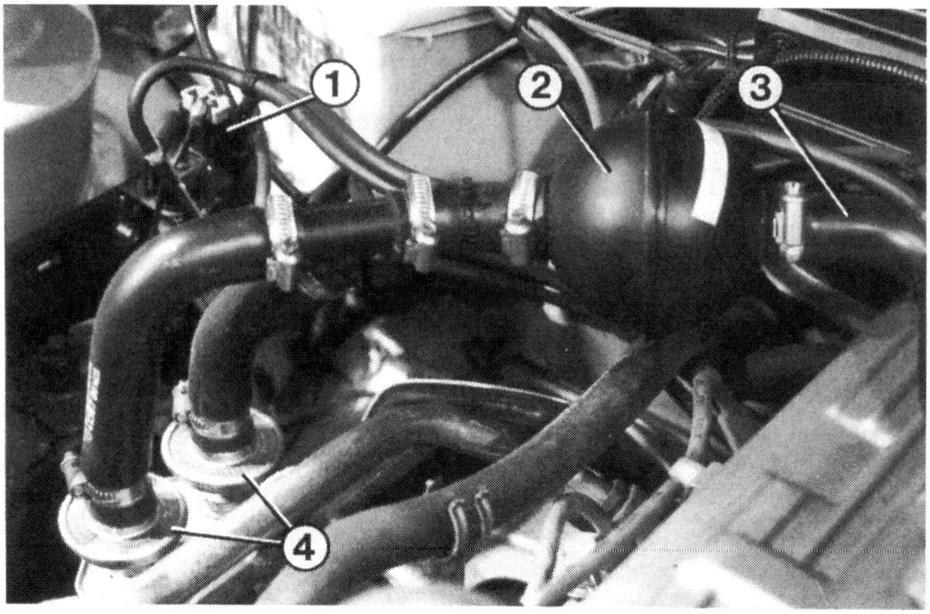

Die Teile des Impulsluftsystems des 2,0-Liter-OHC-Motors:
1 – Magnetventil;
2 – Geräuschdämpfer;
3 – Luftschlauch vom Ansauggeräuschdämpfer;
4 – Rückschlagventile.
Wichtig beim Impulsluftsystem ist der absolut dichte Sitz der Schlauchverbindungen. Deshalb von Zeit zu Zeit die Verbindungen kontrollieren.

○ Zusätzlich verhindern zwei Rückschlagventile das Rückschlagen der Auspuffgase bei geöffnetem Luftventil.
○ Öffnet ein Auslaßventil, schließt der momentane hohe Druckanstieg in den Ventilleitungen des Impulsluft-Systems das Rückschlagventil und verhindert so das Einströmen der Luft in den Auspuffkrümmer.
○ Schließt das Auslaßventil, wird das Rückschlagventil durch den Unterdruck in der Ventilleitung wieder geöffnet und ermöglicht so erneut das Ansaugen von Luft über das Luftventil in den Auspuffkrümmer.

Luftventil kontrollieren

● Bei stehendem Motor muß das Ventil geschlossen sein, d. h. bei abgezogenem Lufteinlaß vom Luftfilterkasten darf Durchblasen nicht möglich sein.
● Wird der kalte Motor gestartet und etwas beschleunigt, muß das Luftventil öffnen und Luft ansaugen. Ist dies nicht der Fall, entweder das Ventil auswechseln oder das Thermoventil kontrollieren.
● Bei warmem Motor darf an der Unterdruckdose des Luftventils kein Unterdruck anliegen, sonst Thermoventil kontrollieren und ggf. auswechseln.

Rückschlagventil kontrollieren

● Luftschlauch vom Rückschlagventil abbauen.
● Motor starten und im Leerlauf drehen lassen.
● Handfläche auf den Lufteintrittsstutzen halten und kontrollieren, ob das Ventil dicht ist und kein Abgas ausströmt.
● Falls das Ventil undicht ist, dieses austauschen.
● Beim Ausbau der Rückschlagventile einen Schlüssel gegenhalten, damit das untere Verteilerrohr nicht beschädigt wird.

Filter des Impulsluft-Systems auswechseln

Wartung Nr. 31

● Halterung des Deckels links und rechts etwas vom Filtergehäuse abdrücken und Deckel abnehmen.
● Filtereinsatz aus dem Gehäuse nehmen und Gehäuse reinigen – ebenso Innenseite des Deckels.
● Neuen Filtereinsatz mit Motoröl benetzt wieder einsetzen und Deckel aufsetzen. Dabei auf richtigen Sitz achten.

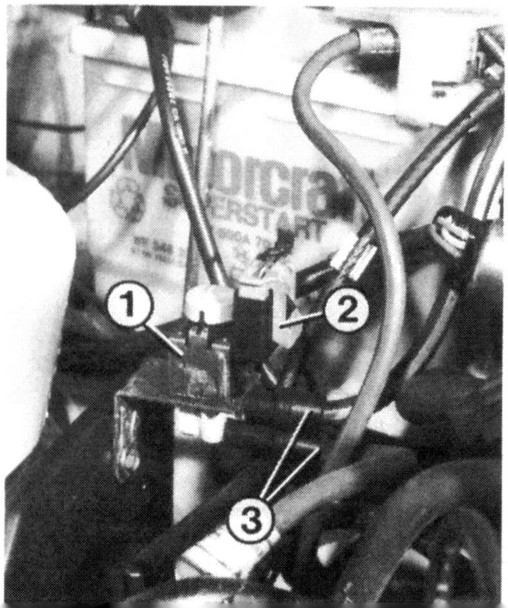

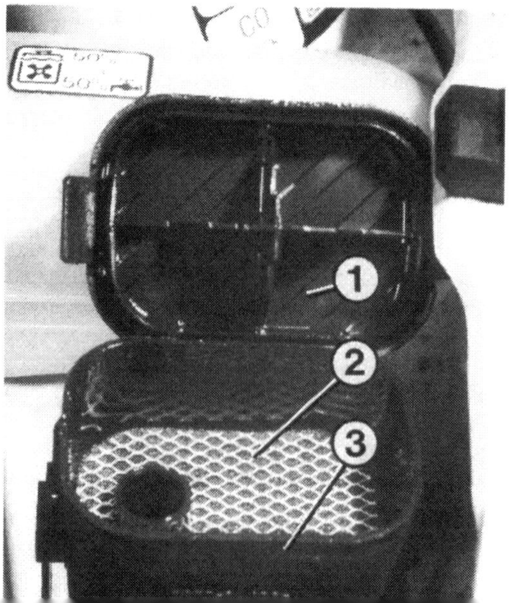

Links: Bei Motoren, die vom EEC-VI-Rechner gesteuert werden, schaltet der Rechner auch ein Magnetventil für den Unterdruck des Luftventils. Es bedeuten:
1 – Magnetventil;
2 – elektrische Steckverbindung;
3 – Unterdruckleitung.
Rechts: Bevor der Filtereinsatz des Impulsluft-Ansaugfilters ersetzt werden muß, kann er erst einige Male gründlich in einem Benzinbad ausgewaschen werden. Wichtig nach der Reinigung ist das Benetzen des Schaumstoffes mit sauberem Motoröl. Es bedeuten:
1 – Deckel;
2 – Abdeckgitter mit Schaumstoff-Filtereinsatz;
3 – Filtergehäuse.

Saugkanal

Erst durch den bei laufendem Motor erzeugten Sog im Ansaugtrakt wird im ausgeklügelten Kanal- und Düsensystem eines Vergasers der für jeden Betriebszustand des Motors zündfähige Kraftstoff/Luft-Nebel maßgeschneidert gemischt, so daß der Motor überhaupt läuft und ihm Leistung abverlangt werden kann.

Welcher Vergaser ist eingebaut?

Bei den Vergaserversionen nach Euro-Norm 15/04 und 15/05 (mit ungeregeltem Katalysator) des Ford Sierra der neuen Generation kommen unterschiedliche Vergaser zum Einsatz:

Motortyp Motor-Kurzbezeichnung Motor-Kennbuchstaben	OHC 1,6 HC LSE/LSF	OHC 1,8 HC RED/REF	CVH 1,8 HC L6B	OHC 2,0 HC NES/NEJ	DOHC 2,0 HC N8C
Vergasertyp Starteinrichtung Hersteller	Registervergaser Startautomatik Weber	Registervergaser Startautomatik Pierburg	Registervergaser Startautomatik Pierburg	Registervergaser Startautomatik Weber	Registervergaser Startautomatik Weber

Alle im Sierra eingebauten Vergaser sind sogenannte Fallstromvergaser, d.h. die angesaugte Luft fällt darin senkrecht nach unten. Dabei zieht sie aus verschiedenen Düsen, an denen sie vorbeiströmt, Kraftstoff, der dann mit der Luft zum Kraftstoff/Luft-Gemisch vernebelt wird.
Da sich die Vergasertypen außer in ihrer Kennzahl und Typenbezeichnung hauptsächlich nur äußerlich und in der Düsenbestückung unterscheiden, gelten die folgenden Absätze uneingeschränkt für den in Ihrem Sierra eingebauten Vergaser. Düsenbestückung und weitere Angaben entnehmen Sie bitte den Technischen Daten hinten im Buch.

Die wichtigsten Teile des Vergasers

Austrittsrohr (auch Vorzerstäuber genannt): Der von den nachfolgend aufgezählten Düsen mit Luft vorgemischte Kraftstoff wird aus diesem Rohr abgesaugt. Seine Austrittsöffnung sitzt in der engsten Stelle des Lufttrichters.
Beschleunigungspumpe: Beim Durchtreten des Gaspedals spritzt sie zusätzlich Kraftstoff in den Lufttrichter ein, damit bei plötzlichem Gasgeben das Kraftstoff/Luft-Gemisch durch das schlagartige Öffnen der Drosselklappe nicht zu kraftstoffarm wird.
Drosselklappe: Sie sitzt ganz unten im Vergaser und regelt die Menge des Kraftstoff/Luft-Gemisches, die der Motor ansaugen soll. Wie weit sie geöffnet wird, bestimmt der Fahrer beim Treten des Gaspedals. Pedal und Drosselklappe sind über den Gaszug direkt verbunden.
Hauptdüse: Sie ist in die Schwimmerkammer eingeschraubt. Mit ihrer genau bemessenen Bohrung sorgt sie für den Abfluß der richtigen Kraftstoffmenge aus der Schwimmerkammer.
Leerlaufdüse: Sie liefert dem Leerlaufsystem eine stets gleichbleibende Kraftstoffmenge zur Aufbereitung des Leerlaufgemisches.
Luftkorrekturdüse: Sie mischt den von der Hauptdüse kommenden Kraftstoff mit Luft vor.
Lufttrichter: Er sitzt im Saugkanal des Vergasers. Eine Einschnürung in seinem Innendurchmesser beschleunigt die durchströmende Luft (Venturi-Prinzip). Das verstärkt den Unterdruck, und aus dem Austrittsrohr kann mehr Kraftstoff abgesaugt werden.
Mischrohr: Ihm werden Kraftstoff von der Hauptdüse und Luft durch Bohrungen von der Luftkorrekturdüse zugeführt. Beides wird vermischt zum Austrittsrohr weitergeleitet. Bei höheren Drehzahlen werden Bohrungen frei, die zusätzliche Luft einströmen lassen, um das andernfalls durch höheren Kraftstoffdurchsatz fetter werdende Mischungsverhältnis konstant zu halten.
Schwimmerkammer: Hier wird die Speicherung des Kraftstoffes durch Schwimmer und Schwimmernadelventil geregelt. Sobald der Kraftstoffstand in der Kammer eine bestimmte Höhe erreicht hat, drückt der Schwimmer durch seinen Auftrieb über einen Hebel gegen die Ventilnadel. Deren spitz zulaufendes Ende sperrt dann den weiteren Zufluß ab.
Starterklappe: Sie sitzt ganz oben im Vergaser. Bei kaltem Motor muß sie geschlossen werden. So baut sich beim Anlaufen des Motors im Vergasereinlaß stärkerer Unterdruck auf, wodurch mehr Kraftstoff am Austrittsrohr abgesaugt wird. Das Gemisch wird kraftstoffreicher (fetter). Mit zunehmender Motorerwärmung muß die Starterklappe wieder geöffnet werden.

Vergaser-Beschreibung

Beim Weber- wie beim Pierburg-Registervergaser ist der Ansaugquerschnitt in zwei Ansaugwege (Doppelventuri) aufgeteilt, wobei die zweite Stufe (deshalb Registervergaser) hauptsächlich für den Vollastbereich zuständig ist.

Alle Vergasermotoren des Sierra sind mit einer Startautomatik ausgerüstet, die beim Vergaser von Weber elektrisch beheizt wird. Bei einigen 1,6-Liter-OHC-Motoren mit Weber-Vergaser wird die Startautomatik vom Kühlkreislauf beheizt.

Die Startautomatik der Pierburg-Vergaser wird dagegen vom Kühlsystem und elektrisch beheizt. Dabei bewirkt die elektrische Beheizung ein schnelles Öffnen der Starterklappe. Sobald die Kühlmittelbeheizung eine bestimmte Temperatur überschritten hat, hält der kühlmittelbeheizte Deckel die Starterklappe geöffnet, was eine Überfettung des Kraftstoff/Luft-Gemisches beim Wiederstart verhindert.

Die Steuerung der elektrischen Deckelbeheizung übernimmt das ESC-II-Zündmodul, das seine Werte wiederum von einem Thermoschalter erhält.

Weber-Registervergaser

1,6- und 2,0-OHC-Motor, 2,0-DOHC-Motor

Da sich die Vergaserfunktionen trotz etwas unterschiedlicher Konstruktionsmerkmale im wesentlichen sehr ähneln, hier die zusammengefaßte Beschreibung.

Start: Zum Kaltstart muß das Gaspedal einmal voll getreten werden, bevor der Starter betätigt wird. Erst dadurch kann das Übertragungsgestänge der Primär-Starterklappenwelle im Startautomatikgehäuse ausrasten und die Starterklappe die Ansaugöffnung im Vergaser schließen. Gleichzeitig wird nur bei 1,6-Liter-OHC-Motoren die Ansaugöffnung der zweiten Vergaserstufe (Sekundärstufe) von der auf der Sekundär-Starterklappenwelle montierten Starterklappe geschlossen. Während der Anlasserbetätigung und noch bei den ersten Motorumdrehungen muß der Fuß vom Gaspedal bleiben.

Gesteuert wird die Startautomatik von einer spiralförmigen Bimetallfeder, die im elektrisch bzw. kühlmittelbeheizten Deckel der Startautomatik sitzt und sich je nach Temperatur ausdehnt oder zusammenzieht.

Bei abgestelltem Motor und sich abkühlender Bimetallfeder wird eine Stufenscheibe durch die Federkraft in Schließstellung gebracht, wodurch die Starterklappe in vorgespannter Stellung steht. Beim Durchtreten des Gaspedals bei kaltem Motor springt die Führungseinstellschraube der Starterklappe aus der Stufe »offen«, und die Starterklappe schnappt zu. Mit Erwärmung des Motors öffnen sich die Starterklappen entsprechend der Ausdehnung der Bimetallfeder im Startautomatikgehäuse stufenlos.

Dreht der gestartete, noch kalte Motor im Teillastbereich, ist es nicht notwendig, daß der Vergaser so fettes Gemisch bereitstellt, wie es zum Start oder bei der Beschleunigung erforderlich ist. Aus diesem Grund ist die Starterklappe mit einem Unterdrucksystem verbunden, das die Klappe(n) beim Beschleunigen gegen die Spannung der Bimetallfeder zur Gemischabmagerung öffnen kann. Dieses System besteht aus einer Membran, die über eine Zugstange mit dem Startautomatikgehäuse und der Starterklappe verbunden ist. Gesteuert wird die Membran durch den unter der Drosselklappe herrschenden Unterdruck.

Leerlauf: Im Leerlauf ist nur eine Stufe des Registervergasers im Spiel. Das Leerlaufsystem des Weber-Vergasers besteht aus Leerlaufdüse, einer Luftdüse und der Gemisch-Regulierschraube.

Der Kraftstoff gelangt aus der Schwimmerkammer zur Leerlaufdüse, die die Kraftstoffmenge für das Leerlaufgemisch bestimmt. Hier wird der Kraftstoff über die Luftdüse schon teilweise mit Luft vermischt. Dieses fette Gemisch wird dann über einen Kanal zur Gemisch-Regulierschraube geleitet, von wo es dosiert unter die

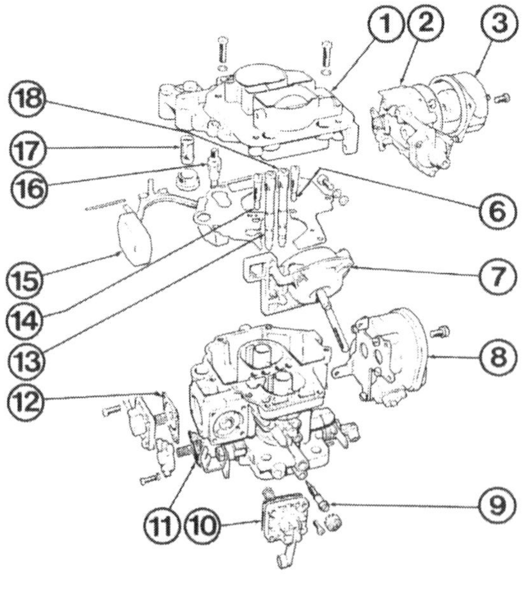

Der Weber-Registervergaser mit Schrittmotor. Die Teile:
1 – Vergaserdeckel;
2 – Startautomatikgehäuse;
3 – Bimetallfedergehäuse;
6 – Sekundär-Leerlaufdüse;
7 – Membrandose des Sekundärsaugrohres;
8 – Schrittmotor;
9 – Gemisch-Regulierschraube;
10 – Beschleunigungspumpe;
11 – Membrane des Vollastanreicherungssystems;
12 – Membrane des Unterdruck-Einspritzsystems;
13 – Primär-Mischrohr;
14 – Primär-Leerlaufdüse;
15 – Schwimmer;
16 – Schwimmernadelventil;
17 – Kraftstoffsieb;
18 – Sekundär-Mischrohr.

Drosselklappe der ersten Vergaserstufe gerät. Vom dort herrschenden Unterdruck wird es abgesaugt und in den Ansaugkrümmer zerstäubt und verwirbelt.
Normalbetrieb: Beim Gasgeben gibt die sich öffnende Drosselklappe der ersten Vergaserstufe (Primärdrosselklappe) stufenweise kleine Bohrungen frei, aus denen dann das für einen gleichmäßigen und ruckfreien Übergang in höhere Drehzahl- und Lastbereiche wichtige Zusatzgemisch abgesaugt wird.
Nun benötigt der Motor nicht gleich bei jedem Belastungszustand Gemisch aus beiden Vergaserstufen. Beim Gasgeben öffnet sich erst einmal die Primärdrosselklappe. Erst nachdem das Gaspedal mehr als ¾ durchgetreten ist, wird über Hebelsegmente auch der Wellenhebel der zweiten Vergaserstufe (Sekundärdrosselklappe) betätigt.
Obwohl die Sekundärdrosselklappe erst zu öffnen beginnt, wenn die Primärdrosselklappe schon weit geöffnet ist, geben beide Drosselklappen gleichzeitig bei Erreichen der Vollgasstellung den vollen Vergaserdurchlaß frei.
Dabei gelangt der Kraftstoff aus der Schwimmerkammer über die Hauptdüsen in die Mischrohre – es sind entsprechend den Lufttrichtern zwei, wo er mit der durch die Luftkorrekturdüsen angesaugten Luft vermischt wird. Entsprechend der Drosselklappenstellung wird das Kraftstoff/Luft-Gemisch über je einen Mischkanal durch den vom Motor erzeugten Unterdruck abgesaugt und zerstäubt.
Sobald die Sekundärdrosselklappe öffnet, gelangt Kraftstoff von der Hauptdüse der zweiten Vergaserstufe zum Mischrohr. Dort wird der Kraftstoff mit Luft vermischt und gelangt als Gemisch zu den Übergangsbohrungen in der Wandung des Lufttrichters der zweiten Vergaserstufe. Sie dienen der zweiten Stufe als Übergangssystem in einen anderen Lastbereich.
Zusätzlich wird die Sekundärdrosselklappe beim Beschleunigen gegen überfettetes Gemisch durch eine unterdruckgesteuerte Membran beeinflußt. Dazu ist die Drosselklappe mit einer am Vergaser angeflanschten Membrandose verbunden. Beim Beschleunigen und damit Öffnen der Primärdrosselklappe wird der Arbeits-Unterdruck für die Membran durch den Sog erzeugt, der last- und drehzahlabhängig im Lufttrichter der Primärstufe des Vergasers herrscht.
Wird der Fuß vom Gaspedal genommen, bewirkt ein Schließdämpfer, der auch wieder unterdruckgesteuert ist, daß die Drosselklappe nur verzögert in die Leerlaufstellung zurückgeht. Im Schiebebetrieb werden so die HC-Emissionen reduziert.
Beschleunigung: Jede Bewegung des Gaspedals setzt über die Sekundär-Drosselklappe und ein Nockensegment die Beschleunigungspumpe in Aktion. Dabei drückt ein Umlenkhebel – vom Nockensegment der Drosselklappenwelle bewegt – auf die Membran der Beschleunigungspumpe und preßt Kraftstoff aus der Pumpenkammer. Dadurch wird Kraftstoff über ein Einspritzrohr direkt in den Lufttrichter der ersten Vergaserstufe gespritzt. Die Membran der Beschleunigungspumpe wird beim Zurücknehmen des Gaspedals durch die Membranfeder in ihre Ausgangsstellung zurückgedrückt, so daß sich die Pumpenkammer durch den entstandenen Saughub wieder mit Kraftstoff füllen kann. Dazu ist die Pumpenkammer mit der Schwimmerkammer durch einen Kanal direkt verbunden.
Da die Beschleunigungspumpe nur arbeitet, wenn das Gaspedal bewegt wird, bekommt der Motor die benötigte Kraftspritze nur beim Übergang in höhere Drehzahl- und Lastbereiche, wie z. B. vom Leerlauf in den Teillast- oder weiter in den Vollastbereich. So werden die sogenannten Leistungslöcher, in denen der Motor ohne Kraftspritze unwillig »bocken« würde, überbrückt.
Vollast: Damit der Motor auch bei Vollast und hohen Drehzahlen auf volle Leistung kommt, ist der Weber-Registervergaser mit einem Anreicherungssystem ausgestattet, das unabhängig von der Beschleunigungspumpe zusätzlich Kraftstoff liefert.
Das Anreicherungssystem besteht aus einem federgespannten Membranventil, das durch Unterdruck gesteuert wird. Im Teillastbereich herrscht unterhalb der Drosselklappe ein Unterdruck, der die Membran des Anreicherungsventils anzieht und damit geschlossen hält. Bei voll geöffneter Drosselklappe ist der Druckunterschied an der Drosselklappe fast völlig abgebaut, so daß die federbelastete Membran zurückgedrückt wird und durch das nun geöffnete Anreicherungsventil zusätzlicher Kraftstoff in den Lufttrichter gelangt.
Wird der Fuß vom Gaspedal genommen, dämpft eine ebenfalls über Unterdruck gesteuerte Vorrichtung die Schließbewegung der Drosselklappen, um eine Überfettung des Gemischs und damit ein Ansteigen der Schadstoffe zu verhindern. Erst nach einer gewissen Verzögerung läuft der Motor deshalb nach dem Gaswegnehmen mit normaler Leerlaufdrehzahl.

Vergaser-Schrittmotor
2,0-OHC-Motor

In Verbindung mit dem ESC-II-Zündrechner (siehe »Die Zündanlage«) ist der Weber-Vergaser des 2,0-Liter-OHC-Motors zusätzlich mit einem sogenannten 4-Phasen-Schrittmotor kombiniert. Dadurch wird unabhängig von eingeschalteten Verbrauchern bei allen Betriebsbedingungen eine gleichbleibende Leerlaufdrehzahl erreicht, so daß die Leerlaufeinstellung bei diesen Vergasern entfällt.
Zusätzlich zur Leerlaufdrehzahlregulierung übernimmt der Vergaser-Schrittmotor noch weitere wichtige Funktionen:
○ Regulierung der Drosselklappenstellung beim Gaswegnehmen (Verzögern).
○ Verhindern des Nachdieselns beim Abstellen des Motors.

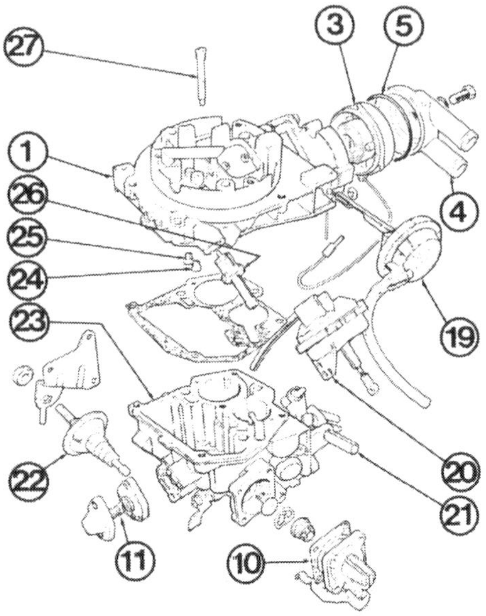

Der Register-Vergaser von Pierburg. Es bedeuten:
1 – Vergaserdeckel;
3 – Bimetallfedergehäuse;
4 – Startautomatikdeckel;
5 – Deckeldichtung der Startautomatik;
10 – Membrane der Beschleunigungspumpe;
11 – Membrane des Vollastanreicherungssystems;
19 – Membrandose der Starterklappen-Rückstellvorrichtung;
20 – Membrandose der unterdruckgesteuerten Sekundärdrosselklappe;
21 – Leerlaufdrehzahl-Einstellschraube;
22 – Drosselklappen-Schließdämpfer;
23 – Vergasergehäuse;
24 – Primärhauptdüse;
25 – Sekundärhauptdüse;
26 – Kraftstoff-Einlaßstutzen;
27 – Leerlaufdüse.

○ Starten des Motors ohne Betätigen des Gaspedals.
Dazu wird im Schrittmotor über eine Untersetzung ein Nockenmechanismus in Bewegung gesetzt, der über einen Stößel den Drosselklappenhebel direkt betätigt. Stößel und Drosselklappenhebel dienen zusätzlich als Schalter, wenn die Drosselklappe geschlossen ist (Schubabschaltung).

Pierburg 2 E-Registervergaser

1,8-OHC- und CVH-Motor

Der Pierburg- Registervergaser mit ebenfalls zwei Stufen ist ausschließlich in die beiden 1,8-Liter-Motoren eingebaut. Seine wesentlichen Konstruktionsmerkmale sind:
○ elektrisch und kühlmittelbeheizte Startautomatik;
○ Drosselklappenschließdämpfer;
○ Beschleunigungspumpe;
○ Vollast-Anreicherungssystem;
○ Schubabschaltung.

Start: Wie beim Weber-Registervergaser muß zum Aktivieren der Startautomatik das Gaspedal ein- bis zweimal durchgetreten werden. Dadurch wird in der ersten Vergaserstufe die Starterklappe geschlossen und gleichzeitig die Drosselklappe einen kleinen Spalt weit geöffnet.
Bei laufendem Motor bleibt die Starterklappe jedoch nicht fest geschlossen, sondern wird durch ihre außermittige Stellung zur Klappenwelle vom Sog der Verbrennungsluft zum Flattern gebracht. Das verhindert Gemischüberfettung. Gleich nach dem Starten des Motors zieht eine unterdruckgesteuerte Membran die Starterklappe wieder etwas auf.
An die Starterklappenwelle ist über einen Hebel die Bimetallfeder der Startautomatik eingehängt. Mit Einschalten der Zündung wird diese Feder elektrisch beheizt. Außerdem ist der Deckel der Startautomatik mit an den Kühlkreislauf angeschlossen, so daß sich die Bimetallfeder mit wärmer werdendem Kühlmittel ausdehnt und die Starterklappe wieder öffnet.
Leerlauf: Nur in der ersten Vergaserstufe wird das Leerlaufgemisch gebildet. Dazu erhält eine kombinierte Kraftstoff/Luft-Düse Kraftstoff von der Hauptdüse und vermischt ihn mit Luft. An der CO-Einstellschraube vorbei strömt das so genau bemessene Kraftstoff/Luft-Gemisch aus der Leerlauf-Austrittsbohrung in den Vergaserdurchlaß. Zum Einstellen der Leerlaufdrehzahl wird die Stellung der Drosselklappe mit einer Einstellschraube verändert.
Übergang: Damit beim Beschleunigen aus dem Leerlauf heraus kein Loch entsteht, ist oberhalb der Leerlauf-Austrittsbohrung der Übergangsschlitz angeordnet. Beim Öffnen der Drosselklappe gibt er einen Spalt frei, aus dem zusätzliches Kraftstoff/Luft-Gemisch ausströmen kann.
Normalbetrieb: In der ersten Vergaserstufe setzt das Hauptdüsensystem mit dem Öffnen der Drosselklappe ein. Dazu gelangt das Kraftstoff/Luft-Gemisch von der Haupt- und Luftkorrekturdüse über das Austrittsrohr in das Ansaugrohr der ersten Vergaserstufe (Primärsystem). Zusätzlich strömt noch Gemisch aus dem Leerlaufsystem ins Ansaugrohr.
Wird die Drosselklappe weiter geöffnet, gelangt über ein unterdruckgesteuertes Anreicherungsventil zusätzlicher Kraftstoff ins Hauptdüsensystem. Gleichzeitig nimmt der Gemischzusatz aus dem Leerlaufsystem ab bzw. hört ganz auf.
Beschleunigen: Beim Beschleunigen wird zusätzlich Benzin in den Saugkanal eingespritzt, da das Hauptdüsensystem nicht gleich genügend Kraftstoff liefern kann. Das geschieht über einen mit der Drosselklappe verbundenen Hebel und eine kleine, separate Membranpumpe, der Beschleunigungspumpe.

Übergang zur zweiten Stufe: Sobald die Drosselklappe der ersten Stufe mehr als zur Hälfte geöffnet ist, wird die Drosselklappe der zweiten Vergaserstufe durch eine Unterdruckdose entsprechend des anliegenden Unterdrucks aus dem Saugrohr der ersten Stufe geöffnet. Damit die zweite Stufe nicht ruckartig oder mit »Verschluckern« einsetzt, ist sie mit einem Übergangssystem versehen, das ähnlich wirkt wie der Übergangsschlitz der ersten Vergaserstufe.

Vollast: Bei voll geöffneter Drosselklappe und hohen Drehzahlen des Motors gelangt zusätzlicher Kraftstoff in den Saugkanal, damit der Motor auf seine volle Leistung kommt. Dazu gibt das bereits bei Teillast unterdruckgesteuerte Ansaugrohr den Kraftstoffkanal noch weiter frei, und das Hauptdüsensystem der zweiten Vergaserstufe läßt Gemisch am Vorzerstäuber (Austrittsrohr) der zweiten Stufe austreten. Auch das Übergangssystem gibt noch etwas Gemisch ab, und die Vollastanreicherung der zweiten Stufe liefert durch den erhöhten Sog zusätzlich Kraftstoff.

Das Leerlauf-Abschaltventil

Dieses Ventil hat die Aufgabe, den Leerlauf-Gemischkanal unmittelbar nach Abstellen des Motors zu schließen. So wird verhindert, daß der Motor nach Abschalten der Zündung noch ein paar Takte weiterläuft. Ursache ist beim Motorabstellen angesaugtes Restgemisch, das sich an heißen Stellen im Brennraum entzünden kann. Da dieses Nachdieseln bzw. Nachlaufen dem Motor schadet, wird ihm mit Abschalten der Zündung die Gemischzufuhr abgeriegelt.

Falls der Motor nach Abschalten der Zündung weiterläuft:

- Handbremse fest anziehen.
- 2. Gang einlegen, Kupplungspedal langsam hochkommen lassen – der Motor wird abgewürgt.
- Bei einem Fahrzeug mit Getriebeautomatik so lange mit dem Gaspedal pumpen, bis der Motor »abgesoffen« ist.

Störungsbeistand

Leerlauf-Abschaltventil

Die Störung	– ihre Ursache	– ihre Abhilfe
A Motor dieselt nach	1 Abschaltventil locker (Motor zieht »falsche Luft«)	Festschrauben
	2 Ventilnadel hängt	Prüfen, ggf. Ventil austauschen
B Motor geht im Leerlauf sofort aus	1 Elektrische Leitung zum Ventil unterbrochen	Leitungsverlauf kontrollieren
	2 Siehe A 2	

Leerlauf-Abschaltventil prüfen

- Ohr in die Nähe des Abschaltventils halten.
- Beim Ein- und Ausschalten der Zündung (von einem Helfer) muß das Ventil deutlich hörbar klicken.
- Oder elektrische Leitung am Ventil abziehen.
- Abschaltventil losschrauben.
- Kabel wieder aufstecken, Ventil gegen blankes Metall halten.
- Von Helfer Zündung ein- und ausschalten lassen.
- Der Ventilnadel muß sich bewegen, sonst Abschaltventil austauschen.

Zur Funktionskontrolle wird das Abschaltventil (2) herausgeschraubt und mit angeschlossenem Kabel an das Vergasergehäuse gedrückt. Zündung ein- und ausschalten – der Ventilstößel (1) muß sich bewegen. Zum Einbau das Abschaltventil vorsichtig an der Öffnung des Vergasers ansetzen, damit das Gewinde nicht beschädigt wird.

Schub-abschaltung

Hauptsächlich zur Reduzierung des Schadstoffausstoßes und zum Schutz des ungeregelten Katalysators ist der Pierburg-Vergaser zusätzlich mit einer Schubabschaltung ausgerüstet. Dabei wird das Leerlaufabschaltventil beim Gaswegnehmen über das Zündsteuergerät (siehe Kapitel »Die Zündanlage«) und einen Unterdruckschalter an der Drosselklappe geschlossen, wenn die Drehzahlen im Schubbetrieb abnehmen. Bei Erreichen der Leerlaufdrehzahl setzt das Leerlaufsystem wieder ein.

Elektrische Ansaugrohr-Beheizung

Um dem Kondensieren des Kraftstoff/Luft-Gemisches im Ansaugtrakt beim Kaltstart vorzubeugen, ist der 1,8- und 2,0-Liter-OHC-Motor mit einer elektrischen Ansaugrohrbeheizung ausgestattet. Das Heizelement – eine Art Heizplatte – befindet sich an der Unterseite des Ansaugkrümmers und ist mit drei Schrauben befestigt. Dort ragt das Heizplattengehäuse so in den Ansaugkrümmer hinein, daß es eine möglichst große Heizfläche bietet, gleichzeitig jedoch den Gemischstrom so wenig wie möglich behindert.

Ansaugrohr-Beheizung prüfen

Mangelhafter Leerlauf oder schlechter Übergang in andere Teillastbereiche während der Warmlaufphase können auch durch eine defekte Ansaugrohr-Beheizung verursacht werden.

- Kabelstecker von der Heizplatte abziehen.
- Voltmeter zwischen stromführende Leitung und Masse schalten.
- Zündung einschalten. Die Spannung muß mindestens 11,5 Volt betragen.
- Liegt keine Spannung an, ist möglicherweise das Relais der Ansaugrohr-Beheizung defekt. Prüfung siehe im Kapitel »Instrumente und Geräte«.

Ansaugrohr-Beheizung ausbauen

- Kontrollieren, ob die Heizplatte kalt ist.
- Batterie-Massekabel abklemmen.
- Heizplatte von der Unterseite des Ansaugkrümmers abbauen (drei Schrauben).
- Neue Heizplatte mit neuem Dichtring und neuer Flachdichtung sauber am Ansaugkrümmer ansetzen und Schrauben festziehen.
- Kabel aufstecken und Batterie-Massekabel anschließen.

Startautomatik prüfen

Läuft der Motor nach dem Kaltstart in der Warmlaufphase unwillig und bläst gar schwärzliche Wolken aus dem Auspuff, kann es sein, daß die Startautomatik einen Defekt hat.

○ Die Starterklappe schließt wegen Schwergängigkeit nicht exakt.
○ Die elektrische Beheizung der Bimetallfeder im Deckel der Startautomatik ist defekt.
○ Die Einstellung des Deckels zum Gehäuse der Startautomatik stimmt nicht.

Zur Prüfung muß der Motor kalt sein.

- **Elektrische Deckelbeheizung:** Steckverbindung zur Startautomatik abziehen.
- Prüflampe zwischen Batterie-Pluspol und abgezogenem Kabelstecker anschließen.
- Zündung einschalten.
- Die Lampe muß aufleuchten, sonst den Deckel der Startautomatik ersetzen.
- **Deckeleinstellung:** Generell ist die Einstellung des Deckels auf dem Startautomatikgehäuse richtig, wenn die Markierung am Deckel in der Mitte zwischen den Markierungen am Gehäuse steht.
- Wer früheres oder späteres Öffnen der Starterklappe wünscht, kann die drei Halteschrauben des Deckels bzw. Halterings lösen und den Deckel selbst in der gewünschten Richtung um einige Millimeter drehen.

Links: Am Deckel der Startautomatik muß die Kerbe »1« in Grundeinstellung der Kerbe »2« gegenüberstehen. Durch Lösen der Schrauben (5) kann der Deckel verdreht werden (in Richtung »3« = fettes Startgemisch; in Richtung »4« = mageres Startgemisch). Bei »6« ist die Schraube der Drehzahlüberhöhung gezeigt. Rechts: Beim Anbau des Deckels darauf achten, daß die Bimetallfeder bei »1« in das Übertragungsgestänge eingehängt ist. Weiter bedeuten:
2 – Dichtungsscheibe;
3 – Bimetallgehäuse;
4 – Befestigungsring.

Links: Bei kaltem Motor und eingeschalteter Startautomatik kontrollieren, ob die Starterklappe auch schließt. Bei laufendem Motor wird sie jedoch vom Unterdruck etwas aufgezogen (Pfeile), vorausgesetzt, sie ist leichtgängig.
Rechts: Wichtig beim Schrittmotor (1) ist der exakte Sitz des Mehrfachsteckers (2). Je nach Motorbelastung regelt der Schrittmotor durch Verstellen des Stifts »5« und Bewegen des Drosselklappenhebels »4« die Leerlaufdrehzahl. Bei »3« ist die Plombe der Grundleerlauf-Einstellschraube gezeigt. Sie ist werksseitig eingestellt.

● **Starterklappe:** Ansauggeräuschdämpfer abbauen.
● Solange das Gaspedal bei kaltem Motor noch nicht getreten ist, muß die Starterklappe senkrecht stehen.
● Gaspedal einmal durchtreten und langsam zurückkommen lassen.
● Die Starterklappe muß bis auf einen schmalen Spalt geschlossen sein.
● Falls nicht, hängt die Klappe oder ist schwergängig. In diesem Fall sind oft die Wellenlagerungen durch Schmutz verkrustet. Meist reicht Reinigen mit Pinsel und Spiritus, ohne die Klappe auszubauen.
● Das exakte Spaltmaß für die Starterklappe läßt sich nur bei bestimmten, an der Membran der Unterdruckverstellung anliegenden Unterdruckwerten prüfen. Da außerdem das Maß für Motoren mit Schalt- und Automatikgetriebe unterschiedlich ist, sollten Sie hier den Vergaser-Spezialisten zu Rate ziehen.

Leerlaufdrehzahl und CO-Gehalt einstellen

Wartung Nr. 48

Für den Selbermacher ist eine genaue Leerlaufeinstellung leider kaum mehr zu bewerkstelligen. Außer einem exakten Drehzahlmesser wird ein Abgasmeßgerät benötigt, das in vernünftiger Ausführung praktisch unerschwinglich ist. Die einfachen Abgastester, wie sie für Heimwerker angeboten werden, arbeiten oft nicht ausreichend genau. Für die genaue Einstellung des Leerlaufs ist daher die Ford-Werkstatt mit einem Vergaser-Spezialisten oder der Bosch-Dienst der richtige Platz.

Vorbereitungen

○ Für die Einstellung muß der Motor betriebswarm sein.
○ Elektrische Prüfgeräte anschließen. Das darf wegen der Transistorzündung nur bei abgeschaltetem Motor geschehen.
○ Die Startautomatik muß abgeschaltet, d.h. die Starterklappe muß voll geöffnet sein.
○ Alle elektrischen Verbraucher müssen abgeschaltet sein.
○ Bei Fahrzeugen mit Katalysator den Abgastester an das Prüfrohr am vorderen Auspuffrohr anschließen.

In Fahrtrichtung gesehen an der linken Vergaserseite sitzen beim Weber-Registervergaser die Einstellschrauben für Leerlauf und CO-Gehalt. Durch Verdrehen der Drosselklappen-Anschlagschraube (1) wird die Leerlaufdrehzahl verstellt. Mit der Gemisch-Einstellschraube (2) wird das Kraftstoff/Luft-Gemisch eingestellt. Durch Zusammenwirken beider Einstellschrauben wird der CO-Gehalt eingestellt.

○ Ansauggeräuschdämpfer so abbauen, daß der Unterdruckschlauch noch mit dem Dämpfer am Vergaser verbunden ist und nicht eingeklemmt oder geknickt wird. Auch der Schlauch der Kurbelgehäuse-Entlüftung muß angeschlossen sein.

○ Falls die Leerlauf-Einstellung länger als etwa 30 Sekunden dauert, staut sich CO-Gas im Auspuff und verfälscht das Meßergebnis. In diesem Fall den Motor rund 30 Sekunden mit einer Drehzahl von 3000/min laufen lassen und Einstellvorgang wiederholen.

Einstellwerte

Am Anteil von Kohlenmonoxid (siehe Kapitel »Abgas-Entgiftung«) kann man erkennen, ob der Motor fett oder mager eingestellt ist. Die werkseitig festgelegten Werte für Leerlauf und CO-Gehalt lauten:

Motor	Motortyp	Motorcode	Getriebe	Leerlaufdrehzahl	CO-Wert
1,6 HC	OHC	LSE/LSF*	Manuell	800 ± 25/min	1,0 ± 0,25 Vol.%
1,8 HC	OHC	RED/REF	Manuell	875 ± 25/min	1,25 ± 0,25 Vol.%
1,8 HC	OHC	RED/REF	Automatik	800 ± 25/min	1,25 ± 0,25 Vol.%
1,8 HC	CVH	R2C	Manuell	875 ± 25/min	1,0 ± 0,25 Vol.%
1,8 HC	CVH	R2C	Automatik	800 ± 25/min	1,0 ± 0,25 Vol.%
2,0 HC	DOHC	N8C	Manuell	850 ± 25/min	0,6 ± 0,25 Vol.%
2,0 HC	DOHC	N8C	Automatik	800 ± 25/min	0,6 ± 0,25 Vol.%

* Bei Sierra-Modellen mit Katalysator muß die Leerlaufdrehzahl 875 ± 50/min bei einem CO-Gehalt von 0,75 ± 0,25 Vol.% betragen

Einstellung mit CO-Meßgerät

● Die Einstellung erfolgt durch wechselweises Verdrehen der Einstellschraube für Leerlaufdrehzahl und Leerlaufgemisch.

● Motor ungefähr 30 Sekunden mit 3000/min und dann im Leerlauf laufen lassen. Dabei warten, bis sich die Anzeigen stabilisiert haben.

● Liegt der Wert außerhalb der Toleranz, muß die Einstellung innerhalb 30 Sekunden (ab Anzeigenstabilisierung) abgeschlossen sein, sonst muß der Einstellvorgang mit Hochdrehen des Motors auf 3000/min neu begonnen werden.

Fingerzeig: Geringfügige Schwankungen von 0,25% beim CO-Wert und ± 25/min bei der Leerlaufdrehzahl sind normal.

Behelfsmäßige Vergaser-Einstellung

Hier die Einstellanweisung für den Notbehelf – sie gilt für alle drei im Ford Sierra eingebauten Vergasertypen:

● Motor betriebswarm fahren.

● Ansauggeräuschdämpfer abbauen und lose wieder aufsetzen. Unterdruck- und Motorentlüftungsleitungen müssen montiert bleiben.

● Blaue Plombe abbrechen bzw. Stopfen mit schmalem Schraubendreher durchstoßen und heraushebeln. Diese Abdeckung ist gesetzlich vorgeschrieben und soll unbefugtes Verdrehen verhindern.

● Mit der Leerlauf-Einstellschraube die Leerlaufdrehzahl auf etwa 800/min bringen. Bei Sierra-Modellen ohne Drehzahlmesser ist diese Einstellung natürlich problematisch, da die Motordrehzahl ohne Drehzahlmesser nur sehr ungenau eingestellt werden kann. 50/min Unterschied sind jedoch auch auf dem Bordinstrument schwer abzulesen.

● Mit der Gemisch-Regulierschraube versuchen, die Leerlaufdrehzahl zu erhöhen.

● Einstellvorgang mit den beiden Einstellschrauben so lange wiederholen, bis die mit der Gemisch-Regulierschraube maximal erreichbare Leerlaufdrehzahl bei etwa 800/min liegt.

● Abschließend die Gemisch-Regulierschraube wieder etwas zurückdrehen, damit das Leerlaufgemisch etwas abgemagert wird. Dabei fällt natürlich die Motordrehzahl wieder etwas ab – der Motor muß jedoch einwandfrei rund laufen und darf nicht schütteln.

● Diese Einstellung sollte baldigst mit einem CO-Tester überprüft werden.

Abgas-Sonder-Untersuchung (ASU)

In der Bundesrepublik ist eine jährliche Abgaskontrolle vorgeschrieben, zu der auch eine Überprüfung der Zündeinstellung gehört. Diese Kontrolle führen markengebundene und freie Werkstätten, Tankstellen, DEKRA und TÜV durch. Da die Überprüfung einmal mit der Hauptuntersuchung (landläufig TÜV-Prüfung genannt) zusammenfällt und dazwischen einzeln durchgeführt werden muß, empfehlen sich unterschiedliche Vorgehensweisen.

○ **ASU mit TÜV-Kontrolle:** Zeigt sich bei der Beobachtung des Kraftstoffverbrauches eine unerklärliche Aufwärtstendenz, dürfte der Vergaser zu fett eingestellt sein. Dann sollten Sie zur Einstellung in die Werkstatt fahren. Zusammen mit der Vergasereinstellung lassen Sie dort die Abgas-Sonderuntersuchung vornehmen. Wenn man ohnehin mit dem Wagen in der Werkstatt ist, kommt diese Methode nach unseren Erfahrungen kostenmäßig am günstigsten. Mit der neuen ASU-Plakette geht's dann zum DEKRA oder TÜV für die übliche Hauptuntersuchung.

Da beim Weber-Registervergaser mit Schrittmotor die Leerlaufdrehzahl vom ESC-Modul geregelt wird, kann bei diesem Vergaser nur noch der CO-Gehalt eingestellt werden. Dazu die Plombe (Pfeil) mit einem Schraubendreher abhebeln und CO-Gehalt bei Leerlaufdrehzahl wie im Text beschrieben einstellen und am CO-Prüfgerät ablesen.

Bei wahrscheinlich richtiger Vergasereinstellung erübrigt sich die Fahrt zur Werkstatt vor dem TÜV-Termin. Aber die Überprüfung des Zündkerzen-Elektrodenabstands und zusätzlich bei den OHC-Motoren die Kontrolle des Ventilspiels ist ratsam. Wenn dann der Abgaswert bei der Hauptuntersuchung noch etwas abweicht, läßt Sie der Prüfer das bei angeschlossenem CO-Tester sicher kurz korrigieren (Schraubendreher mitnehmen).

○ **ASU ohne TÜV-Kontrolle:** Während bei DEKRA und TÜV für die Überprüfungen oft Wartezeiten oder Anmeldefristen gelten, führen Werkstätten die ASU in vielen Fällen sofort durch. Zur Zeitersparnis kommt noch hinzu, daß die Ford-Werkstatt immer die allerneuesten Einstelldaten vorliegen hat, die andere Werkstätten bzw. DEKRA und TÜV erst mit einer gewissen Verzögerung erhalten.

○ **ASU mit Inspektion:** Wenn Sie die Wartung des Sierra immer in der Werkstatt durchführen lassen, gehört die Abgas-Sonderuntersuchung grundsätzlich zum Inspektions-Umfang dazu.

Fingerzeige: Die Abgas-Sonderuntersuchung kann nur bei völlig intakter – also dichter – Auspuffanlage vorgenommen werden.
Vergleichen Sie die verschiedenen Werkstatt-Angebote! Der genannte Preis kann Messung sowie Einstellung umfassen oder lediglich die reinen Prüfarbeiten. Dann kostet das Einstellen noch Extrageld.

Leerlaufschwankungen

Eine Undichtigkeit im Bereich des Ansaugsystems läßt sogenannte Nebenluft eintreten. Das vom Vergaser aufbereitete Gemisch wird nachträglich abgemagert. Am deutlichsten erkennen Sie die Störung im Leerlauf an schwankender Drehzahl, es kann aber auch zu Klingelerscheinungen bei vollbelastetem Motor kommen. Nebenluft und die verursachende undichte Stelle läßt sich recht einfach erkennen.

● Motor warmfahren und anschließend im Leerlauf drehen lassen.

● Mit einer Startkraftstoff-Spraydose (z. B. Startpilot) Vergaserfuß, Saugrohr und Leitungen zu den unterdruckgesteuerten Aggregaten (z. B. Bremskraftverstärker, MAP-Sensor des Zündrechners) ansprühen.

● Dreht der Motor beim Besprühen einer bestimmten Stelle höher, liegt dort die Undichtigkeit vor. Recht häufig sind Undichtigkeiten an der Dichtung zwischen Vergaser und Ansaugkrümmer.

Kaltleerlaufdrehzahl einstellen

Damit der kältestarre Motor nach dem Start richtig läuft, liegt die sogenannte Kaltleerlaufdrehzahl (bei geschlossener Starterklappe) wesentlich höher als die übliche Leerlaufdrehzahl. Falls der Motor nach dem Start trotz intakter Startautomatik nicht richtig läuft, muß der Kaltleerlauf eingestellt werden.
Schlechter Kaltstart und entsprechend schlechte Verhaltensweise in der Warmlaufphase sind meist Anzeichen von Undichtigkeiten am Vergaser (Kontrolle siehe vorigen Absatz). Die Ursache kann jedoch auch an einer klemmenden bzw. schwergängigen Starterklappe oder im Unterdrucksystem zu suchen sein.

● Bei betriebswarmem Motor Leerlaufdrehzahl und CO-Wert kontrollieren.

● Ansauggeräuschdämpfer abbauen, dabei müssen Unterdruck- und Motorentlüftungsschläuche montiert bleiben.

● Ggf. Drehzahlmesser anschließen.

● Beim **Weber-Vergaser** Drosselklappenhebel etwas öffnen und Starterklappe so zurückdrücken, bis die Einstellschraube der Kaltleerlaufdrehzahl (Drehzahlüberhöhung) an der mittleren (dritten) Stufe anliegt. Beim Loslassen der Drosselklappe wird die Starterklappe in dieser Stellung gehalten.

● Beim **Pierburg-Vergaser** die Einstellschraube der Kaltleerlaufdrehzahl auf die niedrigste Stufe der Stufenscheibe stellen.
● Motor starten, ohne Gas zu geben.
● Drehzahl kontrollieren (siehe Technische Daten).
● Stimmt die Drehzahl nicht, kann sie an der Einstellschraube für Kaltleerlaufdrehzahl korrigiert werden.

Vergaser ausbauen

Damit nichts ins Ansaugrohr fallen kann, sollten Sie sofort nach dem Abnehmen des Vergasers die Öffnung im Ansaugrohr abdecken.

● Batterie abklemmen und Luftfiltergehäuse komplett abnehmen.
● Leerlauf-Abschaltventil abklemmen.
● Gaszug mit Widerlager vom Vergaser abbauen.
● Unterdruckleitungen abbauen. Ggf. Leitungen markieren – das erleichtert den Wiedereinbau.
● Kraftstoffleitungen abbauen. Klemmschellen der Erstmontage mit Seitenschneider trennen und bei der Wiedermontage der Leitungen gegen Schraubschellen ersetzen.
● Bei kühlmittelbeheizten Vergasern die Kühlmittelschläuche abbauen und Öffnung abklemmen
● Vier Muttern bzw. drei TORX-Schrauben (abhängig vom Vergasertyp) lösen und Vergaser mit Dichtung vom Ansaugkrümmer abheben.
● Beim Einbau vorher alle Dichtflächen säubern und Vergaser mit neuer Dichtung montieren.
● Einstellung des Gaszugs kontrollieren.
● Ggf. Leerlauf und CO-Gehalt messen.

Der Gaszug

Der Verbindungszug zwischen Gaspedal und Vergaser ist sehr knickempfindlich. Wurde er bei Arbeiten im Motorraum gelöst und in einen ungünstigen Winkel gelegt oder geklemmt, kann er schon Schaden genommen haben. Besonders nach einer Motorwäsche sollte der Gaszug wieder geschmiert werden. Ein deutliches Warnsignal ist ein schwergängiges Gaspedal. Dann müssen Sie bald damit rechnen, daß der Zug reißt. Entsprechend vorsichtig muß ein neuer Gaszug beim Einbau behandelt werden.

Gaszug ersetzen

● Untere Armaturenabdeckung ausbauen.
● Gaszug durch Zurückschieben der Sicherungsklammer am Gaspedal aushängen.
● Führungstülle aus der Stirnwand lösen und Gaszug vom Motorraum her aus der Stirnwand ziehen.
● Ansauggeräuschdämpfer ausbauen.
● Gaszug am Vergasergestänge aushängen.
● Halteklammer am Widerlager des Vergasers abhebeln und Außenhülle des Zugs aushängen.
● Beim Einbau darauf achten, daß die Außenhülle nicht beschädigt wird.

Gaszug einstellen

● Einen Helfer das Gaspedal ganz niedertreten lassen oder mit einem geeigneten Holzstück festklemmen.
● Einstellmutter am Widerlager so weit herausdrehen, bis der Hebel der Drosselklappenwelle die Vollgasstellung am Anschlag des Vergasers gerade erreicht.
● Gaspedal loslassen und wieder treten.
● Kontrollieren, ob der Hebel der Drosselklappenwelle die Vollgasstellung am Anschlag des Vergasers gerade erreicht. Ggf. die Einstellung korrigieren.
● Bei Fahrzeugen mit Getriebeautomatik die Einstellung des Rückschaltseilzugs kontrollieren, damit er nicht die Vollgasstellung vorzeitig hemmt.

Nach Einhängen eines neuen Gaszugs bei »3« in den verlängerten Drosselklappenhebel (4) des Vergasers muß das mit einem Gewinde versehene Hüllenende (1) des Gaszugs bei voll getretenem Gaspedal so weit aus dem Widerlager (5) herausgedreht werden, bis der Drosselklappenhebel gerade die Vollgasstellung erreicht hat. Die aufgeschobene Sicherungsklammer (2) fixiert den Zug gegen Verdrehen.

Wie gewissenhaft ein neuer Gaszug verlegt werden muß, zeigt dieses Bild. Hier ist der Gaszug zwar in einem großen Bogen zum Vergaser verlegt, wurde jedoch hinter der Zahnriemenabdeckung verlegt und so vom Nockenwellenzahnriemenrad fast durchgeschliffen. Deshalb gegebenenfalls den Gaszug noch mit Gewebeband gegen Herumrutschen sichern.

Störungsbeistand

Vergaser

Bevor Sie anhand dieses Störungsbeistands auf Fehlersuche gehen, sollten Sie sicher sein, daß die Zündanlage einwandfrei arbeitet, denn trotz Transistorzündung bzw. vollelektronischem Motormanagement ist die Störung häufiger bei der Zündanlage zu suchen.

Die Störung	– ihre Ursache	– ihre Abhilfe
A Kalter Motor springt nicht oder schlecht an	1 Kraftstoffweg im Vergaser nicht in Ordnung	Prüfung: Zuleitung am Vergaser abziehen, in ein Gefäß halten und Motor starten. Kommt kein Benzin, siehe unter Kraftstoffpumpe
	a) Schwimmernadelventil klemmt oder Schwimmer defekt	Gegen Schwimmerkammerdeckel klopfen, evtl. Vergaserdeckel abnehmen, Schwimmer und Nadelventil überprüfen
	b) Bohrungen, Düsen und Kanäle im Vergaser verstopft	Vergaser reinigen
	2 Leerlauf-Abschaltventil defekt	Siehe unter »Störungsbeistand Leerlauf-Abschaltventil«
	3 Starterklappe schwergängig oder klemmt	Gängig machen
	4 Bimetallfeder der Startautomatik ausgehängt	Feder einhängen oder Deckel der Startautomatik ersetzen
	5 Stellung der Drosselklappe falsch	Einstellen lassen
	6 »Falsche Luft« tritt an Deckeldichtung oder Ansaugflansch ein bzw. an einem der Unterdruckschläuche	Kontrollieren, schadhafte Dichtungen bzw. Schläuche ersetzen
	7 Impulsluft-System undicht bzw. defekt	Kontrollieren (lassen), defekte Teile auswechseln
B Kalter Motor geht nach dem Start wieder aus	1 Siehe A 4–7	
	2 Starterklappenspalt falsch eingestellt	Einstellen lassen
	3 Startautomatik falsch eingestellt	Einstellen
C Kalter Motor hat zu hohe oder niedrige Leerlaufdrehzahl	1 Siehe A 5 und 6	
	2 Leerlauf falsch eingestellt	Einstellen lassen (CO-Test)
	3 Kaltleerlauf stimmt nicht	Drehzahlüberhöhung einstellen lassen
	4 Spaltmaß unkorrekt	Einstellen lassen
	5 Beheizung der Startautomatik defekt	Startautomatik prüfen
D Kalter Motor nimmt schlecht Gas an und ruckelt	1 Siehe A 4 und 6	
	2 Siehe B 2	
	3 Siehe C 3–5	
	4 Ansaugluft-Vorwärmung gestört	Siehe unter »Störungen der Ansaugluft-Vorwärmung«
	5 Beschleunigungssystem arbeitet nicht	Prüfung: Luftfilterdeckel abnehmen. Wird Benzin eingespritzt, wenn Sie den Drosselklappenhebel bewegen?
	a) Kanäle verstopft	Reinigen
	b) Membrane defekt	Auswechseln
	6 Beschleunigungs-Einspritzmenge falsch	Einstellen lassen

Die Störung	– ihre Ursache	– ihre Abhilfe
E Warmer Motor springt schlecht oder nicht an	1 Siehe A 2	
	2 Dampfblasen im Kraftstoffsystem	Mit durchgetretenem Gaspedal starten
	3 Schwimmernadelventil undicht	Ersetzen
	4 Schwimmer defekt	Prüfen, ggf. austauschen
	5 Schwimmerstand falsch	Einstellen lassen
F Leerlauf ungleichmäßig bzw. zu hoch oder zu niedrig	1 Siehe A 6 und 7	
	2 Siehe C 4 und 5	
	3 Luftkorrekturdüse bzw. Mischrohr verschmutzt oder lose	Vergaser reinigen bzw. Düse festziehen
	4 Leerlaufgemisch-Regulierschraube beschädigt	Ersetzen
G Leerlaufdrehzahl oder CO-Gehalt nicht einstellbar	1 Siehe A 3–5	
	2 Grundeinstellung der Drosselklappe falsch	Einstellen lassen
H Schlechte Übergänge bei höheren Drehzahlen	Unterdruckdose der 2. Stufe undicht	Austauschen
I Auspuffknallen im Schiebebetrieb	1 Siehe A 5–7	
	2 Siehe G 2	
J Kraftstoffverbrauch zu hoch	1 Siehe A 3 und 4	
	2 Siehe C 3	
	3 Siehe D 1	
	4 Siehe E 3–5	
K Ungleichmäßiger Lauf, bei Vollgas Aussetzer, Patschen, Leistung fällt ab	Unzureichende Kraftstoffzufuhr	Hauptdüsen und Sieb im Vergaser sowie Schwimmmernadelventil reinigen. Druck der Kraftstoffpumpe kontrollieren lassen
L Schlechte Übergänge beim Gasgeben	1 Siehe C 2	
	2 Siehe D 5 und 6	
	3 Bypassbohrungen und -kanäle verstopft	Vergaser reinigen
M Vergaser patscht	1 Siehe A 6	
	2 Siehe C 2	
	3 Siehe D 5	
	4 Wassertropfen im Kraftstoff	Mit Vollgas versuchen, einzelne Tropfen durch das Düsensystem zu ziehen; Schwimmerkammer entleeren, Wasser entfernen, Tank reinigen
	5 Zündkabel falsch aufgesteckt	Kabel in richtiger Reihenfolge aufstecken

Leistungs-Spritzen

Für bessere Leistung bei fast allen Motorwerten hat sich die Benzineinspritzung bestens bewährt. So ist der Sierra XR 4 i mit 2,8-Liter-Motor mit der Bosch-K-Jetronic ausgerüstet, einer mechanischen Benzineinspritzung.

Die wichtigsten Teile der K-Jetronic

Drosselklappe: Die Drosselklappe sitzt im sogenannten Drosselklappenstutzen direkt vor dem Sammelsaugrohr und ist über den Gaszug mit dem Gaspedal verbunden. Bei der Drosselklappe handelt es sich um eine einfache Klappe, die in einem Lufttrichter im Hauptluftstrom sitzt. Um ein Festklemmen beim Schließen zu vermeiden, bleibt sie beim Loslassen des Gaspedals stets einen Bruchteil geöffnet. Diese Einstellung wird werksseitig vorgenommen und darf bei Wartungsarbeiten unter keinen Umständen verändert werden.

Einspritzventile: Unmittelbar vor den Einlaßventilen jedes Zylinders sitzt das dazugehörige Einspritzventil. Dort wird ständig Kraftstoff in den Saugkanal gespritzt, sobald der Kraftstoff einen Öffnungsdruck von 3,7 bis 4,5 bar erreicht hat. Genaugenommen öffnen und schließen die Einspritzventile jedoch mit einer Frequenz von ca. 1500 Hz (Hz = Hertz). Diese Frequenz kommt einem Schnarren gleich und bewirkt eine gute Kraftstoffaufbereitung.

Gemischregler: Der Gemischregler – er sitzt auf dem Ansauggeräuschdämpfer – gliedert sich in drei Teile: den Luftmengenmesser mit Steuerkolben, den Kraftstoffmengenteiler und den Systemdruckregler.

Luftmengenmesser: Er ist im Hauptluftstrom zwischen Ansauggeräuschdämpfer und Drosselklappenstutzen zwischengeschaltet. Je nach Luftdurchsatz wird eine Stauscheibe im Luftmengenmesser mehr oder weniger stark ausgelenkt. Über ein Hebelsegment und einen Steuerkolben wird so die Kraftstoffzuteilung für den Motor geregelt.

Kraftstoffmengenteiler: Er regelt die gleichmäßige Verteilung des Kraftstoffes an alle Zylinder. Dazu ist der Steuerkolben mit einem Schlitzträger versehen, an dem für jeden einzelnen Zylinder ein eigener Schlitz vorhanden ist, durch den der Kraftstoff an das jeweilige Einspritzventil gelangt. Zusammen mit dem Steuerkolben wird so über die Schlitze die Kraftstoff-Einspritzmenge reguliert.

Systemdruckregler: Dieser Regler im Gehäuse des Kraftstoffmengenteilers steuert den Systemdruck, indem er das Zuviel an gefördertem Kraftstoff zum Tank zurückleitet.

Thermozeitschalter: Er sitzt im Wasserauslaßstutzen im Kühlkreislauf. Bei kaltem Motor schaltet der Thermozeitschalter das Kaltstartventil ein und erst nach einer bestimmten Zeit – wenn das Bimetall durch das wärmer werdende Kühlmittel erwärmt ist – wieder aus.

Kaltstartventil: Das Kaltstartventil ist ein elektromagnetisch betätigtes Ventil mit einer Wirbeldüse, das bei kaltem Motor eine bestimmte Zeit lang zusätzlich Kraftstoff kontinuierlich in das Sammelsaugrohr einspritzt.

Warmlaufregler: Er befindet sich an der Stirnseite des Motors befestigt und hat die Aufgabe, den auf den Steuerkolben des Kraftstoffmengenteilers wirkenden Steuerdruck zu regeln und das Kraftstoff/Luft-Gemisch während der Warmlaufphase anzureichern. Mit steigender Motortemperatur sowie durch elektrische Beheizung schließt das Regelventil, und die Gemischzusammensetzung wird wieder auf den Normalwert abgemagert.

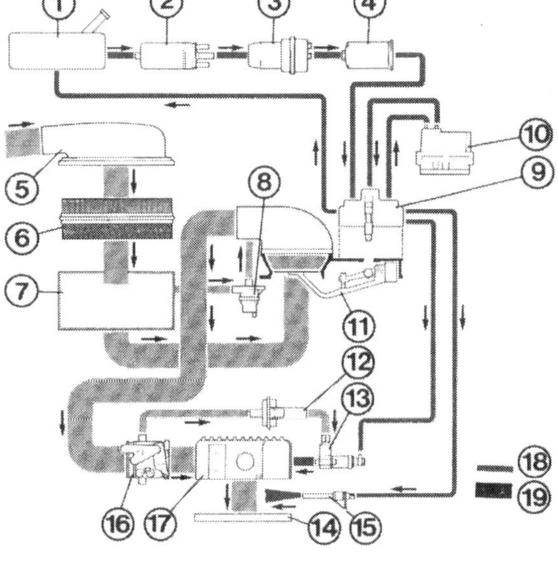

Das Schema der K-Jetronic des Sierra XR 4i:
1 – Kraftstofftank;
2 – Kraftstoffpumpe;
3 – Kraftstoffspeicher;
4 – Kraftstoffilter;
5 – Lufteinlaß;
6 – Luftfiltereinsatz;
7 – Ansauggeräuschdämpfer;
8 – Schubabschaltventil;
9 – Kraftstoffmengenteiler;
10 – Warmlaufregler;
11 – Luftmengenmesser;
12 – Zusatzluftschieber;
13 – Kaltstartventil;
14 – Ansaugkopf;
15 – Einspritzventile;
16 – Drosselklappenstutzen;
17 – Luftkammer;
18 – Kraftstofffluß;
19 – Luftstrom.

Die Teile des Warmlaufreglers bei der K-Jetronic:
1 – Unterdruckschlauch;
2 – Steckverbindung;
3 – Kraftstoffzulauf;
4 – Kraftstoffrücklauf;
5 – Warmlaufregler.
Links: Beim Zusatzluftschieber (Pfeil) ist es besonders wichtig, daß die Schlauchverbindungen an den Anschlußstutzen dicht sind, sonst ist die Gemischbildung für die Leerlaufdrehzahl von vornherein gestört.

Zusatzluftschieber bzw. Leerlauf-Drehzahlregler: Seine Aufgabe ist es, den kalten Motor im Leerlauf mit einer größeren Menge Kraftstoff/Luft-Gemisch zu versorgen. Der Zusatzluftschieber ist am Wasserauslaßstutzen angeschraubt und besteht aus einer Lochblende, durch die dem Motor während der Warmlaufphase unter Umgehung der Drosselklappe mehr Luft zugeführt wird. Dadurch wird die Stauscheibe des Luftmengenmessers stärker ausgelenkt, was zu einer höheren Leerlaufdrehzahl im Warmlauf führt.

Funktion der K-Jetronic

Start: Der von den ansaugenden Motorkolben erzeugte Unterdruck hebt die Stauscheibe an. Dadurch gibt der Steuerkolben den Kraftstofffluß zu den Einspritzventilen frei. Im Moment des Anlassens erhält das Kaltstartventil bei kaltem Motor vom Thermozeitschalter den Öffnungsbefehl. Es kann nun einige Sekunden lang zusätzlichen Kraftstoff für ein fetteres Startgemisch einspritzen. Aus Gründen der Benzinersparnis ist diese Einspritzzeit auf wenige Sekunden begrenzt.
Warmlauf: Damit der Motor in den ersten Minuten nach dem Start rund läuft, öffnet der Zusatzluftschieber einen Kanal, der unter Umgehung der Drosselklappe zusätzliche Ansaugluft einströmen läßt. Gleichzeitig senkt der Warmlaufregler für eine bestimmte Zeit den Steuerdruck. Mehr Luft und Kraftstoff ermöglichen eine erhöhte Warmlaufdrehzahl. Mit zunehmender Betriebstemperatur schließt der Zusatzluftschieber, und der Steuerdruck normalisiert sich wieder.
Leerlauf: Für gleichmäßige Leerlaufdrehzahl und weiche Gasannahme bei niedrigen Drehzahlen gelangt um jedes Einspritzventil Luft in den Brennraum. Das bewirkt eine feinere Zerstäubung des Kraftstoffes. Die Luft strömt über einen Anschlußstutzen im Zylinderkopf und einen speziellen Luftkanal zu den Einspritzventilen.
Normalbetrieb und Beschleunigen: Sie erfordern keinerlei besondere Einrichtungen. Entsprechend der Gaspedalstellung und dem Lastzustand des Motors wird die Stauscheibe im Luftmengenmesser durch die angesaugte Luftmenge mehr oder weniger stark ausgelenkt. Entsprechend ist der Kraftstoffzulauf zu den Einspritzventilen.
Vollast: In diesem Lastbereich sinkt mit den hohen Motordrehzahlen der Unterdruck im Sammelsaugrohr so stark ab, daß das Regelventil des Warmlaufreglers gegen den Federdruck öffnet, wodurch dem Motor ein angereichertes Kraftstoff/Luft-Gemisch zugeführt wird.

Schubabschaltung

Wenn der Fuß im Schiebebetrieb vom Gaspedal genommen wird, braucht dem Motor kein Kraftstoff mehr zugeführt zu werden. Zur Senkung des Kraftstoffverbrauchs ist der 2,8-Liter-Motor mit einer Schubabschaltung ausgerüstet.
Das Schubabschaltventil befindet sich zwischen dem Luftansaugstutzen oberhalb der Stauscheibe des Luftmengenmessers und dem Ansauggeräuschdämpfer. Der Lufteintritt des Ventils ist mit einer Gummidichtung in das Gehäuse des Ansauggeräuschdämpfers gepreßt, während der Austrittstutzen durch einen Schlauch mit dem Luftansaugstutzen verbunden ist. Bei geöffnetem Schubabschaltventil zieht der Motor die angesaugte Luft durch das Ventil in den Luftansaugstutzen, so daß oberhalb der Stauscheibe des Luftmengenmessers kein Unterdruck mehr herrscht. Dadurch schwingt die Stauscheibe in ihre Ruhestellung, wodurch der Kraftstofffluß unterbrochen wird. Sobald das Ventil wieder schließt, wird die Stauscheibe durch den sich neu aufbauenden Unterdruck wieder ausgelenkt.
Die Steuerung des Ventils erfolgt durch die Kühlmitteltemperatur, die Motordrehzahl und die Drosselklappenstellung, wobei folgende Bedingungen gleichzeitig zutreffen müssen:
- Die Kühlmitteltemperatur am Thermozeitschalter muß über 35°C liegen.

Dies ist so ziemlich die einzige Schraube bei der K-Jetronic, an die Sie sich wagen sollten. Mit ihr wird die Leerlaufdrehzahl des Motors eingestellt. Mit etwas Kraft in den Fingern kann die Rändelschraube auch ohne Werkzeug (kurzer Schraubendreher) bewegt werden. Die Leerlaufdrehzahlschraube sitzt auf der linken Seite des Drosselklappenstutzens.

○ Die Drosselklappe muß geschlossen sein.

○ Die Motordrehzahl muß über 1700/min liegen, wenn das Gaspedal zurückgenommen wird. Fällt die von einem Drehzahlrelais überwachte Drehzahl unter 1400/min ab, wird das Schubabschaltventil wieder geschlossen. Dieses schwarze Relais ist am Stehblech in der Nähe des Zündrechners angeschraubt.

Leerlauf einstellen

Wartung Nr. 45

Die Leerlaufdrehzahl ist bei einem Einspritzmotor gleichmäßiger als bei einem Vergasermotor. Deshalb ist eine Leerlaufeinstellung normalerweise nicht nötig.

Die Leerlaufdrehzahl muß beim 2,8-Liter-Motor **900 ± 25/min** betragen. Voraussetzung für einen korrekten Leerlauf und seine Einstellung ist selbstverständlich eine intakte Zündanlage und die richtige Zündeinstellung, die sich allerdings bei der eingebauten Transistor-Zündanlage nicht verändert.

- Motor warmfahren.
- Motor abstellen und Drehzahlmesser anschließen.
- Darauf achten, daß alle elektrischen Verbraucher ausgeschaltet sind.
- Motor starten und zuerst ca. 30 Sekunden mit 3000/min laufen lassen.
- Warten, bis sich die Anzeige des Drehzahlmessers stabilisiert hat und Leerlaufdrehzahl ablesen.
- Korrigiert wird die Leerlaufdrehzahl an der Schraube am Drosselklappenstutzen.

Leerlaufschwankungen

- Sämtliche Luftschläuche kontrollieren, wie unter »Allgemeine Störungssuche« beschrieben.
- Kontrollieren, ob der Gaszug richtig verlegt ist und nicht gehemmt ist oder gar klemmt.
- Als nächste Möglichkeit kommt ein defekter Warmlaufregler bzw. Drucksteller in Betracht, sofern die Drehzahlschwankungen nur bei kaltem Motor auftreten. Hier muß die Werkstatt eine Druckprüfung durchführen.
- Auch der Gemischregler kann Ursache sein. Die Kontrolle sollte jedoch auch der Werkstatt überlassen werden.
- Kontrollieren, ob alle elektrischen Anschlüsse einwandfrei fest sitzen und nicht teilweise korrodiert sind.
- Für weitergehende Kontrollen sind hier wieder spezielle Meßgeräte der Werkstatt erforderlich.

Die Abgasmessung

Wartung Nr. 47

Hier gilt dasselbe, wie für die Vergasermotoren gesagt. Bei richtiger Einstellung liegt der CO-Wert bei **1,25 ± 0,25 Vol.%**.

Die Einstellschraube sitzt unter einem gesetzlich vorgeschriebenen Verschlußstopfen auf dem Kraftstoffmengenteiler. Zum Drehen der tiefliegenden Schraube brauchen Sie einen 3-mm-Innensechskantschlüssel 100 mm lang.

- Motor auf Betriebstemperatur bringen.
- CO-Prüfgerät und Drehzahlmesser anschließen.
- Motor ca. 30 Sekunden mit 3000/min laufen lassen, dann im Leerlauf warten, bis sich die Anzeigen stabilisiert haben.
- Wird ein falscher CO-Wert angezeigt, mit dem Innensechskant die Gemischregulierchraube vorsichtig verdrehen.
- Dauert der Einstellvorgang länger als 30 Sekunden, Motor erneut auf 3000/min bringen und Einstellvorgang wiederholen.

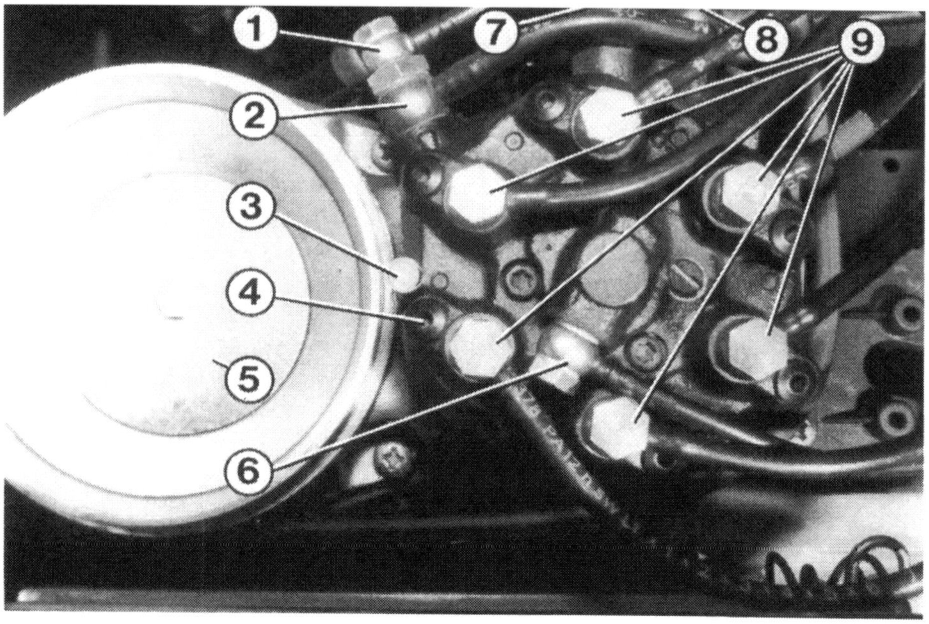

Die Abbildung zeigt den Luftmengenmesser und den Kraftstoffmengenteiler der K-Jetronic. Es bedeuten:
1 – Leitung zum Kaltstartventil;
2 – Kraftstoffzulauf;
3 – Gemisch-Regulierschraube;
4 – eine der sechs Schrauben neben den Einspritzleitungen, die auf keinen Fall verdreht werden dürfen;
5 – Stauscheibe des Luftmengenmessers;
6 – Leitung zum Warmlaufregler;
7 – Kraftstoffrücklauf;
8 – Leitung vom Warmlaufregler;
9 – Leitungen zu den Einspritzventilen.

Fingerzeig: Die Schrauben in der Nähe der Anschlüsse für die Einspritzleitungen auf keinen Fall mit der Einstellschraube für den CO-Gehalt verwechseln und verdrehen.

Selbsthilfe bei der K-Jetronic

Bei der K-Jetronic ist nur wenig Selbsthilfe möglich. Vor allem die benötigten Meß- und Prüfgeräte, aber auch die Kenntnis der Funktionsabläufe setzen hier schnell eine Grenze.

○ Gibt es bei der Einspritzanlage Störungen, kontrollieren Sie zuerst, ob die Zündanlage in Ordnung ist.
○ Als nächstes sollten Sie die Kraftstoffversorgung überprüfen (siehe »Vom Tank zur Kraftstoffpumpe«).

Allgemeine Störungssuche

Überprüfen Sie folgende Schläuche und ihre Halteschellen auf festen Sitz sowie das Schlauchmaterial auf Risse: Die starre Verbindung mit dem anschließenden Faltenbalg zwischen Gemischregler und Ansaugrohr, die Schläuche zum Zusatzluftschieber, zum Zündverteiler und zum Bremskraftverstärker. Schon geringe Nebenluftmengen können die Gemischaufbereitung empfindlich stören, da sie ja von der Stauscheibe im Luftmengenmesser nicht mitgemessen werden. Das Gemisch magert also bei Nebenluft unkontrolliert ab. Prüfmethode siehe im Kapitel »Der Vergaser« unter »Leerlaufschwankungen«.

- Sind die Dichtungen unter dem Kaltstartventil und an den Einspritzventilen in Ordnung, ebenso die Flanschdichtungen der Ansaugkanäle und des Drosselklappenstutzens?
- Sind an den Kraftstoffleitungen Undichtigkeiten zu erkennen?
- Wurden die Kabelstecker mehrfach auseinandergezogen und wieder zusammengesteckt? Unsachgemäßes Auseinanderreißen kann mangelnden Kontakt zur Folge haben.
- Kontaktflächen nur mit Kontaktspray behandeln.

Fingerzeig: Immer daran denken, daß das System bei stehendem Motor auch noch nach längerer Zeit unter Druck steht. Deshalb an den Montagestellen immer einen Lappen bereithalten, damit nichts ins Auge geht.

Störungssuche an einzelnen Bauteilen

In den folgenden Abschnitten wird auf jene Möglichkeiten der Fehlersuche eingegangen, zu denen der Selbermacher keine besonderen Werkzeuge oder Meßgeräte benötigt. Haben Sie nach dem Störungsbeistand am Ende dieses Kapitels ein bestimmtes Bauteil im Verdacht, können Sie hier die Prüfmöglichkeiten nachlesen.

Systemdruckregler

Druckmessungen erfordern ein entsprechendes Manometer. Außerdem muß bei der Druckprüfung der Systemdruck bei kaltem und warmem Motor bei bestimmten Drehzahlen und bei Leerlaufdrehzahl gemessen werden, weshalb diese Arbeit besser der Werkstatt überlassen werden sollte.

Einspritzventile

- Zündung lahmlegen, siehe »Die Zündanlage«.
- Zur Überprüfung, ob ein Einspritzventil überhaupt Kraftstoff erhält, oben am Mengenteiler eine Kraftstoffleitung lösen.
- Lappen bereithalten und von einem Helfer den Motor mit dem Anlasser durchdrehen lassen.
- Tritt Kraftstoff aus, werden die Einspritzventile der Reihe nach kontrolliert.

Die seitlich an die Luftkammer der K-Jetronic des Sierra XR 4i montierten Teile:
1 – Verteilerstutzen für diverse Unterdruckschläuche;
2 – Stecker des Kaltstartventils;
3 – Kraftstoffzulauf des Kaltstartventils;
4 – Kaltstartventil;
5 – Luftschlauch des Zusatzluftschiebers.

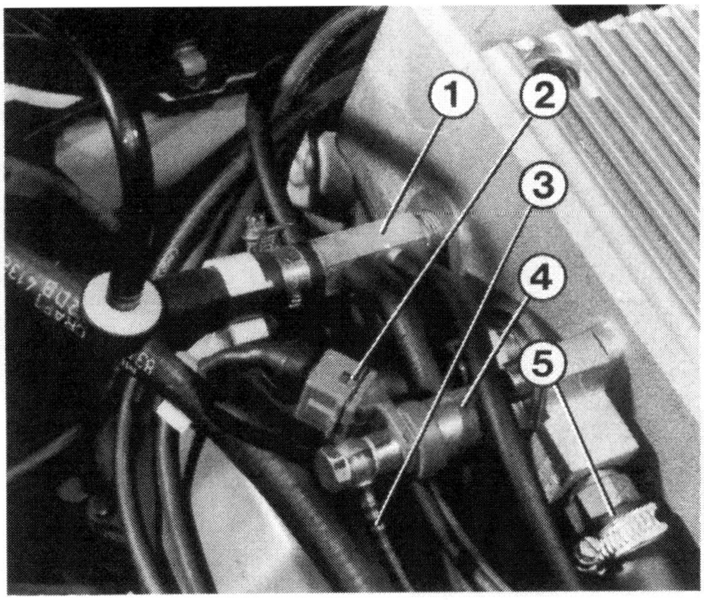

- Einspritzventil ausbauen.
- Ventilloch im Ansaugkrümmer fest verschließen.
- Motor von Helfer mit dem Anlasser durchdrehen lassen.
- Das Ventil muß kegelförmig abspritzen.
- Falls nicht, Luftansaugschlauch am Gemischregler abnehmen.
- Stauscheibe versuchsweise einmal bewegen und Prüfung wiederholen.
- Auf die gleiche Weise läßt sich die Einspritzmenge prüfen, allerdings nur behelfsmäßig in Leerlaufstellung.
- Nach genau zweiminütigem Anlasserdrehen sollten pro Ventil rund 20 cm^3 ausgetreten sein.
- Vergleichen Sie die Einspritzmengen sämtlicher Einspritzventile. Die Abweichungen untereinander sollten nicht mehr als 3 cm^3 betragen.
- Bei größeren Abweichungen die Ventile mit dem höchsten und dem niedrigsten Wert gegeneinander austauschen. Messung wiederholen.
- Sind die Abweichungen mit den Ventilen gewandert, ist das Einspritzventil mit der entsprechenden Abweichung austauschreif.
- Haben Sie an den betreffenden Zylindern die gleichen Meßergebnisse wie zuvor, ist die Leitung zum Ventil möglicherweise verengt oder der Mengenteiler defekt.
- Dichtheitsprüfung am Ventil: Wird der Anlasser nach zweiminütiger Orgelei abgeschaltet, darf das Ventil nicht nachtropfen.

Kaltstartventil

- Geprüft wird bei kaltem Motor.
- Zündung lahmlegen.
- Kaltstartventil vom Ansaugrohr abschrauben.
- Stecker des Zusatzluftschiebers an das Kaltstartventil anschließen
- Ventil in ein Gefäß halten, Zündung ca. 3 Sekunden lang einschalten und kontrollieren, ob Kraftstoff aus dem Ventil spritzt.
- Stecker abziehen und wieder am Zusatzluftschieber anschließen.
- Kaltstartventil wieder am eigenen Stecker anschließen und Zündung einschalten.
- Ventil trocken reiben. Innerhalb von 60 Sekunden darf kein Kraftstoff nachtropfen.

Kraftstoffmengenteiler

- Zündung lahmlegen.
- Spannband des starren Verbindungsschlauches am Gemischregler lösen und Schlauch abziehen.
- Motor etwa 10 Sekunden lang mit dem Anlasser durchdrehen.
- Stauscheibe anheben. Das muß über den gesamten Weg mit gleichem Widerstand möglich sein.
- Bei schnellem Niederdrücken der Stauscheibe darf kein Widerstand spürbar sein. Falls doch, Luftmengenmesser ersetzen.
- Läßt sich die Stauscheibe nur schwer nach oben, aber leicht nach unten bewegen, hängt der Steuerkolben im Mengenteiler, Kraftstoffmengenteiler ersetzen.

Luftmengenmesser

- Motor betriebswarm fahren.
- Zündung lahmlegen.
- Spannband des Luftansaugschlauches am Gemischregler lösen und Schlauch abziehen.
- Motor mit Anlasser ca. 10 Sekunden lang durchdrehen lassen.
- Die Stauscheibe muß jetzt an der den Einspritzleitungen zugewandten Seite genau an der Oberkante des schmalen zylindrischen Teils im Lufttrichter stehen, höchstens jedoch 0,5 mm tiefer.
- Steht die Scheibe falsch, muß der Anschlag von der Werkstatt nachgestellt werden.
- Prüfen Sie nun, ob die Stauscheibe an der Trichterwandung streift.
- Wenn ja, die zentrale Befestigungsschraube lösen und die Stauscheibe neu zentrieren.
- Nach dieser Einstellung sollten Leerlaufdrehzahl und CO-Gehalt überprüft werden.

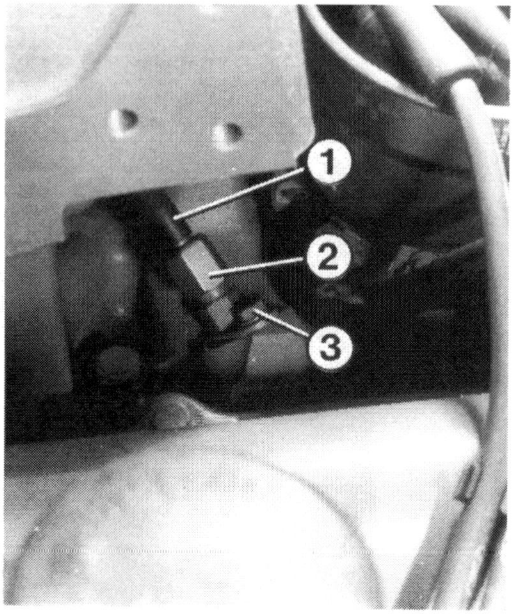

Links: Bei Arbeiten am Kraftstoffsystem, wie hier am Druckregler, immer einen saugfähigen Lappen bereithalten, um austretenden Kraftstoff auffangen zu können. Mittig oben am Druckregler sitzt der Unterdruckanschluß; bei der nach unten wegführenden Leitung handelt es sich um den Kraftstoffrücklauf. Rechts: Ganz versteckt eines der Einspritzventile der K-Jetronic. Es bedeuten:
1 – Kraftstoffleitung vom Kraftstoffmengenteiler;
2 – Einspritzventil;
3 – Sicherungsschraube.

Thermozeitschalter

- Geprüft wird bei kaltem Motor.
- Zündung lahmlegen.
- Stecker am Kaltstartventil abziehen, Voltmeter oder Prüflampe an den Steckkontakten anschließen.
- Motor von Helfer mit Anlasser durchdrehen lassen.
- An den Kontakten muß temperaturabhängig ca. 5–10 Sekunden lang Spannung anliegen.

Warmlaufregler

- Zündung lahmlegen.
- Stecker am Warmlaufregler und Zusatzluftschieber abziehen.
- Voltmeter an den Kontakten des stromführenden Kabelsteckers zum Warmlaufregler anschließen.
- Motor mit Anlasser durchdrehen lassen. An den Kontakten müssen mindestens 11,5 Volt anliegen.
- Ohmmeter an den Steckkontakten des Warmlaufreglers anschließen.
- Wird eine Unterbrechung angezeigt, ist die Wicklung des Bimetalls defekt, und der Warmlaufregler muß ausgewechselt werden.

Zusatzluftschieber

- Geprüft wird bei kaltem Motor, die Kühlmitteltemperatur muß unter 30°C liegen und die Zündung darf vorher nicht eingeschaltet worden sein.
- Stecker am Zusatzluftschieber abziehen.
- Voltmeter an den Kontakten des Kabelsteckers anschließen.
- Motor starten. Liegt an den Kontakten Spannung an? Sonst Leitungsdefekt.
- Motor abstellen, Stecker wieder anschließen.
- Drehzahlmesser anschließen, Motor erneut starten.
- Leerlaufdrehzahl ablesen.
- Mit Flachzange den Schlauch vom Zusatzluftschieber zum Ansaugrohr zusammenklemmen. Die Drehzahl muß ein wenig abfallen.
- Gleiche Prüfung bei warmgefahrenem Motor.
- Die Drehzahl sollte sich beim Zusammenklemmen des Schlauches nicht mehr verändern, sonst ist vermutlich der Zusatzluftschieber defekt.

Einspritzventile aus- und einbauen

- Batterie-Massekabel abklemmen.
- Kraftstoffleitung vom Kaltstartventil abbauen. Dabei den Druck im System abbauen.
- Stecker vom Kaltstartventil abziehen.
- Luftschlauch des Zusatzluftschiebers sowie alle anderen Schläuche von der Luftkammer abziehen.
- Gaszug am Drosselklappengestänge aushängen und Widerlager von der Luftkammer abbauen.
- Luftkammer durch Herausschrauben von acht Schrauben ausbauen.
- Kraftstoffleitungen von den Einspritzventilen abschrauben.
- An jedem Einspritzventil die Befestigungsschraube entfernen.
- Einspritzventile mit einer Zange herausziehen.
- Zum Einbau müssen die Dichtungen mit Benzin bestrichen werden, um eine einwandfreie Abdichtung zu erzielen. Trockene Dichtungen können leichter gequetscht werden. Störungen, z. B. unrunder Leerlauf sind die Folge.
- Alle Kraftstoffleitungen vor Anbau an die Ventile gründlich reinigen.
- Beim Einbau darauf achten, daß die Leitungen nicht verdreht oder gar geknickt werden. Immer neue Dichtungen (zwei) verwenden und die Hohlschrauben nicht zu fest anziehen – das Gewinde kann leicht überdreht werden.
- Dichtflächen reinigen.
- Luftkammer mit neuer Dichtung am Saugkopf anbauen.

- Kraftstoffleitung mit zwei neuen Dichtscheiben an das Kaltstartventil anschließen.
- Nach Beendigung der restlichen Montagearbeiten das Kraftstoffsystem bei laufendem Motor auf Luft- bzw. Kraftstoffundichtigkeiten überprüfen.

Der Gaszug

Alles Wissenswerte über den Betätigungszug für die Drosselklappe ist im Kapitel »Der Vergaser« beschrieben. Auch die Einstellung des Zugs ist mit der Einstellung für Vergasermotoren identisch.

Störungsbeistand

K-Jetronic

Die Störung	– ihre Ursache	– ihre Abhilfe
A Kalter Motor springt nicht an	1 Kraftstoff-Steuerdruck falsch	Messen, schadhafte Teile ersetzen lassen
	2 Zusatzluftschieber öffnet nicht	Prüfen, wie beschrieben, gegen Gehäuse klopfen, evtl. mit Halbgas starten
	3 Kaltstartventil öffnet nicht	Kabel am Ventil abziehen, mit Klemme 50 vom Anlasser und Masse verbinden. Starten, Ventil muß spritzen (Gefäß bereithalten), sonst Ventil auswechseln
	4 Kaltstartventil undicht, Dichtung defekt	Dichtung kontrollieren, Ventil prüfen
	5 Stauscheibe falsch eingestellt	Einstellen lassen
	6 Stauscheibe oder Steuerkolben schwergängig	Prüfen lassen
	7 Thermozeitschalter schließt nicht	Am Kabelstecker des Kaltstartventils mit Prüflampe feststellen, ob beim Starten des kalten Motors Strom fließt, sonst Thermozeitschalter ersetzen
B Warmer Motor springt nicht an	1 Siehe A 1, 5 und 6	
	2 Einspritzventil(e) undicht, zu niedriger Öffnungsdruck	Prüfen lassen
	3 Leerlauf zu fett eingestellt	CO-Gehalt einstellen lassen
	4 Leerlauf zu mager eingestellt	CO-Gehalt einstellen lassen
C Kalter Motor schüttelt im Leerlauf	1 Siehe A 1, 2 und 4	
	2 Zusatzluftschieber schließt nicht	Prüfen
	3 Siehe B 2	
D Warmer Motor schüttelt im Leerlauf	1 Siehe A 1, 2 und 6	
	2 Siehe B 3 und 4	
E Motor patscht ins Saugrohr	1 Siehe A 1	
	2 Siehe B 4	
F Motor patscht in den Auspuff	1 Siehe A 1 und 4	
	2 Siehe B 3	
G Motor stottert, setzt aus	1 Wackelkontakt an der Benzinpumpe	Kabelstecker bzw. Kabelanschluß kontrollieren
	2 Kraftstoffsystemdruck falsch	Messen, einstellen lassen
H Motorleistung ungenügend	1 Siehe A 1, 4 und 6	
	2 Siehe B 3 und 4	
	3 Drosselklappe geht nicht in Vollgasstellung	Gasgestänge einstellen lassen
I Motor dieselt nach	1 Siehe A 6	
	2 Siehe B 2	
J Kraftstoffverbrauch zu hoch	1 Siehe A 1 und 4	
	2 Siehe B 3	
K Warmer Motor dreht im Leerlauf zu hoch	Siehe C 2	

Duschkopf

Für den 1,6-Liter-CVH-Motor hat Ford den Mittelweg zwischen einem herkömmlichen Vergaser und einer sogenannten Mehrpunkteinspritzung gewählt. Bei dieser CFI (**C**entral **F**uel **I**injection oder auf deutsch Zentraleinspritzung) sitzt ein einziges Einspritzventil wie ein Duschkopf über dem Ansaugkanal. Dank elektronischer Steuerung ist eine Lambda-Regelung für den Katalysator kein Problem.

Das Zentraleinspritzsystem

Die Einspritzeinheit sitzt wie ein Vergaser auf dem Ansaugkrümmer. Auch Größe und Aussehen entsprechen denen eines Vergasers. Das CFI-Einspritzsystem bezieht seine Werte zur Gemisch-Aufbereitung über einen elektronischen Rechner, dem EEC-IV-Modul (siehe Kapitel »Die Zündanlage«).

Die wichtigsten Teile der CFI-Einspritzung

Drosselklappe: Die Drosselklappe sitzt im Drosselklappengehäuse der CFI-Einheit unterhalb des Einspritzventils direkt vor dem Ansaugkrümmer und ist über einen Zug mit dem Gaspedal verbunden.

Geber der Drosselklappe: Der Geber (Drehpotentiometer) der Drosselklappe gibt die Drosselklappenstellung in Form eines Spannungssignals an den EEC-IV-Rechner weiter, der so folgende Lastzustände des Motors ermittelt:

- Geschlossene Drosselklappe zur Leerlauf-Drehzahlregelung.
- Teilweise geöffnete Drosselklappe für normale Last- bzw. Betriebszustände des Motors.
- Voll geöffnete Drosselklappe für Kraftstoffanreicherung bei Vollast.
- Schnell geöffnete Drosselklappe für Kraftstoffanreicherung beim Beschleunigen.

Drosselklappen-Stellmotor: Der Drosselklappen-Stellmotor seitlich an der CFI-Einheit steuert die Drosselklappenstellung und so die Leerlaufdrehzahl. Die Leerlauf-Stellung der Drosselklappe bedeutet für den EEC-IV-Rechner jedoch zweierlei:

- Bei Leerlauf regelt der Stellmotor die Motordrehzahl und hält sie konstant.

Wird der Motor z. B. durch irgendwelche Verbraucher belastet, erhält der Stellmotor vom EEC-IV-Rechner das Signal zum Öffnen der Drosselklappe, bis sich die Leerlaufdrehzahl wieder auf den vorbestimmten Wert eingependelt hat.

- Wenn das Gaspedal losgelassen wird und der Motor in den Schubbetrieb übergeht, meldet der EEC-IV-Rechner durch den sich im Ansaugkrümmer ändernden Unterdruck dem Stellmotor »Schubbetrieb«. Der Stellmotor verhindert ein schlagartiges Schließen der Drosselklappe, dadurch wird der Anteil der unverbrannten Kohlenwasserstoffe im Abgas verringert.
- Wenn der Motor abgestellt wird, bleibt der EEC-IV-Rechner durch das Versorgungsrelais noch ca. 6 Sekunden unter Spannung. Dadurch kann der Rechner dem Stellmotor das Signal zum völligen Schließen der Drosselklappe geben, wodurch ein Nachdieseln des Motors verhindert wird. Nach kurzer Zeit öffnet der

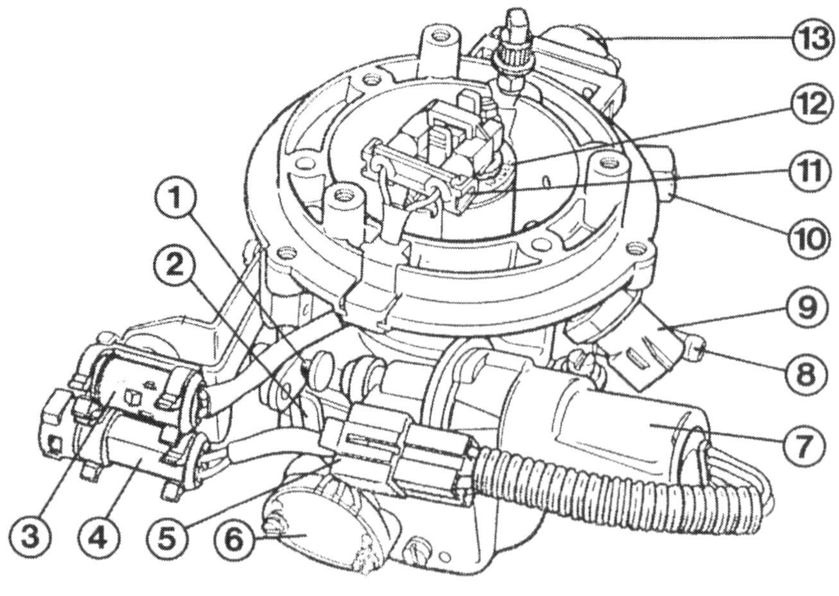

Die Teile der CFI-Einheit: 1 – Leerlaufdrehzahl-Einstellschraube; 2 – Drosselklappenhebel; 3 – Steckverbindung des Einspritzventils; 4 – Steckverbindung des Drosselklappengebers; 5 – Steckverbindung des Drosselklappen-Stellmotors; 6 – Drosselklappengeber; 7 – Drosselklappen-Stellmotor; 8 – Anschluß zum Ansaugkrümmer-Unterdrucksensor; 9 – Ansaugluft-Temperatursensor; 10 – Anschluß für Kraftstoff-Zufluß; 11 – Steckanschluß für Einspritzventil; 12 – Einspritzventil; 13 – Kraftstoff-Druckregler.

Stellmotor die Drosselklappe wieder etwas. Durch diese Belüftung des Ansaugkrümmers wird der Warmstart erleichtert.

○ Sobald der Motor wieder gestartet wird, bringt der Stellmotor die Drosselklappe in die dafür notwendige Stellung.

Einspritzventil: Das Kraftstoff-Einspritzventil ist ein Magnetventil, das eine bestimmte Kraftstoffmenge für den jeweiligen Lastzustand des Motors aufbereitet. Die Kraftstoffmenge wird fein zerstäubt direkt nach unten in den Ansaugkrümmer gerichtet.

Zur Funktion des Einspritzventils liefert der EEC-IV-Rechner zwei verschiedene Signale: Ein Signal mit hoher Stromstärke, um das Ventil von seinem Sitz zu heben, und ein Signal mit niedriger Stromstärke (über einen Vorwiderstand), um das Ventil geöffnet zu halten.

Im Leerlauf wird das Einspritzventil bei jedem zweiten Ansaugtakt des Motors, im Fahrbetrieb bei jedem Ansaugtakt aktiviert. Dabei steht das Einspritzventil unter konstantem Kraftstoffdruck, den die Kraftstoffpumpe bereitstellt und der vom Druckregler gehalten wird.

Druckregler: Dieser Regler im Gehäuse der CFI-Einheit steuert den Kraftstoffdruck und hält ihn am Einspritzventil auf 1 bar. Überschüssiger Kraftstoff wird zum Kraftstofftank zurückbefördert. Der Druckregler funktioniert mechanisch durch eine federbelastete Membrane, die durch eine Innensechskantschraube eingestellt werden kann.

Ansaugluft-Temperatursensor: Dieser in den Ansaugkanal hineinragende Temperatursensor mißt die Temperatur der Ansaugluft. Dabei verändert die durch den Sensor strömende Ansaugluft dessen Widerstand, was vom EEC-IV-Rechner in entsprechende Signale zur Gemischaufbereitung umgeformt wird.

Kühlmittel-Temperatursensor: Ähnlich wie der Sensor für die Ansauglufttemperatur mißt der Kühlmittel-Temperatursensor die Temperatur des Kühlmittels. Er ist unterhalb der CFI-Einheit in den Ansaugkrümmer geschraubt. Mit ansteigender Kühlmitteltemperatur ändert sich der Widerstand des Sensors. Aus dieser Information berechnet der EEC-IV-Rechner dann das erforderliche Kraftstoff/Luft-Gemisch, den Zündzeitpunkt und die Leerlaufdrehzahl.

Unterdruck-Sensor: Der Unterdruck-Sensor hinter der CFI-Einheit an der Spritzwand ist über eine Unterdruckleitung mit dem Ansaugkrümmer verbunden. Er übermittelt ebenfalls elektrische Signale, die vom EEC-IV-Rechner zur Bestimmung des richtigen Kraftstoff/Luft-Gemisches und zur Zündverstellung genutzt werden.

Geschwindigkeitssensor: Er sitzt am Tachowellenanschluß des Getriebes und erzeugt eine Wechselspannung, deren Frequenz mit der Drehzahl der Tachowelle steigt oder fällt. Diese Signale gelangen ebenfalls an den EEC-IV-Rechner.

Lambda-Sonde: Sie ist im vorderen Auspuffrohr eingebaut und wird elektrisch beheizt, damit die Betriebstemperatur nach dem Kaltstart möglichst schnell erreicht wird. Weiteres über die Lambda-Sonde im Kapitel »Abgas-Entgiftung«.

Funktion des CFI-Zentraleinspritzsystems

Start: Beim Dreh des Zündschlüssels gibt der Kühlmittel-Temperatursensor an den EEC-IV-Rechner das Signal »Motor kalt«. Der Rechner regelt dann die Gemischanreicherung für den Kaltstart durch Änderung der Öffnungszeit des Einspritzventils sowie die temperaturabhängige Leerlaufdrehzahl durch Aktivieren des Stellmotors.

Warmlauf: Mit Erwärmung des Motors geben die einzelnen Sensoren entsprechend der sich ändernden

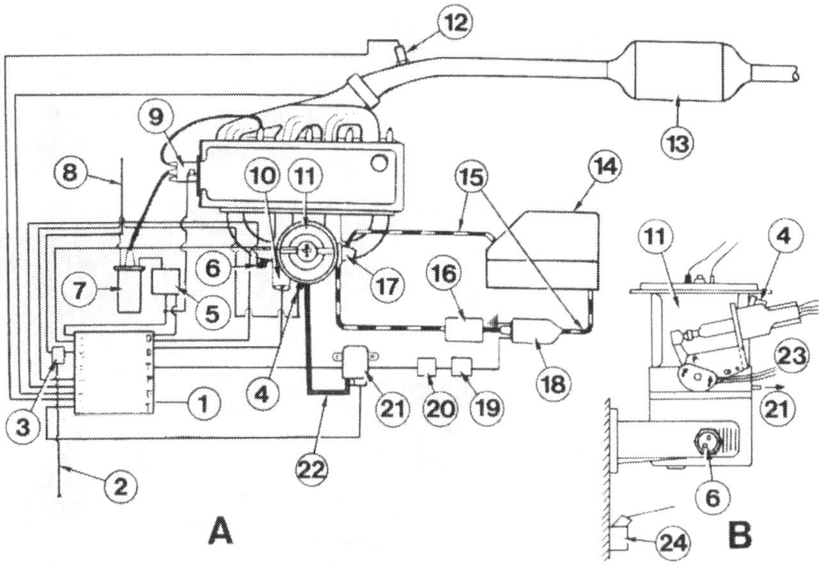

Das Funktionsschema der CFI-Einspritzung. Der Bereich »A« zeigt die Schema-Draufsicht, der Bereich »B« die Seitenansicht um die CFI-Einheit. Es bedeuten: 1 – EEC-IV-Rechner; 2 – Versorgungsstrom; 3 – Versorgungsrelais; 4 – Ansaugluft-Temperatursensor; 5 – TFI-Modul; 6 – Kühlmittel-Temperatursensor; 7 – Zündspule; 8 – Zündstrom; 9 – Zündverteiler; 10 – Drosselklappen-Stellmotor; 11 – CFI-Einheit; 12 – Lambda-Sonde; 13 – Katalysator; 14 – Kraftstofftank; 15 – Kraftstoffvor- und -rücklauf; 16 – Kraftstoffilter; 17 – Druckregler; 18 – Kraftstoffpumpe; 19 – Sicherheitsschalter; 20 – Kraftstoffpumpenrelais; 21 – Ansaugkrümmer-Unterdrucksensor; 22 – Unterdruckleitung; 23 – Drosselklappensensor; 24 – Klopfsensor.

Bei abgenommenem Ansauggeräuschdämpfer zeigt der Blick von oben folgende Teile der CFI-Einheit:
1 – Kraftstoffzufluß;
2 – Druckregler;
3 – Gaszug;
4 – Einspritzventil;
5 – Steckverbindungen zum Drosselklappen-Stellmotor, Drosselklappensensor und Einspritzventil;
6 – Anschlußleitung der Einspritzventil;
7 – Drosselklappen-Stellmotor;
8 – Ansaugluft-Temperatursensor.

Motortemperatur neue Meßwerte an den EEC-IV-Rechner. Er berechnet daraus den Kraftstoffbedarf durch Regelung der Öffnungsdauer des Einspritzventils.

Leerlauf: Der Stellmotor regelt die Leerlaufdrehzahl temperaturabhängig bei allen Lastzuständen, wie z.B. Kriechen im Leerlauf oder Einschalten von Stromverbrauchern. Die Signale dafür erhält der EEC-IV-Rechner wieder von den entsprechenden Sensoren.

Normalbetrieb und Beschleunigen: Sie erfordern keinerlei besondere Einrichtungen. Aus den Werten von Drosselklappenstellung, Lufttemperatur, Unterdruck im Ansaugkrümmer, Motortemperatur, Abgasqualität und Geschwindigkeit regelt der EEC-IV-Rechner die Öffnungsdauer und damit die Kraftstoffmenge für das Einspritzventil sowie den richtigen Zündzeitpunkt.

Vollast: Bei voll geöffneter Drosselklappe bekommt der EEC-IV-Rechner das Signal zur Kraftstoffanreicherung bei Vollast. Die Kraftstoffzumessung wird jetzt erhöht für volle Motorleistung.

Leerlauf einstellen

Wartung Nr. 46

Die Leerlaufdrehzahl des 1,6i beträgt muß 900 ± 50/min betragen. Voraussetzung für eine korrekte Leerlaufeinstellung ist selbstverständlich die richtige Zündzeitpunkteinstellung, die sich allerdings bei der eingebauten verteilerlosen vollelektronischen Zündanlage nicht verändert.

- Motor warmfahren.
- Motor abstellen und Drehzahlmesser anschließen. Die Werkstatt benutzt hier einen speziellen Motortester, der durch ganz bestimmte Codefolgen zusätzlich Informationen über den Motor anzeigt.
- Ansauggeräuschdämpfer abbauen.
- Motor starten. Elektrische Verbraucher dürfen nicht eingeschaltet sein.
- Leerlaufdrehzahl an der Schraube des Drosselklappenhebels einstellen. Dazu die Kontermutter lösen. Vorher muß dazu allerdings die gesetzlich vorgeschriebene Verplombung (gegen unsachgemäßes Verstellen) abgehebelt werden.

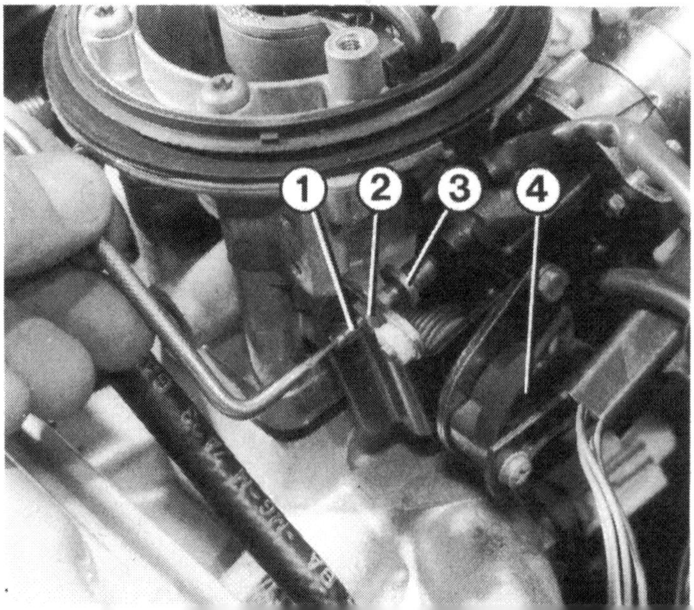

Auf der gegenüberliegenden Seite des Drosselklappenhebels sitzt auf der verlängerten Welle der Hebel, der die Bewegung des Drosselklappen-Stellmotorstifts (3) auf die Drosselklappe überträgt. Diese Bewegung wird gleichzeitig vom Drosselklappensensor (4) als elektrisches Signal an den EEC-IV-Rechner weitergeleitet. Zur Leerlaufeinstellung nach Entfernen der Plombe die Leerlauf-Einstellschraube (1) am besten mit einem Winkelschraubendreher verdrehen. Vorher jedoch die Kontermutter (2) lösen.

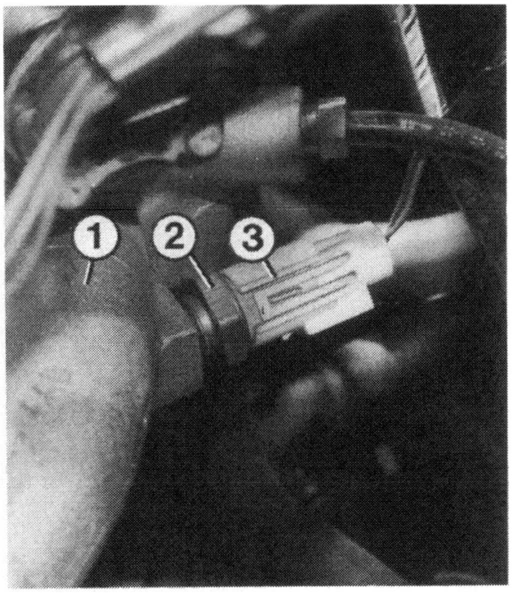

Links: Der Unterdrucksensor (1) ist mit zwei Blechschrauben (2) an den Halter am Kotflügel geschraubt. Bei Leerlaufschwankungen kann die Ursache an einem defekten oder nicht richtig aufgesteckten Unterdruckschlauch (3) liegen. Aber auch die Steckverbindung (4) muß kontrolliert werden. Dabei nie am Kabel, sondern immer am Stekker ziehen.
Rechts: Direkt in den Ansaugkrümmer (1) geschraubt leitet der Temperatursensor seine Werte an den EEC-IV-Rechner. Wichtig ist eine einwandfreie Steckverbindung (3). Ist sie z. B. korrodiert, kann das zu empfindlichen Motorlaufstörungen führen.

Leerlaufschwankungen

- Sämtliche Luftschläuche kontrollieren, wie unter »Allgemeine Störungssuche« beschrieben.
- Kontrollieren, ob der Gaszug richtig verlegt ist und nicht gehemmt ist oder gar klemmt.
- Auch mangelnder Druck im Kraftstoffsystem kann Leerlauf-Drehzahlschwankungen hervorrufen. Hier muß die Werkstatt einen Drucktest durchführen.
- Kontrollieren, ob alle elektrischen Anschlüsse einwandfrei festsitzen und nicht teilweise korrodiert sind. Für weitergehende Kontrollen ist hier wieder ein speziell auf den EEC-IV-Rechner abgestimmter Motortester erforderlich, der zur Fehlersuche entsprechende Codes anzeigt.

Fingerzeige: Wird die Batterie abgeklemmt, werden alle im KAM-Anpassungsspeicher (Keep Alife Memory) des EEC-IV-Rechners gespeicherten Werte gelöscht. Dazu gehören die Werte für Leerlauf, Teillast, Vollast sowie Verzögerung. Dadurch kann es bei Wiederanklemmen der Batterie zu Stottern, Aussetzern beim Beschleunigen und zu unrundem Leerlauf kommen.
Deshalb sollte, wenn die Batterie wieder angeklemmt wurde, der Motor zunächst auf Betriebstemperatur gebracht werden. Nach ca. dreiminütigem Leerlauf dann die Drehzahl auf 1200/min erhöhen und den Motor so weitere zwei Minuten laufen lassen. Durch diesen Vorgang kann der Rechner die Leerlaufwerte wieder neu speichern.
Damit dem EEC-IV-Rechner ein Lernprozeß zur Wiederaufnahme aller Betriebswerte ermöglicht wird, kann eine Testfahrt erforderlich werden. Im Normalfall reichen hier 8 km Fahrdistanz mit unterschiedlichen Fahrsituationen.
Alle weiteren Problemfälle empfehlen wir dringend der Ford-Werkstatt.

Selbsthilfe bei der Einspritzanlage

Allzuviel Selbsthilfe bei der Einspritzanlage ist wegen ihrer engen Verknüpfung mit dem EEC-IV-Rechner leider nicht möglich. Hier darf ein Fehler nicht gefühlsmäßig eingekreist werden, sondern es müssen logisch aufgebaute Tests nacheinander durchgeführt werden, um einen Fehler einwandfrei zu lokalisieren. Dies schließt Wiederholungen von Reparaturen aus.

○ Verweigert der Sierra den Dienst, kontrollieren Sie zuerst, ob die Zündanlage in Ordnung ist.
○ Als nächstes die Kraftstoffversorgung überprüfen (siehe Kapitel »Vom Tank zur Kraftstoffpumpe«).

Einspritzventil ausbauen

- Batterie-Massekabel abklemmen.
- Ansauggeräuschdämpfer abbauen.
- Kraftstoffzulauf lockern, um den Druck im System abzubauen.
- Mehrfachstecker vom Einspritzventil abziehen.
- Sicherungsblech umbiegen und Befestigungsschrauben herausschrauben.
- Haltering abnehmen und Einspritzventil vorsichtig aus der CFI-Einheit herausziehen. Dabei auf die Dichtungen achten.
- Zum Einbau neue Dichtringe verwenden und mit Vaseline dünn einreiben oder mit Motoröl bestreichen.
- Wird das Ventil trocken eingesetzt, besteht die Gefahr, daß die Gummiringe gequetscht werden und nicht einwandfrei abdichten. Das gibt dann Störungen im Fahrverhalten, z. B. unrunden Leerlauf.
- Einspritzventil so einsetzen, daß der Zapfen in die entsprechende Aussparung der CFI-Einheit zu sitzen kommt.

Zum Ausbau des Einspritzventils die Steckersicherung (1) abnehmen, bevor Sie die Steckverbindung (2) vom Ventilkörper abziehen. Dann die Schraubensicherung (bei »3«) des Halterings lösen.

- Neuen Dichtring in den Haltering einsetzen und Haltering montieren. Schrauben mit den Sicherungsblechen sichern.
- Mehrfachstecker am Einspritzventil anschließen.
- Kraftstoffzulauf festziehen.
- Ansauggeräuschdämpfer anbauen und Batterie anschließen.

Allgemeine Störungssuche

- Überprüfen Sie folgende Schläuche und ihre Halteschellen auf festen Sitz sowie das Schlauchmaterial auf Risse:
- Unterdruckschlauch vom Ansaugkrümmer zum Unterdrucksensor.
- Unterdruckschlauch des Bremskraftverstärkers. Schon geringe Nebenluftmengen können die Gemischaufbereitung erheblich stören, da sie ja durch Unterdruckabfall vom Sensor mitgemessen werden. Das Gemisch magert also bei Nebenluft unkontrolliert ab.
- Sind die Schläuche der Motor-Be- bzw. -Entlüftung nicht verstopft, verschmutzt oder aufgequollen?
- Sind die Dichtungen des Einspritzventils in Ordnung?
- Sind an den Kraftstoffleitungen Undichtigkeiten erkennbar?
- Druckregler auf Undichtigkeiten kontrollieren.
- Kraftstoffrücklaufleitung vom Druckregler kontrollieren.
- Wurden die Kabelstecker mehrfach auseinandergezogen und wieder zusammengesteckt, kann das mangelnden Kontakt zur Folge haben. Deshalb Kontakte mit Kontaktspray behandeln.

Fingerzeig: Bei allen Arbeiten an der Einspritzanlage sollten Sie daran denken, daß das System auch längere Zeit nach dem Abschalten des Motors unter Druck steht. Deshalb immer einen Lappen bereithalten, wenn Schrauben oder Leitungen gelöst werden, damit kein Benzin in die Augen spritzen kann.

Beim Einsetzen des Einspritzventils die Dichtungen (1) einfetten und darauf achten, daß sie nicht beschädigt werden. Auch die Lage des Zapfens des Einspritzventils in der CFI-Einheit bei »2« ist äußerst wichtig.

Das ausgebaute Einspritzventil der CFI-Einspritzung. Es bedeuten:
1 – Haltering;
2 – Zentrierring;
3 – oberer Dichtring;
4 – Einspritzventil;
5 – unterer Dichtring.

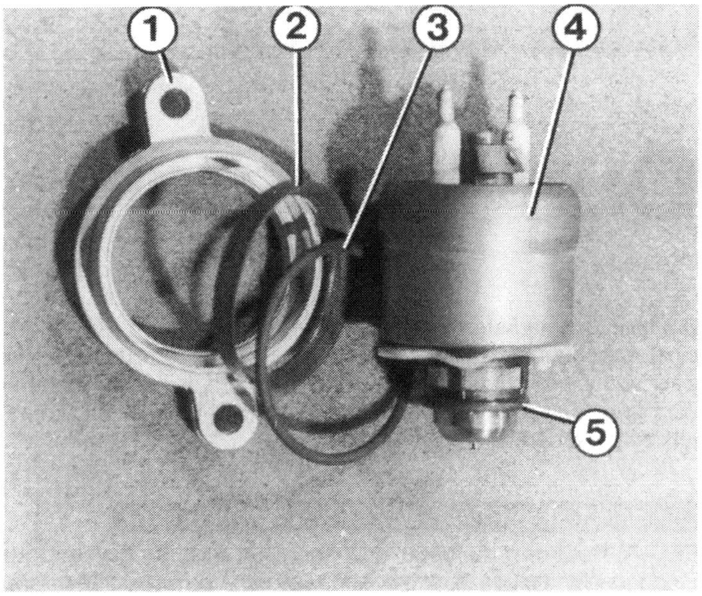

Störungsbeistand

Die Störung	– ihre Ursache	– ihre Abhilfe
A Kalter Motor springt nicht oder schlecht an	1 Versorgungsrelais defekt	Überprüfen, ggf. austauschen
	2 Kraftstoffpumpe fördert nicht oder ungenügend	Siehe Kapitel »Vom Tank zur Kraftstoffpumpe«
	3 Druckregler defekt	Druck messen lassen
	4 Unterdrucksystem undicht	Sämtliche Schlauchleitungen überprüfen
	5 Kraftstoffsystem undicht	Systematisch durchprüfen
	6 Elektrische Anschlüsse im System locker	Mehrfachstecker kontrollieren
	7 Zündanlage defekt	Zündsystem kontrollieren (lassen)
	8 EEC-IV-Rechner defekt	Prüfen lassen
B Warmer Motor springt nicht oder schlecht an	1 Siehe A 1–8	
	2 Kraftstoffdruck bei warmem Motor zu niedrig	Druck messen lassen
	3 Einspritzventil undicht, Öffnungsdruck zu niedrig	Prüfen (lassen)
	4 Kühlmittel-Temperatursensor defekt	Überprüfen lassen
	5 Gaszug klemmt	Einstellen, ggf. auswechseln
	6 Luftfiltereinsatz verschmutzt	Überprüfen, ggf. auswechseln
	7 Statischer Zündzeitpunkt verstellt	Einstellen (lassen)
	8 Druckregler undicht	Überprüfen und ggf. auswechseln lassen
C Motor springt an, stirbt aber wieder ab	1 Siehe A 3, 4 und 6	
	2 Siehe B 2 und 6	
	3 CO-Wert stimmt nicht	Einstellen lassen
	4 Drosselklappengeber defekt	Überprüfen lassen
D Kalter Motor schüttelt im Leerlauf	1 Siehe A 4, 5 und 7	
	2 Siehe B 3 und 4	
	3 Siehe C 4	
E Warmer Motor schüttelt im Leerlauf	1 Siehe A 3–8	
	2 Siehe B 3, 4 und 6	
	3 Siehe C 4	
F Motor stottert, hat Aussetzer	1 Siehe A 6 und 7	
	2 Siehe B 2 und 8	
	3 Kraftstoffpumpe fördert ungleichmäßig	Fördermenge messen lassen
G Motorleistung ungenügend	1 Siehe A 3–8	
	2 Siehe B 2–4, 7 und 8	
	3 Drosselklappe geht nicht in Vollgasstellung	Gaszug einstellen
H Kraftstoffverbrauch zu hoch	1 Siehe B 4	
	2 Siehe C 3	

Duschanstalt

Die leistungsstärksten Sierra-Modelle mit 2,0-Liter-OHC-, 2,0-Liter-DOHC- und 2,9-Liter-V6-Motor sind mit einer sogenannten EFI-Mehrpunkteinspritzanlage (**E**lectronic **F**uel **I**njection) ausgerüstet. D.h. jeder Zylinder wird von einem Einspritzventil mit Kraftstoff versorgt. Dabei ist das elektronische Motormanagement für Zündung und Kraftstoffeinspritzung eine Ford-Entwicklung. Die Einspritzventile stammen jedoch vom bekannten Vergaserhersteller Weber.

Die wichtigsten Teile der EFI-Einspritzanlage

EEC-IV-Rechner: Aufgabe des auch für das Zündsystem zuständigen Moduls ist die Verarbeitung der Eingangssignale von verschiedenen Gebern und Sensoren für die Kraftstoffmenge, die an den Einspritzventilen abgespritzt werden soll. Der Rechner erhält Eingangssignale von folgenden Gebern und Sensoren:

○ Luftmengenmesser (OHC- und V6-Motor nach Abgasnorm 15/04); er gibt Auskunft über die angesaugte Luftmenge.

○ Ansaugluft-Temperatursensor; er sitzt im Luftmengenmesser bzw. in der Luftkammer (DOHC-Motor) und signalisiert die Temperatur der Ansaugluft.

○ Unterdrucksensor der Ansaugluft.

○ Kühlmittel-Temperatursensor; er liefert Signale über die Motortemperatur.

○ Kraftstoff-Temperaturschalter (DOHC- und V6-Motor); er sitzt im Kraftstoff-Verteilerrohr und reagiert auf die Temperatur des Kraftstoffes;

○ Geber der Drosselklappenstellung; er gibt die Winkelstellung der Drosselklappe entsprechend der Gaspedalstellung weiter.

○ Drehzahl- bzw. Impulsgeber; sie sind in erster Linie für die Zündung zuständig, übermitteln jedoch auch Signale für die Einspritzfrequenz der Einspritzventile.

○ Drehzahl- und Positionsgeber der Kurbelwelle; er tastet die Schwungscheibe ab und gibt so Signale zur Zündzeitpunktveränderung an den EEC-IV-Rechner weiter.

○ Lambda-Sonde; sie sitzt bei Fahrzeugen mit geregeltem Katalysator im Abgangsrohr (Hosenrohr) der Auspuffanlage.

○ Geber der Fahrgeschwindigkeit; er ist am Getriebe befestigt und signalisiert, ob das Fahrzeug fährt oder steht.

Luftmengenmesser (OHC- und V6-Motor nach Abgasnorm 15/04): Der Luftmengenmesser – beim V6-Motor je einer pro Zylinderreihe – ist im Ansaugluft-Hauptstrom zwischen Ansauggeräuschdämpfer und Drosselklappengehäuse untergebracht. Je nach Ansaugluftstrom wird dort eine V-förmige Stauklappe ausgelenkt.
In dem Maße, wie sich die in den Ansaugkanal strömende Luftmenge erhöht, bewegt sich die Klappe und ändert so den Widerstand eines mit der Klappe verbundenen Drehpotentiometers. Die daraus resultierenden Spannungsänderungen werden vom EEC-IV-Steuergerät für ein entsprechendes Kraftstoff/Luft-Gemisch verarbeitet.

Die Teile der EFI-Einspritzung beim Sierra 2,0iS (OHC-Motor):
1 – Deckel des Ansauggeräuschdämpfers;
2 – Luftfiltereinsatz;
3 – Ansauggeräuschdämpfer-Unterteil;
4 – Luftmengenmesser;
5 – flexibler Luftschlauch;
6 – Luftkammer.

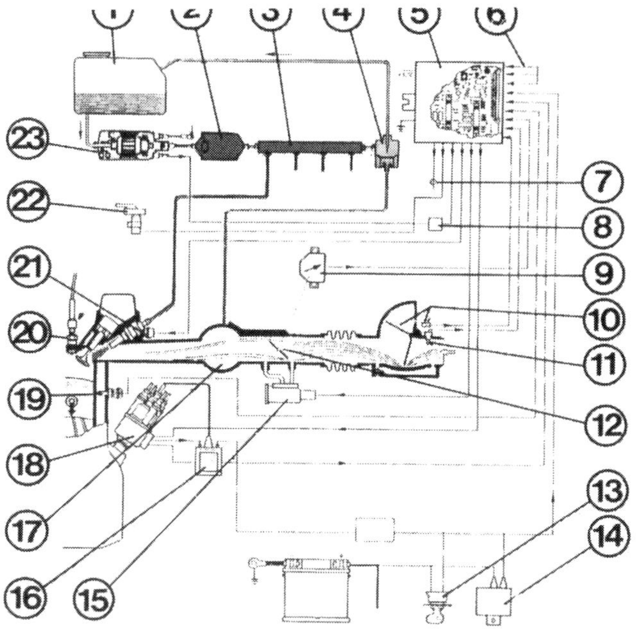

Die Schemadarstellung der EFI-Einspritzung beim 2,0-Liter-OHC-Motor. Es bedeuten:
1 – Kraftstofftank; 2 – Kraftstoffilter; 3 – Kraftstoff-Verteilerrohr; 4 – Druckregler; 5 – EEC-IV-Rechner; 6 – Eingänge für Oktanzahlanpassung; 7 – Selbsttestanschluß; 8 – Kraftstoffpumpenrelais; 9 – Drosselklappensensor; 10 – Luftmengenmesser; 11 – Ansaugluft-Temperatursensor; 12 – Drosselklappe; 13 – Zündschloß; 14 – Relais für EEC-IV-Rechner; 15 – Zusatzluftschieber; 16 – Zündspule; 17 – Ansaugkrümmer; 18 – Zündverteiler mit TFI-Steuergerät; 19 – Kühlmittel-Temperatursensor; 20 – Zündkerze; 21 – Einspritzventil; 22 – Unterdrucksensor; 23 – Kraftstoffpumpe.

Der andere Schenkel der V-förmigen Klappe schwenkt in eine Dämpfungskammer und gleicht so ruckartige Schwankungen im Luftstrom aus.
Zur Gemischregulierung durch eine entsprechende Einstellschraube am Luftmengenmesser wird eine kleine nicht gemessene Luftmenge in einem Kanal unter Umgehung der Stauklappe zur Drosselklappe geleitet. Bei Motoren nach der Abgasnorm US '83 (geregelter Katalysator) entfällt der Luftmengenmesser, und die Luft gelangt direkt vom Ansauggeräuschdämpfer zum Drosselklappengehäuse.
Ansaugluft-Temperatursensor: Dieser im Gehäuse des Luftmengenmesser (OHC- und V6-Motor) bzw. der Luftkammer (DOHC-Motor) eingebaute Temperatursensor mißt die Temperatur und damit die Luftdichte der Ansaugluft. Mit steigender Lufttemperatur sinkt der Widerstandswert, wodurch vom EEC-IV-Rechner eine entsprechende Gemischkorrektur erfolgt. Die Funktionsweise gleicht dem Sensor, wie er auch bei der CFI-Einspritzanlage zur Anwendung kommt.
Auch die Sensoren für Kühlmitteltemperatur, Unterdruck im Ansaugkrümmer, Geschwindigkeit sowie die Lambda-Sonde sind funktionsgleich mit den entsprechenden Bauteilen der CFI-Einspritzanlage. Deshalb bitte im Kapitel »Die CFI-Einspritzanlage« nachlesen.
Drosselklappe: Die Drosselklappe – beim V6-Motor für jede Zylinderreihe eine – sitzt im sogenannten Drosselklappengehäuse direkt vor dem Ansaugkrümmer und ist über den Gaszug mit dem Gaspedal verbunden. Bei der Drosselklappe handelt es sich um eine einfache Klappe, die in einem Lufttrichter im Hauptluftstrom sitzt.
Geber der Drosselklappe: Der Geber funktioniert wie für die CFI-Einspritzanlage beschrieben und gibt die Werte für geschlossene Drosselklappe (Leerlauf) sowie der verschiedenen Drosselklappenstellungen (Lastzustände des Motors) an den EEC-IV-Rechner weiter.
Einspritzventile: Unmittelbar vor den Einlaßventilen jedes Zylinders sitzt das dazugehörige Einspritzventil. Dort wird pro Kurbelwellenumdrehung jeweils die Hälfte der benötigten Kraftstoffmenge gleichzeitig vor die Einlaßventile gespritzt, so daß bei Öffnung eines Einlaßventils (beim Vierzylinder-Motor immer nach zwei Kurbelwellenumdrehungen) die volle Menge Kraftstoff/Luft-Gemisch angesaugt wird.

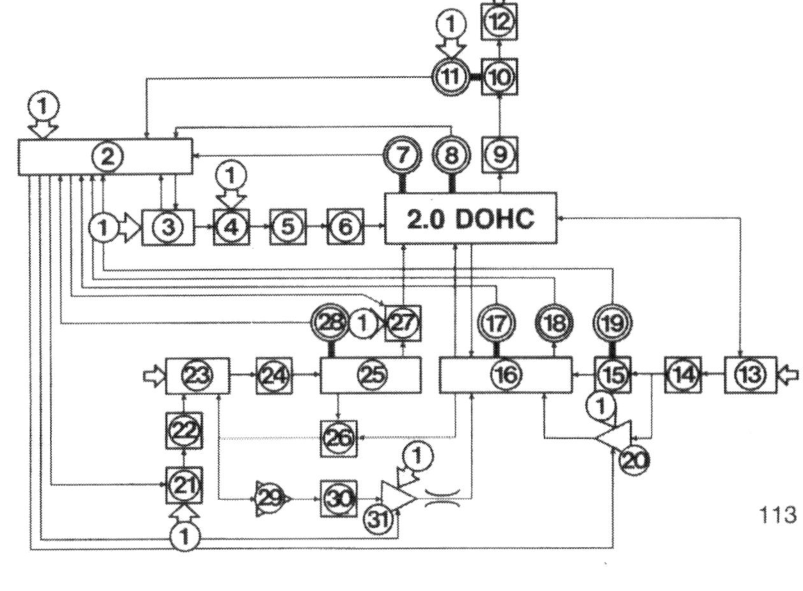

Das EFI-Funktionsschema des DOHC-Motors zeigt das komplizierten Zusammenspiel der einzelnen Bauteile. Es bedeuten:
1 – Stromversorgung; 2 – EEC-IV-Rechner; 3 – TFI-Zündsteuergerät; 4 – Zündspule; 5 – Zündverteiler; 6 – Zündkerzen; 7 – Positionsgeber der Kurbelwelle; 8 – Kühlmittel-Temperatursensor; 9 – Auspuffkrümmer; 10 – Auspuffrohr; 11 – Lambda-Sonde; 12 – Katalysator; 13 – Ansauggeräuschdämpfer; 14 – Ansaugluft-Beruhigungsbox; 15 – Drosselklappengehäuse; 16 – Luftsammelrohr; 17 – Ansaugluft-Temperatursensor; 18 – Unterdrucksensor; 19 – Drosselklappen-Positionsgeber; 20 – Zusatzluftschieber; 21 – Kraftstoffpumpenrelais; 22 – Sicherheitsschalter; 23 – Kraftstofftank mit -pumpe; 24 – Kraftstoffilter; 25 – Kraftstoff-Verteilerrohr; 26 – Kraftstoff-Druckregler; 27 – Einspritzventile; 28 – Kraftstoff-Temperatursensor; 29 – Kraftstoffdampf-Belüftungsventil; 30 – Aktivkohlebehälter; 31 – Magnetventil.

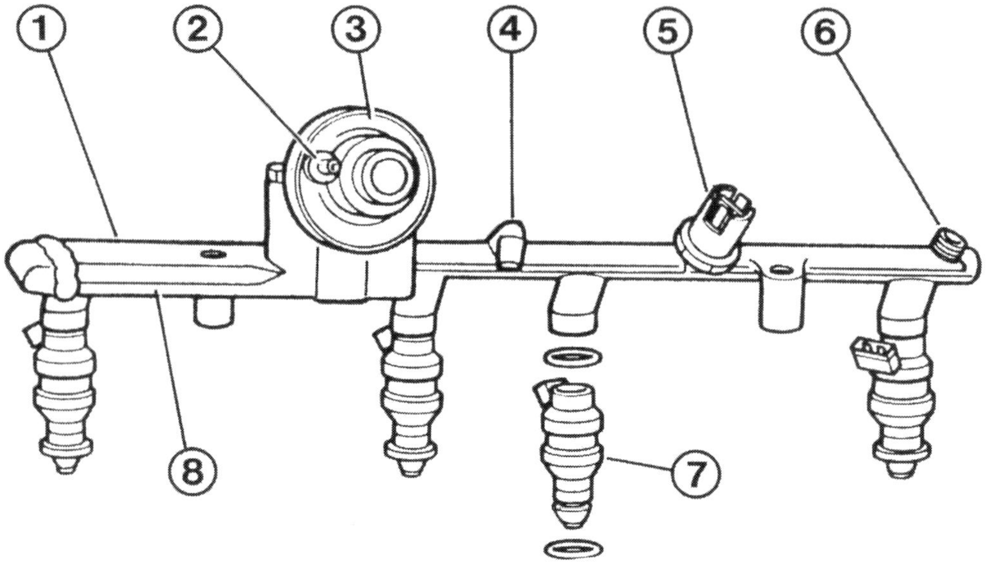

Die Abbildung zeigt das Kraftstoffverteilerrohr des DOHC-Motors. Es bedeuten:
1 – Verteilerrohr;
2 – Unterdruckanschluß;
3 – Kraftstoffdruckregler;
4 – Befestigung für Zündkabelhalter;
5 – Kraftstoff-Temperatursensor;
6 – Kraftstoffzulauf;
7 – Einspritzventil;
8 – Beruhigungsraum.

Den Impuls für die zwei gleich großen Portionen erhalten die elektromagnetischen Ventile genau berechnet vom EEC-IV-Rechner. So erhält jeder Zylinder seine benötigte Einspritzmenge in zwei Schüben, wobei die erste Hälfte der Einspritzmenge in die stehende Ansaugluft vor das geschlossene Einlaßventil gespritzt wird. Bei der nächsten Kurbelwellenumdrehung öffnet das Einlaßventil, und die zweite Hälfte wird in die strömende Ansaugluft gespritzt.

Kraftstoffverteiler: Er verteilt den von der Kraftstoffpumpe über den Kraftstoffilter kommenden Kraftstoff auf die Einspritzventile und dient gleichzeitig als hintere Halterung der Einspritzventile.

Kraftstoff-Temperaturschalter (DOHC- und V6-Motor): Er bewirkt bei Warmstarts in Verbindung mit Signalen anderer Sensoren, daß der EEC-IV-Rechner die Einspritzdauer verändert und so z. B. Heißstarts erleichtert. Der Bimetallschalter schaltet bei einer Kraftstofftemperatur von 85° C ein. Sinkt die Temperatur unter 70° C, schaltet der Temperaturschalter wieder aus.

Druckablaß-Ventil: Der V6-Motor ist am Kraftstoffverteilerrohr zusätzlich mit einem Schrader-Ventil, ähnlich einem Fahrradventil, ausgerüstet, mit dem das Kraftstoffsystem entlüftet werden kann. Durch Drücken des Ventils kann das System außerdem drucklos gemacht werden.

Druckregler: Dieser Regler direkt am Kraftstoffverteiler steuert den Kraftstoffdruck und hält ihn bei allen Lastzuständen des Motors auf 3,0 ± 0,15 bar. Überschüssiger Kraftstoff wird zum Kraftstofftank zurückbefördert. Über einen Unterdruckschlauch ist der Druckregler mit dem Ansaugkrümmer-Oberteil verbunden. So wird der Differenzdruck zwischen Kraftstoffverteiler und Ansaugkrümmer stabilisiert und die Druckverhältnisse an den Einspritzventilen werden dem jeweiligen Lastzustand des Motors angepaßt.

Leerlaufregelventil: Es sitzt am Ansaugrohr des Ansauggeräuschdämpfers (DOHC-Motor) bzw. der Luftkammer (OHC- und V6-Motor) im Gehäuse und regelt den Leerlauf durch einen Luftnebenweg unter Umgehung der Drosselklappe. Dabei steuert der EEC-IV-Rechner das Ventil für gleichmäßigen Leerlauf.

Funktion der EFI-Einspritzanlage

Start: Beim Motorstart gibt der Kühlmittel-Temperatursensor an den EEC-IV-Rechner das Signal zur Gemischanreicherung für den Kaltstart durch Änderung der Öffnungszeit der Einspritzventile. Ebenso geht temperaturabhängig entsprechend der Leerlaufdrehzahl ein Signal an das Leerlaufregelventil.

Warmlauf: Wie bei der CFI-Einspritzanlage werden in der Warmlaufphase die verschiedenen Sensorwerte vom EEC-IV-Rechner zur Ermittlung des Kraftstoffbedarfs (= Öffnungsdauer der Einspritzventile) herangezogen.

Leerlauf: Das EEC-IV-Modul regelt die Leerlaufdrehzahl über das Leerlaufregelventil temperaturabhängig bei allen Lastzuständen, wie z. B. Einlegen einer Fahrstufe des automatischen Getriebes oder Einschalten von Stromverbrauchern.

Die Einspritzdauer durch die Einspritzventile für die Motor-Betriebszustände **Normalbetrieb, Beschleunigen und Vollast** wird wie bei der CFI-Einspritzanlage durch die Werte der einzelnen Sensoren vom EEC-IV-Rechner ermittelt.

Selbsthilfe bei der Einspritzanlage

Allzuviel Selbsthilfe bei der Einspritzanlage ist wegen ihrer engen Verknüpfung mit dem EEC-IV-Rechner leider nicht möglich. Hier darf ein Fehler nicht gefühlsmäßig eingekreist werden, sondern es müssen logisch aufgebaute Tests nacheinander durchgeführt werden, um einen Fehler einwandfrei zu lokalisieren. Dies schließt Wiederholungen von Reparaturen aus.

○ Verweigert der Sierra den Dienst, kontrollieren Sie zuerst, ob die Zündanlage in Ordnung ist.
○ Als nächstes sollten Sie die Kraftstoffversorgung überprüfen (siehe Kapitel »Vom Tank zur Kraftstoffpumpe«).

Allgemeine Störungssuche

Überprüfen Sie folgende Schläuche und ihre Halteschellen auf festen Sitz sowie das Schlauchmaterial auf Risse: Die Schläuche der Motor-Be- bzw. -Entlüftung sowie vom Leerlaufregelventil und MAP-Sensor (Unterdrucksensor) zum Ansaugkrümmer und zum Bremskraftverstärker. Schon geringe Nebenluftmengen können die Gemischaufbereitung empfindlich stören. Das Gemisch magert bei Nebenluft unkontrolliert ab.

● Sind die Dichtungen unter dem Leerlaufregelventil und an den Einspritzventilen in Ordnung, ebenso die Flanschdichtungen des Ansaugkrümmers und seiner Teile?
● Dichtungen des Drosselklappengehäuses in Ordnung?
● Sind an den Kraftstoffleitungen Undichtigkeiten zu erkennen?
● Wurden die Kabelstecker der einzelnen Sensoren mehrfach auseinandergezogen und wieder zusammengesteckt? Unsachgemäßes Auseinanderreißen kann mangelnden Kontakt zur Folge haben.
● Kontakte ausschließlich mit Kontaktspray behandeln.

Fingerzeig: Immer daran denken, daß das System bei stehendem Motor auch noch nach längerer Zeit unter Druck steht. Deshalb an den Montagestellen immer einen Lappen bereithalten.

Leerlaufschwankungen

Wie bereits beschrieben, wird vom Einspritzsystem in Verbindung mit dem EEC-IV-Rechner auch die Leerlaufdrehzahl elektronisch gesteuert, weshalb eine Einstellung nicht mehr erforderlich ist. Die Leerlaufdrehzahl muß beim **DOHC-Motor 875 ± 50/min**, beim **OHC- und V6-Motor 900 ± 50/min** liegen. Eine Einstellung ist nur mit einem speziellen Motortester der Ford-Vertragswerkstatt im Einstellprogramm »Code 60« möglich. Deshalb gehen wir hier nur auf die möglichen Störungen ein, die Sie mit Bordmitteln selbst beseitigen können.

● Sämtliche Luftschläuche kontrollieren, wie unter »Allgemeine Störungssuche« beschrieben.
● Kontrollieren, ob der Gaszug richtig verlegt ist und nicht gehemmt ist oder gar klemmt.
● Geht die Drosselklappe wirklich in die Grundstellung zurück?
● Sitzt das Leerlaufregelventil fest im Ansauggeräuschdämpfer?
● Schmutz und Schwergängigkeit des Regelkolbens beeinträchtigt die Leerlaufdrehzahl. Zum Reinigen Regelventil ausbauen, siehe nächsten Absatz.
● Alle Anschlüsse zu den Einspritzventilen dicht?
● Auch mangelnder Druck im Kraftstoffsystem kann Leerlauf-Drehzahlschwankungen hervorrufen. Hier muß die Werkstatt einen Drucktest durchführen.
● Kontrollieren, ob alle elektrischen Anschlüsse einwandfrei festsitzen und nicht teilweise korrodiert sind. Für weitergehende Kontrollen ist hier wieder ein speziell auf den EEC-IV-Rechner abgestimmter Motortester erforderlich, der zur Fehlersuche entsprechende Codes anzeigt.

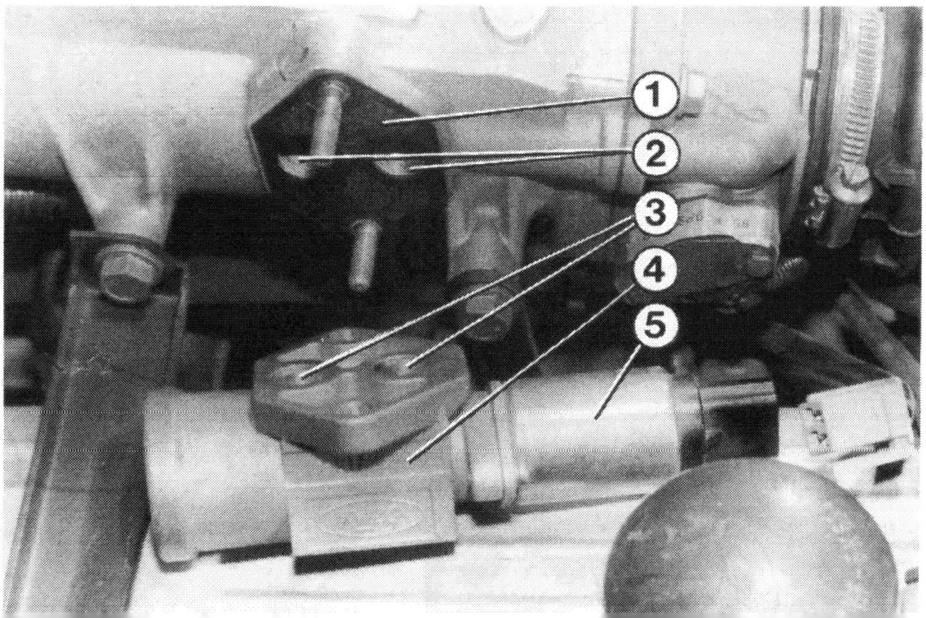

Der demontierte Zusatzluftschieber. Es bedeuten:
1 – Flanschdichtung;
2 – Umgehungsöffnungen der Luftkammer;
3 – Umgehungskanalöffnungen des Zusatzluftschiebers – sie müssen beim Anbau genau mit den Öffnungen der Luftkammer in Deckung liegen;
4 – Zusatzluftschieber;
5 – Magnetschalter.

Fingerzeige: **Wird die Batterie abgeklemmt, werden alle im KAM-Anpassungsspeicher (Keep Alife Memory) des EEC-IV-Rechners gespeicherten Werte gelöscht. Dazu gehören die Werte für Leerlauf, Teillast, Vollast sowie Verzögerung. Dadurch kann es bei Wiederanklemmen der Batterie zu Stottern, Aussetzern beim Beschleunigen und zu unrundem Leerlauf kommen.**
Deshalb sollte, wenn die Batterie wieder angeklemmt wurde, der Motor zunächst auf Betriebstemperatur gebracht werden. Nach ca. dreiminütigem Leerlauf dann die Drehzahl auf 1200/min erhöhen und den Motor so weitere zwei Minuten laufen lassen. Durch diesen Vorgang kann der Rechner die Leerlaufwerte wieder neu speichern.
Damit dem EEC-IV-Rechner ein Lernprozeß zur Wiederaufnahme aller Betriebswerte ermöglicht wird, kann eine Testfahrt erforderlich werden. Im Normalfall reicht eine Strecke von 8 km mit unterschiedlichen Fahrsituationen. Alle weiteren Problemfälle sollten von der Ford-Werkstatt behoben werden.

Prüfen der einzelnen Bauteile

Hier sind die Prüfungen für Bauteile der Einspritzanlage beschrieben, die dem Selbermacher mit einfachen Meßinstrumenten und Werkzeug möglich sind. Alles andere gehört in die Hände der Ford-Werkstatt.

Luftmengenmesser

- Ansaugluftschlauch von der Einlaßseite des Luftmengenmessers abbauen (Schraubschelle).
- Mit dem Finger oder Schraubendreher in den Lufteinlaß des Luftmengenmessers fahren und prüfen, ob sich die Stauklappe leicht bewegen läßt.
- Falls die Klappe schwergängig ist oder der Luftmengenmesser verölt ist, die Verschmutzung mit Benzin reinigen.
- Beim Einbau auf korrekten dichten Sitz des Faltenbalgs achten.

Leerlaufregelventil

- Motor im Leerlauf drehen lassen.
- Durch Einschalten aller Verbraucher muß die Leerlaufdrehzahl einen Moment schwanken und sich dann auf den vorgeschriebenen Wert einregulieren.
- Wird die Steckverbindung abgezogen muß der Motor absterben, sonst muß das Ventil komplett ersetzt werden, da es nicht eingestellt werden kann.

Leerlaufregelventil ausbauen

- Steckverbindung zum Leerlaufregelventil trennen.
- Beide Schrauben am Flansch lösen und Ventil abnehmen.
- Vorderteil des Ventils in ein mit sauberem Kraftstoff gefülltes Gefäß stellen und einige Zeit »einweichen« lassen.
- Mit einem nicht flusenden Lappen Dichtung und Flansch vorsichtig reinigen. Dabei auch Ventilbohrung auf Verschmutzung kontrollieren. Aufpassen, daß keine Stoffasern in die Bohrungen des Ventils gelangen.
- Anschließend Ventil nochmals sorgfältig auswaschen und ggf. mit Preßluft ausblasen.
- Ventil ggf. mit neuer Dichtung einbauen.
- Leerlaufdrehzahl kontrollieren. War die Batterie abgeklemmt, siehe Fingerzeige oben.

Stecker der Einspritzanlage abziehen

Die Mehrfachstecker bei den einzelnen elektrischen Bauteilen bei der Einspritzanlage sind beim Sierra mit einer Drahtfedersicherung versehen, die ein Losschütteln der Steckverbindung verhindert.

- Sicherungsbügel niederdrücken.
- Stecker abziehen, dabei am Stecker, nicht am Kabel ziehen.
- Beim Aufstecken den Stecker einfach aufdrücken, bis der Sicherungsbügel spürbar einrastet.

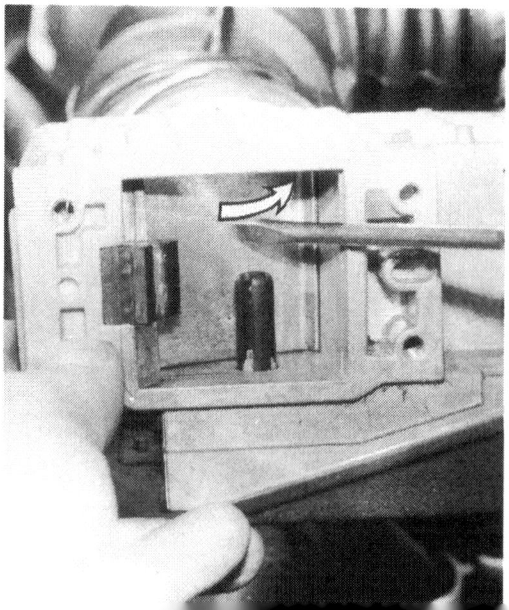

Bei schlechter Motorleistung kann die Ursache an einer verdreckten und klemmenden Stauklappe des Luftmengenmessers (falls eingebaut) liegen. Mit einem Schraubendreher die Leichtgängigkeit kontrollieren, dabei aber darauf achten, daß der Thermofühler für die Ansauglufttemperatur nicht beschädigt wird.

Die Luftkammer (5) des DOHC-Motors, darunter das Kraftstoff-Verteilerrohr (8). Es bedeuten:
1 – Kraftstoff-Druckregler mit Unterdruckanschluß;
2 – Kurbelgehäuse-Entlüftung;
3 – Ansaugluft-Temperatursensor;
4 – Leitung zum Unterdrucksensor der Ansaugluft;
6 – Kraftstoffzulauf;
7 – Kraftstoff-Temperatursensor.

Einspritzventile

Besteht der Verdacht, daß eines der Einspritzventile nicht funktioniert, können Sie zunächst versuchen, das defekte Ventil durch Fühlen mit der Hand ausfindig zu machen. Das nicht funktionierende Ventil vibriert bei laufendem Motor nicht – im Gegensatz zu den anderen. Der Test sollte jedoch bei kaltem Motor gemacht werden.

● **Spannungsprüfung:** Stecker eines Einspritzventils abziehen, LED-Spannungsprüfer (keine Prüflampe) am Stecker anschließen.

● Motor starten: Die Leuchtdioden im Spannungsprüfer müssen flackern, sonst ist keine Versorgungsspannung da oder das Steuergerät defekt. Dann ist ein Werkstattbesuch angesagt, denn ein normales Meßgerät ist für eine solche Kontrolle nicht geeignet.

● **Widerstandsmessung:** Stecker am Einspritzventil abziehen, Ohmmeter an den beiden Kontakten des Ventils anschließen.

● Bei 20°C muß der Widerstandswert zwischen 15 und 17 Ω liegen.

● Bei stark abweichenden Werten muß das Ventil ersetzt werden.

● **Dichtheitsprüfung:** Kraftstoffverteilerrohr samt Einspritzventilen ausbauen, nachfolgend unter »Einspritzventile ausbauen« beschrieben.

● Alle Stecker von den Einspritzventilen abziehen – die Kraftstoffleitungen bleiben angeschlossen.

● Von einem Helfer den Motor einige Male mit dem Anlasser durchdrehen lassen, damit die Kraftstoffpumpe anläuft und im Kraftstoffsystem Druck aufbauen kann.

● Einspritzventile beobachten.

● Es darf pro Ventil höchstens ein Kraftstofftropfen abtropfen. Sonst Ventil austauschen.

● **Spritzstrahl prüfen:** Kraftstoffverteilerrohr samt Einspritzventilen ausbauen.

● Von den nicht zu prüfenden Ventilen die Stecker abziehen – die Kraftstoffleitungen bleiben bei allen Ventilen angeschlossen.

● Unter das zu prüfende Ventil ein Gefäß halten.

● Motor mit dem Anlasser durchdrehen lassen.

● Am Ventil muß der Kraftstoff kegelförmig abgespritzt werden.

● Prüfung gegebenenfalls an den übrigen Ventilen wiederholen.

Auf der Drosselklappenwelle (3) sitzt gegenüber dem Drosselklappenhebel (4) das Drehpotentiometer (1) für die Stellung der Drosselklappe (2).

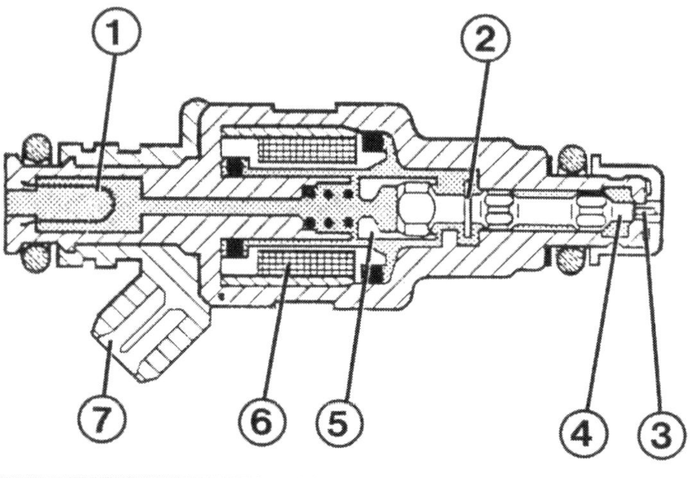

Die Schnittzeichnung eines Einspritzventils zeigt:
1 – Kraftstoffilter;
2 – Anschlagring;
3 – Spritzzapfen;
4 – Düsennadel;
5 – Magnetanker;
6 – Magnetwicklung;
7 – Steckeranschluß.

Einspritzventile ausbauen

OHC-Motor

- Massekabel der Batterie abklemmen.
- Zündkabel von der Zündspule abziehen.
- Verteilerkappe von Zündverteiler abbauen und seitlich so ablegen, daß die weiteren Arbeiten nicht behindert werden.
- Steckverbindungen von Leerlaufregelventil, Drosselklappengeber und Kühlmittel-Temperatursensor abziehen.
- Unterdruckanschluß vom Druckregler abbauen.
- Kraftstoffleitung am Druckregler vorsichtig lösen, damit der Druck im System entweichen kann (Lappen bereithalten!). Danach Kraftstoffleitung abbauen.
- Druckregler abbauen.
- Verteilerrohr lösen (drei Schrauben) und mit Einspritzventilen und Kabelstrang abnehmen.
- Stecker von den einzelnen Einspritzventilen abziehen, die Halteklammern abnehmen und Ventile aus dem Kraftstoffverteiler ziehen.

DOHC-Motor

- Massekabel der Batterie abklemmen.
- Kraftstoffleitung vorsichtig am Kraftstoffverteiler lösen und den Druck im System entweichen lassen. Dann Kraftstoffleitung abbauen.
- Kraftstoffrücklaufleitung vom Druckregler abbauen.
- Unterdruckleitung vom Druckregler abziehen.
- Steckverbindungen von Kraftstoff-Temperatursensor und Einspritzventilen abziehen.
- Kraftstoffverteilerrohr abbauen (zwei Schrauben) und mit Einspritzventilen abnehmen.

V6-Motor

- Massekabel der Batterie abklemmen.
- Luftansaugkanäle vom Drosselklappengehäuse abbauen.
- Schub-/Zugstange vom Drosselklappengehäuse abnehmen.
- Widerlager des Gaszugs abbauen.
- Stecker von den Sensoren für Drosselklappenstellung, Ansauglufttemperatur, Kühlmitteltemperatur und vom Leerlaufregelventil ziehen.
- Unterdruckleitungen vom Druckregler, Drosselklappengehäuse, Luftkammer und Kurbelgehäuse-Belüftungsventil abziehen.
- Flansch der Rohrverbindung zum Ventil der Abgasrückführung am Drosselklappengehäuse lösen.

Wie bei der CFI-Einspritzung wird auch bei der EFI-Einspritzung ein Unterdrucksensor (1) zur optimalen Gemischbildung und Zündverstellung eingesetzt. Er ist, wie hier beim V6-Motor, mit zwei Kreuzschlitzschrauben (2) ans Windlaufblech geschraubt. Wichtig für die Funktion ist die einwandfreie Unterdruck- (3) und Steckverbindung (4).

Die Montage und Einstellung eines neuen Gaszugs (links DOHC-, rechts V6-Motor) ist bei allen Motoren nahezu gleich. Nach Abheben der Sicherungsklammer (Pfeil) kann der alte Zug abgebaut werden. Zum Einstellen des neuen Zugs die Einstellschraube (2) so weit aus dem Widerlager (1) herausdrehen, bis die Vollgasstellung bei getretenem Gaspedal am Drosselklappenhebel gerade erreicht wird.

- Luftkammer abbauen (sechs TORX-Schrauben).
- Stecker von den Einspritzventilen abziehen.
- Druck im Kraftstoffsystem entweichen lassen. Dazu Druckablaßventil betätigen (bei warmem Motor mehrmals).
- Kraftstoffzulauf am Kraftstoffverteiler abbauen. Das ist nur mit dem Ford-Werkzeug 23-023A möglich, da es sich um einen Spezialverschluß handelt.
- Neuere Fahrzeuge sind mit einem normalen Anschluß ausgerüstet.
- Kraftstoffrücklauf am Druckregler abbauen.
- Kraftstoffverteiler lösen (vier Schrauben) und vorsichtig vom Motor abheben.
- Einspritzventile durch Lösen der Halteklammern abziehen.

Fingerzeige: Auch wenn nur ein Einspritzventil ausgebaut wurde, müssen die oberen und unteren Dichtringe bei allen Einspritzventilen erneuert werden.
Beim Ersatzteilkauf unbedingt auf gleiche Kennummer des Einspritzventils achten.
Zum leichteren Einsetzen der Ventile die Dichtringe mit Vaseline oder Getriebeöl SAE 90 einfetten.
Bevor der Motor gestartet wird, die Zündung ein paar Mal ein- und ausschalten, um Druck im Kraftstoffsystem aufzubauen. Danach das System auf Undichtigkeiten untersuchen.

Der Gaszug

Alles Wissenswerte über den Betätigungszug für die Drosselklappe ist im Kapitel »Der Vergaser« beschrieben. Auch die Einstellung des Zugs ist mit der Einstellung für Vergaser-Motoren identisch.

Störungsbeistand

EFI-Benzineinspritzung

Die Störung	– ihre Ursache	– ihre Abhilfe
A Kalter Motor springt nicht oder schlecht an	1 Versorgungsrelais defekt	Überprüfen, siehe Kapitel »Instrumente und Geräte« unter »Die Schaltrelais«, ggf. austauschen
	2 Kraftstoffpumpe fördert nicht oder ungenügend	Siehe Kapitel »Vom Tank zur Kraftstoffpumpe«
	3 Druckregler defekt	Druck messen lassen
	4 Leerlaufregelventil verschmutzt bzw. schwergängig	Reinigen, ggf. auswechseln
	5 Unterdrucksystem undicht	Sämtliche Schlauchleitungen überprüfen
	6 Impulsluft- bzw. Lufteinblassystem undicht	System überprüfen
	7 Kraftstoffsystem undicht	Systematisch durchprüfen
	8 Elektrische Anschlüsse im System locker	Entsprechende Steckverbindungen der Sensoren kontrollieren
	9 Zündanlage defekt	Zündsystem kontrollieren (lassen)
	10 EEC-IV-Rechner defekt	Überprüfen lassen
B Warmer Motor springt nicht oder schlecht an	1 Siehe A 1–10	
	2 Kraftstoffdruck bei warmem Motor zu niedrig	Druck messen lassen

Die Störung	– ihre Ursache	– ihre Abhilfe
B Warmer Motor springt nicht oder schlecht an (Fortsetzung)	3 Ein oder mehrere Einspritzventile undicht, Öffnungsdruck zu niedrig	Prüfen (lassen)
	4 Kühlmittel-Temperatursensor defekt	Überprüfen lassen
	5 Gaszug klemmt	Einstellen, ggf. auswechseln
	6 Luftfiltereinsatz verschmutzt	Überprüfen, ggf. auswechseln
	7 Druckregler bzw. Kraftstoffverteiler undicht	Überprüfen und ggf. auswechseln lassen
C Motor springt an, stirbt aber wieder ab	1 Siehe A 3, 5 und 8	
	2 Siehe B 2 und 6	
	3 Drosselklappengeber defekt	Überprüfen lassen
D Kalter Motor schüttelt im Leerlauf	1 Siehe A 5–9	
	2 Siehe B 3 und 4	
	3 Siehe C 3	
E Warmer Motor schüttelt im Leerlauf	1 Siehe A 3–10	
	2 Siehe B 3, 4 und 6	
	3 Siehe C 3	
F Motor stottert, hat Aussetzer	1 Siehe A 7–10	
	2 Siehe B 2 und 7	
	3 Kraftstoffpumpe fördert ungleichmäßig	Fördermenge messen lassen
G Motorleistung ungenügend	1 Siehe A 3–10	
	2 Siehe B 2–4 und 7	
	3 Drosselklappe geht nicht in Vollgasstellung	Gaszug einstellen
H Kraftstoffverbrauch zu hoch	1 Siehe A 7	
	2 Siehe B 6	
I Motoraussetzer im Fahrbetrieb	1 Siehe A 7 und 6	
	2 Kraftstoffpumpe fördert ungleichmäßig	Elektrik überprüfen, ggf. Fördermenge messen lassen

Scheibenpresse

Um den Motor beim Anfahren mit dem Antriebsstrang des Wagens zu verbinden, wird die Kupplungsscheibe als Bindeglied zwischen Motor und Getriebe zwischen zwei Scheiben eingepreßt und so die gesamte Kraft des Motors, zunächst noch schleifend und dann allmählich kraftschlüssig ans Getriebe und weiter auf die Antriebsräder übertragen. Beim Schalten muß sie den Motor wieder vom Getriebe trennen, denn nur ein unbelastetes Getriebe läßt sich schalten.

Funktion der Kupplung

Die Übertragung der Antriebskraft des Motors auf das Getriebe geschieht durch Reibung. Zu den Teilen der Kupplung gehören:

○ Die **Schwungscheibe** am Motor als die eine Anlagefläche;
○ die **Kupplungsdruckplatte** als die zweite Anlagefläche, die gegen die Schwungscheibe drückt.
○ Dazwischen befindet sich als Reibpartner die **Mitnehmerscheibe**. Sie sitzt auf der Eingangswelle des Getriebes.
○ Weiterhin gehört noch das **Ausrücklager** dazu.

Durch den Tritt auf das Kupplungspedal wird über den Kupplungszug der Ausrückhebel mit der Ausrückgabel betätigt. Die Ausrückgabel drückt das Ausrücklager auf der Ausrückwelle gegen die tortenförmig eingeschnittene Tellerfeder der Kupplungsdruckplatte. Mit mehr und mehr getretenem Kupplungspedal überwindet das Ausrücklager die Federkraft der Tellerfeder, die Druckplatte wird entlastet und bei völlig durchgetretenem Pedal zurückgezogen. Die Mitnehmerscheibe kann nun im Raum dazwischen frei umlaufen – es ist ausgekuppelt.
Beim Einkuppeln drückt die Tellerfeder der Druckplatte die Mitnehmerscheibe wieder gegen das Motorschwungrad. Zum sanften Übertragen der Kräfte muß dies langsam geschehen. Die Anlageflächen schleifen also eine gewisse Zeit aufeinander, ehe die Reibung wieder so groß ist, daß die Motorleistung vollständig auf das Getriebe übertragen wird.

Die Kupplungs-Lebensdauer

Jedes Einkuppeln bewirkt, daß die Beläge der Mitnehmerscheibe der Kupplung an ihren Gegenreibflächen schleifen und dabei heiß werden. Besonders verschleißfördernd ist hierbei das Anfahren mit hoher Motordrehzahl – Kavalierstart genannt –, Anfahren im 2. Gang, Herummogeln an Kreuzungen im 2. oder 3. Gang mit teilweise getretenem Kupplungspedal oder das In-der-Waage-halten an einer Steigung mit Kupplungs- und Gaspedal.

Auskuppeln beim Halt an der Kreuzung?

Recht verbreitet ist die Angewohnheit, mit eingelegtem 1. Gang und durchgetretenem Kupplungspedal an der roten Ampel zu warten. Mancher fürchtet, den Gang nicht gleich einlegen zu können, wenn die grüne Ampel den Weg freigibt. Wenn auch kein direkter oder sofort meßbarer Schaden entsteht, so beansprucht das Auskuppeln

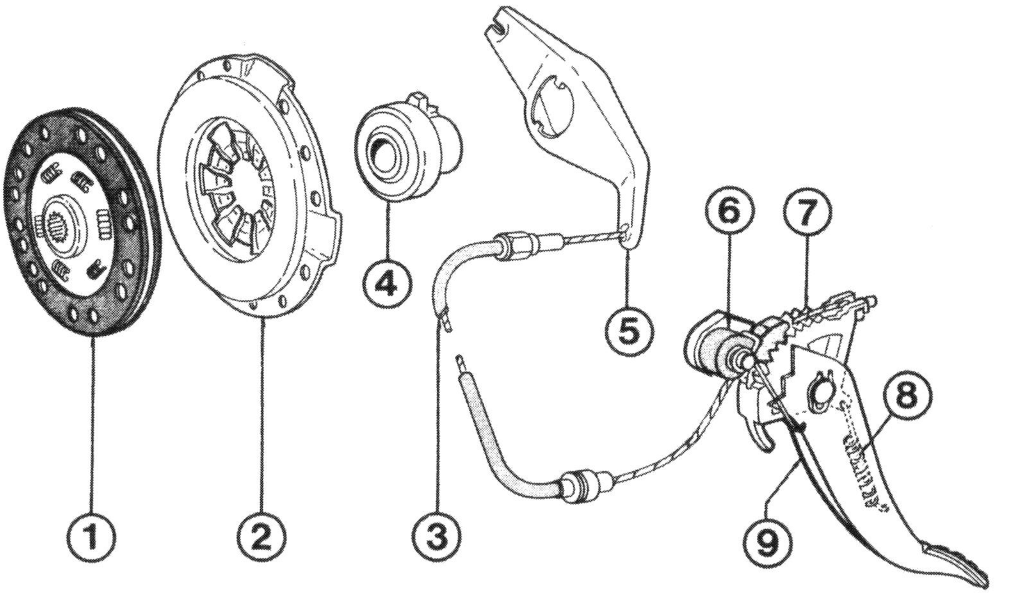

Die Einzelteile der Kupplung. Es bedeuten:
1 – Mitnehmerscheibe;
2 – Kupplungsdruckplatte;
3 – Kupplungszug;
4 – Kupplungsdrucklager (Ausrücklager);
5 – Ausrückhebel (Kupplungsschwinge);
6 – Raste der Nachstellautomatik;
7 – Zahnsegment der Nachstellautomatik;
8 – Zugfeder des Zahnsegments;
9 – Kupplungspedal.

doch das Ausrücklager und bewirkt so wieder Verschleiß. Je öfter und länger das vor den vielen Ampeln geschieht, desto früher ist dieses Lager verschlissen.

Kupplung prüfen

Die Abnutzung der Mitnehmerscheibe läßt sich im eingebauten Zustand nicht erkennen. Das erste Anzeichen für Verschleiß ist, wenn die Kupplung durchrutscht.
Eine schleifende Kupplung bemerken Sie beim Fahren zuerst im höchsten Gang unter Last. Der Motor dreht hoch, ohne daß die Fahrgeschwindigkeit in gleichem Maß zunimmt. Einen gewissen Aufschluß kann die nachstehend beschriebene Prüfmethode geben, die Sie aber nur gelegentlich anwenden sollten.

Schleift die Kupplung?

- Handbremse anziehen und Motor starten.
- 3. Gang einlegen, langsam einkuppeln und Gas geben.
- Bei einwandfrei haltender Handbremse müßte der Motor abgewürgt werden.
- Dreht er durch, wird ein Kupplungstausch fällig, da die Nachstellautomatik, vorausgesetzt sie funktioniert einwandfrei, am Ende ihres Nachstellspiels angelangt ist.

Trennt die Kupplung richtig?

Wird der Schaltvorgang von kratzenden oder krachenden Geräuschen untermalt, dann trennt die Kupplung nicht mehr richtig. Um sicherzugehen, daß es nicht am Getriebe liegt, macht man die Probe mit dem nicht synchronisierten Rückwärtsgang:

- Motor im Leerlauf drehen lassen.
- Kupplungspedal voll durchtreten, etwa drei Sekunden warten, dann Rückwärtsgang einlegen.
- Kratzt es hierbei, trennt die Kupplung nicht mehr sauber – die Mitnehmerscheibe läuft also nicht ganz frei.
- Nachstellautomatik auf Funktion kontrollieren.
- Prüfung nochmals durchführen. Kratzt es immer noch, sollten Sie den Störungsbeistand am Ende des Kapitels zu Hilfe nehmen.

Das Kupplungspedalspiel

Zwischen den Teilen der Kupplungsübertragung muß ein gewisser Abstand verbleiben, solange das Pedal nicht niedergedrückt wird.
○ Dieses Spiel muß so groß sein, daß das Ausrücklager nicht unter verschleißförderndem Druck steht. Je stärker das Ausrücklager durch die Kraft der Tellerfeder der Druckplatte belastet wird, um so geringer wird die Reibungskraft der Mitnehmerscheibe. Es besteht also die Gefahr, daß die Kupplung durchrutscht.
○ Wenn das Spiel zu groß ist, geht etwas vom normalen Kupplungsweg verloren. Dann wird die Kupplung beim Niederdrücken des Pedals nicht ganz getrennt.
Die Kupplung ist so konstruiert, daß das Spiel mit fortschreitender Abnutzung der Kupplungsbeläge kleiner wird. Durch die verschleißende und dünner werdende Mitnehmerscheibe wandert die federbelastete Druckplatte näher zur gegenüberliegenden Reibfläche der Schwungscheibe. Die Druckplatte nähert sich dem Ausrücklager. Liegt das Lager ohne Spiel an der Ausrückgabel an, so stützt sich die Tellerfeder der Druckplatte gegen das Ausrücklager ab. Statt die Mitnehmerscheibe gegen die Anlageflächen von Schwungscheibe und Druckplatte zu pressen, wird die Feder entlastet und die Reibungskraft geringer, die Kupplung rutscht durch.

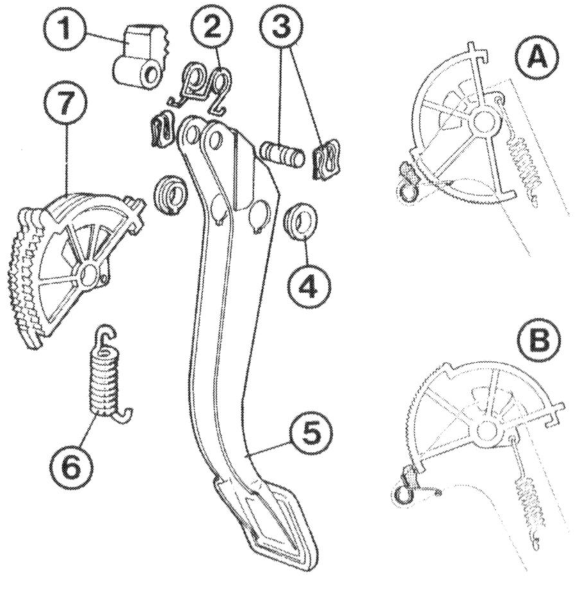

Teilezeichnung des Kupplungspedals. Die Teile:
1 – Raste der Nachstellautomatik;
2 – Spannfeder der Raste;
3 – Haltebolzen mit Sicherungsklammer;
4 – Lagerbüchsen;
5 – Kupplungspedal;
6 – Zugfeder des Zahnsegments;
7 – Zahnsegment der Nachstellautomatik.

Nachstellautomatik der Kupplung

Grundfunktion der Nachstellautomatik ist, daß bei zunehmendem Kupplungsbelagverschleiß der Seilzug nachgestellt werden muß. Das wird durch automatische Verkürzung des Seilzugs erreicht:

○ Ein Zahnsegment mit Raste, im Drehpunkt des Kupplungspedals gelagert, hält den Kupplungszug durch eine Zugfeder im Hebel des Kupplungspedals auf Spannung.

○ Bei entsprechendem Kupplungsverschleiß greift eine Raste beim Betätigen des Kupplungspedals in den nächsten Zahn des Zahnsegments und hält so den Zug stets gleich gespannt.

Kupplungszug ersetzen

● Wagen aufbocken bzw. links anheben.

● Unter dem Fahrzeug die Gummimanschette aus der Aussparung der Kupplungsglocke ziehen.

● Seilzug aus der Ausrückschwinge der Kupplung aushängen.

● Ist noch Spannung auf dem gerissenen Zug, den Seilzug in Richtung der Schwinge ziehen und den Nippel an der Schwinge aushängen. Vorher muß am Kupplungspedal die Raste der Nachstellautomatik vom Zahnsegment abgehoben werden, damit der Zug entspannt wird und Länge bekommt.

● Dazu das Kupplungspedal nach hinten ziehen, um die Raste der Nachstellautomatik aus dem Zahnsegment zu lösen. Am besten einen Klotz unter das Pedal klemmen.

● Verzahnung nach vorne drehen, damit das Kupplungsseil aus dem Segment ausgehängt werden kann.

● Dann das Zahnsegment nach hinten schwenken lassen und den Seilzug durch die Aussparung zwischen Pedal und Nachstellautomatik herausziehen.

● Nach Aushängen des Zugs am Getriebe die Gummimanschette vom Seilzug abziehen.

● Kupplungszug mit Umhüllung vom Motorraum her aus der Stirnwand ziehen.

● Beim Einbau den Kupplungszug zuerst durch die Stirnwand führen und in die Nachstellautomatik einhängen.

● Zur Grundeinstellung des Seilzugs muß das Kupplungspedal mehrmals getreten werden, dabei gleich auf richtige Funktion der Nachstellautomatik achten.

Fahren mit gerissenem Kupplungszug

Zumindest ein nahes Ziel oder die nächste Werkstatt kann man auch ohne Kupplungsbetätigung erreichen. Bei feinfühligem Umgang mit Gaspedal und Schalthebel können Sie sogar hoch- bzw. herunterschalten.

Anfahren: Motor abstellen, 1. Gang einlegen und Anlasser betätigen. Der Sierra ruckelt los und setzt sich mit anspringendem Motor in Bewegung. Wer während der Fahrt nicht schalten will, fährt auf diese Weise in der Ebene im 2. Gang an.

Hochschalten: Im 1. Gang mit dem Anlasser anfahren. 1. Gang nur knapp über Leerlaufdrehzahl hinausdrehen (ca. 1000/min). Gas etwas zurücknehmen, Schalthebel in Leerlaufstellung ziehen. Gaspedal loslassen und den Schalthebel mit leichter Hand in Richtung des 2. Gangs drücken. Bei richtiger Motor- und Getriebedrehzahl rutscht der Gang fast von selbst hinein. Wenn Sie zu lange gewartet haben, müssen Sie ein klein wenig Gas geben, damit sich die Fahrstufe ohne Zähneknirschen einlegen läßt. Hat es nicht geklappt, halten Sie nochmals an und versuchen das Ganze von neuem. In die weiteren Gänge wird auf die gleiche Weise hochgeschaltet. Am

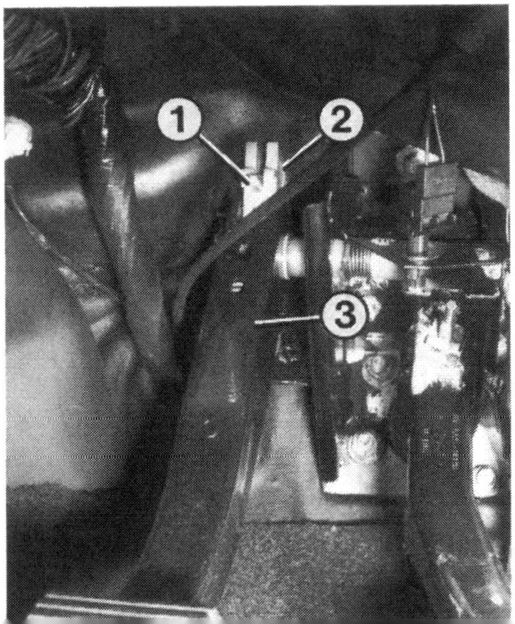

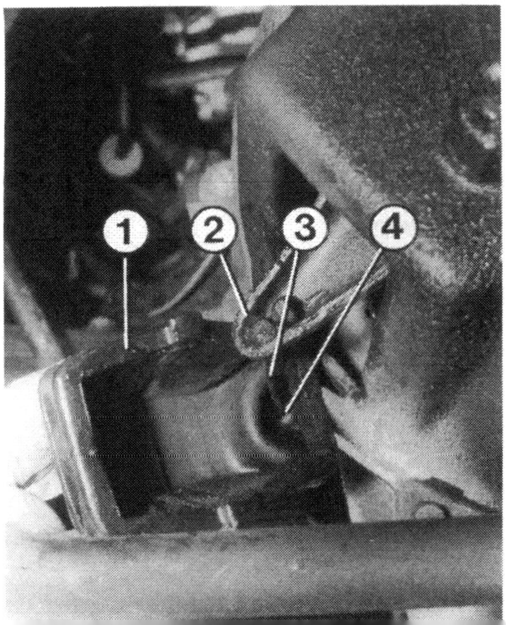

**Links: Der Blick auf das Kupplungspedal (3) zeigt bei »2« das Zahnsegment der Nachstellautomatik, in das das Kupplungsseil (1) eingehängt ist.
Rechts: Um an die Kupplungsschwinge (2) zu gelangen, muß zunächst die Schutzmanschette (1) an der Getriebeöffnung abgezogen werden. Von Zeit zu Zeit sollte der Kupplungszug (3) bei Position »4« geschmiert werden, damit die Kupplungsbetätigung leichtgängig bleibt.**

leichtesten geht es in sehr niedrigen Geschwindigkeiten: In den 2. Gang bei höchstens 20 km/h, in den 3. bei 30 km/h, in den 4. bei 40 km/h und in den 5. bei 50 km/h.

Gang herausnehmen: Gas wegnehmen und Schalthebel in Richtung Leerlauf drücken. Bei schiebendem Wagen evtl. ein klein wenig Gas geben, falls der Gang »klemmt«.

Herunterschalten: Hierbei muß die Motordrehzahl angehoben werden, damit sich der nächstniedrige Gang einlegen läßt. Fuß leicht vom Gas, Gang herausnehmen, behutsam Gas zugeben und gleichzeitig den Schalthebel in Richtung des neuen Gangs drücken. Bei richtiger Motordrehzahl rutscht der Gang fast ohne Nachdruck hinein. Auch das Herunterschalten geschieht wieder am besten bei niedrigen Drehzahlen und Geschwindigkeiten.

Kupplung aus- und einbauen

- Getriebe ausbauen (siehe folgendes Kapitel).
- Soll die alte Kupplung wieder eingebaut werden, Druckplatte und Schwungscheibe mit einem Ritzer markieren, damit sie wieder in der alten Lage zusammengebaut werden können.
- Druckplatte gleichmäßig über Kreuz vom Schwungrad lösen. Dazu ggf. einen Schraubendreher als Arretierung in die Verzahnung der Schwungscheibe stecken.
- Druckplatte und Mitnehmerscheibe abnehmen.
- Schwungscheibe mit Druckluft sauberblasen oder mit einem benzingetränkten Lappen abwischen.
- Alte Druckplatte nur dann wieder einbauen, wenn die Nietverbindungen fest sind.
- Die Anlagefläche zur Mitnehmerscheibe darf keine Risse oder Brandstellen zeigen.
- Innenverzahnung der Mitnehmerscheibe mit etwas MoS_2-Puder schmieren.
- Mitnehmerscheibe und Druckplatte in die Schwungscheibe einsetzen, dabei muß die flache Seite zum Schwungrad zeigen.
- Mitnehmerscheibe mit einem passenden Dorn zentrieren.
- Halteschrauben der Druckplatte über Kreuz anziehen (Schrauben mit Flanschkopf 25–33 Nm; Schrauben mit Unterlegscheiben 20–25 Nm).

Fingerzeige: Beim Austausch einzelner Kupplungsteile müssen Sie sich vergewissern, ob Ihr Sierra mit einer Kupplung alter oder neuer Bauart ausgerüstet ist. Kupplungen neuer Bauart sind mit dem Aufdruck »Low Lift« gekennzeichnet.

Teile der beiden unterschiedlichen Kupplungsbauarten sind nicht austauschbar. Auch der Umbau von alter auf neue Bauart ist nicht möglich.

Neue Kupplungsbeläge liegen wegen ihrer rauhen Oberfläche nicht gleich auf der gesamten Reibfläche an. Sie müssen deshalb eingefahren werden, um sich ihren Gegenreibflächen anzupassen. Das soll durch gefühlvolles und nicht etwa durch hartes Einkuppeln oder gar Schleifenlassen geschehen.

Ausrücklager ersetzen

Hierzu muß ebenfalls das Getriebe ausgebaut werden. Das Ausrücklager ist in der Ausrückgabel frei beweglich gelagert und kann so auf der Kupplungs- oder Hauptwelle hin und her gleiten.

- Nach Aushängen des Lagers aus der Ausrückgabel kann es von der Welle gezogen werden.
- Wird das alte Lager wieder eingebaut, darf es nicht ausgewaschen werden; lediglich abwischen.
- Sämtliche Lager- und Berührungsstellen mit MoS_2-Paste bestreichen.

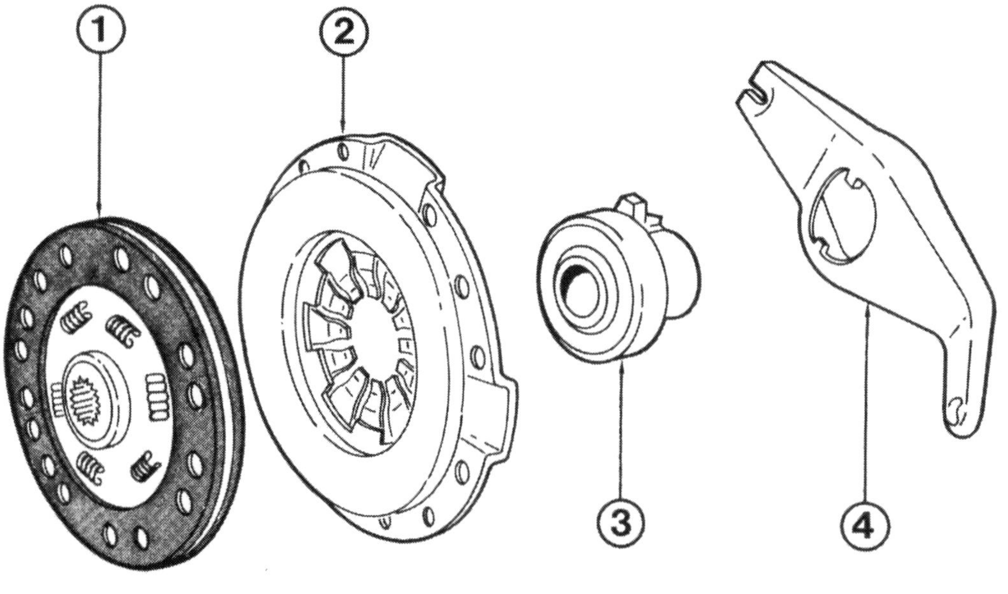

Das Ausrücklager (3), auch Kupplungsdrucklager genannt, gibt beim Tritt auf das Kupplungspedal den Druck der Kupplungsschwinge an die Membranfeder der Kupplungsdruckplatte (2) weiter und trennt so die Reibscheibe (1) von Schwungscheibe und Druckplatte.

Fingerzeig: In der Praxis hat es sich gezeigt, daß ein Ausrücklager kaum länger hält als die Mitnehmerscheibe. Der gleichzeitige Austausch ist daher durchaus sinnvoll, sonst wird bald die nächste Reparatur an der Kupplung notwendig.

Störungsbeistand

Die Störung	– ihre Ursache	– ihre Abhilfe
A Kupplung rutscht	1 Nachstellautomatik defekt	Auswechseln, ggf. neuen Kupplungszug einbauen
	2 Kupplungsbeläge abgenutzt	Mitnehmerscheibe ersetzen
	3 Anpreßdruck der Kupplung zu gering	Kupplungsdruckplatte ersetzen
	4 Belag verölt	Mitnehmerscheibe und defekte Getriebe- oder Kurbelwellendichtung ersetzen
	5 Kupplung wurde überhitzt	Defekte Teile ersetzen
B Kupplung trennt nicht	1 Siehe A 1	
	2 Kupplungsseil angerissen	Auswechseln
	3 Mitnehmerscheibe klemmt auf Getriebewelle	Getriebe ausbauen, Kerbverzahnung mit Drahtbürste gründlich reinigen. Anschließend mit Moly-Paste oder -Spray schmieren
	4 Mitnehmerscheibe hat Schlag	Mitnehmerscheibe ersetzen
	5 Mitnehmerscheibe verzogen oder Belag gebrochen	Mitnehmerscheibe ersetzen
	6 Belag nach sehr langer Standzeit an Schwungscheibe festgerostet	Anfahren, wie unter »Fahren mit gerissenem Kupplungszug« beschrieben. Kupplung dauernd durchtreten. Gaspedal ruckartig durchtreten und loslassen, um die Kupplung loszubrechen. Andernfalls ausbauen
C Kupplung trennt nicht und rutscht gleichzeitig durch	Kupplungsdruckplatte defekt	Druckplatte auswechseln
D Kupplung rupft	1 Siehe A 3	
	2 Motor oder Getriebeaufhängung defekt	Motor- oder Getriebelager ersetzen
	3 Unebenheiten auf der Anlagefläche von Schwungscheibe oder Druckplatte	Defektes Teil ersetzen
	4 Falsche Beläge	Mitnehmerscheibe ersetzen
	5 Seilzug hakt bzw. klemmt	Seilzughülle um ca. 180° drehen, dann Pedal mehrmals betätigen. Falls keine Besserung spürbar ist, Kupplungsseil erneuern
E Kupplungsgeräusche	1 Unwucht der Kupplungsdruckplatte bzw. Mitnehmerscheibe	Kupplungsdruckplatte bzw. Mitnehmerscheibe ersetzen
	2 Torsions-Dämpferfeder defekt	Mitnehmerscheibe ersetzen
	3 Ausrücklager defekt	Ausrücklager ersetzen
	4 Nietverbindungen in der Kupplung locker	Kupplungsdruckplatte ersetzen

Stellwerk

Da der Motor nur in einem bestimmten Drehzahlbereich die beste Durchzugskraft entwickelt, braucht man ein Getriebe mit verschiedenen Zahnrad-Übersetzungen (wie beim Fahrrad). Dabei sind diese so gewählt, daß die günstigste Motordrehzahl in allen Übersetzungsverhältnissen eingehalten werden kann und so in den einzelnen Gängen weite Geschwindigkeitsbereiche abgedeckt werden.

Das Schaltgetriebe

Die Motorleistung wird über die Kupplung auf die Eingangswelle des Schaltgetriebes geleitet. Auf dieser Eingangs- oder Antriebswelle sitzen fünf bzw. sechs Zahnräder (einschließlich Rückwärtsgang), die mit fünf oder sechs dazu passenden Zahnrädern auf der sogenannten Antriebswelle ständig im Eingriff stehen. Diese Zahnräder können frei umlaufen, bis eines von ihnen beim Schalten eines bestimmten Gangs mit einem entsprechenden Gegenrad auf der Antriebswelle gekuppelt wird. Das Verhältnis der Zähnezahlen des jeweiligen Zahnradpaares ergibt die betreffende Untersetzungsstufe.
Der Ford Sierra hat vollsynchronisierte Vorwärtsgänge. Die Zahnräder auf der Antriebs- und Abtriebswelle sind auf stiftartigen Rollen (Nadeln) gelagert. Es besteht also keine starre Verbindung zwischen Wellen und Rädern. Die Zahnräder bleiben immer im Eingriff. Beim Gangwechsel wird eine Verbindung zwischen Zahnrad und Welle hergestellt, nicht zwischen den Zahnrädern. Um die Drehzahlen von Welle und Zahnrad einander anzugleichen, läßt man einen Teil einer Welle gegen einen Teil der anderen Welle über Reibelemente schleifen. Durch die Reibung wird die schnellere Welle abgebremst, bis bei gleichem (synchronem) Lauf eine kraftübertragende Verbindung hergestellt werden kann.

<u>Fingerzeige:</u> Da die Synchronisation für die Drehzahlanpassung der Getriebewellen einen Sekundenbruchteil braucht, es also eine gewisse Verzögerung gibt, sollten Sie besonders bei kaltem Motor (besonders im Winter) und noch zähflüssigem Getriebeöl den Schalthebel nicht gewaltsam durchreißen. Das würde die Synchronringe über Gebühr beanspruchen, was sich nach einiger Zeit durch Kratzgeräusche bemerkbar macht.
Weil das Synchronisieren auf Reibung beruht, sind fremde Ölzusätze für das Getriebe nicht angebracht. Diese Zusätze im Getriebeöl sollen meist die Reibung herabsetzen, was genau entgegengesetzt dem Prinzip der natürlichen Reibung der Synchronisation zielt. Andererseits können durch Ölzusätze die Synchronringe verkleben, was die Funktion der Synchronisation ebenfalls beeinträchtigt.

Welches Getriebe ist eingebaut?

Je nach Sierra-Modell und eingebautem Motor werden zwei unterschiedliche 4-Gang- und zwei unterschiedliche 5-Gang-Getriebe eingebaut. So kommen je nach Motor und Ausstattung das sogenannte B- und C-Getriebe (4-Gang) bzw. das N- und das MT 75-Getriebe (5-Gang) zum Einbau.

Motor	1,6 OHC	1,6 CVH	1,8 OHC	1,8 CVH	2,0 OHC	2,0 DOHC	2,8 V6	2,9 V6
Getriebetyp	B/C/N1	N1	N1	N1	N1	MT 75	N3	MT 75

Zur Identifizierung:
○ Das B-Getriebe hat eine angegossene Kupplungsglocke und einen angeflanschten Getriebehals;
○ beim C-Getriebe ist die Kupplungsglocke an das Getriebe angeschraubt. Vom B-Getriebe unterscheidet sich das C-Getriebe durch einen anderen Schaltmechanismus;
○ das N-Getriebe hat einen zusätzlichen 5. Gang, wodurch eine Absenkung der Motordrehzahlen um ca. 18% erzielt wird;
○ das MT 75-Getriebe ist eine Neuentwicklung in einem zweiteiligen Leichtmetallgehäuse. Im Vergleich zum N-Getriebe kann es ein wesentlich höheres Motordrehmoment übertragen. Statt der Synchronsteine werden Kugeln benutzt. Zur Erleichterung des Schaltvorgangs ist auch der Rückwärtsgang synchronisiert.

Getriebegeräusche

Im Lauf der Zeit kann das Getriebe durch Geräuschentwicklung auf sich aufmerksam machen.
○ Zuerst sollten Sie nach dem Ölstand im Getriebe sehen.

Die Zeichnung zeigt das aufgeschnittene N-Getriebe. Es bedeuten:
1 – Schaltwelle;
2 – Schaltgabel (5. Gang);
3 – Schalthebel;
4 – Hauptwelle;
5 – Tacho-Antriebsschnecke;
6 – Umlenkhebel für die Schaltklaue des Rückwärtsgangs;
7 – Vorgelegewelle.

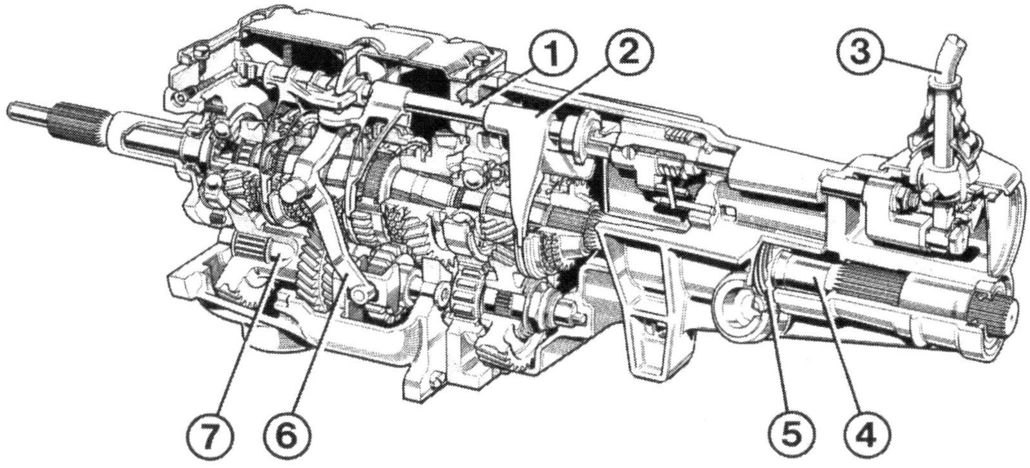

○ Tritt ein heulendes Geräusch in einem Gang auf oder verändert sich der Ton beim Gasgeben und Gas wegnehmen, dürfte die Verzahnung des betreffenden Gangradpaares verschlissen sein.
○ Bei Geräuschen in allen Gängen liegt es am Achsantrieb oder an den Getriebe-Wellenlagern.
○ Rauhe, mahlende Geräusche, die erst bei warmem Getriebe hörbar werden, weisen auf schlagende Synchronringe hin. Bei dünnflüssiger werdendem Öl wird dieses immer an derselben Stelle vom Synchronring weggedrückt.

Getriebe aus- und einbauen

Das Getriebe kann ohne Ausbau des Motors ausgebaut werden. Dazu sind jedoch neben einer gehörigen Erfahrung als Selbermacher eine Hebebühne oder Montagegrube und eine gute Werkzeugausstattung Voraussetzung. Die einzelnen Montageschritte für den Aus- bzw. Einbau des Getriebes sind für alle Getriebevarianten gleich.

- Batterie-Massekabel abklemmen.
- Schaltknopf vom Schalthebel abschrauben.
- Ablage der langen Mittelkonsole ausbauen bzw. kurze Konsole ganz ausbauen (drei Schrauben).
- Äußere Schalthebelmanschette vom Halterahmen ablösen und über den Schalthebel abziehen.
- Innere Schalthebelmanschette mit Halterahmen vom Getriebetunnel lösen und vom Schalthebel abnehmen.
- Geräusch-Isolierkissen abnehmen.
- Schalthebel vom Getriebehals abbauen.
- Auspuffanlage abbauen. Bei Fahrzeugen mit Katalysator zusätzlich den Hitzeschild abbauen (neue Sicherungsklammern besorgen!)
- Bei Fahrzeugen mit OHC-Motor die oberen zwei Getriebeflanschschrauben herausdrehen.
- Beim 2,9-Liter-Motor Zündverteilerkappe mit -finger ausbauen.
- Fahrzeug anheben bzw. aufbocken.
- Kupplungsseil am Getriebe aushängen.
- Stabilisator vom Längsträger abbauen.
- Kardanwelle (Gelenkwelle) ausbauen,.
- Beim DOHC-Motor den Halter der Auspuffanlage abbauen.

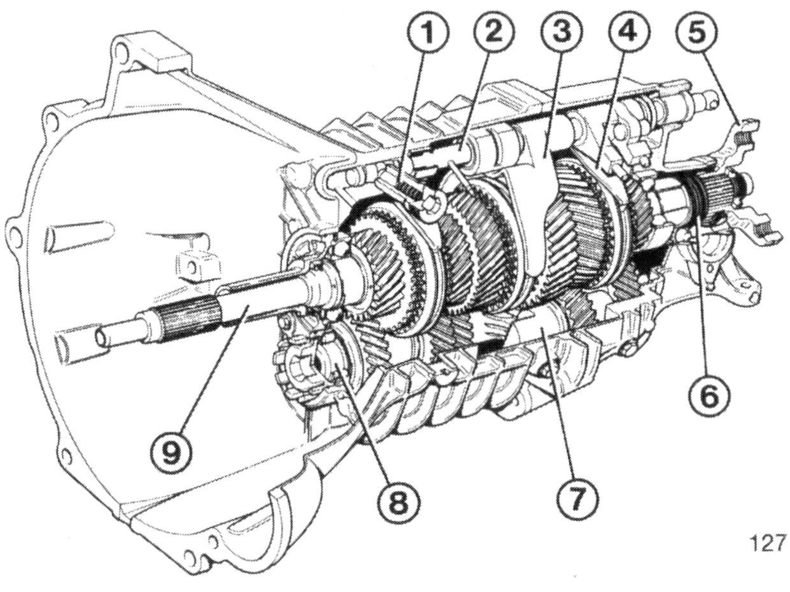

Die Schnittzeichnung des MT 75-Getriebes zeigt:
1 – Schaltwellenarretierung;
2 – Hauptschaltwelle;
3 – Schaltgabel für den 1. und 2. Gang;
4 – Schaltgabel für den 5. und Rückwärtsgang;
5 – Abtriebflansch zur Kardanwelle;
6 – Schnecke für den Tachoantrieb;
7 – Lagerbock des Zwischenrads für den Rückwärtsgang;
8 – Vorgelegewelle;
9 – Antriebswelle.

- Getriebe mit Werkstattwagenheber leicht unterstützen.
- Getriebetraverse mit Hitzeschild und Masseband vom Fahrzeugboden abschrauben.
- Getriebe so weit ablassen, daß die Tachowelle zugänglich wird. Dabei aber darauf achten, daß der Motor die Stirnwand nicht berührt.
- Sicherungsring an der Tachowelle mit einer Spitzzange zusammendrücken und Tachowelle vom Getriebe abziehen.
- Ggf. Mehrfachstecker des Geschwindigkeits-Sensors abziehen.
- Stecker der Rückfahrleuchten abziehen und Kabelbinder abdrücken.
- Anlasser ausbauen.
- Beim 1,6-Liter-CVH-Motor die Abdeckung des Gebers für Kurbelwellenposition und des Drehzahlgebers abbauen.
- Zwischenblech der Kupplungsglocke abbauen.
- Beim OHC-Motor zusätzlich die Strebe zwischen Motor und Getriebe abbauen.
- Beim MT-75-Getriebe die Schaltkonsole vom Getriebe abbauen (zwei Schrauben) und die Schaltstange aus dem Gelenk am Getriebe aushängen. Die Schaltkonsole mit einem quer im Fahrzeugboden eingehängten Rundstahl abstützen.
- Getriebeflanschschrauben herausdrehen.
- Getriebe leicht anheben und vorsichtig mit einem Montierhebel vom Motor abdrücken.
- Getriebe ablassen und unter dem Fahrzeug hervorziehen.
- Zum Einbau die Kupplungsschwinge genau ausrichten und von außen mit Draht oder Gummiband fixieren.
- Die Kerbverzahnung mit MoS_2-Gleitpaste oder -Spray schmieren. Ebenso die Führungshülsen am Getriebe.
- Kardanwelle einbauen.
- Auf korrekten Sitz des Geräusch-Isolierkissens und der inneren Schalthebelabdeckung achten, sonst ist die Funktion der Rückwärtsgangsperre behindert.
- Getriebeölstand kontrollieren und ggf. Öl auffüllen.

Fingerzeige: Bedingt durch die Leichtmetallbauweise des Getriebegehäuses ist es sehr wichtig, daß das vorgeschriebene Anzugsdrehmoment der einzelnen Schrauben eingehalten wird, sonst kann das Gewinde ausgerissen werden.
Genauso darf das Getriebe nicht mit den Flanschschrauben an den Motor herangezogen werden. Die Schrauben erst ansetzen, wenn das Getriebe bündig am Motor anliegt.
Wenn die KArdanwelle ausgebaut ist, sollten Sie die Gummikupplung (Hardyscheibe) auf Verschleiß kontrollieren. Bei Gummikupplungen mit der Bezeichnung »GAF 30« ist der Zustand der vier Stege zu den Metallbuchsen besonders wichtig. Sind sie gerissen muß die komplette KArdanwelle ausgewechselt werden, da beides, Welle und Gummikupplung gemeinsam ausgewuchtet ist. Ein Riß in der fertigungsbedingten Gummihaut über den Schlitzen zwischen den Stegen ist ohne Bedeutung.

Anzugs-drehmomente Getriebe

Getriebeteile	Getriebetyp B/C/N Nm	Getriebetyp MT 75 Nm
Kupplungsgehäuse an Getriebegehäuse	70–90	–
Kupplungsgehäuse an Motor	40–50	29–41
KArdanwelle an Flansch des Differentials	57–67	57–75
Mittellager der KArdanwelle an Fahrzeugboden	18–23	18–24
Getriebetraverse an Fahrzeugboden	20–25	30–40
Silentblock an Getriebetraverse	16–20	–
Silentblock an Getriebe	50–57	–
Schalter der Rückfahrleuchten	1–2	10–14
Öleinfüllschraube	33–41	29–41
Stehbolzen an Getriebeantriebsflansch	–	70–90
KArdanwellenkupplung an Stehbolzen	–	70–85
Schaltkonsole an Getriebegehäuse	–	21–29

Die Getriebeautomatik

Auf Wunsch kann der Ford Sierra auch mit einem automatischen Getriebe geordert werden. Die Getriebeautomatik trägt die Bezeichnung A4LD (**A**utomatik **4**-Speed-**L**ock-up Over **D**rive), was bedeutet, daß es sich bei diesem Getriebe um ein 4-Gang-Automatikgetriebe mit Wandler-Überbrückung und Schongang (Overdrive) handelt.
Mit Einführung des DOHC-Motors im Jahr 1989 übernimmt der für das Motormanagement zuständige Zündrechner EEC-IV die Schaltung der Wandler-Überbrückungskupplung beim Schalten von der dritten in die vierte Stufe und wieder zurück in die dritte Fahrstufe. Dies geschieht in Abhängigkeit von der Gaspedalstellung und Geschwindigkeit, mit der das Pedal bewegt wird.

Die Schnittzeichnung der A4LD-Getriebeautomatik. Aus hunderten Einzelteilen hier zur Orientierung einige wenige:
1 – Schnecke des Tachoantriebs;
2 – Abtriebswelle;
3 – hinterer Planetenradsatz;
4 – Vorwärtskupplung;
5 – Overdrive-Planetenradsatz;
6 – Antriebswelle;
7 – Wandler;
8 – Steuergehäuse;
9 – Ölwanne.

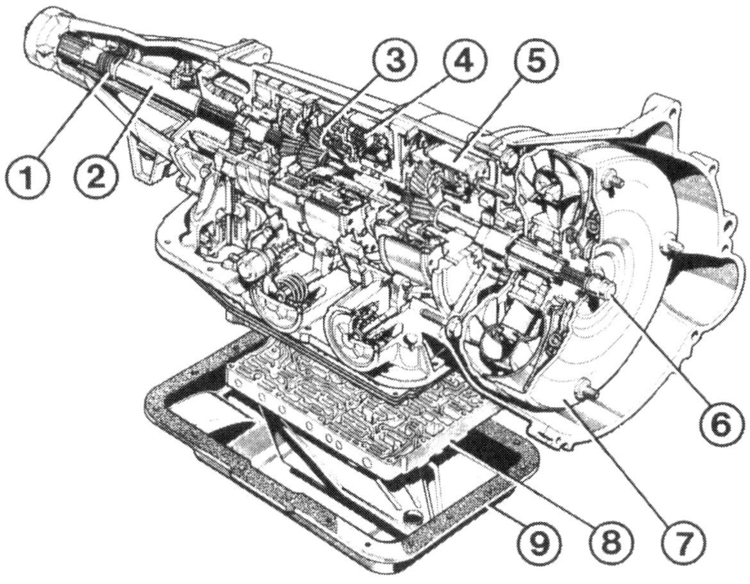

Funktion der A4LD-Automatik

Ähnlich wie bei herkömmlichen Getriebeautomaten wird bei der Viergang-Automatik das Drehmoment des Motors zunächst im Wandler an die ATF-Flüssigkeit weitergegeben. Die Wandler-Überbrückungskupplung stellt jedoch in der dritten und vierten Schaltstufe einen starren Durchtrieb her und verhindert so unerwünschten Schlupf, der prinzipbedingt höheren Kraftstoffverbrauch mit geringeren Fahrleistungen bewirkt.
Ein Besonderheit des Getriebes ist auch der Freilauf-Effekt, der bei Schiebebetrieb in den Fahrstufen »3«, »2« und »1« wirksam wird, das heißt, die Motordrehzahl sinkt beim Gas wegnehmen auf Leerlaufdrehzahl, was den Kraftstoffverbrauch senkt. Eine weitere Maßnahme ist die Auslegung der vierten Fahrstufe als Schongang (Overdrive), durch den der Motor bei gleicher Geschwindigkeit 25% niedriger dreht als in der dritten Fahrstufe.
Vom Freilauf-Effekt unberührt bleibt das manuelle Anwählen der Schaltpositionen »2« oder »1«, um bei Bergabfahrt die Motorbremskraft auszunutzen. Um zu verhindern, daß beim manuellen Zurückschalten der Motor überdreht wird, wurde eine hydraulische Sicherung eingebaut, die garantiert, daß die zweite Fahrstufe nur unterhalb 120 km/h und die erste Fahrstufe nicht oberhalb 60 km/h einrastet. Eine hydraulische Blockierung verhindert auch das Einlegen des Rückwärtsgangs, während der Wagen noch vorwärts rollt.
Bei der teilelektronischen Ansteuerung der Getriebeautomatik (intern A4LDE), wie sie z.B. in Verbindung mit dem DOHC-Motor im Sierra eingebaut ist, hat die Elektronik des EEC-IV-Rechners das Öffnen und Schließen der Wandler-Überbrückungskupplung in den Fahrstufen 3–4 und 4–3 übernommen. Der Zündrechner erkennt den Beschleunigungswunsch an der Art, wie das Gaspedal durchgetreten wird. Auf die hydraulischen Rückschaltungen in die Fahrstufen 3–2 oder 2–1 hat das elektronische Programm keinen Einfluß.

Fingerzeige: Ist Ihr Fahrzeug mit einem Automatikgetriebe ausgerüstet und springt einmal nicht an, hilft Anschieben oder Anschleppen nicht. Der hydraulische Drehmomentwandler kann bei stehendem Motor keine Verbindung zum Motor herstellen. Es geht also nur mit Starthilfekabeln.
Muß abgeschleppt werden, darf dies in Wählhebelstellung »N« nicht weiter als 50 km bei einer Geschwindigkeit von max. 50 km/h geschehen!
Einstell- und vor allem Reparaturarbeiten sollten Sie der Werkstatt überlassen.

Störungsbeistand

Getriebeautomatik

Die Störung	– ihre Ursache	– ihre Abhilfe
A Verzögerter Einschaltstoß bei manueller Gangvorwahl	1 ATF-Stand stimmt nicht	ATF-Standskontrolle durchführen
	2 Schaltstange beschädigt, klemmt oder falsch eingestellt	Schaltstange erneuern bzw. einstellen lassen
	3 ATF verunreinigt	ATF und Filter wechseln
	4 Falsche Kupplungs- oder Bremsband-Funktion bzw. falscher Steuerdruck	Druckprüfung durchführen lassen
B Harter Einschaltstoß bei Vorwärts- oder Rückwärtsgang-Vorwahl	1 Siehe A 1, 3 und 4	
	2 Leerlaufdrehzahl zu hoch	Leerlaufdrehzahl einstellen (lassen)
	3 Nur Vergasermotor: Startautomatik hat trotz warmem Motor noch nicht abgeschaltet	Startautomatik einstellen (lassen)
	4 Unterdrucksystem undicht	Unterdrucksystem überprüfen
	5 Achswellen, -gelenke oder Motorlager defekt	Kontrollieren und ggf. erneuern (lassen)

Die Störung	– ihre Ursache	– ihre Abhilfe
C Kein Antrieb in allen Wählpositionen	1 Siehe A 1, 2 und 4	
	2 Innere Undichtigkeiten	Getriebe überholen lassen
	3 Drehmomentwandler defekt	Erneuern lassen
	4 Kupplungen oder Bremsband beschädigt oder verschlissen	Kontrollieren lassen
D Kein Antrieb in Wählhebelposition »D«, »2« und »1« (in R Antrieb)	1 Siehe A 1, 2 und 4	
	2 Siehe C 3 und 4	
E Kein Antrieb im Rückwärtsgang bzw. Schlupf oder Rattern (Vorwärtsgänge in Ordnung)	1 Siehe A 1, 2 und 4	
	2 Siehe B 5	
	3 Siehe C 3	
	4 Rückwärtsgang-Kupplung verschlissen	Kontrollieren lassen
F Motor kann in »N« oder »P« nicht gestartet werden	1 Siehe A 2	
	2 Kabel des Schalters der Startsperre hat sich gelöst oder ist defekt	Befestigen bzw. erneuern
	3 Schalter defekt	Auswechseln
G Motor kann in allen Wählhebelstellungen gestartet werden	1 Siehe A 2	
	2 Siehe F 2 und 3	
H Fahrzeug fährt im 2. oder 3. Gang an	1 Siehe A 1, 2 und 4	
	2 Siehe C 2 und 3	
	3 Regler beschädigt oder verschlissen	Getriebe überprüfen
I Schaltzeitpunkte unkorrekt	1 Siehe A 1, 3 und 4	
	2 Siehe H 3	
J Kein Hochschalten in Wählhebelstellung »D«	1 Siehe A 1, 3 und 4	
	2 Siehe H 3	
K Getriebe schaltet direkt vom 1. in den 3. Gang	1 Siehe A 1 und 4	
	2 Bremsband verschlissen	Erneuern lassen
L Kein Kick-Down-Zurückschalten	1 Siehe A 1, 2 und 4	
	2 Siehe H 3	
M Motor dreht bei Kick-Down vom 3. in den 2. oder 3. in den 1. Gang hoch	1 Siehe A 1, 2 und 4	
	2 Servo verschlissen	Testen lassen und ggf. erneuern lassen
	3 Bremsband verschlissen	Erneuern lassen
N Keine Motorbremswirkung in Wählhebelstellung »1« bzw. »2«	1 Siehe A 1–4	
	2 Siehe M 3	
	3 Servo undicht	Erneuern lassen
O Getriebe wird zu heiß	1 Siehe A 1, 3 und 4	
	2 Siehe B 2	
	3 Zuglast (bei Hängerbetrieb) zu hoch	Siehe Kfz-Schein
	4 Ölkühler oder -leitung verengt oder verstopft	Reinigen oder auswechseln (lassen)
	5 Wandler-Freilauf sitzt fest	Wandler auswechseln lassen
P Schlürfgeräusche oder plötzliche Kraftschluß-unterbrechung beim Anfahren	Siehe A 1 und 4	
Q Parksperre hält nicht	Siehe A 2	

Die Kardanwelle

Die Kardan- oder Gelenkwelle überträgt das vom Getriebe umgesetzte Drehmoment des Motors entsprechend dem eingelegten Gang auf das Hinterachsgetriebe (Differential). Die geteilte Gelenkwelle ist mit der Antriebswelle des Getriebes und mit dem Antriebskegelrad des Hinterachsgetriebes verbunden. Auf der Getriebeseite

Links: Gummikupplung (2) auf Verschleiß prüfen: Sind die vier Gummistege gerissen, die Scheibe auswechseln. Vor Ansetzen der Muttern von Getriebe- (1) und Kardanwellenflansch (3) flüssige Schraubensicherung auf das Gewinde streichen.
Rechts: Bei der Kontrolle der Antriebswellen-Schutzmanschetten muß auch der feste Sitz des äußeren (1) und inneren Schlauchbinders (2) überprüft werden. Mit einem Seitenschneider werden die Binder gespannt. Dazu eine Ausbuchtung in Form eines plattgedrückten »O« in das Spannband biegen, und mit dem Seitenschneider mit Gefühl so zudrükken, daß die Manschette nicht abgequetscht wird.

ist die Welle mit einer Gummikupplung versehen, durch die die Abtriebswelle des Getriebes und die Kardanwelle zur genauen Zentrierung durch jeweils drei Klauen versetzt ineinandergreifen.
Als Mittellager der geteilten Kardanwelle dient ein Kugellager, das wiederum elastisch in Gummi gelagert in einem Gehäuse am Fahrzeugboden befestigt ist.
Der hintere Teile der Kardanwelle ist am Mittellager und am Hinterachsgetriebe jeweils mit einem Kreuzgelenk versehen, wodurch die Kraftübertragung zum Hinterachsgetriebe spannungsfrei möglich ist.

Kardanwelle ausbauen

Obwohl ein Zerlegen der Kardanwelle nicht anzuraten ist, bereitet der Aus- und Einbau kaum Probleme. Achten Sie aber darauf, daß die am Mittellager zwischen Lagergehäuse und Fahrzeugboden zwischengelegten Distanzscheiben (U-Scheiben) wieder wie beim Ausbau montiert werden, da sonst der vordere Wellenteil zum Getriebe und der hintere Teil zur Hinterachse im falschen Winkel zueinander stehen. Die Gelenke, besonders das Gummigelenk am Getriebe, verschleißen dann vorzeitig.

- Beim V6-Motor die mittlere Auspuffaufhängung (zwei Schrauben) der Doppelrohranlage lösen und die hintere Stegschlaufe aushängen.
- Auspuffanlage hinten an geeigneter Stelle mit Draht hochbinden.
- Kardanwelle vom Flansch am Hinterachsgetriebe abbauen (vier Schrauben).
- Mittellager (Stützlager) der Kardanwelle lösen (zwei Schrauben). Dabei den Sitz der U-Scheiben merken.
- Beim B-, C- und N-Getriebe Kardanwelle aus dem Getriebehals herausziehen. Um das Auslaufen von Getriebeöl zu vermeiden, einen Stopfen in die Öffnung stecken.
- Beim MT 75-Getriebe die Kardanwelle vom Getriebeantriebsflansch abbauen. Beim Lösen der drei Muttern die TORX-Stehbolzen mit einem TORX-Steckschlüssel SW 30 gegenhalten.
- Beim Einbau die Welle vorsichtig, ohne den Dichtring zu verletzen, in den Getriebehals einschieben (B-, C- und N-Getriebe).
- Beim MT 75-Getriebe vor Anbau der Kardanwelle ans Getriebe die Stehbolzen auf festen Sitz kontrollieren. Ggf. festziehen (70–90 Nm) – vorher das Gewinde mit flüssiger Schraubensicherung bestreichen.
- Mittellager mit U-Distanzscheiben lose vormontieren.
- Gelenk am Flansch des Hinterachsgetriebes mit 57–75 Nm festziehen.
- Mittellager spannungsfrei parallel zur Kardanwelle fluchtend mit 18–23 Nm festziehen.
- Evtl. Ölverlust korrigieren.

Der Hinterachsantrieb

Die vom Motor über das Getriebe auf die Kardanwelle abgegebene Antriebskraft wird im Hinterachsgetriebe über ein Kegel- und Tellerrad gewissermaßen rechtwinklig um die Ecke auf zwei Achswellen an die Hinterräder geleitet. Die bei Kurvenfahrt unterschiedlichen Radwege für das kurveninnere und das kurvenäußere Rad werden dabei von einem Ausgleichgetriebe, dem sogenannten Differential, in ihrer Umdrehung dem Radweg angepaßt.
Dieser Ausgleich ist notwendig, sonst würde der Wagen ruckartig mit durchdrehenden Hinterrädern durch die Kurve fahren. Die Wirkung des Ausgleichgetriebes ist jedoch nachteilig, wenn ein Antriebsrad auf glattem Untergrund durchdreht; dann wird auf das andere Hinterrad praktisch keine Antriebskraft mehr übertragen, der Wagen rührt sich nicht von der Stelle.

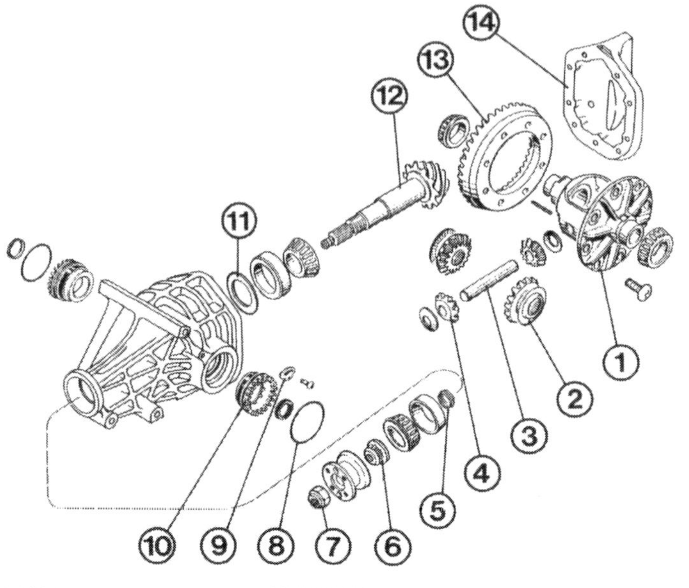

Die Explosionszeichnung des Hinterachsgetriebes zeigt:
1 – Differentialkorb;
2 – Achswellen-Kegelrad;
3 – Welle der Ausgleich-Kegelräder;
4 – Ausgleichkegelrad;
5 – Spannhülse;
6 – Kegelradmutter;
7 – Flanschmutter;
8 – Dichtring;
9 – Sicherungsring;
10 – Lagerträger;
11 – Ausgleichscheibe;
12 – Antriebskegelrad;
13 – Tellerrad;
14 – Hinterachs-Getriebedeckel.

Das Viskomatik-Sperrdifferential

Auf Wunsch kann der Sierra mit DOHC- bzw. V6-Motor mit einem Sperrdifferential ausgestattet werden. Bei einem solchen Hinterachsgetriebe ist zwischen den Käfig des Ausgleichgetriebes und der Antriebswelle der Räder jeweils eine Viskosekupplung geschaltet. Die Viskosekupplung ist völlig gekapselt und besteht aus Innen- und Außenlamellen, zwischen denen Silikonöl hoher Viskosität zirkuliert. Die Außenlamellen sind mit dem Käfig des Ausgleichgetriebes, die Innenlamellen mit dem Kegelrad der Achswelle verbunden.
Sobald nun ein Rad durchdreht, entsteht zwischen Innen- und Außenlamellen eine Drehzahldifferenz, der die hohe Viskosität (Zähigkeit) des Silikonöls entgegenwirkt. Je höher die Drehzahldifferenz zwischen Käfig des Ausgleichgetriebes und Antriebsachse, desto stärker die Sperrwirkung der Viskosekupplung.

Sperrdifferential prüfen

Da die Viskosekupplung eigentlich keine Verschleißteile hat, bleibt die Sperrcharakteristik praktisch über die gesamte Lebensdauer des Hinterachsgetriebes unverändert. Besteht dennoch der Verdacht, daß das Viskomatik-Sperrdifferential nicht richtig arbeitet, hier die Funktionskontrolle:

- Handbremse lösen und Vorderräder mit Keilen gegen Wegrollen sichern.
- Fahrzeug hinten aufbocken.
- Radkappe abnehmen.
- Drehmomentschlüssel an Radnabenmutter ansetzen und das Rad ruckartig innerhalb einer Sekunde um eine halbe Umdrehung (180°) drehen.
- Dabei muß ein Drehmoment von 40–100 Nm entstehen.
- Das gegenüberliegende freie Rad muß dabei in entgegengesetzter Richtung drehen. Dabei darf die Kardanwelle nicht mitdrehen. Ggf. blockieren.
- Wird der Drehmomentwert nicht erreicht, muß die Viskomatik komplett ausgetauscht werden – eine Arbeit für die Ford-Werkstatt.

Fingerzeig: Ist Ihr Sierra mit einem Sperrdifferential ausgerüstet, dürfen die Räder der Hinterachse nicht am Fahrzeug ausgewuchtet werden.

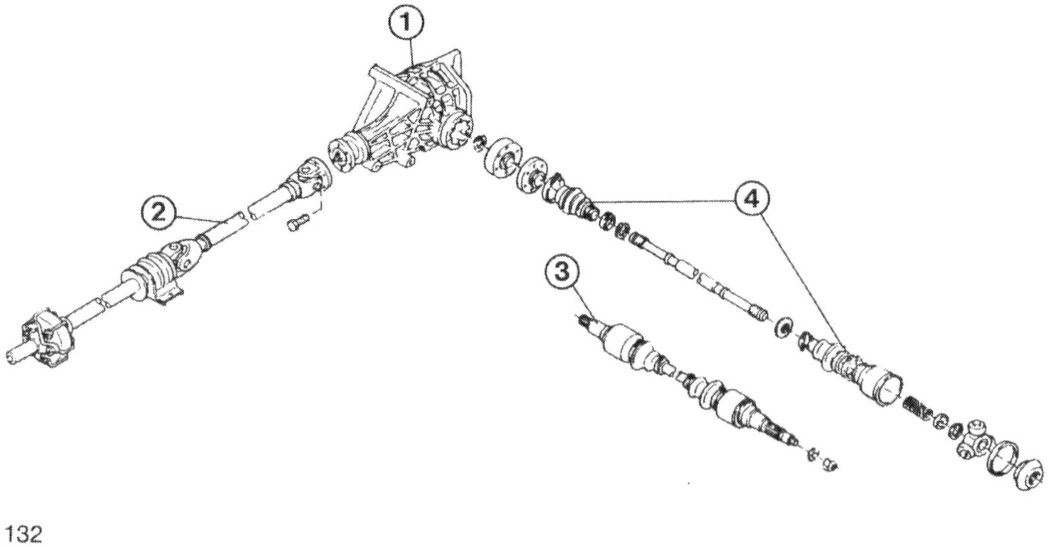

Die Hinterachswellen folgerichtig aneinander gereiht:
1 – Hinterachsgetriebe;
2 – Kardanwelle mit Kreuzgelenken und Gummikupplung;
3 – Antriebswelle komplett zusammengebaut;
4 – Antriebswelle zerlegt.

Die Antriebswellen

Das Hinterachsgetriebe ist über den Hinterachsträger fest mit dem Fahrzeugboden verbunden. Dadurch sind die ungefederten Massen entsprechend niedrig. Entsprechend den Federbewegungen der Radaufhängung müssen deshalb die Hinterachswellen Längenunterschiede ausgleichen und die Federbewegungen der Räder mitmachen. Deshalb sind die Achswellen jeweils mit zwei Ausgleichgelenken versehen.
Je nach Modell Ihres Sierra sind unterschiedliche Achswellen eingebaut. Zum Standard gehören Antriebswellen mit Tripodegelenken, bei eingebautem Sperrdifferential und/oder hinteren Scheibenbremsen sind dagegen Achswellen mit Löbro-Gleichlaufgelenken eingebaut.

Manschetten der Antriebswellen kontrollieren

Wartung Nr. 38

Die Gelenke der Achswellen sind durch Gummimanschetten vor Feuchtigkeit und Schmutz geschützt und je nach Achswellentyp und Sierra-Modell mit einer unterschiedlichen Menge Schmierfett nach der Ford-Spezifikation SQM-1C9004-A gefüllt:

- ○ 1,6-, 1,8- und 2,0-Liter-Limousine sowie 1,6-Liter-Turnier mit 70–90 g;
- ○ 2,0-OHC- und DOHC-Modelle sowie die anderen Turnier-Varianten mit 90–110 g;
- ○ Alle Modelle mit Sperrdifferential und/oder hinteren Scheibenbremsen mit 60–80 g.

- ● Wagen hinten aufbocken.
- ● Durch Drehen der freihängenden Räder am jeweiligen Rad die Manschetten einer Achswelle auf feine Risse und spröde Stellen kontrollieren.
- ● Sitzen die Schlauchbinder fest?
- ● Fettspuren an der Manschette sind ein Alarmsignal, denn fehlendes Schmiermittel oder eindringender Schmutz und Feuchtigkeit zerstören die Gelenkoberflächen sehr schnell.
- ● Beschädigte Manschetten umgehend ersetzen.

Störungssuche an den Antriebswellen

Gewöhnlich gibt es mit den Antriebswellen keine Probleme. Ihre Lebensdauer hängt natürlich von der Fahrweise ab. Vollgasstarts mit durchdrehenden Rädern und brutales Gasgeben, z. B. aus dem Schiebebetrieb heraus – eventuell sogar mit vollbeladenem Anhänger – führen zu vorzeitigem Verschleiß.
Die Gelenke der Antriebswellen zeigen meist schlagartig Ausfallerscheinungen, die aber zwischendurch wieder völlig verschwinden können. Die »ruhige Phase« kann sich über längere Zeit und mehrere hundert Kilometer erstrecken.

○ Charakteristisch sind **rhythmische Schlag- oder Knackgeräusche** beim Gasgeben und im Schiebebetrieb. Verändern sich diese Geräusche beim Kurvenfahren eindeutig, kann der aufmerksame Fahrer das schadhafte Gelenk bzw. Achswelle bald lokalisieren.

○ **Vibrationen** im Hinterachsbereich beim Anfahren und besonders bei höheren Geschwindigkeiten weisen ebenfalls auf ein schadhaftes Gelenk der Antriebswellen hin.

Antriebswelle ausbauen

Ein Zerlegen der Antriebswellen ist nicht ratsam und sollte der Werkstatt überlassen werden. Da Löbro-Achswellen nur an den beiden Flanschen von Rad und Hinterachsgetriebe abgebaut werden müssen, hier der detaillierte Ausbau für die Tripode-Achswellen.

- ● Fahrzeug aufbocken und Rad abbauen.
- ● Bremstrommel abbauen.
- ● Bremsträgerblech mit Radnabe vom Schräglenker abbauen. Bremsträgerblech mit Draht aufhängen, da sonst die Bremsleitung zu sehr belastet wird.
- ● Radnabenmutter abschrauben, siehe im Kapitel »Radaufhängung und Lenkung«.
- ● Radnabe mit handelsüblichem Abzieher von der Achswelle abziehen.
- ● Gelenkabdeckung (Kunststoff) abnehmen.
- ● Achswelle aus dem Hinterachsgetriebe herausziehen.
- ● Der Einbau geschieht in umgekehrter Ausbaureihenfolge.
- ● Zum Schluß ggf. Ölstandskontrolle im Hinterachsgetriebe vornehmen.

Fingerzeig: Die Hinterachswelle darf in ausgebautem Zustand nur geringfügig abgewinkelt werden, um die Gleichlaufgelenke nicht zu beschädigen. Der maximal zulässige Beugewinkel beträgt 13°.

Unabhängig

Die Sierra-Karosserie wird von vier unabhängig voneinander an der Karosserie aufgehängten Rädern getragen. Nicht zuletzt vom harmonischen Zusammenwirken aller Fahrwerksteile hängt das sichere Fahrverhalten des Sierra ab.

Eigenarbeiten an Lenkung und Fahrwerk

Fahrwerk und Lenkung sind für die Verkehrssicherheit von entscheidender Bedeutung. Eigenarbeiten an diesen Teilen sollte wirklich nur derjenige vornehmen, der sich seiner Sache völlig sicher ist. Andernfalls gefährden Sie sich und andere.
Sollten Sie die hier genannten Werkzeuge nicht besitzen oder im Zweifel sein, ob Sie die betreffende Reparatur selbst bewerkstelligen können, gehört die Arbeit in die Werkstatt.

Die Vorderradaufhängung

Hauptteil der Sierra-Vorderachse ist eine Vorderachskonstruktion, die ein Ford-Ingenieur namens McPherson entwickelt hat.
Dieses schon 1949 zum Patent angemeldete System der Einzelradfederung an der Vorderachse vereinigt in rationeller Weise den Stoßdämpfer, die Feder und den für die Lenkung erforderlichen schwenkbaren Radnabenteil zu einem Bauteil.

○ Das obere Stützlager der McPherson-Federbeine bildet ein freies Gummilager im Federbeindom, das sich, geführt durch einen Nylon-Zentrierring, an je einer oberen und unteren Tellerscheibe abstützt.

○ Im Stützlager verschraubt ist die Stoßdämpfer-Kolbenstange des Federbeins.

○ Das untere Ende des Federbeins wird von einer Klemmschraube im Lenk-Schwenklager gehalten.

○ Das Lenk-Schwenklager wiederum ist über ein Kugelgelenk mit einem Querlenker aus Schmiedestahl verbunden. Der Querlenker wiederum ist mit Silentbüchsen in einem mit der Karosserie verschraubten Vorderachsträger, der gleichzeitig als Motorträger fungiert, beweglich verankert. So kann der Querlenker die auftretenden Seitenkräfte aufnehmen.

○ Die Längsführung der Querlenker übernimmt ein hinter der Vorderachse montierter Querstabilisator aus Rundstahl. Er ist an den Querlenkern in federnden Gummibüchsen gelagert und stützt sich an den Längsträgern am Fahrzeugboden ab. Dort ist er ebenfalls in Gummibüchsen gelagert.

Außer der Längsführung der Querlenker bewirkt der Querstabilisator noch folgendes: Federn beide Räder gleichzeitig ein, macht der Stabilisator diese Bewegung mit, ohne sich dagegen zu sperren. Beim Durchfahren einer Kurve federt jedoch das kurveninnere Rad aus, während die Feder des kurvenäußeren Rades stärker zusammengepreßt wird. Dadurch wird der Stabilisator in sich verdreht. Er verstärkt so die Federwirkung am kurvenäußeren Rad und bewirkt, daß sich die Karosserie beim Durchfahren einer Kurve weniger stark neigt.

Die Lenkung

Um die Drehung des Lenkrads in einen entsprechenden Ausschlag der Vorderräder umzuwandeln, bedarf es einer ganzen Anzahl von Übertragungsteilen.

○ Der Sierra hat eine Zahnstangenlenkung.

○ Die Drehung am Lenkrad wandelt ein Lenkgetriebe – es ist mit seiner Zahnstange vor den Vorderachs- bzw. Motorträger montiert – in eine hin- und hergehende Bewegung um.

○ Dazu ist das Lenkrad über eine zusammenschiebbare Lenkspindel – und zwei Universalgelenke mit Lenkzwischenwelle – mit dem Lenkgetriebe verbunden.

○ Ein Zahnrad (Lenkritzel) am Ende der geteilten Lenkspindel greift in eine Zahnstange ein und verschiebt diese je nach Drehung am Lenkrad nach rechts oder links.

○ Diese Bewegungen übertragen je eine links und rechts an die Zahnstange montierte Spurstange auf die Lenkhebel des Lenk-Schwenklagers und damit auf die Räder.

○ Das Lenkritzel mit Lager wird durch eine in das Lenkgehäuse geschraubte Überwurfmutter in Stellung gehalten.

○ Die Einstellung des Lenkritzels zur Lenkzahnstange erfolgt durch Anziehen eines separaten Gewindestopfens mit vorgeschriebenem Drehmoment. Dadurch drückt ein federbelasteter »Gleitstein« das Lenkritzel entsprechend stark auf die Zahnstange.

Die Vorderachsaufhängung mit Lenkung:
1 – Mantelrohr der Lenkspindel;
2 – zusammenschiebbarer Teil der Lenkspindel;
3 – Kreuzgelenk;
4 – untere Lenkspindel;
5 – Federbein;
6 – Lenk-Schwenklager;
7 – Spurstange mit Spurstangenendstück;
8 – Lenkgetriebe;
9 – Zahnstangengehäuse;
10 – Querlenker;
11 – Stabilisator;
12 – Scheibenbremse.

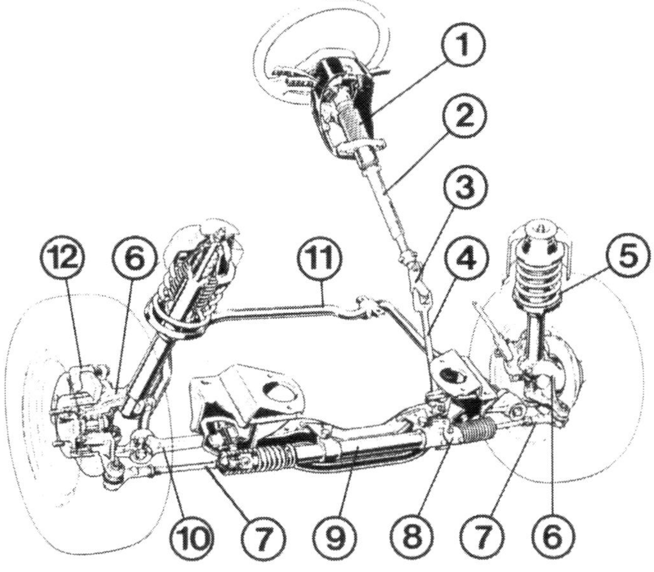

Die Servolenkung

Bei der Ghia-Ausstattung und beim Sierra XR 4i serienmäßig, bei den anderen Modellvarianten auf Wunsch ist eine Lenkhilfe (Servolenkung) eingebaut.
○ Die Zahnstange im Lenkgetriebe ist bei der Servolenkung gleichzeitig der Kolben für das Drucköl.
○ Dieses Drucköl liefert eine Flügelzellenpumpe, die über den Keilriemen vom Motor angetrieben wird. Das Gehäuse der Ölpumpe dient gleichzeitig als Vorratsbehälter für das Öl der Lenkhilfe.
○ In welche Richtung das Öl gepumpt wird, bestimmen Sie beim Drehen des Lenkrads.
○ Die Drehung des Lenkrads wird auf eine Steuerventileinheit übertragen, die Richtung und Menge des Ölstroms regelt.

Die Hinterachse

Der Ford Sierra ist mit einer sogenannten Schräglenker-Hinterachse ausgerüstet.
○ Besonderes Merkmal dieser Achse ist ein quer unter dem Fahrzeugboden montierter U-förmiger Hilfsrahmen, der Querträger, an dem die beiden Schräglenker durch je zwei Drehflansche gelagert sind.
○ Der Hinterachs-Querträger ist in zwei Silentbüchsen (Gummibüchsen) gelagert und auf beiden Seiten mit einer Führungsplatte an den Fahrzeugboden montiert.
○ Die hintere Aufhängung des Achsträgers besteht aus einem Gummilager, das am Gehäusedeckel des Hinterachsgetriebes mit zwei Schrauben und am Fahrzeugboden mit vier Schrauben befestigt ist.
○ So ist das Hinterachsgetriebe fest mit dem Fahrzeugboden des Sierra verbunden, wodurch das Gewicht der ungefederten Massen entsprechend niedrig ist.
○ Schub-, Zug- und Seitenkräfte werden von den am Achsträger gelagerten Schräglenkern aufgenommen.
○ Die Drehachse der Schräglenker im Hinterachsträger liegt in einem Winkel von 18° zur Wagenquerachse, was – in Verbindung mit der Vorderachs- und Lenkungsauslegung – bei plötzlichem Lastwechsel (z. B. schnell gefahrenen Kurven) ausschließlich gutmütige Reaktionen des Fahrzeugs bei nur geringen Sturzveränderungen an der Hinterachse bewirken soll.

Die Teile der Sierra-Hinterachse:
1 – Trommelbremse;
2 – Stoßdämpfer;
3 – Stabilisator;
4 – Schraubenfeder;
5 – Antriebswelle;
6 – Tripode-Gelenk;
7 – Hinterachsgetriebe;
8 – Bremsschlauch;
9 – Handbrems-Einstellschraube;
10 – Handbremsseil;
11 – Antriebsflansch;
12 – Querträger;
13 – Querträgerhalterung;
14 – Schräglenkergelenk;
15 – Schräglenker.

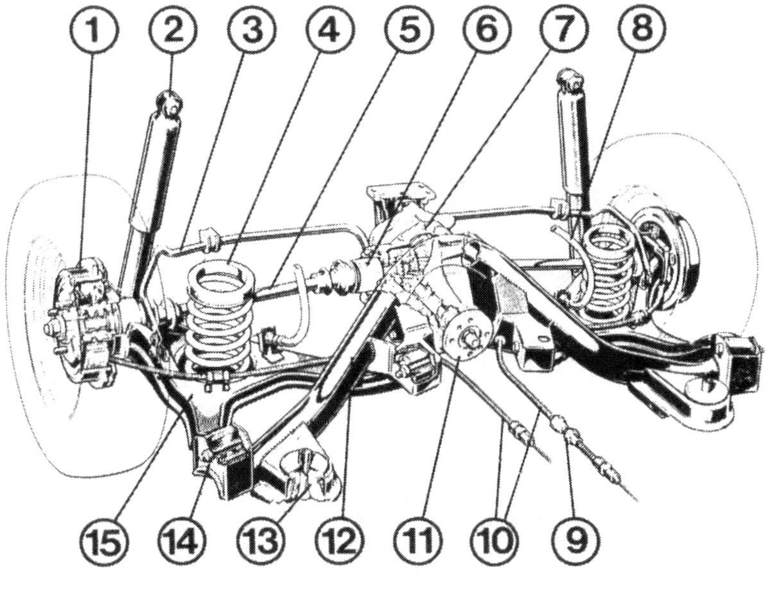

Die Federung

Vorderachse: Wie schon erwähnt, ist die Vorderachse des Sierra mit Federbeinen nach dem McPherson-Prinzip ausgestattet. Unter dem Begriff Federbein versteht man die Zusammenfassung von Feder und Stoßdämpfer in einer Einheit – der Dämpfer ist in die Schraubenfeder hineingesteckt.

○ Die Federbeine dämpfen auf die Vorderräder ausgeübte Fahrbahnstöße, indem die Schraubenfeder zusammengedrückt wird. Die aufgenommenen Stöße werden dabei durch den Teleskopstoßdämpfer gedämpft.

○ Innere Anschläge im Federbein begrenzen die Ausfederung nach unten. Nach oben haben die Schraubenfedern einen leicht nachgiebig einsetzenden Anschlagbegrenzer aus Polyurethan, der bei eventuell hartem Durchfedern – etwa bei einem Schlagloch – wirksam wird, ehe die Feder ganz zusammengedrückt ist. So wird im Grenzfall die Feder unterstützt und die Federwirkung verhärtet.

○ Der XR 4i besitzt für sein sportlich abgestimmtes Fahrwerk progressiv wirkende Schraubenfedern – ebenfalls mit Federwegbegrenzern.

Hinterachse: Anders als bei der Vorderachse sind bei den Sierra-Limousinen die Federn der Hinterachse getrennt von den Stoßdämpfern angeordnet. Dabei sind die Stoßdämpfer hinter der Radachsenlinie am hinteren Teil der Schräglenker nahe den Rädern angeordnet, woraus sich ein 1:1-Verhältnis von Rad und Stoßdämpferbewegung ergibt. Die Schraubenfeder wiederum sitzt vor den Achswellen im Zentrum der Schräglenker und stützt sich gegen den Fahrzeugboden ab.

○ Der XR 4i hat auch hinten progressiv wirkende Schraubenfedern und zusätzlich einen Querstabilisator.

○ Beim Sierra Turnier sind Federn und Stoßdämpfer platzsparend zu einer Einheit ähnlich wie bei der Vorderachse zusammengefaßt.

Die Stoßdämpfer

Räder rollen nur dann spurtreu und sicher, wenn sie ständig Kontakt zur Fahrbahn halten. Genau dafür haben die Stoßdämpfer, richtiger eigentlich Schwingungsdämpfer zu sorgen. Stöße von Fahrbahnunebenheiten schlucken Reifen und Federn. Die Stoßdämpfer indessen sollen die Schwingungen der Radaufhängung und des Fahrzeugaufbaus unterdrücken bzw. zum Abklingen bringen; erst unter dieser Voraussetzung bleiben die Räder auch am Boden. Defekte Stoßdämpfer lassen die Räder auf unebener Fahrbahn vollkommen unkontrolliert hüpfen, und der Wagen versetzt nicht selten zur Seite – die Fahrsicherheit ist stark beeinträchtigt.

Im Sierra sind sogenannte Zweirohrdämpfer eingebaut. Sie bestehen aus einem Arbeitszylinder, in dem ein mit einer Kolbenstange verbundener Arbeitskolben auf- und abgleitet. Der Arbeitszylinder ist von einem zweiten Zylinder umgeben, der als Vorratsbehälter für das Stoßdämpfer-Hydrauliköl dient. Bei Federbewegungen eines Rades verschiebt sich der Kolben im Zylinder, das in Bewegung versetzte Spezialöl wird durch Ventile hindurchgepreßt, was die Kolbenbewegung durch den Widerstand verlangsamt und damit die Schwingungen des jeweiligen Rades dämpft.

Manschetten der Lenkzahnstange kontrollieren

Wartung Nr. 35

Die aus dem Zahnstangengehäuse austretende Zahnstange ist links und rechts durch eine Gummimanschette geschützt. Durch einen schadhaften Faltenbalg gelangt Schmutz und Feuchtigkeit selbst in das recht geschützt sitzende Lenkgetriebe. Das ergibt zusammen mit dem Lenkgetriebefett eine Art Schleifpaste und nagt am Lenkritzel. Ist die Lenkung in Geradeausstellung schon etwas teigig, hilft Nachstellen nicht mehr, sonst klemmt

Die Gummimanschette (1) muß richtig in der Nut der Spurstange (3) sitzen und darf nicht beschädigt sein. Auch die Klemmschelle (2) muß fest sitzen. Ggf. die Klemmschelle gegen eine Schraubschelle austauschen.

Der Spurstangenkopf (4) ist mit einer Kronenmutter (1) und Splint am Lenk-Schwenklager (2) gesichert. In regelmäßigen Abständen muß die Manschette (3) auf Schäden kontrolliert werden. Das Kugelgelenk (8) des Querlenkers ist ein wichtiges Führungsteil der Vorderachse. Es ist ebenfalls mit einer Kronenmutter (5) am Lenk-Schwenklager (6) befestigt. Eine nicht rechtzeitig entdeckte Beschädigung der Staubkappe (7) bedeutet das frühzeitige »Aus« für das ansonsten wartungsfreie Gelenk. Auch das Spiel der Achsgelenke am Querlenker innen (rechts) und außen (links) spielt eine entscheidende Rolle beim Fahrverhalten.

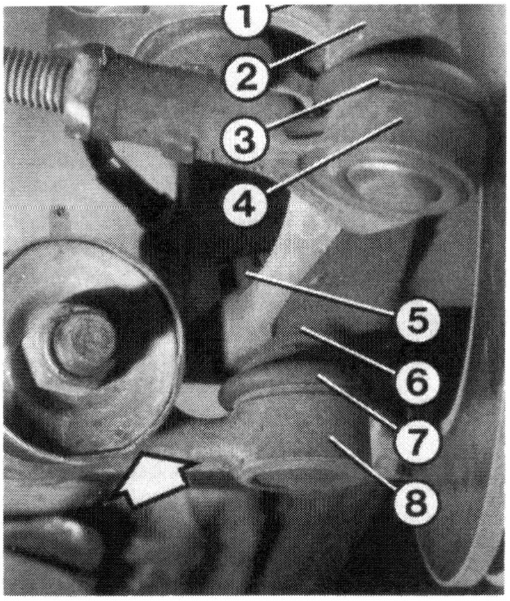

sie beim Einschlagen der Räder, und der Rückstelleffekt fehlt – die Räder gehen nach Kurven nicht mehr von alleine in Geradeausstellung zurück.

- Nehmen Sie eine Taschenlampe zu Hilfe und leuchten Sie den jeweils zu kontrollierenden Balg ab.
- Schlagen Sie die Lenkung voll nach rechts bzw. links ein und ziehen Sie dann den Faltenbalg zusätzlich noch Stück um Stück auseinander, um Risse in den Balgfalten zu erkennen.
- Sitzen die Spannbänder fest auf der Manschette?
- Eine verschlissene Manschette sofort ersetzen.

Staubkappen und Spiel der Spurstangenköpfe prüfen

Wartung Nr. 36

Rechts und links zwischen Spurstange und Spurstangenhebel des Lenk-Schwenklagers sitzt ein Gelenk. Der stählerne Kugelkopf ist von selbstschmierendem Kunststoff umhüllt und durch eine staub- sowie wasserdichte Umhüllung geschützt.

- Kontrollieren Sie die Manschetten der Spurstangengelenke auf Risse.
- Eventuelles Spiel im Gelenk wird bei auf dem Boden stehenden Wagen geprüft. Am besten geht das auf einer Grube.
- Lassen Sie einen Helfer das Lenkrad mehrmals kurz nach links bzw. rechts drehen und fühlen Sie an den Spurstangengelenken, ob sie Luft haben.
- Spurstangenköpfe mit defekter Manschette oder mit Spiel müssen umgehend ersetzt werden.

Staubkappen der Achsgelenke kontrollieren

Wartung Nr. 37

Die Gelenke rechts und links zwischen Querlenker und Lenk-Schwenklager sind wartungsfrei. Die Kugelgelenke der Achsgelenke sitzen in einer Fett-Dauerfüllung und zusätzlich in Kunststoffschalen. Als Schutz vor Nässe und Schmutz dienen Staubkappen aus Kunststoff. Eindringender Schmutz wirkt wie Schmirgelsand im Gelenk; Feuchtigkeit läßt es mit der Zeit festrosten.

- Lenkung nach einer Seite voll einschlagen.
- Kappen der Achsgelenke rechts und links auf Beschädigungen kontrollieren. Dabei die Kappen zusammendrücken, um auch versteckte Risse zu erkennen.
- Eine schadhafte Staubkappe kann nicht einzeln ersetzt werden, der Querlenker muß komplett ausgetauscht werden.

Spiel der Achsgelenke kontrollieren

Eine Prüfung, ob die Achsgelenke Spiel aufweisen, ist im Wartungsplan nicht vorgesehen. Die Kontrolle ist nach unseren Erfahrungen nur bei Wagen mit Laufleistungen jenseits 80 000 km erforderlich.

- Wagen aufbocken, daß das betreffende Vorderrad frei hängt.
- Rad oben und unten fassen und quer zur Fahrtrichtung daran rütteln.
- Zeigt sich Luft, sollten Sie das Spiel in der Werkstatt prüfen und den Querlenker ggf. auswechseln lassen.

Lenkungsspiel prüfen

Wartung Nr. 24

- Fenster auf der Fahrerseite herunterkurbeln. Stellen Sie sich neben den Wagen.
- Durchs Fenster greifen und Lenkrad kurz hin und her drehen.
- Bewegt sich das Vorderrad aus der Geradeausstellung sofort mit? Achten Sie auf die Felge, denn der elastische Reifen kann einen Teil des Einschlags schlucken, ehe er sich bewegt.

● Hat die Lenkung Spiel und ist nicht defekt, kann das Spiel nachgestellt werden. Dies sollten Sie jedoch der Ford-Werkstatt überlassen – nur sie hat das entsprechende Meßgerät zur richtigen Einstellung.

● Hat die Lenkung um die Geradeausstellung kein Spiel, klemmt aber bei stärkerem Einschlag, ist die Zahnstange der Lenkung verschlissen, und das Lenkgetriebe muß ausgetauscht werden.

Radlagerspiel prüfen

Wartung Nr. 27

Die Räder laufen vorne und hinten jeweils innen und außen auf Kegelrollenlagern und sind wartungsfrei. Sie halten, mit Dauerfetten versehen, weitaus mehr als 100000 km. Wird der Sierra jedoch vorwiegend auf schlechten, kurvenreichen Straßen gefahren, können die Radlager dagegen schon früher durch laute Laufgeräusche auf sich aufmerksam machen. Wird das Geräusch z. B. in Rechtskurven lauter, ist eines der beiden linken Radlager defekt.

● Fassen Sie nacheinander die fest am Boden stehenden Räder oben und versuchen Sie, diese quer zum Wagen zu bewegen.

● Bei einwandfreien Lagern darf praktisch kein Spiel vorhanden sein.

● Bei Spiel an den vorderen Radlagern lassen Sie einen Helfer auf das Bremspedal treten und wiederholen die Kontrolle.

● Ist weiterhin Spiel vorhanden, liegt die Ursache am Achsgelenk.

● Zeigen die Radlager Spiel, müssen sie ausgewechselt werden, da weder die vorderen noch die hinteren Lager einstellbar sind.

● Bei hochgebocktem Wagen können Sie noch prüfen, ob sich die Räder leicht drehen lassen (keine Schleif- oder Mahlgeräusche?).

Stoßdämpfer prüfen

Nachlassende Dämpferwirkung wird oft unbewußt durch verändertes Fahrverhalten ausgeglichen. Die Faustregel besagt, daß nach zwei verschlissenen Reifensätzen die Serienstoßdämpfer nur noch die Hälfte ihrer ursprünglichen Wirkung besitzen und somit austauschreif sind.
Keine genaue Diagnose erhalten Sie durch die bekannte Schaukelmethode im Stand, bei der man den Wagen am betreffenden Kotflügel aufschaukelt und plötzlich losläßt: Die Federbewegung müßte sofort gedämpft werden. So läßt sich aber nur ein total ausgefallener Stoßdämpfer feststellen.
Ein genaueres Bild über den Stoßdämpferzustand liefert ein spezieller Prüfstand, wie z. B. der »Shocktester« von Boge. Die Ausschwingbewegungen der Fahrzeugachse werden als Diagramm aufgezeichnet.
Zum Test darf das Stoßdämpferöl nicht zu kalt sein, sonst wird das Meßergebnis verfälscht. Anhand des Diagramms hat man einen Anhaltspunkt über die Funktionsfähigkeit der Stoßdämpfer. Solche Prüfstände haben Autoclubs im »Wandereinsatz« sowie manche Werkstätten und TÜV-Stellen.

Störungsbeistand

Stoßdämpfer

Es gibt einige untrügliche Anzeichen für nachlassende Stoßdämpferwirkung:
○ **Flatternde Lenkung**, weil die Räder keinen ständigen Bodenkontakt haben.
○ **Nachschwingen der Karosserie** nach Überfahren von Unebenheiten.
○ **Schwammiges Verhalten in Kurven**, weil die kurveninneren Räder nicht genügend auf den Boden gedrückt und die äußeren nicht stark genug entlastet werden.
○ **Springende Räder**; das muß freilich ein neben- oder hinterherfahrender Begleiter beobachten.
○ **Vielfach unterbrochene Bremsspur** bei Vollbremsung durch springende Räder.
○ **Ungleichmäßige Abnutzung der Reifen** und erhöhter Reifenverschleiß.
○ **Erhebliche Ölspuren** außen am Stoßdämpfer bis unter den Federteller des Federbeins. Geringe Leckverluste sind dagegen normal.

Vorderradaufhängung zerlegen

An den Teilen der vorderen Radaufhängung läßt sich vieles selbst aus- und einbauen. Für bestimmte Arbeiten sind allerdings Werkstattgeräte erforderlich. Beschädigte Teile der Radaufhängung dürfen nicht gerichtet oder gar geschweißt, sondern müssen grundsätzlich erneuert werden.

Stabilisator ausbauen

● Fahrzeug vorne aufbocken.

● Sicherungsbleche der Haltebügelschrauben an den Längsträgern zurückbiegen und Schrauben herausdrehen.

● Mutter am Querlenker lösen und Tellerscheibe sowie vordere Gummibüchse abnehmen.

● Andere Seite des Stabilisators genauso lösen.

● Einen Querlenker vom Vorderachs- bzw. Motorträger abbauen. Dazu den Lagerbolzen ausbauen.

● Stabilisator aus den Querlenkern herausziehen.

● Hintere Gummibüchsen und Tellerscheiben abnehmen.

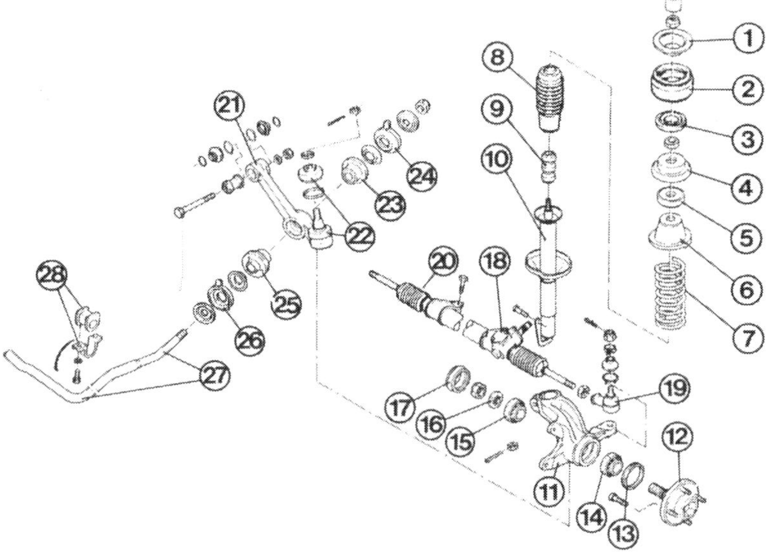

Die Teile der Lenkung und Vorderachse in einer Explosionsdarstellung: 1 – Stützlager-Tellerscheibe; 2 – Gummistützlager; 3 – Nylonzentrierring; 4 – Druckscheibe; 5 – Kugellager; 6 – Federaufnahme; 7 – Schraubenfeder; 8 – Gummimanschette; 9 – Anschlagpuffer; 10 – Federbein; 11 – Lenk-Schwenklager; 12 – Radnabenwelle; 13 – Dichtring; 14 – äußeres Radlager; 15 – inneres Radlager; 16 – kerbverzahnte Scheibe; 17 – Staubkappe; 18 – Lenkgetriebe; 19 – Spurstangenkopf; 20 – Lenkmanschette; 21 – Querlenker; 22 – Kugelgelenk; 23 – Gummibüchse; 24 – Tellerscheibe vorn; 25 – Gummibüchse; 26 – Tellerscheibe hinten; 27 – Stabilisator; 28 – Stabilisatoraufhängung.

- Gummibüchsen von den Längsträgerhalterungen abnehmen.
- Grüne hintere Scheibe und hinteres Gummilager links und rechts auf den Stabilisator schieben. Dabei müssen die Scheiben mit der Wölbung nach innen zum Gummilager zeigend montiert werden.
- Stabilisator in die Querlenker schieben.
- Vordere Gummilager und schwarze Tellerscheiben (sie sind stärker gewölbt als die hinteren grünen Tellerscheiben) aufschieben und neue selbstsichernde Mutter handfest beidrehen.
- Querlenker an den Vorderachsträger montieren. Die Mutter aber noch nicht festziehen.
- Stabilisator an den Längsträgern befestigen, aber Schrauben noch nicht festziehen. Auf richtigen Sitz der Haltebügel achten.
- Fahrzeug ablassen.
- Alle Schrauben und Muttern mit vorgeschriebenem Drehmoment festziehen.
- Sicherungsbleche an den Haltebügeln umbiegen.

Querlenker ausbauen

- Fahrzeug vorne aufbocken.
- Lagerbolzen am Vorderachs- bzw. Motorträger lösen und Bolzen herausziehen.
- Stabilisator von den Querlenkern abbauen, siehe vorigen Absatz.
- Splint der Kronenmutter am Kugelgelenk des Lenk-Schwenklagers ziehen und Kronenmutter abschrauben.
- Kugelgelenk mit handelsüblichem Abdrücker abpressen, ohne die Staubkappe zu beschädigen.
- Querlenker aus dem Motorträger herausziehen. Dabei, wenn nötig, etwas mit einem Montierhebel bzw. Schraubendreher hebelnd nachhelfen.
- Der Ausbau der Gummilager kann mangels passendem Aus- bzw. Einzieher (Ford-Werkzeug 14-027) auch mit zwei zum Innendurchmesser des Querlenkerauges und zum Außendurchmesser des Gummilagers passenden Rohrstücken geschehen.
- Alles zusammen in den Schraubstock spannen und Gummilager auspressen.
- Der Einbau eines neuen Gummilagers geht auch mit dem Schraubstock und den Rohrstücken vor sich.
- Wichtig beim Eindrücken bzw. Einpressen des Gummilagers ist, daß Sie es reichlich mit Schmierseife zur besseren Gleitfähigkeit einschmieren.
- Beim Einpressen muß dann der Schraubstock möglichst schnell und zügig bedient werden, damit sich die Büchse nur kurze Zeit verformt.
- Beim Einbau des Querlenkers alle beweglichen Verbindungen erst lose vormontieren.
- Nach Ablassen des Wagens die Verbindungen mit vorgeschriebenem Drehmoment festziehen. Würden die Verbindungen bei freihängenden unbelasteten Rädern festgezogen, besteht die Gefahr, daß die Gummilager bei anschließender Belastung total verspannt sind.

Federbein ausbauen

- Obere Federbeinbefestigung lösen. Beim Lösen der Mutter die Kolbenstange des Federbeins mit einem Innensechskantschlüssel 6 mm festhalten.
- Fahrzeug vorne aufbocken und Rad abbauen.
- Halter des Bremsschlauches abbauen.
- Ggf. Radsensor des ABS-Bremssystems vom Lenk-Schwenklager abbauen.
- Klemmschraube der Federbeinbefestigung vom Lenk-Schwenklager ausschrauben.
- Einen geeignet großen Winkelschraubendreher oder passenden Spreizhebel (Ford-Werkzeug Nr. 14-026) in die Nut des Lenk-Schwenklagers einsetzen und Hebel um 90° drehen, um das Federbein vom Lenk-Schwenklager abzudrücken. Dazu den Querlenker nach unten drücken.
- Obere Befestigungsmutter und Tellerscheibe abnehmen und Federbein aus dem Radausschnitt herausnehmen.
- Vor dem Einbau die beiden Aufnahmen des Federbeins säubern und eventuelle Roststellen behandeln.
- Obere Befestigungsmutter erst festziehen, wenn das Lenk-Schwenklager mit dem Federbein in seiner Lage fixiert ist.

Stoßdämpfer bzw. Feder ausbauen

Zu dieser Arbeit ist eine Spannvorrichtung (Ford-Werkzeug Nr. MS-1516) bzw. mindestens zwei handelsübliche Federspanner für die Schraubenfeder zwingend erforderlich. Ohne diese besteht durch die etwa vierfache Vorspannung der Schraubenfeder die Gefahr, daß die Teile nach Lösen der zentralen Halteschraube explosionsartig auseinanderfliegen – allerhöchste Verletzungsgefahr!

- Federbein ausbauen.
- Federbein in einen Schraubstock spannen (Schutzbacken nicht vergessen) und Feder mit handelsüblichen Federspannern langsam zusammendrücken, bis die obere Tellerscheibe entlastet ist.
- Damit die Feder nicht ungleich zusammengedrückt wird, die Federspanner immer wechselseitig anziehen. Dabei darauf achten, daß die Feder exakt im Spannwerkzeug sitzt.
- Obere Kolbenstangenmutter entfernen.
- Tellerscheibe, Lager, obere Federauflage, Gummistaubmanschette und -anschlag vom Federbein abziehen.
- Falls die Feder ausgewechselt werden soll, Feder langsam entspannen. Soll dagegen nur der Stoßdämpfer ersetzt werden, bleibt die Feder gespannt.
- Beim Zusammenbau darauf achten, daß die Federauflagen sauber sind und Roststellen entsprechend behandelt werden.
- Stoßdämpfer prüfen. Er muß sich über den gesamten Hub bzw. Schub gleichmäßig schwer und ruckfrei bewegen lassen. Geringe Spuren von Stoßdämpferöl sind ohne Belang.
- Beim Zusammenbau der oberen Federauflage darauf achten, daß das Kugellager richtig sitzt und nicht verkantet ist.

Arbeiten an der Lenkung

Lenkrad ausbauen

- Räder in Geradeausstellung bringen und Lenkrad gerade stellen. Am besten fahren Sie den Sierra ein paar Meter auf gerader Strecke und markieren sich die Stellung der Lenkradspeichen.
- Nur wenn die Abweichung mehr als 60° von der Mittelstellung aus beträgt, muß das Lenkrad demontiert werden. Bei weniger als 60° Abweichung wird die Feineinstellung mittels Paralleldrehung der Spurstangen vorgenommen.
- Mit einem kleinen Schraubendreher zwischen Prallfläche und Hupenknopf stechen und Fläche heraushebeln.
- Steckverbindung von der Kontaktplatte des Hupenknopfs abziehen.
- Lenkrad in Sperrstellung einrasten lassen und Lenksäulenmutter lösen.
- Mutter abschrauben und Lenkrad mit ruckelnden Bewegungen abziehen.
- Lenkrad entsprechend versetzt wieder aufschieben und Mutter mit 45–55 Nm festziehen. Um das Lenkrad korrekt aufsetzen zu können, muß das Lenkschloß auf Stellung »1« gedreht werden.
- Die weitere Feineinstellung geschieht durch Drehen der Spurstangen in gleicher Richtung (um ein Verstellen der Spur zu vermeiden), wobei für je 1° der Lenkradabweichung die Spurstangen etwa um 19° verdreht werden müssen.
- Beispiel: Beträgt die Lenkradabweichung von der Mittelachse 3° im Uhrzeigersinn (nach rechts), müssen die Spurstangen 3° x 19 = 57° gegen den Uhrzeigersinn (von der linken Fahrzeugseite aus gesehen) verdreht werden. Entsprechend müßten die Spurstangen bei einer Lenkradabweichung von der Mittelstellung nach links im Uhrzeigersinn verdreht werden.
- Vor Verdrehen der Spurstangen die Position der Spurstangenendstücke mit Kreide markieren.
- Kontermuttern der Spurstangenendstücke und Klemmschellen der Lenkmanschette lösen.

Zum Lenkradausbau den Hupenknopf mit einem Schraubendreher vorsichtig aus dem Lenkrad hebeln. Vorher die Steckverbindung an der Hupe lösen, damit sie nicht ungewollt loshupt. Nach Abziehen der Steckverbindungen am Lenkrad die Zentralmutter lösen.

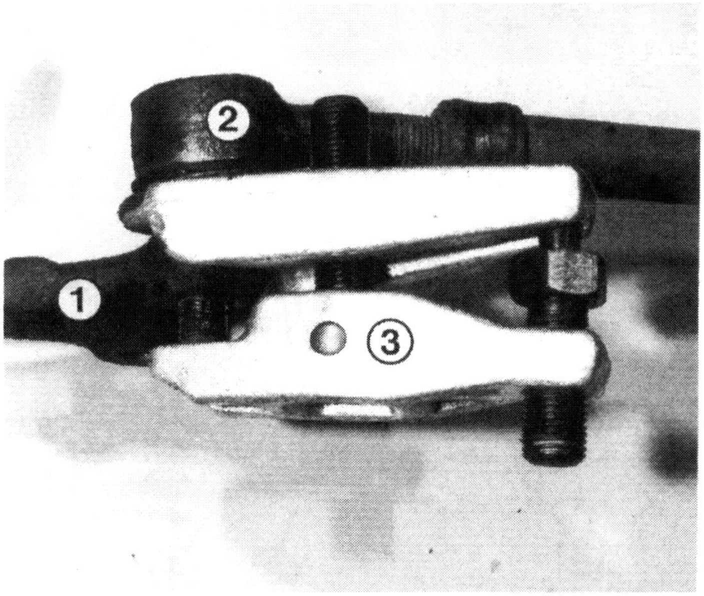

So wird der Spurstangenkopf (2) mit einem Spurstangenabzieher (3) vom Hebel (1) des Lenk-Schwenklagers abgepreßt.

Spurstangenköpfe auswechseln

Die Spurstangenköpfe sind getrennt angeschraubt. Im Schadensfall muß also nicht die komplette Spurstange ausgetauscht werden.

- Wagen vorne aufbocken und Rad abmontieren.
- Splint der Kronenmutter entfernen und Mutter vom Spurstangenendstück am Lenkhebel lösen.
- Spurstangenkopf mit einem Klauenabzieher nach oben aus dem Lenkhebel drücken, dann Kronenmutter entfernen.
- Kontermutter am Spurstangenendstück lösen und Endstück von der Spurstange abschrauben, dabei genau die Umdrehungen für den Wiedereinbau zählen.

Lenkgetriebe-Manschetten austauschen

- Spurstangenendstücke ausbauen, siehe vorigen Abschnitt. Beim Ausdrehen die Umdrehungen zählen und notieren, damit die Endstücke beim Wiedereinbau gleich weit eingeschraubt werden können – sonst ist die Spur verstellt!
- Beide Spannbänder der Manschette lösen und abziehen. Drahtklemmschellen der Erstmontage gegen Schraub-Spannbänder ersetzen.
- Manschette abziehen.
- Zum Einbau Spurstange reinigen und leicht einfetten.
- Manschette über die Spurstange schieben und darauf achten, daß sie richtig in den Nuten von Spurstange und Zahnstangengehäuse sitzt und nicht verdreht ist. Sonst kann sie beschädigt werden und dichtet nicht richtig ab.
- Manschette mit Spannband sichern. Das äußere Manschettenband erst nach Absenken des Wagens und Prüfen bzw. Einstellen der Spur festziehen.
- Spurstangenendstücke montieren und Kronenmutter mit neuem Splint sichern.
- Spur und Lenkradstellung kontrollieren und ggf. einstellen (lassen).

Lenk-Schwenklager ausbauen

- Wagen aufbocken und Rad abnehmen.
- Bremsschlauchhalter am Federbein abbauen.
- Bremssattel ausbauen und mit Draht aufhängen.
- Sicherungsschraube der Bremsscheibe lösen und Scheibe von Radnabe ziehen. Hier ist evtl. ein Schlagschrauber angebracht.
- Spurstangenköpfe ausbauen.
- Kugelgelenk des Querlenkers am Lenk-Schwenklager abdrücken. Dazu Klemmschraube lösen.
- Lenk-Schwenklager vom Federbein trennen, siehe Absatz »Federbein ausbauen«.
- Der Einbau geht in umgekehrter Ausbaureihenfolge vor sich.

Radlager vorn auswechseln

Die Kegelrollenlager der Vorderradnabe laufen in genau abgestimmten Laufringen. Lager, Laufringe, Nabe und Lenk-Schwenklager sind in engen Toleranzen gefertigt. Daher entfällt eine Einstellung der Lager.
Durch die engen Toleranzen ist eine genaue und fachgerechte Montage äußerst wichtig. Deshalb stehen der Ford-Werkstatt allein für diese Arbeit drei Spezialwerkzeuge zur Verfügung – ein Argument, diese Arbeit der Ford-Werkstatt zu übertragen.

Arbeiten an der Servolenkung

Servolenkung auf Dichtheit kontrollieren

Wurde im Vorratsbehälter ein abgesunkener Flüssigkeitsstand festgestellt, muß umgehend die gesamte Lenkanlage überprüft werden, sonst könnte während der Fahrt die Servolenkung ausfallen.
Auf welche Teile Sie Ihr Augenmerk lenken müssen, steht im Störungsbeistand auf Seite 143. Unter bestimmten Umständen kann ATF am Dichtring der Einfüllkappe des Vorratsbehälters austreten (leicht überfüllter Behälter, nachlässiges Aufsetzen des Verschlußdeckels nach einer Flüssigkeitsstandskontrolle oder

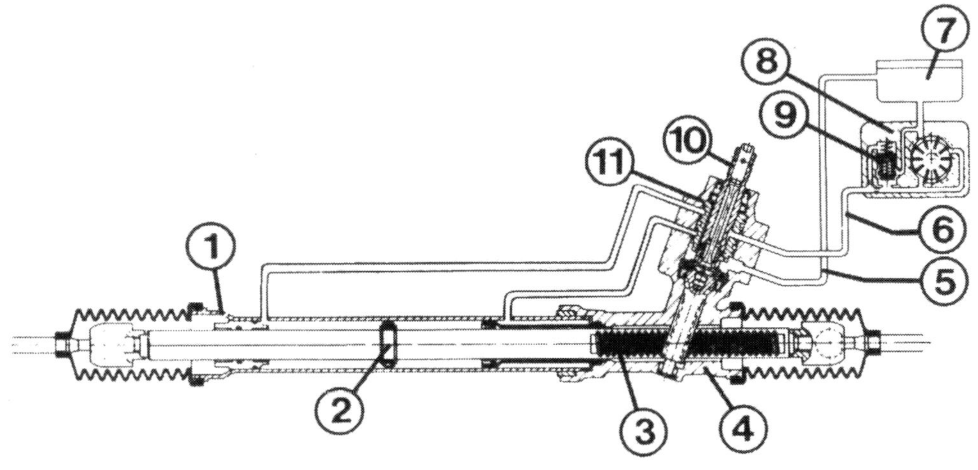

Die Servolenkung schematisch dargestellt zeigt:
1 – Lenkgehäuse;
2 – Kolben;
3 – Zahnstange;
4 – Lenkgetriebegehäuse;
5 – Rücklaufleitung;
6 – Druckleitung;
7 – ATF-Vorratsbehälter;
8 – Flügelpumpe;
9 – Druckbegrenzungsventil;
10 – Lenkritzel;
11 – Ventilblock.

übermäßige Kurbelei im Gebirge oder in engen Gassen beim Rangieren). Diese Flüssigkeitsverluste sind nicht unbedingt mit Undichtigkeiten an Anschlußstellen zu verwechseln.

Pumpe der Servolenkung ausbauen

Soll die Pumpe der Servolenkung lediglich wegen Montagearbeiten im Motorraum ausgebaut werden, bleiben ihre Schlauchleitungen angeschlossen, damit kein Schmutz in die Lenkhydraulik gelangt. Falls die Schläuche an der Pumpe abgenommen werden müssen, ist äußerste Sorgfalt vonnöten. Selbst kleinste Schmutzpartikel in der ATF können Funktionsstörungen verursachen.

- Keilriemen abnehmen.
- Befestigungsschrauben (V6-Motor) lösen bzw. Halteschiene (OHC-Motor) abbauen.
- Beim DOHC-Motor die Befestigungsschrauben vom Motorblock abschrauben.
- Pumpe abnehmen.
- Bim Einbau den Druckschlauch mit 26–31 Nm und die Rücklaufleitung mit 17–20 Nm festziehen, falls diese Leitungen demontiert wurden – dann muß aber auch die ATF abgelassen werden.

Servolenkung entlüften

Wurde die Pumpe der Servolenkung bzw. der Vorratsbehälter von den Schläuchen getrennt, muß das Hydrauliksystem mit neuer ATF der Ford-Spezifikation SQM-2C-9010-A befüllt werden, siehe auch im Kapitel »Schmieren aller Teile« unter »ATF-Stand im automatischen Getriebe kontrollieren«.

- Zündung lahmlegen.
- Motor von Helfer mehrmals jeweils zwei bis drei Sekunden lang mit dem Anlasser durchdrehen lassen, dabei das Lenkrad von Anschlag zu Anschlag drehen und laufend ATF in den Vorratsbehälter nachgießen.
- Auf keinen Fall darf der Flüssigkeitsspiegel im Vorratsbehälter beim Entlüftungsvorgang so tief sinken, daß Luft in das System gelangt.
- Entlüftungsvorgang so lange fortsetzen, bis sich der ATF-Spiegel im Vorratsbehälter stabilisiert hat und keine Luftblasen mehr aufsteigen.

Keilriemenspannung der Lenkhilfe prüfen

Wartung Nr. 25

○ Beim OHC-Motor wird die Pumpe der Servolenkung durch einen Doppelkeilriemen, der auch die Lichtmaschine antreibt, angetrieben.
○ Beim DOHC-Motor wird die Pumpe für die Servolenkung vom gleichen Profilkeilriemen angetrieben, der auch Lichtmaschine, Wasserpumpe und ggf. den Kompressor der Klimaanlage antreibt. Mit diesen Zusatzaggregaten ausgerüstet, besitzt der DOHC-Motor einen automatischen Keilriemenspanner – somit erübrigt sich hier die Beschreibung.
○ Beim V6-Motor ist für den Antrieb der Ölpumpe ein separater Keilriemen, der über eine Umlenkrolle geführt wird, zuständig.

Während ein gerissener Keilriemen beim OHC-Motor (selten reißen jedoch beide Riemen gleichzeitig) durch den dann auch fehlenden Wasserpumpenantrieb zum Problem wird, können Sie bei einem gerissenen Keilriemen des Pumpenantriebs der Servolenkung trotzdem weiterfahren. Allerdings ist wesentlich mehr Muskelkraft zum Lenken vonnöten.

Wie der Keilriemen beim OHC-Motor gespannt wird, lesen Sie bitte im Kapitel »Das Kühlsystem« nach.

- Beim V6-Motor darf sich der Riemen in der Mitte seiner größten Spannweite nicht mehr als **10 mm** eindrücken lassen, sonst muß nachgespannt werden.
- Die beiden Einstellschrauben der Umlenkrolle etwas lösen.
- Umlenkrolle nach außen drücken.
- Spannschrauben festziehen.
- Motor kurz laufen lassen und Keilriemenspannung prüfen. Ggf. nachspannen.

Keilriemen ersetzen

● OHC-Motor: Schrauben der Lichtmaschinenhalterung und des Spannbügels lösen.
● Lichtmaschine zum Motor hin drücken und Keilriemen abnehmen.
● Keilriemen immer paarweise auswechseln, sonst gibt es beim Spannen Probleme durch die unterschiedlichen Längen zwischen altem und neuem Riemen.
● V6-Motor: Befestigungsschrauben der Umlenk- und Spannrolle lösen.
● Umlenkrolle zum Motorblock hin drücken und Keilriemen abnehmen.

Störungsbeistand

Servolenkung

Die Störung	– ihre Ursache	– ihre Abhilfe
A Lenkungsgeräusche	1 Zu niedriger ATF-Stand	Vorratsbehälter vorschriftsmäßig auffüllen, Undichtigkeit erforschen
	2 Keilriemenspannung zu gering	Riemen spannen
	3 Riemenscheibe der Pumpe lose bzw. beschädigt	Riemenscheibe festziehen bzw. erneuern
	4 Pumpengeräusche durch defektes Steuerventil	Steuerventil bzw. verschlissene Einzelteile austauschen lassen
	5 Lager der Servopumpe verschlissen	Pumpe auswechseln (lassen)
B Ausfall der Servolenkung	1 Siehe A 1 und 2	
	2 Zuleitungen verstopft	Leitungen reinigen bzw. auswechseln lassen
	3 Systemdruck zu gering	Systemdruck prüfen lassen
	4 Luft im System	Entlüften und Ursache erforschen
C Lenkung wird mit zunehmendem Einschlag schwergängiger	1 Siehe B 3	
	2 Steuerventil verschmutzt oder defekt	Ventil reinigen lassen, ggf. austauschen lassen
D Einseitiges Ziehen der Lenkung	1 Reifendruck stark unterschiedlich	Reifendruck kontrollieren, auf ungleichmäßigen Reifenverschleiß achten
	2 Lenkgeometrie verstellt bzw. deformiert	Lenkung und Radaufhängung untersuchen, Lenkung einstellen lassen bzw. Teile auswechseln lassen
	3 Hydraulikleitung beschädigt, evtl. mit ATF-Verlust	Leitung ersetzen
E Lenkung geht von alleine schlecht oder gar nicht in Geradeausstellung (schlechte Selbstzentrierung)	1 Lenkspindel oder Radaufhängungsgelenke schwergängig	Beschädigte oder verschlissene Teile ersetzen
	2 Rücklaufschlauch oder -leitung verengt bzw. geknickt	Teile erneuern
	3 Zahnstange schwergängig evtl. bedingt durch Schäden an den Zahnstangenkolben oder Dichtringen	Kontrollieren und ggf. auswechseln lassen
F Undichtigkeiten	1 Ölaustritt am oberen Teil des Steuergehäuses	Abdichten lassen
	2 Ölaustritt an Schlauch- und Leitungsanschlüssen	Anschlüsse anziehen bzw. neue Dichtringe montieren (lassen)
	3 Defekte Zahnstangenabdichtung	Lenkung ausbauen, zerlegen und neu abdichten lassen

Fingerzeig: Bei Geräuschen, verursacht durch die Servolenkung, sollten Sie beachten, daß die Servopumpe nicht vollkommen geräuschlos arbeitet. Einige Geräusche bemerkt man bei stehendem Fahrzeug und laufendem Motor besonders bei vollem Lenkeinschlag. Dies kann bei steigender Drehzahl lauter werden. Zur Diagnose sollten Nebenaggregate, durch die die Geräusche verwechselt werden könnten, durch Abnehmen des betreffenden Keilriemens stillgelegt werden.

Die Radeinstellung

Die Vorderräder müssen für ein sicheres Fahrverhalten in Längs- und Seitenrichtung in bestimmten Winkelstellungen stehen. Damit Sie sich unter der Lenkgeometrie etwas vorstellen können, hier eine Erläuterung der Begriffe:

Spur: Im Stillstand stehen die Vorderräder vorn enger zusammen als hinten. Sie rollen gewissermaßen aufeinander zu. Dadurch gleicht man aus, daß die Reibung zwischen Rad und Straße das linke Rad nach links

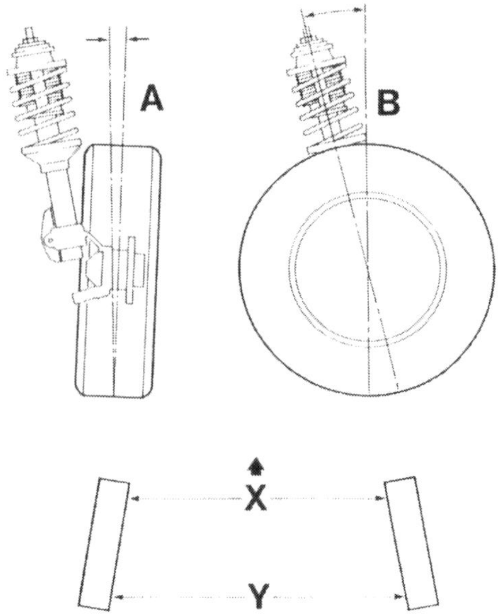

Links: Damit Sie sich die Begriffe der Radeinstellung besser vorstellen können, hier zur Verdeutlichung die Zeichnung. Es bedeuten: A – Sturz; B – Nachlauf; Unterschied zwischen X und Y = Vorspur.
Rechts: Zum Nachstellen der Spur müssen Sie zuerst den Splint (1) entfernen und die Kronenmutter (2) abschrauben, bevor nach Öffnen der Kontermutter (4) der vom Lenkhebel (3) abgedrückte Spurstangenkopf mit einem am Pfeil angesetzten Gabelschlüssel auf dem Gewinde der Spurstange (5) verdreht werden kann.

weg und das rechte nach rechts weg drücken will. Vorn enger zusammengestellte Räder ergeben Vorspur. Das verhindert Radieren der Reifen und Räderflattern.
Beim Hineinlenken des Wagens in eine Kurve geht die Vorspur durch die trapezförmige Anordnung des Lenkgestänges in Nachspur über. Das kurveninnere Rad schwenkt stärker herum als das kurvenäußere. Das ergibt automatisch eine Unterstützung der Lenkbewegung und der Lenkkräfte. Dies ist auch notwendig, weil ja in einer Kurve die inneren Räder einen engeren Kreis fahren müssen als die äußeren.
Sturz: So nennt man die leichte Schrägstellung der Vorderräder – oben im Radkasten stehen sie beim Ford Sierra weiter auseinander als unten am Boden. Das heißt in der Fachsprache positiver Sturz. Der Sturz vermindert die Übertragung von Fahrbahnstößen auf die Teile der Lenkung und hält zusätzlich Lenkkräfte und die Reibung der Räder zur Fahrbahn in geringen Grenzen.
Spreizung: Sie gehört zum Sturz. Spreizung ist die geringfügige Neigung der Schwenkachse, um die beim Lenken die ganze Radaufhängung schwenkt. Beide Schwenkachsen haben oben einen kleineren Abstand voneinander als unten. Sturz und Spreizung verhindern zusätzlich das Flattern der Räder. Ferner erleichtern sie das Einschlagen der Räder. Und zusätzlich bewirken sie das Rückstellmoment, worunter man das Bestreben der Vorderräder versteht, bei oder nach Kurven selbsttätig wieder in Geradeausstellung zu gehen.
Nachlauf: Darunter versteht man die Schrägstellung der Schwenkachse in Fahrzeuglängsrichtung. Das hilft ebenfalls, den Geradeauslauf zu stabilisieren und Flattern der Vorderräder zu verhindern. Außerdem bewirkt er eine Rückstellung der Lenkung nach Kurven.

Erkennungsmerkmale für falsche Radeinstellung

Wenn Sie fehlerhafter Lenkgeometrie beim Fahren auf die Schliche kommen wollen, müssen Sie zuerst sicherstellen, daß beide Vorderreifen dieselbe Reifensorte, Profiltiefe und den vorgeschriebenen Luftdruck aufweisen.

- Stehen die **Lenkradspeichen bei Geradeausfahrt symmetrisch?** Ein schiefsitzendes Lenkrad ist oft das Zeichen für falsche Spureinstellung.
- **Unruhiger Geradeauslauf**; er ist besonders auf schnee- oder eisglatten Straßen zu erkennen. Überbreite Reifen können den Geradeauslauf trotz richtiger Radeinstellung ebenfalls verschlechtern.
- **Zieht der Sierra zur Seite?** Und das bei völlig ebener Fahrbahn und losgelassenem Lenkrad?
- **Stellt sich die Lenkung** nach Kurven **von selbst in Geradeausstellung?**
- Schauen Sie sich die **Vorderräder** aus fünf bis zehn Meter Entfernung an – stehen sie in **Geradeausstellung symmetrisch zueinander?**
- Ist das **Reifenprofil einseitig abgenutzt?** Bei scharfer Fahrweise ist es allerdings nicht ungewöhnlich, daß an beiden Vorderreifen die Außenkanten stärkere Verschleißspuren zeigen als innen.
- Eine **verbeulte Felge** deutet auf eine harte Bordsteinberührung, wodurch die Geometrie der Vorderradaufhängung leicht aus dem Winkel gerät.
- **Weitere Ursachen** für fehlerhafte Stellung der Räder können verschlissene Gelenke bzw. Gummilager sein oder unsachgemäße Unfallreparaturen.

Radeinstellung messen

Zur Vermessung der Radeinstellung wird in der Werkstatt ein optischer Achsmeßstand verwendet. Der Reifendruck muß stimmen, das Fahrzeug unbeladen, durchgefedert und ausgerichtet sein, und die Teile der Vorderradaufhängung und Lenkung dürfen kein zu großes Spiel aufweisen.
Zur Einstellung liegen der Werkstatt modellspezifisch eine Unzahl von Einstelldaten vor. Deshalb erfragen Sie im Bedarfsfall die für Ihren Sierra zutreffenden Einstellwerte am besten in der Werkstatt, um Einstellfehler zu vermeiden.

Anzugsdrehmomente Vorderachse

Bauteil		Nm
Federbein an Stützlager		40–52
Federbein an Lenk-Schwenklager		77–92
Stabilisator an Längsträger		57–70
Stabilisator an Querlenker		70–110
Querlenker an Vorderachs- bzw. Motorträger	1. Stufe	45
	2. Stufe	auf 0 lösen
	3. Stufe	15
	4. Stufe	90° weiterdrehen
Kugelgelenk des Querlenkers an Lenk-Schwenklager		65–85
Spurstangenendstücke an Lenk-Schwenklager		25–30
Kontermutter der Spurstangenendstücke		57–68
Lenkgetriebe an Vorderachsträger	1. Stufe	15
	2. Stufe	90° weiterdrehen
Verbindungsgelenk an Lenkspindel		20–25
Lenkzwischenwelle an Ritzel des Lenkgetriebes		20–30
Servopumpenhalter an Motor		52–64
Radnabenmutter		310–350

Hinterachse zerlegen

Wurde beim Vermessen der Hinterradeinstellung eine zu große Abweichung vom Sollwert festgestellt, muß der Achskörper komplett ausgetauscht werden. Richt- und auch Schweißarbeiten sind nicht zulässig.

Stoßdämpfer ausbauen

- Bei der Fließheck- und Stufenhecklimousine Seitenverkleidung ausbauen, siehe Kapitel »Die Karosserieteile«.
- Beim Sierra Turnier die Lehne der Rückbank umklappen und Bodenbelag herausnehmen. Dann Gepäckraumboden vorn ausbauen (zehn Blechschrauben).
- Stoßdämpfer von der oberen Stoßdämpferlagerung abbauen.
- Fahrzeug aufbocken.
- Stoßdämpfer unten vom Schräglenker abbauen.
- Zum Einbau den Stoßdämpfer auseinanderziehen.
- Stoßdämpfer in die obere Halterung einführen.
- Ggf. den Schräglenker etwas anheben und Stoßdämpfer in die untere Befestigung am Schräglenker einsetzen.

Stabilisator ausbauen

- Fahrzeug aufbocken und ein Rad abbauen.
- Verbindungssegment zum Stabilisator am Schräglenker mit einem Schraubendreher abhebeln.
- Haltebügel des Stabilisators am Fahrzeugboden abschrauben und aus den Schlitzen in der Karosserie nehmen.
- Stabilisator abnehmen.
- Werden die Gummibüchsen ausgewechselt, diese mit Schmierseife oder Seifenlauge in Position drücken.

Radnabe ausbauen

- Fahrzeug aufbocken und Rad abbauen.
- Bremstrommel abbauen.
- Bei hinteren Scheibenbremsen den Bremssattel abbauen und mit Draht aufhängen.

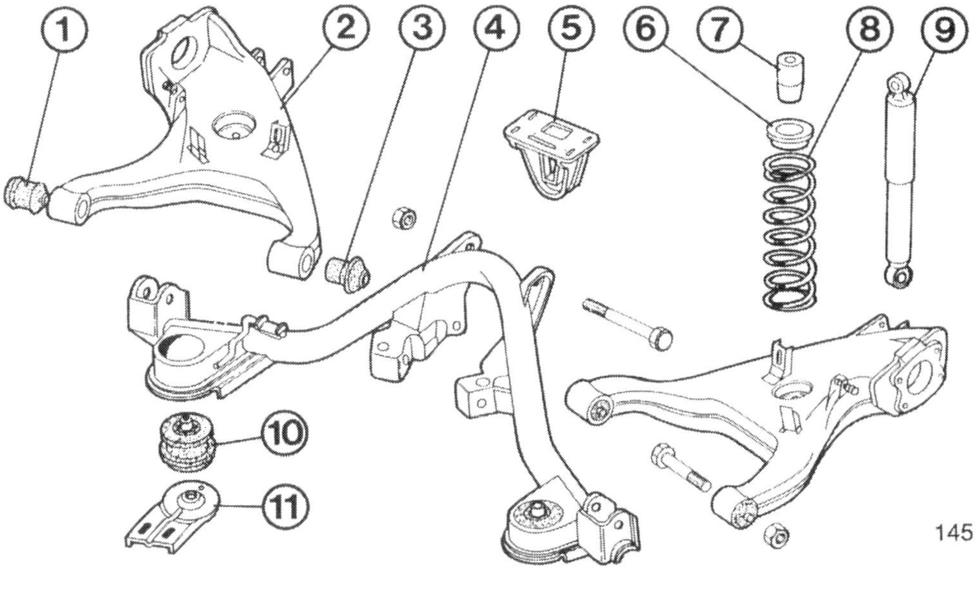

Die Teile der Hinterachsaufhängung:
1 – äußeres Gummilager;
2 – Schräglenker;
3 – inneres Gummilager;
4 – Hinterachsquerträger;
5 – Gummiwiderlager des Hinterachsgetriebes;
6 – Gummiauflage der Schraubenfeder;
7 – Anschlagpuffer;
8 – Schraubenfeder;
9 – Stoßdämpfer;
10 – Gummilager;
11 – Führungsplatte des Hinterachsquerträgers.

- Achsmutter abschrauben und Achswellenflansch mit handelsüblichem Zweiklauen-Abzieher abziehen.
- Plastikabdeckung des Achsgelenks vom Bremsträger abhebeln.
- Vier Radnabenschrauben herausdrehen und Radnabe abnehmen.
- Bremsträger zur Sicherung lose am Schräglenker befestigen.
- Beim Einbau alle Berührungsflächen säubern.

Radlager ausbauen

- Radnabe ausbauen.
- Äußeren und inneren Dichtring mit einem Schraubendreher aus der Radnabe heraushebeln.
- Beide Schrägrollenlager aus der Nabe nehmen, sauberreiben und auf Verschleiß kontrollieren.
- Lagerlaufringe in der Nabe auf Verschleißspuren untersuchen und ggf. Lager komplett austauschen. Dazu Lagerlaufringe mit einem Kupferdorn kreisförmig aus der Nabe treiben.
- Lager mit Radlagerfett (z.B. Liqui Moly LM-320) einschmieren. Dabei alle Hohlräume zwischen den Rollen mit Fett füllen. Den Raum zwischen den beiden Schrägrollenlagern nicht füllen, da zuviel Fett an den Dichtringen herausgepreßt wird.
- Dichtringe mit passendem Rohr vorsichtig eintreiben.

Schräglenker bzw. Feder ausbauen

- Fahrzeug hinten aufbocken und Rad abbauen.
- Radnabe ausbauen, wie zuvor beschrieben.
- Halter der Bremsleitung abnehmen.
- Stoßdämpfer vom Schräglenker abbauen, wie zuvor beschrieben.
- Querträger vom Fahrzeugboden abbauen. Dazu Sicherungsblech umbiegen und den Schraubbolzen des Gummilagers herausdrehen.
- Führungsplatte des Gummilagers abschrauben.
- Schräglenker absenken und mit Feder und -auflage abnehmen.
- Schräglenker an beiden Lagerungen vom Querträger abbauen.
- Beim Einbau des Schräglenkers in den Querträger die Schraubenfeder mit Auflage in den Schräglenker einsetzen und auf richtigen Sitz der Feder achten.
- Beim Sierra Turnier gleichzeitig den Stoßdämpfer in das Gummilager einführen und mit Mutter und Scheibe festziehen.

Anzugsdrehmomente Hinterachse

Bauteil		Nm
Gummilager an Querträger		20–25
Gummilager an Hinterachsgetriebe		40–50
Gummilager an Führungsplatte		68–88
Führungsplatte an Fahrzeugboden		41–51
Schräglenker an Querträger		80–95
Stabilisator an Fahrzeugboden		20–25
Stoßdämpfer oben		73–97
Stoßdämpfer unten	(Limousine/Turnier)	45–55/68–92
Radnabenmutter		250–290

Verkürzte Wege

Wer mit Weitsicht fährt – dazu gehört besonders der Abstand zum Vordermann –, braucht die Bremsen meist nur routinemäßig zum Anbremsen einer engeren Kurve, zum Angleichen der Geschwindigkeit z.B. an eine angezeigte Geschwindigkeitsbegrenzung, zum Anhalten oder um unvorhersehbare Situationen zu meistern. Das spart Nerven, Kraftstoff, und nicht zuletzt halten die Bremsen länger.

Eigenarbeiten an der Bremse

Von der richtigen und zuverlässigen Funktion der Bremsen Ihres Ford Sierra hängt unter Umständen Ihr Leben und das anderer ab. Diese Tatsache sollten Sie sich stets vor Augen halten, wenn Sie Reparaturen daran ausführen wollen. Muten Sie sich also nicht zu viel zu. Andererseits ist bei der Bedeutung der Bremsen keine Kontrolle zu viel. Auch wenn Sie Ihren Sierra regelmäßig zur Inspektion in die Werkstatt geben, sehen gerade in diesem speziellen Fall vier Augen mehr als zwei.
Durch gezielte Kontrollen, nicht aber durch unsachgemäße Reparaturen können Sie dazu beitragen, die Verkehrssicherheit Ihres Wagens zu erhalten um sich und andere Verkehrsteilnehmer zu schützen. Was Sie selbst tun können, ist hier im Buch abgehandelt. Alle anderen Arbeiten sollten Sie der Werkstatt überlassen.

Funktion der Bremse

○ Wenn Sie auf das Bremspedal treten, preßt eine mit dem Pedal verbundene Druckstange zwei hintereinanderliegende Kolben in den Hauptbremszylinder, der im Motorraum an den Bremskraftverstärker montiert ist.
○ Die Kolben übertragen die Kraft auf die im Hauptbremszylinder eingeschlossene Bremsflüssigkeit. Dieser hydraulische Druck pflanzt sich über Rohr- und Schlauchleitungen zu den Radbremszylindern fort.
○ In den Radbremszylindern drücken Kolben die Bremsklötze gegen die Bremsscheiben bzw. die Bremsbakken gegen die Bremstrommeln.
○ Der Ford Sierra ist mit einer für die Vorder- und Hinterräder geteilten Zweikreisbremsanlage ausgerüstet, d.h. der Druck der Bremsflüssigkeit gelangt an die Radbremszylinder in zwei voneinander unabhängigen Leitungssystemen.
○ Je nach ausgefallenem Bremskreis, stehen dem Fahrer z.B. bei intakt gebliebenem vorderem Bremskreis ca. ⅔ der ursprünglichen Bremswirkung zur Verfügung. Bei intakt gebliebenem hinteren Bremskreis stehen dagegen nur noch ca. ⅓ der ursprünglichen Bremswirkung zur Verfügung. Zusätzlich besteht die Gefahr, daß der Wagen hinten ausbricht. Deshalb darf bei ausgefallenen vorderen Bremsen mit dem Bremspedal nur äußerst gefühlvoll umgegangen werden.

Fingerzeig: Bei Ausfall eines Bremskreises müssen Sie ungleich stärker auf das Bremspedal treten (bei gleichzeitig längerem Pedalweg), um die übliche Bremswirkung zu erreichen. Außerdem wird der Anhalteweg wesentlich länger.

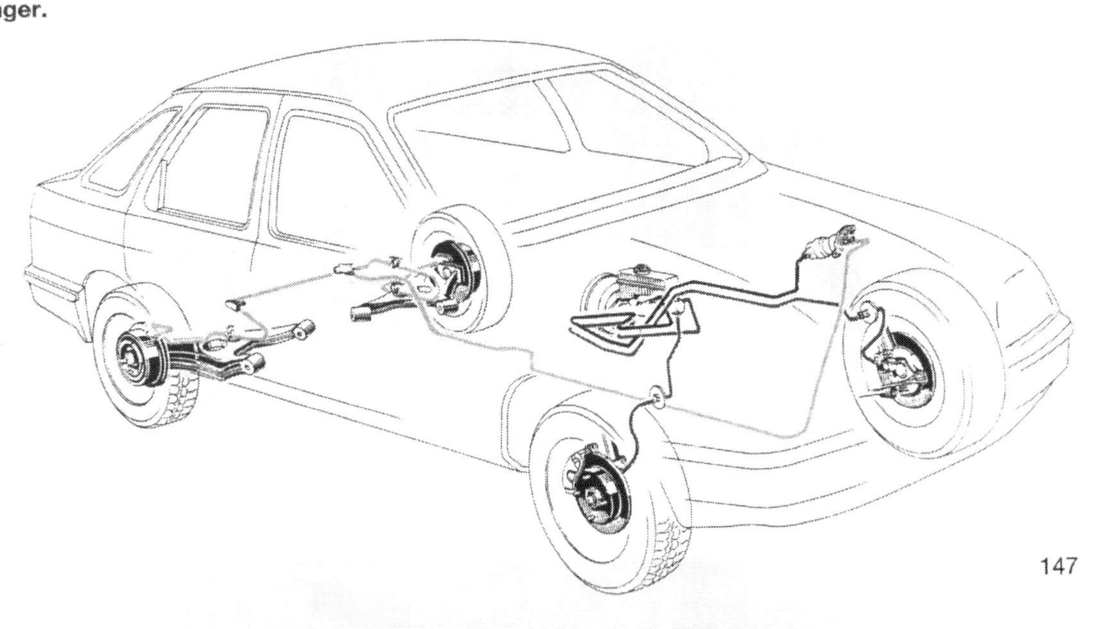

Das Schema der Zweikreisbremsanlage zeigt ganz anschaulich die voneinander unabhängigen Bremskreisläufe für vorne und hinten vom Hauptbremszylinder zu den Vorderrädern und über das Verteilerstück zu den Hinterrädern.

Die Bremsflüssigkeit

Die Flüssigkeit in den Bremsleitungen und Bremszylindern ist eine Mischung aus Glykol, Polyglykoläther und ein paar weiteren Bestandteilen. Diese gelbliche – übrigens giftige und gegen Autolack aggressive – Flüssigkeit greift die Metall- und Gummiteile nicht an. Sie bleibt selbst bei –40° C noch ausreichend dünnflüssig und sie hat trotz ihrer Dünnflüssigkeit den extrem hohen Siedepunkt von ca. 260° C.

Die Bremsflüssigkeit hat aber auch noch eine sehr unangenehme Eigenschaft: Sie nimmt gern Wasser auf, sie ist hygroskopisch. Und Wasser kann tatsächlich – z. B. über die Luftfeuchtigkeit – in die Bremsflüssigkeit gelangen: Über den Vorratsbehälter sowie durch mikroskopische Undichtigkeiten an den Bremsschläuchen und Gummimanschetten der Bremszylinder. Solche Wasseraufnahme führt nicht nur zu Korrosion an den Metallteilen der Anlage, sondern bewirkt auch ein rapides Absinken des Siedepunkts. Bei nur 2,5 % Wassergehalt liegt der Siedepunkt nur noch bei 150° C.

Das ist bei starker Beanspruchung der Bremsen (Paßfahrt, evtl. noch mit Anhänger, häufige Vollbremsungen auf der Autobahn) gefährlich, weil sie sich dann sehr stark aufheizen. In der Nähe der erhitzten Bremsen können sich Dampfblasen in der Bremsflüssigkeit bilden. Diese Dampfblasen lassen sich vom Bremsdruck zusammenpressen – das Bremspedal kann tief durchgetreten werden; manchmal tritt man sogar ins »Leere«! In diesem Fall kann bisweilen noch schnelles Pumpen mit dem Bremspedal helfen. Besonders gefährlich ist die Dampfblasenbildung beim Abstellen des Wagens nach starker Bremsbeanspruchung. Mangels Fahrtwind heizt sich die Bremsumgebung noch stärker auf; die höchste Temperatur herrscht nach etwa 15 Minuten Standzeit. Wird dann weitergefahren, kann dies zu bösen Überraschungen führen. Erst nach etwa einer halben Stunde Standzeit ist wieder die normale Bremsflüssigkeitstemperatur erreicht.

Vorbeugend schreibt der Wartungsplan daher den Wechsel der Bremsflüssigkeit alle zwei Jahre vor.

Die Bremsflüssigkeit muß der Ford-Spezifikation SAM-1C-9103 A entsprechen – hierzulande ist die Spezifikation **DOT 4** eher zu finden.

Bremsflüssigkeitsstand prüfen

Ständige Kontrolle

Bedingt durch die vorderen Scheibenbremsen sinkt der Flüssigkeitsstand auch bei völlig intakter Bremsanlage mit zunehmender Kilometerleistung. Denn die im Durchmesser verhältnismäßig großen Kolben der Scheibenbrems-Radzylinder wandern mit den verschleißenden Belägen weiter aus den Zylindern heraus, und mehr Flüssigkeit fließt nach. Ein gewisses, langsames Absinken der Bremsflüssigkeit muß also nicht unbedingt alarmierend sein.

Werden neue Scheibenbremsbeläge eingesetzt, müssen die Kolben in den Bremssätteln zurückgedrückt werden, wodurch der Bremsflüssigkeitsstand im Behälter wieder ansteigt. Wurde unnötigerweise bei abgefahrenen Belägen Bremsflüssigkeit aufgefüllt, kann diese beim Zurückdrücken der Kolben durch die Belüftungslöcher im aufgeschraubten Deckel austreten.

- Links hinten im Motorraum, direkt auf dem Hauptbremszylinder, sitzt der Bremsflüssigkeitsbehälter (siehe Bild unten).
- Im weißlich durchscheinenden Behälter soll die Bremsflüssigkeit zwischen den Markierungen MIN und MAX stehen.
- Ist der Flüssigkeitsstand auffallend gesunken – was auch durch eine Warnleuchte am Armaturenbrett angezeigt wird –, muß die Bremsanlage auf undichte Stellen kontrolliert werden, siehe übernächsten Abschnitt.

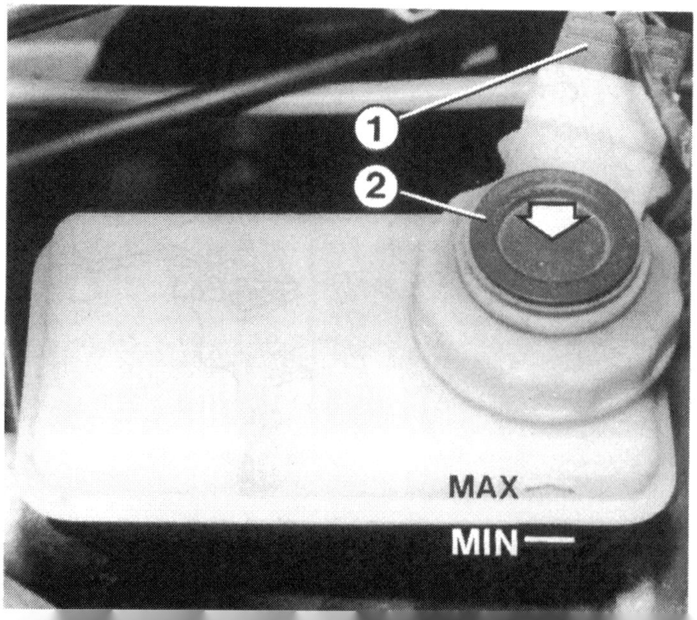

Der Bremsflüssigkeitsstand darf nicht unter die MIN-Markierung am Vorratsbehälter fallen. Vermeintlicher Flüssigkeitsverlust kann jedoch auch an abgenutzten Bremsbelägen liegen. Zur Kontrolle der Bremsflüssigkeits-Verlustanzeige müssen Sie auf die Gummiabdeckung des Schalters (2) drücken (Pfeil) – die Anzeige im Kombi-Instrument muß aufleuchten. Bei Verdacht eines Schalterdefekts den elektrischen Anschluß (1) überbrücken.

Bremsen prüfen

Ständige Kontrolle

● Zuerst eine Vollbremsung bei Schrittgeschwindigkeit.
● Am Gummiabrieb auf der Straße sehen Sie bei gleich langen Spuren, daß die Bremsen gleichmäßig ziehen.
● Gleiche Prüfung mit der Handbremse.
● Für die Bremsenprüfung bei höheren Geschwindigkeiten brauchen Sie eine ebene Strecke.
● Nun aus etwa 50 km/h bei losgelassenem Lenkrad, aber mit griffbereiten Händen zuerst sanft und dann scharf bis zum Stillstand abbremsen.
● Zieht der Wagen etwa nach links, ist eine der rechten Bremsen nicht in Ordnung. Das Fahrzeug zieht in Richtung des stärker gebremsten Rades.
● Lassen Sie den Sierra ein schwaches Gefälle hinunterrollen, um festzustellen, ob die Räder frei und leichtgängig sind.
● Nach der Probefahrt kontrollieren, ob eine Felge auf der einen Wagenseite wärmer als auf der anderen Seite ist.
● Alle Bremsenmängel finden Sie im Störungsbeistand am Ende des Kapitels aufgeführt.

Bremsanlage auf Undichtigkeiten und Beschädigungen prüfen

Wartung Nr. 16

Die Wagenunterseite muß trocken sein, damit Sie undichte Stellen erkennen können. Bremsflüssigkeit kriecht auch unter Schmutz. Feuchtdunkle Stellen oder schwarzer Schmutz lassen eine Undichtigkeit vermuten.

● Kontrollieren Sie sämtliche Anschluß- und Verbindungsstellen sowie Bremssättel und Bremsträgerblechen, hinter denen die Radbremszylinder der Hinterradbremsen sitzen.
● Die Bremsschläuche dürfen weder feucht noch aufgequollen oder angescheuert sein. Sonst auswechseln, siehe unter Bremsschlauch ausbauen.
● Die Bremsleitungen sind zum Schutz gegen Rost mit einer Kunststoffschicht überzogen. Wird diese Schutzschicht beschädigt, kann es zu Rostansatz kommen. Deshalb die Leitungen nie mit Schraubendreher, Schmirgelleinen oder Drahtbürste säubern, sondern Kaltreiniger nehmen.
● Ist die Schutzschicht beschädigt, soll Rostschutzgrundierung dünn aufgestrichen werden.
● Leitungen mit Rostnarben und solche, die plattgedrückt sind, müssen ersetzt werden.
● Sind Schutzkappen auf den Entlüftungsventilen? Sie sitzen an allen Bremssätteln bzw. Bremsträgerblechen der hinteren Trommelbremsen.
● Die Bremsdruckprobe können Sie provisorisch selbst machen: Treten Sie mit voller Kraft aufs Bremspedal.
● Es darf auch nach einigen Minuten der vollen Belastung nicht nachgeben, sonst ist eine der Manschetten im Hauptbremszylinder defekt.
● Durch die undichte Manschette sinkt nicht der Bremsflüssigkeitsstand im Behälter, sondern die unter Druck gesetzte Flüssigkeit mogelt sich an einem Kolben des Hauptbremszylinders vorbei auf die drucklose Seite.
● Gewisse undichte Stellen an den Bremskolbenmanschetten lassen sich allerdings nur bei einer genauen Druckprüfung in der Werkstatt ermitteln.

Fingerzeig: Bremsschläuche sind empfindlich gegen Benzin, Dieselkraftstoff, Fett und Petroleum. Sie dürfen auch nicht überlackiert werden. Nur Unterbodenschutzmittel sind ungefährlich.

Die Scheibenbremsen

Zusammen mit jedem Vorderrad dreht sich eine Stahlscheibe, die Bremsscheibe, frei im Luftstrom. Bei bestimmten Sierra-Modellen sind auch die Hinterräder mit Scheibenbremsen ausgestattet.

Bei abgenommenem Rad sehen Sie folgende Einzelteile der innenbelüfteten Scheibenbremse:
1 – Bremssattelträger;
2 – Bremssattel;
3 – Bremsschlauch;
4 – Entlüftungsventil;
5 – Staubmanschette des Bremskolbens;
6 – innerer und äußerer Bremsklotz;
7 – Sicherungsklammer;
8 – Bremsscheibe;
9 – Sicherungsklemmscheibe der Bremsscheibe.

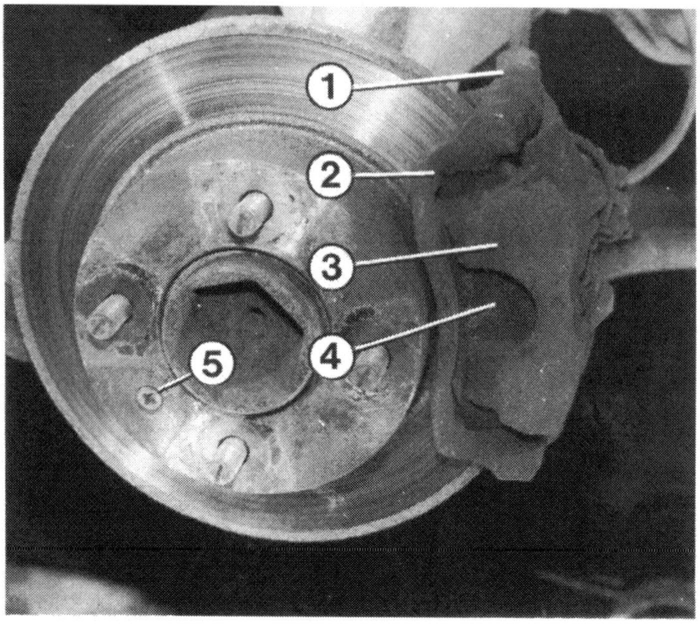

Die Seitenansicht der Scheibenbremse mit Massiv-Bremsscheiben zeigt:
1 – Führungsbolzen;
2 – Bremssattelträger;
3 – Bremssattel bzw. Bremskolbengehäuse;
4 – äußerer Bremsklotz;
5 – Sicherungsschraube der Bremsscheibe.

Sogenannte Bremssättel umfassen die Bremsscheiben sattelförmig. Beim Tritt aufs Bremspedal drücken Kolben die Bremsbeläge gegen die Bremsscheibe – sie wird praktisch zwischen den Bremsbelägen eingeklemmt – und bremsen so das Fahrzeug ab.
Die beim Bremsen entstehende Reibungswärme wird vom Fahrtwind abgeführt. Die vorderen Bremsscheiben sind »innenbelüftet« (ausgenommen 1,6-Liter-Modelle bis Modelljahr '89) – im Umfang der Bremsscheibe schaufeln große Aussparungen die Luft weg und verbessern so die Bremsenkühlung. Bremsbelagabrieb wird auch gleich weggeblasen. Die Bremsbeläge der Scheibenbremsen stellen sich ohne besondere Vorrichtung selbst nach.

Fingerzeige: Bei Regen wird die offen liegende Bremsscheibe kräftig »geduscht«, weshalb die Bremswirkung einen Sekundenbruchteil verzögert einsetzt. Der Feuchtigkeitsfilm zwischen Bremsscheiben und -klötzen muß erst zum Verdampfen gebracht werden.
In streusalzreichen Wintern tritt diese Erscheinung verstärkt auf, unter ungünstigen Umständen spricht die Bremse überhaupt nicht an. Die auf Bremsbelägen und -scheiben sitzende Salzschicht muß beim Bremsen erst abgeschliffen werden. Bei Fahrten in streusalzhaltigem Tauwasser die Bremsen immer wieder mal ein paar Sekunden lang warmbremsen. Regen- oder tauwassernasse Bremsen sollten Sie vor mehrtägigem Abstellen des Wagens trockenfahren. Es genügt, die letzten hundert Meter Wegstrecke mit dauernd leicht durchgetretenem Bremspedal zu fahren.

Schwimmsattelbremsen

Der Ford Sierra ist mit einer sogenannten Schwimmsattelbremse ausgestattet, d.h. der Bremssattel ist beweglich – »schwimmend« – auf Führungsbolzen gelagert.
○ Beim Bremsen drückt der Kolben im Bremssattel den inneren Bremsklotz gegen die Bremsscheibe. Dieser Druck bewirkt eine Verschiebung des auf langen Bolzen geführten Bremssattels und somit eine Übertragung des gleichen Drucks auf den äußeren Bremsklotz.
○ Wird das Bremspedal losgelassen, zieht die Kolbendichtung den Kolben und dadurch auch den Bremssattel

Links: Beim Ausbau der Bremsbeläge muß als erstes die Halteklammer mit einem Schraubendreher aus den beiden Bohrungen (Pfeile) in der Bremszange herausgehebelt werden, bevor sie nach Lösen der beiden Befestigungsschrauben von der Bremsscheibe abgenommen werden kann.
Rechts: Mit einem Innensechskantschlüssel 7 mm (Pfeil) können die beiden Bremssattelschrauben gelöst werden. Bei der Wiedermontage darf nicht vergessen werden, flüssige Schraubensicherung auf die vorderen Gewindegänge zu geben.

Links: Bei abgenommener Bremszange kann die Belagdicke der Bremsklötze relativ einfach gemessen werden.
Rechts: Damit auch bei eingelaufenen Bremsscheiben genau gemessen werden kann, zum Messen am besten zwei Münzen (Pfeil) zwischen Schieblehre und Scheibe legen. Die Stärke der Münzen dann jedoch nicht vergessen abzuziehen.

etwas von den Bremsscheiben zurück, so daß zwischen Bremsklotz und -scheibe ein Bruchteil von einem Millimeter Luft entsteht und die Bremsscheibe wieder frei drehen kann.

Stärke der vorderen Scheibenbremsbeläge messen

Wartung Nr. 11

Trotz verschleißendem Bremsbelag nimmt der Bremspedalweg nicht zu, da der Bremskolben den Bremsbelag beim Bremsen jeweils so weit nachschiebt, daß der Belag nach Loslassen der Bremse immer die gleiche Grundstellung zur Bremsscheibe hat. Der Bremspedalweg ist deshalb keine Richtschnur für die Abnutzung der vorderen Bremsbeläge. Verlassen Sie sich deshalb nicht auf Ihr Gefühl im Fuß! Wenn Sie sich um die Wartung Ihres Sierra selbst kümmern, gilt es, auf die vorderen Scheibenbremsbeläge ein wachsames Auge zu haben.

- Die **Mindestbelagstärke** beträgt **ohne Trägerplatte** bei allen Sierra-Modellen **1,5 mm**.
- Die Belagstärke läßt sich bei montiertem Rad von der Radinnenseite mit Taschenlampe und -spiegel kontrollieren.
- Genauer ist die Kontrolle bei abgenommenem Rad.
- Ist die Belagstärke bei der Dicke eines 10-Pfennig-Stücks angelangt (zwischen Bremsscheibe und Belagträger halten), ist es höchste Zeit, die vorderen Scheibenbremsbeläge zu erneuern.

Zustand der Bremsscheiben kontrollieren

Wartung Nr. 13

Wenn die Räder zur Belagkontrolle abgenommen sind, prüft man auch den Zustand der Bremsscheiben.

- Die Scheiben dürfen keine tiefen Rillen (durch Schmutz oder zu stark abgefahrene Beläge) aufweisen. Die Riefen graben sich in neue Bremsbeläge tief ein, was deren Lebensdauer wesentlich verkürzt.
- Riefige Bremsscheiben können nachgeschliffen werden, wenn sie nicht durch lange Laufzeit an der **Vorderachse** auf das zulässige **Mindestmaß** von **11,3 mm bei massiven Bremsscheiben** bzw. **22,8 mm bei innenbelüfteten Bremsscheiben** und an der **Hinterachse** auf das **Mindestmaß** von **8,9 mm** abgemagert sind.
- Zu dünne Scheiben müssen immer paarweise ausgetauscht werden.
- Eine bläuliche Verfärbung der Bremsscheibe ist ohne Bedeutung.

Scheibenbremsbeläge vorn erneuern

Grundsätzlich müssen rechts und links beide Beläge ausgetauscht werden. Weil die Kolben in den Bremssätteln mit zunehmendem Verschleiß der Beläge weiter aus dem Bremszylinder herauswandern, müssen sie vor dem Einsetzen neuer, dicker Beläge zurückgedrückt werden. Hierbei wird die Bremsflüssigkeit durch die Leitungen in den Vorratsbehälter zurückgepreßt. Wurde in der Zwischenzeit unnötigerweise Bremsflüssigkeit nachgefüllt, muß das Zuviel jetzt abgesaugt werden. Andernfalls greift die am Vorratsbehälter austretende Bremsflüssigkeit umliegende lackierte Teile im Motorraum an. Zum Absaugen nur eine absolut saubere Pipette oder alte Injektionsspritze verwenden.

- Wagen vorne aufbocken.
- Räder abbauen.
- Lenkung einschlagen, damit die Beläge gut zugänglich sind.
- Mit einem Schraubendreher Halteklammer vorsichtig vom Bremssattel abhebeln und entfernen.
- Abdeckstopfen von den Innensechskantschrauben abhebeln.

● Mit einem 7-mm-Innensechskantschlüssel beide Führungsbolzen herausdrehen, bis der Bremssattel vom Bremssattelträger freikommt.
● Bremssattel abnehmen und inneren Bremsklotz vom Bremskolben abnehmen.
● Kolben im Bremssattel mit einer Schraubzwinge zurückdrücken. Damit der Kolben nicht verkantet oder die Manschette beschädigt wird, zwischen Bremskolben und Schraubzwinge alten Bremsbelag oder Hartholz legen.
● Äußeren Bremsklotz aus dem Träger ziehen.
● Bremsbelagführungen mit Spiritus (keinesfalls Benzin) und Lappen, evtl. mit Flaschenbürste von Belagabrieb säubern.
● Festgebackene Belagstaubkrusten mit einem flachen Schraubendreher wegkratzen. Vorsicht, daß hierbei die Kolbenmanschette nicht beschädigt wird.
● Vor dem Einbau Bremsscheibe auf Fett, Schmutz und Riefen kontrollieren.
● Inneren Bremsklotz mit Feder in Bremskolben setzen.
● Äußeren Bremsklotz nach Entfernen des Klebe-Schutzpapiers in den Bremssattelträger einsetzen.
● Gesäuberte Führungsbolzen mit »Loctite Schraubensicherung« einstreichen und mit 20–25 Nm festziehen.
● Halteklammer ansetzen und eindrücken.
● Bremspedal mehrmals treten, bis Widerstand spürbar ist. Erst jetzt liegen die Beläge an der Bremsscheibe an, und der Wagen ist bremsbereit.

Fingerzeige: Mit neuen Bremsbelägen sollten Sie auf den ersten 500 km nur behutsam bremsen, wenn möglich. Gewaltbremsungen gleich zu Anfang führen zu Brandstellen im Belag. Er verändert sich in seiner Struktur. Die günstigste Bremswirkung wird nicht erreicht, der Belag verhärtet – »verglast«, wie der Fachmann sagt.

Bremssattel und -kolben gängig machen

Durch Korrosion an den Gleitflächen des Bremssattelträgers kann dieser schwergängig werden. Eine defekte Kolbenmanschette bewirkt, daß der Kolben im Bremssattel durch Schmutz und Korrosion festgeht. Beides ergibt ungleichmäßige Bremswirkung.
● Bremsbeläge ausbauen.
● Kontrollieren Sie, ob sich die Beläge in ihren Führungen leicht bewegen lassen.
● Andernfalls Führungen mit einem Schraubendreher sauberkratzen. Dabei Kolbenmanschetten nicht beschädigen.
● Beweglichkeit des Bremssattels am Bremssattelträger und den Führungsbolzen kontrollieren. Führungen ebenfalls sauberkratzen.
● Damit die Führungen künftig gängig bleiben, an den Gleitstellen etwas Kupferfett auftragen.
● Zur Kontrolle, ob der Kolben leichtgängig ist:
● Damit der Bremskolben nicht zu weit herausgedrückt werden kann, als Anschlag am Bremssattel eine Schraubzwinge mit zwischengelegtem Holzstück oder alte Bremsklötze ansetzen (siehe »Scheibenbremsbeläge erneuern«).
● Bremspedal von Helfer vorsichtig treten lassen. Bewegt sich der Kolben?
● Kommt der Kolben nicht heraus, so lange mit dem Bremspedal pumpen, bis sich der Kolben bewegt.
● Kolben durch Drehen der Schraubzwinge zurückdrücken, wie unter »Scheibenbremsbeläge erneuern« beschrieben.
● Dieses Spiel so lange wiederholen, bis sich der Kolben leichtgängig bewegt.
● Seitenflächen des Kolbens mit ATE-Bremspaste bestreichen.

Bremssattelträger vorn ausbauen

Der Bremssattelträger ist mit zwei Schrauben am Lenk-Schwenklager des Federbeins befestigt.
● Rad abmontieren.
● Bremsklötze ausbauen.
● Halteschrauben des Bremssattelträgers vom Lenk-Schwenklager losdrehen.

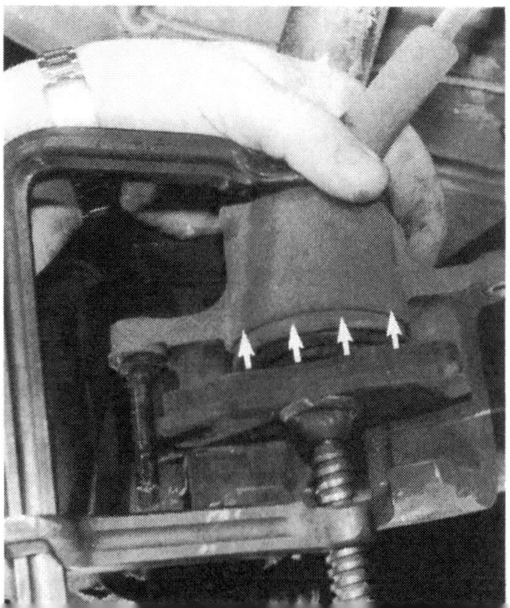

**Rechts: Mit einem zwischengelegten alten Bremsklotz und einer angesetzten Schraubzwinge läßt sich der Bremskolben problemlos ohne zu verkanten in den Zylinder zurückdrücken.
Links: Der innere Bremsklotz sitzt mit einer Federführung im Bremskolben und muß nach der Bremssattel-Außenseite abgezogen werden. Vorher den äußeren Bremsklotz abnehmen. Er muß evtl. an der Rückseite mit einem Schraubendreher etwas von der Bremssattel-Innenseite abgedrückt werden.**

Die Scheibenbremse in einer Teilezeichnung. Es bedeuten:
1 – Innensechskant-Bolzenschrauben;
2 – Bremssattelträger;
3 – Bremssattel-Spannklammer;
4 – äußerer Bremsklotz;
5 – Staubmanschette;
6 – Kolbendichtung;
7 – Bremskolben;
8 – Bremssattel;
9 – innerer Bremsklotz.

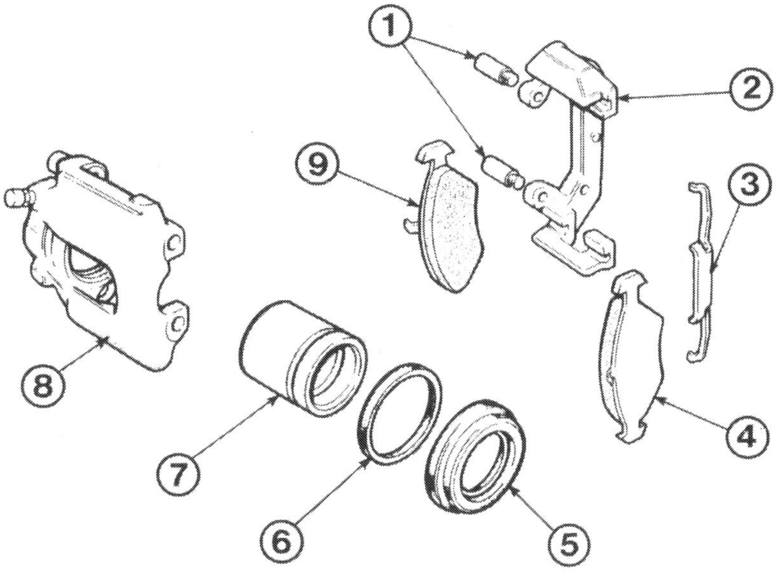

- Bremssattel mit montiertem Bremsschlauch so am Federbein mit Draht aufhängen, daß der Schlauch nicht unter Spannung steht oder gar zusätzlich geknickt wird.
- Wird der Bremsschlauch gelöst, die Öffnung der Leitung hochbinden und verschließen, um ein Ausfließen der Bremsflüssigkeit zu verhindern.
- Bei der Wiedermontage des Bremssattelträgers an das Schwenklager die beiden Schrauben mit 51–66 Nm festziehen. Ggf. die Schrauben mit flüssiger Schraubensicherung einsetzen.
- Falls der Bremsschlauch abgeschraubt war, die Bremsanlage entlüften.
- Bei nicht abgenommenem Bremsschlauch mehrmals das Bremspedal treten, damit sich die Bremsklötze an die Bremsscheibe anlegen.

Bremskolbenmanschette auswechseln

Eine beschädigte Kolbenmanschette im Bremssattel muß umgehend erneuert werden, damit der Bremskolben nicht durch Korrosion und Schmutz festgeht.

- Bremssattel wie zum Bremsbelagwechsel ausbauen.
- Von Helfer das Bremspedal vorsichtig treten lassen, damit der Kolben langsam aus dem Zylinder gedrückt wird. Zur Sicherheit zwischen Kolben und -gehäuse ein entsprechendes Holzstück einsetzen, um zu verhindern, daß der Kolben aus dem Zylinder springt und die Kolbenfläche beschädigt wird.
- Staubmanschette und ggf. auch die Kolbendichtung mit einem Haken oder kleinen Schraubendreher aus der entsprechenden Kolbennut herausnehmen.
- Um übermäßigen Bremsflüssigkeitsverlust zu vermeiden, den Bremsschlauch vom Bremssattel lösen und verschließen.
- Kolben und Zylinderbohrung mit Spiritus, Alkohol oder sauberer Bremsflüssigkeit reinigen und Kolben sowie Kolbenbohrung auf Riefen untersuchen.
- Neue Staubmanschette und Kolbendichtung an die Nut am Kolben einsetzen bzw. über den Kolben spannen.
- Kolben in die Zylinderbohrung einsetzen und bis zum Anschlag zurückdrücken.
- Äußere Lippe der Manschette am Kolbengehäuse ansetzen und rundum gleichmäßig aufdrücken.
- Nach allen restlichen Montagearbeiten die Bremse entlüften, Bremsflüssigkeitsstand kontrollieren und auf Undichtigkeiten überprüfen.

Bremsscheibe vorn ausbauen

Bremsscheiben müssen grundsätzlich beidseitig erneuert werden. Einseitiger Wechsel kann ungleiche Bremswirkung zur Folge haben.

- Bremssattel ausbauen und so am Federbein aufhängen, daß der Bremsschlauch spannungsfrei ist.
- Falls vorhanden, Kreuzschlitz-Sicherungsschraube der Bremsscheibe losdrehen. Meist geht dies nur mit dem Schlagschrauber. Deshalb dieses Werkzeug einsetzen, bevor der Kreuzschlitz »vermauert« ist.
- Stellung der Bremsscheibe zur Radnabe für den Wiedereinbau markieren. Ggf. Sicherungsklammer entfernen (sitzt an einem Radbolzen).
- Bremsscheibe durch Schläge mit einem Gummihammer von der Radnabe trennen.
- Vor dem Ansetzen der neuen Bremsscheibe die Anlagefläche an der Radnabe säubern, sonst kann ein verstärkter Scheibenschlag die Folge sein.

Die Trommelbremsen

Die hinteren Trommelbremsen bestehen aus je zwei halbkreisförmigen Bremsbacken, die von einem oben sitzenden Radbremszylinder (Doppelkolbenzylinder) gegen die zylindrischen Bremstrommeln gedrückt werden. Dabei stützen sich die Bremsbacken auf der gegenüberliegenden Seite des Radbremszylinders an einem an der Bremsankerplatte angenieteten Stützlager ab. Diese Bauart einer Trommelbremse mit einem Radbremszylinder nennt sich Simplexbremse.

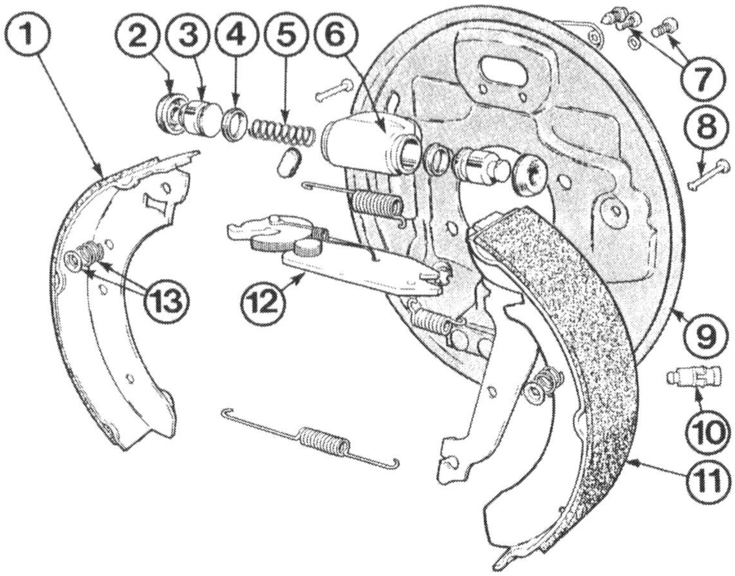

Die Teilezeichnung der Trommelbremse zeigt folgende Teile:
1 – Auflaufbremsbacke;
2 – Staubmanschette;
3 – Bremskolben;
4 – Kolbendichtung;
5 – Spreizfeder;
6 – Radbremszylinder;
7 – Befestigungsschrauben des Radbremszylinders;
8 – Haltestift des Bremsbacken-Niederhalters;
9 – Bremsträgerblech;
10 – Prüfstift des Handbrems-Schwinghebels;
11 – Ablaufbremsbacke mit Handbremsschwinghebel;
12 – Druckstrebe mit automatischer Selbstnachstellvorrichtung;
13 – Haltefeder und Sicherungsscheibe des Bremsbacken-Niederhalters.

Die Trommelbremse wirkt selbstverstärkend. Und zwar zieht sich eine Bremsbacke durch die Drehung des Rades in einem gewissen Maß selbsttätig an die Bremstrommel. Dadurch sind geringere Fußkräfte am Pedal erforderlich. Bei Vorwärtsfahrt wirkt die vordere Bremsbacke selbstverstärkend. Sie heißt Auflauf- oder Primärbremsbacke im Gegensatz zur hinteren Ablauf- bzw. Sekundärbremsbacke.

Belagstärke der Trommelbremsen kontrollieren

Wartung Nr. 14

Bei abgenommener Bremstrommel oder durch ein Schauloch im Bremsträgerblech wird der Belagverschleiß kontrolliert. Das Schauloch erlaubt jedoch nur einen Blick auf die Auflaufbacke. Der Blick auf nur eine Bremsbacke ist jedoch kein Minuspunkt, denn der Belag der Auflaufbremsbacke ist im Neuzustand etwas dicker als derjenige der Ablaufbremsbacke. Da sich der Belag der Auflaufbremsbacke stärker abnutzt, erreichen beide Beläge nahezu gleichzeitig ihre Verschleißgrenze. Die **Verschleißgrenze** liegt bei **1,0 mm**, dann müssen die Bremsbacken ersetzt werden.

● Wagen hinten aufbocken.
● An der Innenseite des jeweiligen Hinterrades vorn bzw. hinten am Bremsträgerblech den ovalen Plastikstopfen heraushebeln.
● Mit Taschenlampe ins Schauloch leuchten und Belagstärke feststellen. Zur besseren Unterscheidung von Belag und -träger eventuell vorhandenen Lack von den Kanten abkratzen und während der Prüfung das Rad drehen.
● Plastikstopfen wieder in Bremsträgerblech eindrücken, damit kein Spritzwasser in die Bremstrommel gelangen kann.

Bremspedalweg prüfen

Wartung Nr. 21

● Drücken Sie das Bremspedal von Hand nieder.
● Der **Leerweg** soll **höchstens ⅓ des gesamten Pedalwegs** betragen.
● Längerer Pedalweg bedeutet, daß die Beläge auf das Mindestmaß abgefahren sind und erneuert werden müssen.
● Zu langer Pedalweg kann auch durch verklemmte Bremsbeläge oder einen festgerosteten Bremssattel verursacht werden.

Automatische Bremsnachstellung

Wie die Scheibenbremsen brauchen auch die Trommelbremsen nicht mehr nachgestellt zu werden. Allerdings bewirkt dies – anders als bei den Scheibenbremsen – eine aufwendige Mechanik.
○ Mit zunehmender Belagabnutzung muß eine Druckstrebe zwischen den Bremsbacken verlängert werden. Dazu ist die Strebe mit einem Ratschenhebel verbunden, der in ein entsprechendes Gegenstück einrastet.
○ Der unter Federzug stehende Ratschenhebel verlängert bei einer Bremsung – Bremsbacken werden nach außen gedrückt – die Druckstrebe und bringt so die Bremsbacken in eine entsprechend neue Stellung, die den Mindestabstand zwischen Bremsbacke und -trommel gewährleistet.
○ Die Nachstellung wiederholt sich, wenn die weitere Abnutzung der Beläge einen Ausgleich erfordert.

Bremstrommel abnehmen

● Fahrzeug aufbocken und Hinterrad abnehmen.
● Handbremse lösen, dabei kontrollieren, ob sie auch völlig gelöst ist.
● Bremstrommel von den Radbolzen abziehen.
● Bremse reinigen. Dazu die Bremse entweder mit sauberem Tuch und Spiritus auswischen oder mit Preßluft ausblasen. Loser Abrieb kann auch mit einem Pinsel oder mit einem Staubsauger entfernt werden.

Die geöffnete Hinterradbremse zeigt:
1 – Auflaufbremsbacke;
2 – Druckstrebe mit Selbstnachstellvorrichtung;
3 – Staubmanschette;
4 – Radbremszylinder;
5 – Ablaufbremsbacke;
6 – obere Rückholfeder;
7 – Feder zwischen Druckstrebe und Schwinghebel der Handbremse;
8 und 10 – Bremsbacken-Niederhalter;
9 – untere Rückholfeder.

Zustand der Bremstrommeln kontrollieren

● Bremstrommel auf Verschleiß, Beschädigungen und Risse überprüfen. Dabei die Bremsflächen mit den Fingern auf Riefen abtasten. Bei stark spürbaren Riefen die Bremstrommeln plandrehen lassen.
● Zu weit eingelaufene Bremstrommeln müssen ersetzt werden, und zwar immer beide.
● Neue Bremstrommeln haben einen Innendurchmesser von 228,6 mm (1,6-Liter-Limousine 203,0 mm).

Bremsbacken ausbauen

Abgenutzte, aber auch verölte Bremsbeläge erfordern den Austausch der Bremsbacken, da die Beläge auf die Bremsbacken geklebt sind. Die Abbildungen auf diesen Seiten zeigen die einzelnen im Text genannten Teile.
● Fahrzeug aufbocken und Rad abbauen.
● Bremstrommel abbauen, siehe vorigen Abschnitt.
● Federteller der Bremsbackenniederhalter mit einer Kombizange gegen die Druckfeder drücken, um 90° verdrehen (evtl. Haltestift hinten am Bremsträgerblech festhalten, damit er sich nicht mitdreht) und Federteller sowie Druckfeder abnehmen. Haltestift herausziehen.
● Ablaufbremsbacke von der Druckstrebe wegschwenken und Rückholfeder aushängen.
● Auflaufbremsbacke abnehmen und Druckstrebe von der Bremsbacke aushängen.
● Handbremsseil am Schwinghebel der Ablaufbremsbacke aushängen und Bremsbacke abnehmen.
● Bei ausgebauten Bremsbacken nicht auf die Bremse treten, da sonst die Kolben aus dem Radbremszylinder gedrückt werden. Falls ein Radbremszylinder feucht ist, Radbremszylinder auswechseln.
● Nachstellvorrichtung von der Ablaufbremsbacke abbauen.
● Die sechs Bremsbacken-Auflageflächen an der gereinigten Bremsträgerblech mit Wolfracote-Fett oder Liqui Moly Schmierfix leicht einfetten.
● Nachstelleinrichtung auf Leichtgängigkeit überprüfen und ggf. etwas fetten und an Ablaufbremsbakke anbauen.
● Handbremsseil in den Schwinghebel der Ablaufbremsbacke einhängen.
● Bremsbacke an der Bremsträgerblech anlegen und Bremsbackenniederhalter montieren.
● Druckstrebe in Auflaufbremsbacke einhängen.

Links: Hier wird gezeigt, wie die Ablaufbremsbacke mit der Handbrems-Druckstrebe vom Bremsträger weggeschwenkt und das Handbremsseil (Pfeil) ausgehängt wird.
Rechts: Um die Handbrems-Druckstrebe (1) von der Ablaufbremsbacke (2) zu trennen, müssen Sie Druckstrebe und Bremsbacke gegen den geringsten Widerstand so gegeneinander verdrehen, bis die Druckstrebe ausgehängt werden kann.

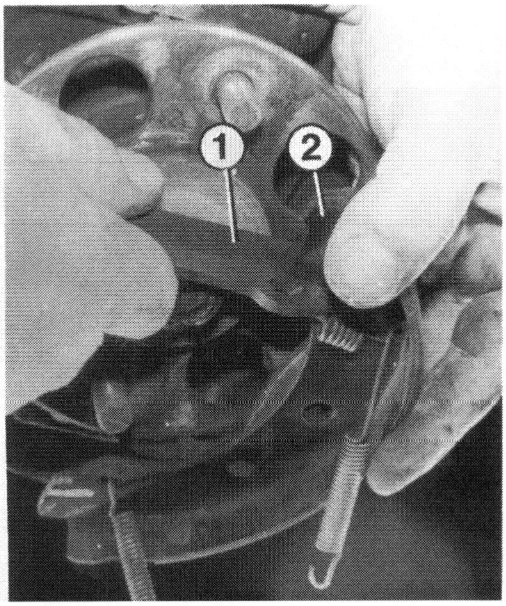

Vor dem Einsetzen der neuen Bremsbacken muß die Bremsankerplatte bzw. der Bremsträger gereinigt und die sechs Bremsbackenauflagen (im Bild vier zu sehen) mit Kupferpaste leicht eingefettet werden.

Dabei den Ratschenhebel so weit spannen, bis sich die Druckstrebe an der Auflaufbremsbacke abstützen kann.

- Rückzugfedern in Ab- und Auflaufbremsbacke einhängen und Auflaufbremsbacke in Einbaulage an der Bremsankerplatte bringen. Dabei darauf achten, daß die Staubmanschetten am Radbremszylinder nicht beschädigt werden.
- Bremsbackenniederhalter an der Auflaufbremsbacke montieren.
- Nachstelleinrichtung in die Ausgangsstellung bringen, damit die Bremsbacken das Aufschieben der Bremstrommel nicht behindern.
- Bremstrommel aufsetzen und Rad montieren.
- Nach Ablassen des Fahrzeugs das Bremspedal mehrmals betätigen, damit die Bremsbacken zur Bremstrommel zentriert werden und die Bremse durch die Nachstelleinrichtung in der linken und rechten Bremse gleichmäßig eingestellt wird.

Die hinteren Scheibenbremsen

Ab der 2,0-Liter-Version kann der Sierra auf Wunsch mit einem Antiblockier-Bremssystem (ABS) ausgerüstet werden. Dann sind die Hinterräder anstatt mit Trommel- mit Scheibenbremsen ausgestattet. Wie an der Vorderachse handelt es sich auch bei den hinteren Scheibenbremsen um Schwimmsattelbremsen.
Zusätzlich zur hydraulischen Betätigung durch die Fußbremse kann die hintere Scheibenbremse jedoch auch durch die Seilzüge der Handbremse betätigt werden. Dazu drückt ein durch das Bremsseil betätigter Hebel über einen Druckstößel auf den Bremskolben des Bremssattels und preßt so die Beläge gegen die Bremsscheibe.

Automatische Bremsnachstellung

Konstruktionsbedingt sind Scheibenbremsen immer selbstnachstellend: Der Bremskolben wandert mit verschleißendem Belag einfach weiter aus dem Bremssattelgehäuse heraus und sorgt dafür, daß die Beläge stets knapp an der Bremsscheibe stehen. Durch die nachfließende Bremsflüssigkeit aus dem Vorratsbehälter kann ohnehin kein Spiel entstehen.
Anders ist das bei der mechanischen Betätigung durch die Handbremse: Hier würde der Druckstößel der

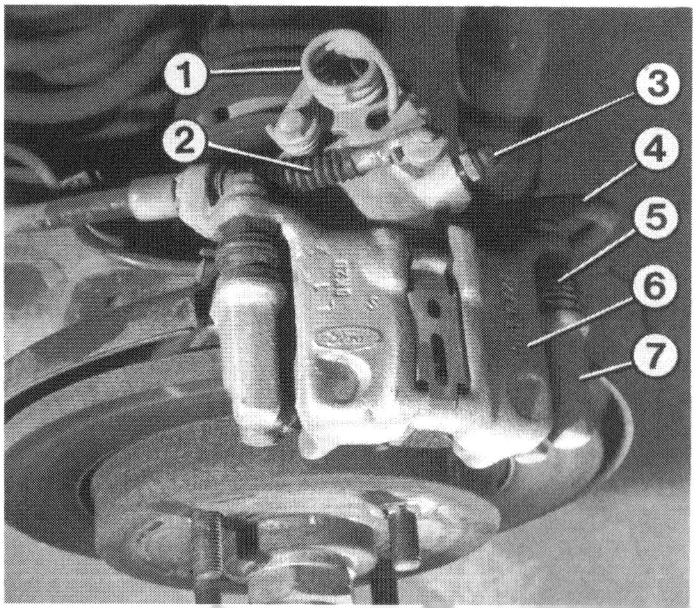

Die hintere Scheibenbremse des Sierra von oben gesehen. Es bedeuten:
1 – Rückholfeder der Handbremseinrichtung;
2 – Handbremszug mit Staubmanschette;
3 – Entlüftungsschraube;
4 – Bremsschlauch;
5 – Staubmanschette des darunter sitzenden Führungsbolzens;
6 – Bremssattel;
7 – Bremssattelträger.

Handbremseinrichtung den durch Verschleiß des Bremsbelags weiter nach außen gedrückten Kolben irgendwann nicht mehr erreichen, wenn nicht eine Nachstellvorrichtung vorhanden wäre. Diese verlängert den Druckstößel entsprechend des Bremsbelagverschleißes.
Kernstück der Nachstellung ist ein sogenanntes Stellgewinde, auf dem sich ein zweites Teil, die Stellvorrichtung, je nach Belagverschleiß immer weiter dem nach außen wandernden Bremskolben hinterherschraubt – die Druckvorrichtung wird also länger. Der Bremskolben darf also beim Belagwechsel nicht einfach zurückgedrückt werden, sondern muß auf der Nachstellvorrichtung zurückgeschraubt werden.

Stärke der hinteren Scheibenbremsbeläge messen

Wartung Nr. 12

An den hinteren Scheibenbremsen kann die Kontrolle des Belagverschleißes am äußeren Belag durch die Felgenöffnungen erfolgen, doch ist die Kontrolle bei abgenommenem Rad am sichersten. Als **Mindestmaß** gilt **1,0 mm**.

Scheibenbremsbeläge hinten erneuern

- Fahrzeug aufbocken und Rad abbauen.
- Handbremse lösen und Seilzug an der Klammer am Schräglenker lösen.
- Vorderen Führungsbolzen lösen. Dabei mit einem Gabelschlüssel gegenhalten.
- Bremssattel aus dem Bremssattelträger nach hinten hochschwenken.
- Bremsklötze aus dem Bremssattel nehmen.
- Bremskolben mit kräftiger, an den Nuten angesetzter Spitzzange im Uhrzeigersinn zurückdrehen. Dabei nicht abrutschen und die Bremsmanschetten beschädigen. Die Werkstatt benutzt hierzu einen speziellen Rückstellschlüssel (Ford-Werkzeug Nr. 12-006).
- Den Bremskolben niemals mit Gewalt und ohne zu drehen zurückdrücken. Der Nachstellmechanismus im Bremskolben wird sonst zerstört.
- Neue Bremsklötze einsetzen. Beim äußeren Klotz vorher das Schutzpapier vom Klebestreifen abziehen.
- Gesäuberte Führungsbolzen mit Loctite Schraubensicherung einstreichen und mit 31–35 Nm festziehen.
- Handbremsseil am Schräglenker befestigen.
- Nach Absenken des Wagens das Bremspedal mehrmals treten, bis Widerstand spürbar ist. Erst jetzt liegen die Beläge an der Bremsscheibe an, und der Wagen ist bremsbereit.

Bremssattelträger hinten ausbauen

- Soll der Bremssattel komplett mit Bremssattelträger ausgebaut werden, den Bremsschlauch abbauen, siehe nachfolgend unter »Bremsschläuche ausbauen«.
- Handbremse lösen und Bremssattel durch Ausschrauben der beiden Führungsbolzen abbauen, wie zuvor beschrieben.
- Handbremsseil am Schwinghebel aushängen und Bremssattel komplett abnehmen.
- Die beiden Befestigungsschrauben des Bremssattels herausschrauben und Träger abnehmen.
- Beim Einbau die beiden Schrauben mit 51–61 Nm festziehen. Ggf. die Schrauben mit flüssiger Schraubensicherung einsetzen.
- Falls der Bremsschlauch abgeschraubt war, die Bremsanlage entlüften.
- Bei nicht abgenommenem Bremsschlauch mehrmals das Bremspedal treten, damit sich die Bremsklötze an die Bremsscheibe anlegen.

Bremskolbenmanschette auswechseln

Das Erneuern einer beschädigten Kolbenmanschette im Bremssattel geht im Prinzip wie für die vorderen Scheibenbremsen beschrieben. Vor dem Abnehmen der Manschette muß jedoch der Bremskolben gegen den Uhrzeigersinn so weit herausgedreht werden, bis er ca. 20 mm aus dem Bremssattel herausragt. Dann kann die Staubmanschette aus der Kolbennut gezogen werden. Die im Innern des Kolbengehäuses sitzende Handbremseinstellvorrichtung arbeitet nahezu verschleißfrei, da sie in der Bremsflüssigkeit schwimmt. Das weitere Zerlegen sollte der Werkstatt überlassen werden, da das Innenleben aus vielen Kleinteilen besteht, deren falscher Zusammenbau die Bremswirkung erheblich stören kann.

Fingerzeige: Bei stärkeren Verschleißspuren an den Bremskolben in jedem Fall beide Bremssättel komplett ersetzen.
Vor Einbau eines überholten oder neuen Bremssattels muß das Kolbengehäuse über die Entlüftungsschraube mit Bremsflüssigkeit befüllt werden. So verkürzen Sie den anschließenden Entlüftungsvorgang ganz erheblich.

Bremsscheibe hinten auswechseln

- Bremssattel mit -träger ausbauen, wie zuvor beschrieben.
- Stellung der Bremsscheibe zur Radnabe markieren.
- Halteklammern der Bremsscheibe von den Radbolzen abhebeln.
- Bremsscheibe von der Radnabe bzw. Radbolzen abziehen.

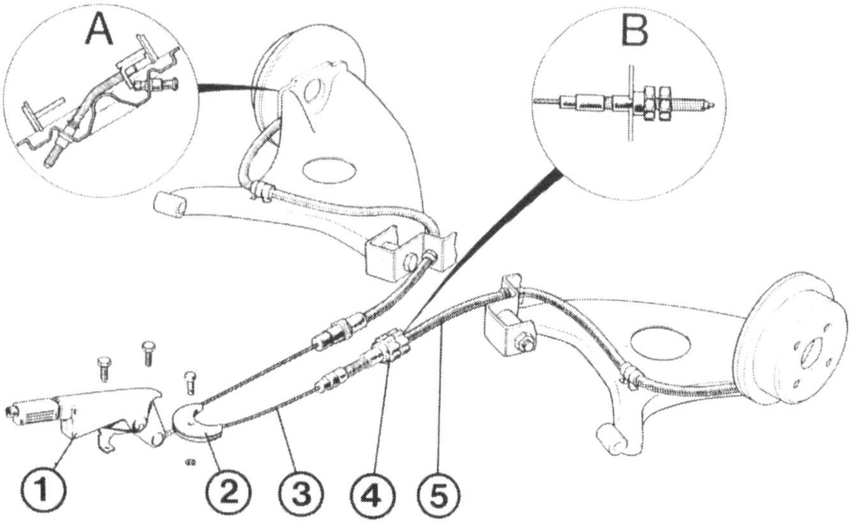

Die Detailzeichnung der Handbremseinrichtung zeigt:
1 – Handbremshebel;
2 – Handbremsseil-Ausgleichbügel;
3 – Handbremsseil;
4 – Einstellschrauben für Handbrems-Grundeinstellung;
5 – Handbremsseilumhüllung.
Bei »A« ist der Prüfstift zur Handbremseinstellung zu sehen; bei »B« ist die Einstellmutter mit Kontermutter zur Handbrems-Grundeinstellung gezeigt.

Die Handbremse

○ Beim Anziehen des Handbremshebels werden durch einen vorderen Seilzug über ein Ausgleichstück die Handbremszüge gespannt, die in Umhüllungen am Fahrzeugboden bis zu den Hinterrädern verlegt sind. Die Spannkraft des Handbremshebels wird so auf die Schwinghebel in den Hinterradbremsen übertragen. Das linke der beiden Handbremsseil-Widerlager ist mit einer Seilzugeinstellung versehen.
○ An Fahrzeugen mit Trommelbremsen wird beim Anziehen der Handbremse der Schwinghebel an der Sekundär- bzw. Ablaufbremsbacke angezogen. Gleichzeitig stützt sich der Schwinghebel über die Druckstange an der Primär- bzw. Auflaufbremsbacke ab, die so ebenfalls nach außen gepreßt wird – die Hinterräder werden gebremst.
○ Bei Fahrzeugen mit Scheibenbremsen an der Hinterachse wirken die Handbremsseile über den Handbremshebel auf einen Stößel mit Nachstellvorrichtung im Bremskolben und weiter auf die Bremsklötze, die die Bremsscheibe blockieren.

Leerweg des Handbremshebels prüfen

Wartung Nr. 23

● Die Wirkung der Handbremse soll mit der ersten Raste des Hebels beginnen.
● Bei eingerasteter dritter Raste, spätestens jedoch bei der vierten Raste sollten die Hinterräder blockiert sein.
● Ist der Hebelweg länger, weist das auf abgenutzte hintere Trommelbremsbeläge oder gedehnte Seilzüge bzw. Spiel in den Übertragungsteilen von Handbremse und Nachstellmechanismus hin, weil z. B. die Handbremse bei jedem Parken kräftig angezogen wurde.
● Eine Einstellung der Handbremse ist meistens nur nach Auswechseln eines Handbremsseilzugs nötig.

Handbremszüge wechseln

● Fahrzeug hinten aufbocken.
● Handbremse lösen.
● Unter dem Fahrzeug – neben der Kardanwelle am linken Handbremsseil-Widerlager – die Kontermutter lösen und die Einstellmutter so verdrehen, daß der Handbremsseilzug völlig entspannt ist.
● Bremstrommel rechts und links abbauen, wie beschrieben.
● Handbremsseil durch Ausbau der Ablaufbacke am Schwinghebel aushängen und von hinten durch die Bremsträgerblech ziehen.
● Bei hinteren Scheibenbremsen das Seil zuerst auf der rechten Fahrzeugseite aushängen, dazu den Sicherungsring am Widerlager entfernen.
● Sicherungsklammer des Handbremsseils von Bremsträgerblech entfernen.
● Am Ausgleichstück die Halteklammer vom Gabelbolzen abdrücken und das Ausgleichstück von der Zugstange des Handbremshebels abziehen.
● Zum Lösen der Seilzughülle die Klemmlaschen an den Schräglenkern zurückbiegen.
● Handbremsseil durch den Hilfsrahmen der Hinterachse ziehen und komplettes Bremsseil abnehmen.
● Nach dem Einbau des Bremsseils die Handbremse einstellen, wie im folgenden Abschnitt beschrieben.

Handbremse einstellen

Diese Arbeit braucht meist nur nach Auswechseln eines Handbremsseils ausgeführt zu werden. Vor dem Einstellvorgang kontrollieren, ob das Handbremsseil in den Führungen richtig verlegt ist und die Nachstellvorrichtung in den Hinterradbremsen einwandfrei arbeitet.

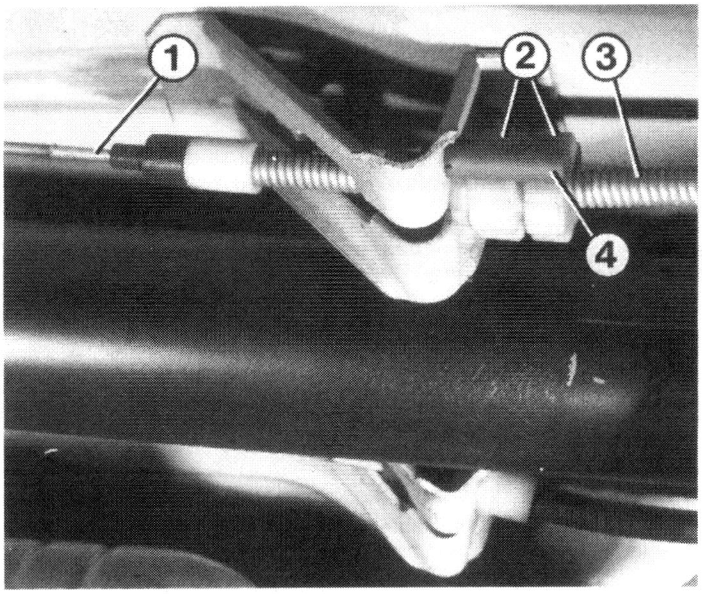

Bevor die Kontermutter bzw. die Einstellmutter (2) zur Handbremseinstellung gelöst bzw. gedreht werden kann, muß der Sicherungsstift (4) entfernt werden. Nicht vergessen, ihn wieder anzubringen. Die Seilzughülle (3) ist gleichzeitig Gewindeteil für die Einstellung des Handbremsseils (1).

- Handbremse völlig lösen.
- Bei gelöster Handbremse Bremspedal treten, um eine richtige Selbsteinstellung der Nachstelleinrichtung zu erreichen.

Trommelbremse

- Kontermutter an der Seilzughülle lösen und Handbremsseil mit der Einstellmutter so weit einstellen, bis sich die Prüfstifte – sie ragen schräg gegenüber dem Handbremsseil aus der Bremsankerplatte – insgesamt 0,5–1,0 mm bewegen lassen.
- Kontermutter der Einstellmutter von Hand so weit anziehen, bis zwei »Klicks« zu hören sind. Danach mit Zange o. ä. maximal zwei weitere »Klicks« weiterdrehen.
- Handbremse anziehen und wieder lösen.
- Spiel der Prüfstifte nochmals kontrollieren.
- Sicherungsstift montieren.

Fingerzeige: Wenn das Handbremsspiel in kurzen Nachstellabständen schnell größer wird, nicht die Handbremse nachstellen – Bremstrommeln abnehmen und Nachstellmechanismus gangbar machen. Wenn sich die Prüfstifte durch Verstellen des Bremsseils nicht bewegen, klemmt möglicherweise das Bremsseil, oder die Prüfstifte selbst sitzen fest.

Scheibenbremse

- Kontrollieren, ob beide Handbremshebel jeweils am Bremssattel anliegen.
- Stellung von Bremshebel zum Bremssattel markieren.
- Nachstellmutter so weit anziehen, bis beide Handbremshebel gerade anfangen, sich vom Markierungsstrich wegzubewegen. Das sollte ein Helfer kontrollieren.
- Handbremse anziehen und wieder lösen, um Spannungen im Seil auszugleichen.
- Handbremshebel an den Anschlag drücken und kontrollieren, ob sich der gegenüberliegende Hebel mit bewegt. Wenn ja, ist das Seil zu straff vorgespannt.
- In diesem Fall die Einstellmutter so weit zurückdrehen, bis beide Hebel gerade am Anschlag anliegen.
- Kontermutter der Einstellmutter von Hand so weit anziehen, bis zwei »Klicks« zu hören sind. Danach mit Zange o. ä. maximal zwei weitere »Klicks« weiterdrehen.
- Handbremse anziehen und wieder lockern.
- Freigängigkeit der Räder kontrollieren.

Der Bremskraftverstärker

Scheibenbremsen wirken nicht wie Trommelbremsen selbstverstärkend. Es ist eine wesentlich höhere Pedalkraft notwendig. Deshalb haben die Sierra-Modelle einen Bremskraftverstärker, der rund 60% der Bremskraft aufbringt.
Diese Hilfseinrichtung sitzt links im Motorraum hinter dem Hauptbremszylinder. Das Bremspedal ist jedoch trotzdem direkt mit den Bremskolben im Hauptbremszylinder verbunden, so daß man auch noch bei ausgefallenem Bremskraftverstärker bremsen kann. Der notwendige Pedaldruck muß dann allerdings mehr als verdoppelt werden!
Die Kraft für den Bremskraftverstärker liefert der Unterdruck im Ansaugrohr, mit dem der Bremskraftverstärker über einen Schlauch verbunden ist. Beim Bremsen verschiebt der Druckunterschied zwischen dem äußeren Luftdruck und dem Unterdruck aus dem Ansaugrohr eine große, elastische Membrane und drückt zusätzlich auf die Kolben im Hauptbremszylinder.
Wenn der Motor nicht läuft, kann der Bremskraftverstärker keine zusätzliche Bremskraft liefern. Deswegen müssen Sie stärker aufs Pedal treten, wenn Ihr Wagen z. B. abgeschleppt wird. Bleibt der Motor unterwegs

plötzlich stehen, haben Sie durch den Unterdruckspeicher noch eine Reserve für einige kurze Bremsungen; erst dann werden die Wadenmuskeln voll beansprucht.

Bremskraftverstärker prüfen

Wartung Nr. 22

● Bei abgestelltem Motor das Bremspedal mehrmals durchtreten und in seiner tiefsten Stellung halten.
● Motor starten. Bei einwandfrei funktionierendem Verstärker muß das Pedal noch ein Stück nachgeben.
● Senkt sich das Pedal nicht, kommen in Betracht: Unterdruckschlauch vom Ansaugrohr zum Bremskraftverstärker undicht, Rückschlagventil im Unterdruckschlauch, Gummiring zwischen Hauptbremszylinder und Bremskraftverstärker oder Membran des Verstärkers defekt.
● Zur Kontrolle des Rückschlagventils den Unterdruckschlauch am Bremskraftverstärker abnehmen.
● Durchblasen muß, Ansaugen darf nicht möglich sein.
● Das Rückschlagventil gibt es nur mit dem zugehörigen Unterdruckschlauch.
● Der Pfeil am Ventil muß in Richtung Ansaugkrümmer bzw. Unterdruckpumpe zeigen.
● Zum Austausch eines schadhaften Gummirings zwischen Hauptbremszylinder und Bremskraftverstärker muß der Hauptbremszylinder demontiert werden.
● Ein defekter Bremskraftverstärker muß komplett ersetzt werden. Reparieren ist nicht möglich.

Das Bremsdruck-Regulierventil

Serienmäßig ist bei allen Sierra-Modellen auf der linken Seite im Motorraum in einem bestimmten Winkel zur Waagrechten schräg unterhalb des Bremskraftverstärkers zusätzlich ein Bremsdruck-Regulierventil angebracht, das den Bremsdruck zu den hinteren Bremsen langsamer ansteigen läßt als zu den vorderen Bremsen. So wird ein frühzeitiges Blockieren der hinteren Räder verhindert. Das geschieht unabhängig von der Beladung. Wenn Sie bei Bremsproben feststellen, daß die Hinterräder zuerst blockieren, muß die Werkstatt eine Druckprüfung vornehmen. Ein defektes Regulierventil muß komplett ersetzt werden.

Arbeiten an der Bremshydraulik

Bei allen nachfolgend beschriebenen Arbeiten kommen Sie mit Bremsflüssigkeit in Kontakt. Deshalb ein paar Sicherheitshinweise:
○ Bremsflüssigkeit ist giftig, deshalb nicht mit dem Mund oder offenen Wunden in Berührung bringen.
○ Bremsflüssigkeit greift den Lack an. Deshalb keine bremsflüssigkeitsgetränkten Lappen oder -verschmierten Werkzeuge auf den Autolack legen. Auch im Motorraum nach der Montage die Spuren von Bremsflüssigkeit abwaschen, aber erst, wenn sämtliche Anschlüsse fest angeschraubt sind.
○ Beim Lösen eines Bremsschlauches oder einer Bremsleitung läuft der Vorratsbehälter allmählich leer. Das läßt sich verhindern: Vor dem Öffnen der Verschraubung eine Entlüftungsschraube im betreffenden Bremskreis lösen. Entlüftungsschlauch aufstecken und in ein sauberes Gefäß halten. Nun das Bremspedal voll durchtreten und mit einer passenden Holzlatte o. ä. in dieser Stellung halten. Damit sind die Zulaufbohrungen im Hauptbremszylinder verschlossen, es kann keine Bremsflüssigkeit mehr auslaufen.

Das Bremsdruck-Regulierventil bei der herkömmlichen Bremse im Sierra:
1 – Eingang vom Hauptbremszylinder;
2 – Ausgang zu den Hinterradbremsen.
Das Ventil ist ein sogenanntes Kompaktelement, das nicht zerlegt werden darf.

Der Bremsschlauchhalter vorne (links) und hinten (rechts). Bei der Verbindung Bremsleitung (3) zu Bremsschlauch (1) muß der Bremsschlauch an der Verschraubung (2) so festgehalten werden, daß der Schlauch spannungsfrei und nicht in sich verdreht ist. Dann die Blechklammer (Pfeil) aufschieben und Sitz kontrollieren.

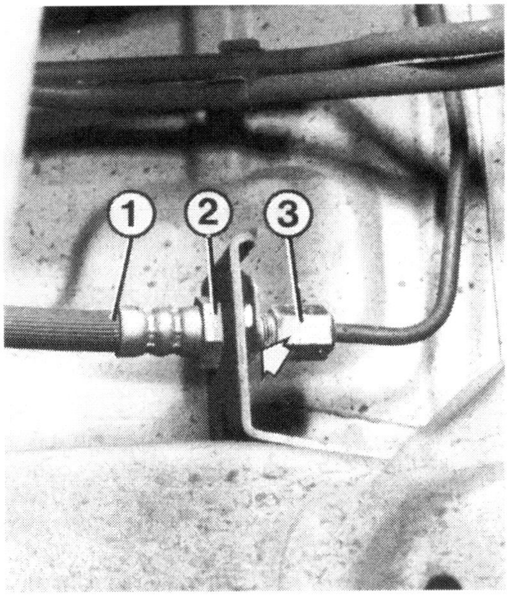

○ Zum Lösen und Anziehen der Bremsleitungen sollten Sie sich einen Bremsleitungsschlüssel 10x11 (z.B Hazet 05202) besorgen. Für die Bremsschläuche genügt ein Gabelschlüssel.
○ Nach allen Arbeiten an der Bremshydraulik muß die Bremsanlage entlüftet werden. Oft genügt es, nur den Bremskreis zu entlüften, an dem gearbeitet wurde.

Bremsleitung ausbauen

● Überwurfmutter der Bremsleitung losdrehen. Hierzu Gegenverschraubung – z.B. an einem Bremsschlauch – festhalten.
● Ist die Mutter auf der Leitung angerostet, muß die Leitung in jedem Fall erneuert werden. Die dünnwandigen Rohre knicken schnell ab.
● Zum Lösen der Leitungsanschlüsse kann folgender Trick weiterhelfen, wenn das betreffende Leitungsstück ohnehin ausgewechselt werden soll:
● Bremsleitung nahe der Verschraubung absägen, Überwurfmutter mit einer Sechskantnuß losdrehen.
● Muß eine neue Leitung noch etwas zurechtgebogen werden, darf dies nur in einem großen Radius geschehen. Andernfalls knickt das dünne Rohr ab.
● Innenseite des Bogens beim Biegen mit dem Daumen unterstützen. So können Sie sich langsam dem Biegeradius entlang arbeiten.
● Evtl. vorhandene Schutzschläuche der Leitungen nicht vergessen.
● Bremsleitungen in ihren Abstandshaltern verlegen.
● Bremsanlage entlüften.

Bremsschlauch ausbauen

● Zuerst die Überwurfmutter der betreffenden Bremsleitung losdrehen. Dabei darauf achten, daß sich die Leitung nicht verdreht.
● Ist ein Bremsschlauch mit einem Blechhalter an der Karosserie befestigt, dann ist er mit einem Blechbügel gegen Hin- und Herrutschen gesichert. Beim Zusammenbau darf dieser sogenannte Schlauchhalter (siehe Bilder oben) nicht vergessen werden.
● Beim Einbau den Schlauch immer zuerst an der Stelle festdrehen, an der er sein Außengewinde hat.
● Dann andere Verschraubung anziehen.
● Der Bremsschlauch darf nicht in sich verdreht sein. Zur Kontrolle dient der Farbstreifen oder Gummianguß entlang des Schlauches.
● Bremssystem entlüften.
● Sofort nach der Reparatur kontrollieren, ob der Schlauch bei Federbewegungen irgendwo scheuern kann.
● Diese Kontrolle nach einer längeren Fahrstrecke wiederholen.

Radbremszylinder ausbauen

● Bremstrommel und Bremsbacken ausbauen.
● Entlüftungsventil und Bremsleitung hinten an der Bremsankerplatte abschrauben und Öffnungen gegen Schmutz verschließen.
● Halteschraube des Bremszylinders losdrehen und Radbremszylinder abnehmen.
● Nach dem Zusammenbau Bremsen entlüften.

Hauptbremszylinder ausbauen

● Bremsflüssigkeit aus dem Vorratsbehälter absaugen.
● Stecker der Bremsflüssigkeits-Warnleuchte abziehen.
● Bremsleitungen am Hauptbremszylinder lösen und gegen Schmutzeintritt verschließen.
● Beide Befestigungsmuttern des Hauptbremszylinders vom Bremskraftverstärker abschrauben und den Hauptbremszylinder komplett mit Bremsflüssigkeitsbehälter aus dem Motorraum nehmen.
● Nach Einbau des Hauptbremszylinders das Bremssystem entlüften.

Fingerzeig: Den Deckel mit Warnanzeige nicht auf dem Kopf ablegen, da Bremsflüssigkeit die elektrischen Kontakte beschädigen könnte.

Bremskraftverstärker ausbauen

- Hauptbremszylinder ausbauen, wie zuvor beschrieben.
- Untere Armaturenabdeckung abbauen.
- Bremsdruckstange vom Bremspedal abbauen (Federklammer).
- Unterdruckleitung vorsichtig vom Bremskraftverstärker abziehen.
- Beide Befestigungsmuttern des Bremskraftverstärkers von der Spritzwand abschrauben und mit Unterlegscheiben abnehmen.
- Bremskraftverstärker von der Spritzwand abnehmen.
- Beim Einbau auf korrekten Sitz der Bremsdruckstange achten.

Bremsanlage entlüften

Nach allen Reparaturen an der Bremshydraulik muß entlüftet werden. Die Werkstatt benutzt hierzu ein Entlüftungsgerät, es geht aber genauso gut nach der althergebrachten Methode.

- Vor dem Entlüften den Unterdruck im Bremskraftverstärker durch mehrmaliges Betätigen des Bremspedals abbauen.
- Die Arbeitsreihenfolge lautet: Rechts vorne, links vorne – rechts hinten und links hinten.
- Vorratsbehälter auf dem Hauptbremszylinder mit frischer Bremsflüssigkeit auffüllen. Während des Entlüftens muß immer nachgefüllt werden, sonst wird aus dem leeren Behälter wieder Luft angesaugt.
- Gummikappe vom Entlüftungsventil abziehen, Ventilnippel sauberreiben.
- Durchsichtigen Schlauch (z. B. von der Scheibenwaschanlage) auf den Nippel schieben, freies Schlauchende in ein teilweise mit Bremsflüssigkeit gefülltes Glas stecken, dessen Flüssigkeitsspiegel mindestens 30 cm über der Entlüftungsschraube sein sollte. Dadurch steht auch die Entlüftungsschraube unter Flüssigkeitsdruck, und durch die Gewindegänge der Schraube kann keine Luft ins Bremssystem gelangen.
- Entlüftungsventil eine halbe bis eine Umdrehung lösen.
- Von Helfer das Bremspedal langsam niedertreten lassen. So wird Bremsflüssigkeit und die darin eingeschlossene Luft herausgepumpt. Sie sehen die Luftbläschen im durchsichtigen Schlauch und im Glas.
- Entlüftungsventil schließen – der Helfer muß das Pedal niedergetreten halten.
- Pedal zurückkommen lassen und etwa 3 Sekunden warten, damit sich der Hauptbremszylinder wieder füllen kann.
- Pumpvorgang wiederholen.
- Auffüllpausen für den Hauptbremszylinder einhalten und Pumpvorgang so lange wiederholen, bis keine Luft mehr kommt. Dabei müssen sich Entlüfter und Pedaltreter jeweils durch Zuruf verständigen, wann das Pedal durchgetreten und wann das Ventil wieder geschlossen ist.
- Bremspedal ganz durchgetreten halten, bis das Entlüftungsventil endgültig angezogen (nicht »angeknallt«) ist.
- Auf die gleiche Weise werden die übrigen Bremsen entlüftet.
- Nach Beendigung des Entlüftungsvorgangs die Funktion der Bremse kontrollieren.

Bremsflüssigkeit wechseln

Wartung Nr. 59

Nicht nur die bereits erwähnte Gefahr von Dampfblasen macht den Bremsflüssigkeitswechsel erforderlich, sondern auch die vom aufgenommenen Wasser verursachte Korrosionsgefahr in den Bremszylindern und -leitungen. Außerdem soll Abrieb der Bremsmanschetten herausgepumpt werden. Gebirgsfahrer und scharfe Bremser sollten sich unbedingt an das Zweijahresintervall halten.

Zum Entlüften der Bremse ist hier gezeigt, in welcher Höhe das Auffanggefäß über der Entlüftungsschraube sein muß, um zu einem optimalen Ergebnis zu kommen. Außerdem muß der Entlüftungsschlauch in die Bremsflüssigkeit eintauchen. Nicht vergessen, die Bremsflüssigkeit im Vorratsbehälter zu beobachten!

Beim Flüssigkeitswechsel geht man wie beim Entlüften vor. Gebraucht werden 2 Liter frische Bremsflüssigkeit.

- Bremsflüssigkeit aus dem Vorratsbehälter mit einer Pipette oder einer Injektionsspritze absaugen.
- Frische Bremsflüssigkeit einfüllen bzw. regelmäßig nachgießen.
- An jedem Entlüftungsventil sollen 500 cm^3 Bremsflüssigkeit durchgepumpt werden. Durch diese relativ hohe Menge ist gewährleistet, daß sich neue Bremsflüssigkeit nicht mit der alten vermischt hat, sondern das Bremssystem durchweg mit unverbrauchter Flüssigkeit befüllt ist.

Fingerzeig: Gebrauchte Bremsflüssigkeit darf nicht in die Kanalisation geschüttet werden. Sie soll auch nicht in den Altölkanister gefüllt werden. Am besten gibt man sie zur Sondermüll-Beseitigung.

Bremsen

Die Störung	– ihre Ursache	– ihre Abhilfe
A Bremsen ziehen einseitig	1 Reifendruck ungleichmäßig	Korrigieren bei kalten Reifen
	2 Reifenprofil ungleich abgefahren	Reifen so untereinander auswechseln, daß auf jede Achse gleichmäßig abgenutzte Reifen kommen
	3 Beläge verschmutzt, verschmiert oder abgenutzt	Erneuern
	4 Bremsflächen der Scheiben bzw. Trommeln stark verschmutzt, verrostet oder zu stark abgenutzt	Scheiben abschleifen bzw. Trommeln ausdrehen lassen. Ggf. austauschen
	5 Belagführung am Bremssattelträger bzw. Belagschacht verschmutzt oder verrostet	Blank schleifen
	6 Festsitzender Kolben im Bremssattel	Gängig machen oder Bremssattel überholen lassen
	7 Nachstellmechanismus der Trommelbremsen nicht in Ordnung	Einbaulage der Bauteile überprüfen
	8 Festsitzender Kolben im Radbremszylinder	Gängig machen oder Radbremszylinder austauschen
	9 Bremsdruck-Regulierventil defekt	Druckprüfung in der Werkstatt
B Bremse quietscht	1 Resonanzgeräusche zwischen Bremsscheibe und Belägen	Belagaufkleber auf der Bremsklotzrückseite des äußeren Bremsklotzes erneuern
	2 Beläge verschlissen oder verhärtet (»verglast«)	Erneuern
	3 Siehe A 4–8	
	4 Neue Bremsbeläge liegen nicht plan an	Außenkanten der Beläge mit einer Feile brechen
C Bremse rubbelt, Bremspedal pulsiert	1 Bremsscheiben verschlissen, beschädigt oder Belagreste angeklebt. Seitenschlag der Bremsscheibe oder Radnabe zu groß	Scheiben abschleifen oder austauschen. Ggf. Radnaben und evtl. Radlager ersetzen
	2 Siehe A 3 und 7	
	3 Bremstrommel hat Seiten- oder Höhenschlag oder beschädigte Bremsflächen	Bremstrommeln ausdrehen lassen bzw. austauschen
D Hinterräder blockieren	1 Siehe A 7 und 9	
	2 Bremsflächen der Trommeln verrostet oder mit starken Riefen	Bremstrommeln ausdrehen lassen bzw. ersetzen
	3 Beläge gerissen oder an der Oberfläche beschädigt	Erneuern
	4 Schwache Vorderradbremswirkung, siehe A 4–6	
E Bremse wird heiß, löst nicht	1 Hydrauliksystem unter Vordruck. Alle Räder schwergängig:	Prüfung: Wagen aufbocken, Räder durchdrehen
	a) Kein Spiel zwischen Bremspedal (Druckstange) und Hauptbremszylinderkolben	Spiel kontrollieren
	b) Bremskraftverstärker defekt	Austauschen
	c) Hauptbremszylinder defekt	Ersetzen
	2 Ein Bremskreis unter Vordruck. Ein Vorderrad und evtl. gegenüberliegendes Hinterrad schwergängig:	
	Ausgleichbohrung im Hauptbremszylinder verstopft	Säubern lassen

Die Störung	– ihre Ursache	– ihre Abhilfe
E Bremse wird heiß, löst nicht (Fortsetzung)	3 Bremsmechanik klemmt. Ein oder zwei Räder einer Achse schwergängig:	
	a) Siehe A 4–8	
	b) Handbremse löst nicht	Handbremseinstellung kontrollieren
	4 Gummiteile gequollen durch Verwendung falscher Bremsflüssigkeit	Bremsflüssigkeit wechseln und schadhafte Teile erneuern
F Pedalweg zu groß	1 Trommelbremsbeläge abgenutzt	Erneuern
	2 Siehe A 5	
G Pedalweg zu groß, Pedal läßt sich weich und federnd durchtreten	1 Luft im Bremssystem, evtl. Flüssigkeit im Vorratsbehälter zu tief abgesunken. Ursachen:	
	a) Leck im Bremssystem	Kontrollieren, schadhafte Teile erneuern
	b) Manschette im Hauptbremszylinder undicht	Hauptbremszylinder austauschen
	2 Überhitzte Bremsflüssigkeit, Dampfblasenbildung durch zu hohen Wassergehalt der Bremsflüssigkeit	Bremsflüssigkeit wechseln
	3 Siehe A 6 und 7	
H Schlechte Bremswirkung bei hohem Pedaldruck	1 Pedalweg normal:	
	a) Beläge verölt, verbrannt oder verhärtet	Erneuern
	b) Siehe A 4 und 8	
	2 Pedalweg kurz: Bremskraftverstärker arbeitet nicht	Siehe Seite 146
	3 Pedalweg lang:	
	a) Siehe A 6	
	b) Ein Bremskreis ausgefallen durch Undichtigkeit oder Beschädigung	Kontrollieren, schadhafte Teile auswechseln

Elektronik-Stopper

Als Wunschausstattung kann der Sierra ab dem 2,0-Liter-Motor mit einem Antiblockier-Bremssystem (kurz: ABS) von ATE ausgerüstet sein. Bei diesem Bremssystem übernehmen elektronische Bausteine bestimmte Regelfunktionen im Bremssystem und verhindern z. B. bei einer Vollbremsung das gefürchtete unkontrollierte Ausbrechen des Wagens.

ABS vollbringt keine Wunder!

So wie viele Autofahrer glauben, durch bestimmte Sicherheitseinrichtungen an ihrem Fahrzeug wie z.B. Breit- oder Winterreifen, Allradantrieb oder einen »Lichterbaum« auch entsprechend aggressiver fahren zu können als Fahrer von Normalautos, so kann auch das ABS-Bremssystem keine Bremswunder vollbringen, wie häufig angenommen wird. Deshalb ist auch das ABS-Bremssystem erst bei normalem Fahrstil ein Sicherheitsplus, da sich der Bremsweg nicht bei allen Fahrsituationen verkürzt.

○ ABS sorgt bei einer Vollbremsung immer für eine optimale Stotterbremsung, so daß eine reine Blockierbremsung nicht mehr möglich ist.

○ Die Räder drehen sich selbst bei einer Vollbremsung auf Glatteis noch etwas, damit Sie das Fahrzeug in der Spur halten können.

○ Haupteigenschaft des ABS-Bremssystems ist, daß die Lenkfähigkeit des Wagens auch während einer starken Bremsung erhalten bleibt. Doch bedarf es dazu eines bedeutend stärkeren Lenkeinschlags als normal.

○ Üben Sie deshalb auf einem abgelegenen Parkplatz Vollbremsungen unter Lenkeinschlag und versuchen Sie fiktive Hindernisse bremsend zu umfahren.

○ Treten Sie dabei gnadenlos voll aufs Bremspedal – das Dosieren der Bremskraft übernimmt die ABS-Einrichtung für Sie.

○ Das gilt für Bremsungen bei Geradeausfahrt wie auch bei eingeschlagener Lenkung.

○ Wundern Sie sich nicht über das pulsierende Bremspedal. Wenn das ABS regelt, sind diese Pedalschwingungen normal.

○ In Extremfällen werden Sie auch bei ABS das Bremspedal loslassen müssen, um heikle Situationen in einer Kurve noch mit gefühlvollem Bremsen retten zu können.

Funktion der Einzelteile

Das Antiblockiersystem besteht beim Ford Sierra aus der Hydraulikeinheit, dem elektronischen Steuergerät und jeweils einem Drehzahlsensor an den Rädern.

Die Drehzahlfühler

Jeder der vier Radsensoren erfaßt das Drehzahlverhalten des entsprechenden Rades und gibt darüber entsprechende Signale in Form einer bestimmten Frequenz an das elektronische Steuergerät ab. Mit den dort verarbeiteten Signalen wird nun die Hydraulikeinheit angesteuert.
Die Drehzahlfühler selbst sind am Rad mit geringem Abstand zu einer Zahnscheibe – dem Rotor – montiert. Der Rotor – fest mit der Radnabe verbunden – dreht sich mit seinen zahnförmigen Erhebungen je nach Geschwindigkeit und damit Radumdrehung schneller oder langsamer am Sensor vorbei.
Der Sensor besteht aus einem Magnetkern und einer Spule. Jeder Zahn des Rotors, der unter dem Sensor vorbeiwandert, induziert so im Sensor einen kurzen Spannungsanstieg. Auf diese Weise wird im Sensor eine Wechselspannung erzeugt, die entsprechend der Raddrehzahl ihre Frequenz ändert.

Das elektronische Steuergerät

Das Steuergerät für das ABS-Bremssystem sitzt rechts im »blinden« Handschuhfach bzw. hinter dem großen unteren Handschuhfach (ab Modelljahr '90) des Armaturenbretts und verarbeitet die Drehzahlinformationen, die von den Radsensoren kommen.
Diese Informationen – etwa 8000 pro Sekunde bei einer Geschwindigkeit von etwa 130 km/h – werden mit programmierten Werten verglichen. Stellt das Steuergerät bei der Drehzahlfrequenz drohende Blockiergefahr an den Rädern fest, befiehlt es der Hydraulikeinheit, den Bremsdruck für das betroffene Rad oder die blockierbedrohten Räder zu senken.
Der so reduzierte Bremsdruck beseitigt die Blockiergefahr, das Steuergerät reagiert auf die sich ändernden Raddrehzahl-Informationen und regelt über die Hydraulikeinheit so laufend den Bremsdruck. Dieses Wechselspiel der Steuersignale an die Hydraulikeinheit erfolgt je nach Fahrbahnzustand während des Bremsvorgangs zwei- bis zehnmal pro Sekunde.

Links: Bei der Montage des Radsensors (3) ist Sauberkeit besonders an der Sensoraufnahme des Lenk-Schwenklagers wichtig. Wichtig ist auch die Verlegung des Sensorkabels (2) in den vorgesehenen Kabelhaltern (1). Rechts: Die ABS-Einheit. Es bedeuten:
1 – Mehrfachstecker für ABS-Steuergerät;
2 – Mehrfachstecker für Zusatz-Warnsystem;
3 – Druckspeicher;
4 – Ausgleichbehälter;
5 – Druckwarnschalter;
6 – elektrische Hydraulikpumpe;
7 – Ventilblock.

Die Hydraulikeinheit

Hauptteil des ABS-Bremssystems ist die im Motorraum links vor der Spritzwand montierte Hydraulikeinheit. Sie umfaßt:

- Den Hauptbremszylinder;
- den hydraulischen Bremskraftverstärker;
- den Anti-Skid-Ventilblock mit Magnetventilen zur Bremsdruckregelung bei Blockiergefahr der Räder;
- die Hochdruck-Elektropumpe mit Hochdruckspeicher und Druckschalter;
- den Bremsflüssigkeits-Ausgleichbehälter mit Flüssigkeitsstands-Warnanzeige.

Beim Tritt auf das Bremspedal wird der Bremsdruck vom Ventilblock über je eine eigene Bremsleitung für jedes Vorderrad und über eine dritte Bremsleitung für die Hinterräder geregelt, wobei das jeweils blockiergefährdete Hinterrad die Bremsdruckregelung über seinen Radsensor auslöst.
Die Bremsflüssigkeit, die vom Hauptbremszylinder über den Ventilblock zu den Rädern gedrückt wird, fließt bei einer Drucksenkung direkt vom Ventilblock in den Ausgleichbehälter zurück. Wird der Bremsdruck wieder erhöht, strömt das erforderliche Volumen an Bremsflüssigkeit aus dem Bremskraftverstärkerraum, vom Druckspeicher und der Hochdruckpumpe unterstützt, nach. Sie merken dies am Bremspedal, das leicht zu pulsieren beginnt, wenn die Pumpe läuft, das ABS also in Aktion ist.

Die Relais

Für die Funktion von Steuergerät und Hochdruckpumpe ist in einem auf der rechten Seite des Heizungsgehäuse montierten Relaisträger je ein Relais installiert (dunkelgrün = Hauptrelais mit 30 A abgesichert; violett = Pumpenrelais mit 20 A abgesichert), die auf keinen Fall vertauscht werden dürfen, da sonst das ABS-System außer Funktion ist.

Störungen am ABS-Bremssystem

Die Kontrolleuchte des ABS-Bremssystems leuchtet mit dem Einschalten der Zündung auf und verlöscht nach ca. 2 Sekunden, vorausgesetzt der Systemdruck im Druckspeicher ist in Ordnung. Fällt die Bordspannung unter 10 Volt, leuchtet die Kontrolle ebenfalls und verlöscht erst beim Erreichen der vollen Betriebsspannung.
Wenn der Systemdruck nicht mehr korrekt ist, leuchtet die Kombileuchte für Handbremse und Bremsflüssigkeitsstand. Dann kann natürlich auch der Bremsflüssigkeitsstand zu niedrig bzw. die Handbremse nicht gelöst sein.
Leuchtet eine der beiden Leuchten ständig, ist möglicherweise das ABS-System nicht betriebsbereit oder ein Defekt liegt vor. Eine entsprechend ausgerüstete Ford-Werkstatt muß nach der Ursache forschen. Nicht jede Werkstatt kann das, denn es ist hierzu neben der speziellen Mitarbeiterschulung auch spezielles Werkzeug und elektronisches Prüfgerät notwendig.
Als Laie können Sie allenfalls die Steckverbindungen zum Steuergerät, den Relais, den Radsensoren und der Hydraulikeinheit mit den Druckschaltern kontrollieren.

Fingerzeig: Auch wenn die ABS-Kontrolleuchte(n) ständig leuchtet, das ABS also nicht betriebsbereit oder defekt ist, kann Ihr Sierra ohne Gefahr gefahren werden. Die Bremse funktioniert dann eben wie bei einem Wagen ohne ABS.

Schwarze Magie

Eine etwa handtellergroße Berührungsfläche zur Fahrbahn muß den Sierra auf Kurs halten – und dies bei jedem Wetter und bei Straßen aller Art. Von der Behandlung der Reifen hängt es jedoch ab, ob das ganze Sicherheitspaket, das in einen Reifen »eingebaut« ist, auch wirksam ist.

Welche Reifengrößen sind montiert?

Welche Reifengrößen für Ihr Fahrzeug zugelassen sind, steht in den Kfz-Papieren. Andere als die dort vermerkten dürfen nur dann montiert werden, wenn sie vom TÜV begutachtet und anschließend in die Fahrzeugpapiere eingetragen wurden.

Folgende Reifengrößen gibt es bei den Sierra-Modellen in Serien- bzw. Sonderausstattung:

- ○ 165 R 13-T
- ○ 165 R 13-H
- ○ 175 R 13-T
- ○ 175 R 13-H
- ○ 185/70 R 13-T
- ○ 185/70 R 13-H
- ○ 185/70 R 14-H
- ○ 185/65 R 14-T
- ○ 185/65 R 14-H
- ○ 195/65 R 14-T
- ○ 195/65 R 14-H
- ○ 195/60 R 14-H
- ○ 195/60 R 14-V

Die Reifenbezeichnung

Nach international gültigen Vereinbarungen wird die Reifengröße in Millimeter oder, wie in unserem Fall, gemischt in Millimeter und Zoll angegeben. Die Bezeichnung 165 R 13-T, 185/70 R 14-H oder 195/60 R 14-V bedeuten folgendes:

165, 175, 185, 195: Reifenbreite in unbelastetem Zustand in mm
/70, /65, /60: Das Verhältnis von Reifenhöhe zu Reifenbreite beträgt 70, 65 oder 60:100
R: Kennzeichnung der Bauart als Radial- oder Gürtelreifen
13 bzw. 14: Innendurchmesser des Reifens in Zoll (")
Q: Zulässige Höchstgeschwindigkeit bis 160 km/h – Geschwindigkeitsklasse für herkömmliche M+S-Reifen
S: Höchstgeschwindigkeit bis 180 km/h
T: Höchstgeschwindigkeit bis 190 km/h
H: Höchstgeschwindigkeit bis 210 km/h
V: Höchstgeschwindigkeit bis 240 km/h

Die Felgen

Der Ford Sierra wird je nach Modell mit zwei Grundtypen von Felgen ausgerüstet. Es handelt sich entweder um eine Stahlblech- oder um eine Leichtmetallguß-Felge. Die Stahlblechfelge gibt es in den Größen 5 Jx13 und 5 Jx14. Die Aluminiumfelge ist in der Größe 5 Jx14 erhältlich. Diese Zahlen und Buchstaben bedeuten:
5: Felgenmaulweite in Zoll, an der Felgenhornbasis quer zur Laufrichtung des Rades gemessen
J: Formung des Felgenhorns (nach Norm-Vorschrift)

Was die verschiedenen Bezeichnungen auf der Reifenflanke bedeuten, finden Sie hier komplett zusammengestellt.

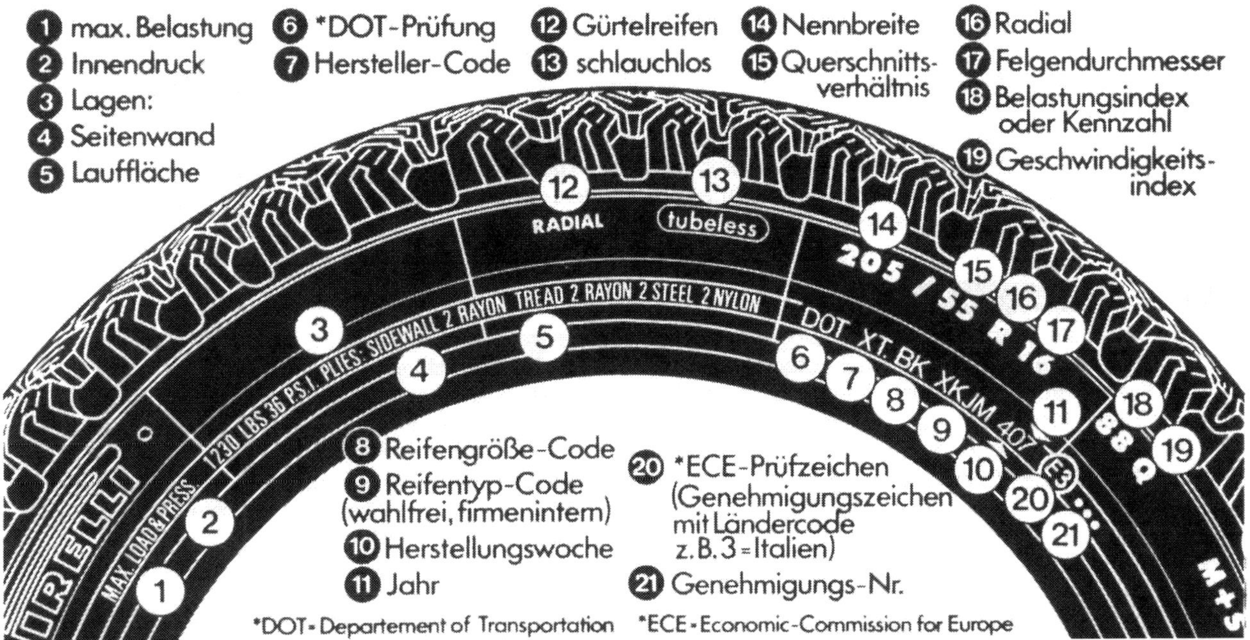

x: Zeichen für Tiefbettfelge
13 bzw. 14: Felgendurchmesser in Zoll, von Wulst zu Wulst gemessen
Diese Normbezeichnungen geben nur die Hauptabmessungen der Felgen an, nicht aber die fahrzeugspezifischen Daten, wie Anzahl der Radbefestigungslöcher oder Lochkreisdurchmesser.

Anbau von Sonderfelgen

Sonderfelgen heißen auf Amtsdeutsch solche Felgen, die in Form oder Material nicht der serienmäßigen Ausstattung entsprechen. Da es wegen nachträglich montierter Felgen und Reifen immer wieder Schwierigkeiten bei Polizeikontrollen oder bei DEKRA und TÜV gibt, hier einige Punkte, die Sie beachten müssen.
○ Keine Probleme gibt es, wenn Felgen- und Reifengröße mit den Angaben in den Fahrzeugpapieren übereinstimmen und die Felgen Original-Ford-Teile sind.
○ Eine Änderung der Fahrzeugpapiere durch die Zulassungsstelle ist auch nicht erforderlich, wenn Felgen- und Reifengröße mit den Angaben in den Kfz-Papieren übereinstimmen und eine Rad-ABE vorliegt.
○ Ein Gutachten nach § 19 (2) StVZO beim TÜV (Teilgutachten) und die anschließende Berichtigung der Fahrzeugpapiere ist notwendig, wenn Felgen- und Reifengröße nicht mit den Angaben in den Kfz-Papieren übereinstimmen und/oder für die Felgen lediglich ein TÜV-Bericht vorliegt.
○ Beim Kauf neuer Sonderfelgen muß diesen eine Rad-ABE oder ein TÜV-Bericht beigefügt sein.
○ Vor dem Kauf gebrauchter, nicht originaler Felgen ohne entsprechende Papiere sollten Sie anhand der genauen Hersteller- und Typenbezeichnung sowie des Herstellungsdatums (es ist in die Felge eingeschlagen oder eingegossen) aus dem Räderkatalog des TÜV heraussuchen lassen, ob hierfür eine Rad-ABE oder ein TÜV-Bericht vorliegt.
○ Räder ohne ABE oder TÜV-Bericht dürfen in der Bundesrepublik nicht montiert werden.

Reifendruck prüfen

Ständige Kontrolle

Unter die nachstehend aufgeführten Druckwerte sollte der Reifendruck keinesfalls absinken (Druckwerte in bar bei kalten Reifen):

Modell	Reifengröße	Normalbelastung[1] und Normalgebrauch[3]		Volle Belastung[2] und Normalgebrauch[3]	
		vorn	hinten	vorn	hinten
Limousine	alle	1,8	1,8	2,0	2,5
Turnier	alle außer 195/60 R 14-V	3,3			
	195/60 R 14-V	1,8	1,8	2,0	2,5

[1] **Fahrzeug besetzt mit bis zu 3 Personen**
[2] **Fahrzeug bis zur Höchstbelastung beladen**
[3] **Betrieb des Fahrzeugs auf jeder Art von Straßen, bei allen Geschwindigkeiten, wobei die Höchstgeschwindigkeit niemals länger als ungefähr 30 Minuten gefahren wird. Wenn mit hohen Geschwindigkeiten gefahren wird, sollte der Luftdruck bei den H- und T-Reifen je 10 km/h über 160 um bis zu 0,1 bar erhöht werden. Über 190 km/h bis 210 km/h für muß der Luftdruck dann um weitere 0,2 bar je 10 km/h erhöht werden.**

Wer Wert auf Fahrkomfort legt, beläßt es bei den genannten Drücken. Sind Sie dagegen bereit, zugunsten feinfühligerer Lenkung, etwas längerer Reifenhaltbarkeit und minimal geringerem Kraftstoffverbrauch einen verminderten Federungskomfort in Kauf zu nehmen, erhöhen Sie die Druckwerte rundum um 0,2–0,3 bar.
Wenn Sie bei der regelmäßigen Prüfung (alle zwei bis vier Wochen) Druckverlust an einem Reifen feststellen, müssen Sie sich ihn genauer anschauen. Entweder kann das Ventil undicht geworden sein oder in der Reifendecke sitzt eine Glasscherbe bzw. Nagel, wodurch ein kleines Loch entstanden ist. Der Ursache für den Druckverlust muß unbedingt nachgespürt werden; es hilft nichts, einfach Luft nachzupumpen.

Luftdruck bei kalten Reifen prüfen

Bereits wenige Kilometer zügiger Fahrt lassen den Reifendruck um 0,2–0,4 bar ansteigen. Diese Druckerhöhung durch Erwärmung ist bei den Luftdruckempfehlungen bereits berücksichtigt worden und darf deshalb nicht abgelassen werden. Am günstigsten ist ein eigener Luftdruckprüfer, mit dem der Reifendruck vor Antritt der Fahrt bei kalten Reifen gemessen werden kann.

Reifenzustand kontrollieren

Wartung Nr. 18

Die Kontrolle geht am besten bei aufgebocktem Wagen, etwa beim Ölwechsel an der Tankstelle.
● Drehen Sie jedes Rad einmal komplett durch.
● Fremdkörper, wie kleine Steinchen, bohren Sie mit einem kleinen Schraubendreher aus den Profillamellen, ohne den Reifen dabei zu beschädigen.
● Das Profil muß laut Gesetzesvorschrift über die gesamte Lauffläche noch mindestens 1 mm tief sein.
● Zur Verschleißkontrolle dienen in regelmäßigen Abständen quer zur Lauffläche verlaufende Erhebungen in den Profilrillen. Sie sind an der Reifenflanke durch die Buchstaben »TWI« gekennzeichnet.
● Wenn diese Erhebungen mit den Profilrippen in gleicher Höhe stehen (= 1,6 mm Restprofiltiefe),

sollte der Reifentausch nicht mehr hinausgeschoben werden. Das Fahrverhalten auf nasser Fahrbahn wird mit weiter abnehmender Profiltiefe ganz erheblich schlechter, speziell mit breiten Reifen.

- Aus der Art der Profilabnutzung können Sie einiges herauslesen, siehe nächsten Abschnitt.

Das Reifenlaufbild

○ **An der Außenseite abgefahrene Vorderreifen** deuten auf sehr flotte Fahrweise in Kurven hin. Entweder die Reifen auf den Felgen drehen lassen oder die vorderen regelmäßig gegen die Hinterräder austauschen.
○ **Einseitig abgefahrenes Profil** kann auch auf falsche Radeinstellung hinweisen; vor allem dann, wenn lediglich ein Reifen schräg abgelaufen ist.
○ **Starke Abnutzung in der Profilmitte** entsteht durch häufiges Fahren im Höchstgeschwindigkeitsbereich. Durch die Fliehkraft bauchen die Reifen aus und werden daher in der Mitte stärker abgenutzt. Dieser Effekt tritt besonders deutlich an den Hinterrädern auf.
○ Sind **beide Außenschultern** eines Reifens **stärker abgefahren als die Profilmitte**, wurde lange Zeit mit zu niedrigem Luftdruck gefahren.
○ **Gleichmäßige Auswaschungen** im Profil deuten auf einen defekten Stoßdämpfer.
○ Tritt die **ungleiche Abnutzung nur an bestimmten Stellen** auf, ist das Rad unwuchtig.
○ Eine **einzelne Stelle mit starker Abnutzung** im Profil stammt von einer Bremsung mit blockiertem Rad – eine sogenannte Bremsplatte.

Wie lang halten die Reifen?

Der Reifenverschleiß hängt weniger von der Reifenmarke als vom Fahrertemperament ab. Wenn die Räder nicht untereinander ausgetauscht werden, kann man bei den Vorderrädern mit einer Laufleistung von 15000–25000 km rechnen, hinten mit 25000–350000 km.
Da die vorderen Reifen lenken und zudem die Hauptbelastung beim Bremsen aushalten müssen, sind sie auch früher verschlissen. Oft wird deshalb empfohlen, die Räder jeweils einer Seite gegeneinander auszutauschen; also unter Beibehaltung ihrer bisherigen Laufrichtung.
Es ist umstritten, ob dieser Tausch sinnvoll ist. Für die Empfehlung spricht, daß der Reifenabrieb gleichmäßiger erfolgt. Andererseits müssen bei Ersatz vier Reifen auf einmal gekauft werden. Beim Wechsel in zu kurzen Kilometerabständen können Fehler der Radaufhängung, Lenkung, Stoßdämpfer usw. ihre Spuren nicht deutlich genug im Reifenprofil hinterlassen.

Der Radwechsel

- Handbremse anziehen und 1. oder Rückwärtsgang einlegen.
- Unterwegs Warnblinkanlage einschalten und Warndreieck aufstellen.
- Räder der anderen Wagenseite gegen Wegrollen sichern, z.B. mit Steinen oder Holzstücken. Hervorragend sind auch die im Zubehörhandel erhältlichen raumsparenden Klappkeile.
- Je nach Modell Radzierblende von Hand oder mit einem zwischen Felge und Blende angesetzten Schraubendreher oder dem abgeflachten Ende des Radmutternschlüssels aus dem Bordwerkzeug abziehen oder abdrücken.
- Oder Radnabenabdeckung abziehen.
- Radmuttern jeweils knapp eine Umdrehung lokkern.
- Wagen anheben.
- Radmuttern herausdrehen und in der Naben- bzw. Radkappe ablegen.
- Rad abnehmen, Ersatzrad auf die Radnabe drükken und Felge auf die Radbolzen aufstecken.
- Muttern ansetzen und handfest beidrehen.
- Muttern über Kreuz gleichmäßig so fest wie möglich anziehen. Dabei das Rad hin- und herdrehen, damit es sich einwandfrei auf der Radnabe zentriert.
- Wagen ablassen, Muttern festziehen (70–100 Nm).
- Nabenkappe bzw. Radzierblende aufdrücken.

Festen Sitz der Radmuttern kontrollieren

Wartung Nr. 15

Nach einigen Kilometern Fahrstrecke soll nach jeder Radmontage kontrolliert werden, ob die Radmuttern richtig angezogen sind. Als Anzugsdrehmoment sind 70–100 Nm vorgeschrieben, also nicht mit einem zusätzlich verlängerten Radschlüssel die Muttern »anknallen«. Zu starkes oder ungleichmäßiges Festschrauben kann dazu führen, daß sich die Bremsscheiben oder -trommeln verziehen. Das ergibt ungleichmäßige Bremswirkung, Bremsenschütteln und punkt- oder flächenförmigen Reifenverschleiß.

Rad-Unwuchten

Unwuchtige Räder spürt man durch Vibrationen am Lenkrad oder Schütteln im Vorderwagen. Beides tritt bei bestimmten Geschwindigkeiten besonders stark auf. Die Ursache liegt an ungleichmäßiger Gewichtsverteilung am Rad.

○ **Statische Unwucht** zeigt sich bereits, wenn man das Rad am hochgebockten Wagen frei auspendeln läßt: Der Schwerpunkt wird sich ganz von selbst nach unten begeben. Das Rad hüpft beim Fahren.
○ Eine **dynamische Unwucht** kommt erst beim schnellen Drehen des Rades zur Wirkung, wenn die übergewichtige Stelle nicht in der Mittelebene des Rades sitzt, wodurch das Rad zusätzlich taumelt.

Räder auswuchten

Die Räder müssen statisch und dynamisch ausgewuchtet werden. Dazu gibt es zwei Methoden:
○ Das Rad wird am Wagen ab- und an einer Auswuchtmaschine angeschraubt. Dort läuft es zur Probe, Unwuchten werden dabei angezeigt und können durch Anbringen von Bleigewichten ausgeglichen werden.
○ Zum Ausschalten letzter Unwuchten ist Feinwuchten erforderlich. Dabei werden auch Unwuchten von Radnabe und Bremsscheibe ausgeglichen. Die am Wagen anmontierten Räder werden durch einen Elektromotor mit Reibrad in die notwendige schnelle Drehung versetzt und die Restunwucht angezeigt.

Fingerzeige: Die Hinterräder dürfen beim Feinwuchten nicht vom Elektromotor angetrieben werden. Die einseitige Beschleunigung für das Ausgleichgetriebe, besonders bei Ausstattung mit Viskomatik-Sperrdifferential, ist schädlich. Stattdessen hebt man den Sierra hinten an und läßt den Motor die Hinterräder im vierten Gang auf etwa 90 km/h beschleunigen.
Breitreifen können nach längerer Standzeit Abplattungen aufweisen. Abhilfe bringt hier das Warmfahren der Reifen – ggf. Luftdruck etwas senken, damit der Reifen durch die dann stärkere Walkarbeit schneller warm wird. Die Abplattung verschwindet, der Standschaden ist behoben. Nicht vergessen, anschließend den Luftdruck der Reifen in kaltem Zustand zu korrigieren!

Neue Reifen kaufen

Wenn sich unter dem Kofferraum noch der neue Ersatzreifen befindet, können Sie jetzt Geld sparen. Voraussetzung hierfür ist, daß das gleiche Fabrikat mit demselben Profil noch lieferbar ist. Dann kaufen Sie einen entsprechenden Reifen dazu und haben bereits eine Achse neu bereift.
○ Die Reifengröße 165 R 13 ist nur bestimmten Sierra-Modellen mit 1,6-Liter-Motor vorbehalten. Ihr Nachteil besteht darin, daß das Felgenhorn fast mit der Reifenflanke bündig ist und deshalb beim Einparken am Bordstein beschädigt werden kann.
○ Mit den etwas breiteren Reifen der Größe 185/70 R 13 ist diese Gefahr gebannt; außerdem sind Fahrkomfort und Laufleistung geringfügig verbessert.
○ Wer sein Fahrzeug gerne auf eine breitere Basis stellen und den entsprechenden Mehrpreis berappen will, wählt die Reifengröße 195/65 R 13. Dagegen hat auch der TÜV nichts einzuwenden, denn diese Reifengröße ist zusätzlich im Kraftfahrzeugschein vermerkt.
○ Bei der Montage neuer schlauchloser Reifen sollen auch neue Ventile verwendet werden. Das verhindert Luftverlust, denn die Ventile altern im Lauf der Zeit, und der Gummi wird rissig. Doch auch die bei Verwendung luftdichter Leichtmetallfelgen eingesetzten Metall-Schraubventile sollten ersetzt werden, weil die Gummidichtung am Ventilfuß altert.

Winterbereifung

Breite Sommerreifen neigen auf Schnee und Eis schneller zum Durchdrehen als die schmäleren 165er- oder 175er-Reifen. Je nach Einsatzgebiet und bisheriger Sommerbereifung läßt sich die Anschaffung spezieller Winterreifen nicht immer umgehen.
○ Gleichgültig, welche Reifen Sie fahren, bedenken Sie immer: Bei Temperaturen um den Gefrierpunkt bildet sich auf Glatteis beim Darüberrollen ein Wasserfilm, der die Haftfähigkeit auch der besten Winterreifen gefährlich herabsetzt.
○ In Sachen Reifendimension raten wir bei der Winterbereifung zu möglichst schmalen Ausführungen. Das hat vor allem Kostengründe: Schmälere Reifen sind billiger als breitere. Fürs gesparte Geld werden gleich die passenden Felgen gekauft, denn regelmäßiges Ummontieren im Frühjahr und Herbst kommt auf die Dauer viel zu teuer.
○ Ein M+S-Reifen mit weniger als 4 mm Profiltiefe taugt nichts mehr im Winter. Wenn etwa im Gebirge Winterreifen vorgeschrieben sind, werden M+S-Reifen als solche nur dann anerkannt, wenn ihr Profil noch mindestens 4 mm tief ist.

Runderneuerte Reifen

Neu besohlte Reifen stehen bei Autofahrern in schlechtem Ansehen, obwohl sie den Beweis ihrer Tauglichkeit in verschiedenen Tests erbracht haben. Reifen mit RAL-Gütesiegel erfüllen eine Reihe von Qualitäts- und Ausführungskriterien, außerdem haben sie Schnellauftests bestanden. Dennoch eignen sie sich nach unseren Erfahrungen eher für geruhsame Fahrweise. Immer noch treten Defekte meist bei höherer Geschwindigkeit bzw. voller Beladung auf – vor allem, wenn der Luftdruck nicht stimmt. Dem günstigeren Kaufpreis stehen gegenüber: Kürzere Lebensdauer, größere Unwuchten, bisweilen mangelhafter Rundlauf bei höherer Laufleistung sowie unterschiedliches Fahrverhalten im Vergleich zum Neureifen mit gleichem Profil.

Spannend

Ohne Elektrik läuft beim Auto – fast – nichts. Diese Erfahrung hat auf die eine oder andere Art sicher schon jeder machen müssen. Störungen in der Elektrik und Elektronik brauchen Sie jedoch nicht gleich verzweifeln zu lassen, denn bei der planmäßigen Suche nach der Ursache verliert gerade die vermeintliche Kompliziertheit elektrischer Zusammenhänge viel an Schwierigkeit.

Elektrik – ganz einfach

Elektrizität kann man leider nicht sehen; das erschwert für manchen das Verständnis. Deshalb am Anfang erst einmal ein vergleichendes Beispiel mit einer Wasserleitung, durch die unter einem bestimmten Druck eine gewisse Menge Wasser fließt.

○ Der Wasserdruck ist mit der Spannung, gemessen in Volt (Abkürzung: V), vergleichbar.

○ Die in einer bestimmten Zeit durchfließende Wassermenge entspricht dem Strom, der in Ampere (kurz: A) gemessen wird.

○ Spannung und Strom miteinander multipliziert ergibt die elektrische Leistung mit der Maßeinheit Watt (kurz: W):

○ Ein anderer Wert wird erhalten, wenn die Spannung durch den Strom dividiert wird, nämlich der Widerstand, der in Ohm (Zeichen: Ω) gemessen wird. Den Widerstand kann man sich als Absperrhahn in der Wasserleitung vorstellen. Bei geöffnetem Wasserhahn ist der Widerstand gleich 0, das Wasser fließt ungehindert. Wird der Hahn zugedreht, erhöht sich der Widerstand schließlich bis zum Wert unendlich (∞), wobei der Strom versiegt. Jeder Stromverbraucher stellt einen Widerstand dar, der für eine einwandfreie Funktion mit genügend Strom beliefert werden muß. Deshalb braucht eine kleine Kontrollampe lediglich ein dünnes Kabel, der leistungsstarke Anlasser dagegen eine besonders dicke Leitung.

Spannung messen

Prüflampe

Praktisch ist eine Prüflampe mit Nadelkontakt, mit deren Nadel einfach die Isolierung des zu prüfenden Kabels durchstochen werden kann. Die Klemme am Kabel der Lampe wird irgendwo an blankem Metall (der sogenannten Masse) des Wagens angeclipst.
Die Lampe gibt in erster Linie Auskunft darüber, ob überhaupt Spannung anliegt. An ihrer Helligkeit kann man in etwa die Höhe der Spannung abschätzen.

Diodenprüfer

An elektronischen Bauteilen darf mit einer herkömmlichen Prüflampe nicht gemessen werden. Sie nimmt zu viel Leistung auf und kann so Bauteile der Elektronik beschädigen. Wer im Bereich der elektronischen Steuergeräte Messungen vornehmen will, sollte sich einen Spannungsprüfer mit Leuchtdioden anschaffen.

Voltmeter

Mit einem Voltmeter oder dem entsprechenden Meßbereich des Vielfachinstruments können Sie beispielsweise die Batterie-Ruhespannung messen. Zeigt das Instrument nur 10,4 Volt an, hat eine der Batteriezellen Kurzschluß. Interessant kann es auch sein, die Batteriespannung zu messen, während der Anlasser betätigt wird. Sind dann nur noch 5 Volt abzulesen, steht es mit der Batterie nicht mehr zum besten.
Zum Messen wird das mit »–« gekennzeichnete Kabel an den Minuspol der Batterie oder eine blanke Schraube am Motor oder der Karosserie angeklemmt. Das »+«-Kabel des Meßgeräts wird an die zu messende Leitung geklemmt oder an den Pluspol der Batterie.

Strom messen

Ob Strom zu einem Verbraucher fließt, wird mit dem Amperemeter bzw. dem entsprechenden Meßbereich des Vielfachinstruments gemessen. Dazu muß der Stromkreis aufgetrennt und das Meßgerät dazwischen geschaltet werden. Im Auto kann dazu einer der Steckkontakte abgezogen und dann das Meßgerät zwischen Stecker und Kontaktzunge geschaltet werden. Die mittlere Zeichnung auf der folgenden Seite zeigt, wie das prinzipiell aussieht.
Strom wird beispielsweise gemessen, wenn der Verdacht besteht, daß ein Stromverbraucher irgendwo im Bordnetz über Nacht die Batterie leersaugt. Um diese Leckstelle festzustellen, nehmen Sie das Batterie-Massekabel ab und klemmen zwischen Batteriepol und -kabel das Amperemeter. Zeigt das Instrument an, wird der Stromkreis ermittelt: Eine Sicherung nach der anderen herausnehmen und statt deren an den Kontakten im

Sicherungskasten das Amperemeter anklemmen. Anhand der Sicherungstabelle im nächsten Kapitel vergleichen Sie dann, welche Verbraucher in diesen Stromkreis eingeschaltet sind und kontrollieren diese der Reihe nach durch.

Widerstand messen

Die Messung des Widerstands läßt beispielsweise erkennen, ob eine Leitung oder ein Schalter Durchgang hat (der Meßwert ist dann 0 Ω) oder ob der Stromweg irgendwo unterbrochen ist (dann erhalten Sie den Meßwert unendlich = ∞ Ω). Zur Widerstandsmessung muß das Meßgerät allerdings eine eigene Stromversorgung haben.

Grundbegriffe der Elektronik

Aus dem Wort Elektronik läßt es sich schon herauslesen: Sie basiert auf Elektronen, jenen extrem kleinen Teilchen, aus denen das ohnehin schon kleine Atom zum Teil besteht. Die Elektronen sorgen in allen elektrisch leitenden Werkstoffen (Fachausdruck: Leiter) dafür, daß überhaupt Strom fließen kann. Die Elektronen wandern dabei im Leiter von Atom zu Atom. Nicht leitende Werkstoffe besitzen ebenfalls Elektronen. Die sind jedoch stark an den Atomkern gebunden und können nicht weiterwandern. Somit fließt auch kein Strom.
Die dritte Werkstoffgruppe sind die sogenannten Halbleiter. Das sind Kristalle (meist Germanium oder Silizium), die so nachbehandelt wurden, daß in ihrem Aufbau Elektronen fehlen oder überschüssige Elektronen vorhanden sind. Das bewirkt den durchaus erwünschten Effekt, daß durch die Kristallplättchen nur unter bestimmten Bedingungen Strom fließen kann. Wenn die Bedingungen nicht erfüllt sind, wird der Stromfluß gehemmt. Dann baut sich eine Sperrschicht auf. Diese Eigenschaft macht man sich beispielsweise bei Dioden und Transistoren zunutze. Halbleiter-Bauelemente findet man in der Fahrzeugelektrik seltener einzeln verwendet, sondern zumeist in größerer Stückzahl in kompletten Schaltungen zusammengefaßt; etwa im Regler der Lichtmaschine.

Halbleiter

Neben den nachstehend beschriebenen Grundtypen der Halbleiter gibt es noch Sonderformen für spezielle Einsatzzwecke. Dazu zählen Feldeffekt-Transistor, Foto-Transistor, Leistungstransistor, Fotodiode, Zenerdiode, Thyristor u. a. m. Auf diese Bauteile gehen wir nicht weiter ein.
Transistor: Er läßt nur dann Strom durchfließen, wenn an seinem dritten Anschluß eine Spannung anliegt. Ist diese Spannung hoch, fließt viel Strom durch; bei geringer Spannung entsprechend weniger. Vergleichbar ist das mit einem Wasserhahn. Je weiter er aufgedreht wird, desto mehr Wasser fließt durch.
Diode: Sie ist nur in einer Richtung für den elektrischen Strom leitend. Kommt der Strom aus der Gegenrichtung, sperrt sie den Durchgang. Das ist wie bei einem Reifenventil: Luft kann nur in einer Richtung durchgepumpt werden.
Leuchtdiode: Der Halbleiterkristall sendet Licht aus, sobald Spannung anliegt.

Weitere Bauelemente

In nahezu allen elektronischen Schaltungen kommen Bauteile vor, die nicht zur Sparte der Halbleiter gehören, ohne die aber die Elektronik nicht denkbar wäre. Häufigste Vertreter sind:
Widerstand: Seine Aufgabe ist es, den Stromfluß zu hemmen.
Kondensator: Er wirkt wie eine kleine Batterie und kann elektrische Energie für eine gewisse Zeit speichern. Er wird zur Glättung von Spannungsschwankungen und zum Dämpfen von Spannungsspitzen verwendet. Wenn eine Zeitverzögerung in einer Schaltung erwünscht ist (z. B. im Blinkrelais), wird ein Kondensator mit einem Widerstand zu einem »Zeitglied« zusammengeschaltet.

Elektronische Schaltungen

Integrierte Schaltkreise (IC): Eine Vielzahl elektronischer Bauteile ist im IC untergebracht. Die meisten schwarzen »Käfer« mit 14 und mehr Anschlußfüßen gibt es mit allen erdenklichen Funktionen.
Mikroprozessoren: Sie spielen eine wachsende Rolle in der Technik. Es sind weiterentwickelte ICs, aber wesentlich intelligenter. Je nach Art des elektrischen Eingangssignals können sie vorher programmierte Schaltungsvorgänge auslösen.

Die Zeichnungen zeigen von links nach rechts schematisch, wie das betreffende Meßgerät für die elektrischen Größen Spannung (V), Strom (A) und Widerstand (Ω) angeschlossen wird. Der Kreis mit dem Zeiger stellt das Meßgerät dar, Verbraucher steht z. B. für Lampe, Elektromotor usw.

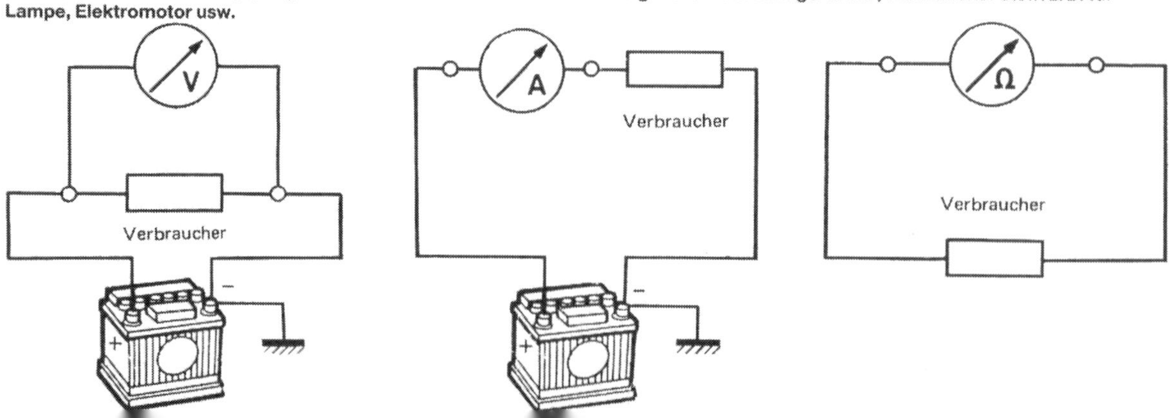

Vernetzt

Wieviel Strom und wohin er fließt – darüber gibt die verwirrende Vielfalt bunter Drähte Auskunft, die in den schwarz umwickelten Kabelbäumen verschwinden bzw. hervorkommen. Die Schaltpläne hier im Buch helfen Ihnen bei der Suche nach einer Störung. Mit etwas Geduld und Zeit zum Hineindenken finden Sie sich sicher bald zurecht.

Minus an Masse

Strom kann nur in einem geschlossenen Kreislauf fließen. Wenn Sie zu Hause den Lichtschalter anknipsen, leuchtet das Licht auf. Genauso ist es im Auto; der von Batterie oder Lichtmaschine kommende Strom fließt über den jeweiligen Stromverbraucher zurück zur Batterie oder Lichtmaschine.
An der Mehrzahl der Stromverbraucher im Sierra sind zwei Kabel angeschlossen. Doch nur eines läßt sich bis zur Batterie bzw. bis zum Generator zurückverfolgen. Dies zeigen auch die Schaltpläne im nächsten Kapitel. Die andere Leitung ist dagegen meist schon nach wenigen Zentimetern irgendwo am Karosserieblech festgeschraubt oder mit einer Steckerfahne eingesteckt.
Hier hat man sich zunutze gemacht, daß die Metallteile von Karosserie und Motor bzw. Getriebe ebenfalls Strom leiten können. In der Autoelektrik bezeichnet man sie mit Masse. Sie sorgen für die Stromrückleitung zum Minuspol der Batterie. Merksatz: **M**inus an **M**asse.
Wenn ein Stromverbraucher direkt auf Metall sitzt, braucht er nur ein einziges Anschlußkabel, aber im heutigen kunststoffreichen Automobil müssen fast immer kleine Verbindungsleitungen den Kontakt zur Fahrzeugmasse herstellen.

Fingerzeig: Wenn ein Stromverbraucher nicht funktioniert, liegt dies nicht selten an fehlender Masseverbindung. Den fehlenden Kontakt zur Fahrzeugmasse holt sich der Verbraucher auf Umwegen und stiftet so Verwirrung.

Wegweiser durch Normung

Das bunte Kabelgewirr im Auto ist eigentlich ganz gut geordnet, denn viele Einzelheiten der Kraftfahrzeug-Elektrik sind genormt. Die Zahlen an verschiedenen Bauteilen und Kabelanschlüssen sowie in den Schaltplänen haben in allen deutschen und manchen ausländischen Fahrzeugen dieselbe Bedeutung:
Klemme 15 erhält nur bei eingeschalteter Zündung Strom ab Zündschloß, wobei außer der Zündspule jene Stromverbraucher mit Strom versorgt werden, die nur bei Betrieb des Wagens Strom erhalten sollen. Die Kabel an den Normklemmen 15 besitzen vielfach eine schwarze Ummantelung, bisweilen auch mit farbigen Zusatzstreifen bei bestimmten Stromverbrauchern.
Klemme 30 erhält dauernd Strom vom Pluspol der Batterie bzw. bei laufendem Motor von der Lichtmaschine. Das kann bei unvorsichtigem Umgang mit Werkzeug zu Kurzschlüssen und Funkenregen führen, wenn das Minuskabel der Batterie nicht abgenommen wurde. Diese stets stromführenden Kabel haben meist eine rote Umhüllung, ggf. mit zusätzlichen Farbstreifen.
Klemme 49 ist für die Blink- und Warnblinkanlage zuständig.
Klemme 53 versorgt die Scheibenwischeranlage in meist grün bzw. grün mit Zusatzfarben gekennzeichneten Leitungen.
Klemme 56 ist für die Stromzufuhr des Abblendlichts mit gelben und gelb/schwarzen Kabeln sowie des Fernlichts mit weißen und weiß/schwarzen Leitungen zuständig.
Klemme 58 gehört zum Standlicht vorn sowie zu den Schluß- und Kennzeichenleuchten. Die Grundfarbe der Kabelumhüllung ist grau, jeweils mit zusätzlichen Farbstreifen.
Klemme 31 ist die Masse-Klemme, mit der ein Stromverbraucher zur Fahrzeugmasse verbunden sein muß, damit der Stromkreis geschlossen ist. Die entsprechenden Kabel sind braun umhüllt.

Die Leitungen

Von den einzelnen bunten Kabeln sehen Sie immer nur die Enden, denn sonst verlaufen sie in schwarzen Isolierschläuchen. Wichtig bei eventuellen eigenhändigen Einbauten ist, daß der Querschnitt eines Kabels je nach Leistung (Stromanspruch) des betreffenden Verbrauchers ausgewählt wird. Ein Kontrollämpchen kommt mit 0,5 mm^2 Kabelstärke aus, der Anlasser braucht dagegen eine 16-mm^2-Leitung. Ein zu dünnes Kabel heizt

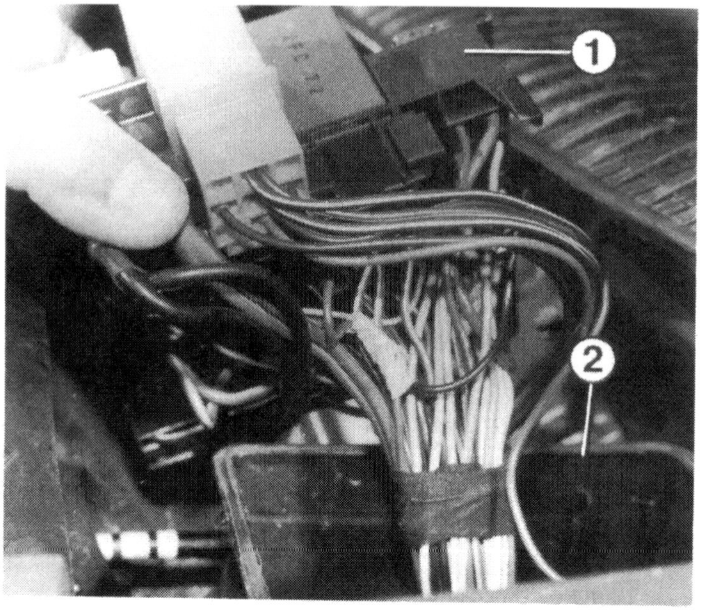

Bei Störungen, aber auch um nachträglich zum Einbau kommende Zusatzeinrichtungen direkt anschließen zu können, kann die Grundplatte des Sicherungsträgers (1) aus dem Unterteil der Zentral-Elektrikbox bis zu einem gewissen Grad herausgezogen werden. Dazu muß mit einem Schraubendreher die Grundplatte aus den Aussparungen des Gehäuseunterteils herausgehebelt werden.

sich auf, und die Spannung fällt ab. Dann kommen statt der erwünschten 12 Volt beispielsweise am Scheinwerfer nur 10 oder gar 9,5 Volt an – das Licht wird trübe.

Die Zentral-Elektrikbox

Sämtliche Leitungen sind in bestimmten Leitungssträngen zusammengefaßt. Sie alle gehen von der sogenannten Zentral-Elektrikbox (auf der linken Fahrzeugseite hinten im Motorraum). Die Zentral-Elektrikbox hat eine maximale Aufnahmekapazität von 24 Sicherungen und 20 Relais. Außerdem befinden sich baujahr- und ausstattungsabhängig zusätzlich bis zu 15 Relais mit bis zu neun Sicherungen an einem Relaishalter im Fahrzeuginnern rechts neben dem Heizungsgehäuse. Weitere Relais (bis zu vier) befinden sich an einem Halter an der Lenksäule.

24 Sicherungen können im Motorraum durch Abnehmen der Abdeckung ausgewechselt werden. Ebenso können dort die Relais kontrolliert und ggf. ersetzt werden.

Hat sich bei der Störungssuche herausgestellt, daß Kabelzuleitungen, die zuständige Sicherung bzw. das betreffende Relais keinen Schaden aufweist, kann es an der Zentral-Elektrikbox liegen.

Die Sicherungen

Wenn durch den Defekt eines Stromverbrauchers oder eines Kabels ein Kurzschluß entsteht (der nichts anderes ist als ein abnorm ansteigender Stromdurchfluß) oder an einen bereits ausgelasteten Stromkreis zusätzliche Verbraucher angeschlossen werden, würde der Stromkreis überlastet. Die Leitung würde warm oder zu glühen beginnen, ebenso die Wicklungen der Lichtmaschine, die Batteriesäure könnte ins Sieden geraten – wären da nicht die elektrischen Sicherungen zwischengeschaltet. Bei Überlastung eines Stromkreises glüht der dünne Schmelzdraht der Sicherung im Bruchteil einer Sekunde durch und unterbricht den Stromkreis.

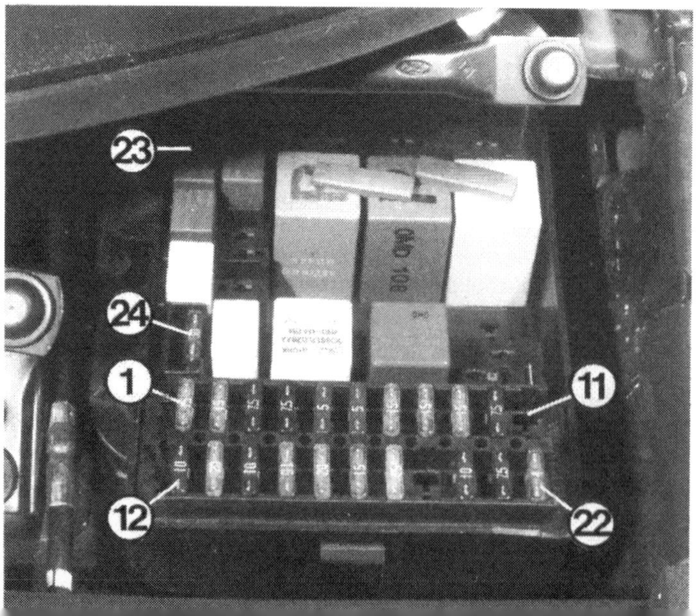

Unter der Abdeckung der Zentral-Elektrikbox sitzen die Flachstecksicherungen. Sie sind in der Abbildung von 1–24 markiert. Im Deckel der Box befinden sich die Symbole der jeweils zur Sicherung gehörenden Verbraucher. Genauere Informationen entnehmen Sie aber der Tabelle auf der Seite gegenüber.

Damit der Sierra bei einem Defekt nicht gleich völlig ohne Strom dasteht, sind die Sicherungen auf verschiedene Stromkreise verteilt. Allerdings sind die Schaltungen zwischen Anlasser, Batterie, Lichtmaschine und Zündschloß nicht von Sicherungen überwacht. Bei einer Störung dieser Teile nützt der Blick in den Sicherungskasten also nichts. Dagegen haben die Einspritzanlage und alle übrigen elektrischen Aggregate eine eigene Absicherung.
Der Ford Sierra ist mit sogenannten Flachsteck-Sicherungen ausgerüstet. In ein durchscheinendes Kunststoffteil sind zwei Flachstecker eingebettet, die durch den Schmelzdraht verbunden sind. Eine durchgebrannte Sicherung erkennen Sie am durchgebrannten Schmelzdraht und am herausgebrochenen bzw. geschmolzenen Rücken der Plastikumhüllung. Zur besseren Unterscheidung ihrer elektrischen Leistung sind die Sicherungen zusätzlich zur Beschriftung farbig markiert.

Sicherungstabelle

Nr.	Modelljahr '87 A	Modelljahr '90 A	Klemme Eingang	Klemme Ausgang	erhält Strom	angeschlossene Stromverbraucher
1	20	15	56A	56A	vom Fernlichtrelais Klemme 87	Fernlicht links, Zusatz-Fernscheinwerfer links
2	20	15	56A	56A	vom Fernlichtrelais Klemme 87	Fernlicht rechts, Zusatz-Fernscheinwerfer rechts
3	10	7,5	56B	56B	vom Abblendlichtrelais Klemme 87	Abblendlicht links
4	10	7,5	56B	56B	vom Abblendlichtrelais Klemme 87	Abblendlicht rechts, Leuchtweitenregelung
5	10	5	58	58	vom Lichtschalter	Standlicht links
6	10	5	58	58	vom Lichtschalter	Standlicht rechts
7	15	–	58	56K	vom Lichtschalter	Kennzeichenleuchte, Instrumentenbeleuchtung, heizbare Windschutzscheibe
8	–	15	30	R	vom Zündschloß	Radio
9	30	15	30	7/30	direkt von Batterie+	Scheinwerfer-Reinigungsanlage, Kickdown-Relais (Getriebeautomatik)
10	20	7,5	30	30	direkt von Batterie+	Innenbeleuchtung, Kofferraumleuchte, Uhr, Radio, Zentralverriegelung, elektrisch verstellbare Außenspiegel
11	20	15	30	30	direkt von Batterie+	Kraftstoffpumpe (bei Vergasermotor bzw. Klimaanlage)
12	10	–	30	30	direkt von Batterie+	Warnblinkanlage
13	30	20	30	30	direkt von Batterie+	Beheizbare Sitze, Zigarettenanzünder
14	30	10	30	30	direkt von Batterie+	Hupe
15	30	5	30	54	vom Zündschloßrelais	Wischermotor und Scheibenwascherpumpe für Front- und Heckscheibe
16	30	20	30	54	vom Zündschloßrelais	Heizbare Heckscheibe und Außenspiegel
17	20	15	30	87	vom Zündschloßrelais	Nebelscheinwerfer
18	30	25	30	54	vom Zündschloßrelais	Heizgebläse
19	10	–	30	30	vom Zündschloßrelais	Nebelschlußleuchte
20	15	10	15	54	vom Zündschloß	Blinker, Rückfahrleuchten, Kickdownschalter der Getriebeautomatik
21	15	7,5	15	54	vom Zündschloß	Bremsleuchten
22	10	4	15	54	vom Zündschloß	Kontrollanzeigen, Wischerintervall
23	20	–	54	54	vom Kraftstoffpumpenrelais Klemme 87	Kraftstoffpumpe (bei Einspritzmotor)
24	C20	30	30	54	vom Zündschloßrelais	Fensterheber

Ausstattungsabhängig ist der Sierra noch mit einer Anzahl Zusatzsicherungen am Relaishalter rechts neben dem Heizungsgehäuse versehen:

- Kühlerlüfter 1; 25 A
- Kühlerlüfter 2; 25 A
- Klimaanlage; 30 A
- ABS-Bremssystem; 20 A
- ABS-Pumpe (Sicherung 1); 30 A
- ABS-Pumpe (Sicherung 2); 30 A
- Lambda-Sonde; 15 A
- EEC-IV-Rechner; 1 A

Das Steuergerät der Benzineinspritzung ist an einem Halter am Gerät selbst mit 1 A abgesichert.

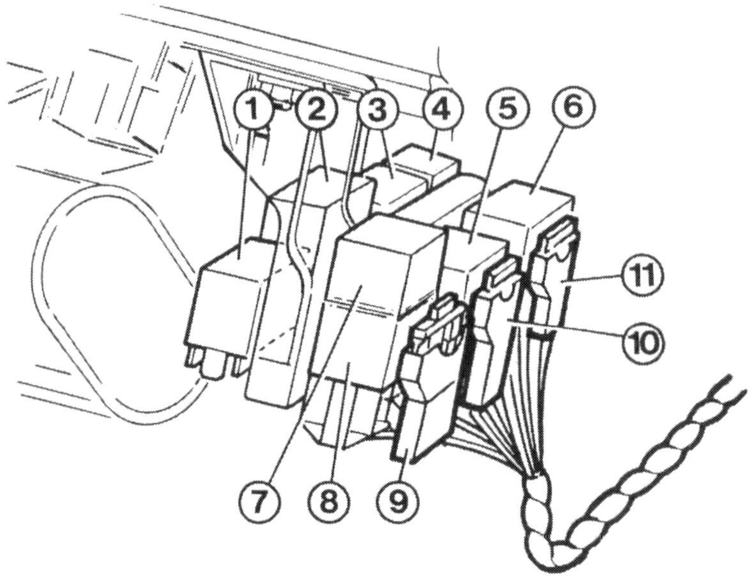

Die Zeichnung zeigt den Relaishalter neben dem Heizungsgehäuse. Es bedeuten:
1 – gelb: elektrische Fensterheber (nur Schweden);
2 – violett: Kraftstoffpumpe (2,8-Liter-Motor) oder Zündung (2,0-OHC-Motor);
3 – gelb: Magnetkupplung der Klimaanlage;
4 – blau: Gebläsemotor bei Klimaanlage;
5 – violett: ABS-Hydraulikpumpe;
6 – dunkelgrün: ABS-Hauptrelais;
7 – grün: Kaltstartrelais (2,8-Liter-Motor);
8 – Leerlaufanhebung bei Klimaanlage;
9 – Sicherung (15 A) der Lambda-Sonde bei 2,0-OHC-Motor;
10 – Sicherung (30 A) der ABS-Hydraulikpumpe;
11 – Sicherung (20 A) des ABS-Systems.

Relaishalter

Wie schon erwähnt, befinden sich außer in der Zentral-Elektrikbox weitere Relais in verschiedenen Relaishaltern:

○ **Lenksäule:** Blinker

○ **Kombi-Instrument** (rechts): Zeitrelais- und Hauptrelais der heizbaren Windschutzscheibe (Modelljahr '87); Warnmodul für brennende Scheinwerfer (Modelljahr '90)

○ **Heizungshalter** (Beifahrerseite): ESC-II-Modul (2,0-OHC-Motor); EEC-IV-Modul; Klimaanlage; Kühlgebläse der Klimaanlage; Leerlaufanhebung bei Klimaanlage; Magnetkupplung der Klimaanlage; ABS-Pumpe; ABS-Bremssystem (Hauptrelais); Warmstartrelais (2,8-Liter-Motor); heizbare Windschutzscheibe; Zeitrelais der heizbaren Windschutzscheibe; Kühlerlüfter; Zeitrelais des Kühlerlüfters; Kraftstoffpumpe; Fensterheber; Kickdown der Getriebeautomatik

Elektronische Module

Ausstattungsabhängig unterschiedlich ist auch die Bestückung des Sierra mit elektronischen Modulen. Diese Steckmodule können nicht repariert werden, sondern müssen bei Verdacht auf eine Störung ausgetauscht werden.

○ Hinter der Seitenverkleidung auf der Fahrerseite sitzt das Modul für die Glühlampenüberwachung und der Alarmanlage.

○ Im »blinden« Handschuhfach bzw. unter dem Armaturenbrett auf der Beifahrerseite sitzt das Steuergerät des ABS-Bremssystems, der EEC-IV-Rechner sowie das Modul des Zusatz-Warnsystems.

Sicherheitsleitung

Zwischen Hauptkabelstrang und Pluspol der Batterie ist eine ca. 10 cm lange Leitungssicherung eingebaut (Schmelzpunkt ca. 55 A). Wird die Batterie falsch angeschlossen oder entsteht ein Kurzschluß im Hauptkabelstrang, verglüht diese Leitungssicherung. Dadurch wird die gesamte Elektrik lahmgelegt, und die Sicherung muß ersetzt werden.

Start und Ziel

Vom Computer gezeichnet und in logisch abgegrenzte elektrische Gruppen aufgeteilt, macht es nach etwas Einarbeitungszeit kaum mehr große Schwierigkeiten, den Stromfluß z. B. von einer Sicherung bis zum Verbraucher zu verfolgen.

Aufbau der Schaltpläne

Normklemmen: Zweistellige Ziffern, ggf. mit Zusatzbuchstaben, kennzeichnen Normklemmen an elektrischen Bauteilen oder Verbrauchern (siehe auch Kapitel »Elektrische Leitungen und Sicherungen«).
Kabelfarben: Sie sind abgekürzt angegeben. Es bedeuten: BL – blau; BR – braun; GE – gelb; GR – grau; GN – grün; RS – rosa; RT – rot; SW – schwarz; VI – violett; WS – weiß.
Leitungsquerschnitte: Darüber finden Sie in den Schaltplänen keine Angaben. Im Falle einer Leitungsreparatur muß diese vor Ort ausgemessen werden.

Pläne für welche Modelle?

Schaltpläne sind bei der Vielfalt und Menge der Einzelinformationen in unserer Buchreihe immer ein Platzproblem gewesen. Deshalb haben wir auch für die Motor-Elektrik des Ford Sierra jeweils nur die Pläne für die meistverbreitete Motorvariante abgebildet. Auch für die allgemeine Elektrik im Sierra konnten nicht alle Pläne berücksichtigt werden.
Im Rahmen der Modellpflege haben an der Elektrik immer wieder kleine Schaltungsänderungen stattgefunden, so daß Unterschiede speziell zu Ihrem Sierra nicht ausgeschlossen werden können.

Batterie bis Sicherungskasten (Stand 8/90)

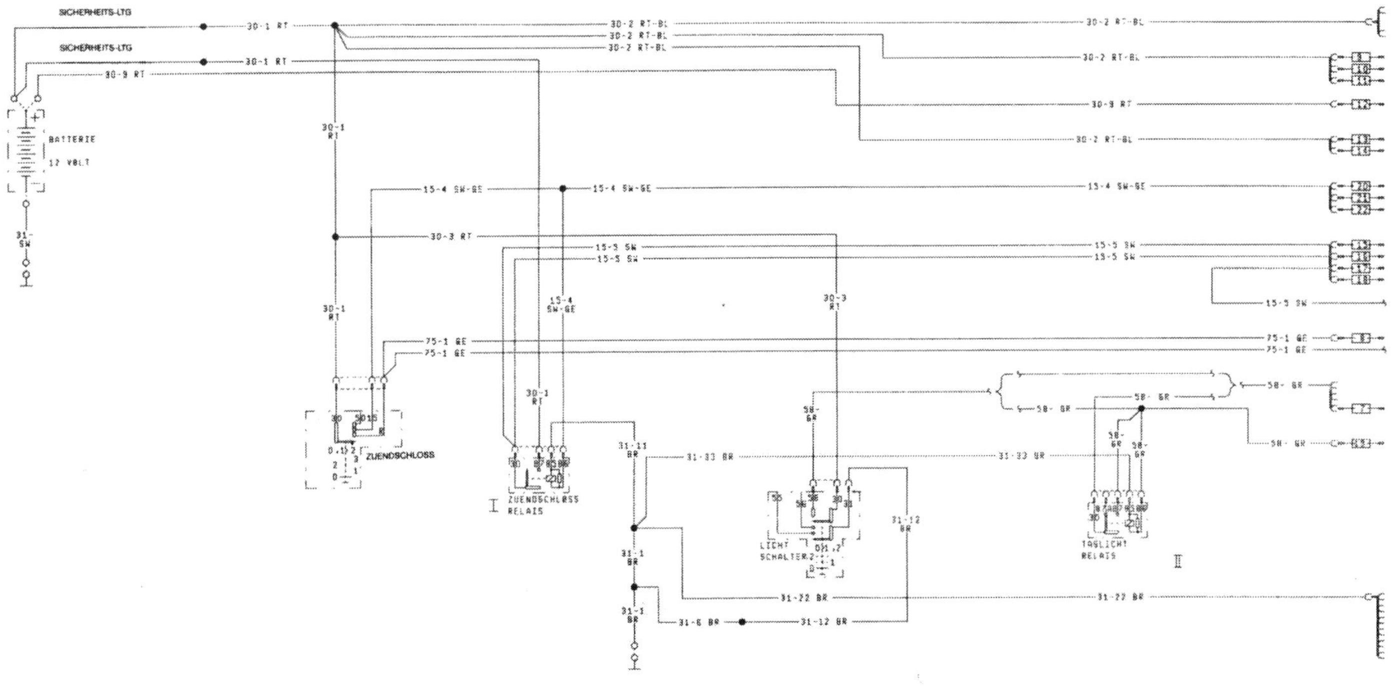

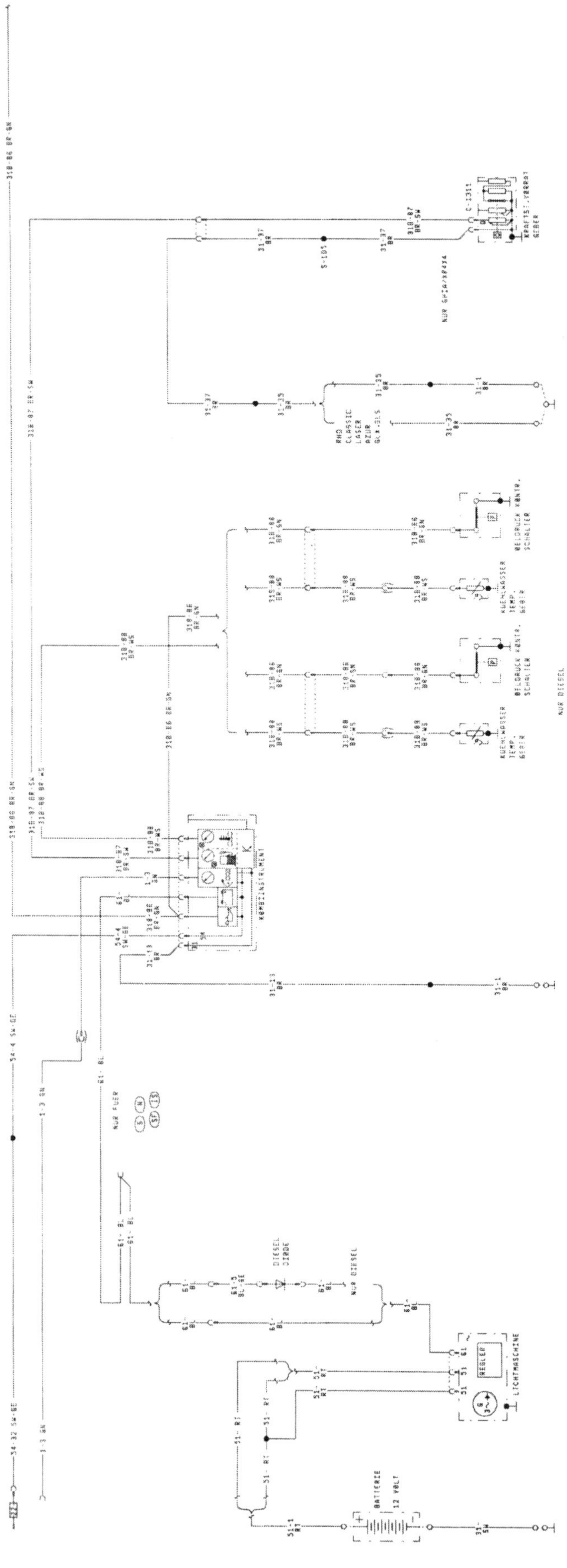

Lade- und Anlaßsystem (Stand 8/90)
OHC-Motoren

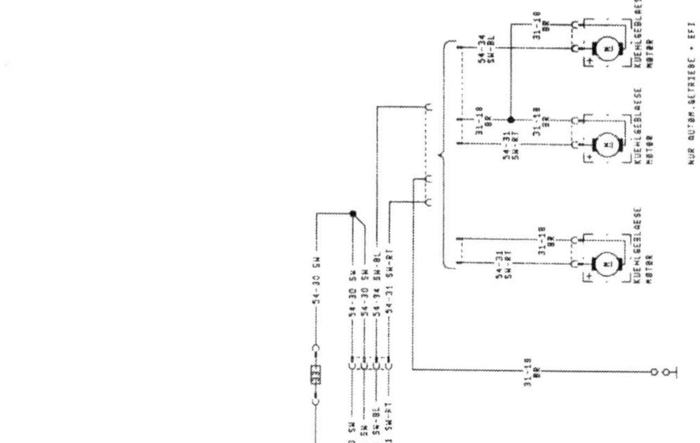

Lade- und Anlaßsystem (Stand 8/90)
DOHC-Motor

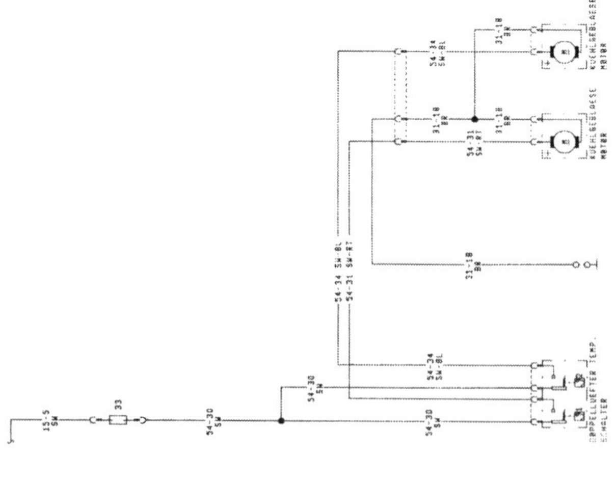

Lade- und Anlaßsystem (Stand 8/90)
1,6-CVH-Motor

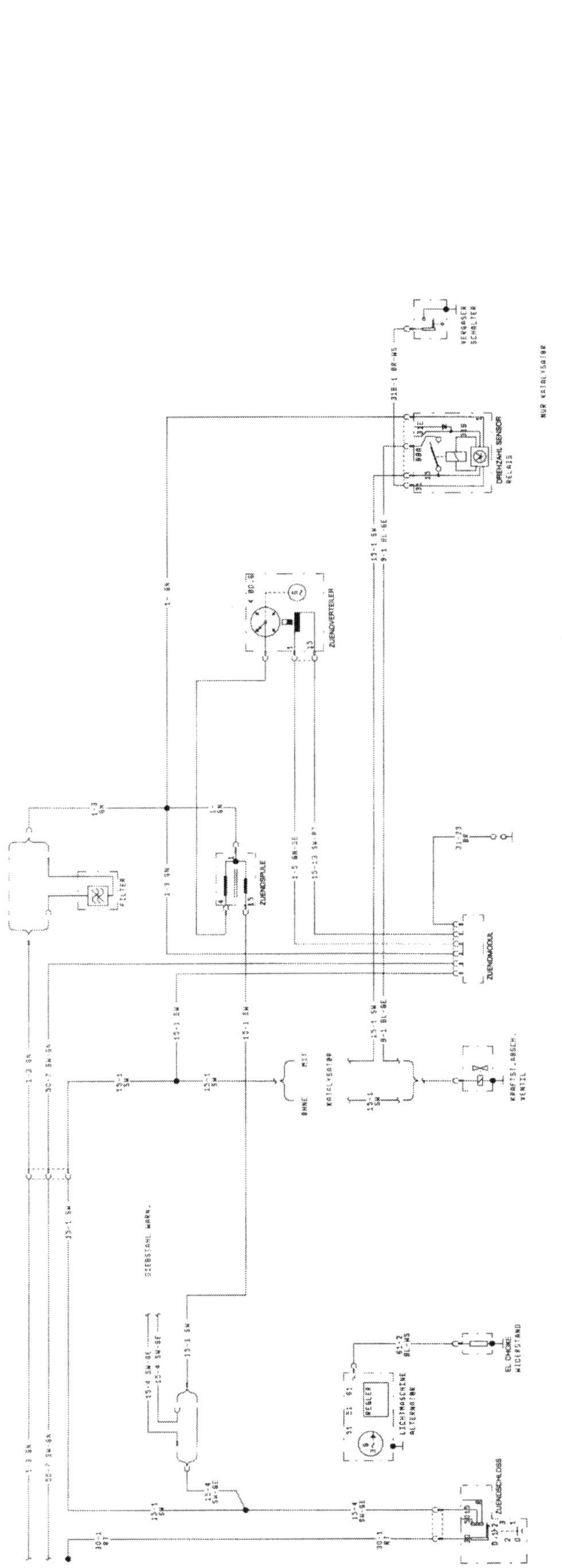

Zündsystem 1,6-OHC-Vergasermotor (Stand 8/90)
nach Abgasnorm 15/04

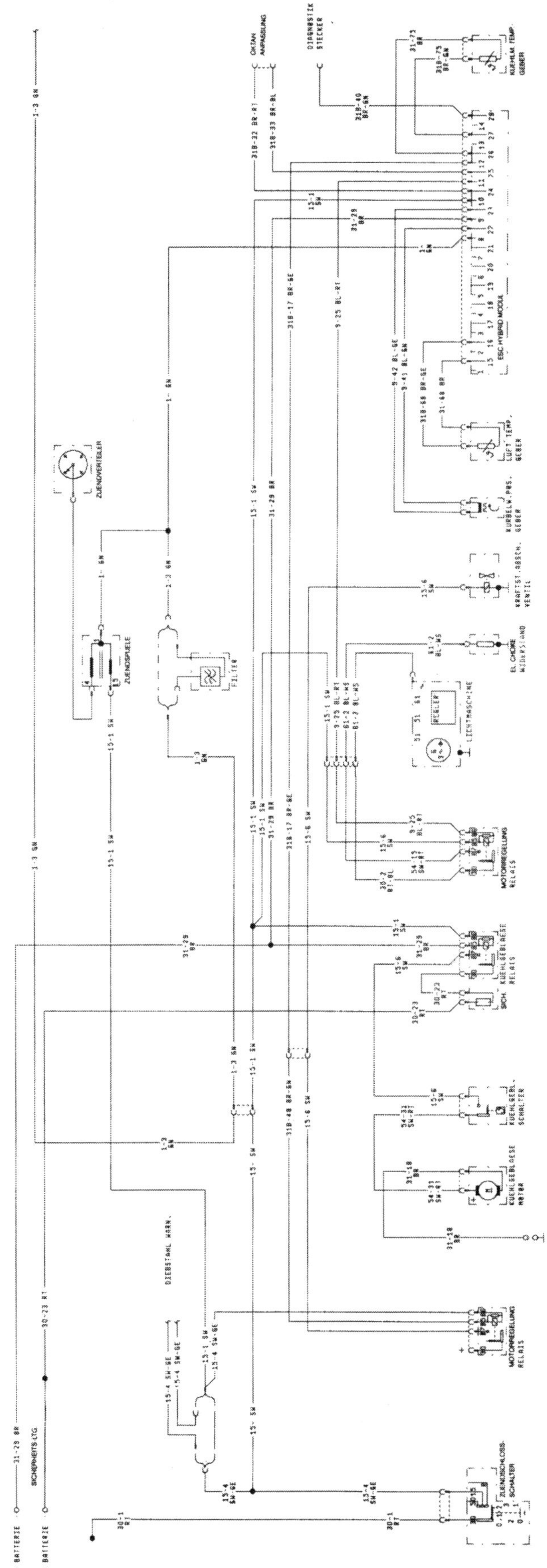

Zündsystem 1,8-CVH-Vergasermotor (Stand 8/90)
nach Abgasnorm neue EEC

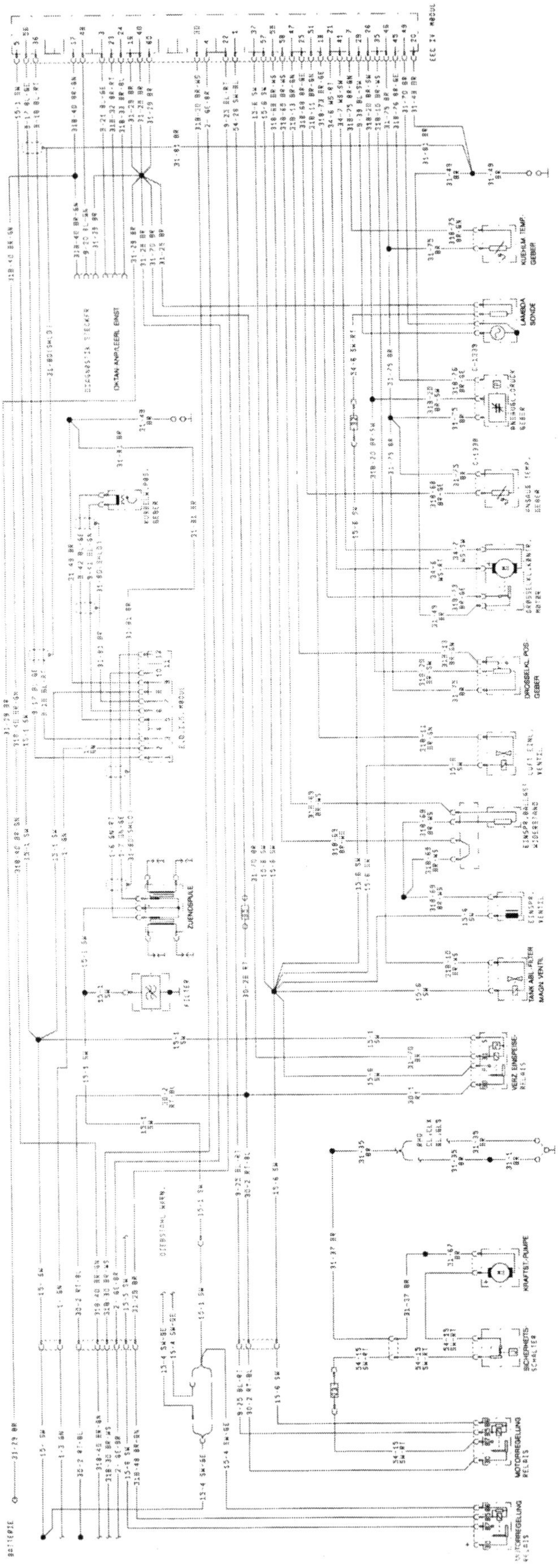

Zündsystem 1,6-CVH-Motor (Stand 8/90)
nach Abgasnorm US '83

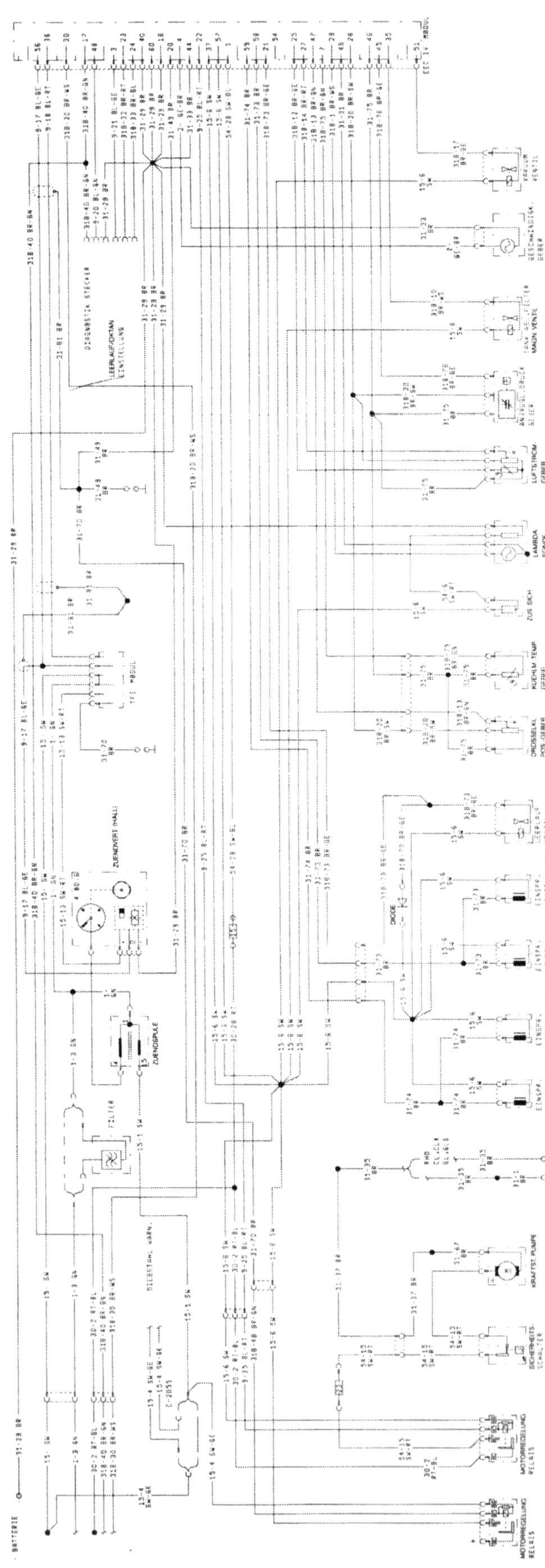

Zündsystem 2,0-OHC-Motor (Stand 8/90)
nach Abgasnorm US '83

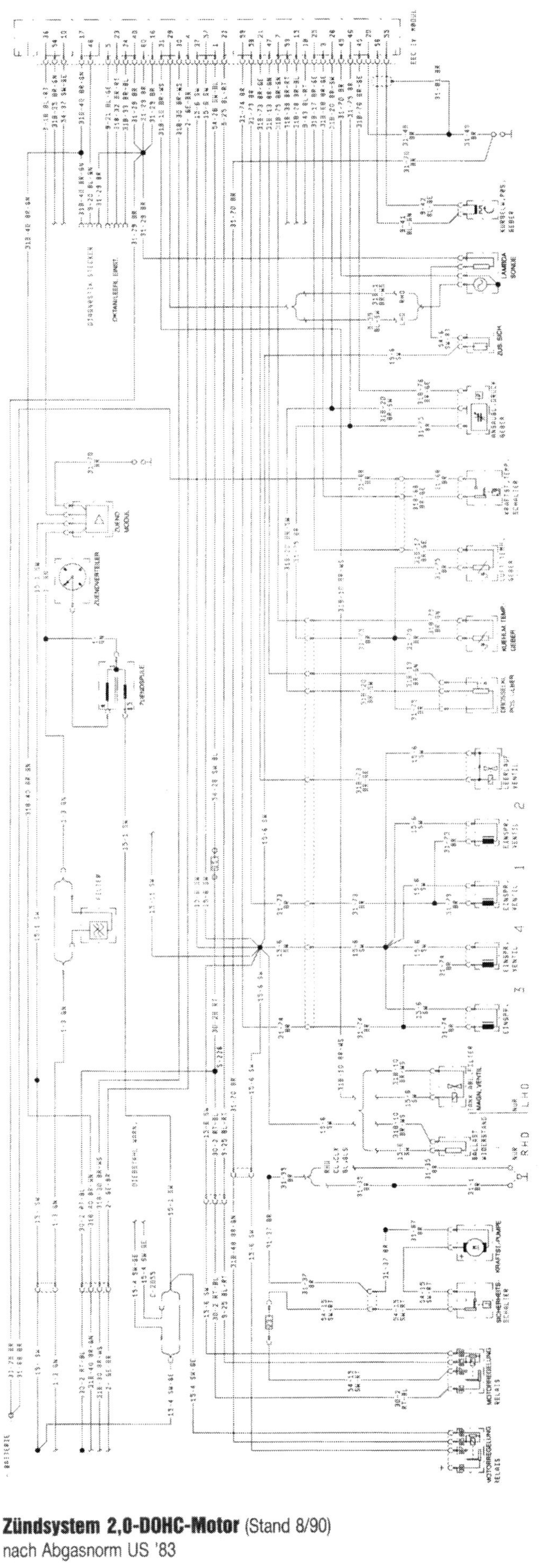

Zündsystem 2,0-DOHC-Motor (Stand 8/90)
nach Abgasnorm US '83

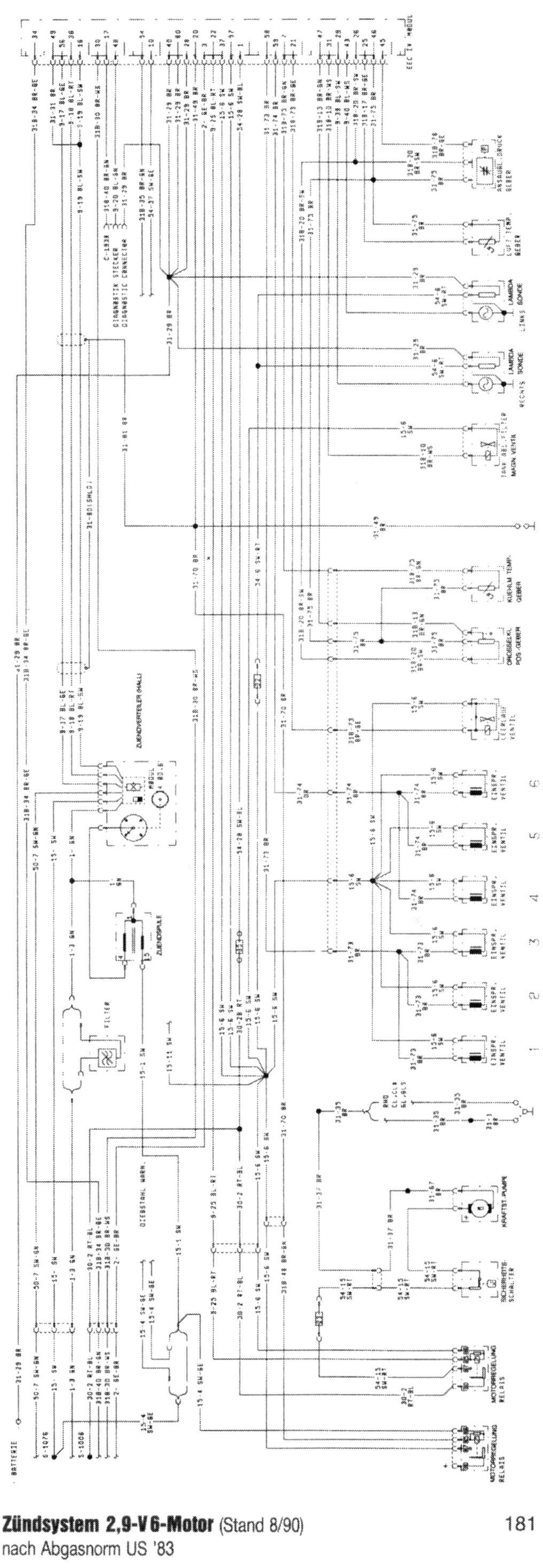

Zündsystem 2,9-V6-Motor (Stand 8/90)
nach Abgasnorm US '83

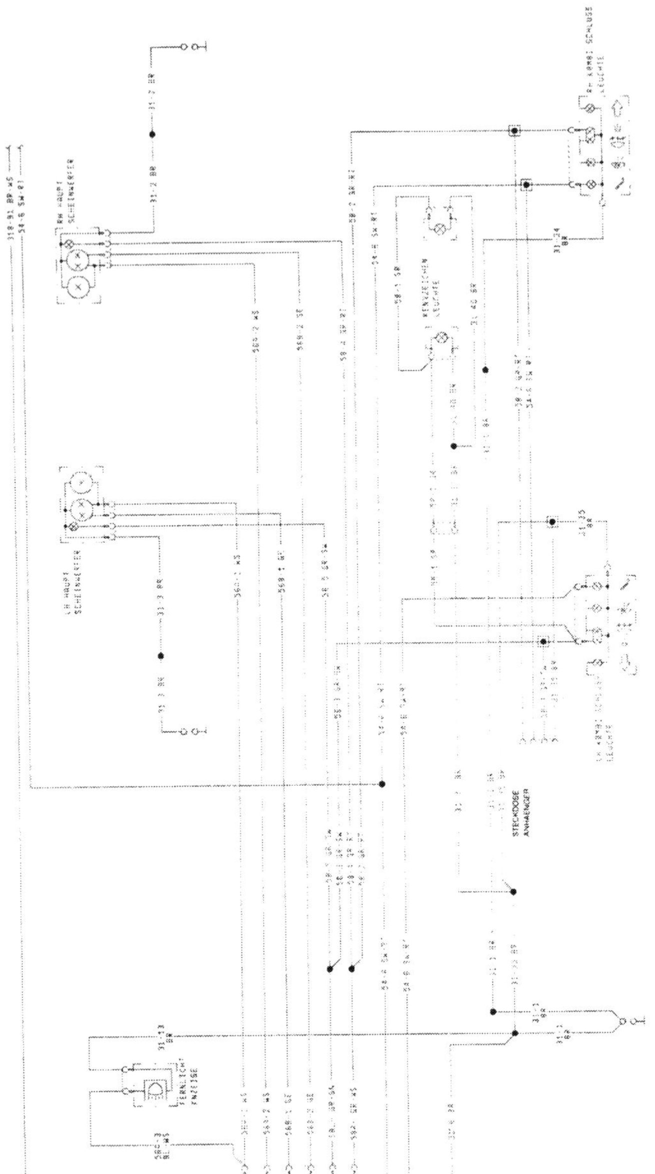

Außenbeleuchtung C, CL und XR 4i (Stand 8/90)

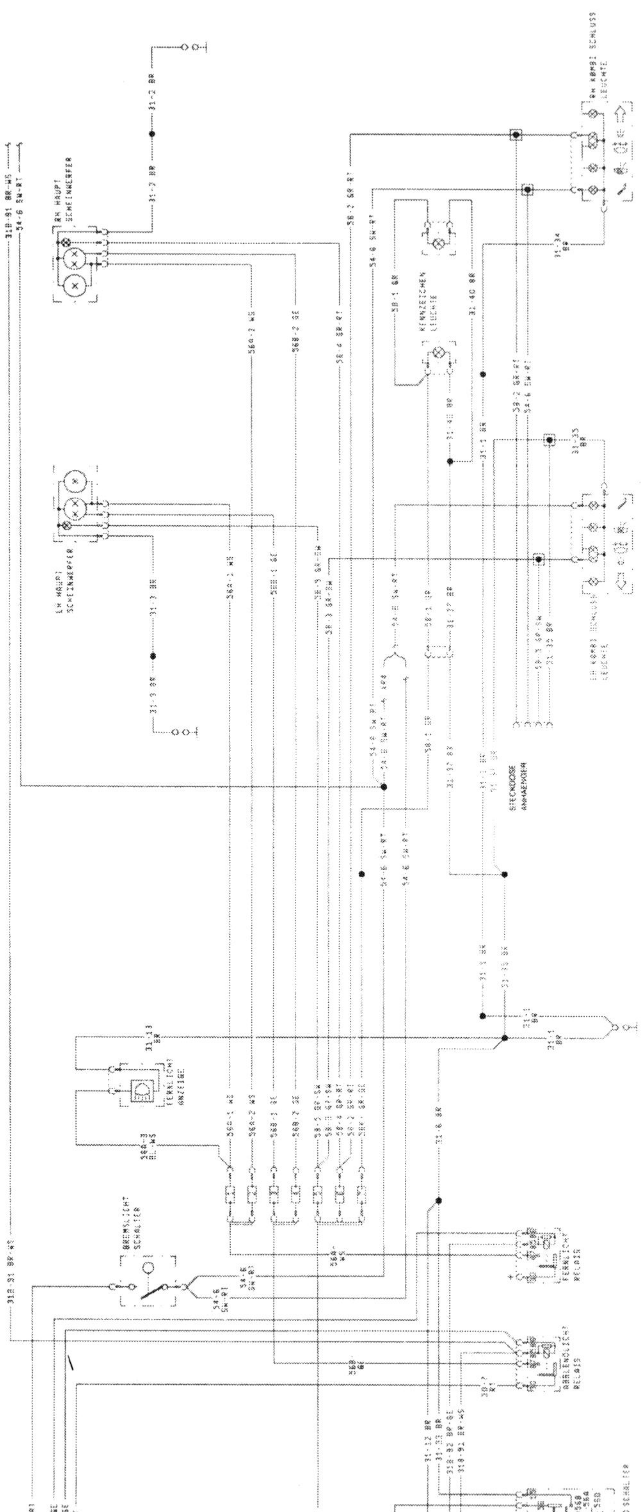

Außenbeleuchtung CLX und GL (Stand 8/90)

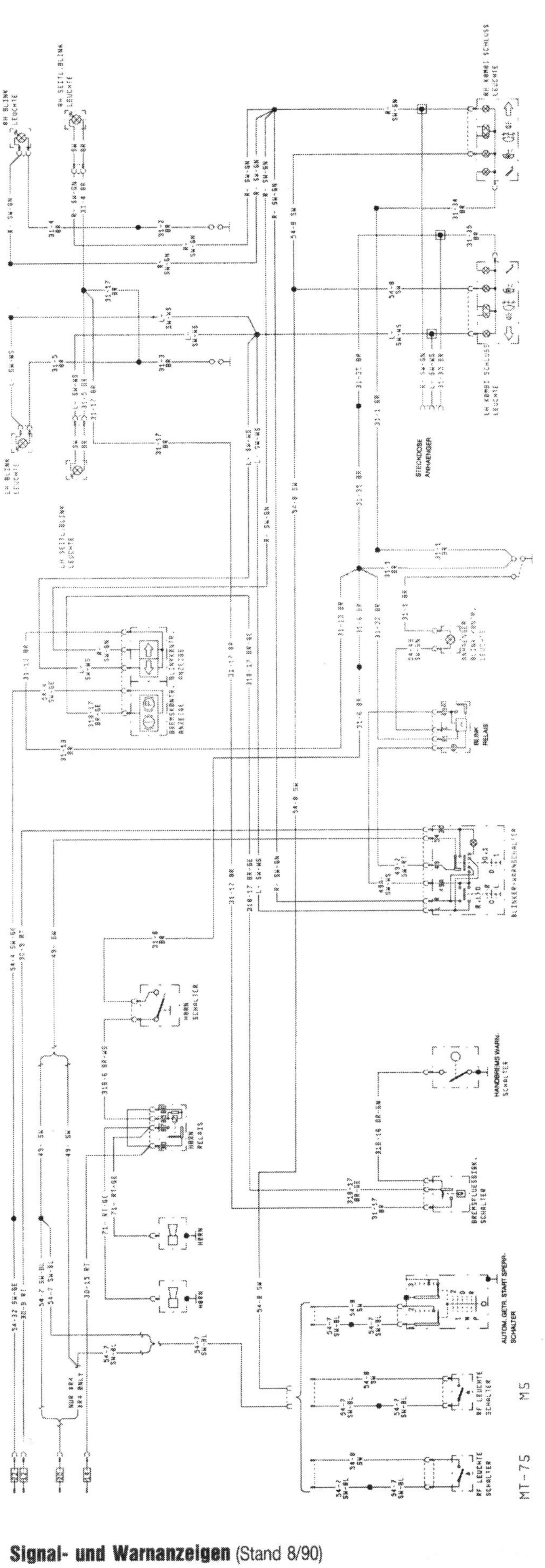

Signal- und Warnanzeigen (Stand 8/90)

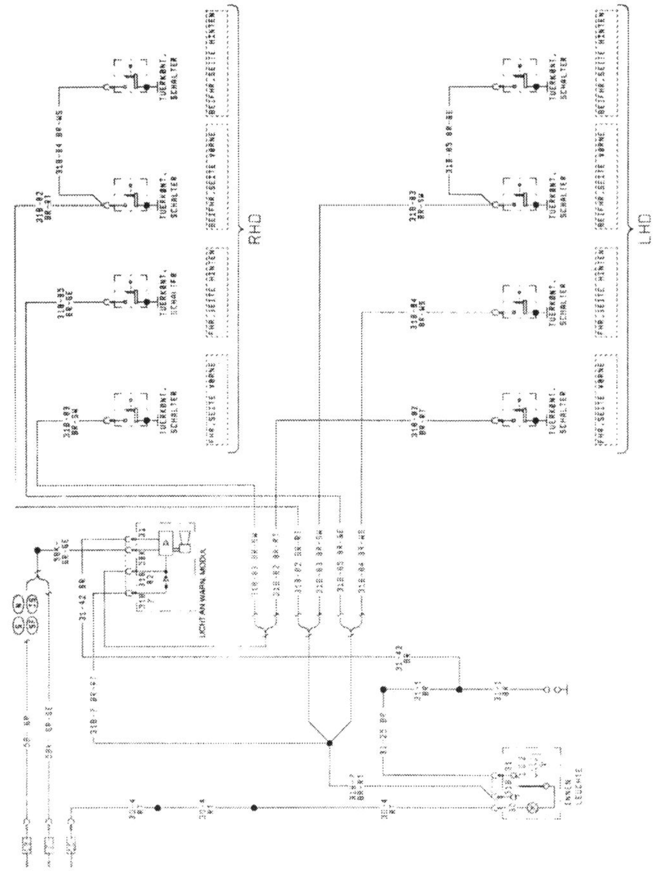

Innenbeleuchtung-Grundausstattung (Stand 8/90)
mit akustischem Warngeber

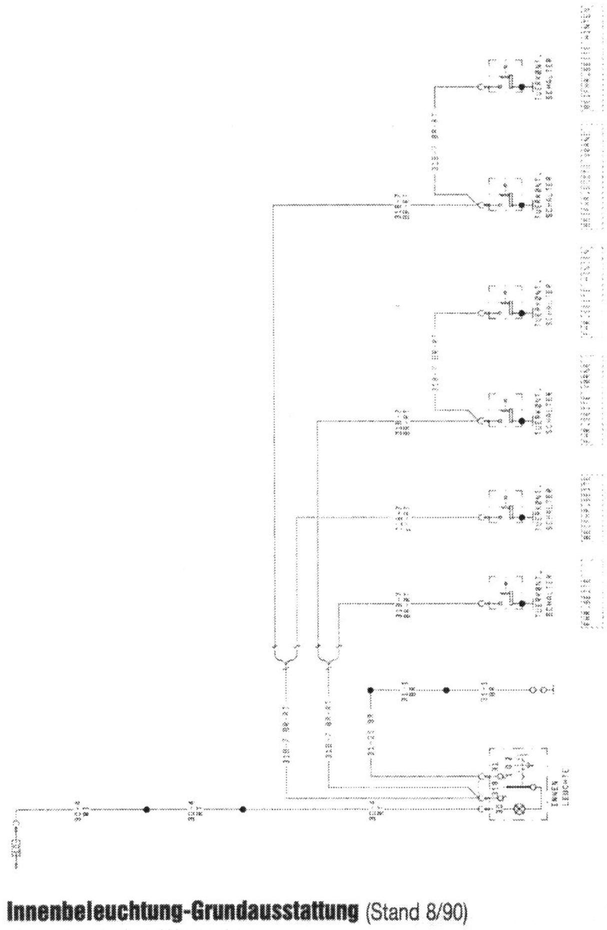

Innenbeleuchtung-Grundausstattung (Stand 8/90)
ohne akustischen Warngeber

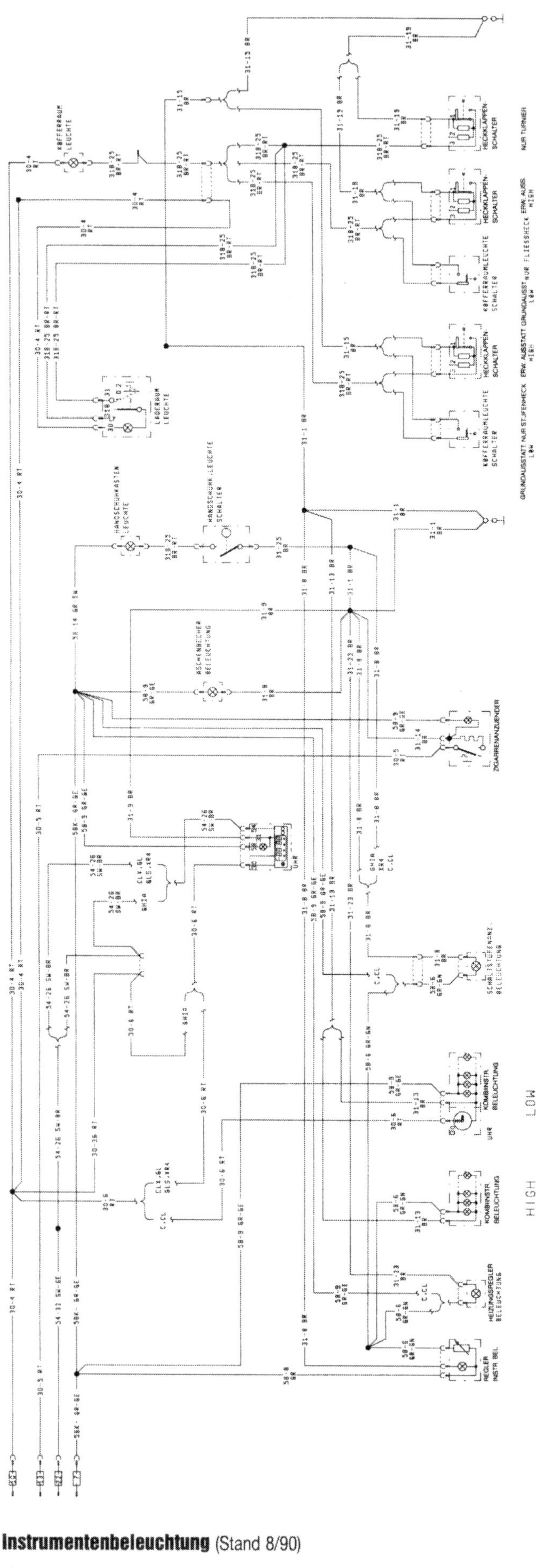

Instrumentenbeleuchtung (Stand 8/90)

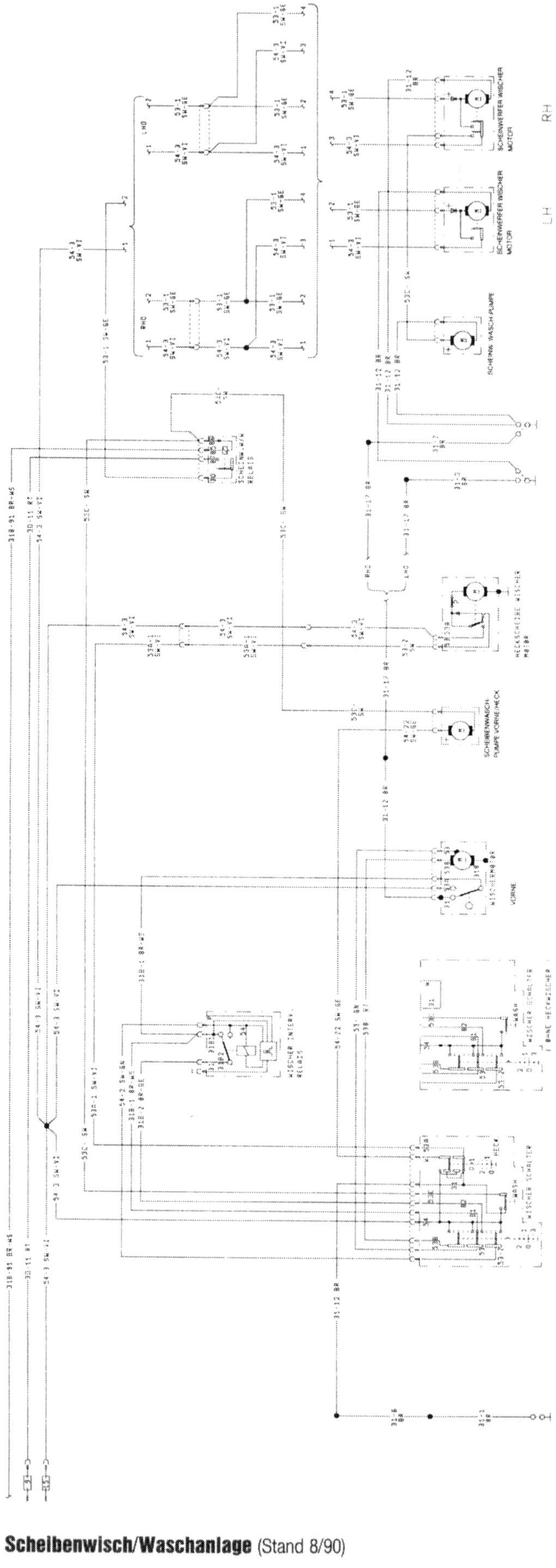

Scheibenwisch/Waschanlage (Stand 8/90)

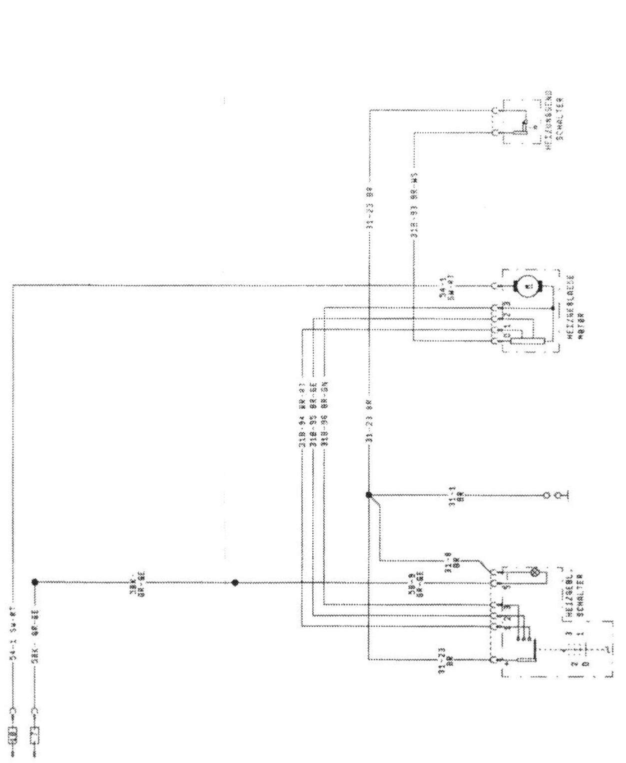

Heizung und Belüftung (Stand 8/90)

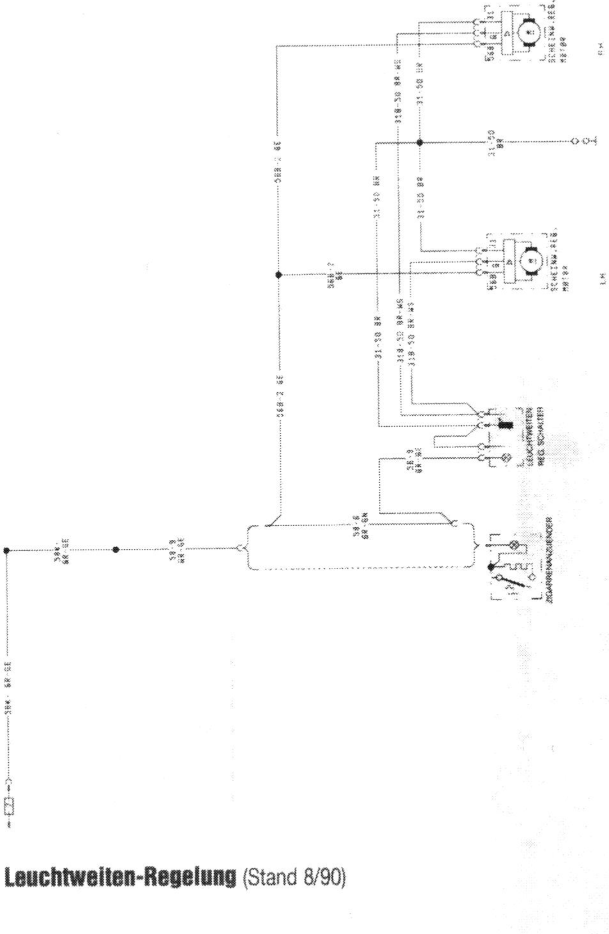

Leuchtweiten-Regelung (Stand 8/90)

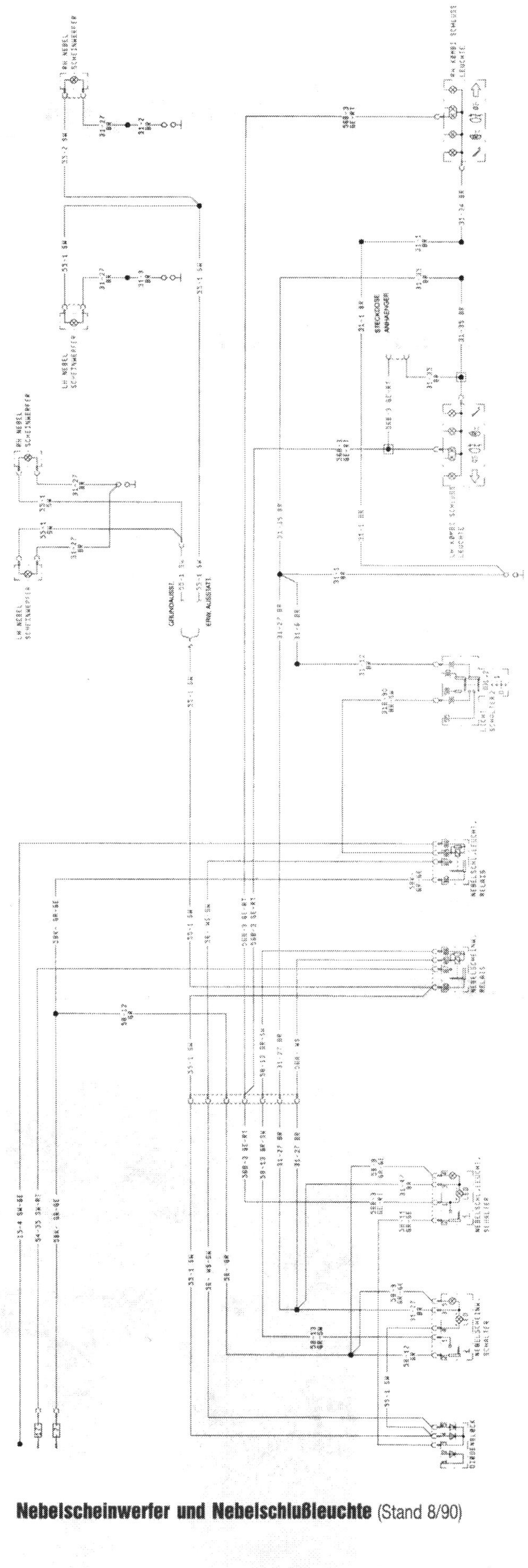

Nebelscheinwerfer und Nebelschlußleuchte (Stand 8/90)

Kraftpaket

Mit einer intakten und leistungsfähigen Batterie fängt bei einem Auto alles an, denn eine müde Batterie läßt weder den Anlasser richtig durchdrehen noch einen ausreichenden Zündfunken zum Anspringen des Motors entstehen.

Batterie-Daten

In der Bezeichnung 12 V/43 bzw. 55 Ah gibt die Zahl 12 die Batteriespannung in Volt an. Hinter dem Schrägstrich ist die Stromstärke in ihrer zeitlich lieferbaren Menge vermerkt. »Ah« bedeutet Ampere je Stunde. Das ist die Batterie-Nennkapazität, die nach Normbedingungen während einer 20stündigen Entladung gemessen wird. In der Praxis rechnet man aber besser nur mit ⅔ oder gar nur der Hälfte der angegebenen Kapazität. Wichtiger als die Kapazität ist die Angabe der Batterie-Leistungskapazität bei Kälte, wobei es der Anlasser besonders schwer hat, den Motor durchzudrehen. Den entsprechenden Meßwert finden Sie ebenfalls auf der Batterie: beispielsweise 270 A/50 RC. Die erste Zahl gibt den Strom an, den die Batterie bei einer Temperatur von −18°C mindestens 30 Sekunden abgibt, ohne daß die Spannung an der Batterie unter 7,2 V abfällt. Die zweite Zahl gibt die Zeit in Minuten an, in der die Spannung an der Batterie bei einer Belastung von 25 A und einer Umgebungstemperatur von 22°C auf 10,5 V abfällt.

Leistung der Batterie

Etwa 30 Watt werden verbraucht, wenn Sie Ihren Sierra mit eingeschaltetem Standlicht parken. Bei 12 Volt Spannung fließen dazu nach der Formel W : V = A (Leistung : Spannung = Strom) 2,5 Ampere, die von der 43-Ah-Batterie theoretisch etwa 17 Stunden lang geliefert werden. In der Praxis sieht es aber schlechter aus:

- Nach etwa 12 Stunden ist das Licht aus und die Batterie leer.
- Mit eingeschalteten Warnblinkern reicht der Strom etwa 6 Stunden.
- Die größten Anforderungen an die Batterie stellt der Anlasser. Daher auch der Name Starterbatterie.

Durch Reibungsverluste frißt der Anlasser im Augenblick des Einschaltens über 3000 Watt. Zum Durchdrehen des warmen Motors braucht er nur ⅓ dieser Leistung. Andererseits wird der Strombedarf des Anlassers höher, wenn die Temperaturen sinken und die Schmierstoffe dadurch zäher sind.

Temperatureinfluß auf die Batterie

Batterien haben die Eigenart, um so unwilliger auf Kälte zu reagieren, je weniger Strom sie gespeichert haben. Völlig leere Akkus sind so empfindlich, daß sie bei Frost einfrieren und platzen können. Ist die Batterie dagegen randvoll geladen, verträgt sie die Kälte verhältnismäßig gut. Vor der kalten Jahreszeit empfiehlt sich bei einem älteren Akku die Kontrolle des Ladezustands.

Batteriesäurestand kontrollieren

Wartung Nr. 4

Die Batterieflüssigkeit besteht aus Schwefelsäure, die mit destilliertem Wasser verdünnt ist. Ein Teil des Wassers kann verdunsten oder wird beim Ladevorgang zersetzt.

Mit einem Säuremesser wird die Säuredichte jeder einzelnen Batteriezelle gemessen. Zur Messung wird mit dem senkrecht gehaltenen Säuremesser soviel Batteriesäure angesaugt, bis der Schwimmer frei schwimmen kann. Bei einer gesunden Batterie sind die Meßergebnisse der einzelnen Zellen nahezu gleich. Die Bedeutung der Meßergebnisse können Sie im Text nachlesen.

● Die Batteriesäure muß mindestens bis zur MIN-Markierung am Gehäuse reichen, zumindest aber die Plattenoberkanten gut bedecken.
● Bei abgesunkenem Säurestand Verschlußstopfen herausdrehen bzw. mit Schraubendreher herausheben.
● Bei einer geladenen Batterie bis zum oberen Strich bzw. bis 15 mm über die Plattenoberkanten destilliertes Wasser auffüllen.
● In eine stark entladene Batterie nur so viel Wasser füllen, daß die Platten oben bedeckt sind. Beim Wiederaufladen steigt der Säurestand nämlich erheblich.
● Erst nach dem Laden bis zur oberen Marke nachfüllen.
● Die Wassermenge aus der Einfüllflasche muß gut dosierbar sein, sonst wird der Akku überfüllt.
● Eine überfüllte Batterie kocht über, die Säure tritt an den Verschlußstopfen bzw. seitlich an der Entlüftungsbohrung aus und verursacht Korrosion und Säurekristalle an Batterieoberfläche und -standplatz.

Destilliertes Wasser verwenden!

In den Akku darf niemals Batteriesäure gefüllt werden, sondern nur entsalztes (ionengetauschtes) Wasser, landläufig destilliertes Wasser genannt. Leitungswasser, Regenwasser und auch abgekochtes Wasser enthält leitfähige Salze und andere mineralische Stoffe, die der Batterie schaden. Wenn Sie Batteriewasser nicht kostenlos an Ihrer Stammtankstelle bekommen, kaufen Sie es am billigsten in der Drogerie oder Apotheke.

Ladezustand der Batterie prüfen

Wartung Nr. 5

Erscheint die Batterie trotz richtigen Säurestands kraftlos, muß der Ladezustand kontrolliert werden. Zur Kontrolle kann entweder mit einem speziellen Hebe-Säuremesser (Aräometer) das Säuregewicht oder mit einem Voltmeter die Batteriespannung gemessen werden. Voraussetzung für eine zuverlässige Kontrolle ist, daß die letzte Aufladung mindestens sechs Stunden zurückliegt.

Säuremessung

● Batterie-Verschlußstopfen herausdrehen.
● Mit Hebe-Säuremesser so viel Batteriesäure ansaugen, daß die Meßspindel frei schwimmt.
● Säuregewicht ablesen. Es bedeuten: 1,28 kg/l = Batterie voll geladen; 1,20 kg/l = halb geladen; 1,12 kg/l = entladen.

Spannungsmessung

● Liegt die letzte Batterieladung weniger als sechs Stunden zurück, das Abblendlicht für ca. 30 Sekunden einschalten, damit durch die Ladung entstandene Spannungsspitzen abgebaut werden.
● Nach vier bis fünf Minuten Wartezeit die Batteriespannung zwischen den Polen prüfen.
● Gebraucht wird ein relativ genau anzeigendes Volt- oder Multimeter mit einer Anzeige-Genauigkeit von 0,02 V.
● Alle Verbraucher müssen ausgeschaltet sein.
● Die Höhe der Batteriespannung gibt eine zuverlässige Aussage über den Zustand der Batterie. Es bedeuten: 12,4 V schlecht; 12,6 V normal; 12,7 V und darüber gut.

Batterie ausbauen

Grundsätzlich muß an der Batterie zuerst das Minuskabel abgenommen werden, damit beim weiteren Hantieren kein Kurzschluß entstehen kann.
● Mutter an der Klemme des Minuskabels lösen, Klemme vom Batteriepol abnehmen.
● Pluskabel-Klemme lösen und abnehmen.
● Schraube der Halteleisten am Batteriefuß losdrehen und abnehmen.
● Ggf. Haltebügel lösen.

Zum Ausbau der Batterie wird erst das Minuskabel (3) und dann das Pluskabel (4) abgenommen. Links von der Batterie sehen Sie die Befestigungsschraube (1) der Fußleiste und bei »2« den Haltebügel – beides muß zum Batterieausbau gelöst werden.

● Batterie herausheben.
● Beim Einbau zuerst das Pluskabel anschließen, dann das Minuskabel.
● Ein Vertauschen der Kabelklemmen ist nur mit Gewalt möglich, denn die Minusklemme ist anders geformt als die Plusklemme – sie paßt mit einer besonderen Zunge genau in eine Aussparung im Pluspol der Batterie.
● Batteriepole gegen Sulfatieren mit Polfett oder Vaseline einfetten.

Batterie laden

Auch wenn die Batterie nichts zu leisten hat, muß sie gelegentlich geladen werden. Sie hat nämlich die Untugend, sich mit der Zeit selbst zu entladen. Deshalb eine ausgebaute Batterie genauso wie den Akku in einem vorübergehend stillgelegten Fahrzeug mindestens einmal im Monat nachladen. So wird auch die Sulfatierung einer Batterie verhindert.

Ladegerät anschließen

● Pluskabel an Batterie-Pluspol, Minuskabel an Minuspol anklemmen.
● Die Batteriekabel brauchen bei einem Heimwerker-Ladegerät nicht abgenommen zu werden.
● Das sich beim Laden bildende Gas kann durch die Entlüftungsbohrungen in der Abdeckung entweichen.
● Der Ladestrom soll anfangs etwa 10% der Batteriekapazität betragen (z.B. 4,3 A beim 43-Ah-Akku) und sich während der Ladung automatisch verringern.
● Beim Batterieladen wird das destillierte Wasser teilweise zersetzt. Es bilden sich Gasblasen aus Wasserstoff und Sauerstoff – das hochexplosive Knallgas.
● Wenn mit hohem Strom (A) geladen wird, für gute Durchlüftung des Raumes sorgen.
● Beim Laden der Batterie in der Nähe nicht rauchen und kein offenes Feuer verwenden.
● Auch Funken beim Ab- oder Anklemmen des Laders bzw. der Batteriekabel können das Knallgas entzünden.

Schnelladung der Batterie

Wer es eilig hat, kann seine Batterie bei Tankstelle oder Werkstatt schnelladen lassen. Nach einer Stunde ist die Batterie wieder voll. Beachten Sie:
○ Einem älteren Akku kann die Schnelladung das Leben kosten, dann muß eine ohnehin bald fällige neue Batterie her.
○ Beide Batteriekabel müssen abgenommen werden. Durch den hohen Ladestrom können die empfindlichen elektronischen Bauteile im Auto Schaden nehmen.

Start mit leerer Batterie

Nach einer Frostnacht oder durch versehentlich eingeschaltetes Standlicht kann es am Strom zum Motorstart fehlen. Die einfachste Startmethode ist natürlich das Anrollenlassen an einer abschüssigen Straße.

Starthilfekabel

● Hilfsfahrzeug so dicht an den Sierra heranfahren lassen, daß die Batterien beider Wagen durch die Starthilfekabel miteinander verbunden werden können.
● Kontrollieren Sie, ob in Ihrem stromlosen Fahrzeug sämtliche Stromverbraucher abgeschaltet sind.
● Ein Kabel an beide Batterie-Pluspole anklemmen.
● Anderes Starthilfekabel zuerst am Minuspol der geladenen Fremdbatterie und dann im Motorraum des stromlosen Wagens an blanker Masse (z.B. direkt am Motor) oder am Minuspol der entladenen Batterie anschließen.
● Motor des Hilfswagens starten und mit erhöhter Drehzahl laufen lassen, damit die Lichtmaschine kräftig Spannung liefert.
● Falls der Motor im Sierra nicht gleich anspringt, zwischendurch eine Abkühlungsphase für den Anlasser einlegen. Hilfsmotor weiterlaufen lassen, wodurch die leere Batterie bereits etwas nachgeladen wird.
● Beim Abklemmen der Starthilfekabel zuerst die Klemme vom Minuspol der geladenen Fremdbatterie abnehmen.

Wagen anschieben

Mit zwei Helfern läßt sich der Sierra bei gutem Motorzustand anschieben.
● Zündung einschalten.
● 1. Gang einlegen. In höheren Gängen wird die Lichtmaschine für kräftige Stromlieferung zu langsam durchgedreht.
● Kupplung durchtreten, Wagen anschieben lassen, bis er in Schwung ist.
● Kupplung schnell kommen lassen. Der Motor wird abrupt durchgedreht und müßte anspringen.
● Sofort Kupplung treten und Gas geben.

Wagen anschleppen

Suchen Sie sich zum Anschleppen einen schlepperfahrenen Helfer aus, damit nicht durch Ungeschick größerer Schaden entsteht.

Und denken Sie daran: Bei stehendem Motor arbeitet der Bremskraftverstärker und die evtl. eingebaute Servolenkung nicht.

- Zündung einschalten, 2. Gang einlegen und Kupplung treten.
- Der Zugwagen muß langsam anfahren.
- Bei etwa 15 km/h die Kupplung langsam kommen lassen, dabei die rechte Hand an den Handbremshebel legen, damit Sie dem Vordermann nicht unversehens ins Heck rollen.
- Ist der Motor angesprungen, Kupplung treten und Gas geben.
- Schleppfahrer Hupsignal geben.
- Gang herausnehmen, Kupplung loslassen.
- Mit der Handbremse zusammen mit dem Schleppwagen sanft abbremsen.

Fingerzeige: Bei Fahrzeugen mit Katalysator wird oft vor dem Anrollenlassen, Anschieben oder Anschleppen gewarnt. Falls der Motor lediglich wegen einer leeren Batterie nicht anspringt, ist das aber ungefährlich. Anders bei einem Defekt an der Zündanlage: Da können unverbrannte Gemischanteile nachgezündet werden und die Temperatur im Katalysator auf gefährliche Höhen treiben.

Lebensdauer der Batterie

Wenn der Akku im Auto alt werden soll, muß er absolut fest eingebaut sein (Rütteln verursacht Schäden an den Bleiplatten), der Säurestand darf nicht so weit absinken, daß die Platten oben im Trockenen stehen, und die Batterie sollte immer gut geladen sein, aber nicht überladen werden.
Als Mittelwert gilt ein Batterieleben von drei bis vier Jahren. Wenn Sie das zuvor Geschriebene beherzigen, kann die Leistungsbereitschaft aber länger anhalten.

Neue Batterie kaufen

Die Batterien deutscher Hersteller tragen zur Kennzeichnung eine einheitliche fünfstellige Typ-Nummer, z. B. 54315 oder 55515. Die auf die 5 nachfolgende Zahl 43 oder 55 gibt die Kapazität (A) an, und die letzten beiden Ziffern kennzeichnen Konstruktionsmerkmale (Plattenzahl pro Zelle) und Ausführung (Batteriebefestigung etc.). Die Typ-Nummer ist eine gute Hilfe beim Batterie-Neukauf. Anhand der Nummer können Sie auch aus einem Sonderangebot oder bei einer Autoverwertung den für Ihren Ford Sierra passenden Akku heraussuchen.

Fingerzeig: Auf gezielte Nachfrage sind im Fachhandel auch 2.-Wahl-Batterien erhältlich. Es handelt sich dabei um vom Hersteller nachgearbeitete Batterien mit kleinen Fertigungsfehlern. Die Batterien sind rund 55% billiger und keinen Deut schlechter als die 1. Wahl der Markenbatterien.

Stromquell

Die seitlich am Motor sitzende Lichtmaschine, auch Drehstrom-Generator genannt, versorgt nicht nur die während der Fahrt eingeschalteten Stromverbraucher – der Leistungsüberschuß wird in der Batterie gewissermaßen auf die »hohe Kante« gelegt.

Die Drehstrom-Lichtmaschine

Im Sierra kommen Drehstrom-Lichtmaschinen zum Einsatz, wobei der landläufige Begriff Lichtmaschine eigentlich falsch ist, da sie ja nicht nur fürs Licht zuständig, sondern auch bei der Vielzahl unterschiedlicher Stromverbraucher schon ein kleiner Strom-Generator ist.
Die Lichtmaschine wird vom Motor über einen Keilriemen angetrieben und ist praktisch wartungsfrei, da es nichts zu schmieren gibt. Selbst die Schleifkohlen halten 80000 km und mehr.
Die Drehstrom-Lichtmaschine erzeugt Wechselstrom. Da die Batterie jedoch mit Gleichstrom geladen werden muß, besorgen Halbleiter-Dioden die notwendige Gleichrichtung des Wechselstroms. Die Dioden sind sehr empfindlich gegen hohe Spannungen.

Umgang mit der Lichtmaschine

○ Bei laufendem Motor darf kein Kabel zwischen Akku und Lichtmaschine gelöst bzw. angeschlossen werden. Dadurch kann die Spannung schlagartig ansteigen (Spannungsspitze) und eine Diode »verheizt« werden.
○ Ohne richtig angeschlossene und intakte Batterie darf die Drehstrom-Lichtmaschine nicht laufen. Der Akku dient als Spannungsbegrenzer für die Lichtmaschine, gewissermaßen als Puffer gegen Überspannungen.
○ Sämtliche Kabelanschlüsse im Verbund Lichtmaschine – Batterie – Masse müssen ganz fest sitzen. Schon ein Wackelkontakt kann zu Spannungsspitzen führen.
○ Beim Schnelladen der Batterie und beim elektrischen Schweißen an der Karosserie müssen beide Kabel vom Akku abgenommen werden.

Leistung der Drehstrom-Lichtmaschine

Beim Sierra kommen je nach Motor, Fahrzeugmodell, Sonderausstattung und Absatzgebiet Lichtmaschinen mit unterschiedlichen Leistungen von drei Herstellern (Bosch, Lucas und Mitsubishi) zum Einsatz. Die Leistung liegt je nach Lichtmaschine zwischen 55 und 90 Ampere, das sind zwischen 750 und 1260 Watt. Zwei Drittel dieser Leistung werden bereits bei 2000 Lichtmaschinen-Umdrehungen erzeugt. Da die Lichtmaschine zur Kurbelwelle knapp 1:2 übersetzt ist, liegen ⅔ der Leistung bereits bei etwas höherer Leerlaufdrehzahl an.

Der Spannungsregler

Je schneller die Lichtmaschine dreht, um so höher steigt die Spannung und damit auch der gelieferte Strom – wie bei einem Fahrraddynamo. Ein derartiges Auf und Ab ertragen die Stromverbraucher im Auto nicht. Deshalb begrenzt ein an der Lichtmaschine angeschraubter Regler die Spannung und verhindert ein Überladen der Batterie.

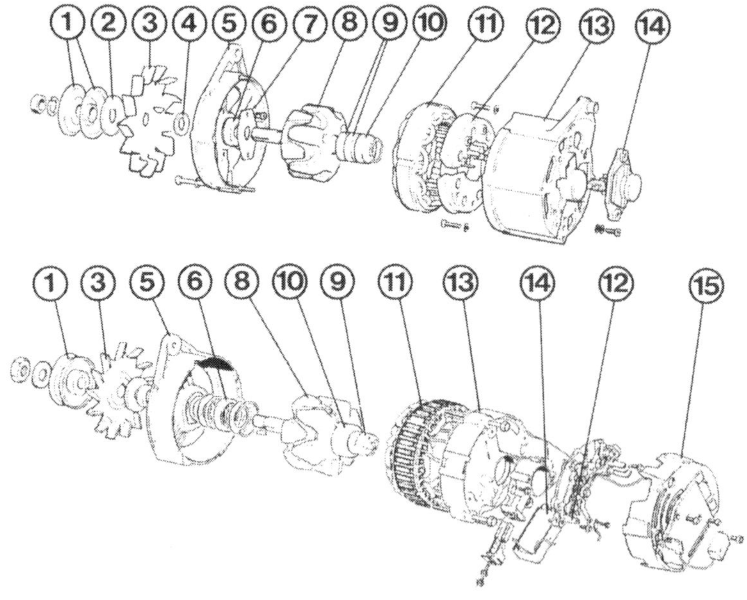

Die Explosionsdarstellung der Drehstrom-Generatoren von Bosch (oben) und Lucas (unten). Es bedeuten:
1 – Riemenscheibe;
2 und 4 – Distanzscheibe;
3 – Lüfter;
5 – Antriebslagerschild;
6 – Lager des Antriebslagerschilds;
7 – Lagerhalteplatte;
8 – Läufer;
9 – Schleifringe;
10 – Lager;
11 – Ständer;
12 – Diodenträger (Gleichrichter);
13 – Generatorgehäuse;
14 – Regler;
15 – Deckel.

Über die Schleifkohlen der Lichtmaschine fließt nur ein geringer Strom, außerdem laufen die Kohlen auf glatten Schleifringen. Das bewirkt nur geringen Verschleiß.
Bei der Bosch- und Lucas-Lichtmaschine sitzen die Schleifkohlen an der Innenseite des Spannungsreglers. Bei der Lichtmaschine von Mitsubishi sitzen sie in einem separaten Bürstenhalter.

Spannungsregler prüfen

Wenn Sie Zweifel an der Spannungsregelung haben, können Sie mit einem Voltmeter die Regulierspannung prüfen:

- Voltmeter zwischen Klemme B+ (Klemme 51) der Lichtmaschine und Masse anklemmen.
- Motor mit 4000/min drehen lassen und Stromverbraucher mit einer Belastung zwischen 40 und 90 Watt (3–7 A) einschalten.
- Die Regulierspannung muß 13,7–14,6 Volt betragen.
- Messen Sie eine höhere Ladespannung, ist der Regler defekt und muß ausgetauscht werden.
- Zu niedrige Spannung kann eventuell an abgenutzten Schleifkohlen liegen.

Bosch-Schleifkohlen kontrollieren und auswechseln

- Batterie abklemmen und Mehrfachstecker vom Drehstrom-Generator abziehen.
- Zwei Schrauben am Regler losdrehen.
- Regler gewissermaßen herausklappen, damit die Kohlebürsten nicht hängenbleiben.
- Überstand der Schleifkohlen messen.
- Sind sie nur noch **5 mm** lang, müssen sie ersetzt werden.
- Anschlußlitzen am Regler auslöten und Schleifkohlen herausziehen.
- Neue Schleifkohlen mit Druckfedern einsetzen und Litzen am Regler verlöten.

Lucas-Schleifkohlen kontrollieren und auswechseln

- Batterie abklemmen und Mehrfachstecker am Drehstrom-Generator abziehen.
- Drei Schrauben am Regler losdrehen.
- Regler abnehmen.
- Länge der herausragenden Kohlen messen.
- Bei **5 mm** Restlänge muß der komplette Regler mit Schleifkohlen ersetzt werden.

Mitsubishi-Schleifkohlen kontrollieren und auswechseln

- Stecker abziehen und Lichtmaschine abbauen.
- Haltemutter der Riemenscheibe lösen. Dabei Welle mit einem Innensechskantschlüssel 8 mm festhalten.
- Unterlegscheibe, Riemenscheibe, Lüfter, Abstandscheibe und Staubdichtung von der Läuferwelle abnehmen.
- Vorderen Deckel, Mittelteil und hinteren Deckel für den späteren Zusammenbau markieren.
- Durchgangsschrauben herausziehen und vorderen Deckel abnehmen.
- Staubdichtung und Abstandscheibe von der Welle abziehen.
- Läufer aus hinterem Deckel ziehen.
- Vier Schrauben entfernen und Ständerwicklung sowie Diodenträger vom hinteren Deckel abbauen.
- Länge der Kohlebürsten messen.
- Bei **5 mm** Restlänge müssen sie ersetzt werden.

Keilriemenzustand kontrollieren

Wartung Nr. 28

Wie die Keilriemenspannung kontrolliert und eingestellt wird, ist im Kapitel »Das Kühlsystem« beschrieben.
Keilriemen müssen bei den heutigen leistungsstarken Lichtmaschinen erhebliche Kräfte übertragen. Das ist der Grund, weshalb die Spannung wesentlich strammer eingestellt wird als früher.

○ Zu geringe Riemenspannung bewirkt neben mangelhafter Leistungsübertragung auf die Lichtmaschine hohen Riemenschlupf, dadurch steigende Riementemperatur und frühzeitigen Flankenverschleiß.

○ Ist die Spannung so gering, daß bei scharfem Beschleunigen die Kurbelwellen-Riemenscheibe unter dem Keilriemen durchdreht, zeigen sich unregelmäßige Schleifspuren an den Riemenflanken.

- Drehen Sie zur Kontrolle des Riemens den Motor einige Male ganz durch.
- Nur so können Sie wirklich alle Flächen des Keilriemens sehen. Oft hat der Riemen nämlich nur einen einzigen, aber tiefen Riß, der bei der Kontrolle möglicherweise genau auf der Riemenscheibe zu liegen kommt.
- Einen angerissenen oder ausgefransten Riemen umgehend ersetzen.

Keilriemen abnehmen und montieren

Ein Keilriemen darf auf keinen Fall mit einem Schraubendreher o. ä. über die Riemenscheiben gewürgt werden, sonst ist der nächste Riemenschaden durch Bruchstellen im Keilriemenunterbau bereits »mit eingebaut«.

- Am Spannbügel der Lichtmaschine die Klemmschraube losdrehen.
- Schrauben des Schwenklagers lösen.
- Lichtmaschine zum Motor hin schwenken.

Schäden am Profilriemen des DOHC-Motors verkürzen seine Lebenserwartung drastisch. Deshalb beim Abnehmen möglichst ohne Werkzeug arbeiten. Nach Zurückdrücken der Spannrolle (1) den Riemen von Hand über die Riemenscheiben von Drehstrom-Generator (außerhalb des Bildes), Kurbelwelle (2) und Wasserpumpe (3) heben.

- Keilriemen abnehmen.
- Falls ein neuer Keilriemen montiert wurde, Motor ca. 10 Minuten laufen lassen.
- Nach Kontrolle der Riemenspannung diese ggf. nochmals einstellen.

Fingerzeig: Ist beim OHC-Motor ein Doppel-Keilriemen (Servolenkung) montiert, die Keilriemen immer paarweise auswechseln, sonst gibt es beim Spannen Probleme durch die unterschiedlichen Längen zwischen altem und neuem Riemen.

Gerissener Keilriemen

Leuchtet plötzlich während der Fahrt die rote Ladekontrolle auf und haben Sie vielleicht gehört, daß im Motorraum etwas hart gegen das Blech schlug, ist sicher der Keilriemen gerissen – anhalten und nachsehen!

○ **OHC-, DOHC- und V6-Motor:** Auf keinen Fall weiterfahren! Durch die nun nicht mehr angetriebene Wasserpumpe ist der Kühlmittelkreislauf gestoppt, und im Motorblock gerät die stillstehende Kühlflüssigkeit schnell ins Kochen. Deshalb sofort einen neuen Keilriemen montieren oder den Wagen abschleppen lassen.

○ **CVH-Motor:** Sie können weiterfahren, wenn die Batterie ausreichend geladen ist. Die Wasserpumpe wird weiterhin vom Zahnriemen angetrieben.

Fahren mit defekter Lichtmaschine

Wenn die Lichtmaschine oder ihr Regler streikt, ist die Weiterfahrt noch nicht gefährdet, denn die Batterie kann hilfreich einspringen.

Bei Tag reicht der Batteriestrom noch eine ganze Weile, obwohl die Zündanlage zum Aufbau eines brauchbaren Zündfunkens eine Mindestspannung benötigt und auch die elektronischen Module einschließlich der verschiedenen Sensoren, der Einspritzventile und der Kraftstoffpumpe vom Batteriestrom abhängig sind. Je

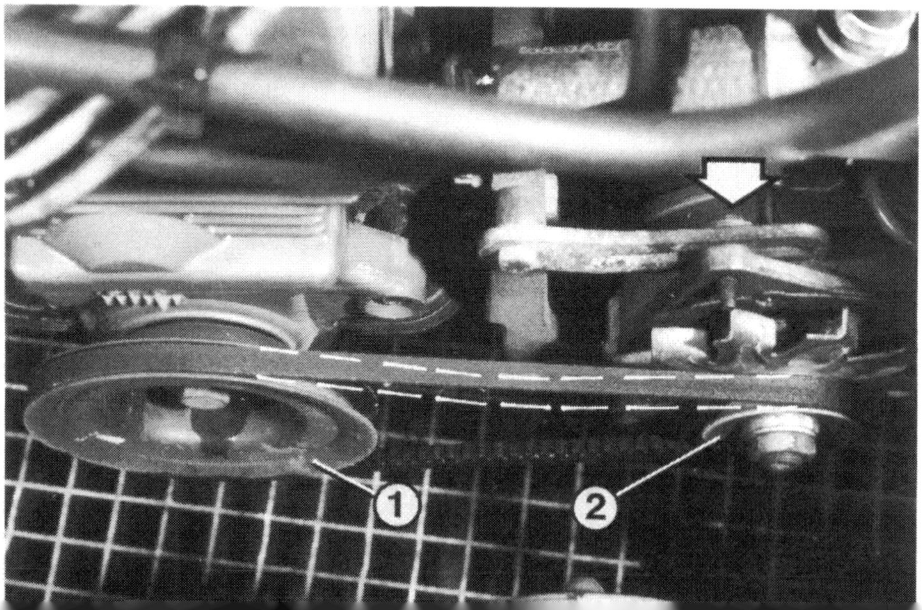

Der Keilriemen soll sich zwischen Kurbelwellen- (1) und Lichtmaschinen-Keilriemenscheibe (2) maximal 10 mm nach unten (gestrichelte Linie) bewegen lassen. Um die Keilriemenspannung beim CVH-Motor einstellen zu können, die Spannschraube (Pfeile) lösen.

Beim V6-Motor kann die Kontrolle der Keilriemenspannung der Lichtmaschine zuverlässig nur von der Unterseite des Motors aus geschehen. Sie soll auch beim V6-Motor 10 mm nicht überschreiten, sonst muß nachgespannt werden. Dazu die mit einem Pfeil gekennzeichneten Schrauben lösen. Die Zahlen bedeuten:
1 – Riemenscheibe der Lichtmaschine;
2 – Riemenscheibe der Kurbelwelle.

nach Ladung und Grundkapazität der Batterie reicht es aber für mindestens fünf Stunden Fahrt. Stromverbraucher, wie Licht, Blinker, Scheibenwischer etc., verkürzen jedoch die mögliche Fahrstrecke. Stromsparen heißt also die Devise:

○ Die Fahrt nicht unnötig unterbrechen. Der Anlasser braucht besonders viel Strom. Wenn möglich, den Wagen anrollen lassen.
○ Heizbare Heck- und Frontscheibe, Gebläse und Radio sollten Sie nicht einschalten.
○ Mit dem Scheibenwischer und der Scheibenwaschanlage möglichst sparsam umgehen.
○ Nachts ohne Fernlicht und Nebelscheinwerfer fahren.
○ Mehrfachstecker an der Lichtmaschine abziehen, damit sich die Batterie nicht über den defekten Generator oder Spannungsregler in kürzester Zeit entladen kann.
○ Wer weitere Schäden an der Lichtmaschine während der Weiterfahrt ganz sicher ausschließen möchte, kann zusätzlich noch den Regler ausbauen.

Die Ladekontrolleuchte

○ Die Kontrolleuchte im Armaturenbrett hat zwei Plus-Anschlüsse, und zwar einerseits von der Klemme 61 der Lichtmaschine (blaues Kabel) und andererseits von Klemme 15 vom Zündschloß kommend über die Mehrfachsteckverbindung der Leiterfolie hinten am Kombi-Instrument.
○ Mit Einschalten der Zündung führt Klemme 15 Spannung. Die Lichtmaschine steht aber noch, so daß die spannungslose Klemme 61 als »Minus« wirkt. Die Kontrollampe leuchtet auf, denn zwischen dem von der Batterie versorgten Bordnetz und der Lichtmaschine herrscht eine Spannungsdifferenz.
○ Wird der Motor gestartet und hat die Lichtmaschine ihre Ladedrehzahl erreicht, verbindet der Spannungsregler die Lichtmaschine mit der Bordelektrik. Nun kommt Plusstrom von Klemme 15 und zusätzlich von Klemme 61. Damit besteht keine Spannungsdifferenz mehr, die Ladekontrolle verlöscht.
○ Beim Einschalten der Zündung muß die brennende Ladekontrolle die Lichtmaschine vorerregen. Nur so

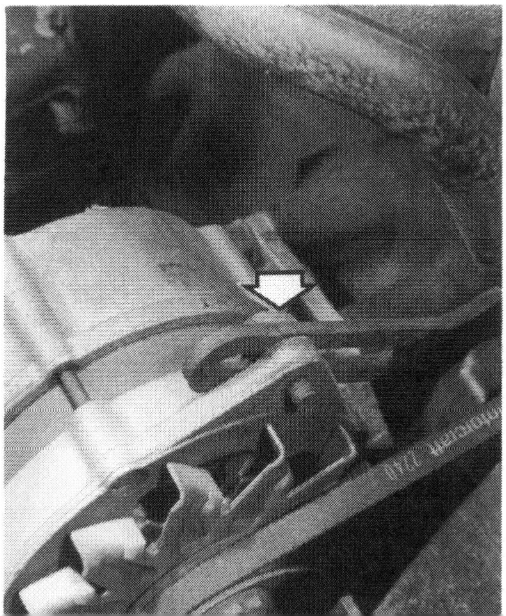

Dies sind die Befestigungspunkte des Drehstrom-Generators beim OHC-Motor. Die linke Abbildung zeigt das Schwenklager; rechts ist der Spannbügel mit Langloch zu sehen.

kann diese schon aus niedrigen Drehzahlen heraus Strom liefern. Allerdings ist die Vorerregung nur beim ersten Anlaufen des Generators erforderlich.

Fingerzeig: Bisweilen bleibt die Ladekontrolle brennen, wenn Sie den Motor ohne Gas starten und er in niedriger Leerlaufdrehzahl läuft. Dann ist die Vorerregung der Lichtmaschine zu schwach, sie liefert noch keinen Strom.

Nicht immer wird geladen

Ob die Batterie von der Lichtmaschine geladen wird, beweist das Verlöschen der Kontrollampe nicht. Es besagt nur, daß zwischen Batterie und Generator keine Spannungsdifferenz mehr besteht.
Wenn bei Motorleerlauf beispielsweise sämtliche Stromverbraucher eingeschaltet sind, leuchtet die Ladekontrolle nicht auf, obwohl mehr Strom der Batterie entnommen wird, als eine der leistungsschwächeren Lichtmaschinen liefern kann – es besteht dennoch keine Spannungsdifferenz zur Batterie.

Lichtmaschine ausbauen

- Minuskabel der Batterie abklemmen.
- Haltebügel (falls vorhanden) des Mehrfachsteckers der Lichtmaschine zur Seite drücken, Stecker abziehen, dabei nicht am Kabel zerren.
- Keilriemen abnehmen, wie zuvor beschrieben.
- Sämtliche Befestigungsschrauben herausdrehen und Lichtmaschine abnehmen.

Störungsbeistand

Batterie und Lichtmaschine

Die Störung	– ihre Ursache	– ihre Abhilfe
A Rote Ladekontrolle brennt nicht beim Einschalten der Zündung	1 Batterie leer	Mit Starthilfekabeln starten oder Wagen anschleppen
	2 Batteriekabel gebrochen, Kabelklemmen lose oder oxidiert	Batteriekabel und -klemmen kontrollieren
	3 Kontrolleuchte defekt	Ersetzen
	4 Kabelweg zwischen Zündschloß, Kontrollampe und Lichtmaschine unterbrochen	Stromweg mit Prüflampe kontrollieren
	5 Schleifkohlen abgenutzt	Schleifkohlen erneuern
	6 Spannungsregler defekt	Regler austauschen
	7 Lichtmaschine schadhaft	Lichtmaschine instand setzen lassen
	8 Nach zu heftiger Motorwäsche: Eingedrungene Feuchtigkeit hat einen isolierenden Schmierfilm zwischen den Schleifringen und Kohlen gebildet	Lichtmaschine mit Druckluft ausblasen oder Schleifringe und Kohlen sauberreiben
B Ladekontrolle brennt oder glimmt bei laufendem Motor	1 Keilriemen lose	Riemen spannen
	2 Mangelnder Kontakt an Kabelanschlüssen oder unterbrochene Kabel	Kabelanschlüsse und Kabel prüfen
	3 Siehe A 5–7	
C Batterieoberfläche feucht	1 Batterie überfüllt	Zuviel eingefülltes destilliertes Wasser durch Überladen herausgasen. Keine Säure absaugen
	2 Batterieverschlüsse verstopft	Entlüftungslöcher säubern
	3 Siehe A 6	
D Batterie gast stark	Siehe A 6	

Zwergathlet

Wenn Sie einmal ein Auto angeschoben oder den Motor von Hand durchgedreht haben, wissen Sie ungefähr, was der kleine Elektromotor namens Anlasser zu leisten imstande ist. In Zusammenarbeit mit der Zündanlage und einer gut geladenen Batterie verhilft er dem Motor ohne Mühe zu einem guten Start.

Die Bauart

Der Ford Sierra ist mit einem sogenannten Schubschraubtrieb-Anlasser ausgerüstet. Je nach Motortyp, Ausstattung und Montageland kommen Anlasser von Bosch, Lucas oder Nippondenso zum Einbau:

Anlasserfabrikat	Typ	Leistung in kW	Anzahl der Kohlen	Mindestlänge in mm
Bosch	EF	0,85	4	8
	DM	0,9	4	8
	EF	0,95	4	8
	DM	1,0	4	8
	DW	1,4	4	8
Lucas	M79	0,9	4	8
Nippondenso	P	0,8	4	9
	–	0,9	4	10
	P	1,0	4	9

Der Dreh am Zündschlüssel in Richtung »Start« bewirkt folgendes:
○ Die Klemme 50 am Zündschloß liefert Spannung an den oben auf dem Anlasser sitzenden Magnetschalter.
○ Dadurch schiebt eine Einrückgabel das Zahnritzel des Anlassers auf einem Steilgewinde der Ankerwelle in den Zahnkranz des Motor-Schwungrades.
○ Beim Eingreifen des Ritzels schaltet der Magnetschalter über die Hauptkontakte den vollen von Klemme 30 kommenden Batteriestrom ein, so daß der Anlasser den Motor durchdreht.
○ Sobald der Motor angesprungen ist und der Zündschlüssel losgelassen wird, bricht das magnetische Feld in der Haltewicklung des Magnetschalters zusammen. Dadurch schwenkt die Einrückgabel, durch eine Rückzugfeder gezogen, in die Ruhestellung zurück, wobei das Ritzel ausspurt und gleichzeitig die Stromzufuhr zum Anlasser unterbrochen wird.

Anlasser ausbauen

- Massekabel der Batterie abklemmen.
- Hauptstromkabel vom Anlasser abklemmen.
- Kabel vom Magnetschalter abklemmen.
- Anlasserstütze (falls vorhanden) abschrauben.
- Halteschrauben am Getriebe abschrauben und Anlasser abnehmen.
- Beim Einbau die Verschraubungen mit 27–34 Nm anziehen.

Der Blick auf den Anlasser – hier der kurze Anlasser von Bosch – zeigt zwei der drei Befestigungsschrauben, mit denen er an der Kupplungsglocke des Getriebes befestigt ist. Bevor diese Schrauben gelöst werden, muß jedoch die Batterie abgeklemmt und die elektrischen Anschlüsse am Magnetschalter abgebaut werden.

Beim MT 75-Getriebe ist der Anlasser – hier ein Lucas-Anlasser beim V6-Motor – mit zwei Schrauben (Pfeile) an der Kupplungsglocke des Getriebes befestigt. Er sitzt auf der linken Motorseite. Beim DOHC-Motor ist der Anlasser mit drei Schrauben befestigt.

Magnetschalter ausbauen

Ein defekter Magnetschalter kann nicht zerlegt werden, sondern muß als komplette Einheit ausgetauscht werden.

- Anlasser ausbauen und in einen mit Schutzbakken versehenen Schraubstock spannen.
- Je nach Anlassertyp zwei bzw. drei Schrauben am Magnetschalterflansch des Anlassers lösen.
- Elektrische Verbindung zum Anlasser lösen und Anker des Magnetschalters aus der Einrückgabel aushängen.
- Magnetschalter nach oben vom Anlasser wegziehen.
- Beim Zusammenbau die Ankeröse des Magnetschalters mit Hochtemperatur-Fett (z.B. »Liqui Moly 320«) fetten und in die Einrückgabel einhängen.
- Auf richtigen Sitz der Rückzugfeder achten, dann Magnetschaltergehäuse zum Magnetschalterflansch ausrichten und mit Schrauben bzw. Muttern befestigen.

Anlasser-Schleifkohlen auswechseln

Wenn der Anlasser streikt, klemmen möglicherweise lediglich die Schleifkohlen, wenn sie nicht bis auf ihre Mindestlänge abgenutzt sind. Sie brauchen zum Austausch einen leistungsstarken Lötkolben von mindestens 150 Watt. Haben Sie keinen solchen, können Sie die Kohlen auch bei der Autoelektrik-Werkstatt einlöten lassen, während Sie den Anlasser selbst aus- und einbauen. Die Autoelektrik-Werkstatt prüft dann auch gleich den kompletten Anlasser auf verschiedene mechanische und elektrische Funktionen durch.

- Anlasser ausbauen.
- Je nach Anlassertyp etwas unterschiedlich ist das Demontieren des sogenannten Kollektorlagerschilds (entweder Schrauben oder Stehbolzen).
- Nach Abheben des Kollektorlagerschilds Kohlebürsten durch vorsichtiges Wegdrücken der Spannfedern lösen und aus ihren Führungen im Bürstenhalter herausziehen.
- Falls erforderlich, Kohlebürsten und Führungen mit Lappen und Benzin säubern.
- Kohlen auf Verschleiß überprüfen. Sind sie bis auf ihre Mindestlänge von 8 mm (Nippondenso 9 bzw. 10 mm) abgenutzt, müssen sie als kompletter Satz erneuert werden.
- Je nach Anlassertyp müssen neue Kohlebürsten (jeweils vier) entweder geschraubt oder an die ur-

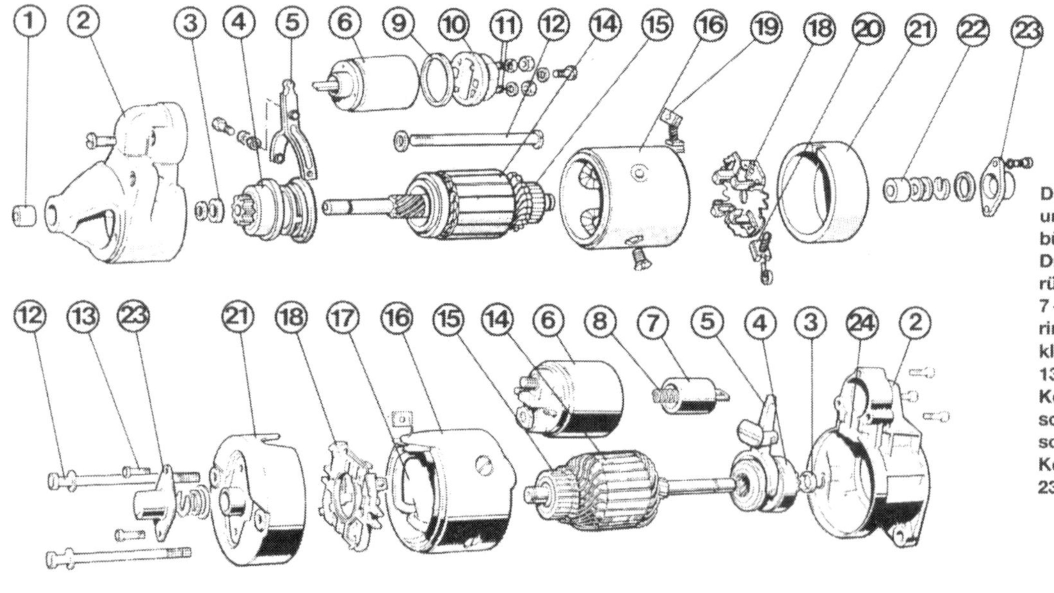

Der Bosch-Anlasser mit langem (oben) und kurzem Gehäuse (unten): 1 – Lagerbüchse; 2 – Antriebslagerschild; 3 – Drucklager; 4 – Ritzelantrieb; 5 – Einrückgabel; 6 – Magnetschaltergehäuse; 7 – Magnetschalter; 8 – Feder; 9 – Dichtring; 10 – Abdeckkappe; 11 – Anschlußklemmen; 12 – Verbindungsschraube; 13 – Halteschraube; 14 – Anker; 15 – Kollektor; 16 – Polgehäuse; 17 – Polschuh; 18 – Bürstenhalter; 19 – Anschlußfahne; 20 – Kohlebürste; 21 – Kollektorlagerschild; 22 – Lagerbüchse; 23 – Schutzkappe; 24 – Gummiblock.

sprünglichen Bürstenkabel angelötet werden. Dazu die Kabel der alten Kohle in der Mitte zwischen Anschlußstelle und Kohlebürste durchschneiden.

● Freies Ende der Kupferlitze blank schaben und darauf achten, daß die neue Verbindung einwandfrei gelötet wird. Damit kein Lot in der Litze hochsteigt und diese dadurch steif wird, die Litze der neuen Kohle mit einer Flachzange möglichst dicht an der Lötstelle halten.

● Vor dem Zusammenbau die Kohlebürsten in ihren Führungen im Bürstenhalter auf klemmenden Sitz prüfen.

Störungsbeistand

Anlasser

Nicht immer wird Ihnen unser Störungsbeistand so weit helfen, daß der Anlasser den Motor zum Laufen bringt. Aber Sie können einen Sierra mit Schaltgetriebe immer noch anschieben oder anschleppen lassen, wie im Kapitel »Die Batterie« beschrieben.

Die Störung	– ihre Ursache	– ihre Abhilfe
A Beim Drehen des Zündschlüssels in Startstellung dreht der Anlasser zu langsam oder gar nicht	1 Kontrollampen brennen schwach oder verlöschen	
	a) Batterie entladen	Mit Starthilfekabeln starten
	b) Kabelanschlüsse lose oder oxidiert	Kabelanschlüsse kontrollieren
	c) Anlasser hat Masseschluß	Anlasser überholen lassen
	2 Kontrollampen brennen hell, Klicken aus Richtung Anlasser	Kurz auf den Magnetschalter klopfen. Dreht der Anlasser weiterhin nicht:
	a) Kohlebürsten bzw. deren Anschlüsse im Anlasser gelöst	Kohlebürsten überprüfen
	b) Kontakte im Magnetschalter verschmort	Magnetschalter ersetzen
	c) Anlasserwicklung schadhaft	Anlasser überholen lassen
	3 Kontrollampen brennen hell, keinerlei Geräusche	
	a) Anschluß der Klemme 50 am Magnetschalter lose	Anschluß überprüfen
	b) Klemme-50-Leitung vom Zündschloß zum Magnetschalter unterbrochen	Leitung mit Prüflampe kontrollieren
B Anlasser läuft, ohne den Motor durchzudrehen	1 Ritzel verschmutzt	Ritzel reinigen
	2 Einrückvorrichtung klemmt	Anlasser überholen lassen
	3 Verzahnung des Ritzels oder des Motorschwungrads beschädigt	Wagen bei eingelegtem Gang ein Stück vorschieben. Erneut starten. Beschädigte Teile ersetzen lassen
C Magnetschalter schaltet in schneller Folge ein und aus, Anlasser läuft nicht an	Batterie stark entladen, beim Einschalten des Magnetschalters fällt die Spannung ab und er schaltet wieder ab	Batterie laden
D Anlasser läuft weiter, obwohl der Zündschlüssel losgelassen wurde	1 Magnetschalter hängt und schaltet nicht ab	Zündung sofort abschalten, notfalls Batterie abklemmen. Magnetschalter ersetzen
	2 Zünd-/Anlaßschalter defekt	Zünd-/Anlaßschalter ersetzen
E Ritzel spurt nach Anspringen des Motors nicht aus	1 Rückstellfeder des Einrückhebels lahm oder gebrochen	Zündung sofort abschalten, Teil ersetzen
	2 Siehe B 3	

Funkenkontrolle

Eine schier unglaubliche Genauigkeit ist nötig, um bei einem z. B. mit 6000/min laufenden Vierzylindermotor 100 Zündfunken in der Sekunde zum richtigen Zeitpunkt an die einzelnen Zylinder zu verteilen.

Verschiedene Zündanlagen

○ Die Motoren des Ford Sierra sind ausnahmslos mit einer Transistor- bzw. einer elektronisch gesteuerten Kennfeldzündung ausgestattet.
○ Der 1,6-Liter-CVH-Motor ist zudem mit einer vollelektronischen Zündanlage ausgestattet, dem sogenannten DIS-Zündsystem (**D**istributorless **I**gnition **S**ystem = verteilerloses Zündsystem).
○ Da die Zündanlagen erhebliche Unterschiede aufweisen, finden Sie im folgenden Text einen Zusatzvermerk an den Überschriften. »Nur TSZ« steht dort, wo es ausschließlich um die Transistor- bzw. Kennfeldzündung geht; und »Nur DIS« bedeutet, daß hier lediglich das verteilerlose Zündsystem angesprochen ist.
○ Abschnitte, die sich speziell auf den jeweiligen Zündrechner beziehen, sind entsprechend bezeichnet. Wo keine Verwechslung möglich ist und an Abschnitten, die alle Zündanlagen behandeln, fehlt der Zusatz.

Die Zündung allgemein

Zur Zündanlage gehören die Zündspule, die für die notwendige Hochspannung sorgt, und der Verteiler, der diese Hochspannung entsprechend der Zündfolge des Motors auf die Zündkerzen verteilt.
○ Das Grundprinzip der Zündung besteht darin, daß zunächst der Batteriestrom durch die Primärwicklung der Zündspule fließt.
○ Diese Wicklung besteht aus wenigen Windungen eines dicken Drahtes. Unter der Wirkung des Stromes baut sich um den Eisenkern in der Zündspule ein kräftiges Magnetfeld auf – die Zündenergie.
○ Nähert sich der Kolben in seinem Zylinder dem Punkt, wo das angesaugte und verdichtete Kraftstoff/Luft-Gemisch gezündet werden soll – dem Zündzeitpunkt –, wird der Strom zur Zündspule unterbrochen.
○ Mit dem Ausschalten des Stroms bricht das Magnetfeld in der Zündspule zusammen. Dabei passiert folgendes: In der Sekundärwicklung, die aus vielen Windungen eines dünnen Drahtes besteht, entsteht ein Hochspannungs-Stromstoß von einigen zigtausend Volt.
○ Diese Zündspannung wird über den Verteiler derjenigen Zündkerze zugeleitet, die in der Zündfolge des Motors gerade an der Reihe ist. Das Gemisch wird entzündet, der Motor dreht weiter. Der Stromkreis wird wieder geschlossen, und das Spiel läuft von neuem ab.
○ Beim verteilerlosen Zündsystem (DIS) erhält eine Doppel-Zündspule über einen Positionssensor an der Kurbelwelle einen Impuls, der in der Zündspule jeweils zwei Zündfunken auslöst – der eine zündet in den Arbeitstakt, der andere in den Auspufftakt des gegenüberliegenden Zylinders. Dabei ist der in den kompressionslosen Auspufftakt abgegebene Funken ohne Belang.
○ Bei der Transistorzündung liegt die Zündspannung bei etwa 30000 bzw. 37000 Volt. Gefährlich sind aber die ebenfalls auftretenden hohen Stromstärken.

Die Transistorzündung

○ Die TSZ in Verbindung mit dem OHC-Motor arbeitet nach dem sogenannten Hall-Effekt-System, deshalb nennen wir sie kurz »TSZ-h«.
○ Bei der TSZ-h ist das Kernstück der Hallgeber, bei dem nach seinem amerikanischen Entdecker E. H. Hall der sogenannte Hall-Effekt nutzbar gemacht wird. Dieser Hallgeber sitzt unten im Verteilergehäuse und besteht aus einem mit vier Aussparungen versehenen Blendenrotor auf der Verteilerwelle sowie einem fest eingebauten Dauermagneten und ihm gegenüber dem eigentlichen Hall-IC.
○ Beim 1,6-Liter-OHC- und 2,8-Liter-V6-Motor arbeitet die Zündung nach dem Impulsgeber-Prinzip. Entscheidendes Bauteil bei der Impulsgeber-Zündung, kurz TSZ-i genannt, ist ein vier- bzw. sechszackiges Impulsgeberrad – der Rotor – auf der Verteilerwelle und im Verteilergehäuse ein Dauermagnet sowie eine Spule.

Funktion der TSZ-h

○ Ein kräftiger Transistor im TFI-Steuergerät des ESC-Zündmoduls gibt das Signal, Batteriestrom durch die Primärwicklung der Zündspule fließen zu lassen, solange eine Rotorblende im Magnetfeld steht.
○ Für die Auslösung des Zündimpulses muß die Blende den Spalt zwischen Hall-IC und Dauermagnet verlassen.

Die Zündspule ist beim Sierra an den linken Innenkotflügel geschraubt. Die Bezifferung deutet auf die Normklemmenbezeichnung:
1 – Klemme 15 (vom Zündschloß kommender Batteriestrom);
2 – Klemme 4 (Hauptzündkabel des hochgespannten Zündstroms zum Mittenkontakt des Verteilerdeckels);
3 – Klemme 1 (Ausgangsklemme des Primärstroms zum Zündverteiler bzw. TFI-Modul).

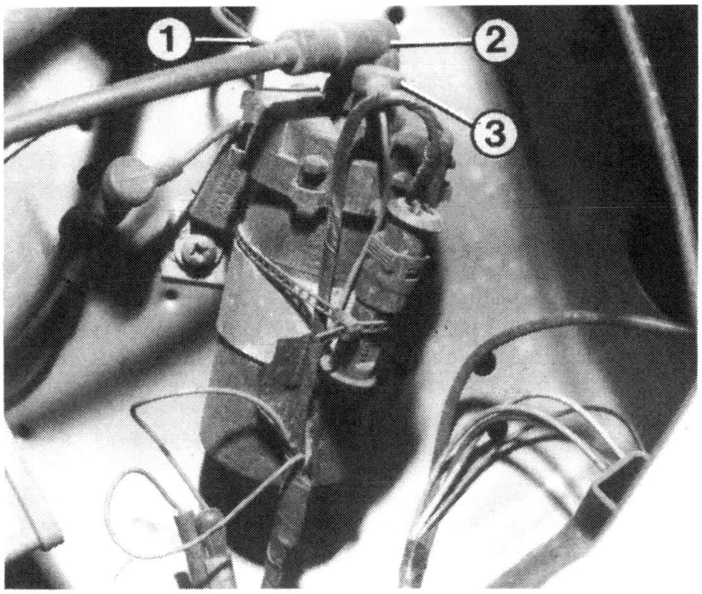

○ Damit erhält das TFI-Modul bzw. das Zündmodul den Befehl, den Strom zur Zündspule zu unterbrechen, wodurch der Zündfunke entsteht.
○ Die Breite der Rotorblenden bestimmt, wie lange der Primärstromkreis eingeschaltet wird. In dieser Schließzeit dreht der Motor eine bestimmte Zahl von Winkelgraden weiter – man nennt das den Schließwinkel. Die Gesamtbreite der Blende entspricht dem größtmöglichen Schließwinkel, aber der wird nicht unbedingt ausgenutzt, sondern für kräftige Zündfunken auch bei hohen Drehzahlen elektronisch vom entsprechenden Zündmodul dem Bedarf angepaßt.

Funktion der TSZ-i

○ Wie bei der TSZ-h gibt ein Transistor im TFI-Steuergerät in dem Moment den Stromimpuls an die Primärwicklung der Zündspule, wenn der Bereich zwischen zwei Rotorzacken am fest montierten Stator im Verteilergehäuse vorbei dreht.
○ Dreht dann der nächste Zacken am Stator vorbei, ändert sich das magnetische Feld, der Stromfluß wird unterbrochen und der Zündfunke ausgelöst.
○ Der Abstand (max. Schließwinkel) zwischen zwei Rotorzacken bestimmt, wie lange der Primärstrom eingeschaltet bleibt.

Das TFI-Modul

Das TFI-Modul (**T**hick **F**ilm **I**gnition) ist im Motorraum am rechten Innenkotflügel geschraubt. Es führt folgende Funktionen aus:
○ Es spricht auf die Auslöse-Impulse vom Zündverteiler an und erhöht deren Spannung.
○ Es bewirkt die Unterbrechung der Spannung in der Primärwicklung der Zündspule nach Eingang des verstärkten Auslöse-Impulses vom Zündverteiler.
○ Es schaltet den Strom für die Primärwicklung bei drehendem Verteiler zum genau richtigen Zeitpunkt innerhalb der Zündfolge wieder ein und legt somit den Schließwinkel fest.

Auch beim TFI-Zündmodul (2) muß darauf geachtet werden, daß die Steckverbindung (3) einwandfrei sitzt und die Mehrfachstecker-Sicherung (Pfeil) richtig eingerastet ist. Korrekte Steckverbindungen sind besonders bei der Zündanlage äußerst wichtig. Auch eine gutanliegende Verbindung der Wärmeableitungsplatte (1) zum Karosserieblech ist wichtig.

○ Die Arbeitswärme des Steuergeräts wird über die Karosserie abgeführt. Deshalb darf der Motor niemals längere Zeit laufen, wenn das Steuergerät nicht fest angeschraubt ist.

Das DIS-Zündsystem

1,6-CVH-Motor

Mit diesem vollelektronischen Zündsystem ist der 1,6-Liter-CVH-Motor ausgestattet.

○ Herausragendes Merkmal dieses Zündsystems ist das Fehlen des Zündverteilers, der durch elektronisch angesteuerte Bauteile ersetzt wurde. Deshalb arbeitet dieses Zündsystem nahezu verschleißfrei und zuverlässiger als das herkömmliche Zündverteilersystem.

○ Beim DIS-Zündsystem liegt die Zündspannung bei etwa 37 000 Volt. Wie bei der TSZ sind auch hier die ebenfalls auftretenden hohen Stromstärken **gefährlich!**

Funktion der DIS

○ Die Hochspannungsverteilung geschieht durch eine Zweifunken-Zündspule.

○ Das Signal hierfür erzeugt ein induktiver Impulsgeber, der 36 spezielle Gußstege (10°-Teilung) am Kurbelwellenschwungrad abtastet. Dabei gibt der Impulsgeber lediglich alle 10° der Kurbelwellendrehung einen speziellen Kurbelwinkel an den Zündrechner weiter, wobei ein fehlender Gußsteg als Bezugsmarke dient.

○ Dieser infolge des fehlenden Gußstegs größere Spalt ist 90° vor der OT-Stellung von Zylinder 1 angeordnet.

○ Mit steigender Motordrehzahl steigt die Spannung und Frequenz des Impulsgebersignals an.

○ Das Signal des Impulsgebers wird vom Zündrechner über das E-DIS-4-Modul (siehe nächsten Abschnitt) als Niederspannungssignal an den Primärstromkreis der Zündspule weitergeleitet.

○ Jedesmal, wenn der Primärstrom der Spule unterbrochen wird, werden jeweils zwei Funken ausgelöst.

○ Bei der Zündfolge des CVH-Motors (1–3–4–2) wird so gleichzeitig einmal in Zylinder 1 und 4 bzw. 2 und 3 gezündet. So funkt immer ein Zündfunken in den Auspufftakt des gegenüberliegenden Zylinders. Dies ist jedoch ohne Belang, da beim Auspufftakt ja keine Kompression vorhanden ist. Zum besseren Verständnis folgendes Beispiel:

Sekundärspule	A	B	A	B
Zylinderpaar	*1* und 4	*2* und 3	1 und *4*	2 und *3*

Die kursiv gedruckten Zahlen kennzeichnen den Zylinder, der sich gerade im Arbeitstakt befindet

Das E-DIS-4-Modul
1,6-CVH-Motor

Für die Schaltung des Primärstromkreises der Zweifunkenspule wird beim DIS-Zündsystem des 1,6-Liter-CVH-Motors anstelle des bei anderen Zündsystemen üblichen TFI-Moduls ein sogenanntes E-DIS-4-Modul verwendet (**E**EC with **D**istributorless **I**gnition **S**ystem – **4**-Cylinder Engines = EEC-IV-Rechner mit verteilerlosem Zündsystem für 4-Zylinder-Motoren). Das E-DIS-Zündmodul ist an die Spritzwand geschraubt und über einen 12-poligen Mehrfachstecker mit den zum DIS-Zündsystem gehörenden Teilen verbunden. Es führt folgende Funktionen aus:

○ Es erhält ein Signal vom Drehzahl-/Positionssensor der Kurbelwelle, der am Schwungrad der Kurbelwelle 36 minus 1 Gußstege abtastet.

○ Aus diesem Signal wird der erforderliche Zündspulen-Stromkreis für jedes Zylinderpaar ausgewählt.

○ Dazu sendet das E-DIS-Modul ein dem Hall-Effekt-Zündverteiler vergleichbares Signal an den EEC-IV-Rechner.

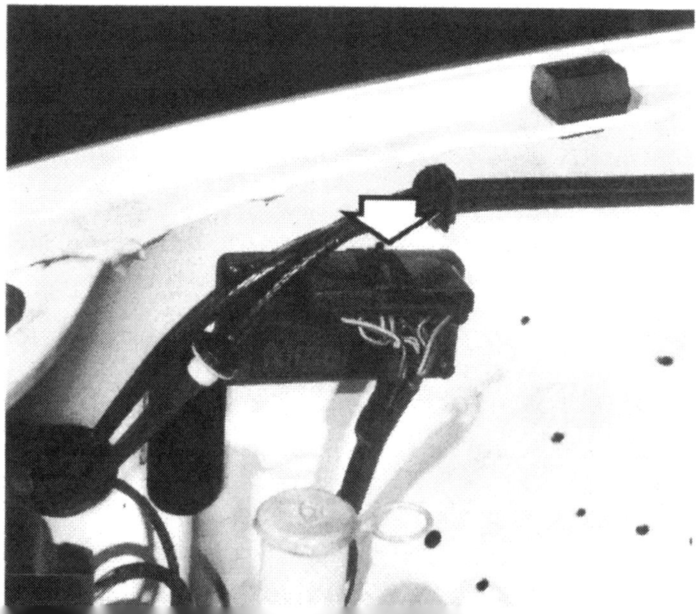

Das E-DIS-4-Modul des 1,6-Liter-CVH-Motors ist an den rechten Innenkotflügel geschraubt. Es verarbeitet die Signale des Drehzahl-/Positionsgebers und des EEC-IV-Rechners zu exakten Zündbefehlen für die DIS-Zündspule. Deshalb ist auch hier wieder die korrekte Steckverbindung für eine störungsfreie Funktion äußerst wichtig. Zur Kontrolle: Die Sicherungsklammer (Pfeil) muß auf beiden Seiten exakt im dafür vorgesehenen Haken sitzen.

○ Dieses Signal wird im EEC-IV-Rechner zum genau vorgegebenen Zündbefehl verarbeitet und an das E-DIS-Modul zurückleitet.
○ Dieser im Bruchteil einer Sekunde vorgegebene Zündbefehl steuert den Primärstromkreis der DIS-Zündspule so, daß der Zündfunke zeitlich mit der jeweils erforderlichen absoluten Genauigkeit für die Zündverstellung ausgelöst wird.
○ Beim Starten des Motors oder bei Leerlaufdrehzahl löst das E-DIS-Modul die Zündung exakt bei 10° vor OT aus. Erst bei ansteigender Motordrehzahl verwendet das E-DIS-Modul wieder den vom Zündrechner vorgegebenen Zündbefehl zur Ansteuerung der DIS-Zündspule.

Die Zündrechner

Für höhere Leistungsausbeute bei optimalem Kraftstoffverbrauch ist die mechanische und dadurch immer mit gewissen Toleranzen arbeitende Zündverstellung durch Unterdruck und Fliehkraft nicht mehr ausreichend. Deshalb übernimmt bei den OHC-Vergasermotoren der sogenannte ESC-Rechner (**E**lectronic **S**park **C**ontrol = elektronische Zündfunken-Kontrolle) die Zündverstellung.

Der ESC-Rechner

Vergasermotoren

Der ESC-Rechner ist im Motorraum an die Spritzwand montiert. Er führt folgende Funktionen aus:
○ Beim 1,8- und 2,0-Liter-OHC-Motor wird die Motordrehzahl aus dem Zeitabstand der Eingangsimpulse des Zündverteilers errechnet.
○ Beim 1,8-Liter-CVH- und 2,0-Liter-DOHC-Motor wertet das ESC-Zündmodul das vom Drehzahl-/Positionssensor der Kurbelwellen-Schwungscheibe gelieferte Signal aus und berechnet gemeinsam mit den Signalen für Lastzustand, Kühlmittel- und Ansauglufttemperatur die jeweils optimale Zündverstellung für alle auftretenden Betriebszustände.
○ Über einen Unterdruckschlauch mit dem Ansaugkrümmer verbunden, wandelt der ESC-Rechner den Unterdruck in ein entsprechendes Spannungssignal um. Dazu ist der Rechner mit verschiedenen Unterdruck-Spannungssignalen für die verschiedensten Motor-Belastungszustände programmiert. Ein Strömungsbegrenzer im Kraftstoffabscheider dämpft eventuelle Druckschwingungen.
○ Weiter ist das ESC-Modul mit einem Sensor für die Motorkühlmitteltemperatur verbunden, der in die Vorwärmkammer des Ansaugkrümmers geschraubt ist. Dieser Sensor reagiert auf Veränderungen der Kühlmitteltemperatur durch Widerstandsänderungen. So nimmt mit steigender Kühlmitteltemperatur der Widerstand ab.
○ Von einem Ansaugluft-Temperatursensor, der im Boden des Ansauggeräuschdämpfers eingeschraubt ist, wird die Ansauglufttemperatur ähnlich der Kühlmitteltemperatur gemessen und als entsprechendes Signal an den ESC-Rechner weitergegeben.
○ Gleichzeitig wird durch die beiden Temperatursensoren die elektrische Beheizung des Ansaugrohrs gesteuert.
○ Aus all diesen Werten werden sämtliche Veränderungen des Zündzeitpunkts vom Zündrechner elektronisch ausgeführt. Das heißt, die Zündimpulse werden umgeformt und verzögert ggf. beschleunigt an die Zündspule weitergeleitet, so daß der Zündfunke entsprechend der augenblicklichen Motorbelastung aus Unterdruck, Kühlmitteltemperatur, Ansauglufttemperatur und Drehzahl exakt zum richtigen Moment an den Elektroden der Zündkerze überspringt.
○ Beim 2,0-Liter-OHC-Motor steuert das Zündmodul über einen sogenannten Schrittmotor auch die Leerlauf-

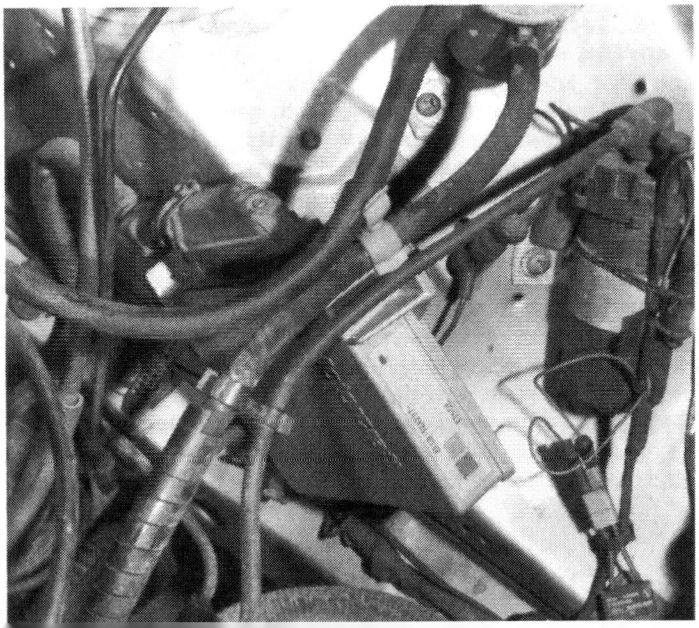

Der ESC-Zündrechner ist an den linken Innenkotflügel im Motoraum montiert. Bei einer Funktionsstörung beschränkt sich die Kontrolle auf den Zustand (z. B. Feuchtigkeit, Schmutz) und Sitz der Steckverbindung.

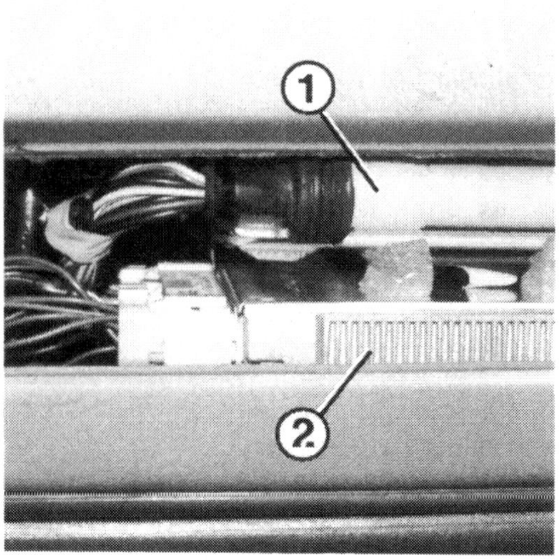

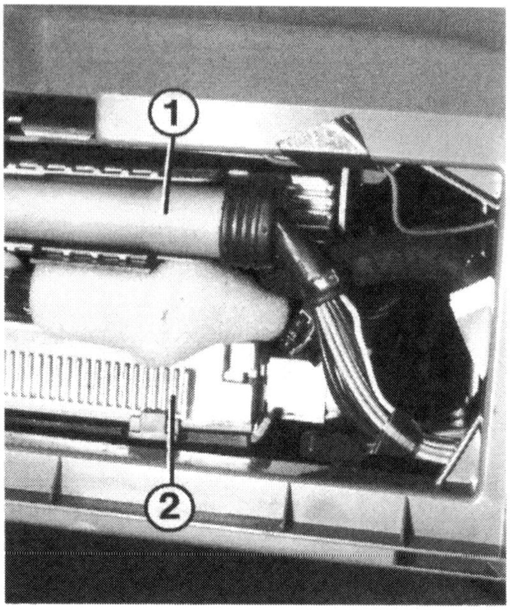

Bis 8/90 (links) ist der EEC-IV-Rechner (2) hinter dem Armaturenbrett oberhalb des Handschuhkastens untergebracht. Ab 9/90 ist der Rechner hinter dem Handschufach untergebracht. Ausstattungsabhängig sitzt darüber das ABS-Steuergerät (1). Nach Abnehmen der Abdeckung bzw. Herausziehen des Handschuhfachs ist der Rechner zugänglich. Zum Ausbau die Mehrfachsteckverbindung (eine Schraube) lösen, dann kann der EEC-IV-Rechner aus der Halterung genommen werden.

drehzahl und hält so die Drehzahl bei allen Belastungen des Motors konstant, wie sie z. B. durch Klimaanlage, Getriebeautomatik, Servolenkung und leistungsstarke Stromverbraucher verursacht werden können.

○ Bei Ausfall des Mikroprozessors setzt ein Notprogramm den Zündzeitpunkt auf 10° vor OT fest, so daß Sie mit Ihrem Sierra, allerdings mit Leistungseinschränkungen, weiterfahren können.

Der EEC-IV-Rechner
Einspritzmotoren

Dieser Rechner (**E**lectronic **E**ngine **C**ontrol = elektronische Motor-Überwachung) vereinigt die Steuerung der Zündverstellung sowie die Gemischaufbereitung bei der Zentral- und bei der Mehrpunkt-Benzineinspritzung. Dazu werden folgende Informationen verarbeitet:

○ Drehzahl vom Schwungrad der Kurbelwelle (1,6-Liter-CVH- und 2,0-Liter-DOHC-Motor) bzw. vom Hallgeber im Zündverteiler (2,0-Liter-OHC- und 2,9-Liter-V6-Motor)
○ Drosselklappenstellung durch Drosselklappengeber
○ Kühlmitteltemperatur durch einen Sensor im Kühlkreislauf
○ Ansauglufttemperatur durch einen temperaturabhängigen Widerstandsgeber
○ Geschwindigkeit durch Sensor am Tachowellenausgang des Getriebes
○ Leerlaufdrehzahl durch Drosselklappengeber
○ Unterdruck im Ansaugkrümmer durch Unterdrucksensor
○ Werte der Lambda-Sonde
○ Werte des Klopfsensors (nur 2,0-OHC-Motor mit geregeltem Katalysator)

Der Rechner verarbeitet die eingehenden Signale so schnell, daß praktisch zwischen zwei aufeinander folgenden Kolbenhüben neue Informationen an die ausführenden Bauteile des Motor-Regelungssystems weitergegeben werden können. Das sind:

○ Zündzeitpunkt
○ Einspritzmenge am Einspritzventil durch Impulsfrequenz
○ Drosselklappenstellung beim Verzögern
○ Leerlaufdrehzahl
○ Drehzahlbegrenzung

Im EEC-IV-Modul integriert ist ein sogenannter KAM-Speicher (**K**eep **A**live **M**emory = Fehler-Anpassungsspeicher). Dies ist ein Anpassungsspeicher, durch den alle Veränderungen, die durch Verschleiß und Alterung entstehen können, ausgeglichen werden. Die Informationen werden so gespeichert, daß sie auch nach Abschalten der Zündung nicht verloren gehen.

Wird jedoch die Batterie abgeklemmt, werden alle im KAM gespeicherten Werte gelöscht. Dadurch kann es zu Stottern, Aussetzern beim Beschleunigen und unrundem Leerlauf kommen. Bei Ausfall des Mikroprozessors stellt wie beim ESC-Rechner das Notprogramm die Zündung auf den Festwert von 10° vor OT.

Fehlersuche bei den Zündungs- bzw. Motorsteuergeräten

Gleich, welches Zünd- bzw. Motorsteuersystem in Ihrem Sierra eingebaut ist, zu reparieren gibt es bei den Rechnern nichts. Sie müssen immer komplett ausgewechselt werden, vorausgesetzt, man ist sich sicher, daß der Fehler auch bei diesem Zündmodul zu suchen ist. Dies herauszufinden, überlassen Sie jedoch besser der Werkstatt, denn sie kann das ganze Zündsystem mit entsprechenden Geräten, z. B. beim ESC- und EEC-IV-Rechner mit einer speziellen Prüfbox durchmessen und so die richtige Fehlerdiagnose stellen.

Es hat also keinen Sinn, auf Verdacht und nach Daumenpeilung einfach einmal ein Teil auszuwechseln. Zudem sind die Zündmodule für verschiedene Motoren unterschiedlich und untereinander nicht austauschbar, da das

Programm der entsprechenden Rechner speziell auf den bestimmten Motor ausgelegt ist. Wie schon bemerkt, sorgt bei allen Rechnern ein Notprogramm dafür, daß die Zündung nicht total ausfällt, d.h. die Zündverstellung stellt sich auf den statischen Zündzeitpunkt ein, wobei beim EEC-IV-Modul die eingespritzte Kraftstoffmenge konstant ist. Der Sierra kann also gefahren werden, jedoch mit erheblichem Leistungsverlust.
Die Ausführungen über die Zündrechner bzw. die Motorregelung zeigen dem Selbermacher, daß spätestens hier Reparaturen in Eigenregie mangels entsprechender Prüfgeräte fehl am Platze sind und die Werkstatt der richtige Partner ist.

Vorsichtsmaßnahmen im Umgang mit der TSZ und DIS

Unsachgemäße Wartungsarbeiten an der Transistoranlage können das Leben des Betreffenden gefährden. Vom Hallgeber des Zündverteilers bzw. vom ESC- bzw. E-DIS-Modul können Spannungen bis zu 100 Volt mit hoher Stromstärke erzeugt werden. Außerdem liegt die Hochspannung ca. 25% höher als bei herkömmlichen Zündanlagen. Bei eingeschalteter Zündung kann bei Erschütterung ein Hochspannungsimpuls an eine Zündkerze abgegeben werden. Abgesehen davon können durch unsachgemäße Handhabung Bauteile der Zündanlage Schaden erleiden.

○ Sämtliche elektrische Leitungen – auch Anschlüsse von Prüfgeräten – nur bei ausgeschalteter Zündung an- bzw. abklemmen.
○ Soll der Motor vom Anlasser lediglich durchgedreht werden ohne anzuspringen, muß die Zündung lahmgelegt werden, siehe übernächsten Abschnitt.
○ Zur Motorwäsche darf der Motor nicht laufen, und die Zündung muß ausgeschaltet sein.
○ Zur Starthilfe bei leerer Batterie mit einem Schnellader darf dieser höchstens eine Minute lang angeschlossen sein und die Spannung nicht mehr als 16,5 Volt betragen.
○ Bei einem bestehenden oder vermuteten Defekt an der Zündanlage zum Abschleppen des Fahrzeugs den Stecker am jeweiligen Rechner bzw. Verteiler abziehen.
○ An Klemme 1/– der Zündspule keinen Kondensator anschließen.
○ Verteilerfinger nicht gegen einen beliebigen austauschen, sondern immer den Original-Verteilerfinger einsetzen.
○ Der Widerstand der dicken Zündkabeln darf 30 kΩ pro Kabel nicht übersteigen. Nur Kerzenstecker mit einem Widerstand von 1–5 kΩ verwenden.
○ Zum elektrischen Schweißen am Fahrzeug beide Kabel an der Batterie abklemmen.

Zündung lahmlegen

Das TFI- bzw. E-DIS-Modul und der ESC- bzw. EEC-IV-Rechner der Zündanlage erleiden unweigerlich Schaden, wenn der Motor bei abgezogenem Hauptzündkabel vom Anlasser durchgedreht wird. Deshalb muß zu bestimmten Arbeiten die Zündung lahmgelegt werden.

● Hauptzündkabel – bei abgeschalteter Zündung – aus dem Verteilerdeckel ziehen.
● Bei der DIS-Zündspule die Zündkabel von der Zündkerzen abziehen und die jeweils zusammengehörenden Kabel 1/4 und 2/3 verbinden.
● Zündkabel an die Polzange eines Starthilfekabels anklemmen.
● Andere Polzange des Starthilfekabels fest am Motorblock oder Getriebe (Masse) anklemmen.

Störungssuche an der Zündanlage

Wer einem Fehler an der Zündanlage auf die Spur kommen will, muß ganz systematisch vorgehen. Die genaue Überprüfung der nachfolgend genannten Bauteile ist im weiteren Verlauf des Zündungskapitels beschrieben.

Zuerst die Sichtprüfung

○ Sitzen die Kabelanschlüsse und Steckkontakte an Zündspule, Verteiler und TFI-, E-DIS-Modul, ESC- bzw. EEC-IV-Rechner fest?
○ Zeigen sich am Gehäuse der Zündspule Risse, Brandspuren von überschlagenden Funken, oder ist die teerartige Vergußmasse ausgelaufen?
○ Zeigt die Verteilerkappe Schäden?
○ Kontrollieren Sie den festen Sitz und den Zustand der Haupt- und der Kerzenzündkabel. Bei den elektronischen Zündanlagen kann es durch die hohen Spannungen leicht zu Kriechströmen und Funkenüberschlägen kommen.

Zündstrom vorhanden?

● Einen Kerzenstecker abziehen, Zündkerze herausschrauben.
● Stecker wieder auf die Zündkerze stecken und diese so auf dem Motorblock ablegen, daß sie einwandfrei Massekontakt hat.
● Motor von Helfer starten lassen.
● Springen kräftige Funken am Kabelende bzw. an der Kerzenelektrode über, ist Zündstrom vorhanden.
● Springen keine Funken über, muß nach folgender Anleitung weiter geprüft werden.

Stromversorgung der Zündanlage

Neben einem Totalausfall der Zündanlage durch fehlende Spannung kann auch zu geringe Versorgungsspannung erhebliche Störungen verursachen. Deshalb ist hier eine Voltmeter besser zur Prüfung.

● Meßgerät zwischen Klemme 15 der Zündspule und Masse anschließen.

● Liegen ca. 11,5 Volt an, siehe übernächsten Abschnitt.

● Messen Sie gar keine Spannung oder weniger als die genannten Werte, kann es an den nachfolgend beschriebenen Ursachen liegen.

Fehlerquellen

○ Batteriezustand (Ladezustand)
○ Unterbrechung der Verkabelung zum Zündschloß
○ Defektes Zündschloß an Kontakt 15 oder 30
○ Unterbrechung zwischen Zündschloß und Mehrfachstecker des TFI-, E-DIS-Moduls oder ESC- bzw. EEC-IV-Rechners

Weitere Fehlerursachen

Wenn der Zündfunke von der Zündspule erzeugt wurde, aber am letzten Glied der Kette, der Zündkerze nicht ankommt, muß der weitere Verlauf überprüft werden. Das sind folgende Bauteile:
○ Zündkabel
○ Entstörstecker an den Zündkabeln von Zündspule und Verteiler
○ Verteilerdeckel
○ Zündkerzenstecker
○ Zündkerzen

Die Zündspule

Wie die Zündspule prinzipiell funktioniert, ist zu Beginn des Kapitels beschrieben.
○ Ihren Primärstrom erhält sie an Klemme 15/+.
○ Über die Primärwicklung der Zündspule gelangt die Spannung von deren Klemme 1/– zum TFI-, E-DIS-Modul bzw. ESC-Rechner der Transistorzündung. An Klemme 1 ist auch der Drehzahlmesser angeschlossen.
○ Die Zündspannung von ca. 30000 Volt kommt bei der Verteilerzündung aus der mittleren Klemme 4 der Spule und wird über das Hauptzündkabel zum Verteilerdeckel weitergeleitet.
○ Bei der DIS-Zündspule wird die Spannung von ca. 37000 Volt direkt an die Zylinder weitergeleitet.

Zündspule der TSZ und DIS prüfen

● **Spannungsmessung** zwischen Klemme 1 und Masse: Es muß die volle Spannung von mindestens 11,5 Volt anliegen.

● **Widerstandsmessung:** Alle Leitungen an der Zündspule bei ausgeschalteter Zündung abziehen bzw. -klemmen.

● Mit einem Ohmmeter mit den Meßbereichen vom 0–1 und 1–20 kΩ zwischen Zündspulenklemme 1/– und 15/+ messen (Primärwicklung). Sollwert bei allen Motoren mit TSZ: 0,72–0,88 Ω. Sollwert beim DIS-Zündsystem (1,6-CVH-Motor) bei beiden Primärwicklungen: 0,45–0,55 Ω.

● Der Meßwert zwischen Klemme 1/– und 4 (Sekundärwicklung) bei allen Motoren mit TSZ muß 4,5–7,0 kΩ betragen. Sollwert bei beiden Sekundärwicklungen des DIS-Zündsystems 11,0–16,0 kΩ.

● Mit diesen Messungen läßt sich ein Windungsschluß in der Zündspule allerdings nicht erkennen.

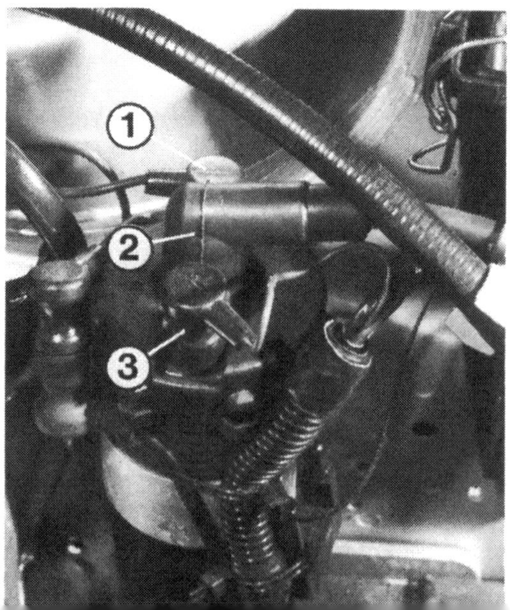

Beim DOHC-Motor ist die Zündspule mit einem Hitzeschutzschild (Pfeil) versehen, der bei Spannungsprüfungen gegebenenfalls abgebaut werden muß. Die Bezifferung in der rechten Abbildung deutet auf die Normklemmenbezeichnung:
1 – Klemme 15 (vom Zündschloß kommender Batteriestrom);
2 – Klemme 4 (Hauptzündkabel des hochgespannten Zündstroms zum Mittenkontakt des Verteilerdeckels);
3 – Klemme 1 (Ausgangsklemme des Primärstroms zum TFI-Modul).

Beim 1,6-Liter-CVH-Motor kommt das Zündsignal vom Drehzahl-/Positionsgeber der Kurbelwelle über den Mehrfachstecker (Pfeil) zur Primärwicklung der Doppel-Zündspule und wird über die beiden Sekundärwicklungen als Doppel-Hochspannungs-Stromstoß einmal bei »1« und einmal bei »2« an die Zylinder abgegeben.

● Fehlt es an der Zündspannung, obwohl das TFI- bzw. E-DIS-Modul bzw. der Zündrechner und der Hallgeber des Zündverteilers in Ordnung sind (siehe unter »Störungssuche an der Zündanlage« in diesem Kapitel), muß die Zündspule ersetzt werden.

Zündspule ausbauen
nur TSZ

● Massekabel der Batterie abklemmen.
● Hauptzündkabel abziehen.
● Niederspannungskabel (Klemme 1 und 15) lösen.
● Zwei Halteschrauben entfernen und Zündspule mit Halteband abnehmen.

Zündspule ausbauen
nur DIS

● Massekabel der Batterie abklemmen.
● Verkleidung der Zündspule abbauen und Mehrfachstecker abziehen.
● Jeweils Sicherungsklammern zusammendrücken und Zündkabel aus der Zündspule ziehen.
● TORX-Schrauben lösen und Zündspule abnehmen.
● Beim Einbau der Zündkabel darauf achten, daß die Sicherungsklammern korrekt an der Zündspule einrasten.

Fingerzeig: Die Zündkabelanschlüsse an der Zündspule sind mit den Zahlen 1 bis 4 gekennzeichnet. Beim Aufstecken der Kabel darauf achten, daß die Zündkabel auf keinen Fall vertauscht werden.

Der Zündverteiler

Dieses Teil der Zündanlage erfüllt wesentlich mehr Funktionen, als sein Name aussagt.
○ Im Oberteil liefert der drehende Verteilerfinger den hochgespannten Strom an die einzelnen Zündkerzen.
○ Darunter hat je nach Verteilertyp der Impuls- bzw. der Hallgeber seinen Platz.
○ Außen am Verteiler ist das TFI-Modul bzw. der Zündrechner mit einer Steckverbindung angeschlossen.
○ Beim 1,6-Liter-OHC- und 2,8-Liter-V6-Motor (K-Jetronic) ist seitlich am Verteiler die Unterdruckdose der Unterdruck-Zündverstellung angebracht.

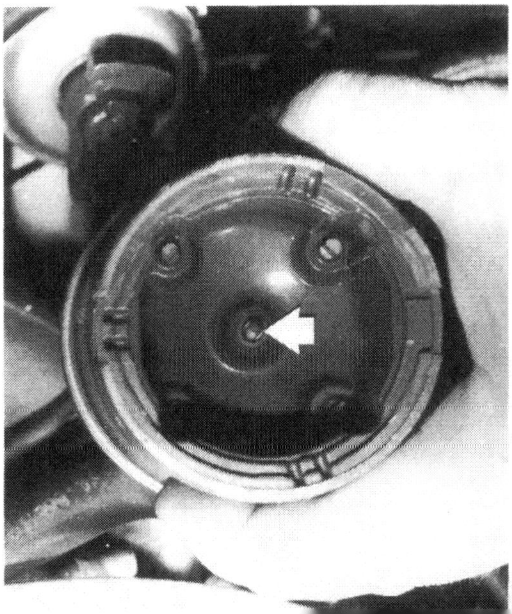

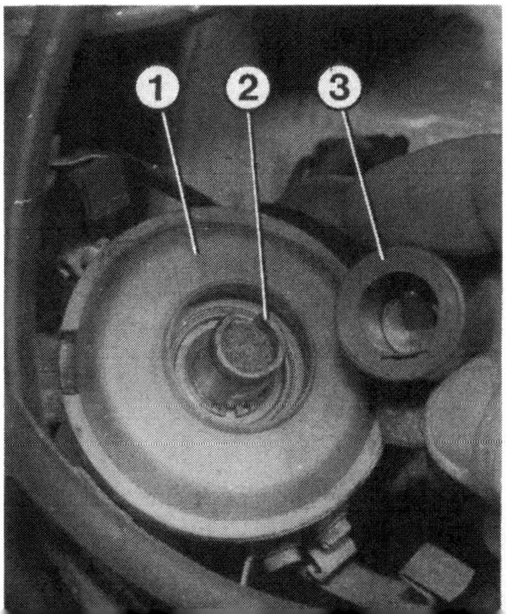

Wird der Verteilerdeckel abgenommen (hier der Deckel des Bosch-Impulsgeber-Verteilers), sollten Sie Beweglichkeit und Länge der Schleifkohle (Pfeil) kontrollieren. Bei abgenomenem Verteilerdeckel kommt die Staubabdeckung (1) und bei ebgezogenem Verteilerfinger (3) die Verteilerwelle (2) mit Schmierfilz zum Vorschein. Abbrand an Verteilerfinger und Kontaktnasen im Verteilerdeckel deuten auf Störungen in der Zündanlage hin.

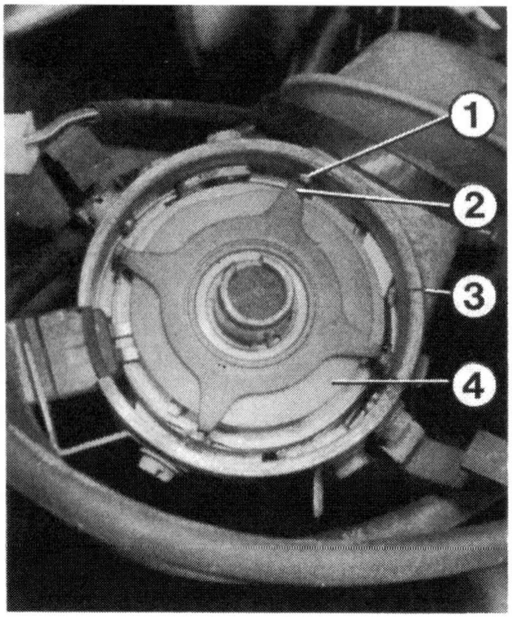

Links: Bei abgenommener Staubkappe zeigt der Bosch-Impulsgeber-Verteiler:
1 – Statorpol;
2 – Verteileranker;
3 – Zündmarkierung für Zylinder 1;
4 – Stator.
Rechts: Bei abgenommenem Verteilerdeckel erkennt man beim Halleffekt-Verteiler bei »1« den Impulsaufnehmer, bei »2« den Lochanker und bei abgenommenem Verteilerfinger die Verteilerwelle (3).

○ Beim 1,8-Liter-CVH-Motor und beim DOHC-Motor dient der Verteiler lediglich noch der Verteilung der von der Zündspule produzierten Zündfunken an die einzelnen Zylinder. Der Zündzeitpunkt wird vom Drehzahl-/Positionssensor der Kurbelwelle über das ESC-Zündmodul gesteuert.

Verteiler öffnen

● **OHC- und V6-Motoren:** Halteklammern des Deckels mit einem Schraubendreher abdrücken oder die Kreuzschlitzschrauben lösen.

● Verteilerdeckel mit Blechabschirmung abziehen, die Zündkabel bleiben aufgesteckt.

● Verteilerfinger abziehen. Dahinterliegenden Staubschutzdeckel abnehmen.

● Beim Einbau den Staubschutzdeckel so auflegen, daß seine Haltenase in die Aussparung im Verteilergehäuserand zu sitzen kommt.

● Der Verteilerfinger ist mit einer angegossenen Erhebung versehen, die in die Aussparung in der Verteilerwelle zu sitzen kommen muß.

● Auch der Verteilerdeckel besitzt als Verdrehsicherung eine angegossene Nase, die in den Einschnitt im Verteilergehäuse einrasten muß, bevor der Deckel wieder befestigt wird.

● **1,8-CVH-Motor:** Verkleidung des Verteilers aufhebeln und abnehmen.

● Arretierschrauben 90° gegen den Uhrzeigersinn drehen.

● Verteilerdeckel mit Zündkabeln von der Zahnriemenabdeckung nehmen.

● Die beiden Sicherungsklammern zusammendrükken und Verteilerfinger abziehen.

● Beim Einbau des Verteilerfingers darauf achten, daß die Klammern richtig einrasten.

● Nach Arretieren der Deckelschrauben (90° im Uhrzeigersinn) kontrollieren, ob die Schrauben auch richtig sitzen.

● **DOHC-Motor:** Entstör-Blechabschirmung abbauen. Dazu oben an der oberen Hälfte die beiden Muttern herausdrehen. Der untere Teil kann abgehebelt werden.

● Zwei TORX-Schrauben herausdrehen und Verteilerdeckel abnehmen.

● Verteilerfinger abziehen.

● Beim Einbau den Verteilerfinger an der -welle ansetzen und drehend bis zum Anschlag aufschieben.

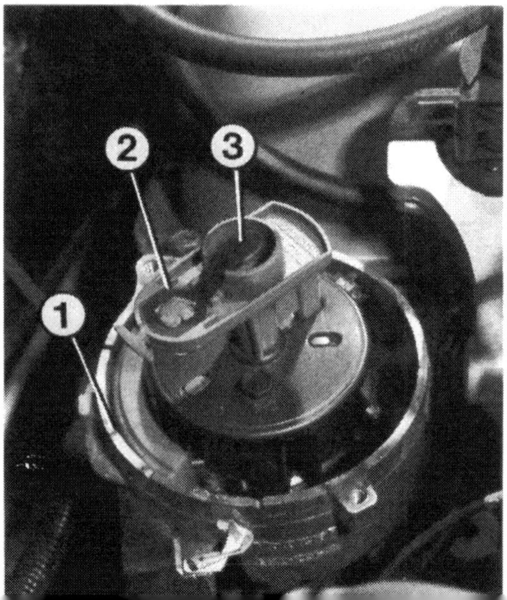

Beim V6-Motor erkennt man bei abgenommenem Verteilerdeckel (4) die festsitzende Kontaktkohle (5), die auf die Federzunge (3) des Verteilerfingers (2) drückt. Bei »1« ist die Markierung, auf die der Verteilerfinger bei OT für Zylinder 1 zeigen muß.

Verteilerdeckel und -finger kontrollieren

- Verteilerdeckel abnehmen. Er muß innen und außen sauber sein, damit keine Strombrücke über Schmutz, Abrieb oder Feuchtigkeit den Zündstrom ableitet.
- Abbrand an den Kontakten abwischen.
- Kontaktstellen oxidiert (Grünspan)?
- Blankschleifen oder kontrollieren, ob ein falscher Verteilerfinger zu weit entfernt an den Kontakten vorbeiläuft.
- Bleistiftartige Striche im Verteilerdeckel sind Brandspuren von Kriechströmen, die sich über Schmutz oder Feuchtigkeit einen Weg gebahnt und dann eingebrannt haben.
- Behelfsmäßige Abhilfe schafft hier Auskratzen mit einem Schraubendreher oder Messer und Überstreichen mit Alleskleber, Nagellack oder im Notfall auch Lippenstift.
- Die Kontaktkohle in Deckelmitte muß glatt und glänzend sein, sich leicht einfedern lassen und ohne zu klemmen wieder zurückfedern.
- Der Verteilerfinger darf an seiner Kontaktzunge und über der Vergußmasse des Entstörwiderstands zwischen Mittenkontakt und der Zunge nicht verschmort sein.
- Zuletzt noch die Kontrolle, ob die Arretiererhebung zum Aufstecken auf die Verteilerwelle abgeschert ist.

Fingerzeig: Speziell beim Zündverteiler kann es am Verteilerdeckel zu Kriechströmen bzw. Spannungsdurchschlägen zwischen den Zündkabeln und der runden Blechabschirmung kommen. Behelf unterwegs: Blechabschirmung ganz abnehmen.

Verteiler ausbauen

nur OHC- und V6-Motor

Bei Ford wird der Zündzeitpunkt am Band mittels einer speziellen Einstellvorrichtung mit einer Genauigkeit von einem halben Grad eingestellt. Deshalb nur wenn unbedingt erforderlich den Zündverteiler ausbauen und die Zündung einstellen.

- Batterie-Massekabel abklemmen.
- Verteilerdeckel abnehmen.
- Motor auf OT des 1. Zylinders drehen. Der Verteilerfinger muß gegenüber der Kerbe für den ersten Zylinder stehen.
- Mehrfachstecker am Verteiler entfernen bzw. abziehen.
- Ggf. Unterdruckleitung abziehen.
- Stellung des Verteilers zum Motorblock mit einem Schraubendreher einritzen.
- Versiegelung der Spannschraube abkratzen.
- Spannschraube lösen und Verteiler vorsichtig aus dem Motorblock ziehen.
- Motor bei ausgebautem Verteiler nicht drehen.
- Nach dem Einbau unbedingt die Stellung von Zylinder 1 und Verteilerfinger überprüfen.
- Zündeinstellung kontrollieren und ggf. einstellen.

Zündzeitpunkt und oberer Totpunkt

Die Leistung des Motors ist am besten, wenn das Kraftstoff/Luft-Gemisch im Moment der höchsten Verdichtung gezündet wird. Letztere herrscht beim Viertaktmotor in jenem Augenblick, da der Kolben bei Beendigung des 2. Takts – des Kompressionshubs – von der Aufwärtsbewegung in die Abwärtsbewegung des 3. – des Arbeitstakts – übergehen will. Der Kolben steht dann in seinem höchsterreichbaren Punkt für einen winzigen Sekundenbruchteil still, ehe er sich wieder nach unten bewegt. Diese Stellung nennt man den Oberen Totpunkt (kurz: OT), dessen Gegenstück der Untere Totpunkt (UT) ist.

Nach Abnahme des geschraubten Verteilerdeckels beim DOHC-Motor muß die Leichtgängigkeit und Länge der Kontaktkohle (Pfeil) kontrolliert werden. Soll der Verteiler ausgebaut werden, lediglich den Verteilerfinger (2) abziehen und die Grundplatte (1) abnehmen. Dann ist der Blick auf die Verteilerwelle (3) mit Befestigungsschraube (4) frei.

Links: Der MAP-Unterdrucksensor ist beim CVH- und DOHC-Motor am rechten Kotflügel montiert.
Rechts: Der Unterdrucksensor ist beim V6-Motor ans Windfangblech montiert. Die Funktion ist bei beiden Modulen gleich. Bei der Kontrolle der Unterdruckfunktion darauf achten, daß die Schläuche (Pfeile) wieder einwandfrei auf dem entsprechenden Anschluß auf der Ansaugseite des Motors bzw. Moduls zu sitzen kommt. Bei einem älteren Fahrzeug ggf. auch den Schlauch auf Schäden kontrollieren.

Die Zündzeitpunktverstellung

○ Zum vollen Entflammen benötigt das Kraftstoff/Luft-Gemisch stets die gleichbleibende Zeit: rund 1/3000 Sekunde. Das erfordert, daß der Zündzeitpunkt mit steigender Drehzahl immer früher gelegt werden muß. Nur so erfolgt die Verbrennung wieder genau zum richtigen Zeitpunkt, nämlich dann, wenn der Kolben gerade wieder beginnt abwärts zu laufen.
○ Das Verbrennen des Kraftstoff/Luft-Gemisches hängt aber auch von dessen Zusammensetzung ab. Bei nur gering durchgetretenem Gaspedal (bei Teillast) ist das Gemisch in den Brennräumen weniger zündfähig. Es verbrennt daher langsamer und muß aus diesem Grund früher gezündet werden.
○ Gibt man zu wenig Frühzündung, wird die Energie des Kraftstoffes nicht vollständig ausgenutzt, und der Motor kommt nicht auf Leistung. Wird der Zündzeitpunkt allerdings zu früh gelegt, schlägt das bereits entflammte Gemisch dem noch aufwärts strebenden Kolben entgegen, der Motor klingelt oder klopft.

Zündzeitpunktverstellung bei den Zündrechnern

Beim Hallgeber-Verteiler wie beim DIS-Zündsystem (verteilerlos) übernimmt immer der jeweilige Zündrechner sämtliche Zündzeitpunktänderungen.
Für die Meldungen der bestehenden Motorbelastung ist der jeweilige Zündrechner über einen Unterdruckschlauch mit dem Ansaugkrümmer verbunden.

Unterdruckverstellung prüfen

Der ESC- wie der EEC-IV-Rechner ist über einen Unterdruckschlauch mit dem Ansaugkrümmer verbunden. Ein Umformer im Rechner spricht auf den Unterdruck vom Ansaugkrümmer an und setzt den Unterdruckwert in ein elektrisches Spannungssignal um. So wirkt die Unterdruckverstellung zusätzlich zur Zünd-Grundeinstellung.

- Zur Prüfung Schlauch vom ESC-Rechner bzw. Unterdrucksensor (MAP) des EEC-IV-Rechners abziehen und mit der Fingerspitze verschließen.
- Von Helfer Motor starten und auf mittlerer Drehzahl (ca. 2000/min) halten lassen.
- Bei gleichmäßiger Drehzahl den Schlauch wieder anschließen.
- Da nun vom Saugrohr her Luft durch den Schlauch angesaugt wird, muß die Unterdruckverstellung in diesem Teillastbereich in Aktion treten,

Auf der Innenseite des Luftsammelrohr sind beim DOHC-Motor die Unterdruckanschlüsse für die Kurbelgehäuse-Entlüftung (1) und den MAP-Unterdrucksensor angeschlossen. Bei »3« ist der Ansaugluft-Temperatursensor eingeschraubt.

wodurch die Motordrehzahl ohne Gaspedalveränderung sofort merklich erhöht wird.

- Falls der Motor nicht etwas schneller dreht, ist wahrscheinlich der Schlauch undicht oder der Unterdrucksensor des EEC-IV-Rechners bzw. der ESC-Rechner defekt.

Zündzeitpunkt und Leerlaufdrehzahlanpassung

Zur Oktanzahlanpassung und zum Verändern der Leerlaufdrehzahl befindet sich eine Mehrfachsteckverbindung links hinten an der Spritzwand im Motorraum. Durch Verbindung bestimmter Kabel an Masse kann je nach eingebautem Zündrechner eine Verstellung des Zündzeitpunkts in Richtung »spät« vorgenommen werden.

Motor	Zündrechner	rotes Kabel an Masse	blaues Kabel an Masse	rotes und blaues Kabel an Masse	gelbes Kabel an Masse 1/min
2,0 OHC	ESC	4°	2°	6°	+75
1,8 OHC	ESC	2°	4°	6°	–
1,8 CVH	ESC	[1]	[2]	[3]	–
1,6 CVH/2,0i DOHC	EEC IV	[1]	[2][4]	[3]	+50/+25
2,0i OHC	EEC IV	2°	4°	6°	+75
2,8i	EEC IV	3°	6°	[5]	+50 oder +75
2,9i	EEC IV	4°	6°	[5]	+50 oder +75
2,9i Kat	EEC IV	4	–	[5]	+50 oder +75

[1] zur Unterdrückung von Motorklopfen im Teil- und Vollastbereich
[2] bei Verwendung von Kraftstoff mit 91 Oktan
[3] zur Unterdrückung von Motorklopfen im Teil- und Vollastbereich bei Verwendung von Kraftstoff mit 91 Oktan
[4] bei DOHC-Motoren mit bestimmten Modulen nicht anschließen (Werkstatt aufsuchen)
[5] dürfen bei diesen Motoren unter keinen Umständen zusammen an Masse gelegt werden, da sonst der Zündrechner Schaden erleidet

Zündzeitpunktverstellung im Zündverteiler

nur 1,6-OHC- und 2,8-V6-Motor

Die Zündverstellung in Richtung »früh« übernehmen beim Impulsgeber-Verteiler des 1,6-Liter-OHC- und 2,8-Liter-V6-Motors einerseits die Fliehkraftverstellung unten im Verteiler und andererseits die seitlich sitzende Unterdruckdose, wobei diese beiden Einrichtungen teilweise gemeinsam wirken.

Fliehkraft-Verstellung

Die Fliehkraftverstellung wirkt innerlich auf die zweigeteilte Verteilerwelle. Die Trägerplatte des Fliehkraftverstellers sitzt im Verteilergehäuse unter dem Verteileranker des Impulsgeber-Verteilers fest auf der Verteiler-Antriebswelle.
Je schneller diese dreht, um so intensiver drücken die Fliehgewichte auf ihrer Trägerplatte gegen einen Mitnehmer. Dieser bewegt die eigentliche Verteilerwelle zusätzlich in ihrer Drehrichtung. Dadurch erreicht man mit ansteigender Drehzahl zunehmende Frühzündung, weil der Impulsgeber früher ausgelöst wird. Bei abnehmender Drehzahl machen dies kleine Spiralfedern wieder rückgängig. Die Fliehkraftverstellung bewirkt beim 1,6-Liter-OHC-Motor bis zu 16°, bei 2,8-Liter-V6-Motor bis zu 22° Frühzündung.

Fliehkraft-Verstellung prüfen

- Stroboskoplampe anschließen.
- Unterdruckschlauch am Verteiler abziehen.
- Motor starten.
- Stroboskoplampe auf die Zündzeitpunktmarkierung halten (siehe unter »Zündung prüfen«).
- Die Kerbe auf der Keilriemenscheibe muß ruckfrei auswandern und beim Zurückgehen auf die Leerlaufdrehzahl sofort wieder zur Zündmarkierung zurückkommen.
- Für eine genaue Überprüfung muß die Zündverstellung anhand der Verteiler-Daten in der Werkstatt gemessen werden.

Unterdruck-Verstellung

Die Unterdruckdose am Verteiler ist durch eine dünne Saugleitung mit dem Vergaser bzw. dem Ansaugkrümmer verbunden. Bei geschlossener Drosselklappe des Vergasers ist der Unterdruck gleich Null. Er baut sich mit zunehmender Öffnung und steigender Drehzahl unter Teillast auf einen Höchstwert auf, um bei voll geöffneter Drosselklappe wieder um einen gewissen Wert abzufallen.
Wenn nun bei nur teilweise durchgetretenem Gaspedal ein kräftiger Unterdruck herrscht, zieht dieser über die Saugleitung eine Membrane in der Unterdruckdose an. Von ihr reicht eine Zugstange in den Verteiler hinein und zieht dort die drehbare Grundplatte des Impulsgeber-Verteilers an. Hierdurch wird die Platte entgegen der Drehrichtung der Verteilerwelle gezogen, und die Zündung erfolgt so entsprechend früher. Die Unterdruckverstellung wirkt zusätzlich zur Fliehkraftverstellung.

Unterdruck-Verstellung prüfen

Ob die Unterdruckverstellung funktioniert, läßt sich – allerdings ohne genaue Meßwerte – selbst prüfen.

- Zur Prüfung Schlauch von der Unterdruckdose abziehen und mit der Fingerspitze verschließen.
- Von Helfer Motor starten und auf mittlerer Drehzahl (ca. 3000/min) halten lassen.
- Bei gleichmäßiger Drehzahl den Schlauch wieder an der Unterdruckdose anschließen.
- Da nun vom Saugrohr her Luft durch den Schlauch angesaugt wird, muß die Unterdruckver-

Links die Zündmarken des OHC-, rechts die des CVH-Motors. Zur Zündzeitpunkteinstellung scheint die vorbeihuschende Kerbe der Kurbelwellen-Keilriemenscheibe im Blitz der Stroboskoplampe zu »stehen«. Sie muß bei richtigem Zündzeitpunkt zur Markierung auf der Stirnseite des Motors entsprechend den Angaben in der Tabelle unten genau gegenüberstehen. Die Einstellmarke »O« beim CVH-Motor bedeutet OT, die Einstellmarken zeigen die Winkelgrade vor OT an.

stellung in diesem Teillastbereich in Aktion treten, wodurch die Motordrehzahl ohne Gaspedalveränderung sofort merklich erhöht wird.

- Falls der Motor nicht etwas schneller dreht, ist wahrscheinlich der Schlauch oder die Unterdruckdose defekt. Möglicherweise klemmt jedoch die Übertragung auf die Grundplatte im Verteiler.

Zündzeitpunkt prüfen

Wartung Nr. 44

Die volle Motorleistung und ein günstiger Benzinverbrauch hängen vom richtig eingestellten Zündzeitpunkt ab. Wie schon erwähnt, wird der Zündzeitpunkt im Werk elektronisch äußerst genau eingestellt. Wenn bei der Überprüfung unwesentliche Abweichungen (±2°) festgestellt werden, sollte keine Korrektur erfolgen, da die werksseitige Einstellung wesentlich genauer ist als die Prüfung in Eigenregie. Der Zündzeitpunkt braucht also nur nach Ausbau des Zündverteilers eingestellt werden und das auch oft nur, wenn vor Ausbau eine unzuverlässige Markierung angebracht wurde.
Die nachfolgende Tabelle gibt die Einstellwerte an.

Motortyp	Motorcode	Leistung kW/PS	Zündeinstellung ° vor OT
1,6 OHC	LSE	55/75	10/6[1]
1,6 OHC	LSF	53/72	6
1,6 CVH	L6B	59/80	10[2]
1,8 OHC	RED	66/90 59/80	10/6[1]
1,8 OHC	REF	59/80	6
1,8 CVH	R2C	64/87	20[3][4]
2,0 OHC	NES	77/105	10/6[1]
2,0 OHC	N4A	85/115	12/8[1]
2,0 OHC	N4B	74/100	18[4]
2,0 OHC	NEJ	74/100	6
2,0 DOHC	N8C	77/105	[2]
2,0 DOHC	N9C	88/120	[2]
2,8 V6	PRG	110/150	12/9[1]
2,9 V6	B4B	107/145	15[4]

1) bei Betrieb mit Euro Super bleifrei bzw. nachgerüstetem Kat
2) nicht einstellbar, da vollelektronisch geregelt
3) mit angeschlossener Unterdruckverstellung
4) nur genau einstellbar im Selbsttestcode des Werkstattprogramms

Zur Kontrolle des Zündzeitpunkts wird ein Drehzahlmesser und Stroboskoplampe benötigt. Zur Einstellung sind an den Sierra-Motoren unterschiedliche Markierungen angebracht.

○ Beim **OHC-Motor** ist an der Stirnseite des Motorblocks ein schmaler Steg angegossen. Dieser Steg ist Bezugspunkt für vier tiefe und drei flache Kerben in der rechts drehenden Kurbelwellen-Keilriemenscheibe. Der Abstand von tiefer zu flacher Kerbe entspricht jeweils 2°.

○ Beim **V6-Motor** befindet sich auf der ebenfalls rechts drehenden Kurbelwellen-Keilriemenscheibe eine Kerbe, die an einer am Motorblock montierten und mit Gradmarken versehenen Einstellmarkierung vorbeiläuft.

Zündung prüfen

- Motor warmfahren.
- Stroboskoplampe anschließen und ihr Auslösekabel in das Zündkabel des 1. Zylinders schalten.
- Ggf. Unterdruckschlauch am Unterdrucksensor bzw. ESC-Rechner abziehen und verschließen.
- Motor starten und im Leerlauf drehen lassen.

Die Zeichnung zeigt, wo am V6-Motor die Zündeinstellung kontrolliert wird. Auf der Kurbelwellen-Keilriemenscheibe befindet sich eine Kerbe (2), wie in Drehrichtung (Pfeil) am Einstellsteg (1), der mit den entsprechenden Gradangaben versehen ist, vorbeiläuft.

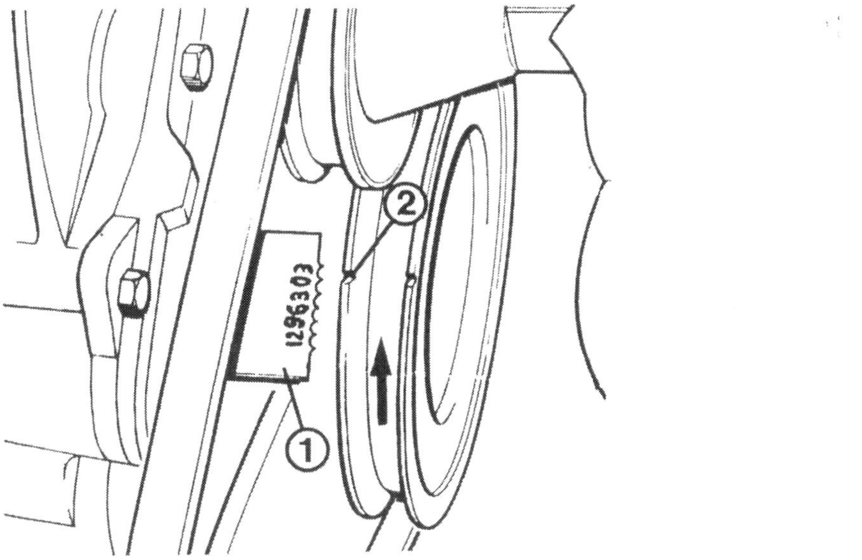

● Stroboskoplampe auf die Markierung der Riemenscheibe bzw. auf die Bezugsmarke am Motor richten.
● Bei jedem Aufblitzen der Lampe muß die Zündmarkierung auf der Keilriemenscheibe der entsprechenden Bezugsmarkierung ruhig gegenüberstehen.
● Wenn nicht, Zündzeitpunkt einstellen.
● Schwankt die Kerbe vor der Bezugsmarkierung, ist die Verteilerwelle ausgeschlagen.

Fingerzeig: Besitzt Ihre Stroboskoplampe ein Auslösekabel, das ins Zündkabel des 1. Zylinders gesteckt werden muß, müssen Sie auf einwandfreien Kontakt achten. Ein Wackelkontakt zwischen Zündkabel und Kerze kann dem TFI-Modul bzw. Zündrechner schaden.

Zündung einstellen

● Spannschraube am Verteilerfuß etwas lockern.
● Verteiler behutsam verdrehen, bis die entsprechenden Zündeinstellmarken im Stroboskopblitz in einer Linie »stehen«.
● Zündverteiler in dieser Stellung durch Anziehen der Spannschraube sichern.
● Leerlauf kontrollieren und ggf. einstellen.

Die Zündkabel

Die Verbindungskabel vom Verteiler zu den Zündkerzen bereiten normalerweise keine Probleme. Der Zündkabelwiderstand darf bei beiden Zündsystemen 30 kΩ pro Kabel nicht übersteigen.

Zündkabel prüfen

● Kontrollieren Sie, ob die Kabel fest in die Buchsen eingesteckt sind. Sie können sich durch Erwärmung der eingeschlossenen Luft etwas herausheben und so Motorstottern verursachen.
● Bei der DIS-Zündspule müssen die Sicherungsklammern korrekt eingerastet sein.
● Die Messingklemmen dürfen nicht oxidiert sein und sie müssen guten Kontakt zu den Kerzensteckern haben.
● Wenn der Zündfunke schon vor der Zündkerze zur Masse überspringt, hören Sie das an Knack- oder Knattergeräuschen im Motorraum.

Um Verwechslungen beim Aufstecken der Zündkabel vorzubeugen, hat Ford die Zündkabel mit zum entsprechenden Zylinder gehörenden Zahlen bedruckt, so daß ein falsches Aufstecken der Zündkabel auf Verteiler bzw. Zündspule und Zündkerze nahezu ausgeschlossen ist. Beim DOHC-Motor sitzen auf der Verteiler zudem Entstör-Zwischenstücke (links), die Störungen durch die Zündfunken im Radio verhindern.
Das rechte Bild zeigt die Reihenfolge, in der beim DOHC-Motor die Zündkabel in die Kappe des Zündverteilers gesteckt sind. Die Blechabschirmung verhindert ebenfalls Störungen im Radio.

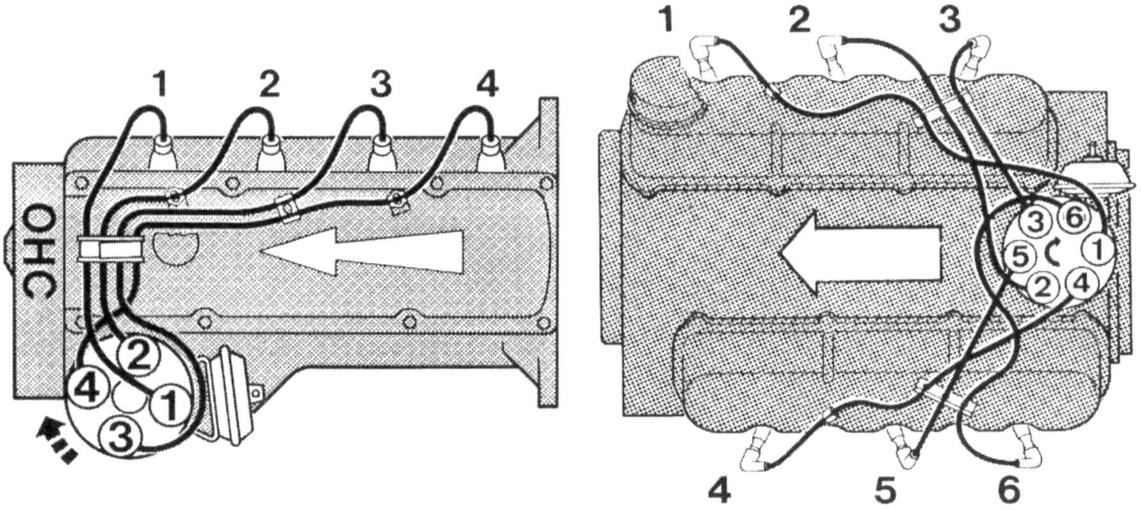

Die beiden Zeichnungen zeigen die Zündfolge der Sierra-Motoren. Die Darstellung des OHC-Motors gilt auch für die Zündfolge der beiden anderen Vierzylindermotoren. Die großen Pfeile zeigen die Fahrtrichtung an.

- Nachts sehen Sie die Funken deutlich springen. Ursache kann eine Steusalzschicht auf den Kabeln sein, oder das Kabel ist irgendwo durchgescheuert.
- Zündkabel mit Scheuer- oder Schmorstellen sollten Sie umgehend ersetzen.
- Bei Zündstörungen die Entstörstecker an der Zündspule sowie am Verteiler auf richtigen Widerstandswert messen.
- Das Ohmmeter soll bei abgeschirmten Steckern 4–6 kΩ anzeigen.

Die Zündfolge

Für ausgewogenen Motorlauf wird z. B. beim Vierzylinder nicht etwa in der Folge 1–2–3–4 gezündet, sondern gewissermaßen durcheinander. Entsprechend der Zündfolge sind die Zündkabel im Verteilerdeckel bzw. der DIS-Zündspule eingesteckt.
Wenn der Verteilerfinger bei abgenommenem Verteiler- und Staubschutzdeckel auf die Kerbe im Gehäuserand zeigt, steht Zylinder 1 (der in Fahrtrichtung vorderste bzw. beim V6 der vorderste rechte) auf Zündzeitpunkt. Das ist ein Anhaltspunkt beim Aufstecken der Zündkabel.
Die Zündfolge lautet beim **OHC-, DOHC- und CVH-Motor 1–3–4–2** und beim **V6-Motor 1–4–2–5–3–6**. Der Verteilerfinger ist **rechtsdrehend** (im Uhrzeigersinn).

Zündkerzen kontrollieren

Wartung Nr. 32

Der Wartungsplan von Ford sieht den Kerzenwechsel alle 20000 km vor. Wir raten statt zum bedenkenlosen Wechsel zu einer Kontrolle in kürzeren Abständen.

Zündkerzen ausbauen

- Zündkerzenstecker fassen und von den Stiften der Kerzen ziehen. Nicht an den Zündkabeln zerren.
- Zündkerzen mit dem Kerzenschlüssel herausdrehen und in der Reihenfolge der Zylinder ablegen.
- Sitzen die Kerzen sehr fest, keine Gewalt anwenden, sonst kann das Kerzengewinde z. B. im Leichtmetallkopf des CVH- oder DOHC-Motors ausreißen.
- Motor warmfahren und jetzt die Kerzen herausdrehen. Vorsicht, daß Sie sich die Hände nirgends verbrennen.
- Beim Einbau keine kalten Kerzen in den warmen Motor fest eindrehen, sie sitzen später wie eingenietet fest.
- Darauf achten, daß Gewinde und Kerzensitz sauber und frei von Rückständen ist. sonst kann die Kerze durch Gasaustritt in ihrem Sitz festbrennen.
- **Zündkerzen mit Kegeldichtsitz** sollen beim **OHC-Motor mit 20–28 Nm**, beim **CVH- und DOHC-Motor** mit **18–33 Nm** festgezogen werden. Wenn kein Drehmomentschlüssel zur Hand ist:
- Kerze handfest eindrehen, dann mit dem Zündkerzenschlüssel noch um etwa 11° weiterdrehen (Winkelmesser daneben halten). Dies entspricht etwa dem für diesen Kerzentyp vorgeschriebenen Anzugsdrehmoment.
- **Zündkerzen mit Dichtring** sollen beim **V6-Motor** mit **20–30 Nm** festgezogen werden. Ohne Drehmomentschlüssel die Kerze von Hand eindrehen, bis der Kerzendichtring ohne zu verkanten anliegt. Dann die Kerze mit dem Kerzenschlüssel eine Vierteldrehung (90°) anziehen.
- Bei gebrauchten Dichtring-Kerzen mit schon gepreßtem Dichtring mit dem Kerzenschlüssel nur 15° weiterdrehen, das genügt.

Fingerzeig: Zum Gangbarmachen der Zündkerzengewinde können Sie etwas Graphit von einem weichen Bleistift auf die Gewindegänge schaben oder hochtemperaturfestes Kupferfett sparsam aufstreichen. Öl oder normales Fett läßt die Zündkerze im Gewinde des Zylinderkopfes festbacken.

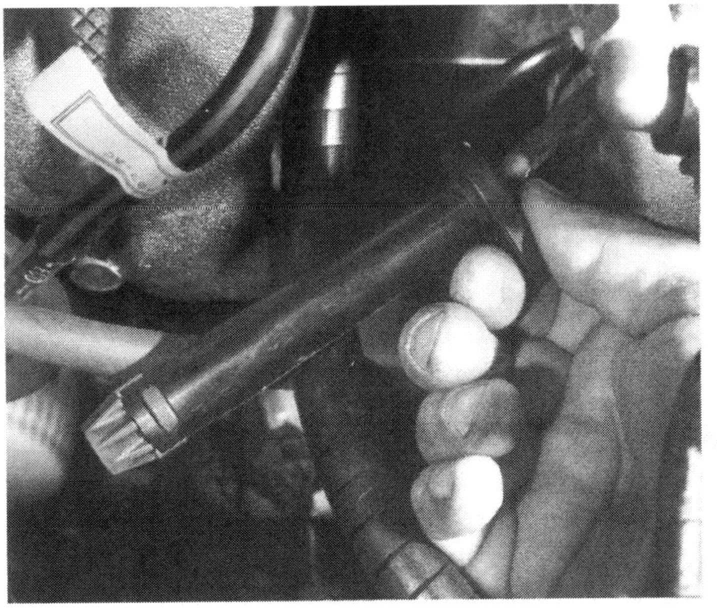

Beim Wechsel der Zündkerzen wird immer wieder darauf hingewiesen, daß an den Zündkerzensteckern und nicht an den Kabeln gezogen wird. Dazu sind die Kerzenstecker beim DOHC-Motor sogar mit Griffstegen versehen. Wird trotzdem an den Kabeln gezerrt, bleiben Störungen im Zündsystem nicht aus.

Zündkerzen prüfen

Die Zündkerzen sind gewissermaßen Zeugen der Verbrennung im Zylinder. Das Aussehen der Kerzenelektroden (das Kerzengesicht) läßt erkennen, ob der Motor optimal arbeitet. Vorher sollte der Motor auf der Landstraße oder Autobahn gründlich warmgefahren worden sein. Die Kontrolle nach Kurzstreckenverkehr kann zu Fehlschlüssen führen. Sehen Sie sich die Isolatorspitze mit der Mittelelektrode und die Seitenelektrode an:

○ **Isolatorspitze hellgrau bis bräunlich gefärbt:** Gute Einstellung von Vergaser bzw. Einspritzanlage, der Motor läuft wirtschaftlich.

○ **Starke Ablagerungen:** Ursache können Zusätze im Motoröl oder Kraftstoff sein oder erhöhter Ölverbrauch durch schadhafte Ventilschaftabdichtungen. Evtl. Öl- bzw. Kraftstoffmarke wechseln.

○ **Schwarze rußartige Ablagerungen:** Zündkerze erreicht durch häufigen Kurzstreckenverkehr ihre Selbstreinigungs-Temperatur nicht, falscher Wärmewert, CO-Gehalt zu hoch.

○ **Isolatorspitze weißlich gefärbt:** Zündzeitpunkt zu stark in Richtung früh eingestellt, automatische Zündzeitpunktverstellung im Zündverteiler bzw. Zündrechner defekt, CO-Gehalt zu niedrig.

○ **Schmelzerscheinungen an Mittel- und Seitenelektrode:** Glühzündungen durch Ablagerungen im Verbrennungsraum, überhitzte Ventile, falschen Zündzeitpunkt, defekte Zündzeitpunktverstellung oder Hitzestau durch mangelhafte Kühlung.

○ **Bruch der Isolatorspitze**, im Anfangsstadium als Haarrisse erkennbar: Klopfende Verbrennung durch minderwertigen Kraftstoff, falsche Zündeinstellung, Störung der Zündzeitpunktverstellung im Zündrechner, ungenügende Motorkühlung oder Gemischabmagerung durch Nebenluft.

○ **Gelblich glänzende Schicht auf der Isolatorspitze:** Benzin- und Motorölzusätze haben Ablagerungen gebildet, die sich bei abrupter voller Belastung des Motors verflüssigt haben und elektrisch leitfähig wurden – als Folge Zündaussetzer. Motor nach langem Kurzstreckenbetrieb nicht sofort voll belasten.

○ **Ölschicht über Elektroden und Innenraum der Kerze:** Kolbenringe, Ventilführungen oder Ventilschaftabdichtungen schadhaft.

○ Leidet der Motor unter **Startunwilligkeit oder/und Ruckeln**, obwohl das Zündkerzengesicht keine Besonderheiten aufweist, kann es dennoch an den Kerzen liegen. Unsichtbare Risse im Keramikisolator können beim Kaltstart durch kondensierenden Kraftstoff gefüllt werden, wodurch der Zündfunke abgeleitet wird. Auch unter Druck können Kerzen versagen, obwohl der Funke bei ausgebauter Zündkerze überspringt. Eine klare Diagnose bringt hier nur noch der Test mit dem Oszillator der Werkstatt.

Der Elektrodenabstand

Das Kraftstoff/Luft-Gemisch bzw. das verbrannte Altgas wirkt korrosiv auf die metallischen Zündkerzenelektroden. Und die hohe Spannung beim Funkenüberschlag sprengt kleine Metallpartikel ab, wodurch der Funkenspalt mit zunehmender Laufzeit der Zündkerzen vergrößert wird.

○ Für die im Sierra eingebauten Motoren gelten etwas unterschiedliche Elektrodenabstände, siehe Zündkerzentabelle.

○ Bei zu großem Abstand wird eine höhere Zündspannung benötigt, und es kann zu Zündaussetzern kommen. Evtl. springt der Motor überhaupt nicht an. Deshalb die Stirnelektrode der Kerze rechtzeitig nachbiegen.

Neue Zündkerzen kaufen

Wärmewert

Die Zündkerzen müssen auf die im Motor auftretenden Brennraum-Temperaturen abgestimmt sein. Diese Eigenschaft wird durch den sogenannten Wärmewert angegeben. Dessen Kennzahl besagt, wieviel Hitze die Zündkerze ertragen, d.h. ableiten kann, ohne selbst zu heiß zu werden. Leitet die Kerze zu viel Wärme ab, erreicht sie ihre Selbstreinigungs-Temperatur nicht, und die Zündkerzenelektroden setzen Ruß an.

Zündkerzen-gewinde

Meist wird bei der Zündkerzenwahl nur vom Wärmewert gesprochen. Eine Zündkerze mit richtigem Wärmewert, aber falscher Gewindelänge kann jedoch einen schweren Motorschaden verursachen. Beim CVH- und DOHC-Motor haben die Zündkerzen besondere äußere Abmessungen.

○ Obwohl mit einem 14-mm-Gewindeteil versehen, ist der Isolator und das Gehäuse im Ausmaß wesentlich kleiner als bei herkömmlichen Zündkerzen.

○ Zum Auswechseln der Zündkerzen wird daher ein 16-mm (5/8")-Langsteckschlüssel benötigt, im Gegensatz zum 21-mm (13/15")-Steckschlüssel für die normalen Zündkerzen.

○ Auch die Gewindelänge der Kerzen für die einzelnen Sierra-Motoren ist unterschiedlich.

Die richtigen Zündkerzen

Die in der nachfolgenden Tabelle aufgeführten Zündkerzen von Motorcraft entsprechen den Werksempfehlungen, ebenso die genannten Elektrodenabstände.

Motortyp	Code	kW/PS	Motorcraft	Elektrodenabstand mm
1,6 OHC	LSE	55/75	BRF 32 C	0,75
1,6 OHC	LSF	53/72	BRF 32 C	0,7–0,8
1,6 CVH	L6B	59/80	AGPR 32 CD1	1,0
1,8 OHC	RED	66/90	BRF 22 C	0,75
1,8 OHC	RED	59/80	BRF 22	0,75
1,8 OHC	REF	59/80	BRF 22 C	0,75
1,8 CVH	R2C	64/87	AGPR 32 CD1	1,0
2,0 OHC	NES	77/105	BRF 32 C	0,75
2,0 OHC	NES	77/105	BRF 32[1]	0,75
2,0 OHC	N4A	85/115	BRF 22 C	0,8
2,0 OHC	N4B	74/100	BRF 32 C	0,75
2,0 OHC	NEJ	74/100	BRF 32 C	0,75
2,0 DOHC	N8C	77/105	AGRP 32 CD	0,75
2,0 DOHC	N9C	88/120	AGPR 22 CD	0,75
2,8 V6	PRG	110/150	AGR 22 C	0,75
2,9 V6	B4B	107/145	AGRF 32 C1	1,0

[1] bei nachgerüstetem Kat. Das »R« in der Zündkerzenbezeichnung weist die Zündkerze bereits als entstört aus

Störungsbeistand

Zündung

Bevor Sie anhand dieses Störungsbeistands auf Fehlersuche gehen, sollten Sie sicher sein, daß die Kraftstoffversorgung und der Vergaser bzw. die Benzin-Einspritzanlage einwandfrei arbeitet. Außerdem wird davon ausgegangen, daß der Motor mechanisch in Ordnung ist.

Die Störung	– ihre Ursache	– ihre Abhilfe
A Motor springt schlecht oder gar nicht an	1 Kein Zündfunke vorhanden	
	a) Verteiler oder Zündkerzen feucht oder verschmutzt	Trocknen bzw. reinigen, ggf. mit Kontaktspray behandeln
	b) Risse in der Verteilerkappe	Verteilerkappe erneuern
	c) Schleifkohle klemmt bzw. abgenutzt	Gangbar machen bzw. erneuern
	2 Verteilerfinger defekt	Austauschen
	3 Zündzeitpunkt stimmt nicht	Einstellen
	4 Zündspule defekt	Austauschen
	5 Steckverbindungen locker bzw. oxidiert	Kontrollieren, ggf. erneuern (lassen)
	6 Zündkerzen wegen vieler Startversuche naß	Ausbauen und trocknen
	7 Zu großer Spalt zwischen Drehzahl-/Positionssensor und Schwungrad	Einstellen lassen
	8 Drehzahl-/Positionssensor defekt oder Kabel hat Masseschluß bzw. ist unterbrochen	Erneuern lassen; Kabel kontrollieren bzw. erneuern
	9 Zündrechner defekt	Kontrollieren lassen und ggf. austauschen
B Motor läuft unrund, hat Zündaussetzer	1 Zündkerze defekt	Austauschen
	2 Zündkabel unterbrochen	Leitung ersetzen
	3 Siehe A 1 und 5–9	
C Motor hat keine Leistung	1 Unterdruckleitung zum Zündverteiler bzw. Zündrechner undicht bzw. gebrochen	Kontrollieren, ggf. ersetzen
	2 Siehe A 3 und 7–9	

Sichtgrenzen

Obwohl die Lichttechnik enorme Fortschritte gemacht hat, ist die vom Licht gesetzte Sichtgrenze nach wie vor der Maßstab für die Geschwindigkeit, mit der sich ein verantwortungsbewußter Autofahrer fortbewegen sollte. Nach dem Motto »Sehen und gesehen werden« ist aber auch der richtige Gebrauch des Lichts und der Zusatzscheinwerfer eine lebenswichtige Angelegenheit.

Beleuchtung kontrollieren

Ständige Kontrolle

- Zündung einschalten und nacheinander einschalten:
- Standlicht, Abblendlicht, evtl. eingebaute Nebelscheinwerfer, Fernlicht und Zusatzfernscheinwerfer.
- Blinker vorn rechts und links sowie Warnblinker.
- Rücklichter und Kennzeichenleuchte.
- Blinker hinten rechts und links, Warnblinker, Rückfahrleuchten und Nebelschlußleuchte.
- Bremslicht, wobei zur Überprüfung allerdings ein Helfer notwendig ist.

Ersatzlampen für unterwegs

Im Ersatzlampenkasten sollten folgende Glühbirnen vorhanden sein:

- ○ Halogen-Zweifadenlampe H 4, 60/55 Watt, DIN-Form YD (Hauptscheinwerfer)
- ○ Halogen-Einfadenlampe H 3, 55 Watt, DIN-Form YC (Nebelscheinwerfer und ggf. Fernscheinwerfer)
- ○ Kugellampe, 21 Watt, DIN-Form RL (Blinker vorn und hinten, Rückfahrleuchten und Bremsleuchten)
- ○ Zweifaden-Kugellampe, 21/5 Watt, DIN-Form SL (Nebel-/Schlußlicht)
- ○ Kugellampe, 5 Watt, DIN-Form HL (Standlicht; seitliche Blinkleuchten; Kennzeichenbeleuchtung)

Scheinwerferlampen auswechseln

Alle Glühlampen in den Scheinwerfern werden vom Motorraum her ausgebaut. Nach dem Auswechseln einer Scheinwerfer-Glühlampe (nicht der Standlichtbirne), sollte die Einstellung des betreffenden Scheinwerfers kontrolliert werden.

Hauptscheinwerferlampe

- Scheinwerfer-Abdeckkappe nach links drehen (gegen den Uhrzeigersinn) und abnehmen.
- Dreifach-Kabelstecker mit hebelnden Bewegungen an der Scheinwerfer-Rückseite abziehen.
- Federbügel der Lampenbefestigung aus der Blechnase aushängen und zurückklappen.
- Defekte Lampe aus dem Reflektor ziehen.
- Die neue Glühlampe muß so eingesetzt werden, daß ihre drei Stecker-Kontaktzungen ein nach unten offenes »U« bilden. Die Scheinwerferlampe besitzt eine Haltenase, die in der entsprechenden Aussparung im Reflektor sitzen muß.

Links: Nach Entfernen der Abdeckung (5) vom Scheinwerfergehäuse die Steckverbindung (4) hebelnd vom Sockel (3) der Glühlampe abziehen. Nach Aushängen der Federsicherung (2) kann die Lampe aus dem Scheinwerferreflektor (1) genommen werden.
Rechts: Zum Auswechseln einer Fernscheinwerferlampe die Sicherungsklammer (2) zurück- und die Abdeckung hochklappen. Dann die Federklammer (2) aushängen und Lampe mit Sockel (4) und Stecker (5) abnehmen.

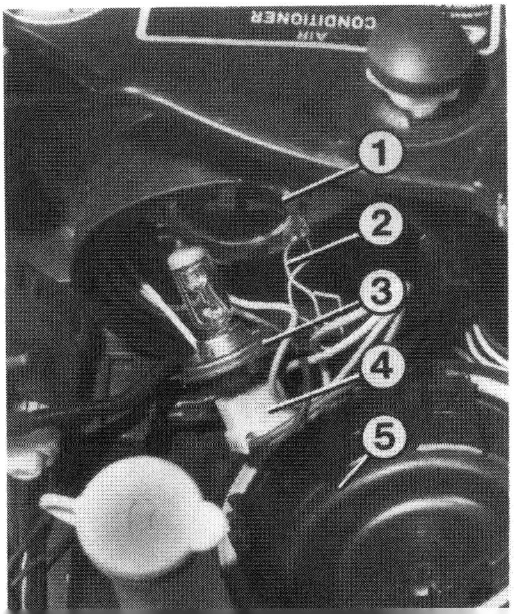

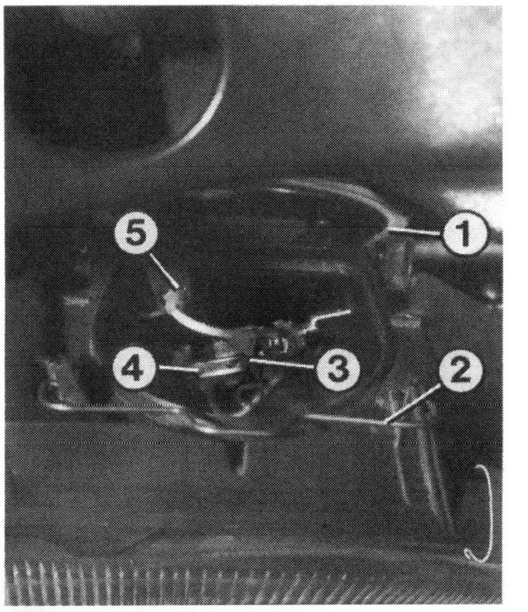

Standlichtbirne

● Standlicht-Lampenfassung (seitlich unter der Zweifadenlampe) ein wenig nach links drehen und mit Fassung aus dem Reflektor nehmen.
● Glühlampe aus der Fassung nehmen (Glassockel).
● Beachten Sie beim Einbau der Abdeckung, daß sie richtig im Bajonettverschluß (im Uhrzeigersinn drehen) des Scheinwerfergehäuses sitzt.
● Funktionskontrolle nicht vergessen.

Fingerzeig: Beim 2,8-Liter-Motor muß beim Auswechseln einer Lampe im linken Scheinwerfer der Ansauggeräuschdämpfer ausgebaut werden.

Fernscheinwerfer

● Haltebügel der Schutzkappe hochklappen und Schutzkappe aushängen.
● Steckverbindung zur Lampenhalterung lösen.
● Federbügel lösen und Glühlampe aus dem Reflektor nehmen.
● Beim Einbau darauf achten, daß die Lampe korrekt im Reflektor sitzt.

Nebelscheinwerfer

● Die beiden Halteschrauben links und rechts vom Scheinwerferglas herausdrehen.
● Leuchteneinheit vorsichtig an den Schrauben nach vorne aus dem Lampenhaus im Stoßfänger herausnehmen.
● Stecker von der Lampe abziehen.
● Federbügel entsichern und Lampe aus der Fassung ziehen.
● Nach Auswechseln der Lampe ggf. Scheinwerfer einstellen.

Fingerzeige: Bevor Sie eine unwillige Glühbirne wegwerfen, sollten Sie sie noch einmal genau ansehen. Vielleicht ist sie in Ordnung, aber es fehlt an der Stromversorgung bzw. am Massekontakt.
Neue oder intakte Glühlampen nicht mit den Fingern am Glaskolben anfassen. Der Abdruck von Handschweiß bleibt unvermeidbar. Dieser verdampft auf der brennenden Birne und trübt den Reflektor. Deshalb beim Einsetzen ein sauberes Tuch verwenden.

Scheinwerfer ausbauen

Wenn das Scheinwerferglas beschädigt oder der Reflektor matt ist, kann beides getrennt ausgetauscht werden. Streuscheibe und Scheinwerferspiegel sind durch kräftige Klammern und eine Dichtung miteinander verbunden und einzeln lieferbar.
Anders ist dies bei den Nebelscheinwerfern (ausstattungsabhängig). Hier muß bei einem Schaden das Streuglas komplett mit Reflektor ausgewechselt werden.
Nach dem Einbau des neuen Scheinwerfers muß grundsätzlich dessen Einstellung überprüft werden.

Hauptscheinwerfer

● Soll der linke Scheinwerfer ausgebaut werden, muß beim V6-Motor der Ansauggeräuschdämpfer ausgebaut werden.
● Falls eingebaut, Wischerarm der Scheinwerferwaschanlage ausbauen (nachfolgend in diesem Kapitel beschrieben).
● Kühlergrill abbauen (zwei Kreuzschlitzschrauben). Dazu mit einem Schraubendreher die Haltenasen jeweils links und rechts sowie unter dem Scheinwerfer ausklinken und Verkleidung nach vorne ziehen.
● Falls eingebaut, den Wischermotorhalter der

Links: Beim Ausbau des Scheinwerfers ist es hilfreich, wenn Sie sich zuvor die Stellung der Befestigungsschrauben in den Halterungen (im Bild die innere Halterung) bzw. Langlöchern markieren. Das erleichtert beim Einbau das Ausrichten des Scheinwerfers zur Karosserie.
Rechts: Der dicke Pfeil zeigt die obere Scheinwerferbefestigung. Der schlanke Pfeil zeigt auf den Distanzbolzen zum Blinkergehäuse.

Scheinwerferreinigungsanlage vom Scheinwerfergehäuse abschrauben und nach hinten aus der Führung im Gehäuse schieben.
- Schutzkappe vom Scheinwerfer abnehmen.
- Mehrfachstecker von der Rückseite des Scheinwerfers hebelnd abziehen.
- Bei Scheinwerfern mit Leuchtweitenregelung den Mehrfachstecker vom Motor abziehen.
- Am Scheinwerfer oben und innen hinter dem Scheinwerfer jeweils eine Sechskantschraube herausdrehen.
- Seitlich in Fahrzeugmitte den Scheinwerfer von der Halterung abbauen (eine Mutter).
- Scheinwerfer seitlich nach vorne schwenken und aus dem Scheinwerferausschnitt ziehen.
- Beim Einbau darauf achten, daß der äußere Führungszapfen richtig im Karosserieblech sitzt.
- Motorhaube schließen und Scheinwerfer zur Karosserie ausrichten. Deshalb Mutter der Scheinwerferhalterung erst handfest beidrehen, damit sich der Scheinwerfer noch verschieben läßt.
- Nach Einbau aller restlichen Teile Funktion kontrolliieren und Scheinwerfer einstellen.

Scheinwerferglas bzw. Reflektor auswechseln

- Scheinwerfer ausbauen.
- Glühlampen ausbauen.
- Mit einem schmalen Schraubendreher die Federklammern ringsum vom Scheinwerfergehäuse abhebeln (acht Klammern).
- Glas und Dichtring vom Gehäuse abnehmen.
- Beim Einbau des Scheinwerferglases auf korrekten Sitz der Dichtung achten.
- Beim Ausdrücken der Federklammern (kein Werkzeug benutzen) die Klammer jeweils am Scheinwerfergehäuse ansetzen und über das Reflektorglas drücken.

Scheinwerfereinstellung kontrollieren

Wartung Nr. 49

Wenn eine Scheinwerferglühlampe, die Streuscheibe oder der Reflektor ausgewechselt wurden, muß die Einstellung des Lichtstrahls kontrolliert werden. Am genauesten geht das mit dem Meßgerät in der Werkstatt oder an der Tankstelle. Behelfsmäßig gibt es verschiedene, unterschiedlich genaue Methoden.
- Wagen möglichst im rechten Winkel in fünf Meter Abstand vor eine helle Wand stellen.
- Erneuerten Scheinwerfer in der Höhe dem unveränderten gleichstellen. Eine Seitenkorrektur ist so allerdings nicht möglich.
- Nach einer genauen Einstellung mit dem Meßgerät die Abknickpunkte (in diesen Punkten steigt der Abblend-Lichtstrahl um 15° nach oben an) an der Garagenwand anzeichnen. Dazu den Sierra am Garagentor abstellen.
- So läßt sich später bei gleicher Fahrzeugstellung auch die Lichtstrahl-Seitenrichtung überprüfen.

Scheinwerfer einstellen

Die Einstellschrauben sind vom Motorraum aus zu erreichen und lassen sich am besten mit einem breiten Schraubendreher bzw. Gabelschlüssel verstellen.
- ○ Voraussetzung für eine exakte Einstellung ist, daß der Tank voll oder mindesten gut halb voll ist. Sonst den Kofferraum entsprechend mit Gewicht belasten.
- ○ Zusätzlich sollte ein Helfer hinter dem Steuer sitzen oder das Fahrzeug mit 75 kg belastet werden.
- ○ Auch der Reifendruck muß kontrolliert und ggf. korrigiert werden.
- Fahrzeug genau auf Position rangieren und Vorderwagen kräftig nach unten drücken, damit die Vorderradaufhängung in Ruhelage kommt.
- Zündung und Abblendlicht einschalten.
- Zuerst an der Höhen-Einstellschraube – die untere – so lange drehen, bis der Abblendlicht-Scheinwer-

Maße für die Scheinwerfer-Einstellung: d – Höhe der Scheinwerfer-Mittelpunkte; F – Einstellhöhe für Zusatz-Fernscheinwerfer; A – Einstellhöhe für die Hauptscheinwerfer; M – Fahrzeugmitte; a – Abstand der Scheinwerfer von der Fahrzeugmitte; f – Abstand von Zusatz-Fernscheinwerfern von der Fahrzeugmitte.

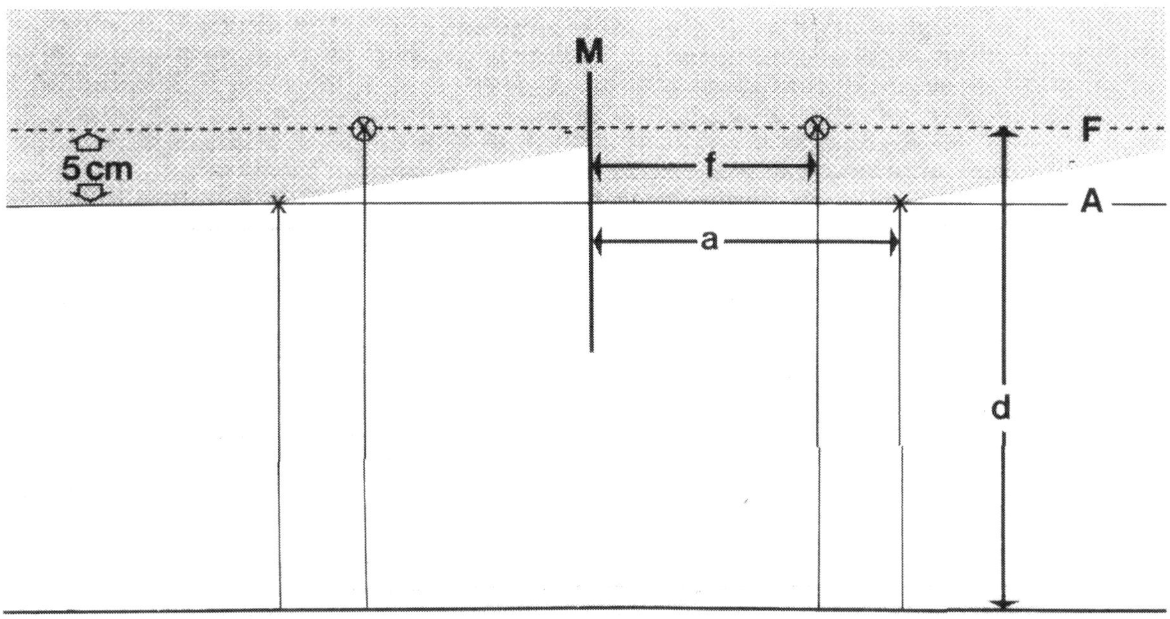

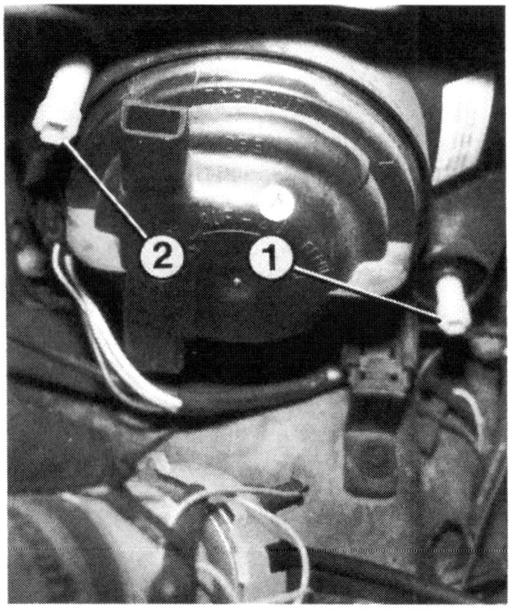

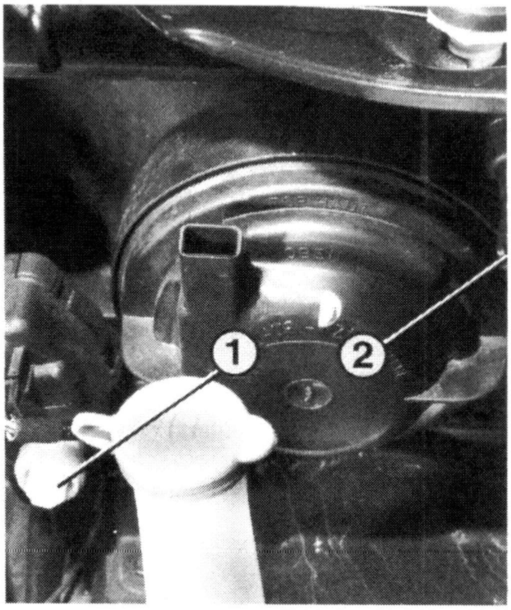

Links: Mit der Einstellschraube (1) kann der Scheinwerferlichtkegel in der Waagrechten, mit der Einstellschraube (2) in der Senkrechten korrigiert werden. Die Einstellschrauben sind jeweils spiegelverkehrt zum anderen Scheinwerfer angeordnet. Rechts: Beim Scheinwerfer mit Leuchtweitenregelung wird die Grundeinstellung (Fahrzeug unbelastet; Regler im Fahrzeuginnern muß auf »0« stehen) mit der Schraube »1« vorgenommen. Schraube »2« dient der Senkrechtverstellung.

ferstrahl mit seiner waagrechten Hell/Dunkel-Grenze mit der Einstellinie übereinstimmt. Ist der Sierra mit einer Leuchtweitenregelung ausgerüstet, darf die Grundeinstellung nur in Schalterstellung »0« vorgenommen werden!

- Seiteneinstellung mit der oberen seitlichen Einstellschraube so ausrichten, bis der Abknickpunkt im Abblend-Lichtbild genau auf das Einstellkreuz ausgerichtet ist.
- Damit ist auch das Fernlicht richtig eingestellt.

Nebelscheinwerfer einstellen

- Alle Scheinwerfer bis auf den einzustellenden Nebelscheinwerfer abdecken.
- Mit der Einstellschraube für senkrechte Verstellung (oberhalb der Reflektorbefestigung) den Scheinwerfer so einstellen, daß die breit gestreuten Scheinwerferstrahlen bei 5 m Abstand von der Einstellwand 100 mm unterhalb des Mittelpunkt des Nebelscheinwerfers auf der Wand auftreffen.

Die Leuchtweitenregelung

Damit bei beladenem Fahrzeug der Gegenverkehr nicht über Gebühr geblendet wird, kann seit 9/89 bei allen Sierra die Leuchtweite der Scheinwerfer stufenlos entsprechend der Beladung bei eingeschaltetem Abblendlicht über einen im Armaturenbrett befindlichen Drehregler eingestellt werden.

○ An jedem Scheinwerfer befindet sich hierzu ein Schrittmotor, der bei Betätigen des Drehreglers den Reflektor des Scheinwerfers über eine Spindel in die gewünschte Stellung schwenkt.

○ Die Grundstellung des Scheinwerfers am Schalter ist die Stellung »0«. Der maximale Neigungswinkel bei voller Beladung wird in Schalterstellung »5« erreicht.

Kontrolle der Leuchtweitenregelung

Wartung Nr. 50

Alle 20000 km bzw. einmal im Jahr vor dem Winterhalbjahr, sollte die Leuchtweitenregelung auf korrekte Funktion überprüft werden.

- Fahrzeug wie zur Scheinwerfereinstellung in fünf Meter Abstand vor die Garagenwand rangieren.
- Scheinwerfereinstellung in Drehschalter-Grundstellung »0« kontrollieren und ggf. korrigieren.
- Drehregler auf Stellung »5« drehen.
- Die waagrechte Hell/Dunkelgrenze muß bei korrekter Verstellgröße an der Spindel von 4,5 bis 5,5 mm um 25 cm unterhalb der Grundeinstellinie sein.
- Wird dieser Wert nicht erreicht, die Spannung zwischen Klemme 31 und 56B messen. Sie muß 12 Volt betragen.
- Anschließend die Widerstandsmessung zwischen Klemme G und 31. Hier müssen 100–120 Ω angezeigt werden.
- Diese Werte müssen unabhängig von der Schalterstellung angezeigt werden.
- Liegt keine Unterbrechung der Leitung vor und wird der Widerstandswert nicht erreicht, ist der Drehschalter defekt.
- Wird trotz korrekten elektrischen Werten die maximale Neigungsverstellung von einem der beiden Motoren nicht erreicht, muß der Motor der Leuchtweitenregelung ausgewechselt werden.

Lampenwechsel

Blinkleuchten vorn

- Zum Lampenwechsel bei der linken Blinkleuchte muß beim V6-Motor der Ansauggeräuschdämpfer ausgebaut werden.
- Vom Motorraum aus die Haltefeder durch Zurückziehen vom Kotflügelstehblech aushängen.
- Blinkleuchte von außen abnehmen.

Links: Ohne Werkzeug können alle Lampen der Außenbeleuchtung gewechselt werden. Hier der Wechsel der seitlichen Blinkerlampe. Ausbau siehe Text unten. Rechts: Vor Einbau der Lampenfassung (1) ins Blinkergehäuse (4) sollten Sie auch einen Blick auf die Dichtung (2) werfen. Fehlt die Dichtung gar, wird die Leuchtkraft durch Schmutz im Blinkergehäuse erheblich eingeschränkt.
3 – Sicherungsfeder.

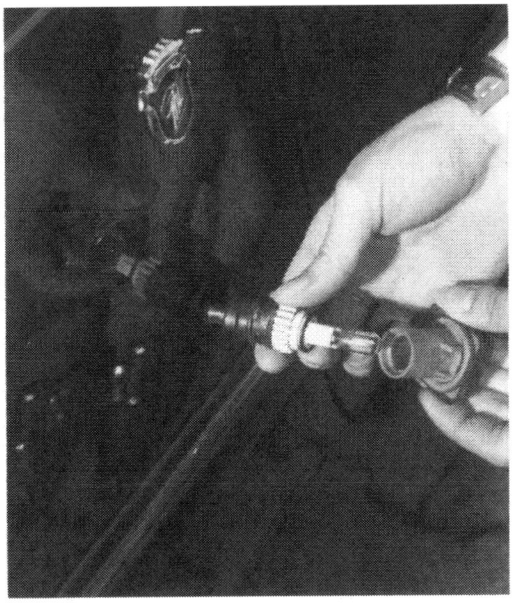

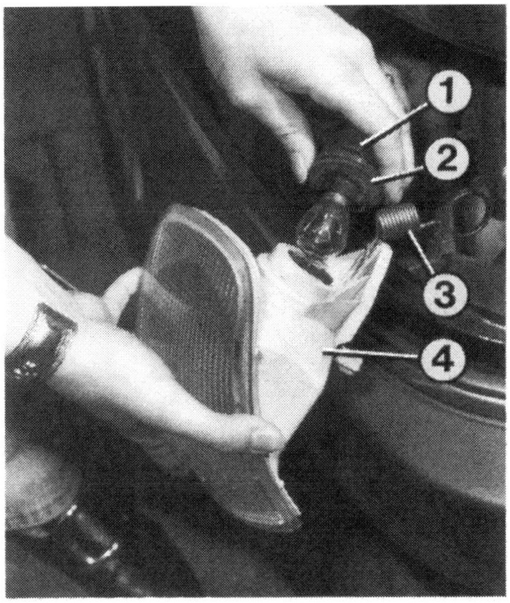

Seitliche Blinkleuchten

● Blinkleuchte nach rechts drehen und aus dem Kotflügelausschnitt nehmen.

● Bajonettverschluß durch Linksdrehung lösen und Lampe aus der Fassung nehmen.

Heckleuchte

● Federklemme an der Innenseite des Lampenträgers zur Leuchtenmitte drücken und Lampenträger ausschwenken.
● Beim Turnier vor Entriegeln des Lampenträgers die Abdeckung der Seitenverkleidung abnehmen.
● Defekte Lampe aus der Fassung nehmen.
● Beim Ersatz der Zweifadenlampe für das Brems-/Schlußlicht darauf achten, daß der Zentriernocken richtig im Lampensockel eingesetzt wird.

● Zum Auswechseln der Heckleuchte sechs (Limousine) bzw. vier (Turnier) Muttern SW 8 losdrehen.
● Heckleuchte mit breitem Schraubendreher und zwischengelegtem Lappen zum Schutz gegen Kratzer von der Karosserie vorsichtig abhebeln.
● Nach dem Einsetzen der neuen Leuchte muß der Sitz der Dichtung kontrolliert werden, da sonst das ablaufende Regen- und Spritzwasser ganz unbemerkt Rostnester bilden kann.

Rückfahrlichtschalter

Das Aufleuchten des Rückfahrscheinwerfers veranlaßt der Schalter oben am Ende des Getriebehalses (B-, C- und N-Getriebe) bzw. auf der linken Getriebeseite hinter der Kupplungsschwinge (MT 75-Getriebe).
● Bleibt es bei eingelegtem Rückwärtsgang hinten dunkel, kontrollieren Sie zuerst die Sicherung.
● Ist sie intakt, Kabel am Rückfahrlichtschalter abziehen und mit einem Drahtstück überbrücken. Leuchtet es jetzt, ist der Schalter defekt.

● Bleibt es jedoch dunkel im Rückfahrscheinwerfer, ist die Leitung nach hinten unterbrochen (intakte Glühbirne vorausgesetzt).

Kennzeichenleuchte

● Die Leuchte mit einem Schraubendreher vorsichtig nach oben aus dem Stoßfänger heraushebeln.
● Lampenhalter nach links drehen und aus dem Lampengehäuse ziehen.

● Glühlampe aus der Fassung ziehen.
● Vor Einsetzen des Lampenhalters in das Lampengehäuse den O-Ring säubern und etwas einfetten.

Zum Auswechseln einer Lampe in der Heckleuchte (links Limousine, rechts Kombi) müssen Sie lediglich die Plastik-Federlasche (3) zusammendrücken und den Lampenträger (2) aus der Heckleuchte klappen. Beim Sierra Turnier vorher die Verkleidung (4) abnehmen. Vor dem Einsetzen des Lampenträgers den korrekten Sitz der Steckverbindung (1) prüfen.

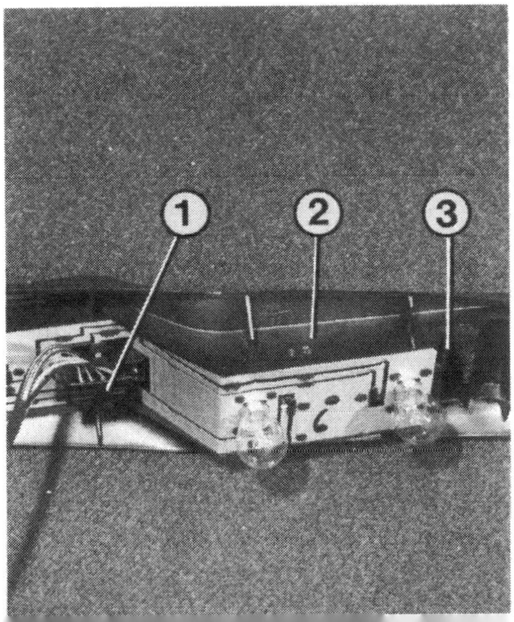

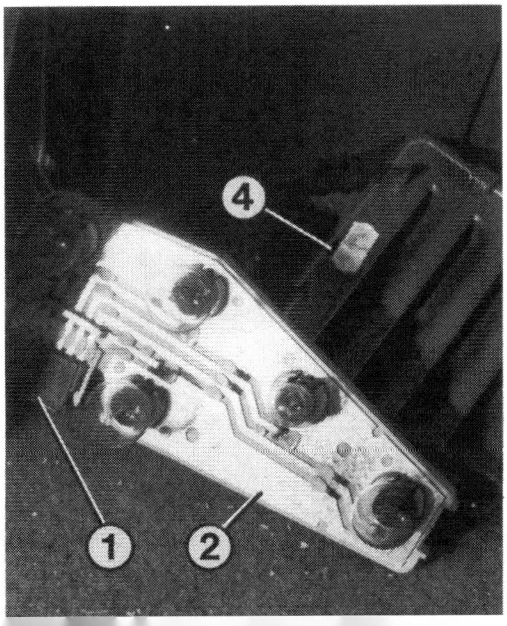

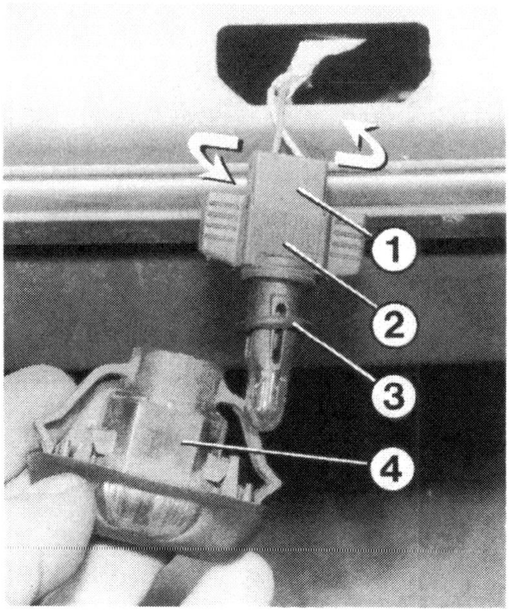

Zum Ausbau der Kennzeichenleuchte mit einem kleinen Schraubendreher seitlich unter das Lampengehäuse stechen (linkes Bild) und das Gehäuse aus dem Stoßfänger ziehen. Dann den Lampenhalter (2) um 90° verdrehen und aus dem Lampengehäuse ziehen. Beim Einbau auf exakten Sitz der Dichtung (3) und einwandfreien Sitz des Steckers (1) achten.

Innenleuchte

Die Kugellampe (10 Watt, DIN-Form G) muß bei geöffneter Tür und entsprechender Schalterstellung brennen. Sie erhält dauernd Strom.
Zum Ausbau der Innenleuchte brauchen Sie kräftige Fingernägel, einen dünnen Schraubendreher oder ein Messer.

- Schalter der Innenleuchte in »Aus«-Stellung (Mittelstellung) bringen.
- Messer bzw. Schraubendreher seitlich gegenüber dem Schalter einsetzen und etwas hineindrücken, um die Kunststoffhaltezunge zu lösen.
- Innenleuchte vorsichtig aus Dachausschnitt heraushebeln.
- Bajonettverschluß lösen und Lampe aus der Fassung nehmen.
- Ist Ihr Sierra zusätzlich mit Leseleuchten ausgestattet, die Kabel für die Lese- und Innenleuchte abziehen.
- Das Lampengehäuse für die Leseleuchten ist in der Dachkonsole federnd gehalten, deshalb zum Ausbau der Glühlampe das Lampengehäuse durch die Öffnung der Innenleuchte drücken.

Türkontaktschalter

Die Innenleuchte wird bei entsprechender Schalterstellung durch die in den Türpfosten eingeschraubten Türkontaktschalter ein- und ausgeschaltet. Bei Störungen:

- Ziehen Sie bei eingebautem Schalter den Kontaktstift kräftig heraus (die andere Tür muß jeweils geschlossen sein).
- Brennt jetzt die Leuchte, liegt der Fehler an Korrosion im Türkontaktschalter.
- Kreuzschlitzschraube des Schalters herausdrehen, Türkontaktschalter herausziehen.
- Sämtliche Kontaktflächen blank kratzen.
- Ist der Kontaktstift verbogen oder klemmt er in seiner Führung, sollten Sie den Türkontaktschalter auswechseln.
- Beim Abziehen des Kabelsteckers darauf achten, daß das Kabel nicht in den Türpfosten fällt (genügend weit herausziehen).
- Ist das Kabel im Türpfosten verschwunden, muß die seitliche Fußraumverkleidung ausgebaut werden, um das Kabel wieder angeln zu können.

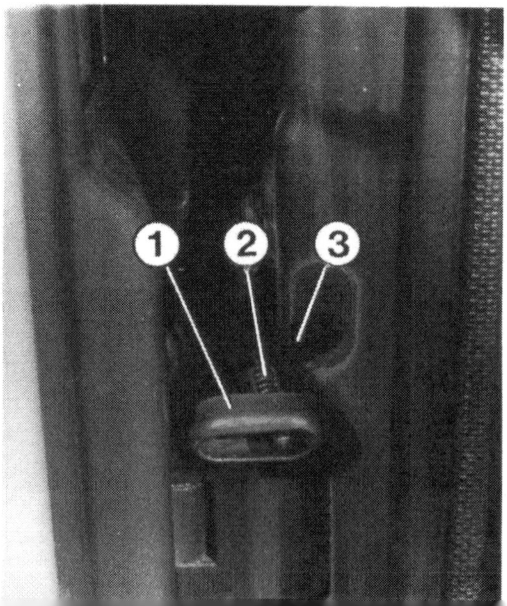

Links: Die Innenleuchte läßt sich bei allen Modellen ohne Schwierigkeiten mit einem kleinen Schraubendreher aus ihrer Aussparung hebeln. Die 10-Watt-Kugellampe ist in einem kleinen Metallsockel fixiert.
Rechts: Ein nicht funktionierender, meist oxidierter Türkontaktschalter (1) läßt sich problemlos wieder instand setzen. Entweder ist die Masseverbindung durch die Kreuzschlitzschraube unterbrochen oder die Kontaktverbindung oxidiert. Auf die gesäuberten Teile Kontaktspray sprühen.
Es bedeuten:
2 – Kontaktstift mit Feder;
3 – Steckverbindung.

Handschuhfachleuchte

Damit die Batterie nicht unbemerkt »leergelutscht« werden kann, funktioniert die 2-Watt-Glassockellampe nur bei eingeschaltetem Stand- oder Hauptlicht.

- Handschuhfach öffnen.
- Lampe mit kräftigem Fingerdruck aus der Fassung ziehen.
- Beim Ausbau aufpassen, daß die Fassung nicht verdreht wird und im Ausschnitt des Handschuhfachs verschwindet; sonst muß durch Abnehmen der Abdeckung der »blinden« Ablage (bis 9/90) über dem Handschuhfach die Fassung von oben wieder im Ausschnitt arretiert werden.

Ascherbeleuchtung

- Aschenbecher herausziehen und aushängen.
- Lampenfassung in der Mitte aus dem Ascherausschnitt ziehen und die 1,2-Watt-Glassockellampe aus der Fassung herausziehen.

Zigarettenanzünder-Beleuchtung

Der Zigarettenanzünder des Sierra wird bei eingeschaltetem Licht von einem 1,4-Watt-Glühlämpchen beleuchtet.

- Zigarettenanzünder-Einsatz herausziehen.
- Zigarettenanzünder-Gehäuse mit Beleuchtungsring vorsichtig aus der Armaturenkonsole herausdrücken. Evtl. mit einem zwischengeschobenen schmalen Schraubendreher etwas nachhelfen.
- Kabelstecker abziehen und Glühlampe auswechseln.

Spiegelbeleuchtung der Sonnenblende

Für die Beleuchtung des Make-up-Spiegels in der Sonnenblende der Beifahrerseite dienen zwei 3-Watt-Soffittenlampen.

- Sonnenblende herunterklappen und Vorsteckscheibe sowie Spiegel vorsichtig abhebeln.
- Defekte Lampe aus den Federkontakten nehmen.
- Vorsicht beim Hantieren mit dem Schraubendreher – Kurzschlußgefahr!

Gebläseschalter

- Knopf vom Gebläseschalter abziehen. Falls erforderlich, mit einer Flach- oder Kombizange und zwischengelegtem Schutzlappen abziehen.
- Glühlampe (2 Watt) niederdrücken und durch Linksdrehung (gegen den Uhrzeigersinn) aus der Bajonettfassung ziehen.

Heizhebelbeleuchtung

- Abdeckung der Instrumententafel abbauen, siehe Kapitel »Instrumente und Geräte«.
- Bedienungshebel mit Leuchtblende vorsichtig nach vorne ziehen.
- 1-Watt-Glassockellampe aus der Fassung ziehen und nach Wechsel vor dem Zusammenbau auf Funktion prüfen.

Schaltanzeige der Getriebeautomatik

Zur Anzeige der Fahrstufen am Wählhebel der Getriebeautomatik dient eine 1,2-Watt-Kugellampe.

- Obere Abdeckung der Wählhebelkonsole abnehmen.
- Lampenfassung nach oben ziehen.
- Abdeckung der Lampe abziehen und Glühlampe aus der Bajonettfassung ziehen.

Zusatzkontrolleuchten

- Kreuzschlitzschraube der Zusatzleuchten-/Uhr-Einheit lösen und komplett aus dem Ausschnitt im Armaturenbrett ziehen.
- Mehrfachstecker abziehen.
- Betreffende 1,2- oder 2,5-Watt-Glassockellampe mit Fassung aus der Kontrolleuchtenleiste drehen.

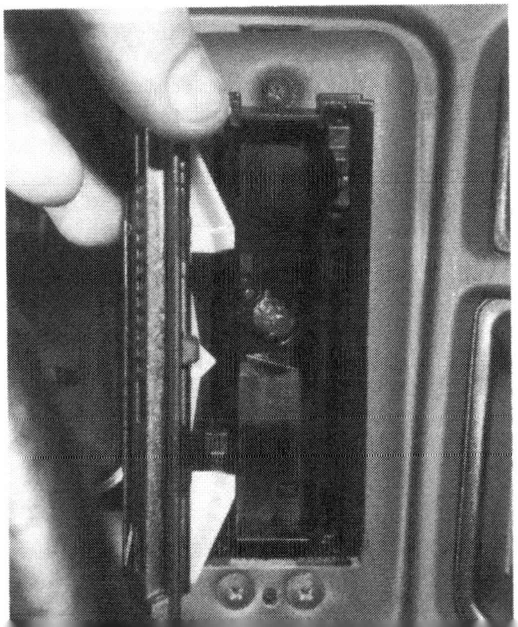

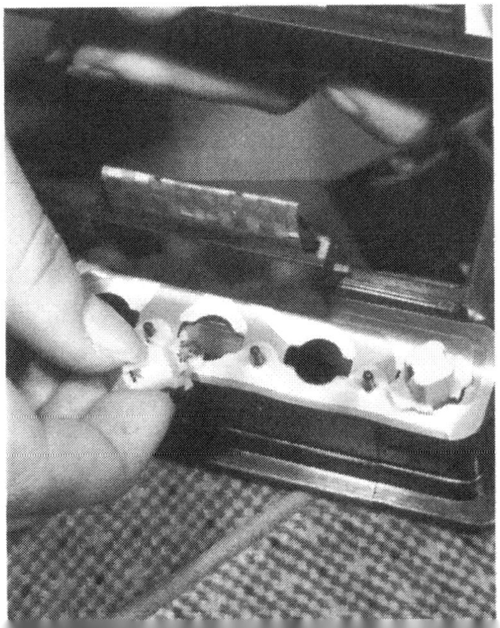

Links: Um an die Beleuchtung der Heizungs-Bedienung heranzukommen, nach Abbau der Instrumentenblende lediglich die Bedienungshebel abziehen und die Hebelkulisse abnehmen. Beim Aufsetzen der Hebel darauf achten, daß sie nicht verdreht aufgesteckt werden.
Rechts: Nach Ausbau der Zusatz-Warnanzeige (eine Kreuzschlitzschraube) kann die defekte Leuchte nur komplett mit Sockel ausgetauscht werden.

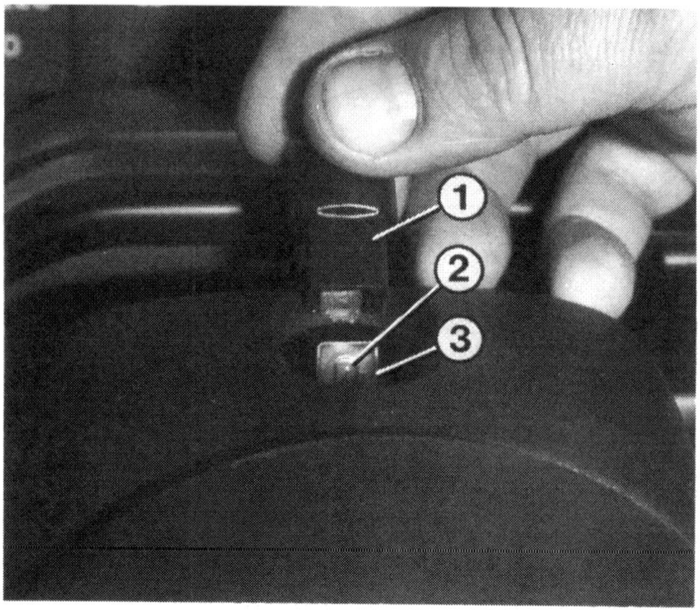

Wer schlanke Finger hat, kommt an die Kontrolleuchte der Warnblinkanlage auch ohne Abbau der oberen Lenksäulenverkleidung heran. Dann muß lediglich die Leuchtkappe (1) vom Schalter (3) abgezogen und die Glassockellampe nach oben herausgezogen werden.

Glühlampe und Fassung können nicht getrennt werden, sondern müssen komplett ersetzt werden.

- Beim Einbau der Einheit darauf achten, daß der Mehrfachstecker korrekt sitzt.

Kontrolleuchte Warnblinkanlage

- Schraube der oberen Lenksäulenverkleidung lösen und Verkleidung abnehmen.
- Schalterkappe abziehen.
- Glühlampe (2,5-Watt-Glassockellampe) nach oben herausziehen.
- Nach Lampenwechsel Funktionskontrolle der Warnblinkanlage vornehmen.

Koffer- bzw. Laderaumleuchte

- Leuchte mit den Fingern von unten her aus dem Ausschnitt der Karosserie drücken.
- Birne wechseln und auf Funktion kontrollieren.
- Falls die Birne nicht brennt, vorher Kabel vom Schalter abziehen und gegen Masse halten. Dazu Verkleidung der Heck- bzw Kofferaumklappe abbauen.
- Brennt die Birne jetzt, ist der Schalter defekt.
- Möglich ist auch, daß der Schalter hängt.
- Dann Schalter abbauen und ein paarmal die Feder-Kontaktstifte kräftig hineindrücken und wieder schnappen lassen.
- Ist die Funktionskontrolle ohne Erfolg, Schalter auswechseln.
- Es kann jedoch auch die Zuleitung unterbrochen sein.

Nebelscheinwerfer einbauen

Für den Ford Sierra gibt es eine ganze Reihe von Einbausätzen direkt von Ford, aber auch von diversen Zubehörfirmen.

Nebelscheinwerfer sollten möglichst tief montiert werden, damit sie den gewöhnlich nicht ganz auf dem Boden aufliegenden Nebel unterstrahlen können. Viele im Zubehörhandel angebotenen Nebelscheinwerfer werden jedoch für stehenden Anbau angeboten, bei dem die Nebelscheinwerfer etwa in gleicher Höhe wie die Hauptscheinwerfer installiert sind. Günstiger ist nach unserer Meinung die Anbringung unter dem Stoßfänger, wie sie von Ford auch im Zubehörmarkt angeboten werden.

Falls Sie jedoch handelsübliche Nebelscheinwerfer montieren wollen, sollten Sie sich auf jeden Fall vergewissern, daß die von Ihnen gekauften Scheinwerfer für hängenden Einbau vorgesehen sind. Außerdem sollten Sie sich aus dem Ford-Ersatzteillager den ins Armaturenbrett passenden Nebelscheinwerfer-Schalter sowie die passenden Haltebügel (als separater Bausatz erhältlich) besorgen.

Genaue Einbauanweisungen und Schablonen liegen den Ford-, aber auch den Fremd-Einbausätzen sowohl für den elektrischen als auch für den mechanischen Arbeitsumfang bei.

Signalsprache

Dank Blinker, Bremslicht, Hupe oder Lichthupe spricht der Autofahrer mit diesen Signaleinrichtungen eine Welt-Einheitssprache, an welchem Ort der Erde er auch immer zu Hause ist.

Blink- und Warnblinkanlage prüfen

Ständige Kontrolle

Die Warnblinkanlage muß ständig funktionieren, deshalb wird ihr Schalter direkt von Batterie-Plus versorgt. Die Richtungsblinker erhalten dagegen nur bei eingeschalteter Zündung Strom von Klemme 15.

- Drücken Sie bei ausgeschalteter Zündung auf den roten Druckschalter an der Lenksäule.
- Alle Blinklampen und der rote Schalter leuchten im Gegentakt auf.
- Warnblinker ausschalten. Zündung einschalten.
- Bei gedrücktem Blinkerhebel müssen eine Blinkerseite und in gleichem Rhythmus die Blinkerkontrolle regelmäßig blinken.

Störungsbeistand

Blink- und Warnblinkanlage

Die Störung	– ihre Ursache
A Grüne Kontrollampe für Richtungsblinker leuchtet in ganz kurzen Intervallen auf, normaler Blinker-Rhythmus beim Warnblinken	Eine Glühlampe defekt oder ohne Kontakt
B Blinkleuchten am Wagen und Kontrolleuchte brennen beim Richtungs- und Warnblinken dauernd oder gar nicht	Blinkrelais defekt
C Richtungsblinken funktioniert, aber kein Warnblinken	1 Sicherung defekt (nur bis Modelljahr '89) 2 Leitung zwischen Batterie+ und Warnblink- bzw. Hebelschalter unterbrochen 3 Warnblink- bzw. Hebelschalter defekt
D Warnblinken funktioniert, aber kein Richtungsblinken	1 Sicherung defekt 2 Leitung zwischen Klemme 54 vom Zündschloß und Warnblink- bzw. Hebelschalter unterbrochen 3 Siehe C 3
F Kein Richtungs- und kein Warnblinken	Siehe C 3

Defektes Blinkrelais kurzschließen

Mit einem ausgefallenen Blinkrelais ist die Weiterfahrt nicht ganz ungefährlich, denn im dichten Verkehr und vor allem bei Dunkelheit wird Ihre Abbiegeabsicht den anderen Verkehrsteilnehmern nicht ersichtlich.

- Das Blinkrelais sitzt an der Lenksäule.
- Linke untere Fußraumverkleidung vom Armaturenbrett abbauen (zwei Blechzungen und zwei Pilzhalter). Besser kommt man jedoch durch Ausbau des Kombi-Instruments an das Relais heran.
- Kurzschlußbrücke zwischen den Klemmen 49 und 49A (am Relais markiert) herstellen. Dazu in die Steckanschlüsse im Relaishalter eine Büroklammer oder ein kurzes Stück Draht einklemmen.
- Blinkrelais wieder einstecken.
- Bei gedrücktem Blinkerhebel leuchtet jetzt eine Blinkerseite dauernd.
- Durch Ein- und Ausschalten mit dem Blinkerhebel erhalten Sie einen Blinker-Rhythmus.

Bremsleuchten prüfen

Ständige Kontrolle

Die Kontrolle der Bremslichter sollten Sie zu Ihrer eigenen Sicherheit so oft wie möglich durchführen.

- Die Garagenwand hinter dem Wagen muß hell rot aufleuchten, wenn Sie aufs Bremspedal drücken.
- Oder in einer Kolonne prüfen Sie über den Rückspiegel, ob sich in den Scheinwerfer-Reflektoren oder in der Lackierung des Hintermannes beide Bremslichter spiegeln.

Der Bremslichtschalter

Beim Tritt auf das Bremspedal drückt eine Feder im Bremslichtschalter – er ist an einem Halter der Bremspedalaufhängung befestigt – den Betätigungsstift in Richtung »Ein«. Damit werden die Kontakte im Schalter und der Stromkreis zu den Bremsleuchten geschlossen. Wird das Bremspedal losgelassen, drückt der Pedalhals den Betätigungsstift wieder in die Ausgangsstellung – das Bremslicht verlöscht.

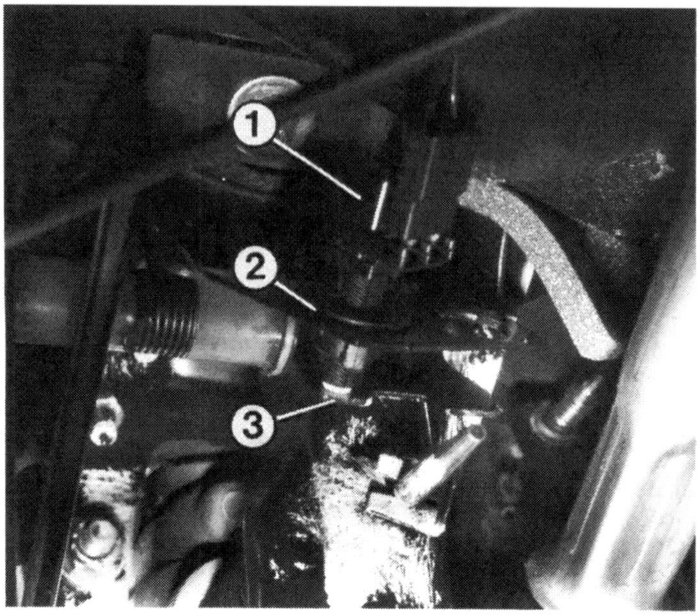

Wichtig beim Einbau des Bremslichtschalters (1) ist, daß er fest auf die Pedalstütze (2) gedrückt wird, damit der Schalterstift vom losgelassenen Pedal (3) auch in den Schalter gedrückt wird.

Bremslichtschalter überprüfen

Sind beide Bremslichter ausgefallen, kontrolliert man wie folgt, ob es am Bremslichtschalter liegt:

- Kabelstecker abziehen.
- Kabelanschlüsse im Stecker überbrücken.
- Brennen jetzt die Bremslichter, ist der Bremslichtschalter defekt.

Bremslichtschalter auswechseln

- Kabelstecker vom Schalter abziehen.
- Schalter nach links drehen (gegen den Uhrzeigersinn) und aus der Halterung ziehen.
- Neuen Schalter in den Haltering schieben und so hineindrücken, bis der Schaltstift am Pedalhals anliegt.
- Schalter durch Rechtsdrehung arretieren, dabei darauf achten, daß das Bremspedal am Anschlag bleibt. Eine weitere Einstellung ist nicht notwendig.
- Nach Einbau des neuen Schalters Kabel anschließen und Schalter auf Funktion prüfen.

Störungsbeistand

Bremslicht

Die Störung	– ihre Ursache	– ihre Abhilfe
A Eine Bremsleuchte brennt nicht	1 Glühbirne durchgebrannt	Austauschen
	2 Masseverbindung unterbrochen. Brennen alle übrigen Glühbirnen in derselben Heckleuchte? Falls nicht:	Masseanschluß überprüfen
	3 Unterbrechung in der Spannungszuleitung	Kabel kontrollieren
B Beide Bremslichter brennen nicht	1 Sicherung defekt	Ersetzen
	2 Bremslichtschalter defekt	Überprüfen, ggf. ersetzen
	3 Siehe A 1 und 3	
C Bremslicht brennt dauernd	1 Siehe B 2	
	2 Kabel zum Bremslichtschalter haben direkten Kontakt	Kabel kontrollieren

Hupe prüfen

Wartung Nr. 20

Am Hupenkontakt im Lenkrad liegt ständig Strom von Batterie-Plus an. Deshalb muß auch bei ausgeschalteter Zündung beim Druck auf den Hupenkontakt die Hupe ertönen.

Bei einem vermuteten Defekt gibt es folgende Prüfmöglichkeit:

- Kabelstecker abziehen.
- Hupe ausbauen.
- An jedem Steckanschluß Hilfskabel aufstecken und diese mit dem Plus- bzw. Minuspol der Batterie verbinden.
- Bleibt es ruhig, ist die Hupe ist defekt.
- Eine krächzende oder völlig stumme Hupe läßt sich bisweilen durch Drehen der Einstellschraube an der Hupenrückseite wieder stimmen oder zu neuem Leben erwecken.
- Schraube unter der Vergußmasse freilegen.
- Nach dem Einstellen die Schraube mit Karosseriedichtmasse oder Silikonkautschuk wieder feuchtigkeitssicher verschließen.

Fingerzeig: Der Sierra ist mit einem Hupenrelais ausgestattet. Andernfalls würden die Hupkontakte überbeansprucht, und die Hupen können nicht die volle Lautstärke abgeben.

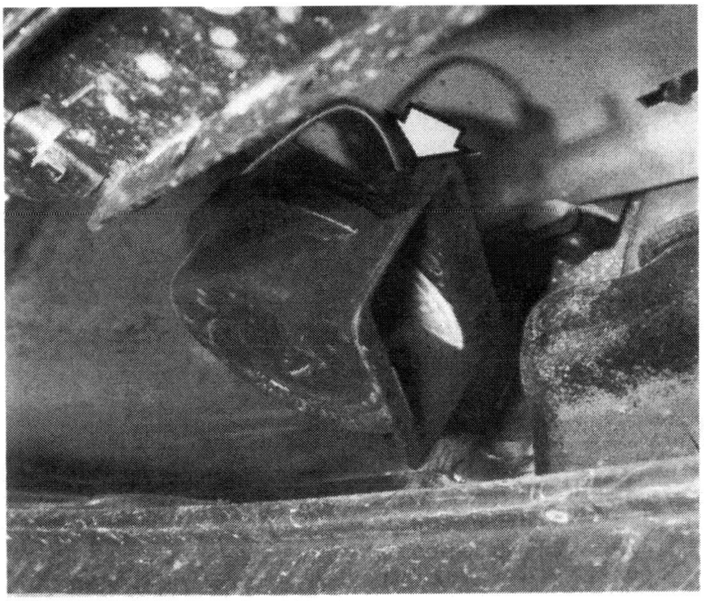

Trotz der recht geschützt montierten Hupe ist bei älteren Fahrzeugen die Steckverbindung der neuralgische Punkt. Deshalb bei einer Störung nach der Kontrolle der zuständigen Sicherung den Steckkontakt (Pfeil) überprüfen.

Störungsbeistand

Hupe

Die Störung	– ihre Ursache	– ihre Abhilfe
A Hupe tönt nicht	1 Sicherung defekt	Ersetzen
	2 Stromzuleitung zur Hupe (rot/gelbes Kabel) unterbrochen	Kabelverlauf kontrollieren, Steckkontakte an der Hupe blank kratzen
	3 Hupkontakt defekt	Überprüfen
	4 Schleifring am Lenkrad oxidiert	Lenkrad ausbauen und kontrollieren
	5 Hupe defekt	Prüfen, ggf. austauschen
	6 Leitung zwischen Hupenkontakt und Hupe unterbrochen	Kabelverlauf kontrollieren
	6 Hupenrelais defekt	Prüfen, wie im folgenden Kapitel beschrieben, ggf. austauschen
B Hupe tönt dauernd bei eingeschalteter Zündung	1 Kabel vom Hupenkontakt zur Hupe hat Kurzschluß zur Masse	Rot/gelbes Kabel abziehen. Hupt es nicht mehr, Kabelverlauf kontrollieren. Unterwegs Kabel abgezogen lassen
	2 Hupe hat inneren Kurzschluß	Hupe ersetzen. Unterwegs stromzuführendes rot/gelbes Kabel abziehen und ggf. isolieren

Die Lichthupe

Gleichgültig, ob die Zündung oder die Scheinwerfer eingeschaltet sind oder nicht, die Fernlicht-Glühfäden und die Fernlichtkontrolle leuchten immer auf, wenn Sie den linken Kombihebel zum Lenkrad hin ziehen. Falls die Lichthupe nicht funktioniert, obwohl die Scheinwerfer bei eingeschalteter Beleuchtung brennen:

- Kontrollieren, ob das rote Kabel zum Kombihebel unter Spannung steht.
- Falls ja, dürfte der Lichtumschalter im Hebelschalter defekt sein.

Kontrolldienst

Gemessen am komplizierten Innenleben eines modernen Autos gilt es nur wenige Anzeigen, Kontrollämpchen und Schalter zu beachten. Aber wenigstens diese sollten Sie im Auge behalten.

Kontrollinstrumente und -leuchten prüfen

Wartung Nr. 19

- Setzen Sie sich hinter das Lenkrad und kontrollieren Sie nacheinander:
- Läuft die Zeituhr?
- Zündung einschalten: Es müssen Ladekontrolle, Öldruckwarnleuchte, die ABS-Warnleuchte und die Handbremskontrolle (bei angezogenem Hebel) leuchten.
- Ausstattungsabhängig leuchtet auch das Zusatz-Warnsystem mit seinen verschiedenen Warnleuchten und die graphische Warnanzeige (Fahrzeugkontur mit Tür- und Beleuchtungs- und Schneekristallsymbolen) auf, die jedoch nach ca. 5 Sekunden verlöschen, vorausgesetzt alle Funktionstests sind in Ordnung.
- Der Zeiger der Tankuhr muß auch bei ausgeschalteter Zündung anzeigen.
- Linken Kombihebel betätigen – leuchtet die grüne Blinkerkontrolle bzw. die Fernlichtkontrolle?
- Brennen beim Betätigen der Schalter die Kontrollleuchten für Warnblinker, heizbare Heckscheibe etc. und, bei eingeschaltetem Licht, alle Leuchten für Instrumente und Schalter, z.B. Nebelscheinwerfer und Nebelschlußleuchte?
- Motor starten – arbeitet der Drehzahlmesser, verlöscht die Lade- bzw. Öldruckkontrolleuchte?
- Bei einer Probefahrt die Funktion von Tachometer und Kühlmittel-Temperaturanzeige überprüfen.

Kombi-Instrument ausbauen

Hat einmal eine Kontrollampe ihren Geist aufgegeben, muß in jedem Fall das Kombi-Instrument ausgebaut werden.

- Batterie-Massekabel abklemmen.
- Obere und untere Lenksäulenverkleidung ausbauen (eine bzw. drei Kreuzschlitzschrauben)
- Falls eingebaut, Regler für Instrumentenbeleuchtung und Scheibenwischer-Intervallschaltung mit einem Schraubendreher vorsichtig aus der Instrumentenblende heraushebeln und Mehrfachstecker abziehen.
- Blende des Kombi-Instruments durch Lösen der vier Kreuzschlitzschrauben abnehmen. Um an die rechte untere Schraube zu kommen, die Schraubenabdeckung abhebeln.
- Instrumententräger nach Lösen von weiteren vier Kreuzschlitzschrauben etwas aus dem Armaturenbrett herausziehen
- Mehrfachstecker abziehen.
- Hinter dem Kombi-Instrument die Tachowelle durch Drücken auf die Arretierung vom Tacho abziehen.
- Um das Kombi-Instrument zum Abbau der Tachowelle etwas weiter aus der Öffnung ziehen zu können, kann die Tachowelle auch am Getriebe bzw. dem Sensor abgeschraubt werden. Die Welle dann entsprechend ein Stück in die Stirnwand schieben.

Die Pfeile deuten auf die beiden linken Befestigungsschrauben der Instrumentenblende, wobei die unteren beiden Schrauben hinter einer kleinen Abdeckung sitzen. Bevor jedoch die Instrumentenblende abgenommen werden kann, muß die obere und untere Lenksäulenverkleidung abgebaut werden.

Hier sind nach abgenommener Armaturenblende die Befestigungsschrauben des Instrumententrägers des Kombi-Instruments mit Pfeilen gekennzeichnet. Nach Lösen der Schrauben das Kombi-Instrument vorsichtig nur so weit herausziehen, bis Sie die Mehrfachstecker und die Tachowelle abziehen können.

- Kombi-Instrument vorsichtig aus dem Armaturenbrett nehmen.
- Beim Einbau darauf achten, daß die Mehrfachstecker und die Tachowelle richtig ein- bzw. aufgesteckt sind.
- Auf möglichst geradlinigen Verlauf der Tachowelle achten. Dazu Welle ggf. in den Motorraum ziehen und Sitz der Gummitülle in der Spritzwand überprüfen.
- Funktion der Lampen und Anzeigen vor dem endgültigen Zusammenbau prüfen!

Fingerzeig: Sämtliche Instrumente und Kontrolleuchten im Kombi-Instrument erhalten ihre Stromzufuhr nicht über Kabel, sondern durch eine sogenannte Leiterfolie, auf der die Leitungen aufgedruckt sind. Für die verschiedenen Modelle gibt es verschiedene Leiterfolien – beim Ersatzteilkauf beachten.

Kontrollampen auswechseln

Die Kontrollampen sowie die Lampen für die Instrumentenbeleuchtung sind mit Kunststoffassungen an der Rückseite des Kombi-Instruments fixiert. Als Ersatz brauchen Sie 1,3- oder 2,6-Watt-Glassockellampen.

- Am ausgebauten Kombi-Instrument betreffende Lampenfassung durch Linksdrehung lösen.
- Die Glühlampe kann nur komplett mit Fassung ausgetauscht werden.

Instrumente und Leiterfolie ausbauen

- Kombi-Instrument ausbauen.
- Halter der Mehrfachstecker mit einem dünnen Schraubendreher abhebeln.
- Alle Halteklammern von den Instrumentenanschlüssen vorsichtig lösen (je nach Ausstattung, Tankanzeige, Temperaturanzeige und Drehzahlmesser).
- Alle Lampenfassungen durch Linksdrehung (Bajonettverschluß) ausbauen.
- Kratzer in der Plexiglas-Abdeckung durch Unterlegen eines sauberen Lappens vermeiden.
- Leiterfolie vorsichtig von den Klemmhalterungen lösen und Folie abnehmen.

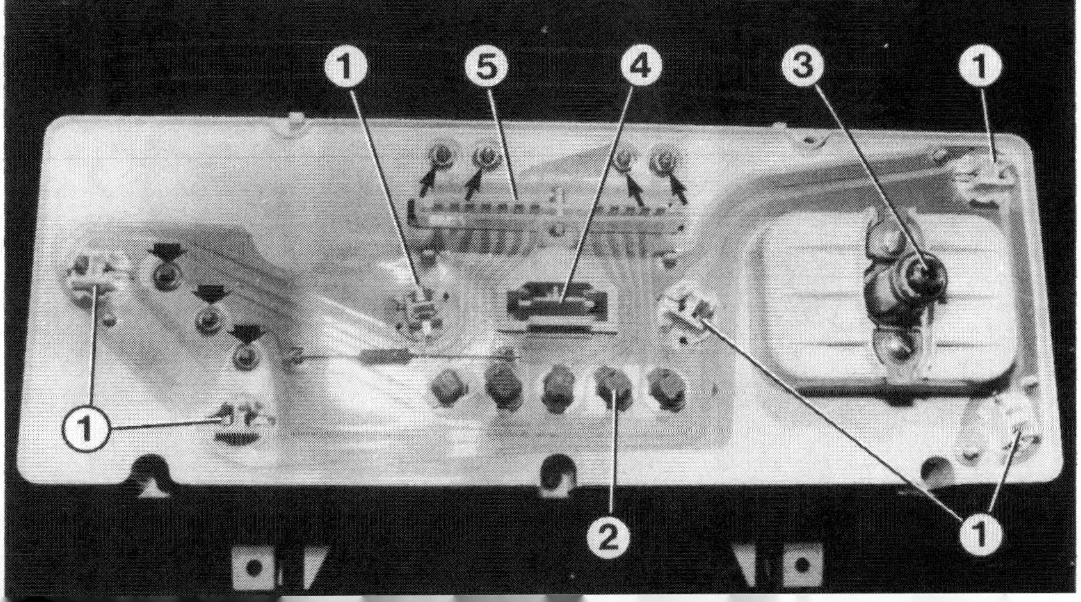

Die Rückseite des Kombi-Instruments mit Drehzahlmesser zeigt:
1 – Instrumentenbeleuchtung;
2 – Kontrollämpchen;
3 – Tachometer;
4 – Aufnahme für Sonderleuchten;
5 – Anschluß für Mehrfachstecker.
Die dicken Pfeile deuten auf die Drehzahlmesserbefestigung, die schlanken Pfeile auf die Befestigung für Kühlmitteltemperatur- und Tankanzeige.

Tankanzeige

Der Tankgeber im Kraftstofftank besteht aus einem Schwimmer und einem elektrischen Widerstand. Der Stromverbrauch der Tankanzeige ist so gering, daß sie dauernd, also auch bei ausgeschalteter Zündung, in Betrieb ist. Den Stromkreis schließt der veränderliche Widerstand im Tankgeber, der die Verbindung zur Masse herstellt.

Je nach Stromdurchfluß wird im Anzeigeinstrument ein entsprechendes elektromagnetisches Feld in drei 90° zueinander versetzt stehenden Spulen aufgebaut. Sobald sich der Widerstand des Gebers ändert, verändert sich auch das magnetische Feld in den Spulen, und die an einem Magnet befestigte Zeigernadel schlägt entsprechend aus.

Störungsmöglichkeiten

Als Ursache für eine fehlerhafte Anzeige kommen in Betracht:

○ Zu hohe oder zu niedrige Anzeige: Schwimmerarm verbogen, Zuleitung bzw. Steckverbindung fehlerhaft oder Instrument defekt (Zeiger hängt etc.).

○ Keine Anzeige: Zuleitung unterbrochen, Tankgeber oder Anzeigeinstrument defekt.

Störungssuche

● Bei Falschanzeige durch verbogenen Schwimmerarm Tankgeber ausbauen.

● Biegen des Schwimmerarms nach oben verringert die Anzeige, Biegen nach unten ergibt einen höheren Anzeigewert am Instrument.

● **Tankgeber prüfen:** Freilegen, wie im Kapitel »Vom Tank zur Kraftstoffpumpe« beschrieben, Kabelstecker abziehen.

● Hilfskabel in den Steckanschluß des braun/schwarzen Kabels stecken und direkt an Masse halten.

● Schlägt der Zeiger auf »Voll« aus, ist der Tankgeber defekt.

● **Anzeigeinstrument prüfen:** Kombi-Instrument ausbauen und Mehrfachstecker abziehen.

● Kontaktzunge für das braun/schwarze Kabel kurzzeitig mit dem Minuspol einer 12-Volt-Batterie verbinden, Kontaktzunge für das schwarz/gelbe Kabel mit dem Pluspol – rührt sich die Anzeigenadel nicht, ist das Anzeigegerät defekt.

● Schlägt die Anzeige jedoch auf Voll aus, liegt der Fehler in der Kabelzuführung.

Kühlmittel-Temperaturanzeige

Die Anzeige für die Kühlmitteltemperatur funktioniert genau wie die Tankanzeige. Plusstrom erhält das Instrument bei eingeschalteter Zündung, die Masseverbindung stellt der Temperaturfühler im Zylinderkopf her. Dieser Fühler ist ein veränderlicher Widerstand, der mit zunehmender Erwärmung den Stromdurchfluß weiter freigibt, so daß durch den steigenden Stromfluß in den Spulen das magnetische Feld immer stärker wird und die Nadel weiter ausschlägt.

Störungsmöglichkeiten

○ Keine Anzeige kann die Ursache im Temperaturfühler, einer unterbrochenen Zuleitung oder im Instrument haben.

○ Zu hohe oder zu niedrige Anzeige: Geber defekt, Zuleitung bzw. Steckverbindung fehlerhaft oder Instrument defekt (Zeiger hängt etc.).

○ Möglich ist jedoch auch ein auf der Anzeigeachse falsch justierter Zeiger – dann muß die Anzeige jedoch schon im Neuzustand falsch angezeigt haben.

○ Keine Anzeige: Zuleitung unterbrochen, Tankgeber oder Anzeigeinstrument defekt.

Der Geber der Kühlmittel-Temperaturanzeige (Pfeil) ist beim OHC-Motor (links) hinter der Zahnriemenabdeckung in den Zylinderkopf geschraubt, beim CVH-Motor (mitte) sitzt er links neben dem Thermostatgehäuse zwischen Auspuffkrümmer und Heizungsschlauch und beim V6-Motor (rechts) ist er in den sogenannten Kühlwasserkopf geschraubt.

Störungssuche

● **Temperaturfühler prüfen:** Braun/weißes Kabel am Temperaturfühler abziehen und fest mit Masse verbinden.
● Zündung kurz einschalten – wandert die Anzeigenadel ins rote Feld, ist der Temperaturfühler defekt.
● **Anzeigeinstrument prüfen:** Kombi-Instrument ausbauen und Mehrfachstecker abziehen.
● Kontaktzunge für das schwarz/gelbe Kabel mit Batterie-Plus verbinden, Kontaktzunge für das braun/weiße Kabel an den Minuspol legen – schlägt die Anzeigenadel nicht aus, ist das Instrument defekt.
● Bei vollem Ausschlag muß der Fehler im Leitungsverlauf gesucht werden.

Blinkerkontrolle

Je nach Blinkerhebelstellung ist das Blinkerkontrollämpchen einmal über ein schwarz/weißes (für »Links«) und einmal über ein schwarz/grünes Kabel (für »Rechts«) mit Klemme 49a des Blinkrelais verbunden. So bekommt es von dieser Klemme über den Blinkerhebelschalter jeweils Plusstrom und blinkt im gleichen Rhythmus wie die eingeschaltete Blinkerseite.
Auch bei durchgebranntem Kontrollämpchen arbeitet das Blinkrelais normal weiter, doch sollten Sie es trotz des akustisch gut wahrnehmbaren Relais-Tickens bald auswechseln. Bei Blinkerstörungen siehe Kapitel »Die Signaleinrichtungen«.

Bremskontrolle

Diese Kontrolleuchte warnt bei absinkendem Bremsflüssigkeitsstand. Dazu besitzt der Verschlußdeckel auf dem Ausgleichbehälter für die Bremsflüssigkeit einen Schwimmer und einen Kontaktschalter. Zusätzlich sitzt am Handbremshebel ein Kontaktschalter, der bei angezogener Handbremse das rote Licht aufleuchten läßt.

Störungsmöglichkeiten

○ Wenn die Warnleuchte überhaupt nicht brennt, ist vermutlich die Glühlampe defekt.
○ Verlöscht die Kontrolle nicht, muß als erstes der Flüssigkeitsstand im Behälter geprüft werden. Ist hier alles in Ordnung, überprüfen Sie, ob der gelöste Handbremshebel den Stift im Kontaktschalter nach unten drückt, sonst evtl. den Kontaktschalter auswechseln.

Drehzahlmesser

Je nach Sierra-Modell zeigt ein Drehzahlmesser im Kombi-Instrument an, wie oft die Kurbelwelle im Motor in der Minute rotiert. Der Drehzahlmesser erhält von der Zündanlage die Zündimpulse übermittelt. Summiert und aufbereitet wird das auf das Zeigerwerk im Instrument übertragen.
Bei Störungen gilt es, die entsprechenden Leitungen zu überprüfen. Evtl. ist auch die Leiterfolie beschädigt.

Fernlichtkontrolle

Nur bei eingeschaltetem Fernlicht oder beim Lichthupen erhält die Fernlichtkontrolle Spannung. Ob die Fernlichtfäden auch brennen, kann sie aber nicht anzeigen. Das müssen Sie selbst kontrollieren.

Wie die Funktionskontrolle der Warnlampe für Bremsflüssigkeitsmangel bei der herkömmlichen Bremsanlage vor sich geht, ist oben nachzulesen. Bei der ABS-Bremsanlage muß zur Kontrolle der Warnleuchte der Verschluß des Bremsflüssigkeitsbehälters gelöst und angehoben werden. Ein Helfer muß dabei bei gelöster Handbremse die Warnleuchte beobachten. Es bedeuten:
1 – Steckverbindung zum ABS-Steuergerät;
2 – Steckverbindung zur Warnleuchte im Kombi-Instrument.

Ladekontrolle

Bei laufendem Motor darf die Ladekontrolle weder schwach noch hell leuchten. Bleibt sie beim Einschalten der Zündung dunkel, ist das ebenfalls ein Fehler. Näheres zur Störungssuche finden Sie im Kapitel »Die Lichtmaschine«.

Öldruck-Kontrolle

Bei eingeschalteter Zündung erhält die Öldruckkontrolle Spannung. Solange kein Öldruck im Motor aufgebaut wird, ist ihr Stromkreis durch den Öldruckschalter am Motor zur Masse geschlossen – das rote Licht leuchtet. Nach dem Start mit zunehmenden Drehzahlen steigt der Öldruck, der Öldruckschalter öffnet seine Kontakte, und das Warnlicht verlöscht.
Kaltes Motoröl ist ziemlich zähflüssig. Das ergibt hohen Öldruck, der die Kontrolle schon beim oder gleich nach dem Anlassen des Motors verlöschen läßt. Im heißgefahrenen Motor im Hochsommer ist das Öl dünnflüssiger. Bei dem entsprechend niedrigeren Öldruck kann die Kontrolle deshalb erst etwas später bei höheren Drehzahlen verlöschen.

Störungsmöglichkeiten

Leuchtet die Öldruckkontrolle plötzlich während der Fahrt auf, ist das grundsätzlich ein Alarmzeichen.
○ Brennt sie nur kurz bei scharfem Bremsen oder in schnell gefahrenen Kurven, dürfte der Ölstand unter die Minimalmarke abgesunken sein – Ölstand prüfen und, wenn nötig, Öl nachfüllen.
○ **Leuchtet die Lampe dauernd, müssen Sie sofort anhalten!** Dann zuerst kontrollieren, ob das braun/grüne Kabel vom Öldruckschalter zur Warnlampe Kurzschluß hat: Zündung einschalten, Kabelstecker am Öldruckschalter abziehen. Die Kontrolle muß nun bei stehendem Motor verlöschen; das beobachtet am besten ein Helfer. Brennt sie dagegen weiter, ist das Kabel irgendwo durchgescheuert und hat Massekontakt. Das ist harmlos für den Motor – Sie können weiterfahren.
○ Als sicheres Zeichen für mangelnden Öldruck gilt bei Motoren mit hydraulischen Ventilstößeln schlagartig lauter werdende Ventilgeräusche mangels Öldruck in den Stößeln.
○ Normalerweise zeigt das Aufleuchten der Öldruckkontrolle, daß in den Schmierstellen des Motors der nötige Öldruck nicht aufgebaut wird. Das liegt jedoch meistens nicht an einem Defekt an der Ölpumpe, sondern weit öfter an einem schlagartigen Ölverlust. In Betracht kommt, daß z.B. eine lose Ölablaßschraube verloren ging. Stellt sich der Fehler als gefährlich für den Motor heraus, muß der Sierra abgeschleppt werden.
○ Bei ständig leuchtender oder flackernder Öldruckkontrolle ist nicht selten ein defekter Öldruckschalter schuld. Regelrecht nachgeprüft werden kann das aber nur durch Auswechseln des Schalters. Behelfsmäßige Kontrolle: Steckerzunge des Öldruckschalters etwas hin und her bewegen, sofern sie sich gelockert hat. Verlöscht die Kontrolle jetzt, wenn der Motor kurz gestartet wird?
○ Bleibt die Öldruckkontrolle beim Zündschlüsseldreh dunkel? Zündung einschalten, Kabel am Öldruckschalter abziehen und an blankes Metall halten: Brennt nun das Warnlicht, liegt es am Öldruckschalter. Schalter austauschen. Leuchtet nichts, ist die Zuleitung, die Leiterfolie des Kombi-Instruments oder die Warnlampe selbst defekt.

Tachometer

Dieser Geschwindigkeitsmesser zeigt das Fahrtempo gewissermaßen auf elektrischem Weg an, nämlich durch

Da die Öldruckschalter der verschiedenen Motoren in Funktion und Form gleich sind, hier nur die Schalter von CVH- (links) und V6-Motor (rechts). Beim OHC-Motor sitzt der Öldruckschalter auf der linken Motorseite zwischen Motorhalterung und Getriebe, beim CVH-Motor ist er direkt neben dem Ölfilter in den Motorblock geschraubt, beim DOHC-Motor sitzt er links oberhalb des Ölfilters und beim V6-Motor ist er links vorne in den Motorblock geschraubt.

Am MT 75-Getriebe ist die Tachowelle mit einem sogeannten Sprengring gesichert. Dieser Sicherungsring ist mit einer speziellen Zange, die an den beiden Löchern (Pfeile) angesetzt wird, leicht abzunehmen. Beim Auswechseln der Tachowelle muß außer dem korrekten Verlauf der Welle auch die Gummitülle am Durchbruch zum Wageninnern auf korrekten Sitz kontrolliert werden.

Erzeugung von Wirbelströmen, die eine Aluminiumtrommel rund um die Zeigerachse gegen den Widerstand einer Spiralfeder verdrehen.
Der Tachometer kann nicht die genaue Entfernung oder Geschwindigkeit messen, sondern er zählt die Umdrehungen des Tachowellenantriebs am Getriebegehäuse und setzt sie in Kilometerangaben um. Nach wieviel Tachowellenumdrehungen ein Kilometer auf der Straße zurückgelegt wurde, hängt von der Reifengröße und der Achsübersetzung ab. Die Übersetzung des Tachoantriebs ist je nach Reifengröße und Hinterachsübersetzung unterschiedlich. Deshalb besonders beim Umstieg auf andere Reifengrößen daran denken, auch den Tachoantrieb zu ändern. Den passenden Antrieb erfahren Sie bei Ihrer Ford-Werkstatt.
Eine zitternde Tachonadel weist gewöhnlich darauf hin, daß die Tachowelle einen Knick hat und bald brechen wird. Bei einem Fahrzeug mit hoher Laufleistung kann auch der Tachoantrieb im Getriebe verschlissen sein.

Tachowelle ausbauen

Je nach Sierra-Modell und Motorisierung sind ein- oder zweiteilige Tachowellen eingebaut.

- Kombi-Instrument ausbauen.
- Fahrzeug auf der Beifahrerseite aufbocken und absichern.
- Beim Schaltgetriebe den Sicherungsring von der Tachowelle abziehen und Welle vom Getriebe abnehmen.
- Bei der Getriebeautomatik die Klammer der Tachowelle vom Getriebe abschrauben und Klammer mit Welle vom Getriebe abnehmen.
- Tachowelle von den Plastikklammern an der Karosserie abhebeln.
- Welle vom Motorraum aus durch die Spritzwand ziehen.
- Beim Einbau die Tachowelle durch die Spritzwand führen und die Gummitülle in den Ausschnitt einsetzen.
- Welle so weit durch die Spritzwand schieben, bis die Farbmarkierung an der Gummitülle anliegt.
- Kontrollieren, ob die Plastikklammern richtig sitzen und Tachowelle quer zur Spritzwand in die Klammern drücken und unter dem Längsträger durchführen.
- Die zweite Farbmarkierung muß an der ersten Querträgerklammer sitzen.
- Die dritte Farbmarkierung muß dann an der Längsträgerklammer sitzen.
- Tachowelle weiter bis zum Getriebehals verlegen und in das Tachoantriebsritzel einsetzen.
- Kontrollieren Sie, ob die Welle wieder ohne Knikke oder unharmonische, enge Biegungen in den Halteklammern sitzt.

Zeituhr

Die quarzgesteuerte Uhr geht ausgesprochen genau. Allerdings verträgt die Zeigeruhr Drehen gegen den Uhrzeigersinn nicht so gut. Wenn nach Wiederanklemmen der Batterie nachgestellt werden muß, dann nur im Uhrzeigersinn drehen.
Läuft die Digital- oder Analoguhr überhaupt nicht, beschränkt sich die Fehlersuche auf die zuständige Sicherung oder das stromzuführende Kabel. Eine Reparatur ist bei der Digitaluhr überhaupt nicht und bei der Zeigeruhr nur bedingt möglich.

Das Zusatz-Warnsystem

Der Sierra Ghia ist mit einem Zusatz-Warnsystem ausgestattet. Dieses Warnsystem zeigt Flüssigkeitsmangel im Scheibenwaschwasserbehälter an und signalisiert über eine Warnleuchte die Tankreserve. Weiter ist das Zusatz-Warnsystem mit einer graphisch angelegten Fahrzeugsilhouette versehen, die Warnanzeigen für de-

fekte Glühlampen von Fahrlicht, Brems- und Schlußleuchten sowie Türwarngeber für nicht geschlossene Türen und einen Eiswarngeber hat. Der Eiswarngeber reagiert in zwei Warnstufen, eine ab +4°C und die andere ab 0°C.
Das Warnsystem besteht aus einer sogenannten Vakuum-Fluoreszenz-Anzeige im Armaturenbrett. Das elektronische Steuermodul für das Warnsystem sitzt hinter der linken Fußraumverkleidung der Fahrerseite. Das Modul für die Warnanzeigen von Flüssigkeitsmangel im Vorratsbehälter der Scheibenwaschanlage sowie der Tankreserve sitzt rechts unter dem Armaturenbrett bzw. bis Modelljahr '90 hinter dem »blinden« Ablagefach auf der Beifahrerseite.

Kontrolle für Flüssigkeitsstand im Vorratsbehälter der Scheibenwaschanlage

Zur Kontrolle des Flüssigkeitsstandes im Vorratsbehälter der Reinigungsanlage für Front- und Heckscheibe sowie Scheinwerfer wird im Behälter ein schwimmerbetätigter Tauchschalter verwendet.
Wenn z.B. der Flüssigkeitsstand unter das vorgegebene Minimum von ca. einem Viertel absinkt, sinkt auch der Schwimmer, und ein an ihm angebrachter Magnet schaltet den Stromkreis gegen Masse – die Warnlampe zeigt Dauerlicht. Störungen können nur beim Geber und den Zuleitungen gesucht werden. Aber auch eine falsche Einbaulage kann zu Störungen führen, weil dann der Schwimmer hängt und so den Magnetschalter blockiert.

Tankreservekontrolle

Die Kraftstoffvorrats-Warnleuchte leuchtet auf, sobald die Kraftstoffmenge im Tank weniger als 8 Liter beträgt. Die Warnanzeige wird durch einen Sensor ausgelöst, der am Tankgeber angebracht ist und vom Schwimmer betätigt wird. Scharfes Kurvenfahren kann jedoch vorübergehend die Warnleuchte einschalten, obwohl noch mehr als 8 Liter Kraftstoff im Tank sind.

Türwarnsystem

Bei korrekt geschlossener Tür leuchtet das grüne Türsymbol (bei eingeschaltetem Fahrlicht) auf. Wird die Tür geöffnet oder ist die Tür offen, leuchtet das rote Türsymbol auf. Die Geber sind so in die Türschlösser eingebaut, daß sie nur dann ein Signal für das grüne Symbol geben, wenn die Tür völlig geschlossen ist. Ist die Tür nur bis zur ersten Raststellung geschlossen, sendet der Warngeber schon ein Signal für das rote Türsymbol.
Der Türwarngeber besteht aus zwei Widerständen in einem Schalter. Ist eine der Türen nicht richtig geschlossen, z.B. in der ersten Raststellung, bleibt der Kontaktschalter im Türwarngeber offen und liefert einen Warnimpuls über einen Widerstand von 1380 Ohm an das Steuergerät. Sind die Türen korrekt geschlossen, schließt auch der Kontaktschalter, und der Geber meldet einen Widerstand von 180 Ω. Ein Anschluß des Gebers liegt an Masse, der andere (braun/weißes Kabel) führt zum Steuergerät.

Glühlampenüberwachung

Diese Einrichtung überwacht die Funktion von Fahrlicht, Schluß- und Bremslicht. Der Stromkreis jeder einzelnen in dieses Kontrollsystem einbezogenen Glühlampe durchläuft auch das Steuermodul zur Glühlampenüberwachung. Im Steuermodul wird der Durchgangsstrom gemessen. Bei Ausfall einer Glühlampe oder einer entsprechenden Sicherung wird dann vom Steuermodul ein Signal zur graphischen Warnanzeige geschickt. Unterbrechungen in der Verkabelung des Systems werden daher wie eine durchgebrannte Lampe oder Sicherung angezeigt, ebenso ein Kurzschluß – er läßt die Sicherung durchbrennen –, und dies wird von der Anzeige sichtbar gemacht.
Der Bremslichtschalter wird bei jedem Einschalten der Zündung kontrolliert. Dies wird dadurch erreicht, daß die Warnleuchten der Bremslichter nach der üblichen 5-Sekunden-Kontrollzeit weiter aufleuchten. Wird nun das Bremspedal das erste Mal betätigt, verlöscht diese Anzeige, vorausgesetzt, Bremslichtschalter, Bremsleuchten und Sicherung sind in Ordnung.

Eiswarngeber

Der Eiswarngeber ist hinter dem vorderen Stoßfänger am Querträger befestigt. Der Geber enthält einen temperaturabhängigen Widerstand. Dazu besteht er aus einem Material, das die Eigenschaft hat, seinen Widerstand mit steigender Temperatur zu senken. Die Widerstandsänderungen werden dem Steuermodul zugeleitet, das bei einer Temperatur von +4°C bis +1°C ein Signal zur graphischen Anzeige gibt und eine gelbes Eiskristallsymbol aufleuchten läßt. Fällt die Temperatur auf 0°C oder darunter, verlöscht das gelbe Symbol und das rote leuchtet auf.
Bei einem Fehler in der Verkabelung, z.B. bei einem Kurzschluß, blinkt das gelbe Symbol etwa eine halbe Minute lang. Ist ein Kabel unterbrochen, blinkt das rote Eiskristallsymbol.

Steuermodul(e)

Wie schon erwähnt, sitzt das Steuermodul für die graphische Anzeige seitlich hinter der Verkleidung auf der Fahrerseite und das Modul für Tankreserve und Flüssigkeitsmangel in der Scheibenwaschanlage im »blinden« Handschuhfach auf der Beifahrerseite, ab Modelljahr '90 hinter dem Handschuhfach.
Bei den Steuermodulen handelt es sich um elektronische Bauteile, die die Gebersignale miteinander vergleichen und im Fall des Falles umgewandelt an die Warnleuchten bzw. graphischen Symbole weitergeben und diese aufleuchten lassen.
Vor einer Fehlersuche im Störfall ist abzuraten, da dazu ein geradezu kriminalistischer Spürsinn und einige

Erfahrung erforderlich ist. Außerdem muß man vor allem die Funktionsabläufe genau kennen, bevor Störungen erkannt werden können. Der Ford-Werkstatt stehen hierfür eine spezielle Prüfbox und entsprechende, zum jeweiligen Steuermodul passende Adapterkabel zur Verfügung.
Wer's dennoch wagt, muß wissen, daß die Fehlersuche bei elektronischen Systemen logisch und methodisch durchgeführt werden muß. So können Sie durch eine sorgfältige Analyse der Störung viel Zeit einsparen.
Das Funktionsprinzip bei den Kontroll- bzw. Warnsystemen im Ford Sierra kann man sich als Weg eines Signals vom einen Ende, z.B. einem Geber, zum anderen Ende, z.B. einer Kontrolleuchte, vorstellen. Bei der Fehlersuche besteht nun das Prinzip darin, die Stelle zu finden, wo das Signal noch ankommt bzw. unterbrochen wird.
Üblicherweise sollten Sie irgendwo in der Mitte des Signalwegs mit dem Prüfen beginnen. Ist das Signal vorhanden, bis zum Ende weiterprüfen. Fehlt das Signal, zum Ursprung (z.B. Geber) zurückverfolgen, bis die Störung gefunden ist.

Fingerzeige: Die Stecker müssen sauber und frei von Rückständen sein. Zum Reinigen der Mehrfachsteckverbindungen Kontaktspray verwenden. Dies ist in guten Elektronik- bzw. Modellbauläden erhältlich. Niemals die Anschlüsse anders reinigen oder gar verbiegen!
Um eine Beschädigung des Vielfachmeßgeräts zu vermeiden, beim Messen immer mit einem hohen Meßbereich anfangen und dann herunterschalten.

Der Bord-Computer

Der Bord-Computer, auf Wunsch in bestimmte Sierra-Modelle eingebaut, ist eine elektronische Informationseinheit. Zwölf Positionen können abgefragt werden:

- Augenblicklicher Kraftstoff-Durchschnittsverbrauch auf 100 km
- Reichweite mit der noch im Tank vorhandenen Kraftstoffmenge
- Gesamtverbrauch für eine Reise
- Durchschnittsgeschwindigkeit während einer Reise
- Geschwindigkeitslimit mit akustischer Warnung beim Überschreiten der programmierten Geschwindigkeit
- Zwischen- und Gesamtstrecke der gefahrenen Kilometer
- Streckenfahrzeit mit Stoppuhr
- Gesamtzeit einer Reise bzw. Motorlaufzeit
- Kalenderuhr und Zeit-Alarm

Alle Einzelfunktionen werden über Drucktasten gesteuert und abgerufen, wobei die sechs Funktionstasten eine »A«- und »B«-Funktion haben.
Wird die Batterie abgeklemmt, funktioniert der Bord-Computer nicht mehr, da er alle gespeicherten Daten verliert. Nach Wiederanschluß erscheinen die Anzeige der Kalenderuhr und alle anderen Anzeigen in englischer Sprache sowie die Maße in Imperial-Einheiten. Anzeige und Maßsystem müssen entsprechen neu gewählt bzw. programmiert werden. Dies entnehmen Sie jedoch bitte der umfangreichen Bedienungsanleitung.
Weitere Bauteile des Bord-Computers sind ein Kraftstoffdurchflußmesser, ein Geschwindigkeitsgeber und ein abgewandelter Geber für die Kraftstoffvorratsanzeige.

Kraftstoffdurchflußmesser

Der Durchflußmesser ist an einer Halterung am linken Innenkotflügel montiert und ist je nach Motorversion und Kraftstoffsystem (Vergaser, K-Jetronic oder EFI-Einspritzung) etwas unterschiedlich gebaut.
Während der Motorlaufzeit liefert der Durchflußmesser ein lineares Signal der momentanen Durchflußmenge zum Bord-Computer.

Geschwindigkeitsgeber

Beim Sierra mit Bord-Computer ist die Tachowelle geteilt. In die geteilte Welle ist der Geschwindigkeitsgeber dazwischen geschraubt. Er ist eigentlich ein mehrpoliger magnetischer Impulsgeber und liefert an den Bord-Computer ein Signal, das z.B. mit den Signalen des Kraftstoffdurchflußmessers dem Computer zur Ermittlung des Kraftstoffverbrauchs auf 100 km dient.

Tankgeber

Sierra-Modelle mit Bord-Computer sind mit einem abgeänderten Geber für die Kraftstoffvorratsanzeige ausgestattet. Zusätzliches Bestandteil eines solchen Tankgebers ist ein elektronisches Bauteil (Thick-film-Widerstand), das auf einer Platte des Gebers angebracht ist. Die Ausgangsspannung wird vom Bord-Computer gemessen und in eine recht exakte Anzeige umgewandelt.

Fingerzeig: Wie beim Steuermodul der Zusatz-Warnanzeige ist die Fehlersuche beim Bord-Computersystem so umfangreich und aufwendig, daß Sie dies besser der Ford-Werkstatt mit entsprechend geschultem Personal überlassen sollten, bevor Sie evtl. durch falsche Meßmethoden erheblichen Schaden am Computermodul anrichten.

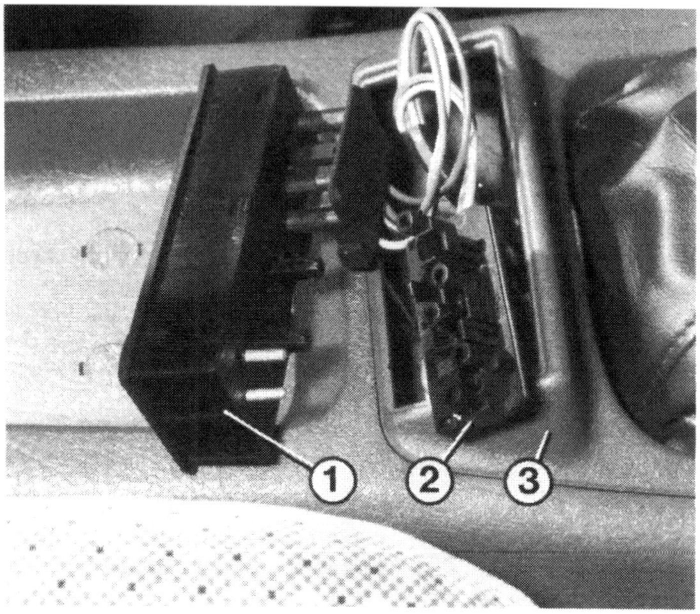

Die Kippschalter für die vorderen Fensterheber sind gemeinsam in einem Kombigehäuse (1) untergebracht. Zur Durchgangskontrolle den Schalter mit einem Schraubendreher aus dem Ausschnitt der Mittelkonsole (2) hebeln und den Mehrfachstecker (3) abziehen. Bei einem Defekt eines der beiden Schalter muß die Einheit komplett ausgetauscht werden.

Die Schalter

Um die verschiedenen Stromverbraucher in Betrieb setzen zu können, ist der Ford Sierra je nach Ausstattungsvariante mit einer ganzen Anzahl unterschiedlicher Schaltertypen ausgerüstet. Wir unterscheiden die Hebelschalter links und rechts neben der Lenksäule, die Kippschalter (elektrische Fensterheber) bzw. die Drucktastenschalter (Nebelschlußleuchte, Zusatzscheinwerfer, heizbare Heck- bzw. Windschutzscheibe) im Armaturenbrett sowie den Drehschalter für das Heizgebläse.

Kipp- bzw. Druckschalter

○ Kippschalter: Ist der Sierra mit elektrischen Fensterhebern ausgerüstet, befinden sich in der Mittelkonsole entsprechende Kippschalter.
○ Beim Druck auf einen Schalter kippt im Schalter eine Schalterwippe auf eine Kontaktplatte und schließt den Stromkreis.
○ Druckschalter: Sie funktionieren mechanisch anders als die Kippschalter. Beim Betätigen des Schalters schließt ein kleiner Schnappmechanismus den Stromkreis.
○ Bei eingeschalteter Beleuchtung leuchtet auch das entsprechende Schaltersymbol.
○ Beim Einschalten eines Verbrauchers leuchtet zusätzlich ein im Druckschalter eingebautes Lämpchen auf.

Kipp- bzw. Druckschalter ausbauen

● Mit einem kleinen Schraubendreher den jeweiligen Kippschalter aus seinem Ausschnitt in der Mittelkonsole ein Stück heraushebeln. Dabei vorsichtig zu Werke gehen, damit ein abrutschender Schraubendreher nicht die Umgebung zerkratzt.

● Beim Druckschalter einen schmalen Schraubendreher an der Schmalseite ansetzen und den Schalter aus dem Ausschnitt hebeln.

● Schalter vorsichtig aus dem Ausschnitt ziehen, Stecker mit ruckelnden Bewegungen abziehen.

Druckschalter nachträglich einbauen

Werden nachträglich z. B. Nebellampen eingebaut, empfehlen wir unbedingt, den Original-Schalter mit Mehrfachstecker zu besorgen.

● Blinddeckel aus dem Ausschnitt drücken.

● Verlegte Kabel im Mehrfachstecker anschließen.

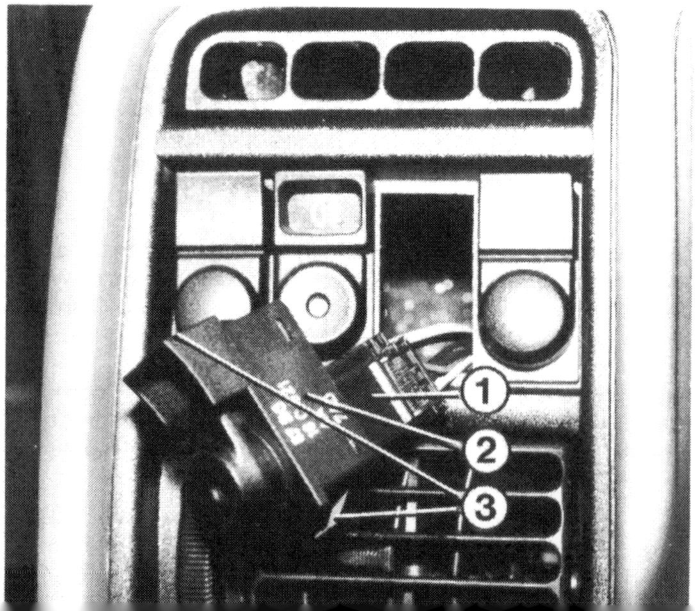

Die Druckschalter (2) sind mit kleinen Sicherungsfedern (3) im Schalterausschnitt fixiert. Mit einem kleinen Schraubendreher lassen sich die Druckschalter aus dem Armaturenbrett heraushebeln. Dann kann der Mehrfachstecker (1) abgezogen werden.

Zum Ausbau eines der beiden Kombi-Hebelschalter, im Bild der Blinkerschalter, müssen jeweils zwei Kreuzschlitzschrauben (Pfeile) gelöst werden. Bei einem Defekt sollte jedoch nur der erfahrene und geduldige Selbermacher ans Reparieren gehen. Die Hebelschalter können nur komplett ausgetauscht werden.

- Mehrfachstecker auf Schalter aufstecken.
- Schalter einsetzen und auf Funktion prüfen.

Drehschalter

Der einzige Drehschalter des Sierra ist dem Luftgebläse vorbehalten. Alles was mit dem Gebläse und seinem Schalter zu tun hat, finden Sie im folgenden Kapitel »Heizung und Lüftung«.

Hebelschalter

Obschon sie zu den meistgebrauchten Schaltern im Sierra gehören, hat man mit den Hebelschaltern kaum Probleme. Wichtig zu wissen ist, daß Lichtumschaltung und Lichthupe zwar mit dem auch für die Blinker zuständigen Kombi-Hebelschalter betätigt werden, der eigentliche Lichtschalter aber zusammen mit dem Kombi-Hebelschalter für die Scheibenwischer rechts neben der Lenksäule sitzt.
Das Schaltergehäuse kann bei Kontaktproblemen geöffnet werden, was jedoch nur dem Tüftler unter den Selbermachern zu empfehlen ist. Zur Störungssuche an den Hebelschaltern genügt es, die obere und untere Lenksäulenverkleidung abzubauen.

Hebelschalter ausbauen

- Lenksäulenverkleidung abbauen.
- Jeweiligen Hebelschalter durch Lösen zweier Kreuzschlitzschrauben von der Lenksäule abbauen.
- Mehrfachstecker – beim Blinkerschalter einer, beim Scheibenwischer-/Lichtschalter zwei – hinten am Schalter abziehen und Schalter abnehmen.

Lenk-/Anlaß-Schalter

Dieses allgemein als Zündschloß bezeichnete Teil dient nicht nur dazu, dem Besitzer des Zündschlüssels den Motorstart zu ermöglichen, sondern sperrt nach Abziehen des Zündschlüssels und nach einer kurzen Lenkraddrehung auch die Lenkung. Demgemäß nennt man es auch Lenk-/Anlaßschloß.
Während das Schloßteil nur in seltenen Fällen seinen Geist aufgibt, kann der Schaltkontaktsatz (also der eigentliche Schalter) des Zündschlosses eher die Ursache für eine Störung sein. Ob er defekt ist, können Sie nach Abschrauben der unteren Lenksäulenverkleidung prüfen.

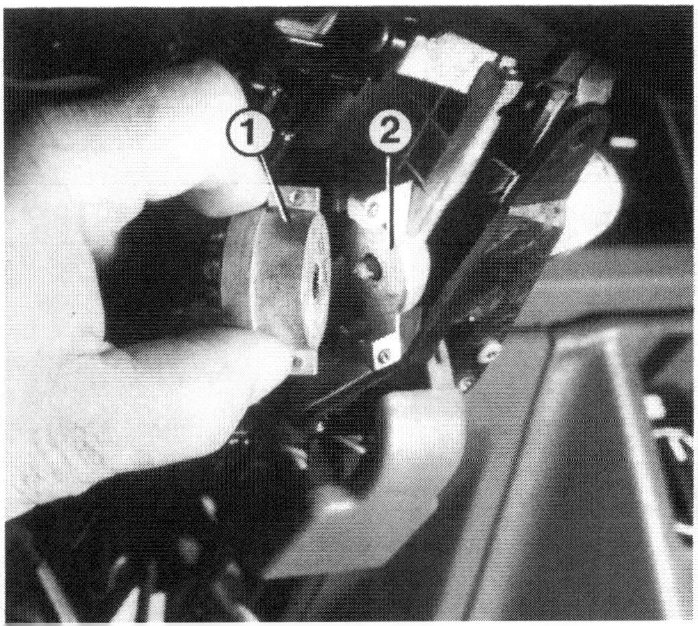

Durch Lösen von zwei kleinen Madenschrauben im Lenk-/Anlaßschloß läßt sich das Schaltteil (1) vom Schließteil (2) trennen. Bei abgenommenem Schaltteil kann so der Motor gestartet werden, doch darf auf keinen Fall losgefahren werden, wenn das Lenkrad noch gesperrt ist.

Lenk-/Anlaß-schalter ausbauen

Das Schloßteil des Zündschlosses auszubauen ist Werkstattsache. Das Schaltteil unten am Schloß kann die Ursache von Störungen sein, wenn die Kontakte bei einem älteren Fahrzeug korrodiert und abgenutzt sind.

- Untere Lenksäulenverkleidung abbauen.
- Massekabel der Batterie abklemmen.
- Mit schmalem Schraubendreher die beiden Madenschrauben lösen. Bei neueren Sierra-Modellen Schraubendreher in die Ausschnitte der Haltezungen drücken und Zungen entsichern.
- Zündschalterteil vom Lenkschloßteil abziehen.
- Mehrfachstecker vom entsprechenden Kabelbaum abziehen und Zündschloßteil abnehmen.

Fahren mit defektem Lenk-/Anlaß-Schalter

Sind die Kontakte im Lenk-/Anlaß-Schalter so abgenutzt, daß sich beim Zündschlüsseldreh nichts mehr regt, können Sie dennoch den Motor starten. Voraussetzung ist, daß am roten Kabel des Zündschloß-Mehrfachsteckers Spannung anliegt.

- Untere Lenksäulenverkleidung abbauen, Mehrfachstecker abziehen.
- Mit einem Kabelstück oder einer Büroklammer die Steckbuchsen des dicken roten und des schwarz/gelben Kabels miteinander verbinden. Damit ist die Zündung eingeschaltet, Lade- und Öldruckkontrolle müssen aufleuchten.
- Wagen anschieben lassen.
- Oder mit einem mindestens 4 mm² starken, isolierten Kabelstück eine Kurzschlußbrücke zwischen der Steckerbuchse des roten und des schwarz/blauen Kabels der Klemme 50 herstellen. Damit wird der Anlasser betätigt.
- Sobald der Motor angesprungen ist, diese Kabelbrücke wieder abziehen.
- Der Mehrfachstecker bleibt abgezogen. Damit während der Fahrt kein Kurzschluß entstehen kann, muß er isoliert werden.
- Zum Abstellen des Motors die Verbindung zwischen dem roten und schwarz/gelben Kabel abziehen.

Schalterprüfung

- Mit einer Prüflampe mit Nadelkontakt können Sie die Kabelisolierung durchstechen und feststellen, welche Kabel Spannung führen.
- Suchen Sie den für Ihren Sierra passenden Stromlaufplan heraus.
- Zuerst wird geprüft, ob der Schalter überhaupt Spannung geliefert bekommt; hierzu muß vielfach die Zündung oder die Beleuchtung eingeschaltet werden.
- Dann wird kontrolliert, ob der Schalter in entsprechender Stellung die Spannung weiterleitet.

Die Schaltrelais

Zur Bordelektrik gehören eine ganze Reihe Schaltrelais, die in der Zentral-Elektrikbox oder separaten Haltern (siehe Kapitel »Elektrische Leitungen und Sicherungen«) eingesteckt sind.

○ Ein einfaches Schaltrelais wird für leistungsstarke Stromverbraucher verwendet. Leitet man den Strom auf langen Kabelwegen über den dazugehörigen Schalter, gibt es Spannungsverluste. Außerdem werden die Schalterkontakte durch den hohen Stromfluß stark beansprucht.

○ Bei einer Relaisschaltung benutzt man den Schalter nur für den geringen Schaltstrom, womit nicht der Verbraucher direkt, sondern dessen Relais eingeschaltet wird.

○ Bestimmte Relais können zusätzliche Funktionen auslösen. So schaltet das Blinkrelais die Blinkimpulse, das Relais der Scheibenwischer-Intervallschaltung steuert den Intervallbetrieb der Scheibenwischer, das Relais der

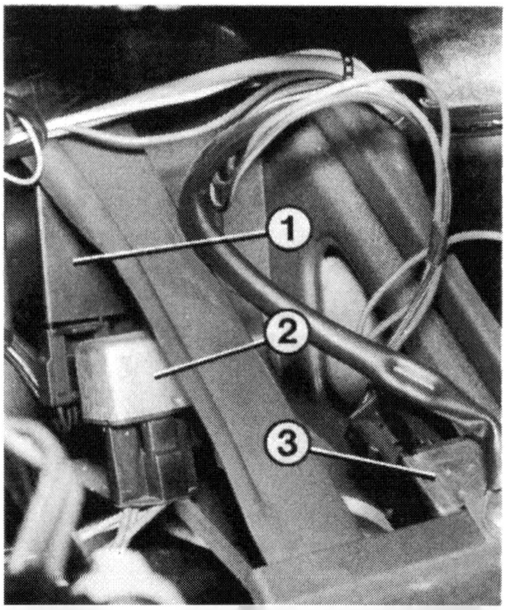

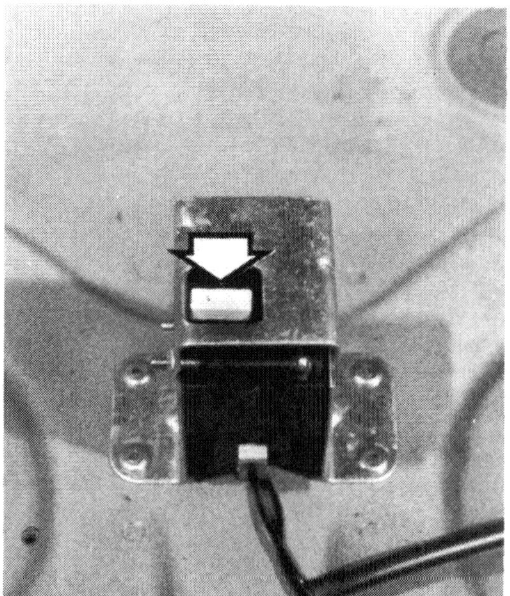

Links: Im Bild die Relais an der Lenksäulenhalterung. Sie sind am besten durch Ausbau des Kombi-Instruments zugänglich. Es bedeuten:
1 – Blinkrelais;
2 – Zündschloßrelais;
3 – Relais für elektrische Antenne.
Rechts: Will der Sierra-Einspritzer trotz geladener Batterie – und gefülltem Tank – nicht starten, kann dies auch am herausgesprungenen Knopf (Pfeil) des Sicherheitsschalters liegen. Der Schalter, unter dem Ersatzrad dürfte jedoch nur bei einem starken Stoß (Aufprall) oder gar Überschlag ausgelöst werden.

Front- bzw. Heckscheibenheizung schaltet die Heizung nach einer bestimmten Zeit selbsttätig aus. Das gilt auch für das Relais des zweiten Kühlerlüfters.

Relais-Funktion

○ Beim Einschalten des betreffenden Verbrauchers wird im Schaltrelais durch den an Klemme 86 ankommenden Schaltstrom der Schaltstromkreis zu Klemme 85 geschlossen.
○ Dadurch zieht eine Magnetspule einen kräftigen Kontakt gegen Federdruck an und schließt so den Stromkreis für den Arbeitsstrom.
○ Der Arbeitsstrom wird zur Vermeidung von Spannungsabfall auf kurzem Weg direkt an Klemme 30 des Relais herangeführt und von dort weiter – bei geschlossenen Schalterkontakten – über Klemme 87 an den Stromverbraucher weitergeleitet.

Relais-Störungssuche

● Klemme 30 muß immer Spannung führen. Zur Kontrolle Relais ein Stück herausziehen und mit Prüflampennadel Klemme 30 antippen.
● Relais abziehen, Klemme 86 mit Batterie-Plus und Klemme 85 mit Masse verbinden. Die Magnetspule muß den Relaiskontakt deutlich hörbar anziehen, sonst ist das Relais defekt.

Behelf bei defektem Relais

● Relais aus dem Halter bzw. dem Sicherungskasten abziehen oder Mehrfachstecker abziehen.
● Klemme 30 und 87 im Relaissteckfeld des Sicherungskastens bzw. Halters oder Mehrfachsteckers mit einer Büroklammer oder einem kurzen Drahtstück überbrücken. Dadurch erhält der betreffende Verbraucher Dauerstrom.
● Zum Abschalten die Kurzschlußbrücke abziehen, da der betreffende Schalter in diesem Fall ja überbrückt ist.

Licht-Warnsignalgeber

Ein Gongsignal in einem Relais in der Relaishalterung auf der Beifahrerseite ertönt, wenn bei abgezogenem Zündschlüssel vergessen wurde, das Licht auszuschalten und die Tür geöffnet wird. Wem das wohltönende Signal lästig wird, kann das Modul aus dem Relaishalter entfernen.

Zigarettenanzünder

Der Zigarettenanzünder erhält Dauerstrom über die zuständige Sicherung. Falls der Anzünder trotz intakter Sicherung nicht funktioniert, ist der Heizwendeleinsatz locker oder durchgebrannt. Ein defekter Einsatz kann ersetzt werden.
● Knopf des Einsatzes eindrücken, damit die Glühspirale freiliegt.
● Achse mit einer Spitzzange greifen und Spirale nach Lösen der Mutter abnehmen.

Heizbare Front- und Heckscheibe

Die Überprüfung der heizbaren Front- bzw. Heckscheibe sollte praktischerweise bei feuchter Witterung oder vereister Scheibe geschehen. Das Feld mit den aufgedampften Leiterbahnen muß über die gesamte Fläche freie Sicht schaffen.

Störungssuche

● Zuständige Sicherung kontrollieren.
● Festen Sitz der Kabelstecker zu den Heizfäden kontrollieren.
● Schalter ausbauen und prüfen.
● Funktion des Relais prüfen.
● War bisher kein Fehler zu finden, Leitungsverlauf kontrollieren.
● Sind Heizfäden beschädigt und dadurch unterbrochen, hilft bei den dickeren Fäden der Heckscheibe Leitsilberlack. Dieser wird z. B. von Doduco, Postfach 480, 7530 Pforzheim hergestellt und ist im Autozubehörhandel erhältlich.

Scheibenwischer- und -wascher prüfen

Ständige Kontrolle

● Zündung einschalten.
● Laufen die Scheibenwischer in beiden Geschwindigkeiten und gehen sie beim Ausschalten in die Parkstellung zurück?
● Funktioniert die Wischerintervallschaltung?
● Spritzt Wasser aus den Wascherdüsen?
● Arbeiten Heckwischer und -wascher?

Scheibenwischerarm ausbauen

● Abdeckkappe vom Wischerarm mit einem flachen Schraubendreher abhebeln und hochklappen.
● Mutter lösen und mit Federscheibe abnehmen.
● Wischerarm von der kerbverzahnten Welle abziehen.
● Falls dies nicht möglich ist, beidseitig von der

Hier die verschiedenen Möglichkeiten, sich gute Sicht zu verschaffen. Links und in der Mitte wird lediglich das Wischergummi ausgetauscht, wobei die Führungsschienen (Pfeile) wiederverwendet werden. Rechts ist das Auswechseln eines kompletten Wischerblattes durch Niederdrücken der Federklammer gezeigt.

Scheibenwischerwelle zum Schutz der Lackierung einen großen Lappen legen.

- Mit rechts und links flach angesetzten Schraubendrehern den Wischerarm abhebeln.
- Wischerarme so montieren, daß sie parallel zur unteren Windschutzscheibendichtung stehen.
- Funktionskontrolle, ob bei laufendem Wischer das linke Blatt nicht an die Windschutzscheibendichtung stößt.

Wischerblatt abnehmen

- Wischerarm abklappen.
- Arretierungsfeder des Wischerblatts (siehe Bild unten) zusammendrücken, bis ihre Kerbe aus der Öffnung des Wischerarms austritt.
- Scheibenwischerblatt nach unten drücken und aus dem Arm herausschwenken.
- Beim Einsetzen des Wischerblatts darauf achten, daß die Kerbe in der Arretierungsfeder der Aussparung im Wischerarm gegenübersteht und dort einrasten kann.

Wischergummi wechseln

Die Gummis der Scheibenwischer liefern höchstens ein halbes Jahr lang ein streifenfreies Wischbild. Wesentlich billiger als komplette Wischerblätter ist der Austausch der Wischergummis.

- Wischerblatt abnehmen.
- Das Wischergummi besitzt an einer Seite Aussparungen zum Einhängen der Wischerarm-Halteklammern. Die entsprechenden Erhebungen im Gummi mit dem Fingernagel oder einem kleinen Schraubendreher zurückdrücken, damit die Halteklammern ausgerastet werden können.
- Wischergummi mit den seitlichen Metall-Federstreifen herausziehen.
- Neues Wischergummi in die unteren Halteklammern des Wischerarms einhängen.
- Federstreifen rechts und links einschieben und die Haltenasen der Streifen in die Aussparungen im Gummi einsetzen.
- Gummierhebungen zum Einrasten der Halteklammern wieder zurückdrücken.

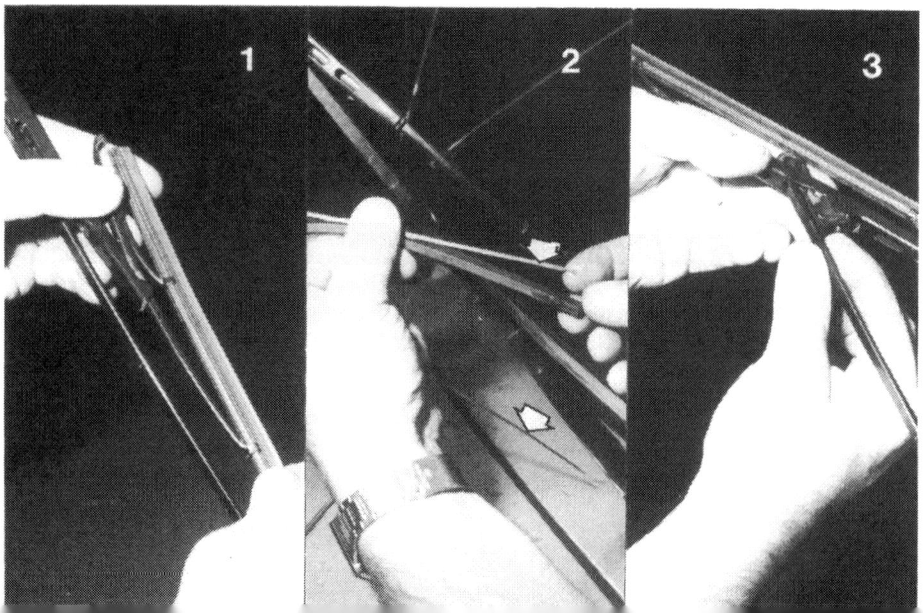

Der Scheibenwischerarm (1) sitzt auf einer kerbverzahnten Welle (3), damit ein Verdrehen weitgehend ausgeschlossen ist. Zum Ausbau des Wischerarms die Befestigungsmutter (2) lösen und mit Federring abnehmen. Sehr oft wird sich der Wischerarm jedoch nicht ohne weiteres von der Wischerwelle ziehen lassen, weil die Kerbverzahnung korrodiert ist und die Teile zusammenbacken. In diesem Fall beidseitig zum Schutz der Windlaufabdeckung einen Lappenballen legen und mit zwei unter das Wischerarmgelenk angesetzten breiten Schraubendrehern den Wischerarm behutsam abhebeln. Nach einem salzhaltigen Winter sollten Sie die Wischerachse mit einem korrosionsschutzhaltigen Öl schmieren.

Fingerzeig: Ein gutes Wischerfeld ist besonders auf der Fahrerseite wichtig. Tip für Sparsame: Scheibenwischer der Fahrerseite an der Beifahrerseite anbringen und das dortige Wischerblatt mit einem neuen Wischergummi versehen an der Fahrerseite montieren.

Störungsbeistand

Wischerblätter

Die Störung	– ihre Ursache	– ihre Abhilfe
A Wasser und Schmutz werden gleichmäßig über das Wischfeld verteilt	1 Scheibe durch Lackpflegemittel, ölhaltige Rückstände oder Insektenleichen verschmutzt	Auf der Scheibe »Sidol« Messingputzmittel auftragen, antrocknen lassen, dann mit einem sauberen Lappen abreiben
	2 Wischergummi verschlissen	Austauschen
	3 Wischerarm am Anlenkpunkt des Wischerblattes nicht parallel zur Windschutzscheibe	Wischerarmende nachbiegen
B Im Wischfeld bleiben feine Wasserstreifen stehen	Siehe A 2	
C Im Wischfeld bleiben feine Wassertropfen zurück	Neigungswinkel des Wischergummis zu flach	Wischergummi austauschen
D Im Wischfeld bleibt ein breiter Wasserfilm zurück	Ungleiche Druckverteilung durch verbogene oder defekte Anpreßfeder im Wischerblatt	Wischerblatt austauschen
E Im Wischfeld bleiben einige Wasserfelder zurück	1 Anpreßdruck des Wischerarms zu gering	Anpreßdruck überprüfen. Feder leicht einölen, ggf. Wischerarm ersetzen
	2 Scheibenwischerantrieb verschlissen	Kontrollieren, defekte Teile ersetzen
	3 Wischerarm lose auf seiner Achse	Festschrauben
	4 Wischerarm verbogen	Nachbiegen
	5 Wischerblatt verbogen	Austauschen
F Im Wischfeld bleiben oben am Rand Wasserfelder zurück	1 Siehe E 1	
	2 Siehe D	
G Wischerblatt rattert	1 Zu viel Spiel in der Verbindung von Wischerarm und Wischerblatt bzw. dem Kunststoff-Verbindungsteil	Wischerblatt, -arm oder Verbindungsteil austauschen
	2 Wischerarm in sich verdreht	Wischerarm vorsichtig zurecht biegen

Der Scheibenwischermotor

Die Kabelklemmen am Scheibenwischermotor haben folgende Bedeutung:

- Klemme 53 erhält Spannung für die erste Wischergeschwindigkeit.
- Klemme 53A liefert Plusstrom für die Wischer-Endabschaltung.
- Klemme 53B führt Spannung für die zweite Wischergeschwindigkeit.
- Über Klemme 31B wird der Wischermotor beim Zurücklaufen nach dem Abschalten abgebremst.

Durch diese drei Schrauben (Pfeile) wird der Scheibenwischermotor in seiner Halterung fixiert. Beim Ausbau sollten Sie sich unbedingt die Endstellung der Wischermotorkurbel merken, sonst gibt es mit der Scheibenwischer-Endstellung auf der Windschutzscheibe Probleme.

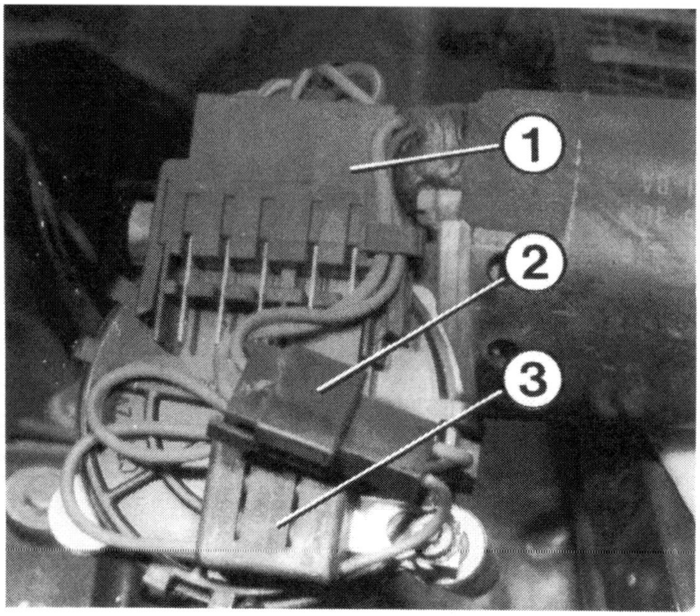

Die Unterseite des ausgebauten Wischermotors zeigt bei »1« den Mehrfachstecker, bei »2« die Steckverbindung zum Wischermotor und bei »3« den Entstörkondensator.

Wenn sich die Scheibenwischer beim Abschalten nicht in ihrer Parkstellung befinden, erhält der Scheibenwischermotor über einen Schleifkontakt von Klemme 53A so lange Spannung, bis die Wischer in Parkstellung gelaufen sind.

Fingerzeig: Bei eingeschalteter Zündung dürfen die Wischerblätter nicht außerhalb ihrer Parkstellung blockiert sein – etwa durch Schnee oder weil sie angefroren sind. Klemme 53A liefert dann nämlich ununterbrochen Spannung. Da der Wischermotor durch die festhängenden Wischerblätter aber nicht drehen kann, brennt er nach einer gewissen Zeit durch. In einem solchen Fall die Wischerblätter abheben, damit sie in ihre Parkstellung laufen können.

Wischermotor ausbauen

- Wischermotor einschalten und Zündung in einer solchen Wischerstellung ausschalten, in der das Wischergestänge alle Motorbefestigungsschrauben freigibt.
- Mutter von der Wischermotor-Antriebswelle abschrauben und Antriebskurbel vom Konus der Welle abziehen.
- Wischermotor von der Halterung abschrauben (drei Schrauben).
- Mehrfachstecker vom Motor abziehen.
- Die Abdeckung des Motors ist gesteckt.
- Beim Einbau auf die richtige Stellung der Motorkurbel zur Motorwelle achten.
- Zündung einschalten und Lage der Wischerblätter bei der Endabschaltung kontrollieren.
- Ggf. Kurbel nochmals vom Motor lösen und entsprechend verstellt wieder festschrauben.

Wischergestänge ausbauen

- Mehrfachstecker vom Wischermotor abziehen. Die Wischer müssen dabei in Parkstellung stehen.
- Wischerarme abbauen.
- Spritzdüsen der Scheibenwaschanlage vorklappen und beide Schläuche abziehen.
- Links und rechts vom Windlaufgrill je eine Kreuzschlitzschraube herausdrehen und Motorhaube schließen.
- Drei Kunststoffschrauben vorsichtig lösen und Grill abnehmen.

Besteht der Verdacht auf einen Defekt im Endabschalter, kann nach Abhebeln der Deckelklammern (1) das Scheibenrad des Endabschalters freigelegt werden. Hier laufen die zur Wischerendabschaltung gehörenden Kontaktzungen des Deckels auf Gleitbahnen des Scheibenrads (Pfeile). Oxidation und zu geringer Druck der Zungen auf den Gleitbahnen können die Übeltäter bei Störungen sein. Bei »2« sitzt die Einstellschraube für das Axialspiel der Schneckenwelle. Das Spiel darf nicht zu knapp eingestellt sein, sonst kann der Motor blockieren.

- Halter für Wischermotor und -gestänge durch Lösen von insgesamt sieben Schrauben ausbauen.
- Vor dem Einbau die Gestängegelenke auf Leichtgängigkeit prüfen und etwas fetten.

Wischer-Intervall-einrichtung

Der Sierra ist ausstattungsabhängig mit einer Wischer-Intervalleinrichtung ausgerüstet, die etwa alle 5 Sekunden eine Wischerbewegung bewirkt. Dieses Wischerintervall kann beim Sierra Ghia und XR 4i sogar stufenlos von 3–15 Sekunden geregelt werden.
Die Intervallschaltung funktioniert folgendermaßen: Der dreistufige Hebelschalter hat eine zusätzliche Klemme 31 B2, die Strom an die entsprechende Klemme des Intervallrelais im Sicherungskasten liefert (braun/gelbes Kabel). Beim Intervallimpuls erhält der Wischermotor vom Intervallrelais über Klemme 31 B1 und der entsprechenden Klemme des Wischerschalters einen Stromstoß und setzt ihn so in Gang – aber nur für eine Wischerbewegung, denn der Strom läuft sofort wieder wie für die Wischer-Endabschaltung beschrieben.

Störungsbeistand

Scheiben-wischer

Die Störung	– ihre Ursache	– ihre Abhilfe
A Scheibenwischer laufen nicht	1 Sicherung defekt	Austauschen
	2 Intervallrelais defekt	Relais versuchsweise austauschen
	3 Wischerantriebskurbel lose	Festschrauben
	4 Leitung zum Wischerschalter unterbrochen	Leitungen überprüfen
	5 Leitung zum Wischermotor unterbrochen	Leitungen überprüfen
	6 Wischermotor durchgebrannt	Austauschen
B Scheibenwischer laufen nicht in Stufe I	1 Klemme 53 am Wischermotor defekt	Motor austauschen
	2 Klemmen 53A/53 im Schalter unterbrochen	Schalter austauschen
C Scheibenwischer laufen nicht in Stufe II	1 Leitung Klemme 53B vom Wischerschalter zum Motor unterbrochen	Leitung überprüfen
	2 Klemmen 53A/53B im Wischerschalter unterbrochen	Schalter austauschen
	3 Klemme 53B am Wischermotor defekt	Motor austauschen
D Scheibenwischer laufen nur in Stufe II	Leitung Klemme 53 vom Wischerschalter zum Motor unterbrochen	Leitung überprüfen
E Keine Wischerrückstellung	1 Leitung Klemme 53E zwischen Wischerschalter und Motor unterbrochen	Leitung kontrollieren
	2 Wischermotor defekt	Mit Prüflampe kontrollieren: Zwischen Klemme 53A und Masse muß Lampe dauernd brennen. Zwischen Klemme 53E und Masse muß Lampe kurz vor Erreichen der Parkstellung verlöschen. Bei Gegenprüfung zwischen Klemme 53E und Batterie-Plus muß Lampe kurz vor Erreichen der Parkstellung aufleuchten. Wenn nicht, Motor austauschen
F Scheibenwischer laufen nicht im Intervallbetrieb	1 Intervallrelais defekt	Austauschen
	2 Leitung Klemme 542 zwischen Wischerschalter und Motor unterbrochen	Leitung überprüfen (schwarz/grünes Kabel)
	3 Kontakt 542 im Wischerschalter defekt	Schalter austauschen
G Intervallbetrieb läßt sich nicht ausschalten	1 Siehe E 1	
	2 Siehe F 1	
	3 Kontakt 542 oder 31B2 im Wischerschalter öffnet nicht	Schalter austauschen
	4 Kurzschluß der Leitung Klemme 542 oder 31B2 zum Wischerschalter	Leitung instand setzen
H Scheibenwischer bleiben nach dem Abschalten nicht oder nur kurz in Park-Stellung stehen	Mangelhafter Kontakt am Schleifkontakt im Wischermotor	Motorabdeckung abschrauben, Kontakte blankschleifen. Ggf. Motor austauschen

Der Heckscheibenwischer

Der Heckscheibenwischer des Sierra wird beim Zurückziehen des rechten Kombischalters, der auch für den

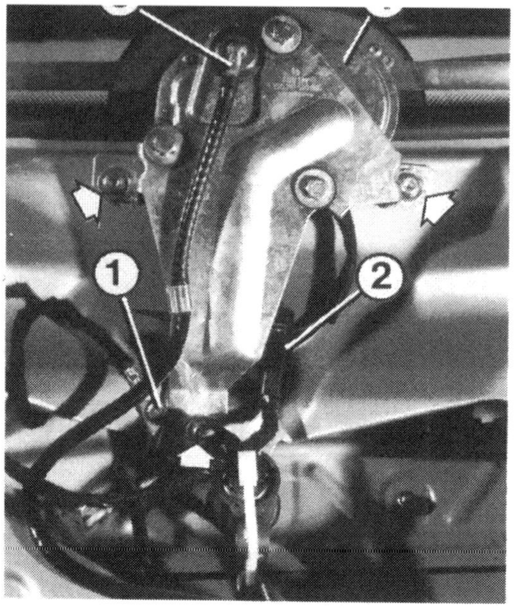

Nach Abnahme der Heckklappenverkleidung ist der Heckscheibenwischermotor (links Limousine, rechts Turnier) zugänglich.
Die Teile:
1 – Masseverbindung;
2 – Steckverbindung;
3 – Wischermotor;
4 – Wischergetriebe mit Endabschalter;
5 – Schlauch für Scheibenwascherdüse.
Die Pfeile deuten auf die Befestigung der Wischermotorhalterung.

Frontscheibenwischer zuständig ist, in Gang gesetzt. Dazu den Hebelschalter über die Grundstellung hinaus nach hinten ziehen.

Heckscheiben-Wischermotor ausbauen

- Wischerarm ausbauen.
- Mutter der Antriebswelle abschrauben, dabei auf die Reihenfolge der Teile achten.
- Heckklappe öffnen und die Pilzklammern der Verkleidung vorsichtig mit einem Schraubendreher aufdrehen und aushebeln.
- Verkleidung abnehmen.
- Wischermotorhalterung durch Lösen von drei Schrauben von der Heckklappe abbauen.
- Masseverbindung von der Heckklappe abschrauben und Mehrfachstecker abziehen.
- Wischermotor mit Halter aus dem Heckklappenausschnitt nehmen. Beim Sierra Turnier den Schlauch der Scheibenwaschanlage abziehen.
- Beim Einbau auf richtigen Sitz der Gummipuffer achten.
- Motor lose vormontieren und erst nach Anbringen der äußeren Lagerbefestigung festziehen.
- Verkleidung erst nach Funktionsprüfung anbringen.

Störungsbeistand

Heckscheibenwischer

Die Störung	– ihre Ursache	– ihre Abhilfe
A Heckscheibenwischer läuft nicht	1 Sicherung defekt	Ersetzen
	2 Steckverbindungen an Schalter oder Motor falsch aufgesteckt oder oxidiert	Richtig aufstecken bzw. reinigen
	3 Leitungen zum Wischermotor unterbrochen	Leitungen überprüfen, ggf. instand setzen
	4 Kontaktplatte der Heckklappe oxidiert oder schlechte Steckverbindung	Reinigen, Steckverbindungen kontrollieren, ggf. Platte austauschen
	5 Wischermotor defekt	Austauschen
B Heckscheibenwischer läuft dauernd	1 Anschlußleitungen zum Wischermotor vertauscht	Schwarze Leitung an Klemme 53, schwarz/violette Leitung an Klemme 53A anschließen
	2 Schalter hängt	Auswechseln

Scheinwerfer-Reinigungsanlage

Bei eingeschalteter Beleuchtung erhält eine zweite Pumpe am Waschwasserbehälter beim Druck auf den Schalter des Kombihebels über ein Relais in der Zentral-Elektrikbox ihren Arbeitsstrom. Sie pumpt das Wasser zu den Spritzdüsen an den Wischerarmen, die gleichzeitig mit Betätigen der Pumpe in Gang gesetzt werden.

Wischermotor ausbauen

- Abdeckung vom Wischerarm hochklappen.
- Schlauch von der Spritzdüse abziehen.
- Mutter der Motorwelle lösen und mit Unterlagscheibe abnehmen.
- Wischerarm von der Motorwelle abziehen.
- Schlauch von der Motorachse abziehen.
- Schrauben (zwei Kreuzschlitzschrauben) des Kühlergrills lösen und Grill-Haltenasen mit einem Schraubendreher unter den Scheinwerfern aushängen.
- Kühlergrill aus den seitlichen Führungen in den Kotflügeln herausziehen und abnehmen.
- Halter des Wischermotors vom Scheinwerfergehäuse abschrauben (zwei Sechskantschrauben).

Ist die Arretierung (Pfeil links) durch Vordrücken der Wascherdüse frei, kann die Düse nach oben aus dem Windlaufgrill gezogen werden. Bei Verdacht einer Störung der Düsenbeheizung (ausstattungsabhängig) kann nach Abziehen des Düsenkörpers das Heizelement (rechts) an den Anschlüssen auf Durchgang bzw. können die Zuführungskabel auf Stromfluß geprüft werden.

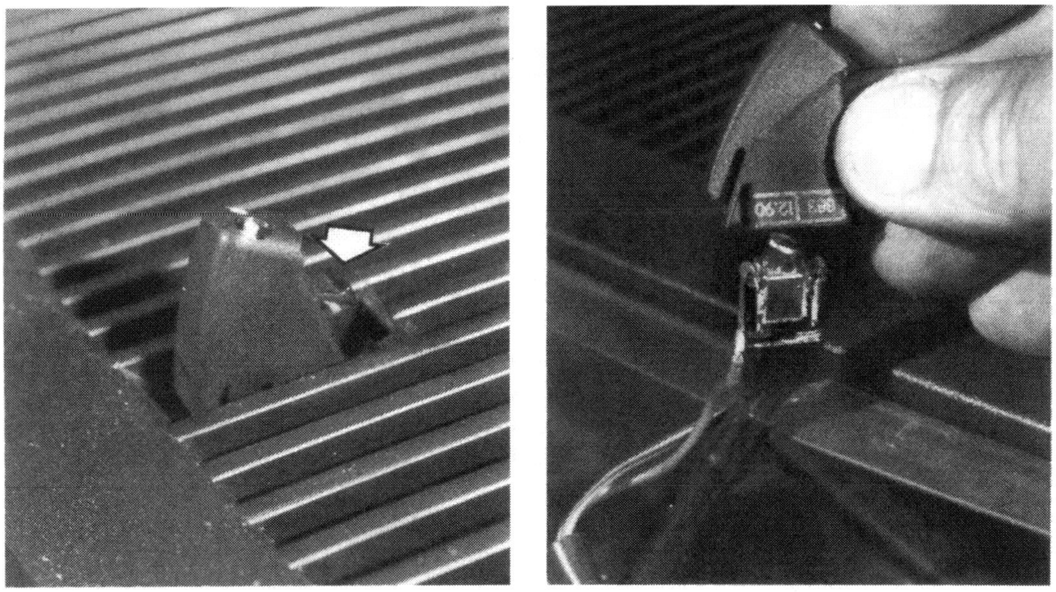

● Wischermotor vom Radhaus her vom Scheinwerfergehäuse abnehmen.

● Mehrfachstecker abziehen.

<u>Fingerzeig:</u> **Bei Fahrzeugen mit serienmäßig eingebauten Nebelscheinwerfern muß zum Ausbau des rechten Wischermotors der Hauptscheinwerfer ausgebaut werden.**

Scheibenwaschwasser auffüllen

Ständige Kontrolle

Abgasrückstände, Öldunst und Silikon aus Lackpflegemitteln setzen sich hartnäckig aufs Glas. In der warmen Jahreszeit empfiehlt sich ein Reinigungszusatz zum Waschwasser; im Winter mit Gefrierschutz.

● Erst Zusatzmittel und anschließend Wasser einfüllen, damit sich die Flüssigkeit im Waschbehälter gut vermischen.

● Bei starkem Frost können die Wascherdüsen doch einfrieren. Zur Vorbeugung empfiehlt sich hier die Zumischung von ⅓ Brennspiritus, der allerdings aufdringlich riecht.

<u>Fingerzeig:</u> **Da der Scheibenwaschwasserbehälter auch für die Heckscheibe zuständig ist, sollten Sie vor zu erwartendem starkem Frost die Heckscheibenwaschanlage einige Male betätigen, wenn der Behälter mit Gefrierschutz versehen ist. So kann die lange Zuleitung zur Heckscheibe nicht einfrieren.**

Wascherdüse ausbauen

Verstopfungen einer Wascherdüse lassen sich manchmal trotz Durchbohren mit einem dünnen Draht nicht mehr beseitigen. Dann muß die Düse ausgewechselt werden. Um Verstopfungen der Wascherdüsen vorzubeugen, empfiehlt sich der Einbau eines handelsüblichen Benzinfilters in die Waschwasserleitung.

● **Vorn:** Mit den Fingern oder einem Schraubendreher den Düseneinsatz vorziehen und vorne anheben, damit er aus dem Windlaufgrill ausrastet.

● Schlauch von der Düse abziehen.

● Ggf. Steckverbindung der beheizten Düsen trennen.

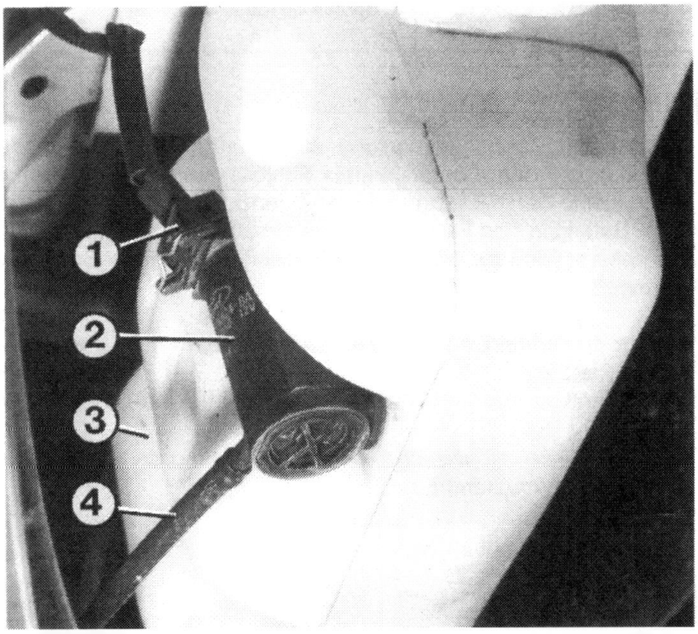

Bei Störungen der Scheibenwaschanlage sollten Sie hier unter dem linken vorderen Kotflügel beginnen. Es bedeuten:
1 – elektrische Steckverbindung;
2 – Pumpe;
3 – Vorratsbehälter;
4 – Druckschlauch zur Frontscheibe.

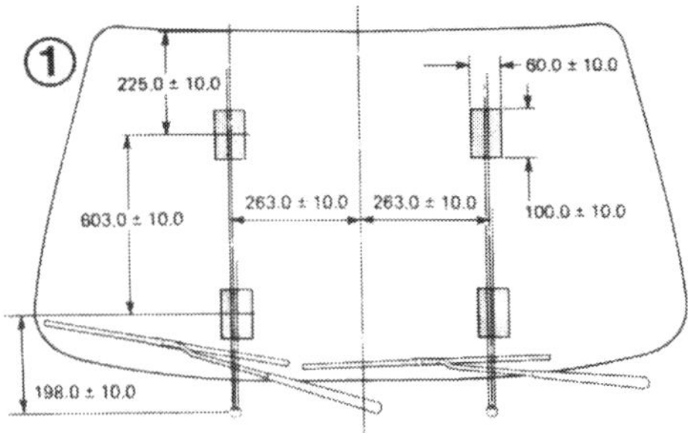

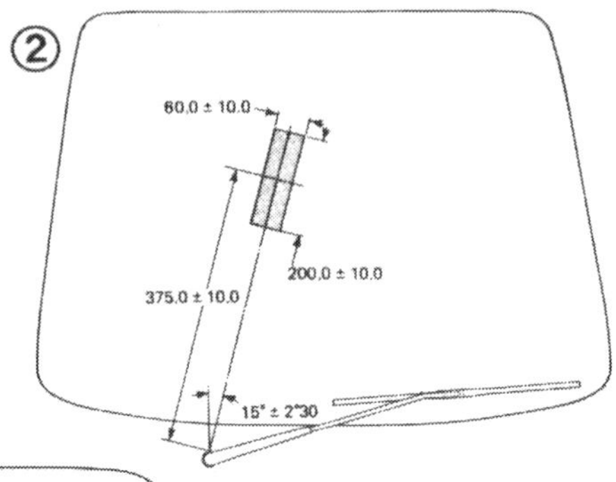

Die Zeichnungen für die Einstellung des Spritzstrahls der Scheibenwaschdüsen zeigen bei »1« die Einstellmaße für die Windschutzscheibe, bei »2« für die Heckscheibe der Fließheck-Limousine und bei »3« für den Sierra Turnier.

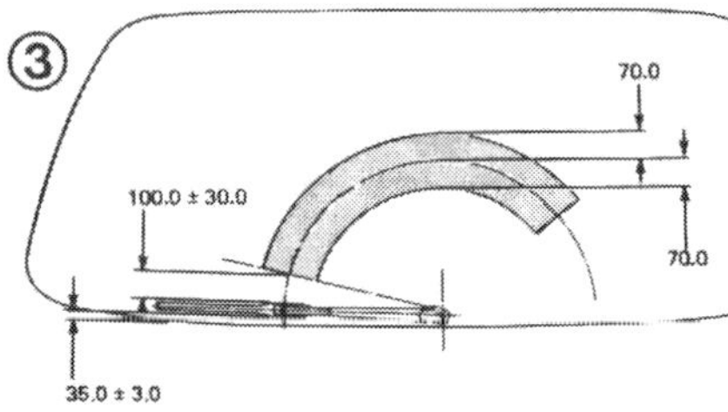

- Nach dem Einbau und Funktionskontrolle ggf. den Spritzstrahl einstellen.
- Nicht vergessen die elektrisch beheizten Düsen wieder anzuschließen.
- **Hinten:** Mit einem Schraubendreher und untergelegtem Schutzlappen am abgeflachten Ende die Düse vorsichtig aus dem Ausschnitt der Heckklappe hebeln.
- Schlauch abziehen und Dichtung abnehmen.

Wascherdüse einstellen

- Dünne Nadel in die Spritzdüse stecken und die kugelförmige Düse entsprechend in der Richtung drehen.
- Wie der Spritzstrahl der Wascherdüsen für Windschutz- und Heckscheibe eingestellt werden soll, zeigt die Zeichnung oben.

Störungsbeistand

Scheiben-waschanlage

Die Störung	– ihre Ursache	– ihre Abhilfe
A Wasser spritzt nicht beim Betätigen des Schalters	1 Wascherbehälter leer	Auffüllen
	2 Im Winter: Waschwasser eingefroren	Höhere Frostschutzkonzentration verwenden
	3 Spritzdüsen verstopft	Düse ausbauen, mit Druckluft durchblasen oder dünnem Draht durchstoßen. Evtl. Schlauch ebenfalls durchblasen
	4 Wascherpumpe defekt	Stromversorgung bei eingeschalteter Zündung und gedrücktem Schalter kontrollieren, ggf. austauschen
	5 Scheibenwischerschalter defekt	Schalter überprüfen
B Einseitiger Spritzstrahl	Siehe A 3	
C Spritzstrahl zu hoch oder zu tief	Spritzdüse falsch eingestellt	Spritzdüse mit einer dünnen Nadel einstellen

Die Zentralverriegelung

Bei den mit Zentralverriegelung ausgestatteten Sierra-Varianten können alle Türen – einschließlich der Heckklappe – durch Betätigen des Schlosses an der Fahrertür gleichzeitig ver- bzw. entriegelt werden. Dazu sitzen kleine Servo-Elektromotoren in jeder Tür.

Beim Betätigen des Fahrerschlosses erhalten die übrigen Servos gleichzeitig einen Impuls. Je nachdem, ob das Fahrerschloß zu- oder aufgeschlossen wird, werden so die übrigen Schlösser durch ein Stellglied ver- oder entriegelt.

Servomotor ausbauen

- **Tür:** Türverkleidung abbauen, siehe Kapitel »Die Karosserieteile«.
- Türdichtfolie im Arbeitsbereich vorsichtig abziehen.
- Die drei Kreuzschlitzschrauben der Servomotorbefestigung herausdrehen.
- Im Türkasten den Kabelstrang vorsichtig vom Servomotor abdrücken und Mehrfachstecker abziehen.
- Betätigungsgestänge vom Türschloßhebel durch Lösen der Sicherungsklammern aushängen.
- Motor abnehmen.

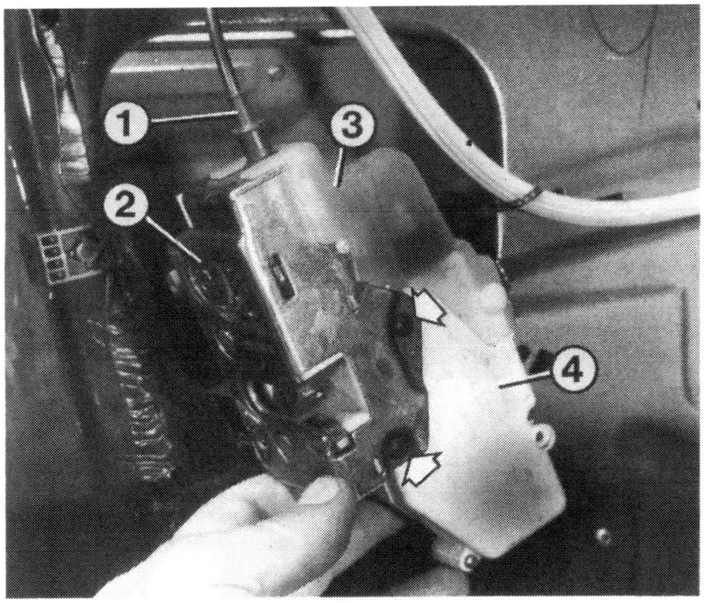

Das ausgebaute Türschloß mit Zentralverriegelung. Falls ein Servomotor einmal streiken sollte, kann er einzeln ausgetauscht werden. Dazu lediglich die Abdeckung abnehmen und Befestigungsschrauben (Pfeile) lösen. Dann den Mehrfachstecker abziehen, den Motor abnehmen und aus dem Schloßhebel aushängen. Es bedeuten:
1 – Zug zum Türinnenöffner;
2 – Türschloß;
3 – Abdeckung des Servomotors;
4 – Servomotor.

- Beim Einbau vor Anbringen der Türschutzfolie die Funktionskontrolle nicht vergessen.
- **Heckklappe:** Verkleidung abbauen. Dabei vorsichtig die Plastikpilze herausdrehen.
- Zwei Kreuzschlitzschrauben der Motorhalterung lösen.
- Gestänge vom Motor lösen (Sicherungsklammern) und aushängen.
- Motor komplett mit Halter und Kabelstrang abnehmen.
- Vor Anbringen der Heckklappenverkleidung eine Funktionskontrolle durchführen.

Störungsbeistand

Zentral-Verriegelung

Die Störung	– ihre Ursache	– ihre Abhilfe
A Zentralverriegelung funktioniert nicht	1 Sicherung durchgebrannt	Erneuern
	2 Motor der Fahrertür defekt	Funktion überprüfen, ggf. auswechseln
	3 Verkabelung defekt	Überprüfen, ggf. erneuern
B Schlösser werden ent-, jedoch nicht verriegelt	1 Siehe A 1	
	2 Mehrfachstecker am Motor locker oder oxidiert	Festen Sitz kontrollieren, ggf. reinigen
	3 Schalter im Servomotor defekt	Durchgangsprüfung an den Klemmen 77 und 30 durchführen
C Schlösser werden ver-, jedoch nicht entriegelt	1 Siehe A 2	
	2 Siehe B 2 und 3	
D Eines der Schlösser funktioniert nicht	1 Siehe B 2	
	2 Kabelverbindung am Servomotor fehlerhaft	Überprüfen, ggf. instand setzen
	3 Verkabelung zum Servomotor unterbrochen	Überprüfen und ggf. reparieren
	4 Mechanische Übertragungsteile klemmen	Teile auf Funktion und festen Sitz kontrollieren. Ggf. Teile fetten. Beschädigte Teile auswechseln

Die elektrischen Fensterheber

Ein Schalterdruck an der Mittelkonsole hebt oder senkt die Türscheiben, wenn Ihr Sierra mit elektrischen Fensterhebern ausgerüstet ist. Die Fensterheber arbeiten nur bei eingeschalteter Zündung.

Fensterhebermotor ausbauen

- Türverkleidung ausbauen, siehe Kapitel »Die Karosserieteile«.
- Türdichtfolie im Arbeitsbereich vorsichtig abziehen.
- Fensterheber ausbauen, siehe »Die Karosserieteile«.
- Motor durch Lösen der drei Schrauben vom Fensterheber trennen.
- Beim Einbau den Motor so am Fensterheber ansetzen, daß das Ritzel einwandfrei eingreift.
- Kabel wieder sauber am Türrahmen sichern, sonst klappert es.
- Vor Anbringen der Türschutzfolie eine Funktionskontrolle durchführen.

Störungsbeistand

Elektrische Fensterheber

Die Störung	– ihre Ursache	– ihre Abhilfe
A Fensterscheibe wird nur in eine Richtung verstellt	Schalter defekt	Schalter erneuern
B Fensterscheibe wird in keine Richtung verstellt	1 Fensterscheibe in den Führungen schwergängig, Sicherung wegen Überlastung des Motors defekt	Fensterscheibe in den Führungen gängig machen; Sicherung erneuern
	2 Motor läuft nicht, obwohl Sicherung in Ordnung ist	Spannung direkt an Motoranschlüsse legen. Wenn der Motor jetzt läuft, liegt der Fehler in der Zuleitung. Läuft der Motor nicht, diesen auswechseln
C Fensterscheibe wird im ganzen Verstellbereich zu langsam verstellt	1 Fensterscheibe in den Führungen verklemmt	Spiel der Scheibe prüfen und ggf. korrigieren
	2 Zu starke Reibung in der gesamten Mechanik	Mechanik ohne Scheibe auf zu starke Reibung überprüfen, ggf. erneuern
	3 Kabelverbindungen oxidiert oder unterbrochen	Überprüfen
	4 Schalter defekt oder oxidiert	Überprüfen, ggf. auswechseln
D Fensterscheibe wird an der oberen Grenze des Verstellbereichs zu langsam verstellt	Siehe C 1	

Behelf unterwegs

Mit streikendem Fensterheber brauchen Sie trotzdem nicht mit offenem Fenster durch Wind und Wetter zu fahren:

- Ist der Schalter defekt, bauen Sie noch einen zweiten aus.
- Mehrfachstecker umstecken. Mit dem intakten Schalter können Sie nun das Fenster schließen.
- Bei unterbrochener Zuleitung zum Elektromotor ein Hilfskabel von der Batterie (wenn kein Plusstrom) oder irgendwo an Masse (wenn Masse fehlt) zum Motor legen und Scheibe nach oben laufen lassen.
- Ist der Hebermotor blockiert, können Sie bei abgenommener Türverkleidung versuchen, die Scheibe nach oben zu drücken. Dazu müssen jedoch die Schrauben der Hebeschiene herausgedreht sein.
- Fenster nach oben schieben und in dieser Stellung mit einem auf richtige Länge geschnittenen Stock verkeilen.
- Die andere Möglichkeit ist, das Fenster mit starkem Klebeband gegen Herunterrutschen zu sichern.

Elektrische Spiegelverstellung

Wenn sich mehrere Fahrer den Sierra teilen, lernt man diese Einrichtung bald schätzen, besonders auf der rechten Seite. Außerdem werden die Spiegelflächen bei eingeschalteter Heckscheibenheizung beheizt. Falls sich nichts regt:

- Kontrollieren Sie die zuständige Sicherung.
- Als nächstes den Schalter aus der inneren Spiegelverkleidung ausbauen. Dazu Schraubenabdekkung uns Schraube entfernen.

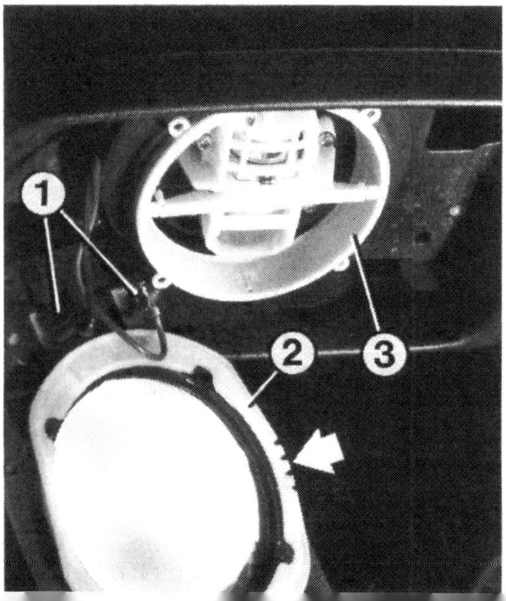

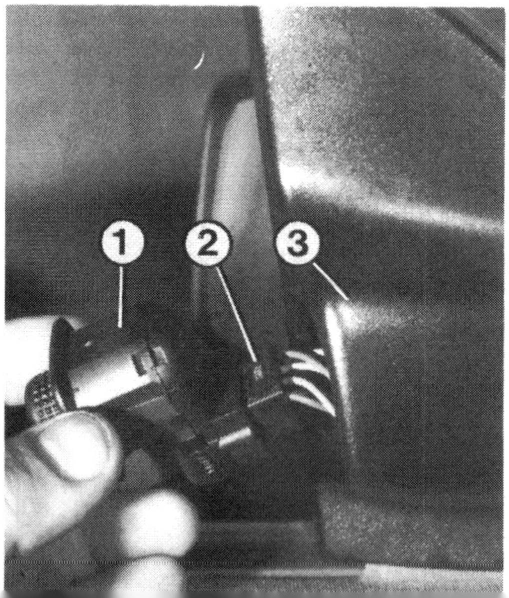

Links: Hier sind die Kerben im Haltering (2) mit einem Pfeil gekennzeichnet, in die der Schraubendreher zum Ausbau des Spiegelglases gesetzt werden muß. Beim Einbau darauf achten, daß die Aussparungen des Halteringes in die Aufnahmen des Verstellrings (3) zu sitzen kommen. Soll das Spiegelglas gewechselt werden, die Steckverbindungen (1) exakt aufstecken. Rechts: Der Verstellknopf der elektrischen Spiegelverstellung. Es bedeuten:
1 – Schaltereinheit;
2 – Mehrfachstecker;
3 – Verkleidung.

● Ist der Schalter in Ordnung, prüfen Sie den Elektromotor der Spiegelverstellung.
● Kabelstecker zum Außenspiegel abziehen und ein Hilfskabel vom violetten und violett/weißem bzw. violett/blauem Kabel zur Batterie legen.
● Regt sich der Spiegel jetzt? Wenn ja, ist die Kabelführung zum Schalter (evtl. im Türkasten) unterbrochen bzw. oxidiert.
● Rührt sich nichts, dürfte der Verstellmotor defekt sein. Sie können den Spiegel dann noch von Hand durch Drücken verstellen.
● Bei ausgefallener Spiegelheizung prüfen Sie den Stromweg vom Schalter der Heckscheibe ausgehend.

Elektrisch verstellbaren Spiegel zerlegen

● Mit einem schmalen Schraubendreher und quer gestellter Klinge in die untere Öffnung des Spiegelgehäuses fahren und den Haltering im Innern des Gehäuses gegen den Uhrzeigersinn ausrasten. Dabei das Spiegelglas festhalten.
● Spiegelglas vorsichtig abnehmen und Kabel der Spiegelheizung abziehen.
● Im Spiegelgehäuse die Kreuzschlitzschrauben des Verstellmotors losdrehen.
● Kabel am Motor abziehen und Motor herausnehmen.

Das Radio

In der folgenden Beschreibung wird ausschließlich auf das Ford-Radioprogramm eingegangen.
Beim nachträglichen Einbau eines Radios sollten Sie sich einen auf Ihren Ford Sierra abgestimmten Einbausatz besorgen, damit es mit der Befestigung keine Probleme gibt. Diesen Radio-Einbausätzen liegen auch recht verständliche Einbauanleitungen bei. Für den elektrischen Teil der Installation liegen Fremdfabrikaten ebenfalls detaillierte Einbauanweisungen bei, so daß hier darauf verzichtet werden kann.

Radio ausbauen

Bei Radios mit Anti-Diebstahl-Codierung (Keycode) sicherstellen, daß die Code-Nummer vorliegt.
● Batterie abklemmen.
● Radio-/Cassettengeräte der neueren Generation können nur fachgerecht ausgebaut werden, wenn die Haltezungen durch passende U-förmige Drahtwinkel entsichert werden, indem die eingeschobenen Winkel nach außen gedrückt werden.
● Radiogerät vorsichtig und gleichmäßig ohne zu verkanten aus der Öffnung ziehen. So vermeiden Sie Beschädigungen an den Schienen der Gerätehalterung.
● Antennenkabel, Stromanschluß, Lautsprecher-Steckverbindung und Masseanschluß abziehen.

Lautsprecher ausbauen

Je nach Ausstattung können Lautsprecher in den vorderen Türen und bei einer Vier-Lautsprecher-Anlage zusätzlich in den seitlichen Teilen der Hutablage bzw. Heckklappe (Turnier) installiert sein.
● **Türlautsprecher:** Türverkleidung abbauen, siehe im Kapitel »Die Karosserieteile«.
● Den darunter sichtbar gewordenen Lautsprecher durch Lösen von vier Kreuzschlitzschrauben ausbauen.
● Steckverbindung der Lautsprecherkabel abziehen und Lautsprecher abnehmen.
● Vor dem endgültigen Einbau der Verkleidungen Funktionskontrolle vornehmen.
● **Lautsprecher Heckablage:** Lautsprecher von unterhalb des Heckablagen-Seitenteils durch Lösen von vier Kreuzschlitzschrauben abbauen.
● Beim Stufenheck-Sierra vom Kofferraum aus eine Schraube am Lautsprecher lösen.

Nach Abnehmen der Türverkleidung ist der Türlautsprecher zugänglich. Er ist mit vier Blechschrauben (Pfeile) am Türkasten befestigt und hat einen verwechslungssicheren Verbindungsstecker. Vor Feuchtigkeit ist der Lautsprecher durch einen Plastikeinsatz geschützt. Wichtig bei nicht sauber abschließender Türdichtfolie ist die Abdichtung mit Klebeband gegen Zugluft.

● Dann Lautsprecher weiter vom Fahrzeuginnern her ausbauen.
● Lautsprecherkabel abziehen und Lautsprecher abnehmen.
● Vor Anbau des Lautsprechers die Funktionskontrolle nicht vergessen.
● **Hochtöner im Armaturenbrett:** Bis 2/89 waren zusätzlich im Armaturenbrett links und rechts Hochtonlautsprecher untergebracht. Zum Ausbau untere Armaturenabdeckung ausbauen.
● Lautsprecher von hinten her vom Armaturenbrett lösen – besser ist der Ausbau der unteren Armaturenabdeckung.

Fingerzeige: Den Originallautsprecher nicht von der Blende trennen – es ist eine Einheit. Außerdem darauf achten, daß die wassergeschützte Lautsprechermembran nicht beschädigt wird. Um Klappergeräusche zu vermeiden, nach dem Einbau den Verlauf der Verkabelung kontrollieren.

Lautsprecher-Überblendregler ausbauen

Ist der Sierra mit einem Vier-Lautsprechersystem ausgestattet, ist in der Mittelkonsole des Armaturenbretts ein Überblendregler untergebracht, mit dem durch entsprechende Hebelstellung ein beliebiger Raumklang der Lautsprecher erreicht wird.
● Einen dünnen Schraubendreher unter die Blende des Reglers schieben und Überblendregler vorsichtig vom Armaturenbrett abdrücken. Um Kratzer zu vermeiden, einen Lappen zwischen Schraubendreher und Armaturenbrett legen.
● Reglerblende nach links drehen (im Gegenuhrzeigersinn) und Blende vom Regler abnehmen.
● Mehrfachstecker vom Regler abziehen.
● Auch hier wieder vor Einbau die Funktionskontrolle.

Antenne ausbauen

● Sitzbank und Rücklehne umlegen.
● Obere und untere Seitenverkleidung abbauen, siehe Kapitel »Die Karosserieteile«.
● Befestigungsmutter der Antenne abbauen. Dabei sehr vorsichtig zu Werke gehen, damit es keine Kratzer auf dem Lack gibt (Schutzlappen benutzen).
● Ausgleichstück und Dichtring abnehmen und Antenne nach innen drücken.
● Bei der elektrischen Antenne vorher den Antennenhalter lösen.
● Antennenkabel abziehen und ggf. Mehrfachstekker abziehen.
● Beim Anbringen der äußeren Befestigungsteile auf richtigen Sitz des gezackten Gußsockels achten.
● Vor Einbau der Seitenverkleidung Funktionskontrolle durchführen.

Heckscheiben-antenne

Bestimmte Sierra-Modelle sind mit einer Heckscheibenantenne ausgerüstet. Dabei dienen die Heizdrähte gleichzeitig als Antenne. Besonderer Vorteil dieser Antenne ist, daß sie in der Waschanlage keinerlei Schaden erleiden kann und besonders nette Zeitgenossen vergeblich nach etwas suchen, was man abbrechen kann. Für optimalen Empfang ist der Heckscheibenantenne ein Verstärker nachgeschaltet.

Störungssuche Heckscheiben-antenne

● Funktioniert die Heckscheibenantenne nicht, die Masseverbindung der Heckscheibenheizung kontrollieren.
● Heizdrähte auf Unterbrechung kontrollieren. Wenn ja, reparieren.
● Zur elektrischen Prüfung den Mehrfachstecker abziehen und Spannung am rot/weißen Kabel gegen Masse bei eingeschaltem Radio messen.
● Ist keine Batteriespannung vorhanden, Leitungsunterbrechung beseitigen.
● Am gleichen Kabel Strom zu Verstärker messen. Es müssen 30 – 50 mA fließen, sonst hat der Antennenverstärker keine Stromaufnahme und ist demzufolge defekt – austauschen.

Antennen-vertärker ausbauen

● **Fließheckmodell:** Verkleidung der Heckklappe abbauen, wie im Kapitel »Die Karosserieteile« beschrieben.
● **Stufenheckmodell:** Verkleidung der Hutablage abbauen.
● **Turnier:** Verkleidung der Heckklappe und Lautsprecher abbauen.
● Kabel vom Verstärker abziehen bzw. abklemmen.
● Zwei Kreuzschlitzschrauben lösen und Verstärker abnehmen.

Luftdusche

Frischluftzufuhr und Zwangsentlüftung sind Voraussetzung für optimale Belüftungs- und Temperaturverhältnisse in einem Auto. Feinfühlige und vielseitige Reguliermöglichkeiten von Heizung und Belüftung passen das Klima im Fahrzeug aber erst auf die individuellen Belange an.

Funktion der Heizung und Belüftung

Die vor der Windschutzscheibe anströmende Luft gelangt durch den Windlaufgrill und wird ggf. mit Gebläseunterstützung ins Wageninnere gedrückt. Je nach Klappenstellung im Heizungsgehäuse strömt die frische Außenluft an den Alulamellen eines Wärmetauschers, der wie ein kleiner Kühler aussieht, vorbei und erwärmt sich. Die so temperierte Luft gelangt durch die einzelnen Luftdüsen bzw. Heizungsöffnungen ins Fahrzeuginnere.

Heizung und Belüftung prüfen

- Heizhebel bei betriebswarmem Motor ganz nach »Warm« schieben – strömt Warmluft aus?
- Funktioniert die Luftverteilung nach oben und unten?
- Heizhebel ganz nach »Kalt« stellen – nach kurzer Zeit darf nur noch kalte Luft kommen, sonst schließt die Warmluftklappe nicht richtig.
- Strömt aus allen Öffnungen Warm- oder Kaltluft?
- Läuft das Gebläse in sämtlichen Stufen?

Heizungs-/Belüftungsgehäuse ausbauen

Der Ausbau dieser Kompaktanlage ist eine recht umfangreiche Arbeit und sollte nur dem erfahrenen Selbermacher vorbehalten bleiben.

- Batterie-Massekabel abklemmen.
- Fußraumabdeckung links und rechts ausbauen.
- Im Motorraum die Schläuche von den Stutzen des Wärmetauschers abbauen. Unteren Schlauch zuerst abziehen und das auslaufende Kühlmittel in einem sauberen Gefäß auffangen.
- Schläuche mit der Öffnung nach oben im Motorraum festklemmen.
- Wärmetauscher mit Druckluft vorsichtig ausblasen, damit später Kühlmittelreste nicht das Fahrzeuginnere verunreinigen. Mangels Druckluft hilft auch ein kurzes, sauberes Stück Schlauch, das am oberen Stutzen angesetzt wird. Mit dem Mund können Sie so Kühlmittelreste weitgehend ausblasen.
- Abdeckblech mit Dichtung von Wärmetauscherstutzen abbauen.
- Falls vorhanden, Mittelkonsole ausbauen, siehe nächstes Kapitel.
- Gebläsedrehknopf mit Blende abziehen.
- Unteren rechten Teil des Armaturenbretts abbauen. Dazu acht Schrauben lösen und Unterteil vorsichtig nach vorne ziehen (je zwei Schrauben unterhalb des Aschers, oberhalb des Radios und im Handschuhfach und je eine rechts unten bei der Seitenabdeckung und links unten an der Verbindung zum linken unteren Teil des Armaturenbretts).
- Stecker von Gebläseschalter, Zigarettenanzünder, Radio und Handschuhkastenleuchte abziehen.

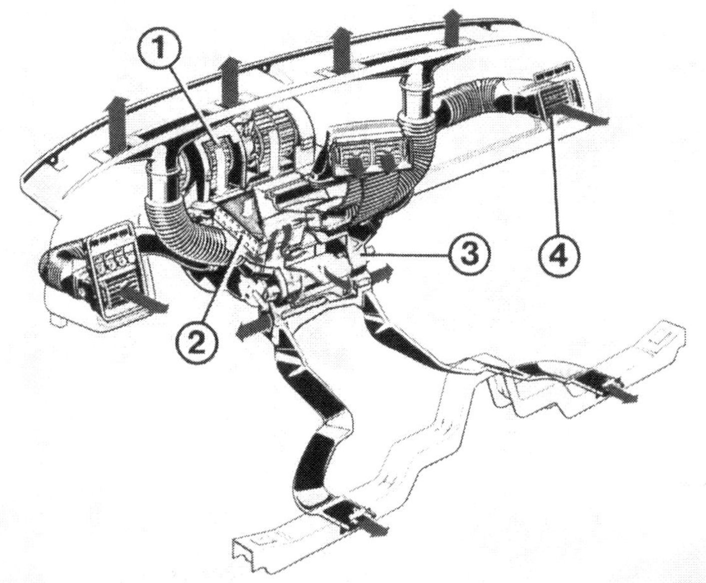

Die Phantomzeichnung veranschaulicht das reichhaltige Angebot an Luftdüsen und zeigt den Verlauf der einzelnen Luftkanäle. Es bedeuten:
1 – Radialgebläse;
2 – Wärmetauscher;
3 – Heizungsgehäuse;
4 – Luftdüse.

- Unterteil des Armaturenbretts abnehmen.
- Alle Belüftungsschläuche vom Heizungsgehäuse abziehen.
- Beide Züge vom Heizungsgehäuse abbauen.
- Heizungsgehäuse durch Herausdrehen zweier Schrauben von der Spritzwand lösen und so weit zurückziehen, bis die Wasserstutzen frei sind.
- Heizung nach rechts aus dem Fahrzeug nehmen.

Heizungsgehäuse zerlegen

- Am ausgebauten Heizungsgehäuse die zwei Befestigungsschrauben herausdrehen und Wärmetauscher aus dem Heizungsgehäuse ziehen.
- Dichtung zur Spritzwand mit Messer an der Trennstelle der beiden Gehäusehälften einschneiden.
- Haltelaschen mit einem Schraubendreher von der einen Gehäusehälfte abdrücken und gleichzeitig mit einem anderen Schraubendreher die Gehäusehälften auseinanderdrücken.
- Luftklappen aus dem Gehäuse nehmen.
- Stellsegment aus der Gehäusehälfte herausdrükken. Dieser Hebel für die Luftverteilung oben/unten kann nur abgenommen werden, wenn die Strichmarkierungen übereinanderstehen (die Kreuzmarkierungen sind für Rechtslenker-Fahrzeuge).
- Beim Zusammenbau die Gehäusehälften evtl. mit zusätzlichen Klammern für besseren Zusammenhalt versehen.

Heizungs-/Lüftungshebel ausbauen

- Mittelkonsole, rechte Seitenabdeckung und unteres rechtes Teil des Armaturenbretts wie zuvor für den Heizungsausbau beschrieben, ausbauen.
- Lenksäulenverkleidungen ausbauen.
- Heizgebläseschalter mit Blende abziehen.
- Fußraumabdeckung links und rechts ausbauen.
- Beide Bowdenzüge vom Heizungsgehäuse abbauen.
- Beide rechten Luftschläuche vom Heizungsgehäuse abziehen.
- Knöpfe von den Bedienungshebeln abziehen und Blende abnehmen.
- Halter der Hebelsegmente abschrauben, nach innen schieben und von unten aus dem oberen Teil des Armaturenbretts abnehmen.
- Beim Einbau zuerst die Bowdenzüge an das Heizungsgehäuse anbauen.
- Heizungs- und Lüftungshebel nach oben stellen, Zug aufstecken und Segment oben im Armaturenbrett festschrauben.
- Die Einstellung der Bowdenzüge geschieht durch Bewegen der beiden Hebel nach oben und unten bis zum Anschlag. Das kann etwas mehr Kraft kosten als später bei der normalen Bedienung nötig.

Das Gebläse

Bei allen Sierra-Modellen läuft der Gebläsemotor in drei Stufen, die durch vorgeschaltete Widerstände bzw. direkten Stromfluß erreicht werden. Unabhängig von der Fahrgeschwindigkeit wird so Luft durch ein Radialgebläse ins Fahrzeuginnere gefördert. Ab Modelljahr '90 (9/89) ist ein Vierstufengebläse eingebaut, wobei das Gebläse schon mit Einschalten der Zündung dauernd mitläuft und den Luftstrom schon bei geringer Geschwindigkeit unterstützend ins Fahrzeuginnere leitet. So wird der Beschlagneigung der Frontscheibe verstärkt entgegengewirkt. Das Gebläse ist in einem Luftkasten im Windlauf vom Motorraum aus zugänglich.

Störungssuche am Gebläse

- Wenn das Gebläse in keiner Schalterstellung rauscht, kontrollieren Sie zuerst die Sicherung.
- Ist die Sicherung in Ordnung, liegt es evtl. am Gebläseschalter. Schalter in allen Stellungen auf Durchgang prüfen.
- Liegt es nicht am Schalter, legen Sie ein Hilfskabel vom Batterie-Pluspol an den Anschluß der schwarz/grünen Leitung des Gebläsemotors.
- Bleibt es weiterhin ruhig, ist der Motor durchgebrannt – austauschen.

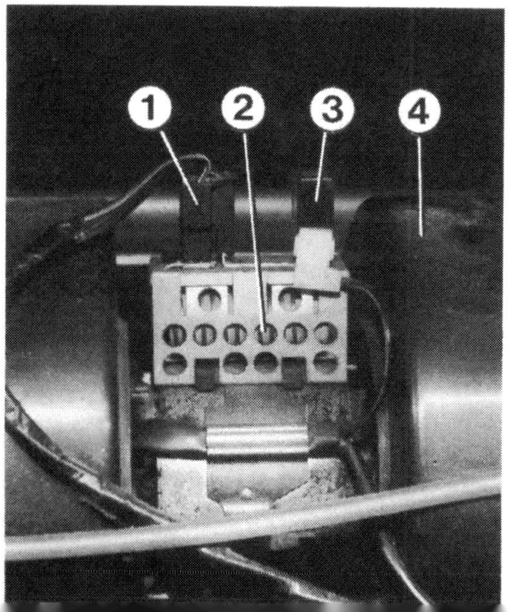

**Links: Funktioniert das Gebläse nicht oder nur auf einer Stufe, kann dies an einer oxidierten Steckverbindung liegen. Stecker abziehen und Kontaktflächen säubern. Anschließend etwas Kontaktspray aufsprühen.
Rechts: Das teilweise geöffnete Frischluftgebläse:
1 – Mehrfachstecker;
2 – Dreistufen-Regelwiderstand;
3 – Entstörkondensator;
4 – Abdeckung für rechten Lüfterteil;
5 – Gebläsemotor;
6 – Schleifkohle;
7 – rechtes Lüfterrad.**

● Wenn das Gebläse nicht in allen Stufen läuft, Drehschalter bei allen Stufen auf Durchgang prüfen.
● Liegt es nicht am Schalter, Steckverbindung am Gebläsemotor prüfen.
● Ist auch hier wieder kein Fehler zu finden, bleibt als letzte Fehlerquelle der Vorwiderstand übrig.

Gebläse ausbauen

● Dichtgummi des Windlaufs auf voller Länge abziehen.
● Schläuche der Scheibenwaschanlage und elektrische Kabel von der Abdeckung abbauen.
● Gebläseabdeckung abschrauben und herausnehmen.
● Mehrfachstecker vom Gebläsewiderstand abziehen und Massekabel abschrauben.
● Gebläse abschrauben (zwei Schrauben) und aus dem Windlauf nehmen.
● Zum Ausbau des Gebläsemotors die Gehäusehälften durch Abhebeln der Klammern abnehmen.
● Lasche der Motorbefestigung mit einem Dorn öffnen.
● Motor mit Lüfterwalzen aus dem Gehäuse nehmen.

Störungsbeistand

Heizung

Die Störung	– ihre Ursache	– ihre Abhilfe
A Schwache Heizleistung	Luftklappe schließt nicht völlig	Lage des Bowdenzugs kontrollieren; Klappe gängig machen, ggf. Fremdkörper entfernen
B Heizung wird nicht warm	1 Heizzug gerissen oder ausgehängt	Ersetzen bzw. einhängen. Behelf unterwegs: Heizhebel am Heizungsgehäuse von Hand öffnen
	2 Luft im Wärmetauscher	Kühlsystem auffüllen
	3 Vor- oder Rücklauf des Wärmetauschers geknickt oder zugesetzt	Kontrollieren, ggf. Schläuche auswechseln
C Heizung fällt plötzlich während der Fahrt aus	Wärmetauscher durch Kühlmittelverlust leergelaufen	Sofort anhalten, sonst Gefahr für die Zylinderkopfdichtung! Undichtigkeit beheben und Kühlwasser auffüllen

Die Klimaanlage

Auf Wunsch kann der Sierra mit einer Klimaanlage geordert werden. Sie ist jedoch ausschließlich bei einer Motorisierung mit dem 2,0-Liter-OHC- bzw. -DOHC-Motor und dem V6-Motor eingebaut. Durch Druck auf den Drehschalter zeigt eine grüne Leuchtdiode die Funktion an.
Im geschlossenen Leitungssystems setzt der von einem Keilriemen angetriebene Kompressor das Kältemittel in folgenden Kreislauf:
○ Vom Kompressor unter Druck gesetzt, gelangt das Kältemittel in den Verdampfer vor dem Windlaufblech, wo es sich in den gasförmigen Zustand verwandelt, d.h. es verdampft.
○ Die Menge des in den Verdampfer gelangenden Kältemittels wird über ein dem Verdampfer nachgeschaltetes Expansionsventil gesteuert, die von einem im Ventil sitzenden Temperatur-/Drucksensor gemessen wird.
○ Beim Verdampfen des Kältemittel kühlt der Verdampfer ab, wodurch der an den Kühlrippen vorbeistreichenden Luft die Wärme entzogen wird.
○ Der Kompressor saugt nun das verdampfte, gasförmige Kältemittel aus dem Verdampfer ab und verdichtet es, wobei es sich je nach Motordrehzahl auf 70°C bis 110°C erhitzt.
○ Vom Kompressor gelangt das Kältemittel zum vor dem Kühler sitzenden Kondensator, wo die Wärme an den Fahrtwind abgegeben wird. Dadurch verwandelt sich das Kältemittel aus dem gasförmigen wieder in den flüssigen Zustand, d.h. es kondensiert.
○ Vom Kondensator fließt das unter Druck stehende Kältemittel weiter in den Trockner, der wie der Kondensator ebenfalls vor dem Kühler installiert ist. Der Trockner entzieht dem Kältemittel eventuell in den Kreislauf gelangte Feuchtigkeit und dient gleichzeitig als Filter und Vorratsbehälter des Kältemittels.

Keilriemenspannung prüfen

Wartung Nr. 26

Bei einer Störung an der Klimaanlage geben Sie Ihren Sierra am besten in bewährte Hände der Ford-Werkstatt – auch dort geht nur der geschulte Spezialist an Reparaturen der Klimaanlage heran.
Voraussetzung für eine einwandfreie Funktion der Klimaanlage ist jedoch ein richtig gespannter Keilriemen.
● Bei normalem Fingerdruck soll sich der Riemen an seiner längsten Spannweite höchstens **10 mm** eindrücken lassen.
● Gespannt wird der Riemen durch Schwenken des Kompressors nach Lösen des Spannbügels und des Kompressorschwenklagers.

Outfit

Auch der Sierra ab Modelljahr '87 ist unverkennbar ein Sierra geblieben und dadurch nach wie vor eine markante Bereicherung der Ford-Familie. Die stilistischen Veränderungen sind maßvoll, der Luftwiderstand ist geringer. Wichtiger Fortschritt liegt unter dem Blech.

Demontierbare Teile

Mit einiger Geschicklichkeit können Sie die Stoßfänger oder einen Sitz alleine ausbauen. Wollen Sie aber die Motorhaube, die Heckklappe oder die Türen ausbauen, brauchen Sie unbedingt einen Helfer, der diese unhandlichen Teile hält, während Sie schrauben. Auf jeden Fall ist ohne Helfer schnell irgendwo der Lack zerkratzt oder gar Schlimmeres passiert.

Fingerzeig: Den Wiedereinbau der bisherigen Motorhaube oder Heckklappe oder Tür können Sie sich erleichtern, wenn Sie die Lage der Scharniere vor der Demontage anzeichnen. Das geschieht am besten mit einem wasserfesten Filzschreiber.

Die Motorhaube

Haube ausbauen

- Am Windlauf und an den hinteren Ecken der Motorhaube zum Schutz Lappen auflegen, so daß die eventuell etwas abrutschende Haube nicht auf dem Lack der angrenzenden Karosserie aufsitzt.
- Position der Scharniere markieren.
- Vier Schrauben lösen und Haube abnehmen.
- Beim Einbau die Scharnierschrauben zur Motorhauben-Einstellung nur leicht anziehen und Haube erst nach genauer Ausrichtung zu den Markierungen festziehen.
- Eventuell vorhandenes Masseband wieder anschrauben.

Motorhaube einstellen

Wird eine neue Motorhaube eingebaut, muß sie wie folgt eingestellt werden:

- Sicherungsmuttern der beiden auf dem vorderen Querträger sitzenden Gummipuffer der Haubenauflage lösen und Puffer vollständig eindrehen.
- Haube an den Scharnieren ansetzen, Schrauben jedoch nur handfest beidrehen.
- Spalt zwischen Hinterkante der Motorhaube und Windlaufblech sowie zwischen Haube und Kotflügeln so ausrichten, daß das Spaltmaß zu den angrenzenden Teilen gleichmäßig und die Höhe der Motorhaubenkante zu Windlauf und den angrenzenden Kotflügeln bündig ist.
- Dazu die Haube in den Langlöchern der Haubenscharniere verschieben, bis der richtige Sitz der Motorhaube erreicht ist, dann die Haubenscharniere festziehen.
- Gummipuffer der vorderen Haubenauflage so einstellen, daß die Motorhaube mit den Kotflügeln fluchtet, dann Kontermuttern anziehen.
- Die Einstellung des Schlosses erfolgt durch Verstellen in den Langlöchern des Querträgers.
- Motorhaube auf einwandfreies Schließen kontrollieren. Dazu die Haube aus ca. 30 cm Höhe ins

Ist die Motorhaube mittels der Einstellpilze (Pfeil links) bündig zur Karosserie eingestellt, kann das Haubenschloß nach Lockern der Befestigungsschrauben (Pfeile) am Querträger verschoben werden.

Schloß fallen lassen – sie muß dabei durch ihr Eigengewicht vollständig verriegeln. Erst aus einer Höhe von ca. 10 cm soll nur der Sicherungshaken einrasten.

● Zur richtigen Einstellung die drei Schrauben des Haubenschlosses lockern und Schloß in höchste Position ziehen.

● Haube vorsichtig schließen und weiter vorsichtig nach unten drücken, bis die Lage der Haube korrekt ist.

● Durch den Spalt zwischen Haube und Grill die untere Befestigungsschraube festziehen.

● Haube öffnen und die beiden restlichen Schrauben festziehen.

Haubenzug auswechseln

Zur Entriegelung der Motorhaube dient ein Seilzug, der vom Motorhaubenschloß zur linken Motorraumseite durch die Stirnwand ins Wageninnere unter die Lenksäule verlegt ist. Wenn der Haubenzug einmal gerissen und daher ausgewechselt werden muß:

● Mit stabilem Stahldraht oder einem langen dünnen Schraubendreher zwischen Motorhaube und Plastikgrill hindurch den Sperriegel des Haubenschlosses zur Seite drücken (von vorne gesehen nach rechts).

● Dazu den Draht von vorne ins Haubenschloß führen. Unterstützend etwas auf die Haube drücken, damit der Sperriegel leichter aufgedrückt werden kann. Vorsicht vor Lackkratzern!

● Ist die Haube entsichert, den Sperriegel betätigen und Haube öffnen.

● Zum Auswechseln des Haubenzugs die untere Lenksäulenverkleidung abbauen.

● Widerlager des Haubenzugs abbauen (eine Schraube).

● Im Motorraum die Zugummantelung aus dem Widerlager der Verriegelung ziehen und Haubenzug vom Verriegelungshebel aushängen.

● Haubenzug seitlich im Motorraum freilegen und durch die Stirnwand ins Fahrzeuginnere ziehen. Dabei möglichst das Halteband am Luftkanal nicht trennen.

● Beim Einbau den Zug vom Fahrzeuginnern aus durch das Halteband am Luftkanal und die Stirnwand in den Motorraum schieben und ohne Knicke und Spannung verlegen.

● Kontrollieren, ob der Zug locker an der Verriegelung des Haubenschlosses anliegt. Falls nicht, Verlegung des Zugs berichtigen.

● Der Zug kann nicht eingestellt werden.

Fingerzeig: Darauf achten, das der Haubenzug durch das Halteband nicht in der Nähe des Kupplungspedals verläuft.

Kühlergrill ausbauen

● Motorhaube öffnen und zwei bzw. vier (bis Modelljahr '90) Kreuzschlitzschrauben entlang des Querblechs abschrauben.

● Ab Modelljahr '90 den mittleren Grill durch Drükken an den unteren Halteklammern lösen und durch Schieben nach links abnehmen.

● Mit einem Schraubendreher die mittleren und unteren Halteklammern links und rechts aus den Scheinwerfern hebeln.

● Seitliche Führungen herausziehen und Grill abnehmen.

Die Heckklappe bzw. der Kofferraumdeckel

Heckklappe ausbauen

● Verkleidung abbauen und Steckverbindungen zur heizbaren Heckscheibe, Zentralverriegelung, Innenbeleuchtung, Heckscheibenwischer etc. abziehen.

● Kabelstrang mit Klebeband zusammenkleben und

**Oben: Beim Einbau des Kühlergrills (ab 9/89) ist es wichtig, daß die unteren Zapfen (Pfeile) einwandfrei in den Aufnahmen sitzen, bevor die oberen Schrauben angestzt werden.
Unten: Beim Einsetzen der Plastikblende besonders den auf den korrekten Sitz der Zapfen (Pfeile) in den Führungen unter dem Scheinwerfer achten.**

Gummimanschette mit Kabelstrang aus der Heckklappe ziehen.

● Heckklappe öffnen und abstützen.

● Aufstellheber vom Kugelkopf des Halters abhebeln. Dazu den Halteklammer maximal 4 mm anheben und den Aufsteller vom Kugelkopf ziehen.

● Abdeckpilze der Scharnierbefestigung mit einem schmalen Schraubendreher vom Himmel abhebeln.

● Pro Scharnier (Lage markieren) eine Mutter mit Unterlegscheibe abschrauben und Heckklappe abheben.

● Beim Einbau die Übergänge zur Karosserie sowie die Spaltabstände kontrollieren und ggf. durch Verschieben der Klappenscharniere und Verstellen des Schließdorns einstellen.

● Schließ- und Öffnungseigenschaften der Klappe prüfen und ggf. Schließdorn verstellen.

Kofferraumdeckel ausbauen

● Decke zwischen Heckfenster und Deckel legen.

● Einbaulage der Scharniere markieren.

● Scharnierfeder aushängen und Einstellung im Widerlager merken.

● Muttern mit Unterlegscheiben abschrauben und Deckel von der Karosserie abheben.

● Beim Einbau die Muttern der Scharniere nur leicht festschrauben.

● Übergänge zur Karosserie sowie Spaltabstände kontrollieren.

● Schließ- und Öffnungseigenschaften des Deckels prüfen und ggf. Schließbügel verstellen.

Heckklappen- bzw. Kofferraumdichtung ersetzen

Wenn Staub oder Feuchtigkeit eindringt, obgleich die Heckklappe bzw. der Kofferdeckel einwandfrei im Ausschnitt sitzt, kann es an der Gummidichtung liegen. Ist sie spröde oder eingerissen:

● Gummidichtung abziehen.

● Dichtmittelreste vom Karosseriefalz vollständig entfernen.

● Neues Dichtmittel auftragen und neue Dichtung so auf den Falz schieben (evtl. mit Kunststoffhammer etwas aufschlagen), daß die Stoßverbindung in der Mitte des unteren Karosseriefalzes zu sitzen kommt. Vorher die Dichtung auf richtige Länge schneiden.

● Zur Pflege der Dichtung eignet sich Glyzerin oder ein Spezialpflegemittel.

Schließzylinder und Schloß der Heckklappe bzw. des Kofferraumdeckels ausbauen

● Verkleidung der Heckklappe ausbauen.

● Sicherungsklammer des Schließzylinders seitlich abziehen und Schließzylinder herausziehen.

● Drei bzw. zwei Befestigungsschrauben des Schloßhalters herausdrehen. Ggf. Schloßhalter bzw. Verstärkerplatte (Stufenheck-Modell) abbauen.

● Je nach Ausstattung Mehrfachstecker vom Servomotor bzw. Warngeber abziehen.

● Schloß abnehmen.

Seilzug von Heckklappe, Kofferraumdeckel bzw. Tankklappe ausbauen

● Heckklappe bzw. Kofferraum öffnen.

● Verkleidung der B-Säule und Fußraumleiste abbauen.

● Abdeckung des Öffnungshebels abhebeln.

● Hebel mit Halterung abschrauben und Seilzug aushängen.

● Sitzpolster hochklappen und Seilzug bis zum Radkasten freilegen. Dazu Radkastenverkleidung abbauen.

● Seilzug von der Halterung der Hutablage lösen.

● Seitenverkleidung im Koffer- bzw. Laderaum abbauen und Verschluß der Tankklappe durch Drehen und Ziehen aus dem Gehäuse lösen.

● Seilzug vorsichtig in den Koffer- bzw. Laderaum ziehen.

● Wagenheberabdeckung abnehmen und Seilzug mit Schließfalle abnehmen. Dazu eine bzw. zwei Schrauben herausdrehen.

● Beim Einbau den Seilzug wieder mit Klebeband fixieren.

● Vor Anbau der diversen Verkleidungsteile eine Funktionskontrolle vornehmen.

Die Stoßfänger

Die Stoßfänger des Sierra sind mit Hartschaum ausgeschäumt und sollen kleine Rempler bis 4 km/h schadlos überstehen.

Vorderen Stoßfänger ausbauen

● Motorhaube öffnen und ggf. Mehrfachstecker der Nebelscheinwerfer abziehen.

● Befestigungsschraube(n) an den Radausschnitten abschrauben.

● Stoßfänger an den Radausschnitten vorsichtig abziehen. Vorher Einsatz des Radausschnitts aus dem Stoßfänger ziehen.

● Schrauben der Stoßfängerhalter links und rechts im Radausschnitt lösen und Stoßfänger mit Helfer abnehmen.

● Beim Einbau darauf achten, daß die Verstärkungsplatte und der Dichtring am rechten Stoßfängerhalter befestigt sind.

● Stoßfänger waagrecht so ausrichten, bis ein gleichmäßiger Spalt zur Karosserie besteht, dabei darauf achten, daß die seitlichen Halterungen voll einrasten. Eventuell Silikonspray zu Hilfe nehmen.

● Ggf. Stoßfänger in der Waagrechten und der Höhe ausrichten. Dazu TORX-Einsatz mit Verlängerung (mindestens 150 mm) von unten in den Stoßfänger

schieben und Höhe der Halterung entsprechend verstellen.
- Befestigungsschrauben in die Halterungen eindrehen und festschrauben.
- Ggf. Mehrfachstecker der Nebelscheinwerfer anschließen.

Hinteren Stoßfänger ausbauen

- Stecker der Kennzeichenleuchte abziehen.
- Leuchte und Zuleitung aus Stoßfänger entfernen.
- Unter dem Stoßfänger zwei Schnellverriegelungen abbauen.
- Heckklappe bzw. Kofferraum öffnen und vom Innenraum her die Befestigungsschrauben lösen.
- Stoßfänger mit Helfer abnehmen.
- Zum Einbau den Stoßfänger so ansetzen, daß die seitlichen Haltestifte voll in der Karosserieaufnahme einrasten.
- Vor Festziehen der Befestigungsschrauben ggf. Stoßfänger in der Waagrechten und der Höhe einstellen, wie für den vorderen Stoßfänger beschrieben.

Heckspoiler abbauen

- Bis Modelljahr '90: Verkleidung der Heckklappe abbauen.
- Mutter des mittleren Stehbolzens abschrauben.
- Links und rechts je zwei Muttern von den Stehbolzen abschrauben.
- Heckspoiler abnehmen.
- Ab Modelljahr '90: Die vier Abdeckstopfen vorsichtig mit einem Schraubendreher abhebeln.
- Durch die freigewordenen Montageöffnungen die vier Muttern abschrauben.
- Heckspoiler abnehmen.

Die Türen

Je nach Modell und Ausstattung ist die Türinnenverkleidung unterschiedlich, im wesentlichen gleichen sich aber die Arbeiten daran.
Ist der Sierra mit einem elektrisch verstellbaren Außenspiegel, elektrischen Fensterhebern, Warnschalter für nicht vollständig geschlossene Türen oder Zentralverriegelung ausgerüstet, müssen vor dem Ausbau die Türverkleidung und die Türdichtfolie abgebaut und entsprechende Steckverbindungen getrennt werden.

Tür ausbauen

- Je nach auszubauender Tür den Türfeststeller von der Karosserie abbauen.
- Vordertür: Seitliche Fußraumverkleidung ausbauen.
- Hintertür: Obere und untere Verkleidung der Mittelsäule (B-Säule) abbauen.
- Fahrertür: Untere Armaturenbrettverkleidung abbauen und Schlauch zur Luftdüse abziehen.
- Beifahrertür: Luftdüsenabdeckung im Armaturenbrett ausbauen.
- Am unteren Türscharnier beide Muttern abschrauben und die Verstärkerplatte abnehmen.
- Tür abstützen bzw. von Helfer halten lassen und oberes Scharnier abschrauben.
- Tür vom Fahrzeug abheben.

Tür einpassen

Zur Einstellung einer Tür beim Wiedereinbau muß der Sierra auf dem Boden stehen. Bei aufgebocktem Wagen kann sich die Karosserie etwas verwinden, so daß die Türeinstellung anschließend nicht stimmt.
- Tür beim Einbau mit den Scharnieren nur so fest anschrauben, daß sie sich noch nach allen Richtungen verstellen läßt.
- Tür in den Türausschnitt drücken.
- Prüfen, ob die Tür bündig zu den benachbarten Karosserieteilen sitzt und einwandfrei fluchtet.

Links: Im Bild die untere Halteplatte der Fahrertür. Vor dem Lösen der Muttern sollten Sie die Lage markieren – so erleichtern Sie sich die Türeinstellung beim späteren Wiedereinbau.
Rechts: Bei abgezogenem Dachhimmel sehen Sie im hinteren Teil:
1 – Schlauch zur Wascherdüse der Heckscheibe;
2 – Ablaufschlauch des Schiebe-/Hubdachs. Bei Ablaufstörungen muß hier kontrolliert werden (Pfeile);
3 – Heckklappe;
4 – Heckklappen-Scharnierbefestigung.

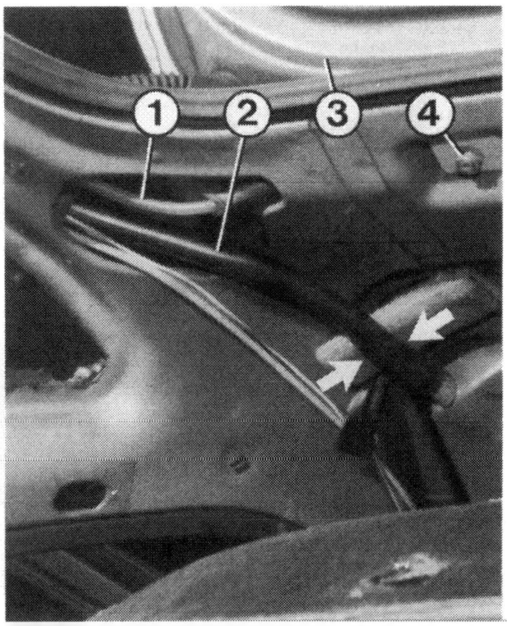

Zum Ausbau der Türverkleidung müssen abgebaut werden: Die Fensterkurbel mit Distanzscheibe, Schraube und Abdeckung (links), die Armlehnenabdekkung (mitte) sowie der Türinnenöffner (rechts). Er muß nach Entfernen der Halteschraube mit seinen Haken seitlich aus dem Ausschnitt geschoben werden.

- Vom Wageninnern aus kontrollieren, ob die Tür gleichmäßig an der Türdichtung anliegt.
- Wenn die Tür durchhängt, den Schließdorn lokkern bzw. ausbauen.
- Tür an der hinteren unteren Ecke so weit anheben, bis sie fluchtet und der Spalt zwischen Tür und -rahmen rundum gleichmäßig ist.
- Nach Festziehen der Scharnierschrauben den Schließdorn so fest anziehen, daß er sich gerade noch verschieben läßt.
- Tür schließen und in den Schließdorn einrasten lassen.
- Sichtkontrolle, ob die Tür mit den benachbarten Karosserieteilen fluchtet.
- Schließdorn ggf. entsprechend verschieben und in endgültiger Stellung festziehen.
- Sitz der Tür nochmals kontrollieren und ggf. Scharniere bzw. Schließdorn nachstellen.

Fingerzeig: Wird die Tür zu sehr nach innen eingestellt, ist zwar der Kontakt zur Türdichtung erhöht, aber das Schließen der Tür erheblich erschwert. Lautes Türenschlagen ist die Folge. Je geringer der Kontaktdruck auf die Türdichtung, desto leichter schließen die Türen.

Türverkleidung ausbauen

Diese Arbeit haben wir aus dem Kapitel »Innenraum« vorgezogen, da sie für die weiteren Zerlegeschritte der Tür wichtig ist.

- Abdeckkappe der Fensterkurbel mit einem schmalen Schraubendreher heraushebeln.
- Fenster bis zum Anschlag hochkurbeln. Stellung der Fensterkurbel merken und Kurbel durch Lösen der Kreuzschlitzschraube abnehmen.
- Verkleidung der Türverriegelung abbauen. Dazu an der hinteren Tür hinter dem Ascher zwei Schrauben herausdrehen.
- Armlehnenverkleidung mit einem Schraubendreher abhebeln.
- Armlehne lösen (drei Schrauben).
- Bei den vorderen Türen Seitenablage ausbauen (vier Schrauben). Ablagefach oben wegkippen und nach oben aus der Seitenverkleidung ziehen.
- Ggf. Schalter der elektrischen Spiegelverstellung abbauen.

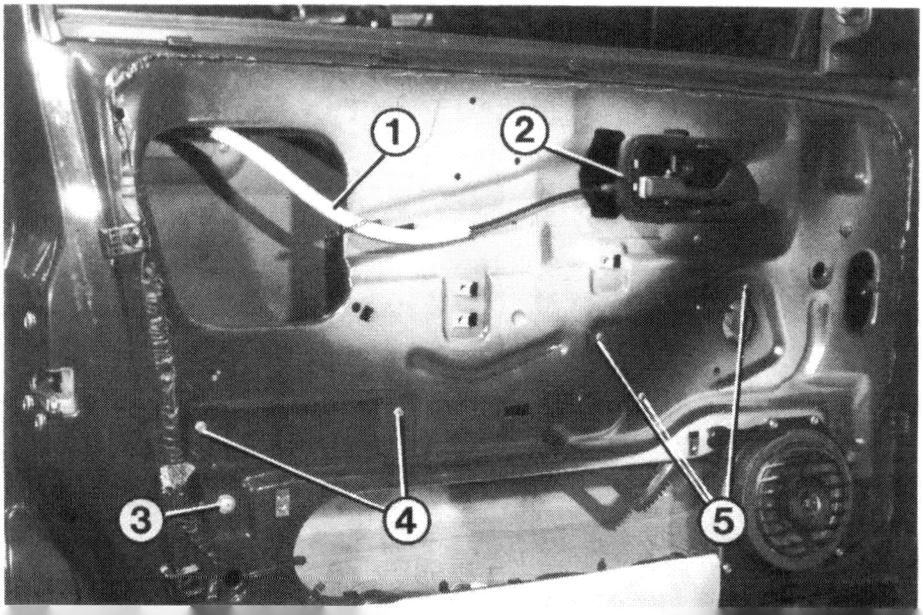

Die Dichtungsraupe, mit der die Schutzfolie am Türkasten klebt, kann am besten mit einem scharfen Teppichmesser durchtrennt werden. Nach Abziehen der Dichtfolie möglichst nicht mit den Fingern auf die Dichtungsmasse kommen, sonst klebt sie nicht mehr. Die Dichtungsraupe kann im Ersatzteilhandel besorgt werden. Bei abgezogener Dichtfolie sehen Sie folgende Teile:
1 – Zug zum Türschloß;
2 – Türinnenöffner;
3 – Schraube der Fenster-Führungsschiene;
4 – Nieten der Fenster-Schiebeführung;
5 – Befestigungsnieten des Fenster-Kurbelapparates. Die Nieten müssen beim Ausbau jeweils durch passende Blechschrauben ersetzt werden.

Zum Ausbau des Türgriffs müssen lediglich die beiden Kreuzschlitzschrauben gelöst und die Verbindungsstange zum Schloß ausgehängt werden. Soll der Schließzylinder (2) ausgebaut werden, die Sicherungsklammer (1) zur Seite schieben und die Verbindungsstange (3) aushängen. Weiter bedeuten:
4 – Verbindungsstange zum Türaußengriff;
5 – Türschloß.

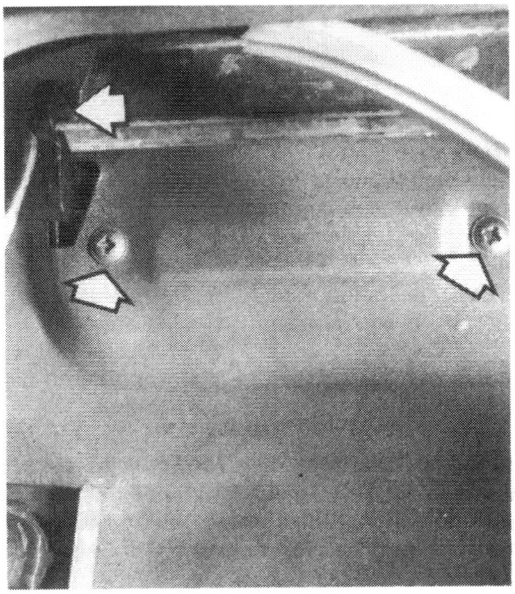

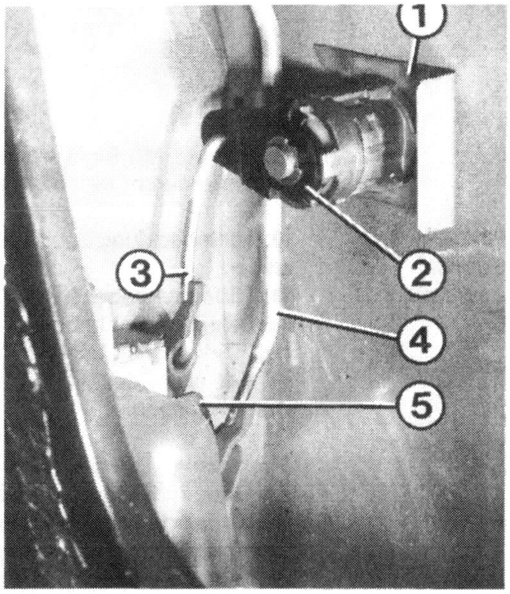

- Abdeckung der Spiegelverstellung abbauen.
- Jeweils zwei Schrauben vorne und hinten sowie unten an der Türverkleidung lösen.
- Verkleidung nach oben schieben und aus den oberen Halteklammern aushängen.

Türschloß ausbauen

- Türverkleidung ausbauen.
- Türschutzfolie im Arbeitsbereich abziehen.
- Befestigung der Fensterführung herausschrauben (eine Schraube) und Führung aus dem Türkasten nehmen.
- Falls eingebaut, Mehrfachstecker vom Servomotor der Zentralverriegelung abziehen und Motor ausbauen (drei Schrauben).
- Schub-/Zugstangen von Türgriff und Schließzylinder an den Schloßhebeln aushängen.
- Bis Modelljahr '89: Führungen der Schub-/Zugstangen der Türinnenöffners aus dem Türkasten hebeln und Stangen vom Öffner abnehmen. Dazu ggf. Türinnenöffner abschrauben (eine Schraube).
- Die drei Kreuzschlitzschrauben des Türschlosses lösen und Schloß aus dem Türkasten nehmen.
- Schub-/Zugstangen vom Türschloß aushängen.
- Ab Modelljahr '90: Befestigung des Bowdenzugs abschrauben und Haltebänder entfernen.
- Die drei Kreuzschlitzschrauben des Türschlosses lösen und Schloß mit Bowdenzug des Türinnenöffners aus dem Türkasten nehmen.
- Nach Abschluß der Einbauarbeiten die Schutzfolie wieder gewissenhaft und absolut dicht anbringen.

Schließzylinder ausbauen

- Türverkleidung ausbauen.
- Schutzfolie im Bereich des Schlosses abziehen.
- Fensterführungsschiene lösen.
- Verbindungsstange am Türschloß aushängen.
- Sicherungsklammer des Schließzylinders seitlich abziehen.
- Schließzylinder aus dem Türkasten nehmen.
- Schließzylinder mit Verbindungsstange von der Tür abnehmen.
- Beim Einbau Dichtung am Schließzylinder nicht vergessen.

Türgriff außen abbauen

- Türverkleidung abbauen und Türschutzfolie im Bereich des Außengriffs abziehen.
- Zwei Kreuzschlitzschrauben des Türgriffs ausschrauben.
- Schloßverbindungsstange aus Türgriff aushängen und Griff von außen abnehmen.

Türfenster ausbauen

- Türverkleidung ausbauen.
- Schutzfolie komplett abziehen, ohne sie zu zerreißen. Dazu die Folie ggf. so dicht wie möglich um Halterungen und Schrauben ausschneiden, bevor sie abgezogen wird.
- Außenspiegel abbauen, wie nachfolgend beschrieben.
- Schrauben der Fenster-Hebeschiene lösen.
- Fensterführung ausbauen (eine Schraube) und aus unterem Ausschnitt des Türkastens nehmen.
- Fensterkurbel ansetzen und Scheibe so weit absenken, bis die Kugelköpfe des Fensterkurbelapparats aus der Hebeschiene herausgehebelt werden können.
- Scheibe ganz absenken.
- Fensterführungen vorsichtig von der Fensteröffnung abhebeln. Dabei darauf achten, daß sie nicht verbogen werden.
- Scheibe zur Türscharnierseite der Türe kippen und schräg nach oben in Richtung Türschloß aus dem Türschacht ziehen.
- Beim Einbau der Scheibe und Eindrücken der Kugelköpfe in die Gleitstücke der Hebeschiene die Fensterführungen in der Fensteröffnung der Tür anbringen und Scheibe hochkurbeln.
- Fensterführungsschiene einbauen und so einstellen, daß die Scheibe mindestens 5 mm Spiel in Längsrichtung hat.

● Vor der Montage weiterer Teile eine Funktionskontrolle durchführen. Die Scheibe darf nirgends anstoßen und muß auf voller Kurbellänge leicht beweglich sein.

Fensterkurbelapparat ausbauen

● Türverkleidung abbauen und Schutzfolie abziehen.
● Türfensterhebeschiene an den Kugelköpfen vom Kurbelapparat abhebeln und Fenster bis zum Boden des Türkastens absenken.
● Vier Niete des Kurbeldrehlagers mit passendem Bohrer ausbohren.
● Bei der vorderen Tür zusätzlich zwei Niete der Fensterschiebeführung ausbohren.
● Bei elektrischen Fensterhebern den Mehrfachstecker abziehen.
● Kurbelapparat waagrecht unten in den Türkasten legen und durch die Aussparung im Türkasten herausziehen.

Fingerzeig: Da bei jeder Arbeit im Türkasten die Türdicht- bzw. -schutzfolie teilweise oder ganz abgezogen werden muß, bleibt es zwangsläufig nicht aus, daß die Verklebung nicht mehr so haftet oder die Folie sogar einreißt. Verwenden Sie deshalb auf den exakten Sitz und die Verklebung von Rissen Ihr besonderes Augenmerk, andernfalls kann es durch kleine Öffnungen im Türöffner oder Kurbelapparat im Fahrzeug scheußlich ziehen.

Außenspiegel ausbauen

● **Manuell verstellbare Spiegel:** Innere Abdeckung durch Abschrauben der Ringmutter abbauen.
● **Elektrisch verstellbare Spiegel:** Schraubenabdeckung abhebeln und Schraube herausdrehen. Nach Abheben der Spiegelabdeckung den Mehrfachstecker abziehen. Ggf. Türverkleidung abbauen und Mehrfachstecker im Türkasten trennen.
● Die drei Schrauben herausdrehen, mit denen der Spiegel befestigt ist, und Spiegel abnehmen. Dabei den Spiegel nach vorne schwenken, damit die Spiegelvorderkante frei kommt.
● Spiegel mit Verstellzügen bzw. Kabel von der Tür abnehmen. Dabei beim Durchziehen der Züge bzw. Kabel vorsichtig zu Werke gehen.

Außenspiegelglas ersetzen

● In der Mitte am unteren Rand des Spiegelgehäuses einen dünnen Schraubendreher im Loch ansetzen.
● Mit dem Schraubendreher den Klemmring im Innern des Gehäuses gegen den Uhrzeigersinn drehen, bis das Spiegelglas nach vorne abgenommen werden kann.
● Ggf. Kabelanschlüsse der Spiegelheizung abziehen.
● Beim Einbau den Klemmring zur Schließdrehrichtung ausrichten und mit dem Schraubendreher im Uhrzeigersinn verriegeln.

Das Schiebedach

Um Windgeräusche bzw. Undichtigkeiten zu vermeiden, muß daß Schiebe-/Hubdach genau eingestellt sein. Zur Kontrolle die Einbauhöhe der Scheibe zur Dachlinie überprüfen und das Schiebedach aus ausgestellter Position heraus schließen und öffnen. Dabei muß das Dach leichtgängig sein.

Schiebedach einstellen

● Höheneinstellung bei geschlossenem Dach kontrollieren.
● Das Schiebedach soll an der Vorderkante bündig oder maximal 2 mm unter und an der Hinterkante bündig oder maximal 2 mm über der Dachhöhe liegen.

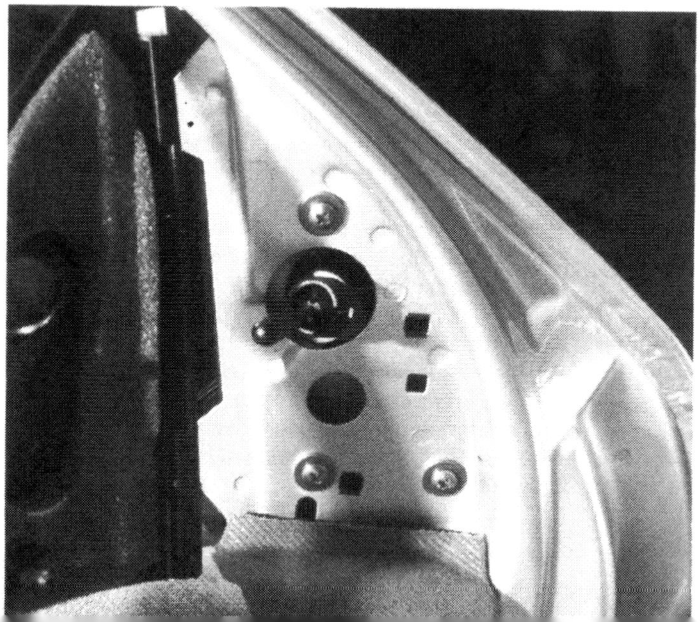

Nach Abheben der inneren Dreiecksabdeckung können die drei Schrauben der Spiegelbefestigung gelöst werden. Beim Anbau der Abdekkung darauf achten, daß sie wieder exakt zum Fensterrahmen ausgerichtet ist und ringsum sauber anliegt.

● Zur Einstellung den Schieberahmen von der Scheibe abschrauben und nach hinten schieben.
● Stimmt die Höheneinstellung im hinteren Bereich nicht, links und rechts die mittlere und hintere Schraube des Halters lösen und in den Langlöchern so verstellen, bis die Einstellung stimmt.
● Stimmt die Einstellung der Vorderkante nicht, links und rechts die mittlere und vordere Schraube des Halters lösen und entsprechend einstellen.
● Bei der Kontrolle der Einstellung darauf achten, daß das Schiebedach nicht in sich verschränkt ist.

Schiebedach-Scheibe ausbauen

● Jalousie zurückschieben.
● Schieberahmen von der Scheibe abschrauben (drei Schrauben und drei Sicherungsklammern) und nach hinten ins Dach schieben.
● Links und rechts drei Schrauben lösen und Dach von außen abheben.

Die Zierleisten

Je nach Modell ist der Ford Sierra mit unterschiedlichen Zierleisten ausgestattet. So sind die Zierleisten einmal geklebt oder teilweise genietet. Das Abziehen und Anbringen dieser modell- und baujahrspezifisch unterschiedlichen Leisten ist bei einigem Geschick leicht zu bewerkstelligen. Eine genaue Beschreibung würde daher auch aus Platzgründen den Rahmen des Buches sprengen.

Front-, Heck- und Seitenscheibe

Beim Sierra sind grundsätzlich Windschutzscheiben aus Verbundglas eingebaut, die im Fall einer Beschädigung nicht in Tausende von Krümeln zerfallen, sondern an der Schadensstelle mehr oder minder große Risse zeigen.
Front- und Heckscheibe sowie das feststehende Seitenfenster sind kraftschlüssig mit der Karosserie verklebt. Damit sind die Scheiben beim Ford Sierra ein konstruktives Element und wurden in die Festigkeitsberechnungen der Karosserie mit einbezogen. Für den Selbermacher bedeuten die geklebten Scheiben im Schadensfalle das »Aus«. Ohne Spezialwerkzeug ist da nichts zu machen – ein Fall für die Werkstatt.

Unterbodenschutz kontrollieren

Wartung Nr. 42

Die Schutzschicht der Wagenunterseite muß sorgsam überprüft und ggf. nachgearbeitet werden.
● Unterboden gründlich waschen.
● Gesamte Wagenunterseite mit einer hellen Lampe ableuchten und auf schadhafte Stellen untersuchen.
● Beschädigte Stellen im Unterbodenschutz mit Spachtel, Schaber und Drahtbürste bis aufs blanke Blech freilegen.
● Rostansätze möglichst blank schleifen.
● Gesäuberte Fläche mit Rostprimer bestreichen.
● Ebene oder größere Flächen werden mit streichbarem Material behandelt.
● Für schwer zugängliche Fugen und Ecken ist eine Sprühdose mit Unterbodenschutz günstiger.

Wasserablauflöcher reinigen

Wartung Nr. 43

Keine Schweißnaht ist so dicht, daß nicht Wasser eindringen kann. Aus diesem Grund sind in allen Hohlprofilen im Wagen Wasserablauflöcher angebracht. Sind diese durch Schmutz oder Unterbodenschutz verstopft, kann eindringendes Wasser nicht mehr ablaufen, sondern fördert den Rostfraß von innen heraus. Besonders gefährdet sind die Längsversteifungen der Karosserie.
● Löcher regelmäßig mit einem Pfeifenreiniger durchstoßen.
● Bei einem Fahrzeug mit Schiebedach zusätzlich die Wasserabläufe der Dachöffnung kontrollieren.
● Die Abläufe enden vorn im vorderen Bereich des Türschwellers (Öffnungen im Schweißfalz); hinten enden die Ablaufschläuche im Radausschnitt vor dem Stoßfänger.
● Zum Reinigen eignen sich entweder eine alte Tachowelle oder Druckluft.

Trautes Heim

Ausgereifte Fertigungstechniken geben Plastikteilen, Stoffbezügen und Bodenbelägen ein immer edleres Aussehen. Zudem sind viele Innenraumteile so praktisch plaziert, daß man sich besonders auf langen Reisen oft wie zu Hause fühlt. Verblüffend gestylte Einzelteile und Verkleidungen sind meist auf recht geniale Art befestigt und deshalb einfach auszubauen.

Die Sitze

Ausbau

- **Vordersitz:** Den Sitz bis zum Anschlag nach vorne schieben. Bei Sitzen mit Höhenverstellung die Feder aushängen.
- An der inneren Sitzschiene zwei, an der äußeren Schiene eine Schraube herausdrehen.
- Sitz nach hinten schieben und links und rechts je eine Schraube an der Sitzschiene herausdrehen.
- Sitz vorsichtig aus dem Fahrzeuginnern heben.
- Vor dem Wiedereinbau die Sitzschienen von verschmutztem Fett reinigen und die eigentlichen Gleitbahnen (nur diese) sparsam einfetten.
- Die Schrauben nach Ausrichten des Sitzes lose einschrauben, dann die vorderen Schrauben, anschließend die hinteren Schrauben festziehen (25–32 Nm).
- **Rücksitzbank:** Zwei Schrauben der Rücksitzbank am Querträger ausschrauben.
- Sitzkissen nach vorne ziehen und aus dem Fahrzeug nehmen.
- Sitzkissen vorsichtig aus dem Fahrzeug nehmen. Dabei die Gurtschlösser durch die Schlitze der Sitzbank führen.
- **Rücksitzlehne:** Beim Basismodell mit Stufenheck die Sitzbank ausbauen. Links und rechts die Polsterung zur Seite drücken und TORX-Schrauben herausschrauben.
- Im Kofferraum die drei Befestigungsmuttern abschrauben.
- Lehne nach vorne ziehen und aus dem Fahrzeug nehmen.
- Bei den gehobeneren Ausstattungen die Sitzlehne nach vorne klappen.
- Vier TORX-Schrauben herausschrauben und Lehne herausnehmen.
- Beim Einbau darauf achten, daß beide Lehnen miteinander fluchten. Sonst ggf. den Anschlag einstellen.

Verriegelung Rücksitzlehne ausbauen

- Basismodell: Sitzlehne umklappen und Entriegelungsknopf abschrauben.
- Lehnenbezug in Verriegelungsnähe vorsichtig vom Lehnenrahmen abziehen, bis die Verriegelung zugänglich ist.
- Verriegelung durch Lösen von zwei Schrauben abbauen.
- GL- und Ghia-Fließheck: Sitzlehne nach vorne klappen und seitlich am Radhaus abschrauben.
- Stange zum Entriegelungshebel durch Herausdrücken des Sicherungsstifts von der Verriegelung trennen.
- Zum Ausbau des Entriegelungshebels die Niete an der Heckablage ausbohren und beim Einbau durch Blechschrauben ersetzen.
- Stufenheckmodell: Sitzlehnenarretierung lösen und Lehne nach vorne klappen. Falls der Zug gebrochen ist, die Verriegelung direkt betätigen.

Hier ist die Befestigung eines Vordersitzes gezeigt (Pfeile). Durch Lösen der fünf Schrauben läßt sich der Sitz leicht ausbauen. Lassen sich die Schrauben nur schwer drehen, sollten Sie die Schrauben von der Wagenunterseite mit Rostlöser behandeln. Bei ausgerissenem Gewinde müssen neue längere Schrauben mit Mutter eingesetzt werden.

- Zwei Schrauben lösen und Abdeckung sowie Verriegelung abnehmen.
- Zug von der Verriegelung abbauen.
- Beim Einbau die Arretierung nach Hochklappen der Lehne auf Funktion kontrollieren.

Sitzversteller ausbauen

- Sitz ausbauen, wie beschrieben.
- Sitz auf die Seite legen und Versteller durch Abschrauben von vier Schrauben vom Sitzrahmen abnehmen.
- Beim Ausbau am Fahrersitz ohne Höhenverstellung auf die Distanzscheibe achten, die zwischen Sitz und -versteller montiert ist.

Fingerzeig: Für Mitteleuropäer mit Gardemaß kann der Verstellbereich des Sitzverstellers durch Bohren neuer Befestigungslöcher im Sitzrahmen verlängert werden.

Die Verkleidungen

Ausbau

Der Ausbau der Türinnenverkleidungen ist bereits im Kapitel »Die Karosserie« beschrieben.

- Verkleidung A-Säule: Zwei Schrauben lösen und Verkleidung vorsichtig abnehmen.
- Verkleidung B-Säule: Knopf des Gurthöhenverstellers abhebeln und Druckknopf abbauen (zwei Schrauben).
- Obere Sicherheitsgurt-Umlenkung und obere Verkleidung abbauen (zwei Schrauben).
- Untere Verkleidung abbauen und Sicherheitsgurt durch die Verkleidung ziehen.
- Verkleidung C-Säule bei Fließheckmodell (hintere Seitenverkleidung): Sitzlehne der Rückbank vorklappen.
- Blechlaschen unten am Spannbügel des kleinen Radhauspolsters vorsichtig zurückbiegen.
- Polster etwas anheben und oberen Spannbügel aus der seitlichen Kofferraumabdeckung aushängen.
- Hutablage aushängen und abnehmen.
- Seitliche Stütze der Hutablage ausbauen (acht bzw. sieben Schrauben).
- Sitzverriegelung vom Radhaus abschrauben.
- Seitenfensterverkleidung ausbauen (fünf Schrauben).
- Verkleidung C-Säule bei Stufenheckmodell (hintere Seitenverkleidung): Hintersitzbank ausbauen, wie zuvor beschrieben.
- Untere Gurthalterung ausbauen.
- Sitzlehne oder Sitzseitenteil ausbauen, wie zuvor beschrieben.
- Verkleidung durch Lösen zweier Schrauben abbauen.
- Sicherheitsgurt durch die Verkleidung ziehen.
- Kofferraum-Seitenverkleidung: Die Verkleidungen im Kofferraum sind mit Spreizpilzen befestigt.
- Zum Ausbau mit einem Schraubendreher unter den Pilzkopf fahren und den Pilz heraushebeln.
- Pilze mit Schlitz um 90° drehen und abnehmen.

Armaturenbrett ausbauen

Der Ausbau des Armaturenbretts ist eine umfangreiche Arbeit, die mit viel Umsicht ausgeführt werden muß, um Schäden im Innenraum zu vermeiden. Die Arbeit ist für die beiden unteren Teile des Armaturenbretts bereits im Kapitel »Heizung und Lüftung« im Absatz »Heizungs-/Belüftungsgehäuse ausbauen« beschrieben. Deshalb hier der Ausbau des oberen Teils des Armaturenbretts etwas ausführlicher:

- Obere und untere Lenksäulenverkleidung ausbauen.
- Untere Armaturenbrettabdeckungen ausbauen.
- Seitenverkleidungen im Fußraum ausbauen.
- Mittelkonsole ausbauen und zurückschieben, wie nachfolgend beschrieben. Dadurch haben Sie besseren Zugang zu den Schrauben des unteren Teils des Armaturenbretts.
- Unteren Teil des Armaturenbretts auf der Fahrerseite ausbauen.
- Unteren Teil des Armaturenbretts auf der Beifahrerseite ausbauen.
- Kombi-Instrument ausbauen.
- Mehrfachstecker vom Dimmer für Instrumentenbeleuchtung und Regler der Scheibenwischerintervalleinrichtung abziehen.
- Blende des Bord-Computers abschrauben (eine Schraube) und Bord-Computer ausbauen und Mehrfachstecker abziehen.
- Graphische Warnanzeige herausziehen und Steckverbindung trennen.
- Heizungs-/Lüftungsbetätigung durch Lösen dreier Schrauben abbauen.
- Schalter für Nebelleuchten, Nebelschlußleuchte, heizbare Heckscheibe und Heckscheibenwischer ausbauen und Steckverbindungen abziehen.
- Oberen Teil des Armaturenbretts abbauen (fünf Schrauben) – zwei links, zwei rechts, eine oben in der Mitte.
- Armaturenbrett etwas nach vorne ziehen und Belüftungsschläuche von den Düsen abziehen.
- Armaturenbrett abnehmen.

Mittelkonsole ausbauen

- Bis Modelljahr '89: Vordere Konsole ausbauen (drei Schrauben).
- Hintere Konsole ausbauen (GL zwei Schrauben, eine Halteklammer; Ghia und XR 4i vier Schrauben).
- Unterteil der Konsole ausbauen (je eine Schraube vorne, hinten und in der Mitte am Halter).
- Unteren Teil der Konsole vom Getriebetunnel abnehmen.

● Ab Modelljahr '90: Ggf. Abdeckung der Schalterplatte (elektrische Fensterheber) abhebeln und Mehrfachstecker abziehen.
● Schalthebelabdeckung abbauen (eine Schraube) und nach Lösen zweier Federklammern abnehmen.
● Befestigungsschrauben herausdrehen (insgesamt sieben Schrauben).
● Handbremse lösen und Handbremsseil vom Handbremshebel am Gabelbolzen unter dem Wagen aushängen, siehe Kapitel »Die Bremsen«.
● Handbremshebel in 90°-Stellung zur Mittelkonsole bringen und Konsole über den Handbremshebel abnehmen.

Der Dachhimmel

Bei allen Sierra-Modellen besteht der Dachhimmel aus einem einteiligen Kunststoffteil. Der Dachhimmel ist ein formsteifes Teil, das durch die Befestigungen der Sonnenblenden, der Haltegriffe und durch mit Abdeckkappen versehene Schrauben an der Karosserie gehalten wird.
Zusätzlich sitzt der Himmel noch durch verschiedene Klebeverbindungen äußerst fest, wodurch der Ausbau eine sehr diffizile Arbeit ist. Außerdem ist die Arbeit auch sehr umfangreich. So müssen z.B. alle an den Dachhimmel angrenzenden Verkleidungen und ggf. das Schiebedach ausgebaut werden.

● Beim Stufenheckmodell die hintere Sitzlehne ausbauen, wie in diesem Kapitel beschrieben.
● Obere Schrauben an A-, B- und C-Säulenverkleidungen lösen.
● Beim Turnier zusätzlich Befestigung zwischen C- und D-Säule abbauen.
● Haltegriffe ausbauen und auf der Fahrerseite die beiden Befestigungsschrauben herausdrehen.
● Ggf. Schiebedach ausbauen und am Dachausschnitt die Himmelbefestigung abnehmen (Klebeband und Leiste).
● Himmel abstützen und Sonnenblenden ausbauen.
● An der Dachhinterkante zwei Plastikhalterungen entfernen.
● Himmel entweder durch die Heckklappe oder durch den Kofferraum (Stufenheckmodell) aus dem Fahrzeug ziehen. Wenn derselbe Himmel wieder eingebaut werden soll, müssen Sie dabei äußerst vorsichtig zu Werke gehen.
● Beim Einbau den Himmel im Fahrzeug zur Innenlichtöffnung auf Mitte bringen und nach den Befestigungsöffnungen ausrichten.

Die Sicherheitsgurte

Zeigen die Gurte einen der nachfolgend genannten Mängel, sollten sie ausgewechselt werden, damit sie im Notfall wirklich schützen können:

○ Welliges Gurtband
○ Ausgefranste Kanten
○ Aufgeriebenes Gewebe
○ Angerissene Nähte
○ Wenn ein lahmer Automatikgurt öfter zwischen Tür und Karosserie eingeklemmt wurde, und dadurch an Festigkeit verloren hat bzw. beschädigt ist

Fingerzeig: Bei einem Defekt am Sicherheitsgurt braucht nicht gleich der komplette Gurt ausgewechselt zu werden. Gurtrolle und -schloß können getrennt ausgetauscht werden.

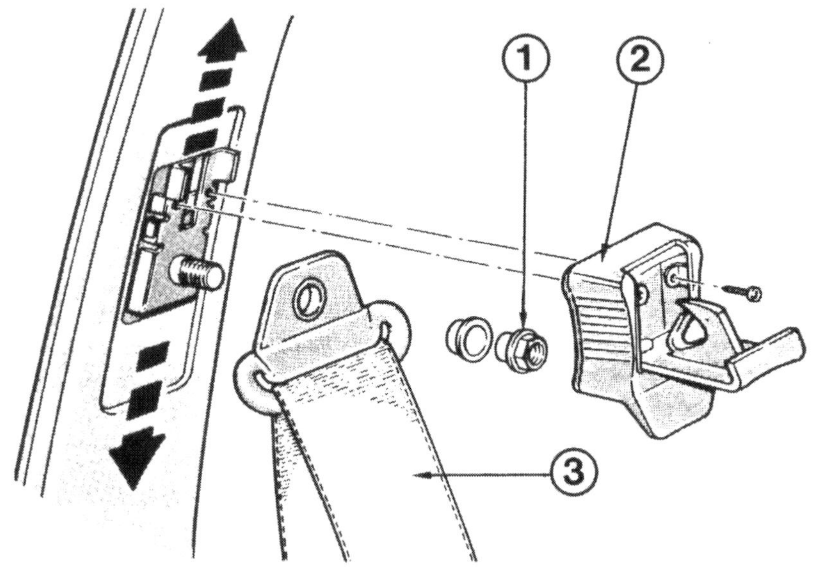

Der Gurtausbau ist meist keine Schwierigkeit. Deshalb hier nur die Teile der Gurt-Höhenverstellung. Zum Ausbau mit einem Schraubendreher den Druckknopf der Abdeckung (2) heraushebeln und die Abdeckung vom Verstellmechanismus abbauen (zwei Schrauben). Befestigungsmutter (1) der Gurtumlenkung lösen und Gurt (3) abnehmen. Dann die Säulenverkleidung abbauen (zwei Schrauben) und den Höhenversteller durch Lösen einer TORX-Schraube abbauen.

Soforthelfer

Bei der im folgenden beschriebenen Fehlersuche wird vorausgesetzt, daß der Motor mechanisch noch in Ordnung war, jedoch unvermittelt stehenblieb bzw. nicht mehr anspringen will.

Dreht der Anlasser den Motor durch?

Tut er's nicht oder nur unwillig, lesen Sie bitte unter »Fehlerquelle Elektrik« weiter. Wird der Motor dagegen flott durchgedreht, müssen zur weiteren Eingrenzung die folgenden Fragen der Reihe nach beantwortet werden.

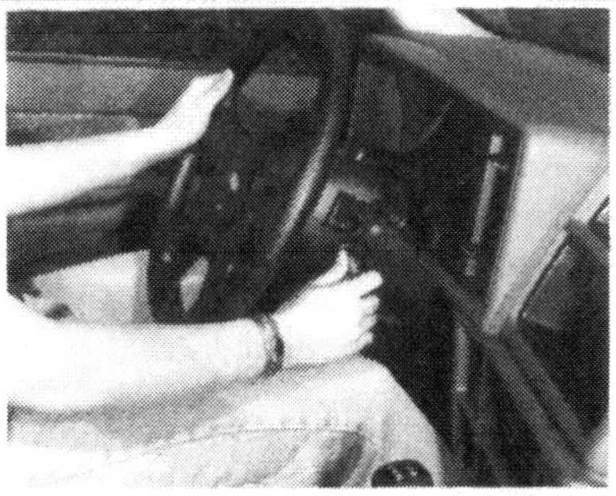

Funken an den Zündkerzen?

Einen Kerzenstecker abziehen, Zündkerze herausschrauben, in den Kerzenstecker hineinstecken und auf blankem Motorblockmetall ablegen. Von einem Helfer den Anlasser betätigen lassen. **Wichtig: Zündkabel und Kerze nicht berühren**, siehe unter »Vorsichtsmaßnahmen im Umgang mit der TSZ« im Kapitel »Die Zündanlage«.
Springen Funken über? Wenn ja, nächste Frage abklären. Falls nicht, unter »Fehlerquelle Zündung« weiterlesen.

Wird der Vergaser bzw. die Benzin-Einspritzung mit Kraftstoff versorgt?

Benzinschlauch am Vergaser, Druckschlauch (oder auch Verschlußschraube) an der CFI- bzw. K-Jetronic oder EFI-Benzineinspritzung lösen, in einen Behälter (Kappe der Warndreieck-Hülle) halten und von Helfer kurz den Anlasser betätigen lassen.
Spritzt Benzin in den Behälter, ist die Kraftstoffversorgung intakt. Der Vergaser bzw. die Einspritzanlage könnte defekt sein. Kommt kein Benzin, lesen Sie bitte unter »Fehlerquelle Kraftstoffversorgung« weiter.

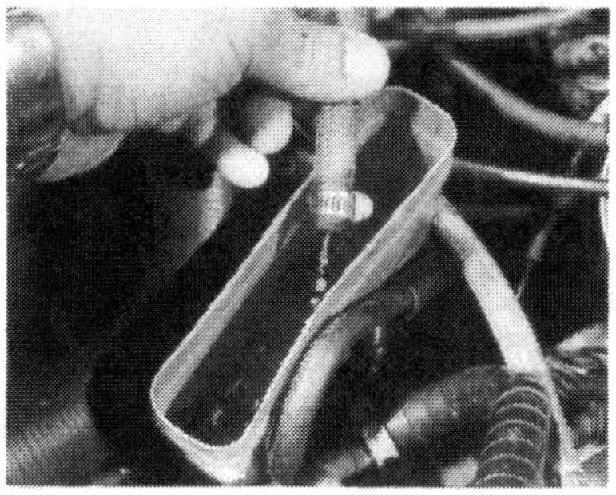

Zuerst die Sichtprüfung

○ Ist ein Kabelstecker an Teilen der Zündanlage, am Vergaser bzw. an einem Teil der Einspritzanlage abgefallen?
○ Kontrollieren Sie den festen Sitz der Zündkabel am Verteiler (abhängig vom eingebauten Motor) und an den Kerzensteckern (die Zündung darf nicht eingeschaltet sein!).
○ Sind sämtliche Unterdruckschläuche im Motorraum auf ihren entsprechenden Stutzen aufgesteckt?
○ Kondenswasser am und im Verteilerdeckel? Alle Teile der Zündanlage müssen trocken sein.
○ Benzingeruch im Motorraum? Ist ein Kraftstoffschlauch undicht oder hat er sich gar gelockert?

Fehlerquelle Elektrik

○ Kontrollampen verlöschen beim Schlüsseldreh: Die Batterie ist entladen oder altersschwach, Anlasser hat möglicherweise Kurzschluß.
○ Kontrollampen bleiben beim Schlüsseldreh hell: Klemme-50-Kabel am Magnetschalter des Anlassers abgefallen, Magnetschalter defekt, Anlasser defekt oder Schleifkohlen abgenutzt oder aber der Klemme-50-Kontakt im Zündschloß ist defekt.
○ Kontrollampen brennen gar nicht: Batterie völlig leer, Hauptkabel am Anlasser locker oder Batterieklemmen lose oder oxidiert.

Fehlerquelle Kraftstoffversorgung

Tritt bei der beschriebenen Prüfung kein Kraftstoff an Vergaser bzw Einspritzanlage aus, bleiben folgende Fehlermöglichkeiten:
○ Es ist kein Kraftstoff im Tank (nicht lachen, kontrollieren!).
○ Kraftstoffleitung geknickt bzw. verstopft.
○ Kraftstoffilter verstopft.
○ Die mechanische (Vergasermotor) bzw. elektrische Kraftstoffpumpe (Einspritzmotor) arbeitet nicht.
○ Speziell bei der Benzineinspritzung: Alle elektrischen Steckverbindungen auf festen Sitz kontrollieren. Ist vielleicht ein Einzelkabel einer Mehrfach-Steckverbindung herausgerutscht oder abgebrochen?

Fingerzeig: Weitere Fehlerquellen – auch weniger häufige Defekte – am Vergaser wie der Benzineinspritzung stehen im zugehörigen Störungsbeistand der entsprechenden Kapitel.

Fehlerquelle Zündung

○ Alle Steckanschlüsse im Bereich Zündspule, Zündverteiler, Zündrechner bzw. -steuergerät richtig aufgesteckt?
○ Risse im Zündspulengehäuse, Brandspuren von Funkenüberschlägen?
○ Verteilerdeckel abnehmen. Sind Kriechstromspuren an seiner Innenseite sichtbar?
○ Federt die Kontaktkohle in der Deckelmitte bzw. die Kontaktfeder auf dem Verteilerfinger einwandfrei?
○ Grünspan an den Kontaktstiften?
○ Als letztes hilft nur noch die Durchprüfung der Zündanlage, siehe im entsprechenden Kapitel unter »Störungssuche an der Zündanlage«.

Verzeichnis der Störungsbeistände

In den verschiedenen Kapiteln des Handbuchs finden Sie Störungsbeistände zu den einzelnen Bauteilen. Hier die Zusammenstellung:

Klartext

Daten von Motor, Getriebe und Elektrik, Maße und Gewichte des Ford Sierra, wie er seit der Überarbeitung ab Mai 1987 gebaut wird, das sind nur die wichtigsten Bereiche, die hier durch Zahlen dokumentiert werden.

Motor

Typ		1,6	1,6	1,6	1,8	1,8	1,8	2,0
Bauart		OHC	OHC	CVH	OHC	OHC	CVH	OHC
		1-4	1-4	1-4	1-4	1-4	1-4	1-4
Kennbuchstaben		LSE	LSF	L6B	RED	REF	R2C	NES
Verdichtung		HC	HC	HC	HC	HC	HC	HC
Bohrung	mm	81,30	81,30	79,96	86,20	86,20	80,00	90,82
Hub	mm	76,95	76,95	79,52	76,95	76,95	88,00	76,95
Hubraum effektiv	cm^3	1597	1597	1596	1796	1796	1769	1993
nach Steuerformel	cm^3	1565	1565	1567	1765	1765	1757	1954
Verdichtungsverhältnis		9,5:1	9,5:1	9,0:1	9,5:1	9,5:1	9,3:1	9,2:1
Höchstleistung	kW/PS	55/75	53/72	59/80	66/90	59/80	64/87	77/105
bei	1/min	4900	4900	5500	5400	5400	5200	5200
Maximales Drehmoment	Nm	123	119	121	140	120	145	157
bei	1/min	2900	2900	3500	3500	3500	3000	4000
Ventilspiel (kalt bei stehendem Motor)								
Einlaß	mm	0,20	0,20	–	0,20	0,20	–	0,20
Auslaß	mm	0,25	0,25	–	0,25	0,25	–	0.25
Ventilsteuerzeiten								
Einlaß öffnet	vor/nach OT	22° v.	22° v.	4° n.	24° v.	24° v.	24° v.	24° v.
Einlaß schließt	nach UT	54°	54°	32°	64°	64°	116° v. OT	64°
Auslaß öffnet	vor UT	64°	64°	38°	70°	70°	110° n. OT	70°
Auslaß schließt	vor/nach OT	12° n.	12° n.	10° v.	18° n.	18° n.	18° n.	18° n.
Mindest-Öldruck (bei 80°C)								
bei 750/min	bar	1,0	1,0	1,0	1,0	1,0	1,0	1,0
bei 2000/min	bar	2,5	2,5	2,8	2,5	2,5	2,5	2,5

Typ		2,0	2,0	2,0	2,0	2,0	2,8	2,9
Bauart		OHC	OHC	OHC	DOHC	DOHC	OHV	
		1-4	1-4	1-4	1-4	1-4	V6	V6
Kennbuchstaben		N4A	N4B	NEJ	N8C	N9C	PRG	B4B
Verdichtung		HC	LC	HC	HC	HC	HC	HC
Bohrung	mm	90,82	90,82	90,82	86,0	86,0	93,03	93,0
Hub	mm	76,95	76,95	76,95	86,05	86,0	68,50	71,99
Hubraum effektiv	cm^3	1993	1993	1993	1998	1998	2792	2933
nach Steuerformel	cm^3	1954	1954	1954	1984	1984	2772	2894
Verdichtungsverhältnis		9,2:1	8,5:1	9,2:1	10,3:1	10,3:1	9,2:1	9,0:1
Höchstleistung	kW/PS	85/115	74/100	74/100	77/105	88/120	110/150	107/145
bei	1/min	5500	5100	5400	5600	5500	5700	5500
Maximales Drehmoment	Nm	160	148	153	170	171	216	226
bei	1/min	4000	4000	4000	3000	2500	3800	3000
Ventilspiel (kalt bei stehendem Motor)								
Einlaß	mm	0,20	0,20	0,20	–	–	0,35	0,35*
Auslaß	mm	0,25	0,25	0.25	–	–	0,40	0,40*
Ventilsteuerzeiten								
Einlaß öffnet	vor OT	24°	24°	24°	13°	13°	24°	30°
Einlaß schließt	nach UT	64°	64°	64°	39°	51°	72°	66°
Auslaß öffnet	vor UT	70°	70°	70°	43°	43°	73°	76°
Auslaß schließt	nach OT	18°	18°	18°	13°	13°	25°	20°
Mindest-Öldruck (bei 80°C)								
bei 750/min	bar	1,0	1,0	1,0	1,6	1,6	1,05	1,0
bei 2000/min	bar	2,5	2,5	2,5	3,1	3,1	2,45	2,45

* entfällt bei Fahrzeugen mit geregeltem Katalysator, da hydraulischer Ventilspielausgleich

Ventilsteuerung					
OHC-Motor		über Zahnriemen, obenliegende Nockenwelle und Schlepphebel			
CVH-Motor		über Zahnriemen, obenliegende Nockenwelle und hydraulische Ventilstößel			
DOHC-Motor		über Rollenkette, zwei obenliegende Nockenwellen und Tassenstößel mit hydraulischem Ventilspielausgleich			
V6-Motor		über Rollenkette und zentrale Nockenwelle, hängend angeordnete Ventile, über Stößel (beim Kat-Modell mit hydraulischem Ventilspielausgleich), Stößelstangen und Kipphebel betätigt			
Kühlsystem	Motor	OHC	CVH	DOHC	V6
Art		Wasserumlaufkühlung mit Flügelradpumpe und Thermostat			
Kühlertyp		Querstromkühler mit geriffelten Hochleistungsrippen			
Wasserpumpenantrieb durch		Keilriemen	Zahnriemen	Keilriemen	Keilriemen
Thermostat-Typ		Wachsthermostat	Wachsthermostat	Wachsthermostat	Wachsthermostat
Nenntemperatur	°C	88			82
Öffnungstemperatur	°C	85–89	85–89	85–89	79–83
ganz geöffnet bei	°C		100	102	
Öffnungsdruck des Kühlsystem-verschlußdeckels	bar	1,0–1,25	1,2–1,4	1,2–1,4	1,2–1,5

Kraftstoffanlage Vergaser

Motor		1,6-OHC	1,6-OHC	1,8-OHC	1,8-CVH
Vergasertyp		Registervergaser	Registervergaser	Registervergaser	Registervergaser
Vergaser-Hersteller		Weber	Weber	Pierburg	Pierburg
Starterklappe		automatisch	automatisch	automatisch	automatisch
Leerlaufdrehzahl					
Schaltgetriebe	1/min	800 ± 25	875 ± 50	875 ± 25	875 ± 25
Automatikgetriebe	1/min			850 ± 25	850 ± 25
Überhöhte Leerlauf-drehzahl	1/min	1700 ± 100[2]	1700 ± 100[2]	2000 ± 100	2000 ± 100
CO-Gehalt bei Leerlaufdrehzahl	Vol.%	1,0 ± 0,25	0,75 ± 0,25[3]	1,0–1,5	1,0 ± 0,25
Lufttrichter	mm	21/23	21/23	23/26	22/23
Hauptdüse Schaltgetriebe		97/110	95/115	102,5/130	100/105
Automatikgetriebe				102,5/130	97,5/105
Leerlaufdüse		50/40	50/70		
Luftkorrekturdüse		185/190	195/170		
Kraftstoff-/Luftdüse					
Schaltgetriebe		F59/F22	F59/F22	45/120	47,5/135
Automatikgetriebe				45/115	47,5/135
Schwimmereinstellung	mm	6,0 ± 0,5	6,5 ± 0,5		
Spaltmaß Starterklappe					
Schaltgetriebe	mm	6,0–6,5	6,0	4,0	2,3
Automatikgetriebe	mm			3,7	2,5

Motor		2,0-OHC	2,0-OHC	2,0-OHC	2,0-DOHC
Vergasertyp		Registervergaser	Registervergaser	Registervergaser	Registervergaser
Vergaser-Hersteller		Weber	Weber	Weber	Weber
Starterklappe		automatisch	automatisch	automatisch	automatisch
Leerlaufdrehzahl					
Schaltgetriebe	1/min	875	800	800	850 ± 25
Automatikgetriebe	1/min				800 ± 25
Überhöhte Leerlauf-drehzahl[1]	1/min				1800 ± 50[2]
CO-Gehalt bei Leerlaufdrehzahl	Vol.%	1,0	1,25[4]	1,25[4]	0,6 ± 0,25
Lufttrichter	mm	25/27	23/25	23/25	23/25
Hauptdüse					
Schaltgetriebe		110/130	107/125	105/130	112/140
Automatikgetriebe				110/125	112/140
Leerlaufdüse		42/45	45/50	45/50	
Luftkorrekturdüse		160/160 170/160	180/160	200/160 180/160	210/120
Kraftstoff-/Luftdüse		F22/F22	F59/F59	F59/F59	F66/F3
Schwimmereinstellung	mm	8,0	8,0	8,0	29 ± 0,5
Spaltmaß Starterklappe	mm	6,0	7,5	7,5	5,0 ± 0,5

[1] Einstellschraube auf zweithöchster Stufe der Stufenscheibe bei voll geöffneter Starterklappe
[2] Einstellschraube auf mittlerer Stufe der Stufenscheibe
[3] bei Fahrzeugen mit ungeregeltem Katalysator am Prüfrohr des vorderen Auspuffrohrs gemessen
[4] Schlauch des Impulsluftsystems vom Ansauggeräuschdämpfer abgezogen

Kraftstoffanlage Benzin-Einspritzung

Motor		2,8 V6	1,6 CVH	2,0 OHC	2,0 DOHC	2,9 V6
Kennbuchstaben		PRG	L6B	N4A/N4B	N9C	B4B
Gemischaufbereitung		mechanisch gesteuerte Einspritzung	elektronisch gesteuerte Zentraleinspritzung	elektronisch gesteuerte Mehrpunkteinspritzung	elektronisch gesteuerte Mehrpunkteinspritzung	elektronisch gesteuerte Mehrpunkteinspritzung
Hersteller		Bosch	Motorcraft/Weber	Motorcraft/Weber	Motorcraft/Weber	Motorcraft/Weber
Typ		K-Jetronic	CFI	EFI	EFI	EFI
Systemdruck	bar	5,2–6,0	–	–	–	–
Steuerdruck	bar	1,0–1,5[1]	1,0[2]	2,5[2]	2,5 ± 0,2[2]	2,7–3,0[2]
Haltedruck nach 10 min	bar	3,0	–	–	–	–
nach 20 min	bar	2,5	–	–	–	–
Öffnungsdruck der Einspritzventile	bar	3,7–4,5	–	–	–	–
Leerlaufdrehzahl	1/min	900 ± 25	900 ± 50	900 ± 50	875 ± 50	900 ± 50
CO-Gehalt bei Leerlaufdrehzahl	Vol.%	1,0–1,5	max. 0,5[3]	max. 0,5[3]	max. 0,5[3]	max. 0,5[3]

[1] bei 20°C
[2] bei laufender Kraftstoffpumpe
[3] ein funktionsfähiger Katalysator reduziert den CO-Gehalt im Abgas praktisch auf 0, d.h. die Restmengen im Auspuffendrohr liegen unterhalb der Meßtoleranzen handelsüblicher Meßgeräte. Werden Werte von 0,5 Vol.% oder mehr gemessen, dürfte der Katalysator defekt sein, vorausgesetzt alle anderen Bauteile arbeiten fehlerfrei

Kraftübertragung Schaltgetriebe

Motortyp	1,6 OHC	1,6 CVH	1,8 OHC	1,8 CVH	2,0 OHC	2,0 DOHC	2,8 V6	2,9 V6
eingebauter Getriebetyp	B/C/N1	N1	N1	N1	N1	MT75	N3	MT75

Getriebetyp		B	C	N1	N3	MT75 (DOHC)	MT 75 (V6)
Kupplungstyp		Einscheiben-Trockenkupplung mit Tellerfeder-Druckplatte					
Betätigung		durch Seilzug					
Kupplungsbelag∅ außen	mm	216	190	216	242	216	242
innen	mm	153	135	153	155	153	155,5
Belagstärke	mm	3,85	3,25	3,85	3,6	3,25	3,25
Anzahl der Torsionsfedern		6	4	8	6	8	4
Übersetzungsverhältnis							
1. Gang		3,65	3,58	3,65	3,36	3,89	3,61
2. Gang		1,97	2,01	1,97	1,81	2,08	2,08
3. Gang		1,37	1,40	1,37	1,26	1,34	1,36
4. Gang		1,00	1,00	1,00	1,00	1,00	1,00
5. Gang		–	–	0,82	0,83	0,82	0,83
Rückwärtsgang		3,66	3,32	3,92[2]	3,36	3,51	3,26
Achsantrieb		3,62[1]	3,62	3,92	3,36	3,62	3,36

[1] Turnier: 3,92 [2] bei 1,6-OHC-Limousine ohne Kat bzw. 2,0-OHC-Vergaser oder -Einspritzer mit Kat: 3,62

Kraftübertragung Automatikgetriebe

Hersteller	Ford
Typ	A4LD
Wählhebelstellungen	P – R – N – D – 3 – 2 – 1
Drehmomentwandler	Trilock (hydraulisch) mit Wandlerüberbrückungskupplung
Wandlerübersetzung	2,8:1 in Verbindung mit OHC- und CVH-Motor; 2,6:1 in Verbindung mit DOHC-Motor
Übersetzungsverhältnis	
1. Gang	2,47
2. Gang	1,47
3. Gang	1,00
4. Gang	0,75
Rückwärtsgang	2,11
Ölkühler	Doppelrohrkühler im Wasserkasten des Kühlers

Fahrwerk

Vorderachse		Einzelradaufhängung mit negativem Lenkrollradius, McPherson-Federbeine, koaxiale doppeltwirkende Teleskop-Stoßdämpfer, Querlenker und Querstabilisator. Beim XR 4i progressive Federn und Gasdruckstoßdämpfer
Spurweite	mm	Fließ- und Stufenheck 1452, Turnier 1455
Hinterachse		Einzelradaufhängung an Doppelgelenk-Schräglenkern, Schraubenfedern und doppelt wirkenden hydraulischen Teleskopstoßdämpfern. »Geschäftswagenpaket« beim Turnier mit automatischem Niveauausgleich. Beim XR 4i progressive Federn und Gasdruckstoßdämpfer
Spurweite	mm	Fließ- und Stufenheck 1468; Turnier 1460
Radstand	mm	2608
Lenkung		Zahnstangenlenkung mit geteilter Sicherheitslenksäule mit Lenkzwischenwelle und Teleskoprohr
Wendekreisdurchmesser	m	11,0
Lenkgetriebe-Untersetzung		mechanische Lenkung 19,88:1; Servolenkung 12,6:1

Bremsanlage

Bremssystem		Zweikreisbremsanlage mit Bremskraftverstärker und Bremsdruckregelventil für die hinteren Bremsen; auf Wunsch Antiblockiersystem
Fußbremse vorn		innenbelüftete Bremsscheiben mit Einzylinder-Bremssätteln
Fußbremse hinten		Trommelbremsen mit Doppelkolbenzylinder und selbstnachstellender Auf- bzw. Ablaufbremsbacke. Bei ABS-Bremsanlage massive Bremsscheiben mit Einzylinder-Bremssätteln
Handbremse		mechanische Seilzugbremse, über Ausgleichsvorrichtung auf die Hinterräder wirkend

Vorderräder		
Scheibendurchmesser	mm	240
Scheibendicke	mind. mm	22,8
Scheibenschlag	mm	0,15
Mindestbelagstärke der Bremsklötze	mm	1,5

Hinterräder		
Trommelbremse		
Bremstrommel∅	mm	228,6
Bremsbackenbreite	mm	38,1 (1,6); 57,1 (1,8 und 2,0)
Radbremszylinder∅	mm	19,0 (1,6); 20,6 (1,8 und 2,0)
Scheibenbremsen		
Scheiben∅	mm	252,7
Scheibendicke	mind. mm	8,9
Scheibenschlag	mm	0,15

Elektrische Anlage

Bordspannung	V	12
Batterie	Ah	43 bzw. 55
Generator	A	55, 70 bzw. 90
Zündanlage		je nach Motor TSZ bzw. elektronische Zündung
Zündzeitpunkt		siehe Tabelle Seite 210
Zündkerzen		siehe Tabelle Seite 214
Glühlampen		siehe Seite 215

Füllmengen (in l)

Motoröl	siehe Tabelle Seite 21
Kühlsystem	siehe Tabelle Seite 64
Kraftstofftank	60
Schaltgetriebe	1,46 (B-Typ); 1,25 (C- und N-Typ); 1,2 (MT 75-Typ)
Automatikgetriebe mit Wandler und Ölkühler	8,5

Gewichte (in kg)

Modell	1,6	1,8	2,0 i	2,8	2,9
Leergewicht*	1030–1090	1045–1120	1055–1195	1270–1315	1290
Nutzlast*	495–535	485–555	545–565	505–535	475
Zul. Gesamtgewicht*	1525–1625	1550–1675	1600–1700	1775–1850	1725
Zul. Anhängelast gebremst					
bei 12% Steigung	800	1150	1350	1350	1350
bei 8% Steigung	1350	1350	1350	1350	1350
Zul. Anhängelast ungebremst	450	500	500	500	500
Zul. Stützlast	50 (alle Modelle)				
Zul. Dachlast	75 (alle Modelle)				

* Die für Ihr Fahrzeug geltenden Gewichte entnehmen Sie bitte Ihren Fahrzeugpapieren

Register

FSC
www.fsc.org
MIX
Papier | Fördert gute Waldnutzung
FSC® C083411

Kolibri 360 GmbH
Ferdinand-Jühlke-Straße 7
99095 Erfurt, Deutschland
produktsicherheit@kolibri360.de